Fertigungstechnisches Kolloquium Stuttgart 2000

Stuttgarter Impulse
Technologien für die Zukunft

Springer

Berlin
Heidelberg
New York
Barcelona
Hongkong
London
Mailand
Paris
Singapur
Tokio

Gesellschaft für Fertigungstechnik in Stuttgart in Verbindung mit den Fertigungstechnischen Instituten der Universität Stuttgart, der Wissenschaftlichen Gesellschaft für Produktionstechnik (WGP), der VDI-Gesellschaft Produktionstechnik (ADB) und dem Verband Deutscher Maschinen- und Anlagenbauer (VDMA)

FTK 2000
Fertigungstechnisches Kolloquium

Schriftliche Fassung der Vorträge
zum Fertigungstechnischen Kolloquium
am 26. /27. September 2000 in Stuttgart

Gesellschafter
Prof. Dr.-Ing. habil. Prof. e.h. Dr. h.c. H.-J. Bullinger
Prof. Dr.-Ing. Dr. h.c. U. Heisel
Prof. Dr.-Ing. Dr. h.c. mult. G. Pritschow
Prof. Dr.-Ing. h.c. E. Westkämper

ISBN-13: 978-3-540-67984-4 e-ISBN-13: 978-3-642-59804-3
DOI: 10.1007/ 978-3-642-59804-3

Die deutsche Bibliothek – CIP-Einheitsaufnahme

Stuttgarter Impulse: Technologien für die Zukunft / FTK 2000. Hrsg.: Gesellschaft für Fertigungstechnik, Stuttgart. – Berlin ; Heidelberg ; New York ; Barcelona ; Hongkong ; London ; Mailand ; Paris ; Singapur ; Tokio : Springer, 2000

Springer-Verlag Berlin Heidelberg New York
ein Unternehmen der BertelsmannSpringer Science+Business Media GmbH

Einbandgestaltung: de'blik, Berlin
Satz: Reproduktionsfertige Vorlage der Autoren

Gedruckt auf säurefreiem Papier SPIN: 10781747 07/3020 – 5 4 3 2 1 0

Veranstalter

Gesellschaft für Fertigungstechnik in Stuttgart in Verbindung mit den Fertigungstechnischen Instituten der Universität Stuttgart, der Wissenschaftlichen Gesellschaft für Produktionstechnik (WGP), der VDI - Gesellschaft Produktionstechnik (ADB) und dem Verband Deutscher Maschinen- und Anlagenbauer (VDMA)

Institut für Arbeitswissenschaft und Technologiemanagement (IAT)
Fraunhofer-Institut für Arbeitswirtschaft und Organisation (IAO)

Prof. Dr.-Ing. habil. Prof. e.h. Dr. h.c. *H.-J. Bullinger*

- Produktive Virtual Reality-Anwendungen aus der Automobilindustrie
- Service-Support-Systeme
- Computer Supported Cooperative Work: Engineering Portale
- Unterstützung von teambasierten Innovationsprozessen
- Betriebliche Umweltinformationssysteme
- Industrieller Rückbau von Elektronik-Altgeräten in Kreisläufen

Institut für Industrielle Fertigung und Fabrikbetrieb / Fraunhofer-Institut für Produktionstechnik und Automatisierung

Prof. Dr.-Ing. Dr. h.c. *E. Westkämper*
Prof. Dr.-Ing. Dr. h.c. mult. *R. D. Schraft*

- Teambasierte Interaktive Produktionssystemplanung
- Integrierte Plattform zur parallelen Produkt- und Produktionsentwicklung
- Digitale Fabrik – von der virtuellen Welt in die reale und zurück
- Versuchsfeld zur Montage- und Automatisierungstechnik
- Life Cycle Management für technische Anlagen

Institut für Strahlwerkzeuge

Prof. Dr.-Ing. *H. Hügel*

- - Scheibenlaser: diodengepumpter Festkörperlaser neuester Generation
- - 4 kW lampengepumter Nd:YAG-Laser

- - Aluminiumschweißen mit Mehrstrahltechnik
- - Schneiden mit CO_2-Hochleistungslaser
- - Mikrobearbeitung (Bohren, Abtragen) mit Ultrakurzpulslaser

Institut für Steuerungstechnik der Werkzeugmaschinen und Fertigungseinrichtungen

Prof. Dr.-Ing. Dr. h.c. mult. *G. Pritschow*
Prof. Dr.-Ing. *A. Storr*

- Direktantriebstechnik (Ferrarissensor, Oversampling)
- Prozessmesstechnik (Kraft/Strom, Schweißnahtsensor,...)
- Offene PC - Steuerungen
- Softwareeinsatz in der Produktion

Institut für Umformtechnik

Prof. Dr.-Ing. Dr. h.c. *K. Siegert*

- Laserportal mit Direktantrieb
- Automatisierte Formänderungsanalyse
- Ultraschallbeeinflusstes Draht- und Rohrziehen
- Innenhochdruckumformen von Rohren und Strangpressprofilen
- Thixoschmieden
- Tiefziehen mit Vielpunkt - Niederhaltetechnik

Institut für Werkzeugmaschinen

Prof. Dr.-Ing. Dr. h.c. *U. Heisel*

- Hochdynamische Laserbearbeitungsmaschine
- Maschinen für das ultraschallüberlagerte Umformen metallischer Werkstoffe
- Dynamische und thermische Untersuchungen an konventionellen Werkzeugmaschinen und an Parallelkinematiken
- Tieflochbohren mit kleinsten Durchmessern
- Fräsbohren und Kurzlochbohren
- Dynamisches Verhalten hydraulischer Systeme

Zentrum Fertigungstechnik Stuttgart

- Parallelkinematik: 7-achsiges Bearbeitungszentrum
- Teststand zur Überprüfung der Laufgüte von Hochleistungsspindeln
- Auswuchtsystem für Hochleistungsspindeln
- Mikrostanze mit Piezoantrieb

Die mit λ gekennzeichneten Themen werden als Aussschnitt aus dem gesamten Forschungsprogramm von den Stuttgarter Instituten anläßlich des FTK 2000 besonders präsentiert.

Vorwort

Wenn es um Informationen zum neuesten Stand des technologischen Fortschritts in der Produktionstechnik geht, zählt neben dem Aachener Werkzeugmaschinenkolloquium das Stuttgarter Fertigungstechnische Kolloquium zu den Spitzenveranstaltungen auf diesem Gebiet, denn es präsentiert die Arbeitsergebnisse von mehr als 400 wissenschaftlichen Mitarbeitern aus Stuttgart sowie herausragende Beiträge aus der Industrie zu Entwicklungstrends.

In diesem Jahr ist es wieder so weit; das Fertigungstechnische Kolloquium 2000 findet am 26. und 27. September 2000 in Stuttgart statt und steht unter dem Motto „Stuttgarter Impulse – Technologien für die Zukunft".

Neben einer Laborpräsentation der „Highlights" aus der Forschungsarbeit der beteiligten Institute zu den Themen Lasertechnik, Montage und Automatisierungstechnik, rekonfigurierbare Maschinen, neue Parallelkinematikmaschinen, Direktantriebstechnik, Umformtechnik mit Ultraschall, Innenhochdruckumformen, innovative Software zur Steuerung von Maschinen, Anwendung von Internet und Intranet in der Fabrik, um nur einige wichtige zu benennen, wird das Vortragsprogramm das Thema „Automobilbau – Zulieferer und Ausrüster" behandeln mit den Schwerpunkten „Informationstechnik und Organisation", „Parallelkinematikmaschinen in der Anwendung", „Neueste Entwicklungen auf dem Gebiet der Lasertechnik" und nicht zuletzt die Miniaturisierung der Teile sowie die dazugehörige Mikroproduktionstechnik.

Der vorliegende Band enthält die schriftlichen Fassungen der Beiträge. Die Veranstalter danken allen, die engagiert an der Erstellung dieses Tagungsbandes mitgewirkt haben.

Stuttgart, im September 2000

Inhalt

STUTTGARTER IMPULSE

Technologien für die Zukunft

Mikroproduktion, Miniaturisierung

Lasertechnik

PKM in der Anwendung

Informationstechnik und Organisation

Autoren

Prof. Dr.-Ing. Eberhard Haller
Leiter Produktionsplanung Mercedes-Benz PKW Sindelfingen;
DaimlerChrysler AG, Sindelfingen

Dipl.-Ing. Jörg Menno Harms
Vorsitzender des Aufsichtsrates Hewlett-Packard GmbH, Böblingen

Prof. Dr.-Ing. Dr. h.c. Engelbert Westkämper
Institutsleiter, Institut für Industrielle Fertigung und Fabrikbetrieb,
Universität Stuttgart;
Fraunhofer-Institut für Produktionstechnik und Automatisierung

Prof. Dr.-Ing. habil. Helmut Hügel
Direktor, Institut für Strahlwerkzeuge, Universität Stuttgart

Dr. rer. Nat. Reinhard Wollermann-Wingdasse
Geschäftsführer TRUMPF Lasertechnik, Sprecher des Geschäftsbereiches
Lasertechnik, Mitglied der Geschäftsleitung der Trumpf Gruppe

Dipl.- Ing. Paul Seiler
Geschäftsführer HAAS-LASER GmbH + Co.KG

Prof. Dr.-Ing. Dr. h.c. mult. Günter Pritschow
Rektor und Direktor, Institut für Steuerungstechnik der Werkzeugmaschinen
und Fertigungseinrichtungen,
Universität Stuttgart

Prof. Dr.-Ing. habil. Prof. e.h. Dr.h.c. Hans-Jörg Bullinger
Institutsleiter, Institut für Arbeitswissenschaft und Technologiemanagement,
Universität Stuttgart;
Fraunhofer-Institut für Arbeitswirtschaft und Organisation

Manfred Wittenstein
Geschäftsführender Gesellschafter und Präsident, Firma Wittenstein GmbH
Co KG, Igersheim

Dr.-Ing. habil. Ralf Christoph
Geschäftsführer, Werth Messtechnik GmbH, Gießen

Prof. Dr.-Ing. Dr. h.c. Klaus Siegert
Direktor, Institut für Umformtechnik, Universität Stuttgart

Prof. Dr. rer. nat. habil. Friedrich Dausinger
Stellvertretender Direktor, Institut für Strahlwerkzeuge,
Universität Stuttgart

Prof. Dr.-Ing. Dr. h.c. Jürgen Hesselbach
Institutsleiter, Institut für Werkzeugmaschinen, Technische Universität
Braunschweig

Dipl.-Ing. Wulf Leitermann
Repräsentant Aluminium-Zentrum, Audi AG, Neckarsulm

Dipl.-Ing. Reiner Kluth
Center Leiter, DaimlerChrysler AG, Stuttgart

Dr. rer. nat. Albano De Paoli
Leitung Produktionsentwicklung 1, Zentralbereich Forschung
und Vorausentwicklung, Robert Bosch GmbH, Stuttgart

Dr. rer. nat. Friedrich Bachmann
Produktmanager Deutschland, Rofin-Sinar GmbH, Mainz

Dipl.-Ing. Bernd Hohenberger
Gruppenleiter, Institut für Strahlwerkzeuge, Universität Stuttgart

Dipl.-Ing. Volker Kreidler
Leitung Business Develop, Siemens AG, Automation & Drives,
Motion Control, Erlangen

Prof. Dr.-Ing. habil. Raimund Neugebauer
Institutsleiter, Fraunhofer-Institut für Werkzeugmaschinen
und Umformtechnik, Chemnitz

Ing. Franz Holy
Firma KRAUSE & MAUSER, Wien

Dr.-Ing. Norbert Hennes
Leiter Zentrale Entwicklung und Konstruktionsleiter für die Produktsparte
„Aircraft“, DS Technologie Werkzeugmaschinenbau GmbH,
Mönchengladbach

Dr.-Ing. Thomas Treib
Geschäftsführer Technik Mikron SPM (Special Purpose Machine, Machining Technology Division) Mikron SA Agno, Lugano (CH)

Prof. Dr.-Ing. Dr. h.c. Uwe Heisel
Direktor, Institut für Werkzeugmaschinen, Universität Stuttgart

Dr.-Ing. Oliver Riedel
Director Immersive Solutions EMEA, Silicon Graphics GmbH, Grasbrunn

PD Dr.-Ing. habil. Joachim Warschat
Institutsdirektor, Fraunhofer-Institut für Arbeitswirtschaft und Organisation, Stuttgart

Achim Gauss
Serviceleiter, Homag Maschinenbau AG, Schopfloch

Dr.-Ing. Rainer Bamberger
Geschäftsführer, Informationsmanagement GmbH, Stuttgart

Technologie- und Managementveränderungen in der Automobilindustrie

E. HALLER, H. J. HAEPP

1 Verschärfter Wettbewerb

Auch zu Beginn dieses Jahrzehnts befindet sich die Automobilindustrie weiterhin in einer dynamischen Wettbewerbssituation (vgl. *Bild 1*). Einerseits sind auf einem zunehmend globalen Markt zumindest mittelfristig die Wachstumsraten vergangener Jahrzehnte nicht mehr zu erwarten. Andererseits haben die klassischen Kerntechnologien der Automobilindustrie heute einen Reifegrad erreicht, der nur noch geringe Rationalisierungen zulässt oder aber den veränderten Anforderungen nicht mehr gerecht wird, etwa verschärften Emissionsgrenzwerten für Lackieranlagen oder der Selbstverpflichtung der Europäischen Automobilindustrie zur Begrenzung des Flottenverbrauches (Fuel Consumption) ab 2008. Dies legt einen Umstieg in neue Konzepte, (Produktions-)Technologien und Werkstoffe nicht nur nahe, sondern macht ihn an vielen Stellen sogar zwingend notwendig. Hinzu kommt, dass sich das Automobil selbst durch die rapide Entwicklung von IT-Anwendungen vom originären Fortbewegungsmittel hin zu einer *„mobilen Informations- und Kommunikationszentrale“* wandelt. Und schließlich werden auch aus der sogenannten *„New Economy“* Herausforderungen erwachsen, die man heute bestenfalls abschätzen kann.

Hieraus steigt in zunehmenden Maße der Innovations- und Konkurrenzdruck und damit das Risiko, aufgrund von Kosten-, Produktivitäts- und Know-how-Nachteilen Marktanteile und Gewinne zu verlieren.

Diesem Druck müssen die Unternehmen durch geeignete Strategien begegnen. Ein wesentlicher Ansatzpunkt besteht darin, durch gezielte Investitionen in die Fahrzeugentwicklung sowie durch die Verkürzung von Entwicklungs- und Produktionsplanungszeiten eine Differenzierung in ein breites Spektrum neuer und moderner Fahrzeuggenerationen und damit zusätzlicher Marktsegmente und –nischen zu erreichen. Ein Nachteil dieser Strategie liegt allerdings darin, dass die Stückzahlen je Baureihe oder Fahrzeugtyp hierdurch tendenziell sinken und so Scaleeffekte zunächst verlorengehen, wenn es nicht gelingt, diese durch intelligente *Modulbaukonzepte* oder *Gleichteilstrategien* wieder herzustellen.

Mit zunehmendem Konkurrenzdruck wächst aber, v.a. auch für die Produktionsbereiche, die Herausforderung, die betrieblichen Abläufe schneller, rationeller und kostengünstiger zu gestalten sowie durch den Einsatz neuer, effizienter Produktionstechnologien zusätzliche Wettbewerbsvorteile zu erschließen. Dieses Bestreben nach Produktivitätsfortschritten und -vorteilen macht dabei keineswegs an den Unternehmensgrenzen halt, sondern es beeinflusst auch die innerbetrieblichen Abläufe und Entscheidungen.

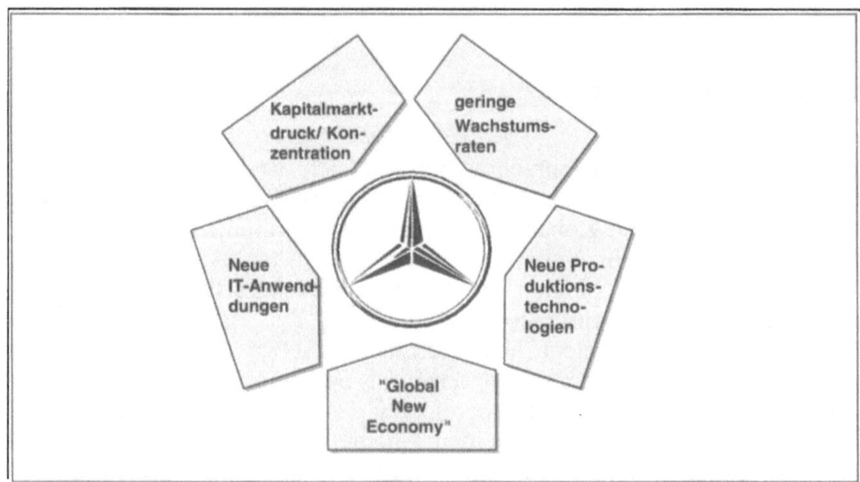

Bild 1: Veränderte Rahmenbedingungen in der Automobilindustrie

2 Wettbewerbervergleich durch Benchmarking

Vor diesem Hintergrund hat sich in der Automobilindustrie heute ein globaler Wettbewerbsvergleich, das sogenannte *„Benchmarking“* durchgesetzt. Im Mittelpunkt steht die eigene, individuelle Standortbestimmung eines Unternehmens oder aber von Unternehmensteilen, z.B. Gewerken, im Vergleich zum jeweiligen externen oder internen Wettbewerber. Hierbei ist eine reine Betrachtung von absoluten Kosten- und Ertragsgrößen, technischen Anlagen und Abläufen oder organisatorischen Strukturen nicht ausreichend, da sie aufgrund der jeweils vorliegenden unterschiedlichen Rahmenbedingungen und Bezugsgrößen eine vergleichende Betrachtung nur sehr bedingt zulassen. Diese vergleichende Betrachtung wird erst durch (relative) Kennzahlen und Kennzahlensysteme, z.B. Produktivitätskennzahlen, ermöglicht.

2.1 Das Zielsystem leitet sich aus dem Anspruchsniveau ab

Folgt man dem bisher Beschriebenen, so besteht die zwangsläufige Konsequenz für jedes (Automobil-)Unternehmen darin, die eigene Position im Vergleich zum Wettbewerb zu bestimmen und hieraus eine Zielvision, einschließlich der zur Zielerreichung notwendigen Strategie, zu formulieren.

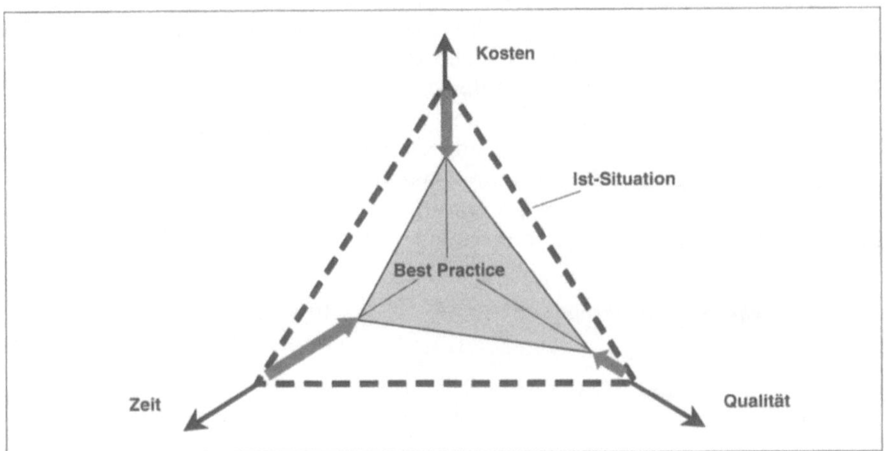

Bild 2: Vergleich zum jeweils weltbesten Wettbewerber

Für die Produktionsstufe des Geschäftsbereichs Mercedes-Benz PKW besteht der Anspruch darin, *„die effizienteste und effektivste Produktionsstufe der Vergleichsklasse“* zu sein. Konkret bedeutet dieses Anspruchsniveau, sich in allen Dimensionen (z.B. Kosten, Qualität und Zeit) permanent mit dem jeweils weltbesten Wettbewerber zu messen und hieraus notwendige Veränderungsansätze abzuleiten (vgl. *Bild 2*).

Hierbei muss man sich allerdings dessen bewusst sein, dass dies eine zeitpunktbezogene Betrachtung (Momentaufnahme) darstellt, die eine statische Lücke ausweisen kann. Ein bloßes Erreichen dieser Werte genügt daher nicht, um erfolgreich zu sein, weil der Wettbewerber seinerseits bestrebt sein wird, Fortschritte zu erzielen. Die daraus resultierende dynamische Benchmarklücke kann also nur dann geschlossen werden, wenn die realisierten Verbesserungsraten, z.B. durch einen *Kontinuierlichen Verbesserungsprozeß* (KVP), durch Optimierung der Produktgestaltung oder den Einsatz effizienterer Produktionstechnologien, über denen der Wettbewerber liegen (vgl. *Bild 3*).

Es hat sich gezeigt, dass eine bottom-up- und budgetorientierte Vorwärtsplanung diesem Anspruch nicht gerecht werden kann. Zum einen orientiert sich diese an den vorliegenden Werks- und Organisationsstrukturen und damit am in diesen Strukturen Machbaren. Zum anderen führen Anpassungen und Fortschreibungen im Budget zwangsläufig zu einer Verschiebung der

Zielewelt (Moving Target). Vor diesem Hintergrund wird heute eine konsequente Rückwärtsplanung vom dynamisierten Zielzustand auf den heutigen Ausgangszustand verfolgt. Hieraus resultiert sowohl ein verbindlicher Zielzustand als auch ein verbindlicher Realisierungspfad, mit entsprechenden jährlich zu erbringenden Realisierungsschritten. Entscheidend ist, dass nicht die vorliegenden Rahmenbedingungen zugrundegelegt sind, sondern die ebenfalls am Benchmark und damit *am Notwendigen* orientierten Idealzustände „Greenfield-Lösungen".

Da sich das Zielsystem am jeweils Notwendigen orientiert, ist es möglich, eine konsistente Überleitung zwischen der Produkt- (z.B. S-, A-Klasse) der Bereichs-/Budget- (z.B. Werk, Center) und Kosten-/Einsatzfaktorensicht (z.B. Personal-, Sachgemein-, Material- und Kapitalkosten) herzustellen und damit die jeweiligen Ziele eindeutig zu adressieren. Hieraus resultiert eine durchgängige und übergreifende Kostentransparenz, die eine gezielte Ableitung von Maßnahmen und deren Controlling ermöglicht. Stellhebel sind hierbei sowohl Produkt- und als auch effiziente Prozessgestaltung (Aufbau und Ablauf).

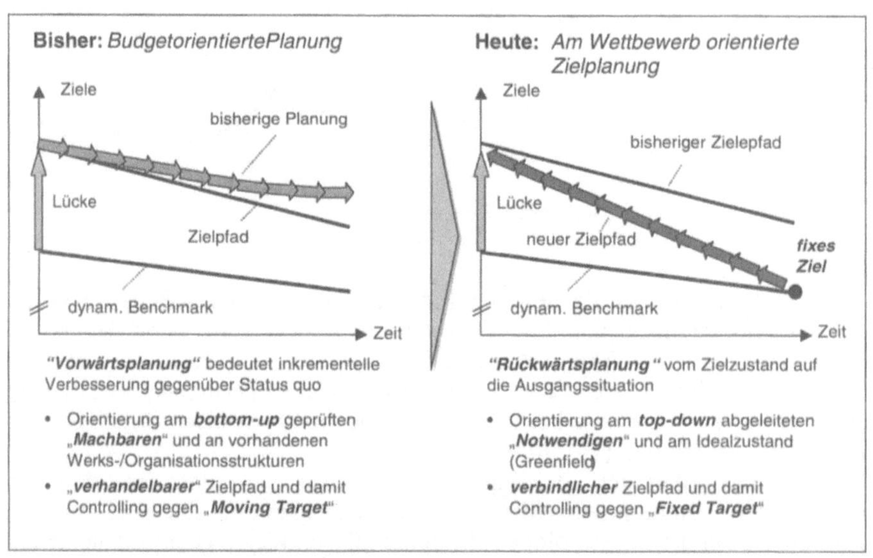

Bild 3: Rückwärtsplanung als Basis zur Zielableitung

2.2 Verbindlichkeit und Transparenz im Produktentstehungsprozess

Aus dem in der oben beschriebenen Form abgeleiteten Anspruchsniveau erwachsen erhebliche Anforderungen an den gesamten Produktentstehungsprozess. Dieser muss eine deutliche Steigerung des Produkt- und Prozessreifegrades sowie schnellere und effizientere Abläufe unterstützen. Mit dieser Zielsetzung wurde der Produktentstehungsprozess im Geschäftsfeld Mercedes-Benz PKW (MDS – Mercedes-Benz Development System; vgl. *Bild 4*) neu strukturiert und für alle Beteiligten verbindlich beschrieben.

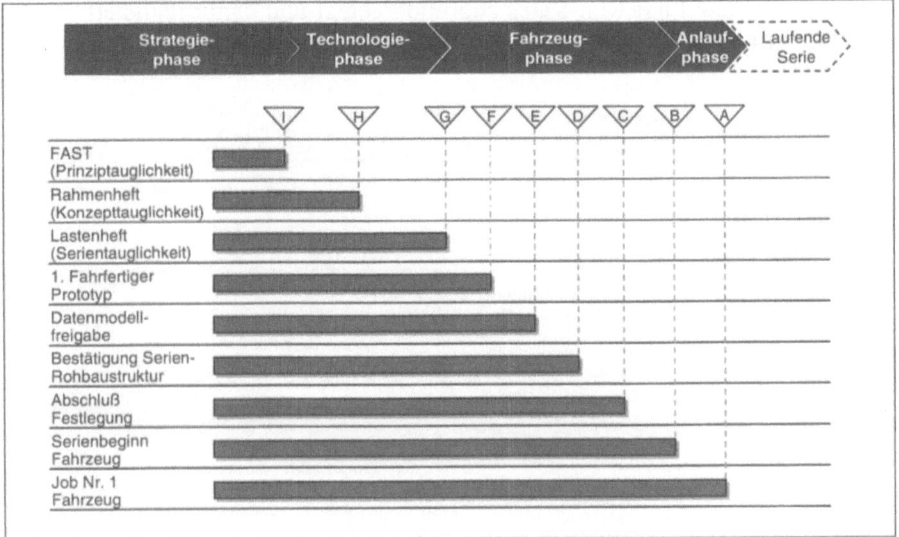

Bild 4: Prozessmodell des Mercedes-Benz Development Systems MDS

Im Mittelpunkt des MDS steht die frühzeitige und bereichsübergreifende Zusammenarbeit aller am Planungsprozess beteiligten Partner – bis hin zu den Teile- und Anlagenlieferanten – sowie als Grundlage hierfür die verbindliche und konsistente Beschreibung von Leistungen, Zielen und Etappenzielen entlang definierter Meilensteine, sogenannter Quality Gates. Der MDS beschreibt alle wesentlichen Schritte, von den ersten Überlegungen bis zur Serienproduktion eines Fahrzeuges. Dabei werden vier, und wenn man die laufende Serie mit betrachtet, fünf Hauptphasen unterschieden: die *Strategie-*, die *Technologie-*, die *Fahrzeug- bzw. Aggregate-*, die *Anlaufphase* und schließlich die *Laufende Serie*. Entscheidend für die Durchgängigkeit und den Erfolg im MDS-Prozess ist die Verbindlichkeit, mit der die Ziele bereits im Vorfeld vereinbart, festgeschrieben, controlled und schließlich auch erreicht werden.

Bei Mercedes-Benz wird daher heute - in Analogie zu dem aus der Entwicklung bekannten Lastenheft - auch für die Produktion, ein sogenanntes Produktionslastenheft beschrieben (vgl. *Bild 5*). Dieses umfasst neben den Planungsprämissen, einer Beschreibung der Produktpositionierung, den geplanten Kosten- und Mitteleinsatzzielen sowie weiteren Größen auch eine detaillierte spezifische Beschreibung der Produktionsanforderungen und Zielgrößen in den einzelnen Gewerken, z.B. Rohbau oder Montage.

Für die Gewerke werden hier detailliert die Planungsprämissen, z.B. technische Kapazitäten, Arbeits-/Betriebszeitmodelle, die Fertigungsart (z.B. Solitär-/Mischfertigung), die Arbeitsorganisation (i.d.R. Gruppenarbeit) und ihre konkreten Ausprägungen beschrieben. Darüber hinaus - und hier schließt sich der Kreis zur wettbewerbsorientierten Zielableitung - wird hier in Form von Kennzahlen beschrieben, welche Produktivitätswerte, welche Nutzungsgrade, oder z.B. welche First-Run-Rates zugrunde gelegt und damit realisiert werden müssen, um diese anspruchsvolle Zielsetzung zu erfüllen.

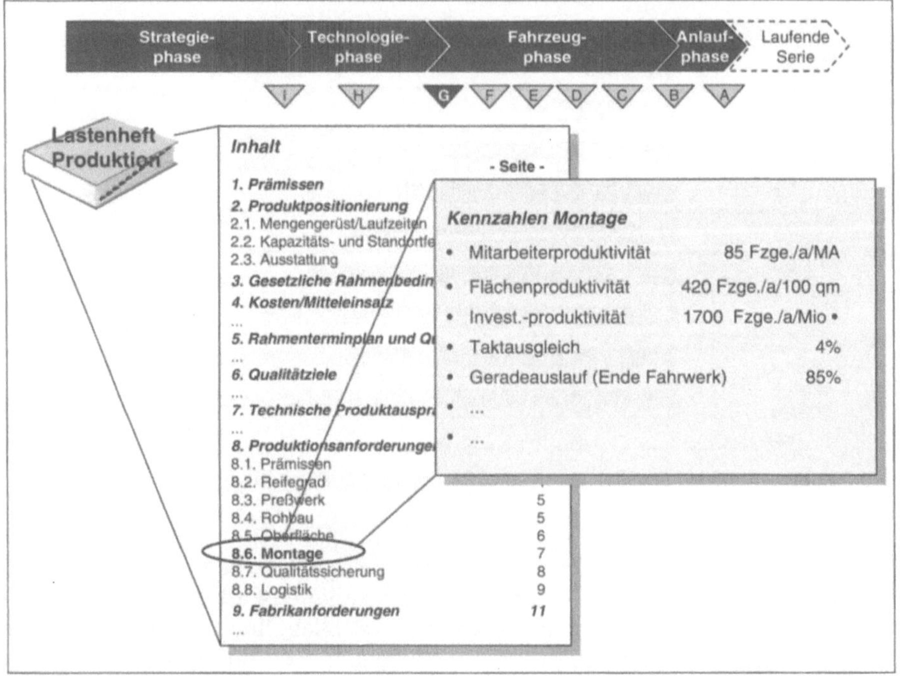

Bild 5: Lastenheft Produktion

Gerade der (geplante) Einsatz neuer Technologien setzt bei dieser sehr stringenten und zeitlich vernetzten Vorgehensweise eine möglichst exakte Kenntnis darüber voraus, wann diese mit welcher Reife zur Verfügung stehen. Zusätzlich müssen neue Technologien erkannt und – v.a. auch in ihren Wechselwirkungen - bewertet werden. Ein Beispiel ist in diesem Zusammenhang etwa der im folgenden noch beschriebene Einsatz bandlackierter Bleche bereits im Presswerk, der wiederum grundlegende Veränderungen der Fügeverfahren im Karosserierohbau bedingt usw.

3 Technologiemonitoring

Hieraus wird deutlich, daß die Kenntnis über zukünftige Technologietrends und -entwicklungen einer der wesentlichen Erfolgsfaktoren ist, um die Produktionsprozesse sowohl unter wirtschaftlichen als auch unter zeitlichen und qualitätsmäßigen Gesichtspunkten optimal zu gestalten. Mit wachsender Informationsflut und zunehmender Komplexität der Verflechtung zwischen einzelnen Technologiefeldern wird die Bewertung und Auswahl geeigneter Technologien jedoch zunehmend schwieriger. Hinzu kommt, daß neben dem eigentlichen Entscheid über die Technologie auch der Zeitpunkt des Einsatzes von erheblicher Bedeutung ist. Ein zu früher Einsatz einer noch nicht ausgereiften Technologie kann zu einem unnötigen Ressourcenverbrauch führen. Ein zu später Einstieg dagegen kann nachhaltige Wettbewerbsnachteile mit sich bringen. Die Schwierigkeit besteht also darin, den zukünftigen Erfolg oder Misserfolg möglicher neuer Technologien auf dem Informationsstand von heute abzuschätzen. Vor diesem Hintergrund wurde bei DaimlerChrysler ein entsprechendes Konzept zur

- Erschließung,
- Dokumentation und
- Bewertung

neuer Technologien erarbeitet. Der Begriff Technologiemonitoring bedeutet dabei die ständige, gezielte Beobachtung neuer Technologien, die nach Stand der Erkenntnisse bei DaimlerChrysler noch nicht (oder nur sehr begrenzt) zum Einsatz gekommen sind.

3.1 Technologieerschließung

Die Beobachtung bzw. das Erfassen von neuen Technologien erfolgt mit verschiedenen Methoden. Während die Erschließung von öffentlich zugänglichen Quellen wie Publikationen oder auch Patentanmeldungen gesicherte Ergebnisse liefern, besteht die Gefahr bei informellen Quellen Meinungen und Fakten zu vermischen. Die Informationserhebung von Personen, z.B. durch Experteninterviews, ist auch aufwendiger als die Analyse von formellen Informationsquellen. Der Wert der so erhaltenen Informationen ist jedoch hoch einzuschätzen, da nur so ein frühzeitiges Erkennen neuer, innovativer Technologien möglich ist. Zwar haftet diesen informellen Quellen ein hoher Grad an Unsicherheit an (*Bild 6*), dennoch ist der Abstand zu ersten Publikationen oder Patenten i.d.R. erheblich. Vor allem zur Identifikation schwacher Signale ist die Nutzung von informellen Quellen insbesondere über Experten von Hochschulen und Zulieferern von großer Bedeutung.

Vor dem Hintergrund, dass unterschiedliche Methoden zur Technologieerschließung verschiedene Schwerpunkte beleuchten, haben sich nachfolgende Verfahren als praktikabel erwiesen:

- Experten-Interview,
- Brainstorming in Arbeitskreisen,
- Experten-Tagung, Meetings, Konferenzen,
- Literaturrecherche,
- Bibliometrische Analyse sowie
- Patentrecherche.

Als ein sehr wichtiges Instrument, Informationen über neue Technologien zu erfassen, hat sich das Experteninterview bewährt. Dabei ist zu berücksichtigen, dass das Meinungsbild externer Experten sehr stark von der befragten Person geprägt ist. Brainstorming in Arbeitskreisen bietet die Möglichkeit, intern verteiltes Wissen von Experten zu erfassen und in der Diskussion zu bewerten. Diese Informationsquelle liefert in der Regel das Basiswissen über neue, innovative Technologien.

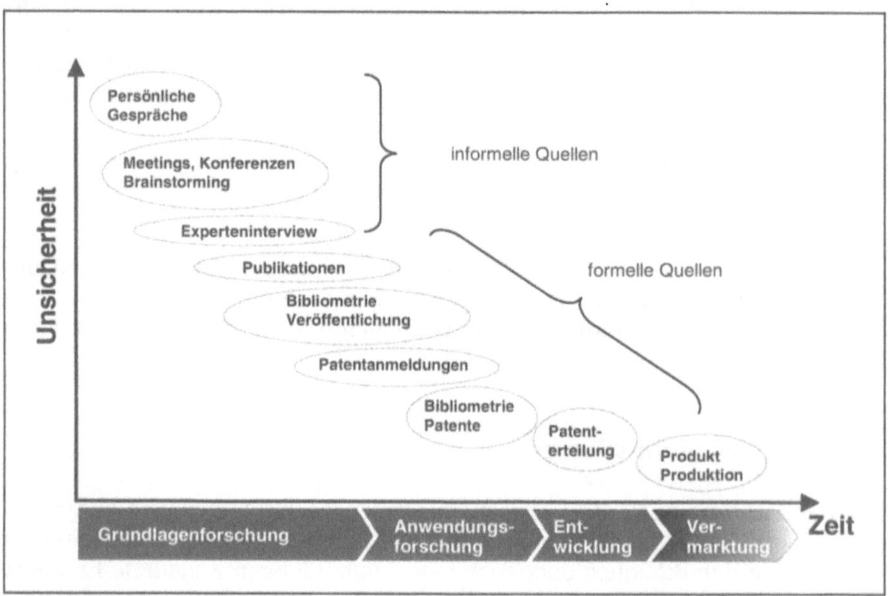

Bild 6: Unsicherheit über den Informationsgehalt bei Technologierecherche

Mit einem vorab erarbeiteten Stichwortkatalog, der das zu recherchierende Gebiet beschreibt, liefern Literatur- und Patentrecherchen in der Regel umfangreiche Datenmengen in Form von Abstracts. Sie geben auch schwache Hinweise über die Bedeutung von Innovationen z.B. über die Häufigkeit von Anwendungen. Die bibliometrische Recherche liefert Daten über Häufigkeit bzw. Umfang von Stichworten, die in Publikationen, Veröffentlichungen u.a.m. in einem definierten Zeitraster zu finden sind. Die Analyse relevanter Artikel im betreffenden Technologiefeld gibt Auskunft über den Umfang der Aktivitäten bzw. über technologische Schwerpunkttrends.

3.2 Technologiedokumentation

Die Einordnung neuer Technologien erfolgt in Technologiegruppen, wie z.B.

- umweltschonende Werkstoffsysteme (z.B. Ersatz von halogenhaltigen Polymeren),
- Faserverbundtechnologie (z.B. CFK für Strukturelemente),
- neue Produktionstechniken (z.B. Diodenlaserschweißen, Coil Coating).

Die einzelnen Technologien innerhalb einer Technologiegruppe werden durch Kriterien wie Technologiereife, Key-Player, Anwendungspotenzial sowie Informationen über Aktivitäten bei Wettbewerbern beschrieben. Ergänzend dazu wird die zeitliche Einsatzfähigkeit im DC-Entwicklungszyklus in Bezug auf Konzepttauglichkeit, Serientauglichkeit und einem möglichen Serieneinsatz bewertet. Um die Daten u.a. für Strategien, Innovationskreise (TechClubs) oder für Fahrzeugsteckbriefe mit schnellen Zugriffzeiten nutzen zu können, erfolgt die Kommunikation über Internet-Browser. Das heißt, Texte, Tabellen und Bilder werden in hypertextfähiger Form erzeugt und über das Intranet für einen eingeschränkten Nutzerkreis zur Verfügung gestellt.

Im Rahmen der nachfolgenden Ausführungen wird dieses Vorgehen am Beispiel des Alternativen Antriebskonzeptes Brennstoffzelle und der daraus resultierenden Veränderungen für die Produktion(-stechnologien) sowie am Beispiel Modularer Fahrzeugkonzepte dargestellt.

3.3 Technologiebewertung

Graduelle Unterschiede in der Bedeutung der erfassten Technologien werden über eine Feinbewertung erfasst. Im ersten Schritt erfolgt eine Definition und Gewichtung von Erfolgsfaktoren, die einen bedeutenden Einfluss auf den Erfolg einer Technologie besitzen. Die Bewertung erfolgt im zweiten Schritt durch Experteneinschätzung über den Beitrag, den eine neue Technologie zur Erfüllung der Erfolgsfaktoren Kundennutzen, wirtschaftlicher Erfolg, Qualität, usw. beitragen kann.

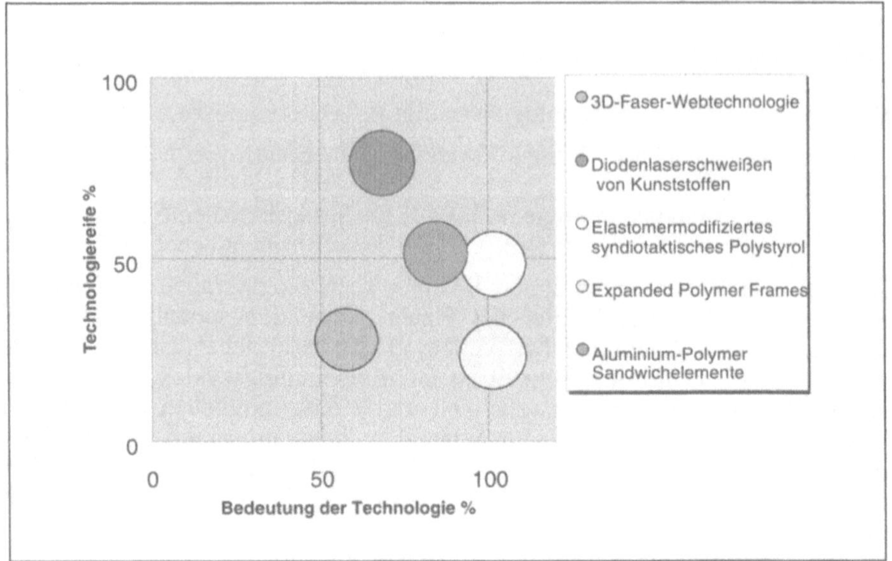

Bild 7: Technologieportfolio

Signifikante Unterschiede zeigen sich ebenfalls in der Technologiereife. Für eine detailliertere Analyse der Technologiereife müssen hier die Lebenszyklusphasen betrachtet werden. Dabei sind die Technologien anhand des Grades der Erreichung des Wettbewerbspotenzials in den Phasen Entstehung, Wachstum, Reife und Alter zu unterscheiden. Embryonische Technologien und auch noch Schrittmachertechnologien stehen eher am Anfang, Schlüsseltechnologien in der Mitte und Basistechnologien am Ende im Lebenszyklus. Diese Einordnung ist branchenabhängig. So kann eine bestimmte Technologie in einer Branche Schlüssel- und in einer anderen Schrittmachertechnologie sein. Für die Luft- und insbesondere der Raumfahrttechnik sind Faserverbundbauweisen z.B. Schlüsseltechnologien. Im Automobilbau dagegen besitzen sie eher noch embryonischen Charakter.

Technologiebedeutung und Technololgiereife werden zu einem Technologie-Portfolio zusammengefasst. In *Bild 7* ist z.B. gezeigt, dass die Technologie "Diodenlaserschweißen von Kunststoffen" zwar eine hohe Bedeutung besitzt, auf der anderen Seite aber auch eine hohe Technologiereife besitzt. Da bei solchen Technologien keine eigene Entwicklungsarbeit mehr geleistet werden muß, bietet sich hier eher ein kompletter Zukauf an. Dagegen besitzt "Expanded Polymer Frames" eine hohe Bedeutung, aber nur eine geringe Reife. Gespiegelt an der Produktstrategie und an spezifischen Anwendungen, kann es durchaus sinnvoll sein, hier ein Entwicklungsprojekt zu initiieren.

Ein weiteres Beispiel für die Notwendigkeit eines frühzeitigen, intensiven Technologiemonitorings stellt der zu erwartende verstärkte Einsatz alternativer Antriebskonzepte dar, wie im folgenden anhand der Brennstoffzelle gezeigt wird.

4 Alternative Antriebskonzepte

Nicht zuletzt die Emissionsdiskussion um die klassischen Verbrennungsmotoren hat in den verhangenen Jahren – mit dem Ziel Zero-Emission Vehicle - die Bemühungen bei der Suche nach alternativen, schadstoffärmeren bzw. im Idealfall schadstofffreien Antriebskonzepten im Hause DaimlerChrysler ständig intensiviert. Einer Technologie, der dieses Potenzial zugetraut wird, ist die Brennstoffzelle. Bereits in 20 Jahren könnte der Marktanteil von Alternativantrieben nach einer Studie der Shell AG (Shell 1999, vgl. *Bild 8*) bei über 20% liegen.

Für das Unternehmen DaimlerChrysler, das diese Entwicklung nicht nur nachvollziehen, sondern aktiv vorantreiben möchte, bedeutet dies neben intensiven Forschungs- und Entwicklungsleistungen, bereits frühzeitig die Auswirkungen auf die Produktion im Sinne der aufgezeigten Technologievorsorge zu antizipieren und hierfür geeignete Lösungen im Sinne einer Technologievorsorge zu entwickeln. Das heißt, dass neben neuen Produktions- und Werkstofftechnologien, die noch entwickelt werden müssen, die Frage beantwortet werden muss, welche Veränderungen hieraus in der Zukunft für die Fabriken, die Zulieferer und die Maschinenhersteller resultieren. Bevor diese Fragen diskutiert wird, soll im Folgenden das Funktionsprinzip der Brennstoffzelle kurz erläutert werden.

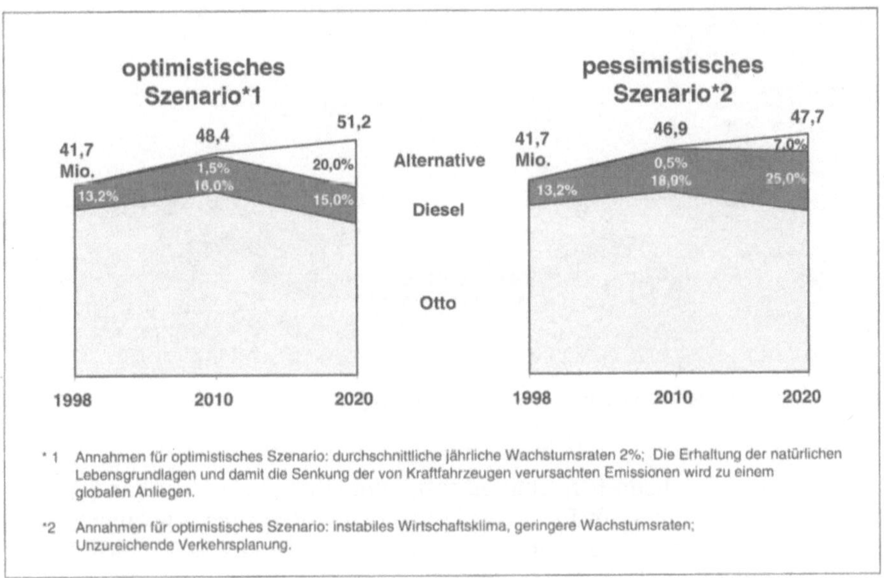

Bild 8: Marktanteile alternativer Antriebskonzepte im Automobilbau

4.1 Der Brennstoffzellenantrieb

Das Grundprinzip der Brennstoffzelle ist eine kontrollierte Knallgasreaktion, bei der durch die elektrochemische Umsetzung von Wasserstoff und Sauerstoff zu Wasser, elektrische Energie und Wärme entsteht.

Die wesentlichen Vorteile liegen darin, dass die Ausgangsstoffe Wasserstoff und Sauerstoff praktisch unerschöpflich vorliegen und dass die Reaktion geräuschlos und ohne schädliche Emissionen abläuft. Das bedeutet, Schadstoffe, aber auch Treibhausgase wie CO_2, entstehen nicht. *Bild 9* stellt das von DaimlerChrysler bereits 1999 vorgestellte NeCar4 Fahrzeug dar, welches sich bereits in zahlreichen Praxiseinsätzen bewährt hat.

Als problematisch erweist sich in diesem Zusammenhang allerdings noch die Speicherung von Wasserstoff an Bord eines Fahrzeugs sowie die Umstellung des bislang auf fossile Kraftstoffe ausgelegten Tankstellennetzes.

Bild 9: Necar4 auf Basis einer Mercedes-Benz A-Klasse

Zielführend erscheint hier eine gestufte Vorgehensweise, bei der der Wasserstoff erst über einen im Fahrzeug vorhandenen Reformer aus einem flüssigen Ausgangsstoff erzeugt wird, z.B. aus Methanol oder aus modifiziertem fossilen Kraftstoff.

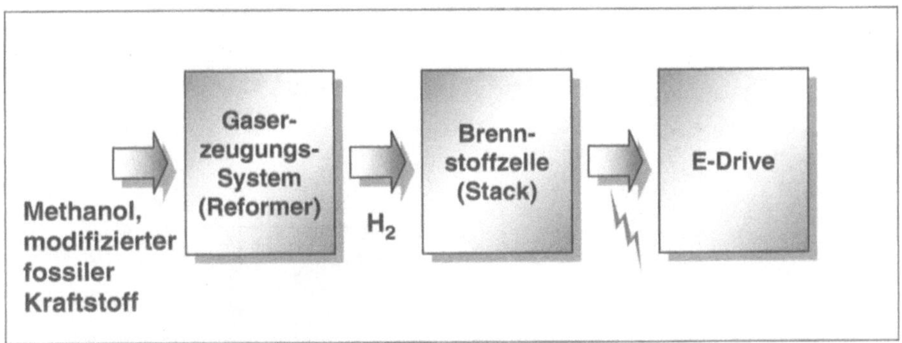

Bild 10: Komponenten eines Brennstoffzellenantriebs

Schließt man den Antriebsstrang mit ein, so besteht ein Brennstoffzellenantrieb aus den 3 Hauptkomponenten *Gaserzeuger (Reformer)*, der eigentlichen *Brennstoffzelle* sowie dem *Elektroantrieb* (E-Drive; vgl. *Bild 10*). Für den Einsatz in einem Fahrzeug müssen dabei mehrere (kleine) Brennstoffzellen in Stapeln (Stacks) hintereinander geschaltet werden, um die geforderte Leistung zu erzielen.

Weiterhin ist es nicht möglich, bei einem bestehenden Fahrzeug lediglich einen konventionellen Motor durch einen Brennstoffzellenmotor zu ersetzen. Vielmehr muss der komplette Antriebsstrang aufgrund veränderter Leistungsmerkmale der Komponenten in seiner Gesamtheit betrachtet, in vielen Komponenten neu entwickelt und aufeinander abgestimmt werden.

Beim Betrieb des Brennstoffzellensystems werden Methanol und Wasser im Verdampfer gemischt und dabei vom flüssigen in den gasförmigen Zustand überführt. In dem folgenden Gasreinigungs- bzw. katalytischen Reformierungsprozess wird anschließend reiner Wasserstoff erzeugt, der dann der Brennstoffzelle bzw. dem Stack zugeführt wird.

In der Brennstoffzelle wird anschließend aus Wasserstoff und Luftsauerstoff mit Hilfe eines Katalysators elektrischer Strom und Wärme gewonnen. Ein Stack besteht aus 350-400 Einzelzellen, jeweils eine Kombination aus einer Membran-Elektroden-Einheit (MEA) und zwei Bipolarplatten. Die Membranen verhindern das direkte Zusammentreffen der Gase und damit die Gefahr einer (unkontrollierten) Knallgasreaktion.

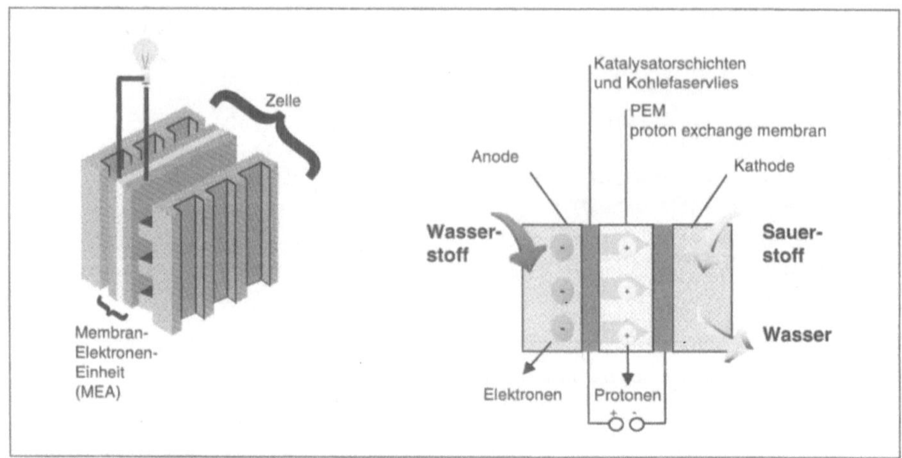

Bild 11: Arbeitsprinzip einer Brennstoffzelle

Hierbei ist das Prinzip eines Polymer-Elektrolyt-Membran Stacks zugrunde gelegt, das sich aufgrund seiner Vorteile (z.B. sehr niedrige Betriebstemperatur, hohe Betriebsflexibilität, ...) derzeit als einziges Prinzip für den Einsatz als KFZ-Antriebseinheit eignet (vgl. *Bild 11*).

Die eigentliche Antriebseinheit, der E-Drive, besteht ebenfalls aus mehreren Komponenten, dem *Umrichter*, dem *Elektromotor* und einem *Getriebe* (*Bild 12*). Die bislang vorliegenden Erfahrungen zeigen, dass der Brennstoffzellenantrieb dem herkömmlichen Verbrennungsprinzip bzgl. Fahrleistung und -geschwindigkeit entsprechen kann, in Bezug auf Beschleunigung oder Wirkungsgrad sogar Vorteile besitzt, wenn es gelingt, die bislang noch offenen Fragen zu beantworten, z.B. hinsichtlich der (Groß-)Serienfertigung von Brennstoffzellen.

Alleine die Herstellung der Membran-Elektroden-Einheit (MEA) bedingt z.T. die Entwicklung völlig neuer Produktionstechnologien bzw. veränderte Anforderungen an bereits bestehende Technologien und damit notwendige Anpassungen und deren Weiterentwicklungen. Darüber hinaus ist zu erwarten, dass bei den Aggregate- und Komponentenherstellern auch verstärkt Technologien zum Einsatz kommen werden, die bislang in anderen Branchen oder Bereichen zum Einsatz gekommen sind, was die Bedeutung eines entsprechenden Technologiemonitorings im Zulieferbereich unterstreicht. So wird z.B. tendenziell die Bedeutung der spanenden Verfahren gegenüber der Blechbearbeitung abnehmen, oder für die Membranbearbeitung und deren Handling kommen Technologien aus der Kunststoffverarbeitung und Verpackungsindustrie zum Einsatz.

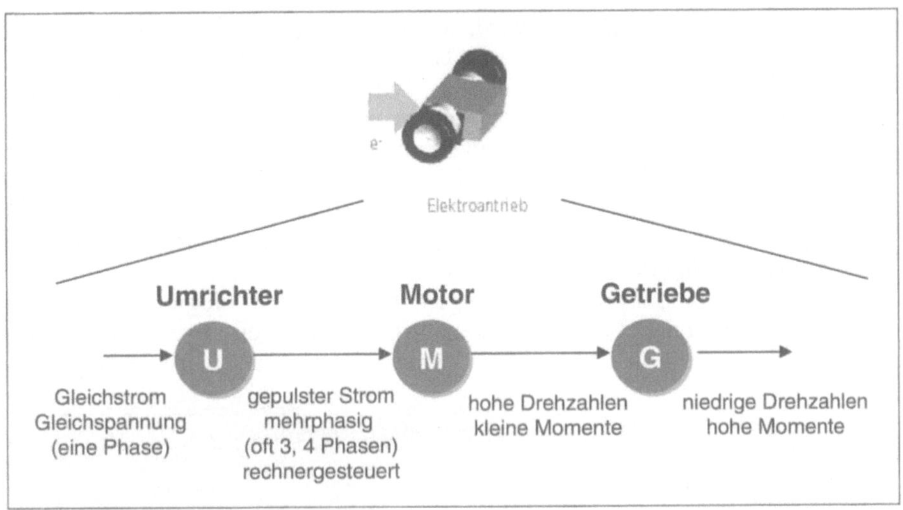

Bild 12: Komponenten eines E-Drive

4.2 Brennstoffzellenkonzepte verändern die Anforderungen an die Produktion

Aus dem bisher Aufgezeigten wird deutlich, dass es durch die Herstellung der Brennstoffzelle zu Veränderungen bei den Produktionstechnologien in der Fabrik bis hin zu Neuorientierungen bei Maschinenherstellern und bei Zulieferern kommen wird. Ein Beispiel hierfür sind die veränderten Anforderungen an Schweißverfahren.

Aufgrund des sehr aggressiven Methanol-Wasser-Gemischs im Reformer genügen nur Edelstähle den geforderten Korrosionsbeständigkeiten. Die aus Edelstählen gefertigten Bauteile müssen zudem gasdicht verschweißt werden, wobei auch die Schweißnähte die selben Korrosionsbeständigkeiten über die gesamte Lebensdauer aufweisen müssen. Klassische Schweißverfahren stoßen hierbei aufgrund der Schweißeigenschaften der verwendeten Edelstähle und Legierungen an ihre Grenzen. Hinzu kommt, dass allein für die Fertigung des Reformers bei einer Jahresstückzahl von 100.000 Fahrzeugen nach heutigen Schätzungen über 80 km Schweißnähte pro Tag erzielt werden müssten. Das heißt, hier sind sowohl die Automobilhersteller als auch die Schweißanlagenhersteller gefordert, die notwendige Kapazität sowohl qualitativ als auch quantitativ zur Verfügung zu stellen. Als vielversprechend erweist sich hierfür in ersten Versuchen der Einsatz der Laserschweißtechnologie.

Ein weiteres Beispiel ist die Herstellung der Membran-Elektroden-Einheit (vgl. *Bild 11*), der zentralen Komponente jeder Brennstoffzelle. Die MEA dient als eigentliches Stromerzeugungselement im Stack. Jede MEA besteht aus einer protonenleitenden hauchdünnen Membran, auf die beidseitig eine

Katalysatorschicht aufgebracht wird, sowie aus zwei unterschiedlich gepolten Elektroden (Gas-Diffusions-Layern). Die einzelnen Schichten müssen in einem Laminierprozess zusammengefügt und 100% gasdicht gefügt werden. Auch dies sind Fertigungsprozesse, für die es bislang kaum eine Anwendung in der Automobilindustrie gibt. Bedenkt man weiterhin, dass je Stack zwischen 350 und 400 dieser MEA vorhanden sind, so müssten bereits für die Herstellung von 100.000 Brennstoffzellenfahrzeugen pro Jahr rd. 170.000 MEAs pro Tag gefertigt werden. Selbst bei ununterbrochenem Dreischichtbetrieb resultieren hieraus Taktzeiten von ca. 0,5 sec.[1]!

Allein diese beiden Beispiele zeigen, welche Technologieveränderungen aus dem erwarteten Einsatz der Brennstoffzelle als alternatives Antriebskonzept resultieren. In *Bild 13* sind diese Veränderungen exemplarisch dargestellt.

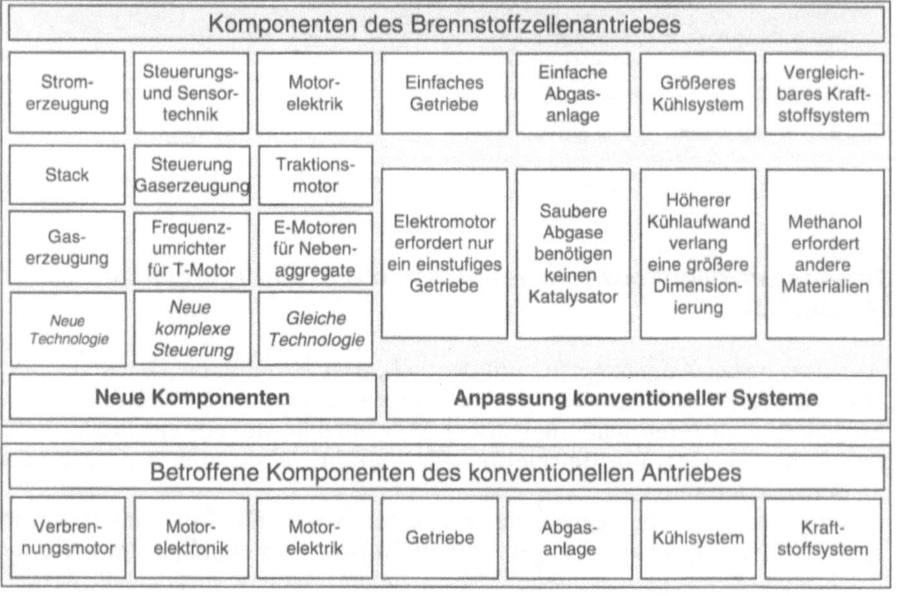

Bild 13: Veränderungen durch die Brennstoffzelle gegenüber einem konventionellen Antriebskonzept (Quelle: DEMUß 1999)

Es wird deutlich, dass alle Komponenten eines Antriebs betroffen sind bzw. Veränderungen erfahren werden. Hieraus leiten sich nicht nur für die Automobilhersteller, sondern auch für die Zulieferindustrie sowie die Maschinen- und Anlagenhersteller anspruchsvolle Herausforderungen ab, denen im Hause DaimlerChrysler durch intensive Technologievorsorge entsprochen wird.

[1] ohne die Berücksichtigung möglicher Parallelisierungen im Sinne einer Mengenteilung

5 Modularisierung

Wie einleitend aufgezeigt wurde, besteht eine weitere Herausforderung an die Automobilunternehmen neben der Entwicklung neuer, d.h. vor allem schadstofffreier Antriebskonzepte sowie der Entwicklung daran angepasster wirtschaftlicher Fertigungsverfahren darin, ein breites Spektrum unterschiedlicher Baureihen und Fahrzeugtypen entsprechend den individuellen Kundenwünschen anzubieten. Um die damit verbundene Abnahme der Stückzahlen je Baureihe bzw. Typ und damit der Scaleeffekte zu kompensieren, müssen geeignete Konzepte entwickelt werden, die einerseits die geforderte Flexibilität gewährleisten, andererseits aber auch eine wettbewerbsfähige, wirtschaftliche Fertigung zulassen. Einen vielversprechenden Ansatz stellt in diesem Zusammenhang die im Folgenden aufgezeigte Strategie der Modularisierung dar.

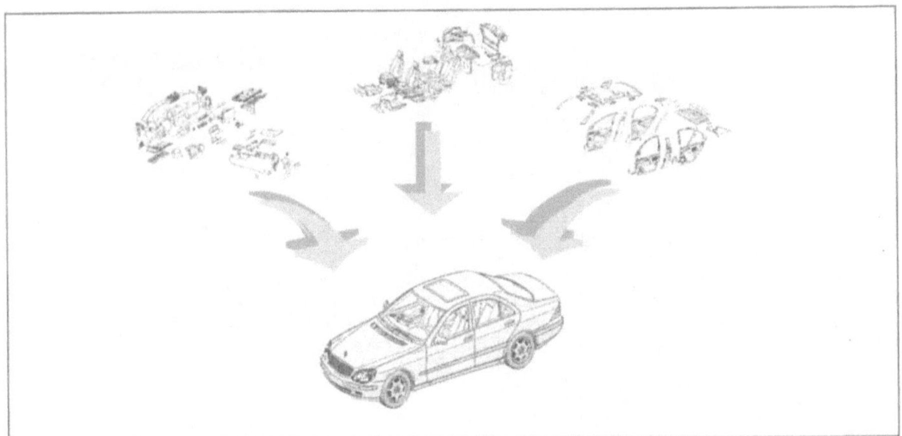

Bild 14: Heutiges Produktkonzept

Im Vergleich zu früher sind heutige Produktkonzepte durch einen enormen Anstieg der Teileanzahl und des Funktionsangebotes sowie durch eine hohe Komplexität charakterisiert (vgl. *Bild 14*). Dieser Trend wird sich auch in Zukunft weiter fortsetzen, sowohl aufgrund der steigenden Variantenvielfalt als auch aufgrund weiter zunehmender Austattungsumfänge (Serien- und Sonderausstattungen).

Als eine Folge dieser Entwicklung ist der Arbeitsinhalt heute pro Fahrzeug in der Hauptlinie der Fahrzeugmontage sehr umfangreich und variiert zudem stark in Abhängigkeit des Ausstattungsumfangs.

Hieraus resultieren einerseits lange Montagelinien, mit z.T. erheblichen Taktverlusten, sowie andererseits ein hoher logistischer Aufwand, z.B. in Bezug auf die Organisation der Materialbereitstellung oder die Steuerung der Auftragsreihenfolge.

Weiterhin zeigt sich, dass es v.a. bei nur selten vorkommenden Sonderausstattungen aufgrund der geringen Wiederholhäufigkeit der korrespondierenden Montagevorgänge zu erheblichen Abweichungen zwischen Plan- und Istzeiten und damit zu einer niedrigen Arbeitseffektivität kommen kann (vgl. hierzu ausführlich HALLER, HEER, SCHILLER 1999, S. 8 f.).

Weiterhin erhöht die aus der starren Verkettung von Arbeitsstationen resultierende mangelnde Flexibilität die Schwierigkeit, den Arbeitsablauf an veränderte konstruktive Produktgestaltungen oder Mengenschwankungen bei den Sonderausstattungen anzupassen. Diese Problematik beschränkt sich dabei nicht auf die hier hervorgehobene Endmontage, sondern betrifft in gleicher Weise die übrigen am Produktentstehungsprozess beteiligten Gewerke *Presswerk*, *Rohbau* und *Lackierung*.

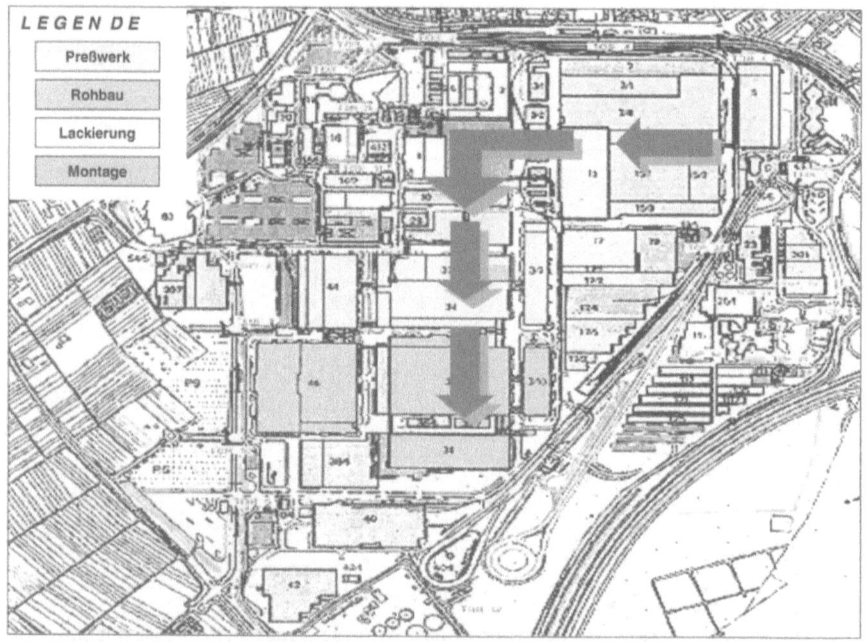

Bild 15: Klassischer Fertigungsfluss in einem Automobilwerk

Der heutige Fertigungsablauf in einer Automobilfabrik ist zudem geprägt durch eine sequenzielle Abfolge durch diese Gewerke. Hierbei nimmt die Lackierung aufgrund der hohen Investitionskosten eine besondere Rolle ein. Einerseits ist man bestrebt, dieses kapitalintensive Gewerk möglichst optimal auszulasten. Andererseits lassen sich zusätzliche Kapazitätsbedarfe nicht linear decken, sondern führen i.d.R. zu sprungfixen Investitionen in Höhe von mehreren 100 Millionen Euro in zusätzliche Vorbehandlungsbereiche, Decklackstraßen oder Trockenöfen. Vor diesem Hintergrund stellt die Lackierkapazität i.d.R. die limitierende Größe bzgl. Stückzahl innerhalb eines Automobilwerkes dar.

Dies hat in der Vergangenheit häufig dazu geführt, dass viele unterschiedliche Baureihen über dieselbe Lackieranlage gefahren wurden und sich die Lakkierung so zu einen „Knotenpunkt" innerhalb der Fabriken entwickelt hat. Hieraus resultieren einerseits erhebliche logistische Nachteile in Bezug auf die Auftragssteuerung. Viel gravierender ist jedoch, dass hierdurch Fabrikstrukturen geschaffen werden, die die Möglichkeiten der langfristigen Werksentwicklung deutlich einschränken. Zusätzlich resultieren aus der verfahrenstechnisch notwendigen hohen thermischen Belastung im Lackierprozess Restriktionen bei der Werkstoffauswahl, z.B. Einschränkung bei Auswahl von Kunststoffteilen für die Inline Lackierung.

Bild 15 zeigt zusammenfassend den konventionell nach Gewerken strukturierten Produktionsablauf in einem Automobilwerk.

5.1 Vorteile einer modularen Fahrzeug- und Fabrikgestaltung

Die aufgezeigten Nachteile herkömmlicher Produkt- und Fabrikkonzepte lassen sich durch geeignete Modularisierungskonzepte überwinden. Unter einem Modul soll dabei im Folgenden eine (Bau-)Gruppe verstanden werden, die unabhängig von der Fahrzeugendmontage hergestellt und über definierte Schnittstellen gefügt werden kann.

Damit bietet die Modularisierung die Grundlage für die Entkopplung von Fertigungen, z.B. in Vormontagen, die entweder beim Hersteller selbst oder aber bei unterschiedlichen (Modul-)Lieferanten betrieben werden können. Hieraus lassen sich flexiblere und weniger kapitalintensive Fertigungsstrukturen schaffen, die sich unter anderem durch eine Reduzierung des Flächenbedarfs und der Faktoreinsätze auszeichnen. Weiterhin können die einzelnen Modulfertigungen gezielter aus arbeitsgestalterischer und ablauforganisatorischer Sicht optimiert und so zusätzliche Rationalisierungspotenziale erzielt werden.

Ebenso bilden modulare Produktkonzepte die Grundlage für die Reduzierung von Varianten im Fertigungsprozess, z.B. von Rohbauvarianten, da die gewünschte Diversifizierung einer Modellreihe nicht bereits auf Rohbauebene stattfinden muss, sondern erst in nachgelagerten Bereichen, v.a. der Montage, stattfinden kann. Diese spätere Variantenbildung ist mit deutlich geringerem Aufwand (z.B. Steuerung, Pufferbestände, ...) verbunden und damit trotz höherer Variabilität wirtschaftlicher. In *Bild 16* ist beispielhaft die Fahrzeugvielfalt aufgrund der Variation eines Heckmoduls dargestellt.

Bild 16: Modulare Variantenbildung

Die Verlagerung von Montageumfängen von der Endmontage in Vormontagen sowie die Funktions- und Bauteilintegration in die Module führt zu einer weiteren Vereinfachung der Prozessabläufe in der Hauptlinie und so zu einer Reduzierung der (End-)Montage-, Prüf- und Nacharbeitszeiten.

Ein weiterer Vorteil besteht darin, dass sich Automatisierungen wirtschaftlicher realisieren lassen, wenn sich die dafür eingesetzte Anlagentechnik nicht an den Randbedingungen einer konventionellen PKW-Montagelinie (z.B. Systemlänge, konventionelle Fördertechnik, Logistikfläche etc.) orientieren muss.

Darüber hinaus bietet die Modularisierung eine ganze Reihe weiterer möglicher Vorteile, die in *Bild 17* zusammenfassend dargestellt sind.

- Entkopplung von Fertigungsbereichen
- Vereinfachte Variantenbildung erst in der Montage
- Flexible und kapitalminimale Fertigungsstrukturenn
- Reduzierung der Rohbauvarinaten
- Wirtschaftliche Automatisierung
- Ausdehnung Vormontageumfänge, Reduzierung Endmontagezeit
- Funktions- und Bauteilintegration in die Module
- Alternative Werkstoffkonzepte (Synergien mit Leichtbaustrategien)
- Reparaturfreundlichkeit
- Bildung von Produkt- und Produktionsplattformen

Bild 17: Mögliche Vorteile der Modularisierung

5.2 Stand und Entwicklungspotenziale bei Fahrzeugmodulen

Grundsätzlich lassen sich drei Stufen der Modularisierung im Fahrzeugbau unterscheiden. Der Einstieg in eine modularisierte Fertigung erfolgte bei der DaimlerChrysler AG bereits Anfang der 90er Jahre. Durch die Zusammenfassung einer bestimmten Anzahl von (Einzel-)Teilen zu einem Modul in Vormontagen konnte einerseits die Wirtschaftlichkeit und Qualität in der Montage gesteigert werden. Andererseits schuf man hierdurch die Voraussetzungen für neue Automatisierungen, die flächendeckende Einführung von Gruppenarbeit sowie flexiblere Fertigungsstufen. In *Bild 18* sind typische Vormontagen dargestellt, eine Cockpit- und eine Türenvormontage.

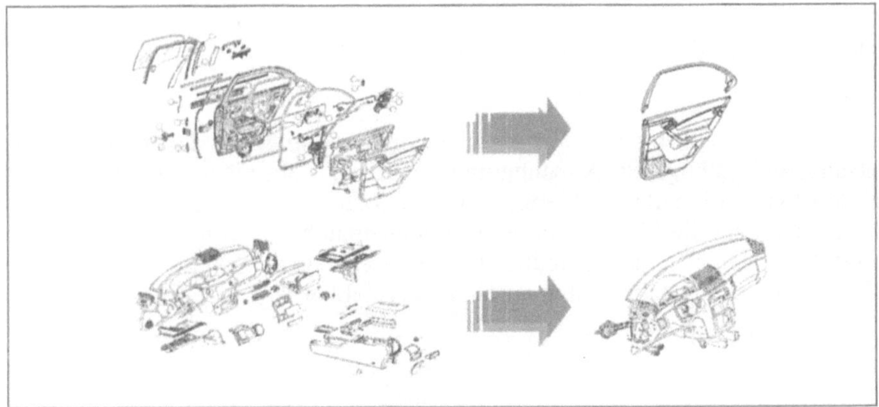

Bild 18: Vormontage Türen und Cockpit

Durch die Einrichtung von Vormontagen werden die Vorteile der Modularisierung jedoch nur teilweise genutzt. Über die Integration von Karosseriekomponenten beziehungsweise Strukturelementen lassen sich weitere Potenziale erschließen.

In *Bild 19* ist als repräsentatives Beispiel der zweiten Entwicklungsstufe, die Modularisierung eines Cockpitstirnwandmoduls dargestellt, bei dem die Stirnwand als Rohbauumfang integriert ist.

Beschränkt sich die zweite Stufe der Modularisierung auf Strukturelemente und Komponenten, so schließt die letzte modulare Entwicklungsstufe sichtbare Außenhautteile der Fahrzeuge mit ein (vgl. *Bild 20*) und hat somit direkten Einfluss auf den Oberflächenprozess.

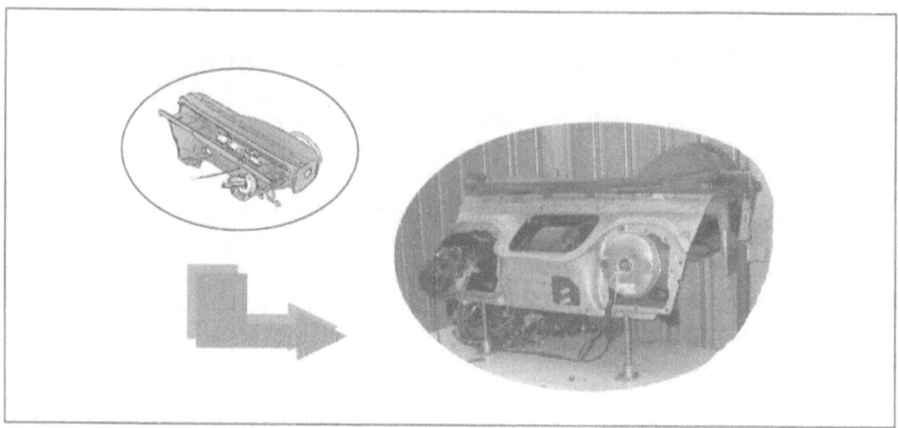

Bild 19: Cockpitstirnwand mit Strukturelementen

Bei dieser ausgeprägten Form der Modularisierung, bei denen dem Qualitätsanspruch genügende Außenhautteile (Class-A-Oberfläche) integriert sind, stoßen konventionelle Lackiertechniken jedoch an ihre Grenzen. Der Grund hierfür ist, dass die Farbabstimmung (colour-matching), von Teilen und Komponenten, die auf unterschiedlichen Lackieranlagen lackiert werden, wenn überhaupt, nur mit sehr hohem Aufwand darstellbar ist.

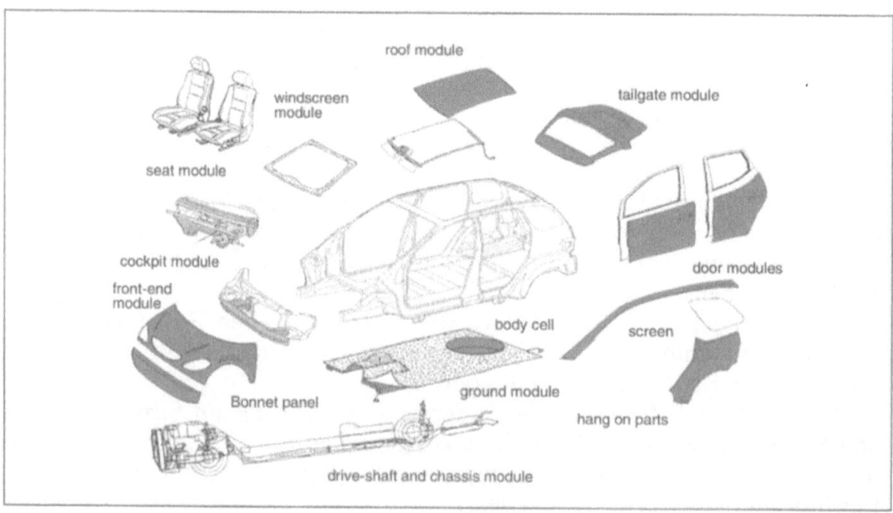

Bild 20: Beispiel der dritten Entwicklungsstufe der Modularisierung

Um dennoch die Vorteile einer möglichst umfassenden Modularisierung nutzen zu können, müssen neue (Lackier-)Konzepte entwickelt werden, die eine einheitliche Farbgebung gewährleisten.

6
Innovative Ansätze beim Oberflächenprozess

Derzeit wird sowohl bei den Automobilherstellern als auch bei den Lack- und Anlagenlieferanten intensiv nach neuen Oberflächenprozessen gesucht, die die oben z.T. beschriebenen Nachteile konventioneller Lackierverfahren überwinden. Eine v.a. für den Automobilbau interessante Alternative bietet das sogenannte Coil-Coating, bei dem Bleche vor dem Tiefziehvorgang bereits beschichtet werden.

6.1
Coil-Coating

Der Beschichtungsvorgang findet in einem mehrstufigen Prozess in einer Coil-Coating-Anlage, z.B. beim Stahllieferanten, statt, in der das Metallband bis zu 20 verschiedene Verfahrensschritte durchläuft. Das Ergebnis bildet ein hochwertiger Verbundwerkstoff aus einem metallischen Grundwerkstoff mit einem ein- oder mehrschichtigen organischen Materialaufbau. Ausgangsmaterial für die Bandbeschichtung ist Feinblech, aus Stahl oder Aluminium, das anschließend als Coil zur Verfügung steht. In *Bild 21* ist schematisch eine Coil-Coating-Anlage dargestellt.

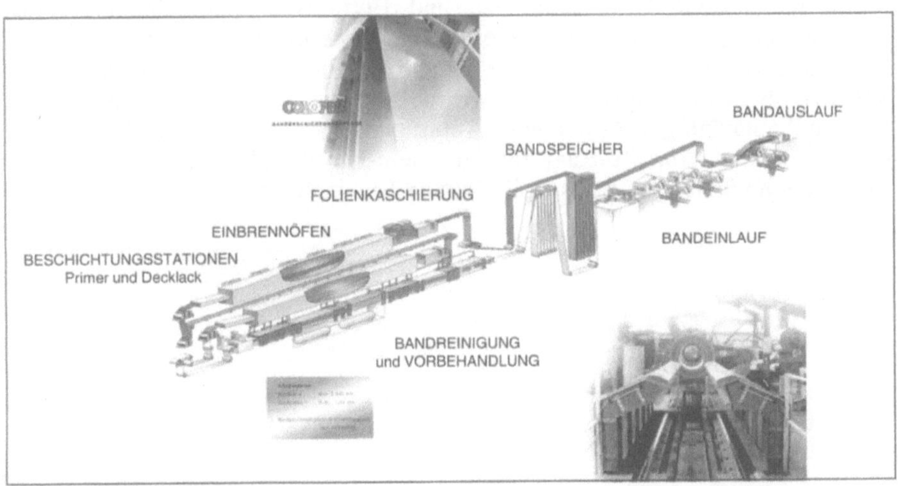

Bild 21: Schematische Darstellung einer Coil-Coating-Anlage (Quelle: VASL GmbH, Linz)

Ein bedeutender Vorteil von Coil-Coating-Anlagen gegenüber allen sonstigen Lackierverfahren liegt in ihrer hocheffizienten und besonders umweltfreundlichen Arbeitsweise. Diese resultiert einerseits aus dem hohen Wirkungsgrad beim Lackauftrag, der beim Coil-Coating nahezu 100% beträgt. Andererseits arbeiten alle Anlagen zur Bandbeschichtung in weitgehend geschlossenen Stoffkreisläufen. So werden beispielsweise die beim Einbrennen der Lackschichten austretenden Lösungsmittel in Nachverbrennungsanlagen fast vollständig thermisch entsorgt, und entstehende Abwärme wird als Prozesswärme genutzt.

Ein weiterer Vorteil liegt darin, dass der Lackauftrag vor Formgebung und Herstellung der Rohbaukarosse erfolgt. D.h. hierdurch ist ein ausschließliches Lackieren in horizontaler Lage möglich, wodurch typische Lackierfehler oder –probleme, wie z.B. Läufer, Nasen, Orangenhaut oder Magerlackierungen im Falzbereich gar nicht erst auftreten können.

6.2 Produktionstechnische Handlungsbedarfe

Das Beispiel *Bandbeschichtete Bleche* zeigt exemplarisch, welche Auswirkungen einzelne Technologien auf die übrigen (Produktions-)Technologien und -abläufe - bis hin zu Veränderungen der Fabrikstruktur –haben können. Dies soll nachfolgend kurz an den Beispielen Umformen, Handling, Lacksysteme und Fügetechnik verdeutlicht werden.

Umformen

Umformtechnische Untersuchungen und Betriebsversuche haben ergeben, dass Bandlackiertes Stahlfeinblech eine ausgezeichnete Umformbarkeit aufweist und damit neben einfachen Blechformteilen auch komplexe und anspruchsvolle Umformgeometrien, wie beispielsweise Türinnenteile und Seitenwandbeplankungen in der vom Automobilhersteller gewünschten Qualität darstellbar sind. *Bild 22* zeigt eine in einem herkömmlichen Serienwerkzeug tiefgezogene Seitenwand aus Coil-Coating-beschichteten Blechen.

Bild 22: Umformen einer Seitenwandbeplankung in der Saugertransferpresse im Presswerk Sindelfingen der DaimlerChrysler AG

Die dafür notwendigen Umformwerkzeuge bedürfen im Vergleich zur konventionellen Stahlblechqualität einer verstärkten Wartung, um den hohen Qualitätsanforderungen an die Blechformteile zu genügen; dies gilt insbesondere bei der Umformung von Blechteilen im Sichtbereich. Die dem Stand der Technik entsprechenden Lacksysteme sind nur bedingt fehlertolerant. Derzeit wird untersucht, inwieweit durch eine Hartbeschichtung der Werkzeugelemente (z.B. mit keramischen Werkstoffen) weitere Qualitätsverbesserungen erzielt werden können.

Handling

Der Umgang mit beschichteten Blechen bereits in Presswerk und Rohbau führt zu völlig veränderten Anforderungen an das Handling der Teile, da keine nachfolgenden Oberflächenbehandlungen mehr erfolgen. Beschädigungen aufgrund des Handlings lassen sich nicht mehr oder nur noch mit erheblichem Aufwand im Sinne einer Lackreparatur beheben. Sowohl im Presswerk als auch im Karosserierohbau werden dadurch wesentlich höhere Anforderungen an die Materialbereitstellung und den –transport gestellt. So sind z.B. Vereinzelungsgestelle mit niedriger Packungsdichte für Außenhautteile vorzusehen und die Mitarbeiter entsprechend zu sensibilisieren.

Lacksysteme

Zur konsequenten Umsetzung des Modulgedankens ist eine schmierstofffreie Umformung des Blechmaterials notwendig. Um dies zu ermöglichen, sind die

Lacksysteme in der Form weiterzuentwickeln, dass die Klarlackschicht neben den lacktechnischen Anforderungen auch ein gutes Reibungsverhalten aufweist. Die Kratzfestigkeit, Härte, Brillanz und weitere gängige Merkmale von Lacksystemen sind dem Stand heutiger Lacksysteme anzupassen. Dazu ist eine Optimierung der Systeme notwendig, um den teilweise gegenläufigen Anforderungen, z.B. Lackhärte und ausgezeichnete Umformbarkeit, zu genügen. Weiterhin müssen zusätzlich zu den bereits vorliegenden Uni-Lacken auch Metallic-Lacke im Coil-Coating Verfahren angewandt werden können.

Fügetechnik

Eine wesentliche Herausforderung beim Einsatz von Bandlackierten Blechen stellt die Anpassung der Fügetechnik v.a. im Rohbau dar, da aufgrund der großen Lackschichtdicken und der Verzunderung der fertiglackierten sichtbaren Außenhautteile thermische Fügeverfahren nicht mehr in Frage kommen. Das heißt, das bislang im Rohbau dominierende Fügeverfahren (Punkt-) Schweißen würde bei einer konsequenten Umsetzung dieser Technologie nicht mehr angewandt werden können.

Als Alternative müssen neben mechanische Fügeverfahren wie Durchsetzfügen und Stanznieten auch chemische Fügeverfahren, vor allem Kleben gezielt weiterentwickelt werden. Die Anwendung dieser Verfahren setzt einerseits eine angepasste Bauteilkonstruktion und Rohbaukonzeption voraus. Andererseits sind die Verfahren für das lackierte Blech anzupassen und speziell für das Kleben prozesssichere Klebesysteme zu entwickeln.

7
Modulare Fabrik – Visionen zukünftiger Fabrikgestaltung

Betrachtet man die Auswirkungen der Modularisierung auf die strukturellen Gegebenheiten heutiger Fabrikauslegungen, dann bieten modulare Produktkonzepte völlig neue Freiheitsgrade bei der Layoutgestaltung und Fabrikentwicklung. So ist es bei erfolgreicher Umsetzung des oben dargestellten Coil-Coating-Ansatzes denkbar, dass Lackierungen heutiger Ausprägung zukünftig ganz entfallen und sich die heutige Gewerkeorientierung in Presswerk, Rohbau, Oberfläche und Montage hin zu einer Modulorientierung entwickelt, um so die Potenziale der Modularisierung zu erschließen.

Tendenzen hieraus lassen sich bereits heute erkennen, wenn man etwa an Industrieparkkonzepte denkt, in denen typische Module, wie z.B. Cockpit-, Front-, Tür oder Dachmodule unabhängig von der Hauptlinie gefertigt werden (vgl. *Bild 23*). I.d.R. befinden sich diese Industrieparks in unmittelbarer Nähe des Endmontagestandortes einer bestimmten Baureihe und werden von spezialisierten Zulieferern betrieben.

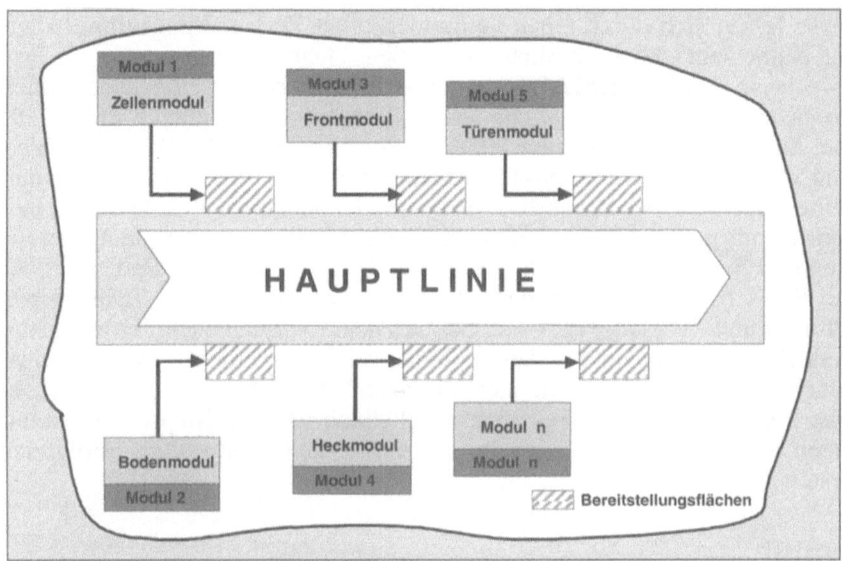

Bild 23: Prinzip einer modularen Fertigung

Durch die konsequente Umsetzung einer Modularisierung wird es möglich, weitere Module, z.B. wie oben aufgezeigt auch solche mit Außenhautkomponenten unabhängig von der Endmontage zu fertigen. Hierbei bietet die Bündelung von Modulen unterschiedlicher Baureihen und Typen zu Modulcentern oder –fabriken eine ausgezeichnete Möglichkeit, den beschriebenen negativen Entwicklungen einer weiteren Produktdifferenzierung und den damit sinkenden Scaleeffekten entgegenzuwirken. Mengendegressionseffekte entstehen so auf der Modulebene. Weiterhin erlaubt die Konzentration auf einzelnen Module einen hohen Spezialisierungs- und Automatisierungsgrad, der zusätzliche Effizienz liefert. Ein mögliches Beispiel hierfür wäre ein „Klappenwerk", in dem alle Türen für die unterschiedlichen Baureihen und Standorte gefertigt würden.

8 Zusammenfassung

Die Situation in der Automobilindustrie ist heute mehr denn je durch eine dynamische Wettbewerbssituation in gesättigten Märkten geprägt. Damit steigt einerseits die Notwendigkeit zur Diversifizierung in neue Märkte und neue Fahrzeugsegmente. Andererseits gewinnt das Streben nach Effizienz- und Produktivitätsvorsprüngen immer mehr an Bedeutung. Vor diesem Hintergrund bietet vor allem die Methode des Benchmarkings die Möglichkeit zur eigenen Standortbestimmung sowie zur Identifizierung von Handlungsfeldern und Potenzialen.

Diese lassen sich durch einen kontinuierlichen Verbesserungsprozeß - wie es der Name sagt - kontinuierlich erschließen. Daher müssen gerade bei Produktwechseln die Möglichkeiten zur Optimierung der Erzeugniskonstruktion im Sinne eines *Design for Manufacturing* konsequent genutzt werden. Die hierbei möglichen Freiheitsgrade werden jedoch maßgeblich von den zur Verfügung stehenden (Produktions-)Technologien determiniert, wie die hier dargestellten Beispiele des Brennstoffzellenantriebs oder des Modulbaukonzeptes zeigen. Damit gewinnt das konsequente Technologiemonitoring, d.h. das Erkennen und Bewerten von neuen Technologien, zunehmend an Bedeutung, da es die Basis für eine erfolgreiche Technologievorsorge bildet. Technologiemonitoring und –vorsorge darf sich bei den heute vorliegenden Fertigungstiefen jedoch keinesfalls auf den Automobilhersteller beschränken, sondern muss v.a. auch für die Zulieferer, Anlagenlieferanten und nicht zuletzt für die angewandte Forschung zu einer Selbstverständlichkeit werden. Nur so wird es uns gelingen, die Herausforderungen im internationalen Wettbewerb erfolgreich zu bestehen.

Literatur

1. HALLER, Eberhard; HEER, Oskar; SCHILLER, Emmerich F.: Innovation in Organisation schafft Wettbewerbsvorteile – Im DaimlerChrysler-Werk Rastatt steht auch bei der A-Klasse-Produktion die Gruppenarbeit im Mittelpunkt. In: Fortschrittliche Betriebsführung und Industrial Engineering. Darmstadt: 48(1999)1, S. 8-17.
2. Deutsche Shell AG: Mehr Autos - weniger Emissionen. Szenarien des PKW-Bestands und der Neuzulassungen in Deutschland bis zum Jahr 2020. Hamburg, 1999
3. DEMUß, L. Veränderungen beim Übergang vom konventionellen Antriebsstrang zur mobilen Brennstoffzelle im Abschlußbericht Innovationsprozeß vom Verbrennungsmotor zur Brennstoffzelle, Karlsruhe, 2000
4. Necar III, mit Methanol in die Zukunft, Daimler-benz AG, Kommunikation, Stuttgart, 1997
5. Necar IV - Die Alternative, DaimlerChrysler Kommunikation, Stuttgart, 1999

Die digitale Netzwirtschaft

J. MENNO HARMS

Immer grössere Teile der Wertschöpfung werden über das Internet übertragen zum Beispiel via CAD oder EDI und es wird dort auch Handel betrieben. (e-commerce). Elektronische Dienstleistungen wurden im Internet in den letzten drei Jahren erfolgreich angenommen. Das WEB boomt.

Nach den Prozessverbesserungen des konventionellen Geschäftes in den 80er Jahren (*business process re-engineering*) verläuft die weitere Entwicklung der digitalen Netzwirtschaft stürmisch. Viele Teilnehmer der konventionellen Wirtschaft belassen es aber beim Neuausrichten ihrer Prozesse und verlegen sich hinsichtlich der digitalen Wirtschaft eher aufs Zuschauen. Sie pflegen lediglich ihre statischen WebSeiten, die vielleicht alle Monate einmal erneuert werden. Dies ist angesichts des globalen Geschwindigkeitswettbewerbs und der Internetdynamik eine sehr bedenkliche Ruhestellung.

Mehr als 140 Mio Teilnehmer kennt das Internet heute. Alle vier Monate verdoppelt sich die Auslastung. Die bekannten Technologietrends lassen eine exponentielle Ausweitung von neuen Anwendungen und Substitutionen alter Produkte und Prozesse erwarten, mit unmittelbarer Verbindung zum Web. Wir erwarten Trillionen von Transaktionen im Netz. Eine atemberaubende Entwicklung liegt vor uns.

Auch wenn niemand mit Sicherheit sagen kann wie die Entwicklung des Webs weitergeht, so lässt sich dies doch auf der Grundlage der Entwicklung der Informationssysteme zumindest erahnen. In den letzten Jahrzehnten war der Wert der Information noch unabhängig von dem ihn tragenden 'Container'.[1] Mit der bekannten Technologieentwicklung bei Rechnerchips, Speicher- und Nanotechnologien sehen wir zum ersten Mal zu Beginn der 80er Jahre, wie die eigentlichen Rechnerprodukte - physisch kleiner geworden - in großen Stückzahlen preisgünstig produziert werden konnten.

Gleichzeitig entwickelte sich eine Netzarchitektur, die es den Teilnehmern ermöglichte, Dienste flexibel auszutauschen. Zu dieser Zeit entwickelte sich die offene Informationstechnik, die in den 90er Jahren dann zu einer Schlüssel- Infrastruktur- Technologie wurde, indem sie das Zusammenwirken von Systemen und Anwendungen unterschiedlicher Hersteller ermöglichte. [2]

[1] Birnbaum, Joel; Hewlett Packard 1999

[2] In dieser Zeit wurden weltweit de facto Standards begründet, die entscheidenden Einfluss auf die Entwicklung des digitalen Netzgeschäfts hatten und weiterhin haben werden. (zum Beispiel Unix, NT, Linux, Objektorientierung, Client-Server Architektur, HTML/XML, Netzmanagementprotokolle und -dienste usw.)

Wie bei allen durchdringenden Technologieentwicklungen zuvor, ist auch hier absehbar, dass ein offenes Informationsnetz mit Milliarden von Informationsverbrauchern entstehen wird, das ganz ähnliche Merkmale zeigen wird wie die uns bereits bekannten Versorgungssysteme Elektrizitätsnetz, Telefonnetz, Strassen- und Schiffahrtsnetz, Gasnetz usw.

Wir bemerken ein reibungslos laufendes Versorgungsnetz erst dann, wenn es fehlt. Von diesem Idealzustand ist das Web allerdings noch weit entfernt. Es muss sicher, zuverlässig und überall zugreifbar sein. Seine Standards müssen über Jahrzehnte anhalten. Aber wir sehen auch schon die typischen Auswirkungen einer Schlüssel- Infrastruktur Technologie: im Umfeld des Webs entstehen neue Unternehmen, neue Geschäftsmodelle, neue Produkte, neue Dienstleistungen usw.

Eine fundamentale Eigenschaft von Infrastruktursystemen ist, dass sie die Kosten auf viele Nutzer verteilt und nach Verbrauch abrechnet. Wir könnten uns natürlich einen Stromgenerator in den Keller stellen oder einen Brunnen im Garten graben. Aber wir ziehen es vor, uns von Versorgungsunternehmen, die hoffentlich im Wettbewerb stehen, mit diesen Dienstleistungen versorgen zu lassen. Genau diese Entwicklung wird das Web als Informationsversorgungsnetz nehmen. Es wird die kapitalintensive Rechnerleistung in einen wettbewerbsfähigen Service umsetzen! Und das wird für kräftige Veränderungen in der Wirtschaft sorgen.

Viele Unternehmen sind bereits tatkräftig unterwegs in die digitale Wirtschaft. Dem eigenen Businessmodell folgend, werden strategische Arbeitsprozesse digitalisiert, um Geschwindigkeits- und Kostenvorteile zu realisieren und um neue Arten der Kundennähe, wie zum Beispiel im elektronischem Handel zu nutzen.

Wenn die Prozesse verbessert und vernetzbar sind, die Kosten sinken, die Durchsatzgeschwindigkeiten steigen, dann beginnt das *e-business*. Wenn allerdings der Unternehmer zu lange in seinem digitalisierten *e-business* Modell verharrt, läuft er Gefahr, von Mitbewerbern eingeholt zu werden; denn digitale Verfahren sind leicht zu kopieren!

E-business ist ein Durchgangsstadium, eine Eintrittskarte. Das blosse Digitalisieren des konventionellen Geschäftes zum *e-business* erzeugt allerdings kein neues Geschäft! Hierzu sind vor allem neue, vielfältige und informationsintensive Kundenkontakte erforderlich. Diese lassen sich in der digitalen Netzwirtschaft durch neue Geschäftdimensionen erreichen. Dabei entfernt sich der *e-business* Unternehmer *bit für bit* von der materiebasierten Wirtschaft.

Die weitere Evolution der digitalen Wirtschaft ist also absehbar, nicht aufgrund neuer Technologien sondern eben aufgrund neuer Geschäftsmodelle. So zum Beispiel mit elektronischen Dienstleistungen, indem alle Fähigkeiten und Ressourcen eines Unternehmens, die digitalisiert werden können, massiv über das Web angeboten bzw. eingekauft werden. Diese *e-services* werden im Mittelpunkt der zukünftigen digitalen Netzwirtschaft stehen. Wir nennen diese Entwicklung das zweite Kapitel des Internets, welches durch Anbieten, Verbinden und Rekombinieren von *e-services* bestimmt sein wird. Dies ist im übrigen eine wichtige Eigenschaft eines Informations-Versorgungsnetzes.

Von dieser Entwicklung sind besonders transaktive Dienstleistungsgeschäfte betroffen, wie zum Beispiel Banken, Versicherungen und Touristikunternehmen. Aber auch die verarbeitende Industrie und Dienstleister in ihrem Umfeld sind von dieser neuen Entwicklung direkt betroffen. Als Beispiel für die hier möglichen *e-services* sollen drei Geschäftsprozesse aus unterschiedlichen Bereichen der variantenreichen Serienproduktion, wie sie z.B. bei Automobil- oder Werkzeugmaschinenherstellern vorherrschend ist, konkretisiert werden.

E-business beginnt auch hier beim direkten Verhältnis zwischen einem Unternehmen und seinen Kunden. Dieses ist derzeit dadurch geprägt, daß ein Verkäufer auf Basis von Produktunterlagen mit dem Kunden über Produktzusammensetzung, Preis und Liefertermin verhandelt und diese Daten an sein Unternehmen weiterleitet. In einem digitalen Angebotsprozess ist dieser Ablauf nicht nur automatisiert. Zukünftig wird der Kunde durch digitale Produktmodelle aktuelle und umfassende Informationen über das Produkt einholen und sein Produkt interaktiv konfigurieren. Die direkte Verknüpfung mit der Produktion erlaubt eine schnelle und sichere Festlegung von Preis und Liefertermin. Entspricht das Angebot den Vorstellungen des Kunden kann unmittelbar die elektronische Bestellung erfolgen. Diese Dienstleistung ist heute z.B. im Computerhandel schon vielfach verfügbar.

In vergleichbarer Weise läßt sich der digitale Angebotsprozess auf die gesamte Zulieferkette des produzierenden Unternehmens übertragen. Neben digitalem Angebot und Auftrag spielen hier jedoch spezifische Produktionsabsprachen über Losgrößen und Liefertermine, z.B. bei der Just in Time Produktion, aber auch der Austausch von Produktmodellen eine wichtige Rolle. So genannte elektronische Marktplätze für Lieferanten und Zulieferer sind in der Automobilindustrie derzeit im entstehen.

Selbst in der Produktion werden viele Geschäftsprozesse, die heute noch durch spezifische, in sich geschlossene Systeme unterstützt werden, zukünftig im Sinne elektronischer Dienstleistungen automatisiert werden. So ist die elektronische Unterstützung durch den Maschinenhersteller beim Störungsmanagement oder ein produktionsübergreifendes Werkzeugmanagement bereits in Ansätzen verfügbar. Eine weitere Vernetzung digitaler Produkt- und Fabrikmodelle schafft die Voraussetzung für zukünftige *e-services* in der digitalen Prozessführung und -überwachung, wie z.B. eine verhandlungsbasierte Auftragsdurchsetzung. Ausgehend von der Kopplung zwischen Bearbeitungsschritten im Produktmodell mit den Fähigkeiten der Maschinen sowie deren Auslastung verhandeln dabei die Maschinensteuerungen selbständig über die Bearbeitung von Aufträgen.

Zur Umsetzung dieser elektronischen Dienstleistungen ist eine effiziente Informationslogistik im Unternehmen notwendig. Informationen aus der Produktion müssen in der erforderlichen Qualität und Quantität erfasst und für alle Unternehmensbereiche sowie für die gesamte Zuliefererkette sinnvoll aufbereitet werden. Die Verfügbarkeit produktionsnaher Information in Echtzeit ermöglicht eine bestmögliche Transparenz des Produktionsprozesses und schafft somit ein erhebliches Potential für Produktivitätssteigerung, Qualitätsoptimierung und Profitabilität. Durch Verknüpfung dieser Echtzeitdaten mit übergeordneten Produkt- und Anlagenmodellen können inner- und zwischenbetriebliche Qualitätsregelkreise aufgebaut werden, die eine zeit- und kostenoptimale Zusammenarbeit der relevanten Bereiche entlang der gesamten Wertschöpfungskette möglich machen. Lieferanten, Händler und Kunden werden sehr viel enger in die Produktionsabläufe eingebunden und können somit an den Rationalisierungseffekten und Wettbewerbsvorteilen partizipieren.

Um auf alle verfügbaren Prozess- und Steuerdaten einheitlich und konsistent zugreifen zu können, müssen durchgängige Lösungen von der Unternehmens- über die Produktionsleitebene bis hin zur Steuerungs- und Feldebene geschaffen werden. Heterogene herstellerspezifische Automatisierungslösungen und IT-Anwendungen werden dabei zu integrierten Gesamtlösungen zusammengefasst. Neben der Schaffung einer geeigneten Infrastruktur für einen effizienten Informationsaustausch müssen Festlegungen über die semantischen Verbindungen zwischen den verschiedenen Anwendungen innerhalb eines Unternehmens und nach extern festgelegt werden. Diese Festlegungen beinhalten Regeln zur Gestaltung von Interaktionen, sowie zur Strukturierung und zur präzisen Interpretation von Daten. Um eine optimale Datenintegration zu erreichen, ist eine herstellerübergreifende Vereinheitlichung in Form von offenen Standards anzustreben.

Als Ergebnis der Abbildung der Geschäfts- und der Produktionsprozesse auf *e-services* entsteht in der Konsequenz ein hochflexibles, ereignisgesteuertes und latenzarmes Unternehmen, das dank der Automatisierung und Vernetzung der Prozesse bei Bedarf sofort reagieren kann. Dienstleistungen waren bisher nicht automatisierbar. Da sie teuer sind, wird die digitale Wirtschaft hier ausgezeichnete Produktivitätsbeiträge leisten können.

Welche Anforderungen stellt diese Entwicklung an den Unternehmer?
1. Prüfen Sie, ob ein digitales Geschäftsmodell für Ihr Unternehmen sinnvoll ist. Wenn ja, digitalisieren Sie konsequent interne und externe Wertschöpfungsprozesse. Erkennen Sie, über welche Kernfähigkeiten Ihr Unternehmen verfügt und beginnen Sie, alles andere über das Web einzukaufen. Beginnen Sie, Ihre Unternehmensleistung über das Web und mit Partnern anzubieten. (auch über Pilotprojekte, Ausgründungen o.ä.)

2. Zuschauen und Abwarten führt ins Abseits. Die Veränderungsgeschwindigkeit der Internetprozesse und -technologien ist zu gross. Visionen und unternehmerisches Risiko zahlen sich aus.

3. Erwarten Sie keine kaptiven Märkte: es herrscht globaler und beinharter Wettbewerb, gleichwohl mit hohem lokalen Nutzenpotential. Im Web ist allerdings kein nachhaltiger Wettbewerbsvorteil möglich. Alles steht jedem nach kurzer Zeit zur Verfügung. Daher sind Wissensvorprung, Kreativität und innovative Lösungen gefragt.

4. Diese Entwicklung muss Konsequenzen für den Aufbau und Ablauf der täglichen unternehmerischen Aktivität haben. Je früher sich der Unternehmer darauf einlässt, um so schneller wird er erfolgreich sein. Erforderlich sind

neue Geschäftsmodelle, robuste und skalierbare IT- Systeme, weltweite Strategien und zeitgemässe Führungskulturen!

5. Die traditionellen Skalenvorteile der Hersteller wandern zunehmend zum Verbraucher. Ein starker Markenname und eindeutige Nutzenvorteile für den Käufer festigen die eigene Position in einem neuen Markt, dessen Teilnehmer sich nach deutlich anderen Spielregeln verhalten. Aber erwarten Sie keine standardisierten Spielregeln. Vieles ist weltweit noch im Fluss, wie internationale Regelungen zu Urheberrecht, Steuern, Wettbewerb, Sicherheit usw.

In der digitalen Netzwirtschaft werden die Unternehmens-Ressourcen radikal anders eingesetzt als in der konventionellen Wirtschaft. Letztlich entscheidet aber auch hier der akzeptierte Kundennutzen über Gewinn und Wachstum. Und die Chancen für zusätzlichen Kundennutzen in der digitalen Wirtschaft sind heute bereits deutlich sichtbar! Sie beherzt zu nutzen ist visionäres Unternehmertum im Internetzeitalter. *First come first serve.......*

Miniaturisierung von Komponenten und Bauteilen im Maschinenbau

E. WESTKÄMPER

Einleitung

Die Fertigungstechnik strebt nach den Grenzen des technisch und wirtschaftlich Machbaren. Sie muß ihre technischen Entwicklungen zweifellos in den traditionell durch Mechanik geprägten Bereichen fortsetzen, denn auch in ferner Zukunft werden technische Produkte mechanische Komponenten und Bauteile enthalten. Entwicklungen der Fertigungstechnik haben maßgeblich zur Leistungssteigerung der Produkte und ihrer wirtschaftlichen Herstellung beigetragen. Als Beispiele jüngerer Technologien möchte ich die großen Fortschritte in der Bearbeitung von Bauteilen für den Leichtbau wie die Hochgeschwindigkeitsbearbeitung oder Hochleistungsbearbeitung oder die Anwendung der Lasertechnik nennen. Fertigungstechnik und Produktechnik bedingen und ergänzen sich wechselseitig.

Produkte der Zukunft werden aber nicht nur leichter sondern erhalten zunehmend mehr Funktionen. Elektronik, Mechanik und Informationsverarbeitung werden in einzelnen Komponenten als mechatronische Systeme integriert und führen zu einem Anstieg der sogenannten technischen Intelligenz der Produkte. Technische Intelligenz, die vereinfachend als eine Integration von Mechanik, Sensorik und Aktorik durch in einem elektrisch, elektronisch und mechanisch gekoppelten System definiert werden kann, führt zu innovativen Produkten, welche einen hohen verdeckten Automatisierungsgrad besitzen. [1]

Betrachtet man die technischen Entwicklungen moderner technischer Produkte – für die wir eine rationelle Fertigungstechnik benötigen - näher, so ist neben einer Modularisierung eine Miniaturisierung der Bauteile, Formen und Formelemente - verbunden mit einer höheren Funktionsintegration - zu beobachten. Selbst große Produkte wie Maschinen, Fahrzeuge oder Flugzeuge enthalten Bauteile, deren Dimensionen sich im Bereich von Millimetern und deren Präzision sich im Bereich von µm liegt.

Der Automobilbau begann in den 80er Jahren mit der Entwicklung einer neuen Generation technisch intelligenter Fahrzeuge. Heute schöpft dieser Bereich seine Innovationen vor allem aus dieser Entwicklung. Sie hat neben einer drastischen Kostenreduzierung in der Produktion mit zu den Erfolgen des deutschen Automobilbaus im internationalen Wettbewerb beigetragen. Der Maschinenbau hat als Ausrüster der Produktion mit seinen Leistungen zweifellos mit zu diesen Erfolgen beigetragen. In Hinsicht auf die technische Intelligenz der Produkte liegen die heutigen Maschinen vielfach hinter dem Stand des Automobilbaus zurück.

Die Miniaturisierung der Dimensionen, die Präzision der Bauteile mit ihrer steigenden Formenvielfalt und höheren Funktionsintegration sind Schlüssel der zukünftigen Entwicklungen. Sie werden in hohem Maße auch durch neue Technologien, welche aus der Werkstofftechnik und den physikalischen Verfahrenstechniken stammen, beeinflußt. Wenn die Bauteile kleiner werden, so könnten auch Maschinen und Fabriken zu ihrer Herstellung kleiner werden. Erste Mini-Fabriken, die auf einer Fläche von weniger als einem m^2 Kugellager mit allen notwendigen Verfahren herstellen, wurden bereits in Japan realisiert. Auch diese Tendenz soll diskutiert werden.

Mikrotechnische Produkte beispielsweise sind heute der „high end" Bereich der Miniaturisierung. Die Mikrosystemtechnik, eine junge Technologie, welche hohe Zukunftsperspektiven in vielen Anwendungsbereichen besitzt, hatte ihre Wurzeln nicht in der traditionellen Fertigungstechnik sondern im Bereich der physikalischen Verfahren der Mikroelektronik und der Feinwerktechnik. In diesem Beitrag soll dennoch nicht dargestellt werden, welche Fertigungstechniken für die Mikrosystemtechnik eingesetzt werden können, sondern welche Potentiale sich mit Fertigungstechniken in der Miniaturisierung von Komponenten und Bauteilen von Maschinen und Anlagen erschließen lassen und wie sich mit diesen Komponenten ein höherer Grad an technischer Intelligenz der Maschinen und Anlagen erreichen läßt.

Deshalb soll anhand ausgewählter Beispiele diskutiert werden, wieweit die Miniaturisierung bis hin zu hochintegrierten mikrotechnischen Komponenten – ausgehend von heutigen Produkten – Beiträge zur Innovation im Maschinenbau liefern kann und welche Schlüsseltechnologien dafür erforderlich sind. Es werden Ansätze zum Aufbau von Baukastensystemen gezeigt, welche eine Antwort auf die kleinen Stückzahlen sein können.

1
Der Trend zu Produkten mit technischer Intelligenz

Zunächst möchte ich auf die Entwicklungslinien der technischen Produkte und insbesondere der Maschinen und Anlagen eingehen, um darzustellen, welche Treiber es sind, die eine Veränderung der Produkte der Zukunft bewirken, in deren Konsequenz eine Miniaturisierung betrieben werden muß und für die wir die erforderliche Technologien zur wirtschaftlichen Herstellung weiterentwickeln müssen [1].

Treiber der technischen Entwicklungen sind im Allgemeinen jene Schlüsseltechnologien, welche neue Leistungs- und Anwendungspotentiale durch kreative Lösungen aktivieren können. Im Maschinenbau geht die Entwicklung zwangsläufig ebenso wie im Automobilbau zu Hochleistungsmaschinen, welche vor allem durch einen steigenden Grad an technischer Intelligenz gekennzeichnet werden können. Neue Produktgenerationen schöpfen ihre Verbesserungen vor allem aus Technologien, welche auch in Grenzbereichen eine maximale Leistung und Zuverlässigkeit aufweisen. In Bild 1 sind einige der wesentlichen Entwicklungslinien dargestellt, welche zu den Produkten der Zukunft führen.

Die Elektronik und Informationstechnik haben nahezu alle technischen Produkte und insbesondere die Maschinen und Anlagen evolutionär und manchmal auch revolutionär verändert. Sie drangen durch ihre universelle Anpassungsfähigkeit und durch dramatische Verbesserungen des Preis- Leistungsverhältnisses in alle Bereiche vor. In der Konsequenz entstanden Automatisierungslösungen, die von der Steuerung einzelner Prozesse bis hin zu komplexen Anlagen und vernetzten Systemen führten. Vergleicht man diesen Diffusionsprozeß mit dem der Entwicklung der elektrischen Antriebe in der Mitte des vorigen Jahrhunderts, so fällt eine Analogie auf.

Maschinen früherer Generationen verfügten über zentrale elektrische Antriebe. Die Leistungsverzweigung geschah über mechanische Bauelemente, wie beispielsweise Getriebe oder die bekannte Königswelle, zur Synchronisation der einzelnen Prozesse. Maschinen der heutigen Generation besitzen zentrale Steuerungen und dezentrale elektrische Stellglieder und Antriebe.
Wir gliedern unsere Produkte heute in mechanische, elektrische, elektronische und informationsverarbeitende Teilsysteme. Selbst das Engineering wird in vielen Unternehmen noch in dieser Art aufgeteilt. Da die Anforderungen an Funktionen und Zuverlässigkeit steigen, werden die Produkte zu komplexen, störanfälligen Systemen, deren Veränderbarkeit und Integration oftmals hohe Probleme bereitet.

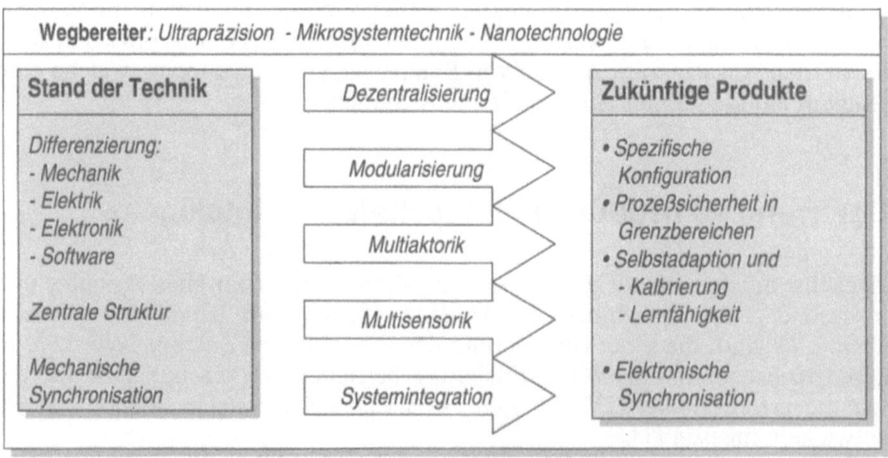

Bild 1: Technische Entwicklungslinien innovativer technischer Produkte

In derartig komplexen Systemen läßt sich eine weitere Stufe der technischen Intelligenz, zum Beispiel durch den Einsatz von Sensorik zur Maschinen- und Prozeßüberwachung, nur mit einem hohen Integrationsaufwand realisieren. Aus diesem Grunde gehen viele Unternehmen zu einer Modularisierung ihrer Produkte über, welche mit dazu beiträgt, die Komplexität insbesondere bei kundenspezifischen Anforderungen und Veränderungen beherrschbar zu machen.

Aufgrund der großen Vielfalt beherrschter und zuverlässiger elektronischer Komponenten werden zentrale Steuerungen dezentralisiert. Feldbussysteme übernehmen die Kommunikation nach Maßgabe eines nach wie vor notwendigen „Masters". Die dezentralen Komponenten erhalten eine eigene Autonomie als Subsysteme des „Systems Maschine". Diese Dezentralisierung kann mehrere Hierarchiestufen enthalten. Das System beruht auf einer Digitalisierung der gesamten Steuerung. Erst in den Komponenten erfolgt die Umwandlung in analoge Prozesse.

Um mit Maschinen und Anlagen der Zukunft sowohl die immer differenzierteren Anforderungen der Anwender abdecken zu können und um ein Höchstmaß an Effizienz und Prozeßsicherheit in den Grenzbereichen der Anwendungen zu gewährleisten, muß der Grad der technischen Intelligenz weiter gesteigert werden. Die Techniken stehen uns heute zur Verfügung. Als Beispiele möchte ich anführen:

- Hochdynamische, digitale Antriebssysteme mit integrierter Meßtechnik
- Stellglieder für die Automation mit integrierten Reglern
- Sensoren zum prozeßnahen oder prozeßintegrierten Messen
- Hochfrequente Signalanalyse und –verarbeitung
- Offene Steuerungen, Standardisierte Schnittstellen
- Peripheriegeräte und Systeme für die Mensch-Maschine-Interaktion
- IV-Systeme, Modelle, Simulationssysteme etc.

Nie zuvor hatten wir eine solche Vielfalt spezifischer Komponenten und Systeme zur Verfügung, um technisch intelligente Systeme zu realisieren, welche spezifisch konfiguriert werden können, welche sich selbständig an die jeweiligen Bedingungen anpassen können, welche Lernfähigkeiten oder explorative Fähigkeiten besitzen. Nie zuvor bestand eine derartige Möglichkeit mit Mitteln der digitalen Signalübertragung automatisch ablaufende Prozesse zeitlich zu synchronisieren und mechanische Funktionen durch elektronische Funktionen zu ersetzen. In der Konsequenz entstehen mechatronische Komponenten, die als autonome Subsysteme in eine digitale Umgebung integriert werden.

Als ein Beispiel einer derartigen zukunftsorientierten Entwicklung möchte ich auf ein Konzept verweisen, daß hier in Stuttgart in einem Sonderforschungsbereich „Aktive Expploration" an dem neben fertigungstechnischen Instituten auch Institute der Informatik und der Bildverarbeitung und Fotogrammetrie beteiligt sind, verfolgen. Es handelt sich dabei um eine Meßmaschine, die in der Lage sein soll, aus Prüfaufgaben selbständig Prüfabläufe abzuleiten und die Meßaufgaben und Techniken bedarfsabhängig festzustellen (Bild 2). Das System verfügt dazu über mehrere Meßverfahren und Beleuchtungstechniken, welche es auf intelligente Weise zulassen, aus der Analyse eines Meßergebnissens eine Entscheidung auf eine Detailierung und Wahl anderer Meßgeräte abzuleiten. Die verschieden Aktoren und Sensoren koordinieren ihre Operationen selbständig [2, 3, 4].

Bild 2: Modifiziertes Sensorträgersystem „MEGA“

Das Beispiel zeigt, daß Maschinen mit einem derartigen Grad an technischer Intelligenz auf einem Konzept dezentraler und in ihrem Operationsbereich teilautonomer Komponenten beruht. Ihre Koordination und die Steuerung ihrer Abläufe erfolgt nicht wie bisher einem programmierten Ablauf sondern nur der Vorgabe einer Aufgabe – in diesem Fall einer Prüfaufgabe und den Ziel- und Grenzwerten. Auf engstem Raum müssen Aktoren und Sensoren untergebracht werden.

Dezentralisierung und Modularisierung sind bekannte und bereits beschrittene Lösungswege zur Beherrschung der steigenden Produktkomplexität. Im Maschinenbau wird dieser Weg vor allem auch durch die Ausrüstungsindustrie unterstützt. Die Ausrüstungsindustrie liefert die Komponenten der Maschinen wie Steuerungen, Antriebe, Stellglieder, Bauelemente und Einzelteile. Die Hersteller der Maschinen werden zum Systemlieferanten, dessen wesentliche Wertschöpfung im Engineering und in der Integration nach den spezifischen Bedürfnissen der Kunden und Märkte liegt.

Hatte früher die Präzision der mechanisch gefertigten Bauteile eine Schlüsselrolle im technischen Know How, so verlagert sich dies heute infolge der Dezentralisierung und Modularisierung immer stärker auf die Ausrüstungsindustrie. Die Komponenten und Subsysteme werden zu den Treibern der Innovation der Produkte der Zukunft in der Kooperation mit den Systemintegratoren. Die Ausrüstungsindustrie – das sind nicht nur große Unternehmen sondern eine Vielzahl hochspezialisierter klein- und mittelständischer Unternehmen, welche weitgehend dem Maschinenbau zuzuordnen sind – ist deshalb in besonderem Maße gefordert, die Potentiale der Miniaturisierung zu nutzen.

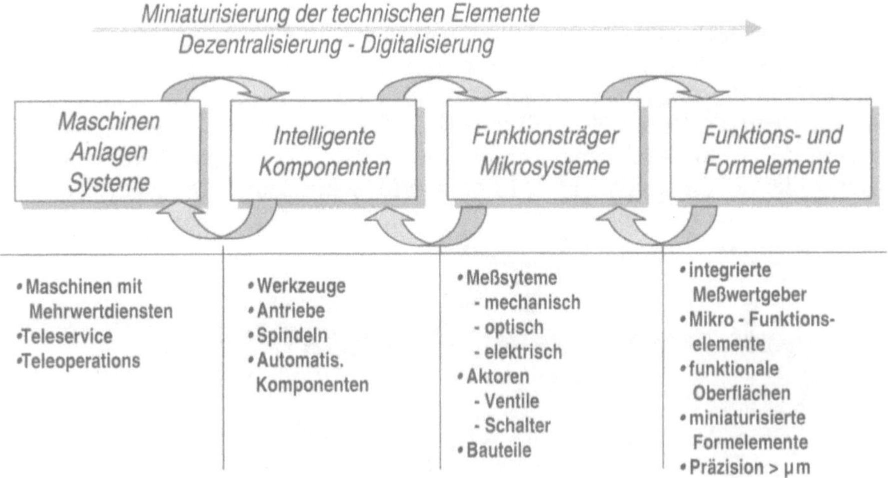

Bild 3: Miniaturisierung in Maschinen und Anlagen

Im Bild 3 ist die gesamte Systematik des Ansatzes dargestellt. Maschinen und Anlagen der Zukunft erhalten wesentliche Impulse zur Innovation durch die Anwendung intelligenter teilautonomer Komponenten. Dies versetzt sie in die Lage, höhere Leistungen zu erbringen und neue Möglichkeiten der Integration zu nutzen. Die technische Intelligenz der Komponenten wird wesentlich durch die Integration von Funktionsträgern (Sensorik, Aktorik etc.) erreicht. Dabei muß es zwangsläufig zu einer höheren Funktionsintegration kommen, die auf kleinerem Raum stattfindet. Nicht nur die Bauteile und Komponenten werden kleiner sondern auch die Funktions- und Formelemente. Entwicklungen und innovative Technologien in den Formelementen, Formen und Bauteilen können folglich auch maßgeblich zur Steigerung der technischen Intelligenz beitragen. Zum Teil sind sie wie später anhand von Beispielen gezeigt wird sogar wesentliche Voraussetzung zur Erfüllung neuer technischer Funktionen 5].

An der Ausführung neuerer technischer Entwicklungen kann dieser Prozeß der Miniaturisierung nachgewiesen werden. Er soll deshalb im Folgenden noch weiter vertieft werden.

2 Miniaturisierung und Modularisierung

2.1 Miniaturisierung von Komponenten

Im Zuge der technischen Entwicklungen zeichnet sich ein deutlicher Trend zur Miniaturisierung der Komponenten ab. Als Beispiel dieser Entwicklung möchte ich die Entwicklung von Ventilen eines führenden Herstellers heranziehen (Bild 4). Dies steht stellvertretend für eine Vielzahl weiterer Komponenten der Automatisierungstechnik wie beispielsweise der elektrischen Antriebe oder der Sensoren und Aktoren von Maschinen und Anlagen [6, 7].

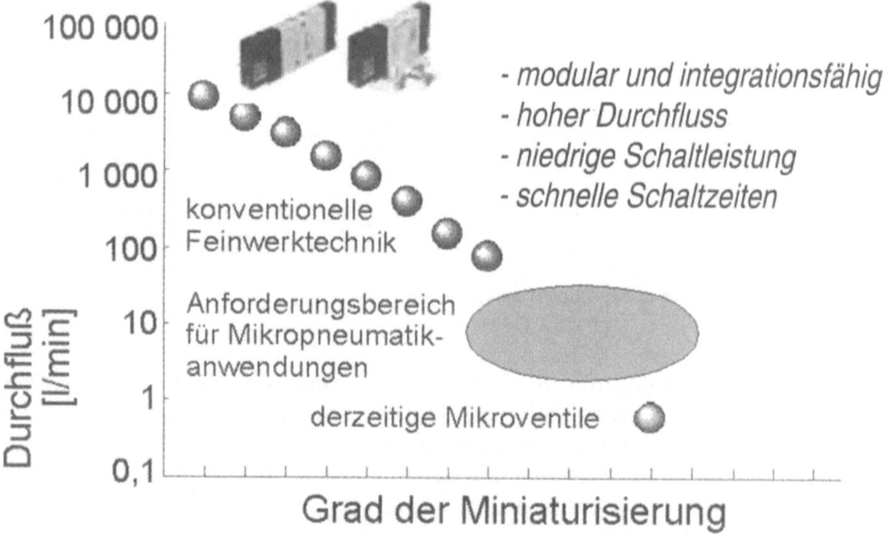

Bild 4: Miniaturventile für die Pneumatik (Quelle: FESTO)

Die verschiedenen Generationen der Ventile zeigen eine drastische Verkleinerung der Dimensionen bei gleichzeitiger Funktionenverdichtung. Das Bauteilvolumen wurde um 80 % in 10 Jahren reduziert. Die Anzahl der Schaltfunktionen hat sich wesentlich erhöht. Der Nenndurchfluß wurde um ca. 30% gesteigert. Die Leistungsaufnahme sank um 95 %. Die Schaltzeiten konnten erheblich gesenkt werden. Die Bauweise und die Funktionen der Ventilreihe wurden modularisiert.

Das Beispiel zeigt, daß durch die Miniatrurisierung erhebliche Effekte in Bezug auf die Leistungswerte erreichbar waren. Es zeigt aber auch, daß diese

Miniaturisierung die bekannten Grenzen der Feinwerktechnik überschreitet und ein neues Feld der Mikropneumatik erschlossen werden konnte.

Eine höhere Funktionsintegration in Komponenten führt zwangsläufig im Anwendungsgebiet des Maschinenbaus zu einer Ausweitung der Varianten und der Vielfalt der Produkte. Aus diesem Grunde wird es notwendig., Baukastensysteme für das Engineering der Produkte zu entwickeln, welche das Potential für eine Standardisierung besitzen.

Mit Hilfe von Baukastensystemen lassen sich prinzipiell kürzere Entwicklungszeiten und eine rationellere Fertigung erzielen. Sie unterstützen das Prinzip der Modularisierung.

Es ist heute möglich mechatronische Komponenten aus miniaturisierten Funktionsträgern zusammenzusetzen. Der folgende am IPA entwickelte Drucksensor zeigt beispielhaft diese Entwicklung (Bild 5).

Bild 5: Mikrotechnisches Druckventil nach einem Baukastensystem (Quelle: IPA)

Der Drucksensor besteht aus einer Funktionseinheit, welche den Druck (Flüssigkeiten) analog mißt, über ein Sensorinterface die dabei gewonnenen Signale auswertet und überträgt. [8]

Dieses Beispiel zeigt bereits den Übergang von der Miniaturisierung der Bauweisen und Dimensionen und der Funktionsintegration in den Bereich der Mikrosystemtechnik. Standardisierbare Module aus dem Bereich der Mikrosystemtechnik, die sich im Grundsatz in höherer Stückzahl produzieren lassen, wurden integriert.

Nicht nur feinwerktechnische und mikrosystemtechnische Lösungen führen zu neuen Ansätzen sondern auch die Integration verschiedenartigster Funktionsprinzipien. Auch diese Entwicklung soll beispielhaft dargestellt werden.

Das Bild 6 zeigt ein intelligentes Werkzeugwechselsystem, in das ein optisches System integriert wurde. Es verfügt über eine standardisierte mechanische Schnittstelle hoher Präzision, ein Beleuchtungssystem, eine integrierte

CCD-Kamera, einen Vakuum-Druckgreifer und einen Dispenser zum Auftragen von Klebern.

Intelligentes Werkzeugwechselsystem

Funktionsmuster
Basismodul
- Schnittstelle (mechanisch) zu Autoplace 400 (Sysmelec)
- Rotationsachse
- integriertes optisches System
- Beleuchtung
- CCD-Kamera
- Schnittstelle zu Visionsystem
- Wechselsystem (mit standardisierten Schnittstellen)

Funktionsmodule
- Vakuumgreifer
- Dispenser (Zeit-Druck-Prinzip)

Bild 6: Intelligentes Werkzeugsystem (Quelle: IPA)

Zahlreiche weitere Beispiele belegen diesen hier sichtbaren Trend zur Miniaturisierung und zur Funktionsintegration unter Verwendung standardisierter Teilfunktionsträger.

2.2 Integration der Mikroelektronik

Wie bereits im letzten Beispiel dargestellt, liegt es nahe in die miniaturisierten Komponenten auch mikroelektronische Bausteine zu integrieren. Die können sowohl kundenspezifische als auch standardisierte Prozessoren sein, die als Massenprodukte verfügbar sind.

Zur Herstellung der Prozessoren steht heute eine hochentwickelte Technologie zur Verfügung, so daß auf diese hier nicht weiter eingegangen werden muß. Ein Aspekt erscheint im Zusammenhang mit der Funktionsintegration dennoch außerordentlich relevant. Die zu steuernden Prozesse und Aktoren und die zum Einsatz kommenden Sensoren arbeiten durchweg analog. Zur Integration der Elemente und Bausteine benötigen wir jedoch digitale Daten. Es liegt also nahe, die Umwandlung Digital/Analog zur Steuerung und die entgegengesetzte Umwandlung Analog/Digital in einem einzigen Modul zu intgrieren. Ein herausragendes industrielles Beispiel dieser Technologie findet sich bei den Sensoren zur Beschleunigungsmessung wie sie für das Airbag-System entwickelt wurden. Dieser Sensor kann als ein intelligenter Sensor verstanden werden. Er enthält sowohl die Analog/Digital-Umwandlung als auch einen Prozessor, welche die Signal-Vorverarbeitung nach Maßgabe eines von außen programmierbaren Systems zur Signalanalyse. Damit übernimmt der integrierte Prozessor auch die Funktion der Datenve4rdichtung und der Kommunikation im Gesamtsystem.

Inwieweit es notwendig wird, diese Funktionen unmittelbar auf dem Sensor und Aktor zu integrieren bleibt der Technischen Optimierung vorbehalten. Die im Maschinenbau zu erwartenden mittleren und kleineren Stückzahlen rechtfertigen in der Regel die vollständige Integration zu einem spezifischen Mikrosystem nicht, Sie sprechen eher für eine Integration standardisierter Bauelemente mit standardisierten datentechnischen Schnittstellen.

In der Mikrotechnik werden heute neuartige Funktionsprinzipien entwickelt, die zum Teil bereist integrierte Signalverarbeitungen haben. Man spricht von „Embedded – Systems". Dabei handelt es sich in der Regel um Komponenten, welche Prozesse mit einer integrierten Sensorik und Aktorik als teilautonome Systeme ausführen können. Beispiele dieser Entwicklungen finden sich vor allem im Bereich der Komponenten des Automobilbaus. Solche Systeme lassen sich in der Fertigungstechnik mit Erfolg einsetzen wie Beispiele aus dem Bereich der Werkzeugmaschinen belegen [6, 9].

Alle diese Komponenten sind mechatronische Systeme mit einer Teilautonomie durch integrierte Aktoren, Sensoren und Signalverarbeitung. Eine mechanisch orientierte Entwicklung kann diesem Trend nicht mehr folgen. So zeigen Untersuchungen der RWTH Aachen bereits deutlich die Überlegenheit interdisziplinärer Entwicklungsteams und auf mechatronische Komponenten ausgerichteter Organisationsstrukturen.

Allein diese Thematik soll hier nicht weiter vertieft werden. Statt dessen soll der Aspekt der Baukastensysteme und der notwendigen Entwicklungs- und Konstruktionssystematik noch einmal aufgegriffen werden [7, 10].

2.3 Entwicklungs- und Konstruktionssystematik für Miniaturisierte Komponenten

Baukastensysteme für intelligente Komponenten verlangen eine Definition von Einzelmodulen für bestimmte Funktionen, welche mit definierten Schnittstellen versehen, zu teilautonomen Komponenten zusammengesetzt werden können. Eine funktionsorientierte Konstruktion, welche sowohl mechanische als auch elektronische Lösungen miteinander kombinieren kann ist notwendig für den Einsatz rechnerunterstützter Engineering – Werkzeuge. Bereits vor einigen Jahren haben wir in der Vorbereitung eines Forschungsprojektes eine Plattform mit einem integrierten Ansatz vorgeschlagen, der in besonderem Maße diesen technischen Entwicklungen gerecht werden kann (Bild 7).

Grundlage eines Konstruktionssystems sollte grundsätzlich eine Systematik sein, welche von den Funktionen der Produkte und ihrer Spezifikation ausgeht. Allein durch eine strikte Funktionsorientierte Konstruktionssystematik läßt sich der Spielraum für eine intelligente Gesamtlösung unter Verwendung miniaturisierter Komponenten schaffen. Die Erfüllung dieser Forderung muß zwangsläufig zu einem Wechsel der Paradigmen in der durch Mechanik geprägten Konstruktion führen. Moderne Konstruktionstheorien unterstützen diesen Ansatz. Layout, Positionierung und Integration in die Umgebung lassen sich mit herkömmlichen CAD-Systemen darstellen.

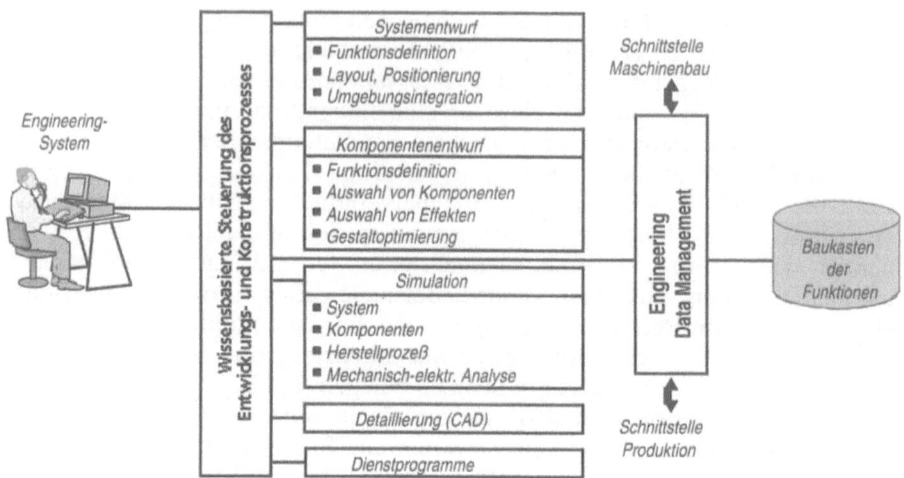

Bild 7: Aufbau eines Entwicklungs- und Konstruktionssystems für die intelligente Produkte auf der Basis modularisierter und miniaturisierter Komponenten

Aus dem Systemwentwurf resultieren die spezifischen technischen Anforderungen, welche eine miniaturisierte Komponente erfüllen muß. Im Entwurf der Komponenten greifen auch die bereits o.g. Baukastensysteme mit standardisierten und parametrisierten Funktionsträgern. Es ist heute vorstellbar, in dieser Phase auch auf unternehmensübergreifende verteilte Informationssysteme mit den Angeboten an technischen Lösungen zurückzugreifen, welche über das Internet verfügbar gemacht werden können.

Zum Entwurf der einzelnen Teilkomponenten und Funktionsträger müssen jedoch spezifische Systeme herangezogen werden, welche insbesondere die spezifischen Probleme miniaturisierter Bauteile und Komponenten berücksichtigen. Wir können im Prinzip nicht einfach unsere herkömmlichen Konstruktionen verkleinern. Bei einer Verkleinerung treten neue kritische Faktoren auf, die mit der Tatsache des steigenden Einflusses physikalischer Gesetzmäßigkeiten zusammenhängen. Festigkeit, Einfluß von Temperaturen, Einfluß von Werkstoffeigenschaften, Einfluß von geometrischen Abweichungen, Einflüsse der Mikrostruktur und Randzonen der Teile und anderer verlangen eine hochpräzise Analyse und Tolerierung. Aus dem Bereich der Werkstoffwissenschaften und der Physik aber auch aus der Fertigungstechnik lassen sich dazu Berechnungs- und Simulationsverfahren heranziehen.

Die Detailierung wiederum kann mit herkömmlichen CAD Systemen erfolgen. Für derartige Entwicklungssysteme benötigen wir jedoch noch integrierende Datenmodelle, welche in der Lage sind die verschiedenartigsten Systeme miteinander zu verbinden. Diesbezüglich sind noch wesentliche Grundlagenarbeiten und Systementwicklungen erforderlich.

Standen bisher Techniken im Vordergrund, bei denen eine Funktionsintegration durch die Montage miniaturisierter Bausteine und miktotechnischer Elemente erreicht werden kann, so soll im folgenden gezeigt werden, daß die Miniaturisierung durch eine fertigungstechnische Funktionsintegration auch eine zentrale Bedeutung hat. Fertigungstechnisch erzeugte Eigenschaften in den Bauteilen führen zu den Oberflächentechniken und den generativen Techniken.

3 Funktionsintegration und maßgeschneiderte Formelemente

Die funktionalen Eigenschaften von Bauteilen werden entscheidend durch Mikroformen, und durch Mikrostrukturen der Oberflächen und Randzonen bestimmt. Lassen sich die Mikrostrukturen sozusagen maßschneidern, so können Eigenschaften wie Korrosions- und Verschleißschutz, Gleit- und Schmierstoffverhalten gezielt eingestellt und neue technologische Effekte erreicht werden. Die Techniken, die zur Herstellung derartigen Funktionselemente an Bauteilen benötigt werden, lassen sich gleichermaßen für große als auch für kleine, miniaturisierte Bauteile anwendenden. Deshalb sollen zwei Beispiele diese Entwicklung charakterisieren.

3.1 Maßgeschneiderte Mikroformen an großen Bauteilen

Bisher wurden funktionale Elemente an Bauteile in der Regel durch abtragende Verfahren –mechanisch, chemisch, thermisch – erzeugt. Abtragende Verfahren haben technische Grenzwerte, die bei den mechanischen Verfahren im Bereich von µm liegen. Mit Laser-Verfahren lassen sich je nach Lichtquelle Mikrostrukturen von weniger als µm erzeugen. Alle Verfahren verlangen in diesem Bereich eine hohe maschinentechnische Präzision.

Als ein Beispiel für die Herstellung von Mikroformen durch Trennen möchte ich die spanende Bearbeitung eines kleinen Bauteils anführen (Bild 8).

Mit Werkzeugen entsprechender Präzision lassen sich Formelemente in Metalle und Silizium mit Dimensionen im mm und µm Bereich herstellen [11, 12].

Die Mikrozerspanung ist eine heute beherrschbare Technolgie, um miniaturisierte Formelemente herzustellen. Sie eignet sich in besonderem Maße für hochpräzise Bauteile, deren Formelemente durch Fräsen, Bohren und Schleifen hergestellt werden können. Andere Technologien wie beispielsweise das Mikroläppen, das Erodieren oder die Laserbearbeitung erlauben die Bearbeitung hochharter Werkstoffe und Keramiken.

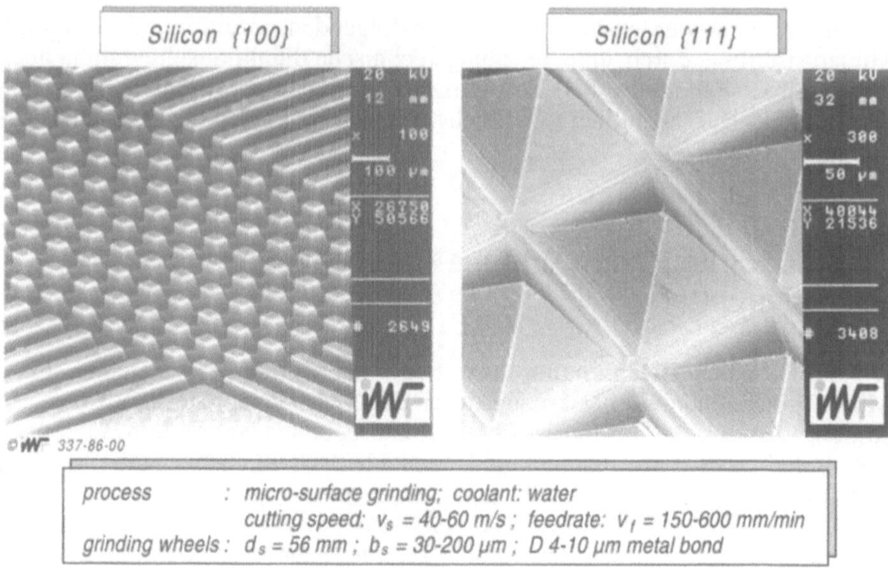

Bild 8: Durch Mikrospanen hergestellte Formelemente

Diese auf konventionellen Techniken beruhenden Verfahren beeinträchtigen die Randzoneneigenschaften oftmals durch Nebenwirkungen wie z. B. durch Zerstörung der Kristallstrukturen, durch lokale Aufhärtungen oder durch Eigenspannungen. Mit Beschichtungsverfahren lassen sich dagegen graduelle, spezifische Rand- und Oberflächenstrukturen schaffen. Eines dieser Verfahren, das hier kurz skizziert werden soll, ist die galvanische Beschichtung mit Chrom (Bild 9) [13, 14, 15].

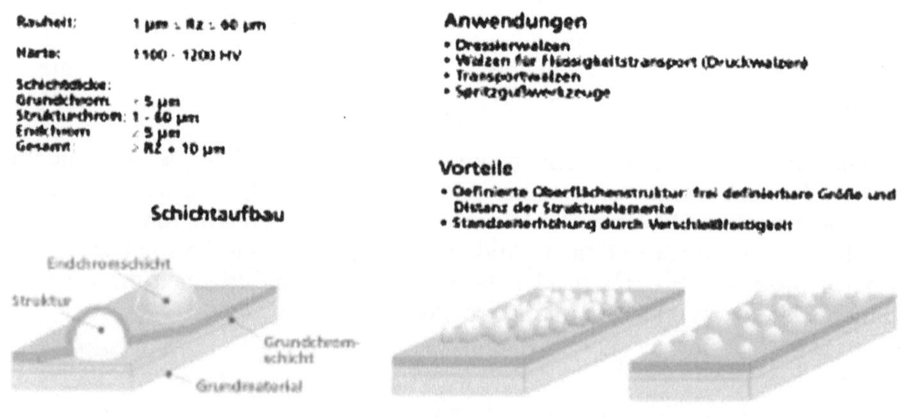

Bild 9: Topochromverfahren zur Herstellung mikrostrukturierter Oberflächen(Quelle: IPA)

Bei diesem Verfahren handelt es sich um ein galvanisches Beschichtungsverfahren, bei dem durch Manipulation und Steuerung der physikalischen Prozeßparameter wie Strom, Temperatur, Strömung eine Strukturschicht entsteht, der Wachstum gezielt vordefiniert werden kann. Das Bild stellt im linken Teil den Schichtaufbau mit den charakteristischen Kennzahlen dar. Es erlaubt den Aufau strukturierter Oberflächenschichten mit graduellen Eigenschaften und einer definierbaren Mikrostruktur. Auf das Grundmaterial wird zunächst eine Grundchromschicht, dann eine bis zu 60 µm starke Strukturschicht und eine Endchromschicht aufgetragen. Im rechten Bildteil sind symbolhaft Mikrostrukturen dargestellt.

Wichtige Anwendungsgebiete dieser Technologie Finden sich bei Dresierwalzen, Transportwalzen und Spritzgußwerkstoffen.

Das folgende Bild 10 zeigt beispielhaft die Oberfläche einer Dressierwalze mit einer Mikrostruktur aus Halbkugeln. Diese Struktur entspricht in nahezu idealer Weise der gewünschten Mikrostruktur von Blechen, wie sie im Automobilbau verwendet werden.

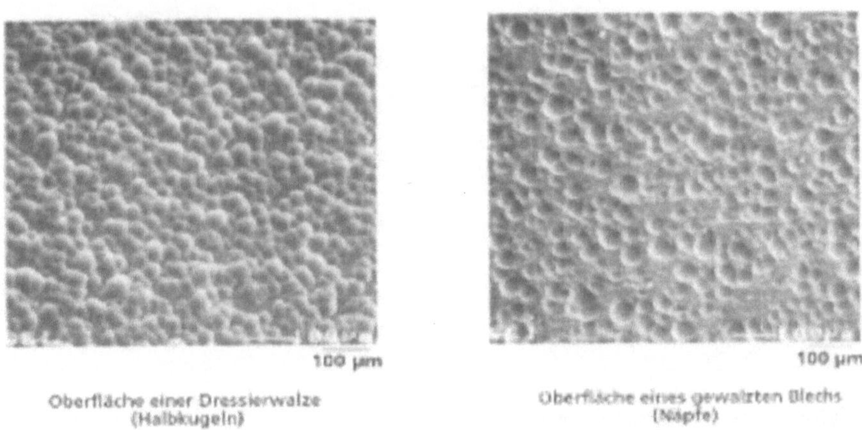

Bild 10: TOPOCHROM – Oberfläche von Dressierwalzen und gewalzten Blechen

Die Vorteile dieses sehr robusten Verfahrens liegen vor allem in der Verkürzung der Prozeßketten gegenüber herkömmlichen Hartchrom-Verfahren, bei denen ein Zwischenschliff notwendig ist, um die Maßhaltigkeit sicherzustellen.

Galvanische Verfahren eignen sich in besonderer Weise, um Mikrostrukturen zu erzeugen. Im industriellen Einsatz finden sich aber auch noch zahlreiche anderen Verfahren, die auf dem Prinzip des Auftragens und Wachsens von Schichten und Formen beruhen. Als Beispiele dieser Verfahrensstechniken seien genannt: PVD, CVD, Sputtern, u.a. Mit diesen Verfahren lassen sich jedoch große im Mikrometer-Bereich strukturierte Formelemente nur mit hohem

Aufwand realisieren. Sie werden vorwiegend zum Aufbau von Schichtsystemen beispielsweise in der Halbleitertechik verwendet.

3.2 Maßgeschneiderte Formen an miniaturisierten Bauteilen

Zur Mikkrostrukturierung von Formen und Formelementen an kleinen Bauteilen – im Bereich von Millimetern - lassen sich nahezu alle bekannten Fertigungsverfahren einsetzen.

Das folgende Bild 11 zeigt in einer Übersicht die wichtigsten Verfahrensgruppen, die zur Fertigung eingesetzt werden können.

Werkstoffe und Verfahren der Mikrobearbeitung

	Metalle	Kunststoffe	Keramik
Urformen	●	●	●
Umformen	●		
Trennen	●	◓	●
Fügen	●	●	●
Beschichten	●	○	●
Stoffeigenschaften ändern	◓	○	●

Bedeutung: ○ *gering* ◓ *mittel* ● *hoch*

Anforderungen an die Präzision

Maße, Form, Lage

Oberfläche Ra/Rz

Randzonen

Bild 11: Werkstoffe und Verfahren zur Herstellung mikrotechnischer Bauteile

Miniaturisierungvon Bauteilen konzentriert sich heute vorwiegend auf Bauteile aus Metallen, Keramiken und Kunststoffen. Urformende, Umformende und Trennende Verfahren wurden traditionell in der Feinwerktechnik für diese Werkstoffgruppen eingesetzt. Heute finden neue Entwicklungen statt, um mit diesen Verfahren auch den Weg zu Mikrobauteilen und miniaturisierten Formen zu eröffnen. Auf einige dieser Verfahren wie z.B. die Mikroumformung wird im Verlauf dieses Kolloquiums noch eingegangen, so daß ich mich diesbezüglich auf einen Hinweis beschränken kann.

Von entscheidender Bedeutung ist bei der Entwicklung der Verfahren für kleine Bauteile die Beherrschung der Fertigungsprozesse und die Reproduzierbarkeit innerhalb bestimmter enger Toleranzen. Die Anforderungen an die Präzision – Maß, Lage, Form und die Beschaffenheit der Randzonen und Oberflächen steigen aufgrund des sich ändernden Verhältnisses von Volumen zu Oberfläche.

3.3
Verfahrensintegration

In zunehmenden Maße wird heute versucht Verfahrensketten zur Integration verschiedener Technologien zu nutzen. Eine herausragende Entwicklung ist die MID-Technik (MID = Moulded-Interconnect-Devices). Sie eignet sich in besonderem Maße für die Integration von Funktionen elektromechanischer Baugruppen (Bild 12).

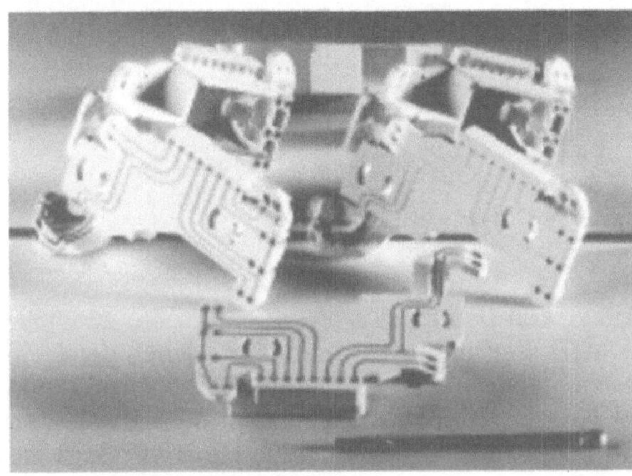

Buss-Werkstofftechnik GmbH & Co KG

Vorteile der MID-Technologie: (Moulded Interconnect Devices)

Integration von mechanischen und elektronischen Funktionselementen in einem Spritzgussbauteil:

- *Verkürzung der Prozessketten*
- *Reduzierung der Teilezahlen*
- *typische Funktionen: mechanisch: Gehäuse, Schnappverbinder, Befestigungselemente elektronisch: Abschirmflächen, Leiterbahnen, Kontaktierflächen*
- *Beispiel: LCP (Liquid Crystal Polymer) / / Kupfer / Nickel / Gold*

Bild 12: 3 D Leiterplatte für eine integrierte Elektronik (Quelle: Buss-Werkstofftechnik)

Das Beispiel zeigt eine Leiterplatte für Elektronik, in der die elektrischen Leiter in eine komplexe Form integriert wurden. Ferner enthält dieses Bauteil Abschirmflächen, und Kontakttierflächen und Befestigungselemente. Das Bauteil aus einem Polymer hat eine Dimension von wenigen cm. Entwicklungen dieser Art werden an mehreren Forsdchungsinstituten und mit einem Schwerpunkt an der Universität Erlangen durchgeführt. [16,17,18]

Der Einsatz der MID-Technik eröffnet eine größere Gestaltungsmöglichkeit sowie eine kostengünstigere Fertigung, da die Anzahl der Fertigungs- und Montageschritte stark reduziert werden kann. Als MID-Werkstoffe, die sich im Spritzgußverfahren herstellen lassen, werden Polyamide und Polycarbonat eingesetzt. Wenn eine hohe Temperaturbeständigkeit und Strukturfeinheit gefordert sind, verwendet man Hochtemperaturwerkstoffe (PEI, LCP). Sie werden selektiv durch eine Folge naßchemischer Prozsesse metallisiert. Man kann heute auch mit diesen Verfahren sehr feine Strukturen im µm-Bereich erzeugen [19, 20].

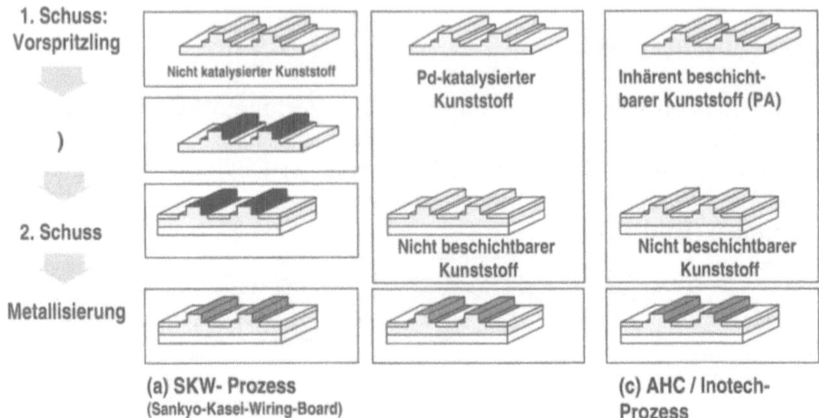

Bild 13: 2- Komponenten-Spritzgusstechnik für die MID-Technologie

Das Zweikomponentenspritzgießen (Bild 13) eröffnet die größte geometrische Gestaltungsfreiheit aller MID-Verfahren. Deshalb ist es neben der Heißprägetechnik das am häufigsten angewandte Verfahren. Beim Zweikomponentenverfahren werden zwei Kunststofftypen in einem Formteil kombiniert, von denen ein Kunststofftyp metallisierbar ist. Das folgende Bild zeigt drei Verfahrensvarianten:

- das Sankyo-Kasei-Wiring- Board-Verfahren (SKW),
- das Prinnted- Circuit-Board-Kollmorgen-Verfahren (PCK) und
- das Inotech-Verfahren (AHC-Oberflächentechnik)

Beim SKW-Verfahren wird der erste Schuß aus einem metallisierbaren Kunststoff aus dem Werkzeug entnommen und mit Palladium bekeimt. Das bekeimte Werkstück wird nochmals eingelegt und umspritzt. Danach erfolgt das Metallisieren durch galvanische Beschichtung in einem naßchemischen Prozess.

Der Zwischen Schritt des Bekeimens kann bei den anderen Verfahren entfallen. Keimmittel werden beim PCK-Verfahren bereits der zu metallisierenden Kunststoffkomponente zugesetzt. Bei der Verwendung hochtemperaturbeständiger Werkstoffe lassen sich besonders feine Strukturen abbilden.

Diese Beispiele zeigen, daß durch eine Verfahrensintegration von Kunststoffverarbeitung und Beschichtungstechnik neue Lösungen für eine räumliche Integration von Bauteilen und Elektrik und Elektronik entstehen können. Die selektive Metallabscheidung bietet heute eine hohe Bandbreite für hochintegrierte und miniaturisierte Konstruktionen.

Es könnten noch viele weitere neuartige Verfahren vorgestellt werden, um miniaturisierte Bauteile oder Bauteile mit definierten Mikrostrukturen herzustellen. Diese auf der Spritzgußtechnik basierenden Verfahren sind für große Stückzahlen geeignet, denn wir benötigen zur Herstellung entsprechende Formen mit filigranen Formelementen.

In der Zukunft werden auch die Laser-Stereolithographie und Sinterverfahren eine ausreichende Basis liefern, um eine Integration von Mechanik und Elektronik in kleinen Dimensionen bei kleinen Stückzahlen zu erreichen. Hier stehen hinsichtlich der Miniaturisierung erst am Anfang einer erfolgversprechenden Entwicklung.

Der Rahmen eines Übersichtsvortrages würde jedoch überschritten, wenn ich den Versuch machen Würde alle neueren Verfahrenstechniken zur Miniaturisierung und Funktionsintegration zu beschreiben. Ein wesentliches Thema der Miniaturisierung liegt in der Entwicklung einer industriellen Fertigungstechnik. Hier stellt sich die Frage, ob auch diese von der Miniaturisierung betroffen sein wird und ob gar die Maschinen und Anlagen immer kleiner werden. Auf diese soll im Folgenden eingegangen werden.

4
Miniaturisierung der produktionstechnischen Systeme

Im Rahmen einer Vorstudie für ein Forschungsprogramm des BMBF wurden von mehreren Instituten in Zusammenarbeit mit Unternehmen die Handlungsfelder herausgearbeitet, welche vordringlich in der Forschung und Entwicklung anzugehen sind, um den sich abzeichnenden Tendenzen Rechnung zu tragen. Als wesentliche Handlungsfelder wurden identifiziert:

- Entwurfs- und Entwicklungssysteme für miniaturisierte mechatonische Komopnenten
- Modularisierung, Dezentraliosierung, Integration zu intelligenten, teilautonomen Systemen
- Produktionstechnologien und Verfahrenstechniken für den Submillimeter-Bereich
- Modulare Produktionssysteme
- Kooperations- und Kommunikationsnetzwerke
- Toleranzsysteme und Fertigungsmeßtechniken

Dabei kann von einem hohen Stand der Leistung und Kenntnisse ausgegangen werden, der in Teilbereichen wie in einzelnen Verfahrenstechniken und der Ultrapräzisionstechnik sowie der Automatisierungstechnik bereits in den Labors für kleinste Stückzahlen und in einigen Gebieten in der Massenfertigung vorhanden ist. Uns fehlen vor allem wirtschaftliche Konzepte für kleine uns mittlere Stückzahlen [6, 9]

Im Grundsatz wurde dabei von der Überlegung ausgegangen, daß es sinnvoller ist, von heutigen Komponenten und Bauteilen auszugehen und Techniken zur Überwindung der heutigen Grenzen voranzutreiben, um vor allem der innovativen Wirkung intelligenter Komponenten für den gesamten Maschinenbau Rechnung zu tragen. Diesen Ansatz kann man auch als einen Top-Down Ansatz verstehen. Im Gegensatz zu einem Technologie getriebenen Ansatz der Mikrosystemtechnik und der Nanotechnologie, die viele neuartige Technologien entwickelt haben, für welche aber erst Anwendungsgebiete erschlossen werden müssen.

Die Strategie des Ansatzes entspricht einem evolutionären Prozeß und verspricht eine breite Wirkung im gesamten Maschinenbau. Das folgende Bild zeigt die Entwicklungslinien, die auch in den o.g. Beispielen zum Ausdruck kamen. Festzustellen ist:

- die Bauteildimensionen (Maße und Formen) werden kleiner
- die Präzision steigt
- die Funktionsintegration steigt

Ausgehend von unseren mit konventionellen Techniken beherrschbaren Dimensionen und Toleranzen der Bauteile können in dem Top- Down Ansatz schrittweise kleinere Dimenmsionen und höhere Präzision erreicht werden. Diese Entwicklung stößt zwangsläufig in den Bereich der Mikrotechnik und selbst in den der Nanotechnik mit den Produkten vor, die wir für die Maschinen und Anlagen der Zukunft benötigen. In dieser Strategie kommt das Bemühen um einen realistischen Weg der Industrialisierung der Herstellung durch Sicherung der Prozesse zum Ausdruck (Bild 14).

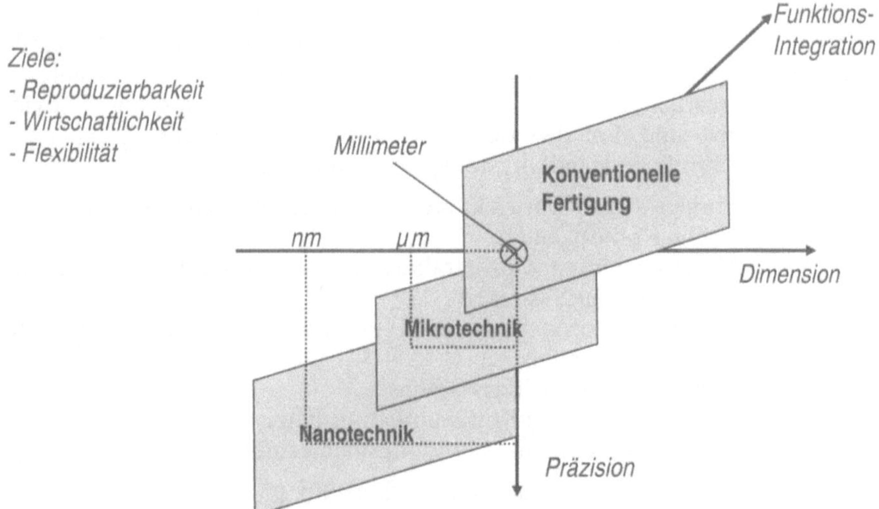

Bild 14: Entwicklungslinien der Miniaturisierung in der Fertigungstechnik

Millimeter sind bekanntermaßen das Standardmaß des Maschinenbaus. Bereits in der heutigen konventionellen Fertigung beherrschen wir durchaus Dimensionen im Bereich von mm mit Toleranzen im µm-Bereich. Die Funktionsintegration orientiert sich an diesen industriell beherrschbaren Arbeitsbereichen. Die Mikrotechnik bewegt sich ebenfalls in den Dimensionen der Bauteile (Abmessungen) noch im mm-Bereich. Formelemente und strukturierte Oberflächen liegen im Bereich von µm.

Im Hinblick auf die Präzision erreichen Ultrapräzisionsmaschinen längst den Nanometer-Bereich in Bezug auf die Maß- und Formtoleranzen.

Unterhalb dieses Bereiches entwickelt sich eine neue Technologie aus den physikalischen Verfahren: die Nanotechnologie. Diese Technologie arbeitet bereits mit einzelnen Atomen wie später noch gezeigt wird.

Der Top-Down Prozeß aus unseren heutigen Anwendungen eine Funktionsintegration, eine Miniaturisierung der Dimensionen und eine Steigerung der Präzision anzustreben stößt auf einen technischen Stand, der als fertigungstechnisch beherrschbar einzustufen ist. Mit diesem technischen Stand müßte es möglich sein, auch die Fertigungssyteme zu entwickeln, mit denen eine rationelle und wirtschaftliche Herstellung erreicht werden kann.

Aus den Trends der Produktentwicklung und der Verfahrenstechniken, die zu ihrer Herstellung benötigt werden können nun die im Bild 15 dargestellten Auswirkungen auf die Produktion abgeleitet werden.

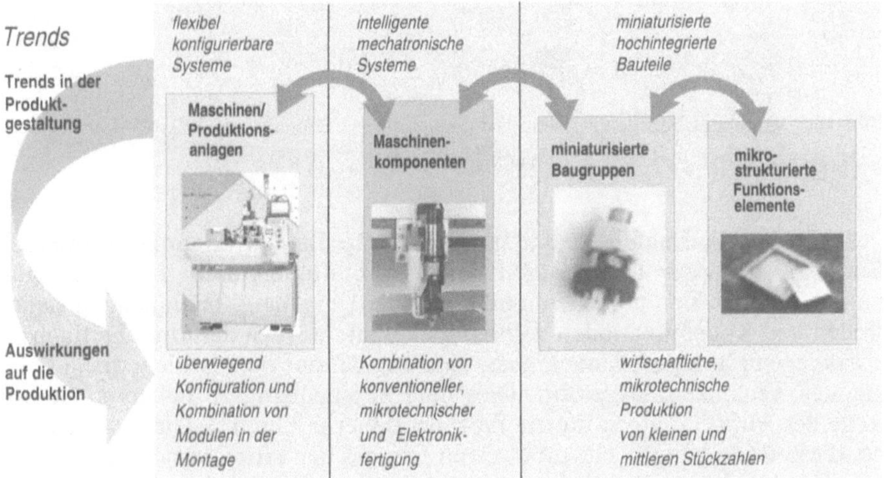

Bild 15: Top-Down-Strategie der Miniaturisierung und die Auswirkungen auf die Produktion

Produkte der Zukunft werden aus intelligenten mechatronischen Komponenten flexibel konfiguriert. Die Komponenten haben eine hohe Integration von Funktionen und mikrostrukturierten Funktionselementen. Für diese benötigen wir eine flexible und hochpräzise Produktionstechnik. Die Integration der Verfahren macht es erforderlich auch die Produktionssysteme modular aufzubauen und Kombinationen von strukturierenden Verfahren (mechanisch, Thermisch) mit generativen Verfahren (Beschichten) und flexiblen Montagetechniken zu verknüpfen (Bild 16).

Das folgende Beispiel zeigt ein Konzept eines modularen Fertigungssystems für die Herstellung miniaturisierter Komponenten und Mikrosysteme.

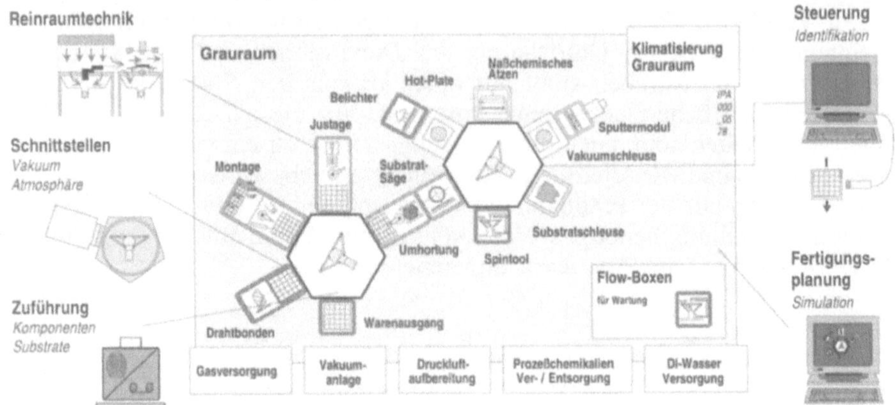

Bild 16: Modulares Fertigungssystem für miniaturisierte Bauteile und Mikrosysteme (Quelle: IPA)

Je Kleiner die Bauteile und je höher die Präzision, um so größer werden die Einflüsse störender und destabilisierender Einflußfaktoren. Eine Fertigung miniaturisierter Komponenten muß konstante Umgebungsbedingungen sicherstellen und Kontaminationen verhindern. Heute werden derartige Fertigungen überwiegend in Reinsträumen unter Nutzung der aus der Halbleitertechnik bekannten Techniken ausgeführt. Dies muß zwangsläufig zu hohen Kosten infolge der Aufwendungen für die Prozeßperipherie führen. Es liegt deshalb nahe, diese Bedingungen nur im engeren Umfeld der Prozesse herzustellen und von vornherein einen hohen Automatisierungsgrad sicherzustellen. In dem vorgeschlagenen Konzept wurden die Anlagen deshalb so konfiguriert, daß eine vollständige Kappselung in einzelnen Modulen möglich ist. Reinstbedingungen und enge Temperaturfelder werden auf den engeren Raum reduziert. Die dazu erforderliche Anlagentechnik wird ebenfalls dezentralisiert.

Ein hoher Automatisierungsgrad der Fertigung ist aus verschiedenen Gründen anzustreben. Es wesentlich erscheinen:

- Die Bauteilgröße und die Dimensionen der Formen und Formelemente liegen nicht mehr in dem Bereich, der vom Menschen ohne zusätzliche Mittel wahrgenommen werden kann.
- Eine Beobachtung und Führung der Prozesse verlangt eine Skalierung der technischen Prozeßgrößen.
- Die Handhabung und Montage kann ebenfalls nur automatisiert erfolgen.

Die Skalierung und Visualisierung der Prozesse stellen neue Anforderungen an die Fertigungseinrichtungen. Zum einen wirken sich Einflußfaktoren und Einstellgrößen unmittelbar auf die Eigenschaften und Ergebnisse der Bearbeitung aus. Zu zweiten sind neben den bekannten geometrischen Toleranzen andere wesentliche Toleranzen wie z. B. die Mikrostrukturen und Randzoneneigenschaften stärker als bei konventionellen Verfahren zu berücksichtigen. Ohne eine prozeßnahe oder prozeßintegrierte Meß- und Prüftechnik kann die Reproduzierbarkeit und Prozeßsicherheit nicht gewährleistet werden.

Modulare Fertigungssysteme mit hohem Automatisierungsgrad stehen uns zur Zeit nicht zur Verfügung. Die Verfolgung dieses Konzeptes kann nur mit einer Miniaturisierung der Maschinen selbst erreicht werden. Dabei stellt sich die Frage, wie klein können wir die Maschinen tatsächlich bauen oder gibt es wirtschaftliche Lösungen, die auf dem Prinzip der Fertigung im Nutzen beruhen [21].

Das folgende Bild 17 stellt die wesentlichen Herausforderungen an die Miniaturisierung der Produktionssysteme dar.

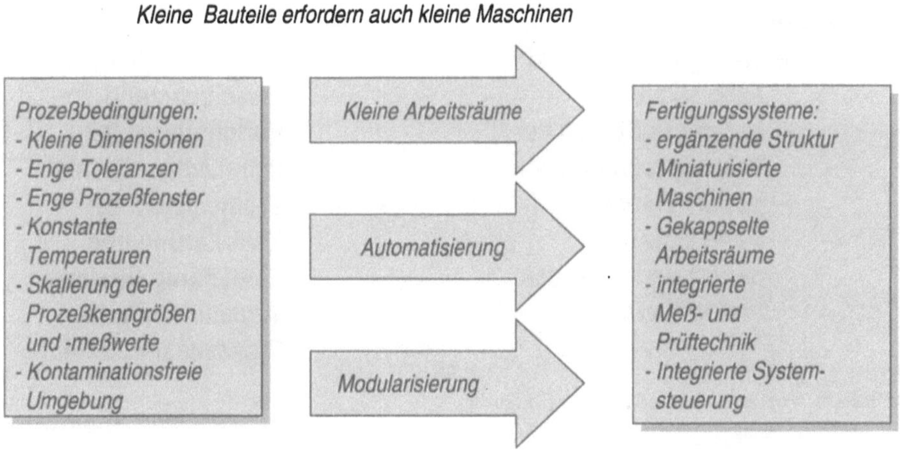

Kleine Bauteile erfordern auch kleine Maschinen

Prozeßbedingungen:
- Kleine Dimensionen
- Enge Toleranzen
- Enge Prozeßfenster
- Konstante Temperaturen
- Skalierung der Prozeßkenngrößen und -meßwerte
- Kontaminationsfreie Umgebung

Kleine Arbeitsräume

Automatisierung

Modularisierung

Fertigungssysteme:
- ergänzende Struktur
- Miniaturisierte Maschinen
- Gekappselte Arbeitsräume
- integrierte Meß- und Prüftechnik
- Integrierte Systemsteuerung

Bild 17: Fertigung Miniaturisierter Bauteile und Komponenten

Kleine kontaminationsfreie Arbeitsräume, hoher Automatisierungsgrad und Vernetzung modularer Konzepte sind Folgen aus den spezifischen Anforderungen an die Fertigung und Montage kleinster Bauteile. Diese lassen im Grundsatz zwei Vorgehensweisen bei der Gestaltung der Fertigungssysteme zu:

- Fertigung mehrerer gleicher Bauteile im Nutzen auf größeren Maschinen, die in Bezug auf die spezifischen Anforderungen an die Präzision optimiert werden müssen
- Fertigung von Einzelteilen auf miniaturisierten Maschinen, die als Module in einem Fertigungssystem integriert werden.

Japanische Ingenieure haben kürzlich ein Fertigungssystem zur Herstellung von Kugellagern mit Abmessungen von wenigen Millimetern vorgestellt, welches mit der gesamten Prozeßkette weniger als 1 m² benötigt (Mikro-Fab).

Das System enthält eine miniaturisierte Werkzeugmaschine (Drehen, Fräsen, Schleifen), eine Station zur Feinbearbeitung (Polieren), eine Montagestation, in der die Mikroteile mit einem Miniroboter zusammengesetzt werden und eine Meßstation sowie ein Transport- und Handhabungssystem. Dies dürfte wohl das kleinste flexible Fertigungssystem der Welt sein.

Es handelt sich dabei zweifellos um ein technisches Experiment, in dem gezeigt werden sollte, daß die Miniaturisierung auch auf Produktionsmaschinen angewendet werden kann. Zweifellos ist der Grundgedanke der Miniaturisierung der Fertigungssysteme ein sehr ernst zu prüfender Ansatz. Vor- und Nachteile müssen noch intensiv diskutiert werden. Auch sind viele technische Fragen wie z.B. die erreichbare Zuverlässigkeit oder Prozeßsicherheit nicht geklärt. Ein erste Einschätzung der Vor- und Nachteile zeigt die folgende Darstellung (Bild 18).

- **Vorteile**
  - **Weniger Fläche und Arbeitsraum**
  - **geringere Kosten der Prozeßperipherie**
  - **höhere Dynamik**
  - **Verwendung neuartiger Antriebs- und Meßsysteme**
- **Nachteile**
  - **Neuentwicklungen von Maschinen und Peripherie an den technischen Grenzen**
  - **Probleme bei der Kalibrierung und Einstellung (Rüsten)**
  - **Visualisierung der Prozesse und Abläufe**

Bild 18: Vor- und Nachteile einer Minifabrik

Auf der Seite der Vorteile fasziniert der Gedanke einer Realisierung einer ganzen Fabrik auf einem Arbeitstisch. Die Fragen der Sicherung von Umgebungsbedingungen lassen sich in kleinen Räumen besser und kostengünstiger realisieren. Auch ist es vorstellbar die Bearbeitungsstationen mit Antrieben auszustatten, welche der hohen Präzision eher genügen als unsere bekannten Verfahren. Das gilt in gleicher Weise für die Meßsysteme.

Auf der Seite der Nachteile müssen wir klar sehen, daß es sich bei solchen Konzepten eindeutig um völlige Neuentwicklungen handelt mit den für Prototypen spezifische Problemen. Wir müssen den Reifegrad einer miniaturisierten Maschinentechnik, die ja vieles von dem zuvor genannten voraussetzt erst erreichen. Es dürften sich Probleme bei der Umrüstung einstellen. Weiterhin wird die Visualisierung und Skalierung der Prozeß- Kenngrößen ergeben. Dennoch sollten Erfahrungen gesammelt werden, bevor eine Bewertung erfolgt. Wir haben deshalb im Kolloquium auch Beispiele der Miniaturisierung der Werkzeugmaschinen aufgenommen.

Hinsichtlich der Automatisierung der Montagen und Handhabung können zahlreiche Beispiele beweisen, daß sie den Anforderungen gerecht werden kann. Die Automatisierung profitiert diesbezüglich von den Erfahrungen in der Mikroelektronik.

Ein kritischer Erfolgsfaktor der Miniaturisierung ist sicherlich die Meßtechnik. Aus diesem Grund soll abschließend noch auf diesen Themenkomplex eingegangen werden.

5 Meßtechnik für die Miniaturisierung

Nahezu allen Maß- und geometrischen Toleranzsystemen im Maschinenbau liegt die Millimeter-Skala zugrunde. Wir erreichen zwar in der Fertigungstechnik längst die Grenze der Mikrometer und verfügen über eine Meßtechnik, welche diesen Anforderungen genügt. Mit zunehmender Miniaturisierung der Dimensionen und der Präzision muß die Fertigungsnahe Meßtechnik jedoch auf eine Genauigkeit im Nanometer- Bereich – nach dem Grundsatz einer Zehnerpotenz genauer als das Meßobjekt - vorbereitet werden.

Das folgende Bild 19 zeigt die Meßbereiche industriell anwendbarer Meßtechniken.

Meßbereiche und Auflösungen verschiedener Meßverfahren

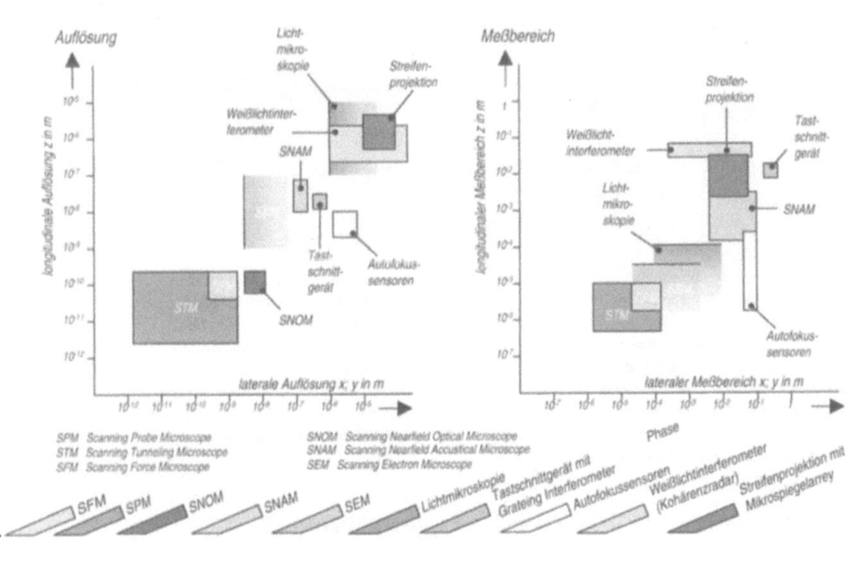

Bild 19: Meßbereiche von (2-3 D) Meßverfahren (Quelle: Weckenmann)

Das Bild stellt die bekannten Meßverfahren und ihren Auflösungs- und Meßbereich dar. Heutige Koordinaten-Meßmaschinen erreiche in ihrer Genauigkeit etwa die Grenze zu 1 μm. Unterhalb dieses Bereiches können wir auf Rasterelektronen-Mikroskope, Profilometer und spektroskopische Meßverfahren zurückgreifen mit diesen lassen sich allerdings noch nicht alle relevanten geometrischen Kenngrößen (Maße, Position, Form, Mikrostruktur, etc.) in einem integrierten Prozeß erfassen. Es ist deshalb zu fordern, daß auch in der Meßtechnik robuste und integrationsfähige Verfahren entwickelt werden, welche dem Trend zu höherer Präzision folgen können. Auf die taktilen und optischen Meßverfahren wird im Verlauf dieses Kolloquiums noch eingegangen werden.

Unsere Toleranzsysteme beruhen auf einem Meß- und Kalibrierungsverfahren, welches durch mechanische Techniken beherrscht wird. In den Grundlagen der Normen spielen die auf Lehren beruhenden Techniken noch immer eine dominierende Rolle. Sie reichen noch aus, um den Toleranzen im Bereich von 0,01 mm gerecht zu werden. Für die Miniaturisierung benötigen wir jedoch Toleranzssysteme, die den veränderten Qualitätsanforderungen besser gerecht werden können. Hier besteht ein von allen Experten anerkannter Handlungsbedarf [22, 23, 24].

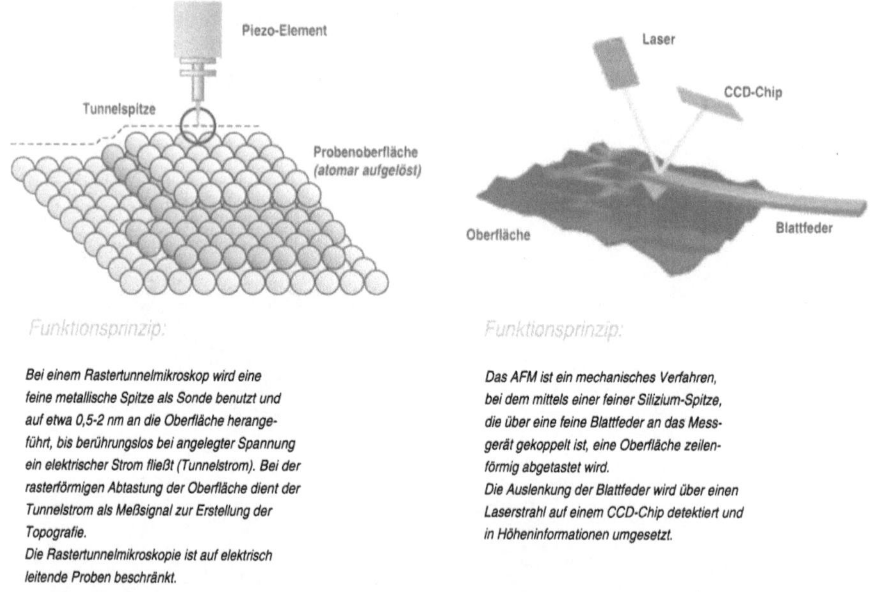

Bild 20: Prinzipien der Raster-Tunnel und Raster-Kraft-Mikroskopie

Je weiter die Meßtechnik in den Bereich der Nanometer vordringt, um so näher liegt die Chance mit diesen Verfahren auch Fertigungsprozesse durchzuführen. Ein Beispiel dieser Entwicklung ist die Raster-Tunnel-Mikroskopie und die Raster-Kraft-Mikroskopie (Bild 20). Mit dieser Technologie gelingt es sogar einzelne Atome und ihre Position im Kristallgitter zu vermessen. Das folgende Bild zeigt die Wirkungsweise dieser Techniken [22, 24].

Das Raster-Tunnel-Verfahren beruht auf der Messung eines Tunnelstromes. Der sich ergibt, wenn die Spitze eines Meßtasters in die Nähe eines Atoms kommt. Damit lassen sich hohe Auflösungen allerdings nur im begrenzten Meßbereich erreichen. Dieses Verfahren läßt sich bei allen Materialien einsetzen. Man versucht heute nicht nur mit einer Meßspitze zu arbeiten sondern mit einem Modul aus vielen Meßspitzen (Mikrotechnisch hergestellt).

Das Raster-Kraft- Verfahren nutzt die Auslenkung einer Feder als Meßgröße für den Abstand der Atome. Auch mit diesem Verfahren lassen sich einzelne Atome mit ihrer Position im Gitter ermitteln [25, 26, 27, 28, 29].

Beide Verfahren lassen sich zur Erkennung von Defekten in der Oberfläche, von Mikro- und Nanostrukturen aber auch für Rauheitsmessungen im Mikro-Bereich verwenden. Beide Verfahren sind als vergleichsweise robuste Verfahren in die Prozeßketten der Mikrobearbeitung integrierbar. Wobei das Raster-Kraft-Verfahren einen höheren meßtechnischen Aufwand erfordert. Das folgende Bild 21 zeigt eine mit einem Raster-Tunnel-Mikroskop aufgenommene Oberfläche.

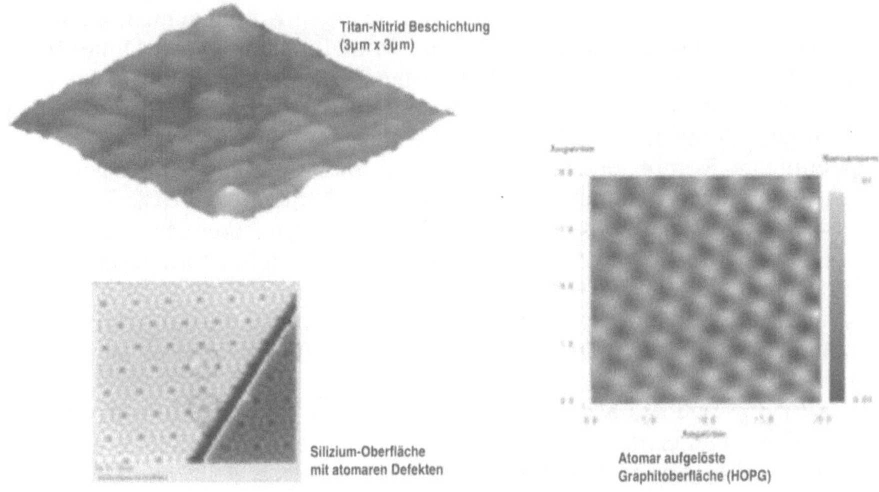

Bild 21: Oberfläche eines Bauteils – gemessen mit einem Raster-Tunnel-Mikroskop

Da es mit diesen Verfahren vergleichsweise einfach möglich ist, die Position von einzelnen Atomen zu erkennen, könnten sie sich auch als Kalibrierungssystem in einer fertigungsintegrierten Meßkette einsetzen lassen. Vielleicht liegt hier auch ein Ansatz für eine neue Basis eines Toleranzsystems für die Mikro- und Nanotechnologie.

Die Raster-Kraft-Mikroskopie erlaubt es sogar Fertigungsprozesse im atomaren Bereich auszuführen. Durch die Beeinflussung der Kräfte können einzelne Atome abgetragen oder versetzt werden. In unserem fertigungstechnischen Sinne handelt es sich dabei um trennende oder fügende Prozesse im atomaren Bereich.

Die Probleme der Toleranzen und die Arbeitsbereiche der Meßtechnik wurden hier nur kurz angeschnitten. Auch diese Entwicklungen müssen in eine Strategie der Miniaturisierung alsd evolutionäre Entwicklungen in einem Top-Down Ansatz einbezogen werden. Dieser Ansatz wird es möglich machen den Maschinen und Anlagen aber auch den Produktionssystemen erhebliche Impulse für Innovationen durch eine Konzentration auf intelligente in Dimension und Präzision miniaturisierte Technik zu geben. Wir besitzen heute die technischen Voraussetzungen.

6 Zusammenfassung

Die Entwicklungen der Mikrotechnik und Nanotechnik haben einen Weg in die Miniaturisierung von Komponenten, Bauteilen und Formelementen im Maschinenbau geebnet. Es wäre nicht richtig, allein nur nach Anwendungsmöglichkeiten dieser Techniken im Maschinenbau zu suchen. Wesentlich erfolgversprechender ist ein Ansatz, der von heutigen Komponenten, die auszugehen und eine Funktionsintegration und Miniaturisierung von Dimensionen und Präzision zu verfolgen. Dieser Weg nutzt die technologischen Potentiale bekannter und neuer Technologien und orientiert sich an den Anforderungen zukünftiger intelligenter Maschinen und Anlagen.

Intelligente Komponenten entstehen aus einer funktionalen Konstruktion, welche Funktionen durch eine Integration von Mechanik, Elektrik, Elektronik und Software realisiert. Allein dies ist für viele Unternehmen aber auch für die Ausbildung der Ingenieure und Techniker eine hohe Herausforderung.

Es handelt sich hierbei um einen für viele Unternehmen neuartigen Weg. Um diesen zu ebnen müssen Forschung und Anwendung gemeinschaftlich die Voraussetzungen einer Industrialisierung in der Entwicklung und der Produktionstechnik schaffen.

Das Bezugsmaß des Maschinenbaus des letzten Jahrhunderts war die Millimeterskala. Vielleicht sollten wir diese jetzt bereits im Hinblick auf Meßtechnik und Präzision in den atomaren Bereich verlegen.

Literatur

1. Westkämper, E. Mit leistungsfähigen Technologien Werkstücke mit hoher Präzision bearbeiten. Die Zukunft der Feinbearbeitung, Essen: Vulkan Verlag, 1993
2. Fritsch, D; u.a.: Kalibrierung und Fusion von Sensorendatenbericht des Teilprojekts A1 im SFB 514, 1998-2000. Universität Stuttgart, 2000
3. Storr, A.; u.a.: Konzeption und Aufbau des Mess- und Prüfzentrums. Ergebnisbericht 1994-1996 der Forschergruppe: Aktive Exploration. Universität Stuttgart, 1996
4. Wurst, K.-H.; Peting, U.: Aktorsysteme und Maschinenkinematiken für multisensorelle Mess- und Prüfzentren. Bericht des Teilprojektes A3 im SFB 514, 1998-2000. Universität Stuttgart, 2000
5. Grimme, R.; Schünemann, M.; Großer, V.; Reichl, H., Schwaab, G.: Entwicklungstrends in der industriellen Produktion von Mikrosystemen. In: Gens, W. (Hrsg.): 41. Internationales

Wissenschaftliches Kolloquium Ilmenau. Wandel im Maschinenbau durch Feinwerktechnik und Mikrosystemtechnik. Band 1. Ilmenau: TU Ilmenau, 1996, S. 271 – 276

6. Schünemann, M.; Schäfer, W.; Schließer, J.; Gehringer, H.: Innovationspotentiale im Maschinenbau durch die Mikrosystemtechnik. In: Gens, W. (Hrsg.): 41. Internationales Wissenschaftliches Kolloquium Ilmenau. Wandel im Maschinenbau durch Feinwerktechnik und Mikrosystemtechnik. Band 1. Ilmenau: TU Ilmenau, 1996, S. 265 – 270
7. Schuenemann, M.; Bauer, G.; Scheafer, W.; Reichl, H.; Großer, V.; Leutenbauer, R.: Baukastensystem Mikrosystemtechnik. In: wt Werkstattstechnik 88 (1998) 11/12, S. 97 – 102
8. Schuenemann, M.; Grosser, V.; Leutenbauer, R.; Matuscheck, P.; Schaefer, W.; Reichl, H.: Modularized microelectromechanical devices as key components for advanced intelligent autonomous sensors and control systems. In: Nnaji, B.O.; Wang, A. (Hrsg.): Sensors and Controls for Advanced Manufacturing. Proc. of SPIE Vol. 3201. Bellingham, WA (US): SPIE, 1997
9. Schaefer, W.; Schuenemann, M.; Grimme, R.; Grosser, V.: Development Trends in the Industrial Production of Microsystems. In: Alberts, T. E. (Hrsg.): Proc. of the ASME Dynamic Systems and Control Division. Volume 2. DSC-Vol. 57-2. New York: American Society of Mechanical Engineers, 1995, S. 909 – 914
10. Schuenemann, M.; Grosser, V.; Leutenbauer, R.; Bauer, G.; Schaefer, W.; Reichl, H.: A Highly Flexible Design and Production Framework for Modularized Microelectromechanical Systems. In: Proc. IEEE The 11th Annual International Workshop on Micro Electro Mechanical Systems Heidelberg 1998. Piscataway, NJ (US): IEEE, 1998, S. 597 – 602
11. Gäbler, J.; Schäfer, L.; Wenda, A.; Hoffmeister, H.-W.: Development and application of CVD diamond micro tools for milling and grinding. In: Brinksmeier, E. (Veranst.) EUPSEN (Proceedings of the 1st international conference and general meeting of the european society for precision engineering and nanotechnology), Bremen, 31. Mai-4.Juni 1999, S. 434-438
12. Tönshoff, H.K.; v. Schmieden, W.; Inasaki, I; König, W.; Spur, G.: Abrasive machinig of silicon. In: Annals of the CIRP, Vol.39/2, 1990, S.621-635
13. Baur, R.; Holeczek, H.: Strukturierte Hartchromoberflächen erzeugen. metalloberfläche. 53 (1999), 26-28
14. Bolch, T.; Holeczek, H.; Müll, K.: Topographie planen. INDUSTRIE-Anzeiger, Sonderdruck Ausgabe Nr. 8 (1995)
15. Bolch, T.; Holeczek, H.; Arnosti, G.; Müll, K.: Fertigungsintegrierte Galvanotechnik für Walzen. metalloberfläche, 52 (1998), 264-266
16. Forschungsvereinigung räumliche Elektronische Baugruppen 3-D MID e.V. (Hrsg.): Herstellungsverfahren, Gebrauchsanforderungen und Materialwerte räumlicher elektronischer Baugruppen 3-D MID e.V.. Erlangen 1997
17. Holeczek, H.: Bauteil-Topographie optimiert die Fertigungstechnik – Oberflächen erhalten µm-genaues Profil. INDUSTRIE-Anzeiger, 121 (1999), Nr. 42/43, 37-39
18. Leutenbauer, R.; Großer, V.; Reichl, H.: Die Entwicklung eines stapelbaren BGA-Packages (TB^{2}GA). In: Eder, A.; Reichl, H. (Hrsg.): Tagungsband SMT, ES&S, Hybrid '97. Internationale Messe und Kongreß für Systemintegration. Berlin: VDE-Verlag, 1997, S.77 – 84
19. Leonhard, W.; Maaßen, E.: MID-Technology: New Applications, Materials, Plating Concepts. Aesf SUR/FIN 2000, 26.29. Juni 2000 in Chicago
20. Leonhard, W.; Maaßen, E.: LCP selektiv metallisieren. metalloberfläche, 53 (1999), 20-22
21. Grosser, V.; Hillmann, V.; Reichl, H.; Grimme, R.: Microfabrication techniques for microsystems - µfab - and first practical experience. In: Reichl, H.; Heuberger, A. (Hrsg.): Microsystem Technologies 96. 5th International Conference on Micro Electro, Opto, Mechanical systems and Components 1996. Berlin: VDE-Verlag, 1996, S. 549 – 554
22. Carneiro, K. et al.: Scanning Tunneling Microscopy Methods for Roughness and Micro Hardness Measurements. Report EUR 16145 EN, Brussels, 1995
23. DIN V 32950: Geometrische Produktspezifikation

24. Dong, W.P.; Sullivan, P.J.; Stout, K.J.: Comprehensive study of parameters for characterising three-dimensional surface topography. I: Some inherent properties of parameter variation, Wear, 159 (1992)
25. Stout, K.J. et al.: The Development of Methods for the Characterisation of Roughness in three Dimensions. Report EUR 15178 EN, Brussels, 1993
26. System Planning Corporation (Hrsg.): MicroElectroMechanical Systems (MEMS). An SPC Market Study. Arlington. VA (US): System Planning Corporation, 1994
27. Westkämper, E.; Kraus, M.R.H.: Theoretical considerations for a new tolerance system to characterise technical surfaces in the micro- and nanometer scale. In: Hasche, K.; Mirandé, W.; Wilkening, G.: Proceedings of the 3rd Seminar on Quantitative Microscopy. PTB-Bericht PTB-F-34, 1998
28. Whitehouse, D.J.: The parameter rash - is there a cure?. Wear, 83 (1982)
29. Whitehouse, D.J.: Handbook of Surface Metrology. IOP Publishing, 1994

Neue Hochleistungslaser – Entwicklungstendenzen und fertigungstechnische Einsatzpotentiale

H. HÜGEL, P. SEILER , R. WOLLERMANN - WINDGASSE

1 Lasertechnik – eine Schlüsseltechnologie von nachhaltig hohem Rang

1.1 Wirtschaftliche Bedeutung

Vom VDMA jüngst veröffentlichte Umsatzzahlen der Arbeitsgemeinschaft „Laser für die Materialbearbeitung" belegen eindrucksvoll das wachsende Interesse an Lasern für fertigungstechnische Aufgaben [1]. Es hat der deutschen laserherstellenden Industrie seit 1994 zweistellige Zuwachsraten sowohl bei den Strahlquellen selbst – Bild 1 zeigt die Entwicklung für CO_2- und Nd:YAG-Laser – als auch bei den Systemen erbracht. Der darin enthaltene Exportanteil beträgt rund 40 % bzw. 50 % und bedeutet bei den Bearbeitungsanlagen eine Steigerung von mehr als 190 % in diesem Zeitraum. Die in Deutschland im Jahre 1998 produzierten Strahlquellen für die Materialbearbeitung repräsentierten rund 40 % des gesamten Weltmarktvolumens [2]. Dieses Zahlenmaterial belegt zweierlei, die ausgezeichnete Position dieser Branche im internationalen Wettbewerb und eine anhaltende dynamische Durchdringung weiter Bereiche der Produktion durch auf Lasern basierenden Fertigungsverfahren.

Produktionsentwicklung
Quelle: VDMA

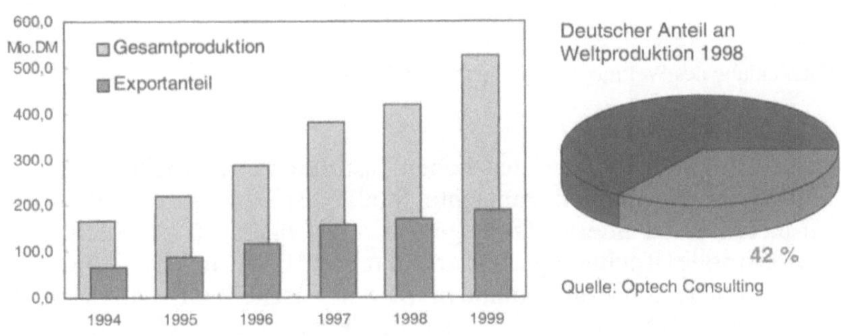

Bild 1: In Deutschland produzierte Laser für die Materialbearbeitung

Obwohl die eigentliche Laserindustrie – Hersteller von Strahlquellen, Anlagen, Systemkomponenten – einen eher kleineren Wirtschaftszweig repräsentiert, ist ihre volkswirtschaftliche Bedeutung dennoch sehr gewichtig, weil sie eine Schlüsselfunktion wahrnimmt. Dabei sind es typischerweise zwei Wege, auf denen der Laser Eingang in die industrielle Fertigungstechnik findet und Multiplikatoreffekte bewirkt, die je nach Anwendungsbereich mit Faktoren zwischen 5 und 100 beziffert werden: Der erste, bereits als traditionell zu bezeichnende Weg ist der, daß ein auf Lasern basierender Prozeß eine verbesserte Qualität und Wirtschaftlichkeit erzielen kann und damit ein herkömmliches Verfahren ersetzt. Das Laserstrahlschneiden, wo die Flexibilität ein zentrales Kriterium darstellt, mag hierfür als Beispiel dienen. Der zweite, welcher der Lasertechnik auch die Bezeichnung einer „enabling technology" eingebracht hat, beruht auf der Gestaltung eines Produkts mit besonderen Eigenschaften, dessen Herstellung eben nur mit Hilfe des Lasers möglich ist. Es ist dieser Weg, über den in jüngster Zeit eine Vielzahl innovativer Fertigungsmethoden realisiert wurde und der neue Konstruktionsansätze in vielen Sparten des Maschinenbaus und insbesondere im Automobilbau ermöglicht hat. Angeführt seien hier das Schweißen von Profilen oder Rohren zu Halbzeugen oder für die Innenhochdruckumformung, das Herstellen von Tailored Blanks und das Laserhonen.

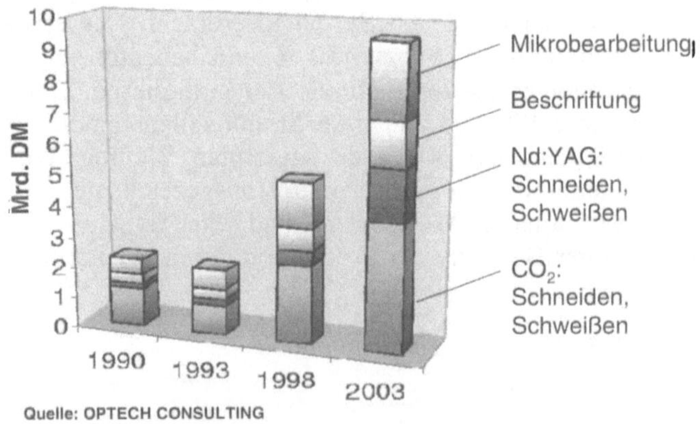

Bild 2: Entwicklung des Weltmarkts: Quelle OPTECH Consulting

Eine von namhaften wissenschaftlichen Institutionen erarbeitete und 1998 der Öffentlichkeit zugänglich gemachte Studie [3] hatte zum Ziel, wissenschaftlich-technische Felder aufzuzeigen, die besonders zu beachten wären, um die industrielle Technologieführerschaft der USA im 21. Jahrhundert sicherzustellen. Die Aussagen münden in der Feststellung, daß nach dem Jahrhundert des Elektrons nunmehr das des Photons anbrechen werde und deshalb den optischen Technologien entsprechende Schlüsselfunktionen zukämen; die Lasertechnik für die industrielle Produktion ist als eins von insgesamt sechs dafür bedeutsamen Gebieten identifiziert. Die Kenntnis dieses Dokuments hat in Deutschland Aktivitäten mit ähnlicher Zielstellung initiiert. In gemeinsamer Vorgehensweise haben hier mit Unterstützung des BMBF Wissenschaft und Wirtschaft Stärken und Defizite der optischen Technologien gleichermaßen herausgearbeitet und entsprechende Schlußfolgerungen präsentiert [4]. Auch diese Studie mißt der Fertigungstechnik mit Lasern eine hohe Bedeutung in der Zukunft bei. Vor diesem Hintergrund ist mit einem über mittelfristige Projektionen (siehe Bild 2) zeitlich weit hinausreichenden, nachhaltigen Zuwachs der Lasertechnik zu rechnen.

1.2 Strahlquellen für den cw-Hochleistungsbereich

Dieser Beitrag befaßt sich im Folgenden nur mit kontinuierlich betriebenen (cw) Hochleistungslasern. Ein Schwerpunkt der Betrachtungen wird auf diodengepumpte Festkörperlaser (siehe Kapitel 3) gelegt, die dem in Bild 2 mit „Nd:YAG" gekennzeichneten Feld zuzurechnen sind; das dort zu erkennende, besonders ausgeprägte Wachstum ist auf die zunehmende Verbreitung dieses Lasertyps zurückzuführen. Damit wird jedoch keine Bevorzugung gegenüber anderen Lasertypen zum Ausdruck gebracht, sondern es soll dem Umstand Rechnung getragen werden, daß gerade auf diesem Gebiet große Entwicklungspotentiale bestehen und von daher interessante Neuerungen für die Fertigungstechnik erwartet werden dürfen. Hinsichtlich der Verfahren wird das Laserstrahlschweißen in den Mittelpunkt gerückt, das zur Zeit eine starke Verbreitung findet.

Tabelle1: Vergleich prozeßtechnisch wichtiger Eigenschaften heutiger cw- Hochleistungslaser; die Daten sind als Richtwerte zu verstehen

Lasertyp	**CO2**	**Nd:YAG**	**Diodenlaser**
Leistung in kW	bis 20 (40)	bis 4	bis 3,5
Wellenlänge in µm	10,6	1,06	0,8
Strahlparameterprodukt in mm*mrad	4 bis 20	12 bis 25	100 x 500
Fokusdurchmesser mit F = 4 in mm	0,07 bis 0,32	0,2 bis 0,4	1,6 x 8

Heute kommerziell erhältliche und im industriellen Einsatz befindliche Laserstrahlquellen für das Schneiden, Schweißen, Härten und Beschichten sind mit ihren wesentlichen Daten in Tabelle 1 aufgeführt. Mit aufgenommen wurden typische Werte des Strahlparameterprodukts $d_0\theta/4$ (d_0 = Taillendurchmesser, θ = voller Divergenzwinkel des Laserstrahls), das ebenso wie Wellenlänge, Leistung oder Wirkungsgrad eine Eigenschaft des Geräts ist, die der Anwender im Hinblick auf seine Fertigungsaufgabe zu berücksichtigen hat: Bei einer durch die Bearbeitungsoptik festgelegten Fokussierzahl F ergibt sich der erzielbare Brennfleckdurchmesser d_F direkt proportional zu $d_0\theta/4$, was ebenfalls in Tabelle 1 vergleichend gezeigt ist. Nicht mit aufgenommen sind auf das kW bezogene Investitions- und Betriebskosten, die bei CO_2-Lasern deutlich unter jenen der Festkörperlaser liegen. Ebenso ist hinsichtlich der Daten des Gesamtwirkungsgrades auf Firmenangaben zu verweisen; als erste Orientierung kann davon ausgegangen werden, daß die Werte für Nd:YAG-, CO_2- und Diodenlaser sich ganz grob wie 1 : 5 : 14 verhalten.

Die teilweise Überlappung der Daten von Leistung und erzielbarem Brennfleckdurchmesser der CO_2- und Nd:YAG-Laser in Tabelle 1 deutet an, daß zur Lösung einer bestimmten Aufgabe mehrere Optionen bezüglich einzusetzender Geräte bestehen könnten. Finden indessen in der Kostenbetrachtung alle diese Kenngrößen und die davon abhängige Prozeßeffizienz wie –qualität (worauf in 2.2 eingegangen wird) entsprechende Berücksichtigung, so ist es möglich, eine Gerätewahl zu treffen, die weitgehend optimale Voraussetzungen für eine wirtschaftliche Fertigung bietet.

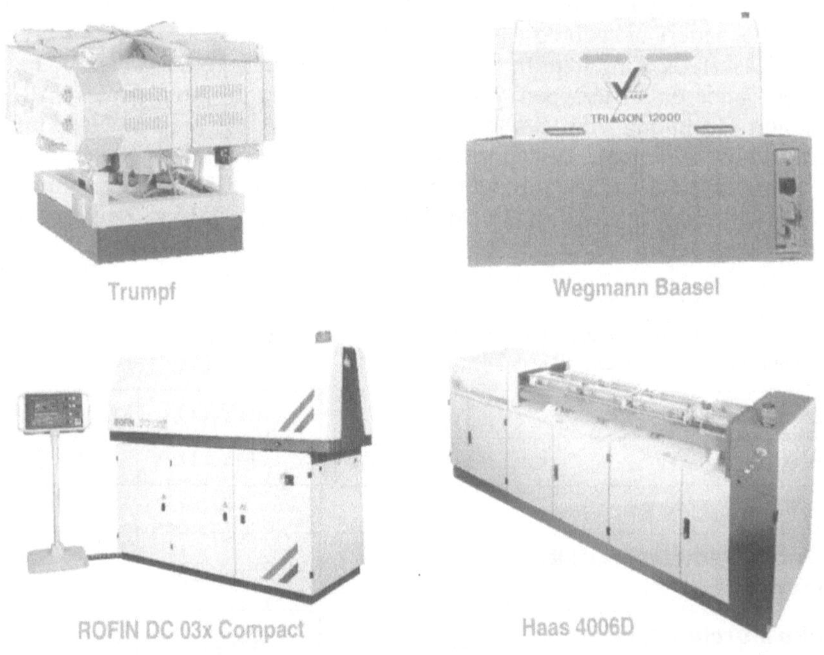

Bild 3: cw Hochleistungslaser

Bild 3 zeigt typische in Deutschland entwickelte und gebaute Hochleistungslaser, die als repräsentative Vertreter moderner, heute in der Fertigungstechnik genutzter Geräte gelten dürfen; sie werden insbesondere bei den im nächsten Abschnitt gezeigten Beispielen eingesetzt. In der oberen Zeile sind längsgeströmte CO_2-Laser mit Hochfrequenzentladung (Trumpf, bis zu 20 kW) und Gleichstromentladung (Wegmann-Baasel, bis zu 12 kW) dargestellt, links unten ein diffusionsgekühlter , hochfrequenzangeregter CO_2-Laser

(Rofin-Sinar, bis zu 3,5 kW). Lampengepumpte cw Nd:YAG-Laser der Fa. Haas/Trumpf sind bis 4 kW erhältlich. Bezüglich Diodenlaser sei auf [5] verwiesen, wo deren typische Eigenschaften und Einsatzgebiete ausführlich behandelt werden.

1.3 Industrielle Einsatzbeispiele für das Schweißen mit CO_2- und Nd:YAG-Hochleistungslasern

Die aufgeführten Beispiele beziehen sich allesamt auf Anwendungen, die direkt mit Fertigungsaufgaben der Automobilindustrie in Zusammenhang stehen. Sie umfassen sowohl die hierfür wichtigsten Werkstoffklassen Stahl und Aluminiumlegierungen als auch eine große Spannweite der Nahtgeometrie und zudem einen Bereich der Schweißgeschwindigkeit, der von einigen m/min bis zu etwa zwanzig m/min reicht.

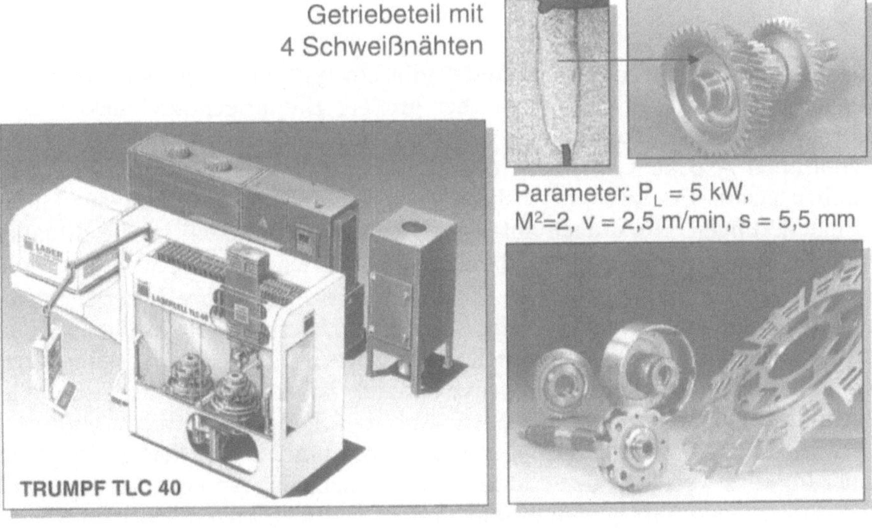

Bild 4: CO_2-Laserstrahlschweißen rotationssymmetrischer Bauteile (Quelle: Trumpf)

Im Aggregate- und Getriebebau, siehe Bild 4, sind aus Gründen der Funktionserfüllung im allgemeinen tiefe Schweißnähte erforderlich, und um den Verzug des aus endgefertigten Teilen gefügten Werkstücks möglichst gering zu halten, ist die Wärmeeinbringung zu minimieren, d.h. die Schweißnaht tunlichst schmal zu gestalten. Da gleichzeitig aufgrund der Passungen ein technischer „Nullspalt" vorliegt, sind für derartige Aufgaben CO_2-Laser höchster Strahlqualität am besten geeignet.

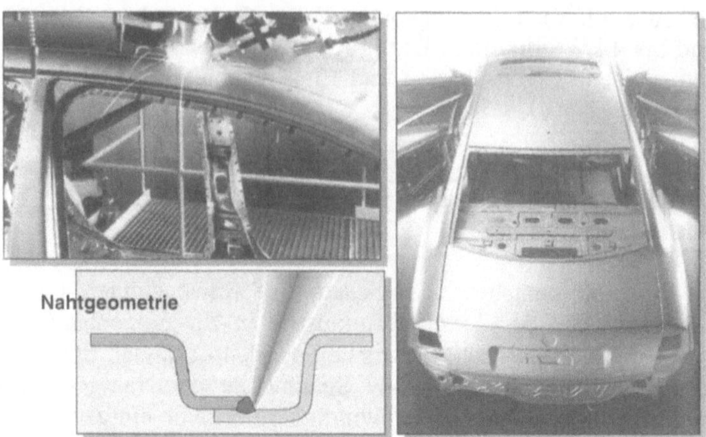

Bild 5: Dachschweißnaht mit dem Nd:YAG- Laser (Quelle: HAAS)

Im Karosseriebau hingegen, Bild 5 gibt ein typisches Beispiel wieder, wo Fügegeometrien und Spaltbreiten eher größere Brennfleckdurchmesser wünschenswert machen, beginnt sich der Nd:YAG-Laser aus prozeß- wie systemtechnischen Aspekten, wie sie in Kapitel 2 erörtert werden, zusehends mehr durchzusetzen. Ersteres gilt insbesondere für Schweißaufgaben an Aluminiumlegierungen, wozu auch auf [6] verwiesen sei. Ähnlich ist die Situation beim Schweißen von Tailored Blanks, siehe Bilder 6 und 7, wo – um hohe Schweißgeschwindigkeiten ($\geq$ 15 m/min) zu erreichen – hohe Laserleistungen benötigt werden, welche bislang von CO_2-Lasern bereitgestellt wurden. Insbesondere in den USA und in Kanada werden Nd:YAG-Laser eingesetzt, wobei das erforderliche Leistungsniveau durch Zusammenschalten zweier Geräte mittels Doppelfokustechnik (siehe Kapitel 4.1, Bild 23) erreicht wird.

Eine Vielzahl neuer konzeptioneller, konstruktiver wie fertigungstechnischer Impulse weit über den Automobilbau hinaus darf von der Verfügbarkeit von Rohren und Profilen unterschiedlicher Geometrien und Werkstoffe erwartet werden. Eine entsprechende Anlage ist in Bild 8 wiedergegeben. Die besondere Lage der Schweißnähte und die dadurch eingeschränkte Zugänglichkeit erfordert den Einsatz eines Lasers mit besonders hoher Strahlqualität (s. Kapitel 2.2).

Bild 6: Schweißen von Tailored Blanks: Schema des Materialflusses, Schweißstation und Anwendungsbeispiele (Quelle: Trumpf)

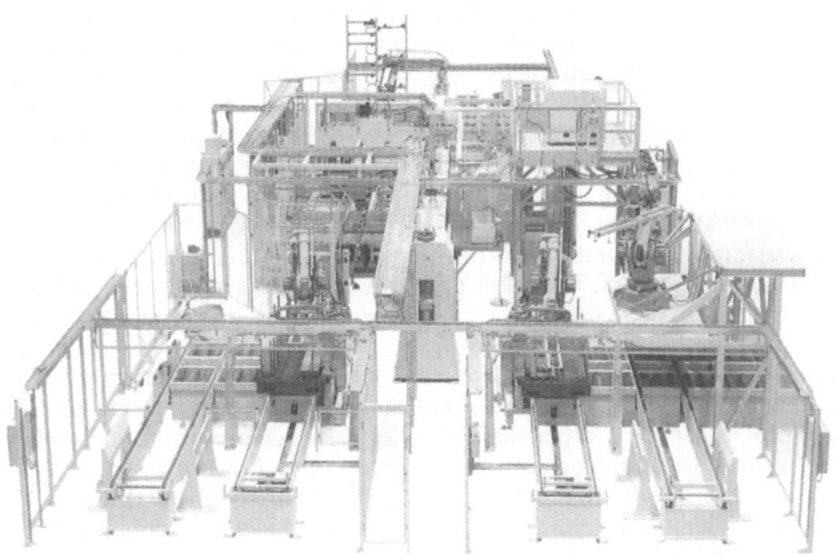

Bild 7: Vollautomatische SOULAS® Tailored Blank Schweißlinie Typ LCL 3000. Die Anlage verkettet 3 Schweißlinien für die Produktion von jährlich 2 395 000 Tailored Blanks mit insgesamt 3 455 000 Schweißnähten (Quelle Soudronic).

Bild 8: Laserstrahlschweißen von Profilen: Tailored Profiles (Quelle: Trumpf)

1.4 Anwendungsgetriebene Weiterentwicklungen

Wenn trotz des erfolgreichen Durchdringens der Fertigungstechnik mit Laserverfahren generell gesehen und insbesondere der starken Expansion des Laserstrahlschweißens bei der laserherstellenden Industrie und den mit ihr zusammen arbeitenden Instituten intensiv an Verbesserungen der Strahlquellen und der Vertiefung des Prozeßwissens geforscht wird, geschieht dies heute nicht zuletzt aufgrund immer höher steigender Anforderungen, die vom Anwender stammen. So werden beispielsweise in [2] mehrere „Treiber" genannt: An das Produkt selbst werden zunehmende Anforderungen hinsichtlich z.B. der Funktion, Qualität oder Miniaturisierung gestellt, die den Einsatz der Lasertechnik erfordern; weiterhin soll das Fertigungsverfahren erhöhte Flexibilität und Automatisierbarkeit erlauben, und schließlich soll der Prozeß selbst immer schneller, kostengünstiger und höhere Qualität bringend durchführbar sein.

Die Basis für adäquate Maßnahmen „anwendungsgetriebener" Entwicklungen wird nachstehend in Kapitel 2 diskutiert. Vor allem manche Konzepte diodengepumpter Festkörperlaser (Kapitel 3) eignen sich in besonderem Maße, neue Laserstrahlquellen mit entsprechenden Eigenschaften zu bauen. Beispielhaft für die Weiterentwicklung des Schweißprozesses wird in 4.1 die Mehrfokustechnik vorgestellt, deren Potential besonders vorteilhaft mit Festkörperlasern höchster Strahlqualität nutzbar ist.

2
Wirtschaftlichkeit durch Ganzheitlichkeit

2.1
Systemischer Ansatz

Um sicherzustellen, daß bei der Konzeption einer Fertigungsanlage, mit der ein bestimmter Prozeß durchzuführen ist, ein Höchstmaß an Wirtschaftlichkeit und Qualität erreicht wird, ist die in Bild 9 skizzierte Vorgehensweise einzuschlagen.

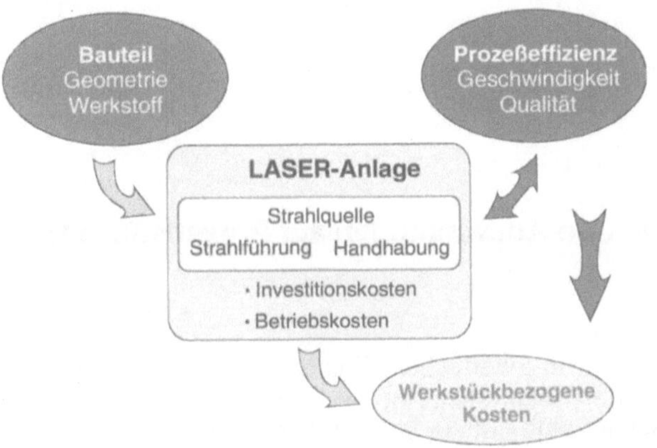

Bild 9: Eine ganzheitliche Vorgehensweise unter Berücksichtigung lasergerechter Konstruktionsmerkmale und der Nutzung der hohen Prozeßeffizienz bei Beachtung der in Bild 10 gezeigten Zusammenhänge kann die Wirtschaftlichkeit des Lasereinsatzes erheblich steigern

Sie berücksichtigt neben den unmitttelbar in die werkstückbezogenen Kosten einfließenden Investitions- und Betriebskosten vor allem die Implikationen des Prozesses auf die Eigenschaften der Strahlquelle und der Anlage selbst. Zugrunde liegt die Erkenntnis, daß der Prozeß – beurteilt anhand der die direkt meßbare Effizienz bestimmenden Prozeßgeschwindigkeit und der dabei erzielten Qualität, welche sich an der Funktion des Bauteils zu orientieren hat – in all seinen Merkmalen sich aus der Wechselbeziehung mehrerer Einflußfelder ergibt. Bild 10 soll dies schematisch verdeutlichen. Ausschlaggebend ist zunächst die auf den physikalischen Eigenschaften des Laserstrahls und des zu bearbeitenden Werkstoffs beruhende Energieeinkopplung. Eine aufgabenorientierte Prozeßgestaltung bietet weitere Optimierungsmöglichkeiten. Die technische Realisierung schließlich ist durch die Anlagen- bzw. Systemtechnik zu gewährleisten. Aber auch hierfür hat die Wahl bestimmter Strahleigenschaften unmittelbare Konsequenzen: So läßt sich der Strahl eines Nd:YAG-Lasers in einer flexiblen Glasfaser verlustfrei über viele Meter leiten und ermöglicht deshalb insbesondere bei dreidimensionalen Bearbeitungsaufgaben sehr kostengünstige Strahlführungskonzepte.

Bild 10: Die Prozeßeffizienz beeinflussende Parameter

2.2 Strahleigenschaften und ihre Auswirkungen auf Prozeßeffizienz und Systemtechnik

Leistung

Die verfügbare Laserleistung ist in zweifacher Hinsicht von Bedeutung: Aus ihrem instantanen Wert resultiert zusammen mit der bestrahlten Fläche die für den Prozeß benötigte Intensität, während der zeitliche Mittelwert der Leistung die je Zeiteinheit bearbeitbare Masse bestimmt (bei cw-Betrieb sind die beiden Werte identisch). Aus einer einfachen, durch praktische Ergebnisse jedoch hinreichend abgesicherten Energiebilanz [7] folgt, daß das Produkt aus Prozeßgeschwindigkeit und während des Vorschubs erzieltem Wirkquerschnitt (z.B. Fugen-, Naht- oder Spurquerschnitt beim Schneiden, Schweißen oder Beschichten) der mittleren Leistung direkt proportional ist. So ist mit der Verfügbarkeit einer bestimmten Laserleistung und abhängig von den zu bearbeitenden Dimensionen die Bearbeitungsgeschwindigkeit und damit die Ausbringung der Anlage festgelegt. Als wichtig gilt jedoch festzuhalten, daß hierbei nicht die *verfügbare* oder eingestrahlte, sondern die *eingekoppelte* Leistung maßgebend ist, also jener Anteil der Strahlleistung, der im Werkstück als Wärme freigesetzt wird. Laserstrahleigenschaften, die zu einer besseren Energieausnutzung führen, erhöhen demnach unmittelbar die Wirtschaftlichkeit der Bearbeitungsanlage infolge entweder höherer Prozeßgeschwindigkeit oder des niedrigeren erforderlichen Leistungsniveaus, was geringere Investitions- und Betriebskosten bedeutet.

Wellenlänge

Die Energieeinkopplung wird maßgeblich durch die Wellenlänge des Laserstrahls beeinflußt. Dieser Parameter gewinnt angesichts der heutigen Verfügbarkeit von Festkörperlasern mit bis zu 4 kW Leistung (cw) und der einfachen Möglichkeiten, mittels Strahladdition (s. Kapitel 4.1) einen Leistungsbereich auch weit darüber hinaus zu erschließen, zunehmend an Bedeutung. Bei einer ganzheitlichen Betrachtung des Lasereinsatzes ist die Wellenlänge darüber hinaus noch wegen der möglichen Art der Strahlübertragung von Bedeutung wie bereits weiter oben angedeutet.

Bei Verfahren wie beispielsweise dem Härten, wo eine ebene Fläche vorliegt und dort nur ein einmaliges Auftreffen der Strahlung erfolgt, wird die Energieeinkopplung hinreichend genau durch den *Absorptionsgrad A* beschrieben; für metallische Werkstoffe steigt er mit kürzer werdender Wellenlänge an. Stellt die Wechselwirkungszone jedoch eine räumlich gekrümmte Fläche dar, z.B. eine Kapillare beim Schweißen, wird der Strahl daran mehrfach reflektiert und koppelt bei jedem Auftreffen einen Teil seiner Energie ein. Hier ist mittels des *Einkoppelgrades* η_A zu argumentieren, der das Verhältnis von gesamter im Werkstück als Wärme verfügbarer zu eingestrahlter Leistung wiedergibt. Er steigt mit wachsendem Schlankheitsgrad der Kapillare (definiert als Verhältnis von Schweißtiefe zu Brennfleckdurchmesser) – und demzufolge näherungsweise mit dem des Nahtquerschnitts – sowie mit kürzerer Wellenlänge. Dabei tritt der wellenlängenabhängige höhere Absorptionsgrad insbesondere bei geringen Schweißtiefen positiv in Erscheinung, während er mit wachsender Tiefe infolge zahlreicher werdender Reflexionen weniger ausgeprägt wirkt. Damit wird deutlich, daß Nd:YAG-Laser besonders vorteilhaft für das Schweißen im Dünnblechbereich und für Werkstoffe mit hohem Reflexionsgrad einzusetzen sind. CO_2-Laser hingegen können ihre hohe Strahlqualität vor allem im Aggregatebau zur Geltung bringen, wo extrem schlanke Nähte erforderlich sind. – Die in 1.3 gezeigten Anwendungsbeispiele verdeutlichen dies.

Für den Schweißprozeß spielt die Wellenlänge darüber hinaus insofern eine gewichtige Rolle, weil die negativen Auswirkungen des laserinduzierten Schweißplasmas – Absorption von Laserleistung und unkontrollierte Defokussierung wie Ablenkung des Strahls – stark von ihr abhängen. So ist der Absorptionskoeffizient des Plasmas direkt proportional zu λ^2: Eine kürzerwellige Strahlung heizt daher das Plasma weniger auf und erfährt deshalb aufgrund geringerer Temperaturgradienten in der Plasmawolke eine nicht so stark ausgeprägte Brechung. Ein fokussierter Strahl wird also in geringerem Maße aufgeweitet oder abgelenkt, was im Hinblick auf das Vorhandensein eines benötigten Intensitätswerts ebenso von Vorteil ist wie für die Stabilität des Prozesses. Insgesamt eröffnet eine kürzere Wellenlänge ein breiteres Prozeßfenster, was beispielsweise für das Schweißen von Aluminium erheblich sein kann ; siehe Bild 11. – Derartige Überlegungen waren mit ausschlaggebend dafür, daß beim „Vollaluminium"-Auto A2 Festkörperlaser zum Einsatz kamen [6].

Polarisation

Die Zunahme des Absorptionsgrades und damit der Prozeßeffizienz bei steigendem Einfallswinkel einer parallel zur Einfallsebene linear polarisierten Strahlung kann bei einer Reihe von Bearbeitungsverfahren genutzt werden. Wenn die lineare Polarisation als – im Prinzip – frei wählbarer Strahlparameter in der Praxis dennoch wenig Anwendung findet, hängt dies damit zusammen, daß ihre geforderte Orientierung zur Vorschubgeschwindigkeit an jedem Punkt einer Bahnkurve durch eine zusätzliche Einrichtung im Bearbeitungskopf gewährleistet werden muß. CO_2-Hochleistungslaser erzeugen zwar konstruktionsbedingt Strahlen mit linearer Polarisation, die anschließend jedoch üblicherweise in zirkulare umgewandelt wird. Festkörperlaser liefern unpolarisierte Strahlung, und eine solche ergibt sich ohnedies nach Strahlführung durch eine Glasfaser.

Der Vorteil einer polarisationsbedingten Steigerung der Energieeinkopplung ist vor allem dann gegeben, wenn keine oder nur wenige Strahlreflexionen in der Wechselwirkungszone auftreten, also bei Oberflächenverfahren, beim Schneiden oder Dünnblechschweißen. Deshalb und aus den oben erwähnten systemtechnischen Gründen ist linear polarisierte CO_2-Laserstrahlung insbesondere beim Schweißen von Rohren, Profilen und geradlinigen Nähten an Tailored Blanks einzusetzen.

Strahlqualität

Unter diesem Begriff wird jene Eigenschaft eines Laserstrahls (bzw. einer Laserstrahlquelle) verstanden, die sich unmittelbar in seiner Fokussierbarkeit niederschlägt. Quantifizieren läßt sie sich mittels des bereits erwähnten Strahlparameterprodukts bzw. der Beugungsmaßzahl M^2 entsprechend

$$d_0\,\theta/4 = M^2 \cdot \lambda/\pi. \tag{1}$$

Für Laser gleicher Wellenlänge gibt also M^2 (im deutschen Sprachraum ist der Begriff des Strahlpropagationsfaktors $K = 1/M^2$ ebenfalls üblich) an, um wieviel mal höher deren konkret realisiertes Strahlparameterprodukt als der physikalisch kleinstmögliche Wert λ/π ist.

Die unmittelbaren Auswirkungen dieser Größe auf die Geometrie des fokussierten Strahls werden aus nachstehenden Beziehungen für den Brennfleckdurchmesser d_F und die Rayleighlänge z_{RF} (von der Strahltaille bei d_F aus gemessene Distanz in Ausbreitungsrichtung des Strahls, innerhalb derer sein Querschnitt auf den doppelten Wert ansteigt bzw. die Intensität auf die Hälfte des Wertes im Fokus absinkt) ersichtlich:

$$d_F = (d_0\theta) \cdot F = (4\lambda/\pi) \cdot M^2 \cdot F \tag{2}$$

$$z_{RF} = d_F \cdot F = (d_0\theta) \cdot F^2 = (4\lambda/\pi) M^2 \cdot F^2 . \tag{3}$$

Bei festgelegter Fokussierzahl F (Brennweite der Optik dividiert durch Strahldurchmesser auf derselben) ist also ein um so kleinerer Brennfleckdurchmesser zu erzielen, je geringer das Strahlparameterprodukt bzw. M^2 ist (siehe Tabelle 1). Ist andererseits ein bestimmter Brennfleckdurchmesser notwendig, so erfordert ein größerer Wert von M^2 eine kleinere Fokussierzahl, was zu einem geringeren Arbeitsabstand und höherer Strahldivergenz führt.

Auswirkungen auf Prozeßeffizienz

Jeder mit Laserstrahlung erfolgende Fertigungsprozeß bedarf einer bestimmten Mindestleistung, die für das Erreichen der charakteristischen Prozeßtemperatur erforderlich ist; beim Schneiden und Wärmeleitungsschweißen ist dies die Schmelztemperatur, beim Lasertiefschweißen (wo eine Dampfkapillare die Energieeinkopplung bestimmt) die Verdampfungstemperatur T_v. Dieser „Schwellwert" ergibt sich aus entsprechenden Energiebetrachtungen und verknüpft die Strahlparameter Leistung P, Absorptionsgrad A = f(λ), Fokusdurchmesser $d_F = f(M^2)$ mit den Werkstoffeigenschaften T_v und der Wärmeleitfähigkeit k über die Relation [8]

$$AP / d_F \sim T_v \cdot k, \qquad (4)$$

die auch experimentell bestätigt ist. Um einen sicheren und stabilen Prozeß zu erzielen, ist in der Praxis mit deutlich höheren Leistungen als dem sich hieraus ergebenden Schwellwert zu operieren. Die „leistungssparende" Rolle einer hohen Strahlqualität (d.h. eines kleinen Brennfleckdurchmessers) in Bezug auf diesen Aspekt ist offenkundig. Darüber hinaus skaliert die erzielbare Prozeßgeschwindigkeit nicht nur mit der eingekoppelten Leistung A . P (bzw. η_A . P), sondern ebenfalls mit dem Kehrwert des Brennfleckdurchmessers. Aus diesen Gründen ist es für den Anwender wichtig, bei der Auswahl seines Geräts letztlich auf den Parameter $P/d_0\theta$ zu achten.

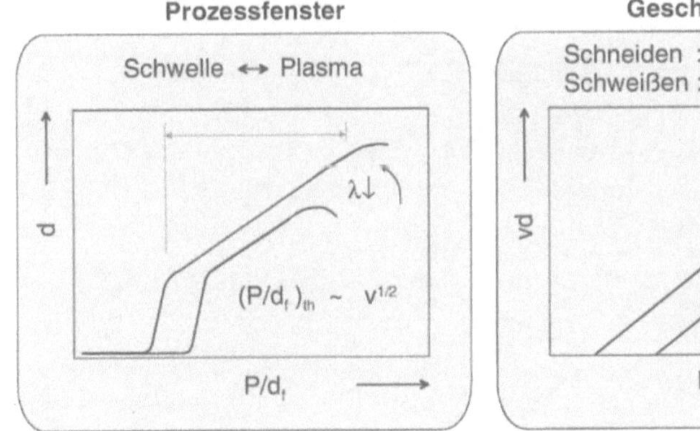

Bild 11: „Produktivitätsparameter" P/d_F bestimmt Prozeßeffizienz und -qualität

Diese *prozeßtechnisch* wichtigen Zusammenhänge sind in den Bildern 11 und 12 wiedergegeben. In Bild 11 links ist das durch einen durchschnittlichen Schwellwert scharf und durch Plasmaeffekte (die sich zunächst in Qualitätseinbußen bemerkbar machen, ehe es u. U. zu einer kompletten Abschirmung und Unterbrechung des Prozesses kommt) mehr diffus begrenzte Prozeßfenster aufrecht erhalten werden kann. Ein in diesem Bereich durch entsprechende Parameterwahl vorgenommene Erhöhung von P/d_F führt zu größerer

Einschweißtiefe oder Steigerung der Prozeßgeschwindigkeit v, siehe Bild 11 rechts. Die Vorteile einer kürzeren Wellenlänge sind dabei schematisch angedeutet. Da der Schwellwert $(P/d_F)_{th}$ auch mit der Wurzel aus der Schweißgeschwindigkeit wächst, ist gerade für Hochgeschwindigkeitsschweißen von Stahl ein hoher Wert P/d_F erforderlich, wenn der Tiefschweißeffekt sicher realisiert werden soll.

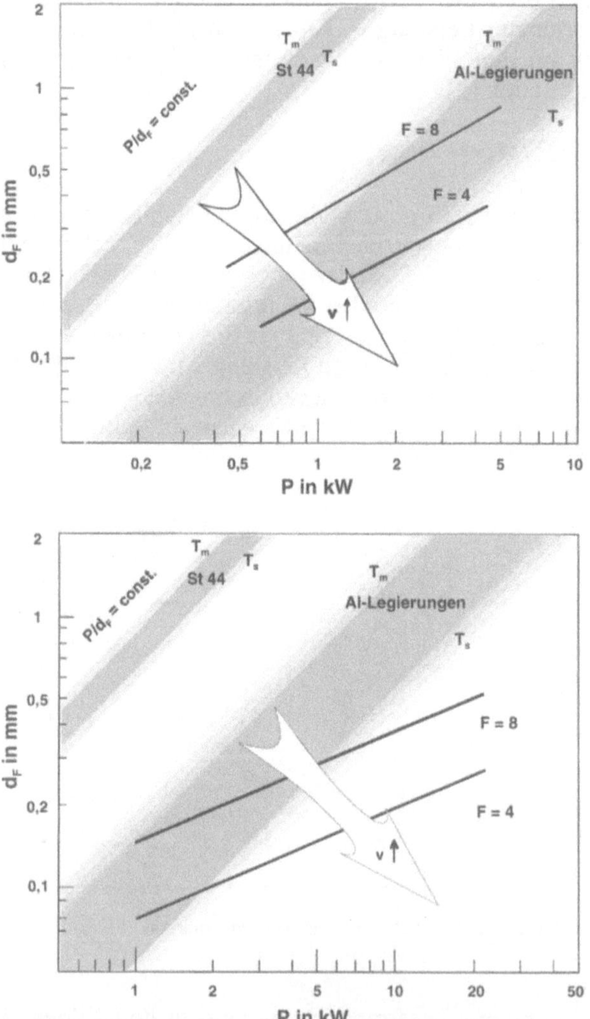

Bild 12: Erforderliche Prozeßparameter P und d_F zur Realisierung des Wärmeleit- (obere Grenze des gekennzeichneten Bereichs P/d_F = const) und Tiefschweißeffekts für Nd:YAG- (oberes Bild) und CO_2-Laser; die fett eingetragenen Kurven entsprechen mit den angegebenen Fokussierzahlen erreichbare Werten von d_F

Bild 12 gibt den in der Beziehung (4) festgestellten Zusammenhang zwischen Leistung und Brennfleckdurchmesser graphisch wieder. Für Stahl (St 44) und Aluminum (AlMgSi 1) sind die Bereiche der P/d_F- Werte eingezeichnet, die für das Wärmeleitungs- bzw. Tiefschweißen erforderlich sind. Da die in der Literatur zu findenden Absorptionsgrade nicht den gesamten Temperaturbereich abdecken und zudem praxisinhärente Effekte wie z.B. Oxidation nicht berücksichtigen, können diese Darstellungen nur als qualitative Orientierung dienen. Mit eingetragen sind jene Brennfleckdurchmesser, die mit den in Tabelle 1 bzw. Bild 3 aufgeführten Hochleistungslasern und Fokussierzahlen von 4 und 8 erzielbar sind. Die Verhältnisse bei CO_2- und Nd:YAG- Lasern vergleichend zeigt sich, welch effizienzsteigerndes Potential bei Festkörperlasern mit Geräten höherer Strahlqualität noch erschließbar ist!

In manchen Fällen wird sich der einzustellende Brennfleckdurchmesser nicht in erster Linie an Aspekten der Effizienz, sondern an der Fügegeometrie zu orientieren haben. Das bisher Diskutierte bietet auch hierfür eine erste Handhabe, die Geräteeigenschaften prozeßoptimiert zu wählen.

Auswirkung auf die Systemtechnik

Die systemtechnischen Vorteile einer *Faser*übertragung der Leistung wurden schon erwähnt, weshalb hier die Bedeutung der *Strahlqualität* im Vordergrund steht. Der Umstand, daß zum Erzielen eines bestimmten Fokusdurchmessers eine um so größere F-Zahl eingesetzt werden kann, je kleiner M^2 ist, läßt sich im Hinblick auf die *Systemtechnik* unter zwei Gesichtspunkten nutzen:

- Eine höhere F-Zahl (im allgemeinen gleichbedeutend einer größeren Brennweite) erhöht den Arbeitsabstand. Die Optik ist also weniger anfällig gegenüber verschmutzenden oder schädigenden Einflüssen von Dämpfen oder Schmelzspritzern. Zum anderen erhöht sich z_{RF}, was bedeutet, daß geringere Anforderungen an die Strahlführung hinsichtlich der Einhaltung einer geforderten axialen Position (Lage des Brennflecks zum Werkstück) gestellt werden können.

- Könnte andererseits eine geringere Brennweite akzeptiert werden, ließe sich der Strahldurchmesser auf der Optik reduzieren. Als Folge könnte die Optik selbst wie der gesamte Bearbeitungskopf kleiner und leichter gebaut werden. Dies ist vorteilhaft, wenn eine hochdynamische Anlage gefordert ist. Gleichzeitig erhöht sich dadurch – wie auch beim erstgenannten Aspekt – die Zugänglichkeit an räumlichen Bauteilen.

Neben diesen Vorteilen, die grundsätzlich für alle Lasertypen gelten, kommen für den Festkörperlaser speziell bei *Leistungsübertragung* durch *Glasfasern* noch weitere hinzu:

- Da der erzielbare Fokusdurchmesser d_F nach einer Faserübertragung dem Faserkerndurchmesser d proportional ist, wird angestrebt, immer geringere Werte von d zu realisieren. Um die Strahlung eines Lasers verlustfrei in die Faser einkoppeln zu können, ist dessen Strahlparameterprodukt an das der Faser anzupassen, welches durch $NA \cdot d$ bestimmt wird (die numerische Apertur NA ist eine durch Materialeigenschaften festgelegte Kenngröße der Faser). Aus der Beziehung (5)

$$NA \cdot d \sim M^2 \tag{5}$$

wird der Vorteil einer hohen Strahlqualität auch für diesen Fall unmittelbar deutlich.

Um die Auswirkungen sehr hoher Laserleistungen (≥ 10 kW) bei 1 µm auf den Schweißprozeß zu untersuchen und dabei die systemtechnischen Vorteile der Faserübertragung nutzen zu können, bieten sich grundsätzlich zwei Wege an, nämlich die Leistung mehrerer einzelner Geräte jeweils individuell oder mittels einer einzigen Faser [9] zu übertragen. Damit deren Durchmesser nicht zu groß gewählt werden muß, ist es vorteilhaft, wenn die einzelnen Module einen geringen Wert M_m^2 aufweisen, was aus der Beziehung

$$NA \cdot d \sim \sqrt{N} \cdot M_m^2 \tag{6}$$

hervorgeht; N bezeichnet darin die Zahl der zum Erreichen eines bestimmten Leistungsniveaus erforderlichen Laser; Bild 13 erläutert und verdeutlicht die Zusammenhänge. – Auf die Vorteile und Möglichkeiten einer hohen Strahlqualität bei der Leistungsübertragung durch mehrere dünnere Fasern und die entsprechende Prozeßgestaltung wird in 4.1 eingegangen.

Einzelgerät: **N Module:**

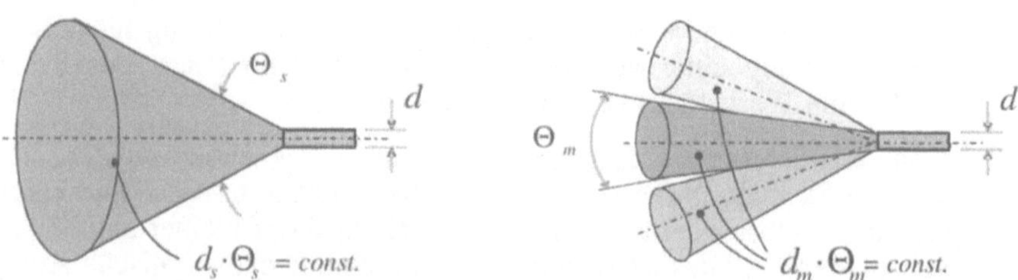

Einkoppelbedingungen für $d = d_s = d_m$

$2NA \cdot d \geq \Theta_s \cdot d_s$ $\qquad$ $2NA \cdot d \geq m \cdot \Theta_m \cdot d_m$

- **hexagonale Anordnung in n Ringen**

$m \geq 2n+1 \qquad N = 1 + \sum_{1}^{n} 6n \qquad N \approx 0{,}75 \cdot m^2$

- **Skalierungsgrößen**

$\sqrt{N} \cdot M_m^2, \; m \approx \sqrt{N}$

Bild 13: Einkoppelbedingung für Leistungsübertragung durch Glasfaser

3 Neue Laserstrahlquellen

Angesichts der Tatsache, daß moderne CO_2-Hochleistungslaser ein Höchstmaß an technologischer Reife erreicht haben und ebenso die physikalischen Möglichkeiten zur Wirkungsgradverbesserung weitgehend ausgeschöpft sind, konzentrieren sich die Entwicklungen hier vor allem auf technische Ziele wie weitere Steigerung der Verläßlichkeit oder größere Kompaktheit. Anders ist die Situation bei den Festkörperlasern, wo die Anregung mittels Diodenlaserstrahlung erhebliche Potentiale zur Verbesserung des Wirkungsgrades und der Strahlqualität bietet. Im Bereich der Diodenlaser selbst ist ebenfalls eine große Entwicklungsdynamik festzustellen [5, 10, 11].

Mit der Verfügbarkeit von Diodenlasern hinreichend hoher Leistung begannen – parallel zu Bestrebungen, diese *direkt* als *Strahlquellen* für die Materialbearbeitung zu nutzen - weltweit Untersuchungen mit dem Ziel, sie anstelle von Lampen zum *Anregen* des *Laserkristalls* zu verwenden. Dieser Ansatz verspricht mehrere technologische Vorteile gleichzeitig zu erreichen:

- Aufgrund des hohen optisch/elektrischen Wirkungsgrades von Diodenlasern und des selektiveren Anregens des laseraktiven Mediums als Folge des monochromatischen Lichts der Dioden sollte eine Steigerung des Gesamtwirkungsgrades von bis zu einem Faktor 5 möglich sein.
- Als Folge der geringeren im Kristall freiwerdenden Wärme sollte der temperaturabhängige „thermische Linseneffekt“ (die Verschlechterung der Strahlqualität infolge von Gradienten des Brechungsindex des Kristalls senkrecht zur Strahlachse) deutlich geringer und daher eine höhere Strahlqualität erzielbar werden.
- Die höhere Intensität der Diodenlaserstrahlung sollte grundsätzlich neue Anregungskonzepte und die Verwendung neuer laseraktiver Materialien erlauben.

Prinzipiell mögliche Konzepte zur Gestaltung des laseraktiven Mediums und der Pumpstrahlanordnung sind in Bild 14 gezeigt. In Geräten der „ersten Generation“ (siehe 3.1) ist die Geometrie des Kristalls, die Kühltechnik und die Resonatorauslegung die gleiche wie in den lampengepumpten Systemen. Wie dort ist ein thermischer Linseneffekt demzufolge grundsätzlich nicht vermeidbar. Neben anderen Zielsetzungen war dies eine Motivation, nach alternativen Konzepten zu suchen, die diesen Effekt – zumindest aus physikalischen Gründen – nicht aufweisen würden. Die sich erst in der Phase einer industrietauglichen Geräteentwicklung befindlichen Scheibenlaser (siehe 3.2) und Faserlaser (siehe 3.3) stehen für solche Konzepte.

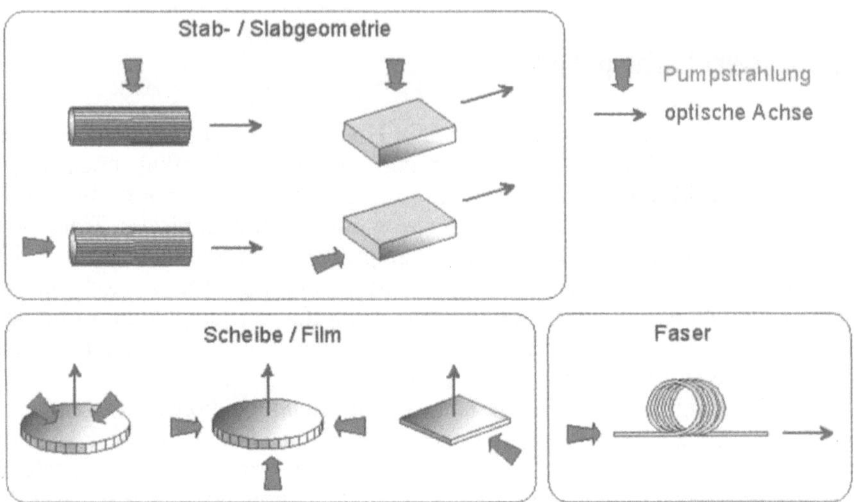

Bild 14: Prinzipielle Möglichkeiten der Formgebung des Laseraktiven Mediums sowie der Pumpstrahlanordnung diodengepumpter Festkörperlaser

3.1 Stab- und Slabsysteme

Gekennzeichnet durch die Richtung der Pumpstrahlung bezüglich der optischen Achse des Resonators lassen sich end- oder seitengepumpte Systeme unterscheiden. Weitere Differenzierungen folgen aus der Art, wie die Diodenstrahlung an den Kristall geführt wird, fasergeführt oder direkt mittels strahlführender und abbildender Optiken. Weiterhin gibt es Systeme, die Neodym (Nd):YAG oder Ytterbium (Yb):YAG als Material nutzen, was auch im Zusammenhang mit dem Einsatz von Dioden bestimmter Wellenlänge steht. Welche der Varianten zum Tragen kommt, hängt stark von den Anforderungen ab, auf die die jeweilige Entwicklung zielt, wobei auch die technologischen Vor- und Nachteile der Pumpanordnungen zu berücksichtigen sind.

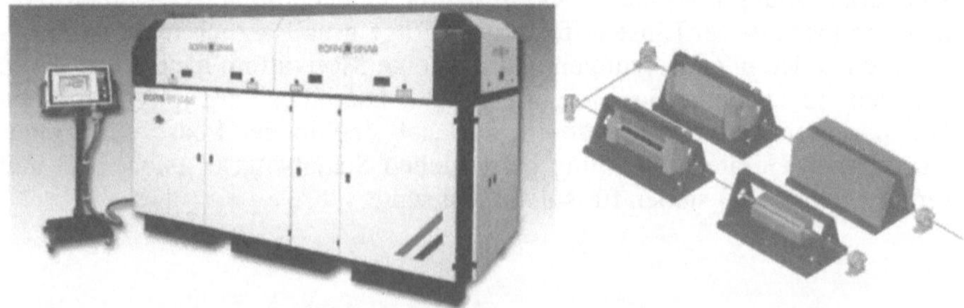

Bild 15: Diodengepumpter Nd:YAG- Hochleistungslaser (Quelle: Rofin Sinar)

Da hohe Leistungen in seitengepumpten Geräten leichter realisierbar sind, hat sich dieses Konzept für Laser mit dieser Zielsetzung weitgehend durchgesetzt. Von Vorteil ist auch, daß alle bei lampengepumpten Systemen bewährten konstruktiven und technologischen Maßnahmen mehr oder weniger direkt übernommen werden können. So sind in den vergangenen Jahren von einigen Instituten und Firmen weltweit Geräte im Kilowattbereich gebaut worden. Dabei wurden Gesamtwirkungsgrade bis zu 13 % erreicht.

Im Sommer 1999 ist von Rofin Sinar erstmals ein diodengepumpter Nd:YAG-Hochleistungslaser auf den Markt gebracht worden. Die Geräte mit Stabgeometrie, siehe Bild 15, sind im Leistungsbereich von 0,5 bis 4 kW erhältlich.

3.2 Scheibenlaser

Die Entwicklung dieses neuen Konzepts am IFSW seit 1992 war von der Motivation getragen, die Möglichkeiten der Diodenlaseranregung konsequent zu nutzen und unter Verwendung entsprechender Materialien, Kristallgeometrien und Pumpanordnungen einen Laser zu schaffen, der die Vorzüge des CO_2-Lasers – hohe Strahlqualität, hoher Wirkungsgrad – mit denen des Festkörperlasers – prozeß- und systemtechnische Vorteile der kürzeren Wellenlänge – in sich vereinigt. Der Ansatz ist aus Bild 14 ersichtlich: Wird die Länge eines zylindrischen Stabs immer mehr reduziert, bis sie deutlich geringer ist als sein Durchmesser, dann ist diese Scheibe nicht mehr über ihren Umfang zu kühlen. Stattdessen muß eine in ihrem Volumen erzeugte Verlustwärme über eine oder beide Stirnflächen abgeführt werden. Dies kann prinzipiell durch konvektive Kühlung mittels eines Fluids (Wasser oder komprimiertes Gas) oder Wärmeleitung erfolgen. Vorausgesetzt die Energieumsetzung Pumplicht/Laserlicht wie auch der Wärmeübergang erfolgen in radialer Richtung absolut homogen, so wird sich ein Temperaturfeld im Kristall einstellen, dessen Isothermen parallel zu seinen Stirnflächen verlaufen. Dementsprechend wird der Brechungsindex keinen radialen Gradienten aufweisen, und eine ebene Welle, die senkrecht zur Achse den Kristall durchläuft, würde keine radiale Verzerrung erfahren. Damit ist das Entstehen einer thermischen Linse konzeptbedingt ausgeschlossen.

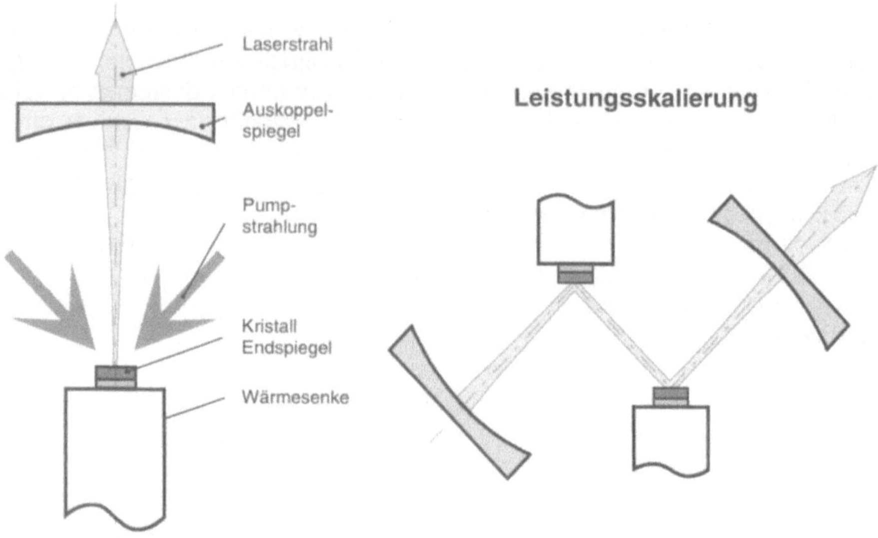

Bild 16: Schema des Scheibenlasers (links) und Methode der Leistungsskalierung mittels Zahl der Scheiben im Resonator

Das Schema dieses Lasertyps ist in Bild 16 gezeigt. Die Yb:YAG-Scheibe mit typischerweise einem Durchmesser von 7 mm und einer Dicke von 0.3 mm ist auf ihrer Rückseite verspiegelt, so daß diese Pump- wie entstehendes Laserlicht total reflektiert. Dieser Beschichtung kommt eine besondere Bedeutung zu, als sie nicht nur den optischen Anforderungen zu genügen hat, sondern auch so beschaffen sein muß, daß sie einen möglichst geringen Wärmewiderstand hat und eine effiziente Kühlung des Kristalls durch Wärmeleitung erlaubt. Die Pumpstrahlung wird nahezu axial eingekoppelt. Damit trotz ihres kurzen Weges durch den Kristall insgesamt eine möglichst hohe Gesamtabsorption stattfindet, wird mit Hilfe externer Spiegel die Scheibe mehrfach durchstrahlt; auf diese Weise erhöht sich die effektive Absorptionslänge. Die meisten Untersuchungen erfolgten bislang mit 8, 16 und 32 Durchgängen. Bild 17 zeigt das Labormodell eines auf diesem Prinzip beruhenden Scheibenlasers. Der Parabolspiegel sowie die Prismenspiegel zur Realisierung der Mehrfachdurchgänge der Pumpstrahlung bestimmen zusammen mit der Resonatorlänge die Kompaktheit des Geräts.

Bild 17: Labormodell eines 500 W Scheibenlasers

Die wichtigsten Ergebnisse sind in den Bildern 18 und 19 dargestellt [12, 13]; sie lassen erkennen, daß hoher Wirkungsgrad, hohe Strahlqualität und hohe Leistung gleichzeitig realisierbar sind. Zunächst weist Bild 18 durch die (näherungsweise) Konstanz von M² über einen weiten Leistungsbereich auf das Fehlen einer nennenswerten thermischen Linse hin. Gleichzeitig wird – wie die Theorie vorhersagt – ersichtlich, daß die Strahlqualität mittels der Resonatorlänge direkt beeinflußbar ist.

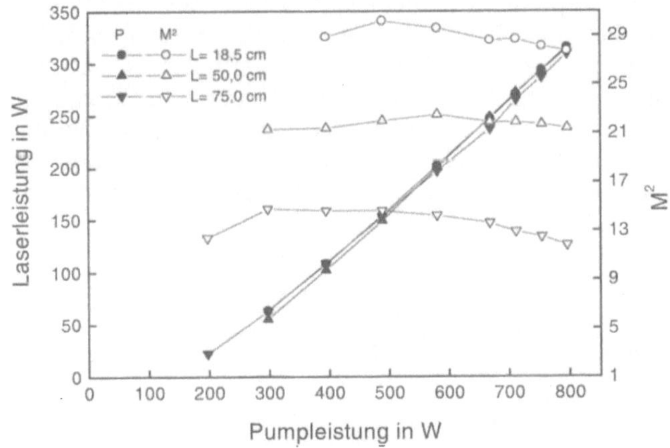

Bild 18: Laserleistung und Beugungsmaßzahl eines Scheibenlasers in Abhängigkeit der Pumpleistung und Resonatorlänge L

Bild 19 gibt die erreichten optisch/optischen Wirkungsgrade bei der Leistungsskalierung über die Anzahl der Scheiben im Resonator wieder (das Schema ist in Bild 16, rechts gezeigt). Bemerkenswert ist der lineare Zuwachs

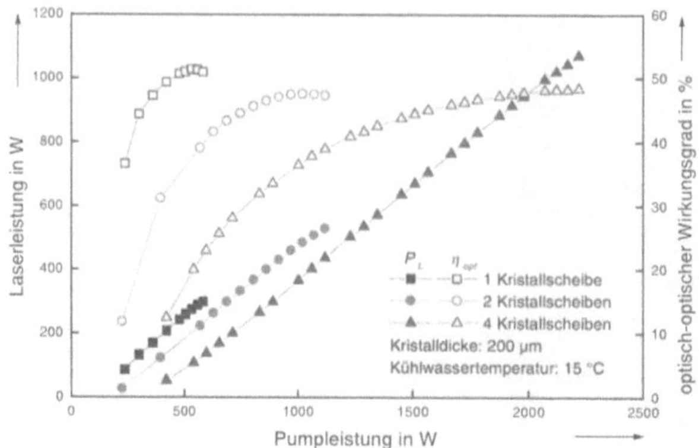

Bild 19: Leistungsskalierung über Anzahl der Kristallscheiben im Resonator und erzielte Wirkungsgrade

der Leistung mit der Scheibenzahl, der unter nur geringfügigen Einbußen des Wirkungsgrades erfolgt. Erwähnt sei, daß auch mit einer einzigen Scheibe 500 W bei einem Wirkungsgrad von 48 % erzielbar sind [13]. Diese doch beträchtlich hohen optisch/optischen Wirkungsgrade von rund 50 % lassen angestrebte Werte des Gesamtwirkungsgrades von rund 15 % als realistisch erscheinen.

Ein erstes auf dem Konzept des Scheibenlasers basierendes Hochleistungsgerät ist auf der Messe LASER '99 in München von der Fa. HAAS in Funktion vorgestellt worden. Ein Prototyp, siehe Bild 20, befindet sich am IFSW und wird dort im Rahmen eines Applikationsprojekts auf seine Eignung für das Laserstrahlschneiden und –schweißen getestet. Seine Leistung von 500 W kann mittels einer Glasfaser von nur 0,075 mm Durchmesser übertragen werden; damit wird ein Fokusdurchmesser von lediglich $d_F = 0{,}04$ mm erreicht.

Bild 20: Prototyp eines 500 W Scheibenlasers (Quelle: Haas)

3.3 Faserlaser

Nähert man sich durch Erhöhung der Länge und Reduzierung des Durchmessers der anderen Extremalform eines zylindrischen Stabes, so gelangt man zu einer Faser. Wie bei jenen, die zur Leistungsübertragung genutzt werden, ist ihre strahlführende Funktion durch einen bestimmten Wert des Durchmessers d und der numerischen Apertur NA gekennzeichnet. Wenn nun der Kernbereich mit einem laseraktivem Material dotiert wird, z.B. Yb oder Nd, dann kann dort bei geeigneter Anregung, z.B. Endpumpen, Laserstrahlung entstehen und sich verstärken. Damit nur der fundamentale Mode anschwingt, ist das Produkt aus d und NA in einem bestimmten Verhältnis zur Wellenlänge zu wählen, was praktisch Durchmesser von der Größenordnung µm erfordert.

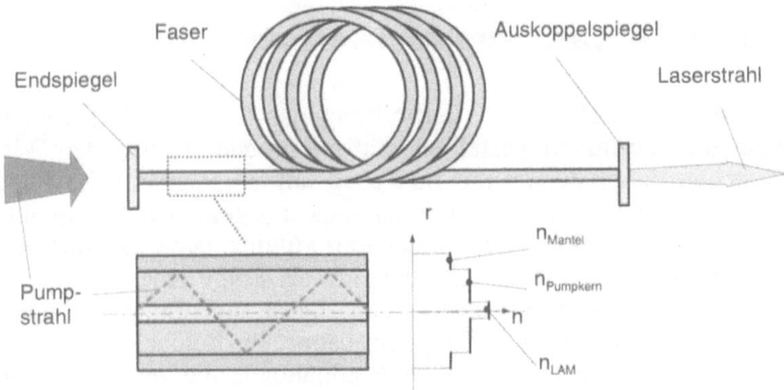

Bild 21: Schema eines Faserlasers; Konzept des Doppelkerns

Da in den ersten Untersuchungen ein exakt koaxial erfolgendes Endpumpen gewählt wurde, konnten aufgrund fehlender Pumpdiodenlaser mit hinreichender Leistung, die eine vergleichbar hohe Strahlqualität d · NA aufweisen, nur wenige 100 mW Strahlung erzeugt werden. Erst das Konzept der sogenannten Doppelkernfaser, siehe Bild 21, hat zu einem Durchbruch hinsichtlich höherer Leistungen (Größenordnung 100 W) geführt: Während die Erzeugung der Laserstrahlung weiterhin auf einen Kern sehr geringen Durchmessers begrenzt bleibt, kann sich die Pumpstrahlung in einem Querschnitt viel größeren Durchmessers (einige 100 µm) fortpflanzen. Geführt durch Totalreflexionen an einer weiteren Stufe des radialen Brechungsindexprofils durchstrahlt sie den Monomodekern vielfach. Um zu einer ausreichenden Gesamtabsorption des Pumplichts bei technisch vertretbaren Längen der Faser von einigen Metern zu gelangen, werden verschiedene Techniken angewandt. Am effektivsten erweisen sich nichtaxialsymmetrische Pumpkernquerschnitte und „nierenförmig" aufgewickelte Fasern, die bewirken, daß die Pumpstrahlung immer wieder den Kern kreuzt [14]. Untersucht wurde auch ein seitengepumptes Schema für lange Fasern, welches ein in Achsrichtung serielles Einkoppeln des Pumplichts erlaubt [15].

Die inhärent hohe Strahlqualität ($M^2 < 1,1$) ist durch die Fasereigenschaften festgelegt und ändert sich nicht bei Variation der Leistung. Bisher erzielte Daten bezüglich Wirkungsgrad (optisch/optisch bis zu 60 %) und Leistung (bis zu 100 W) lassen dieses Konzept an sich bereits für manche Anwendungen der Materialbearbeitung interessant erscheinen.

Um auf ein deutlich höheres Leistungsniveau zu kommen, sind Systeme denkbar, bei denen mehrere Faserlaser gekoppelt werden. Ob die Strahlen dabei zu einem einzigen Brennfleck zusammengeführt werden oder eine Fokusmatrix (siehe 4.1) bilden, kann aufgabenangepaßt erfolgen. Der methodische Ansatz der Kopplung könnte im Prinzip der gleiche sein, wie er in [16] genutzt wird, um Diodenlasersysteme mit sehr hoher Leistungsdichte zu realisieren.

4
Modifikationen des Laserstrahlschweißens

Einhergehend mit der zunehmenden Verbreitung des Laserstrahlschweißens wachsen die an das Verfahren gestellten Anforderungen. Neben der Wirtschaftlichkeit stehen dabei Flexibilität in Bezug auf unterschiedliche Füge- bzw. Nahtgeometrien und das Erreichen einer funktionsgemäßen Nahtqualität im Vordergrund. Beide Aspekte sind letztlich eng miteinander verknüpft, weil die Schweißnaht mit all ihren Eigenschaften sich als Folge eines komplexen Wechselwirkens mehrerer Mechanismen ergibt. Diese sind im wesentlichen der Energieeinkopplung sowie dem Energietransport im Schmelzbad mittels Wärmeleitung und Konvektion zuzuordnen. Maßnahmen, die veränderte geometrische Bedingungen der Energieflüsse bewirken, können also direkt zur Gestaltung der Nahtgeometrie herangezogen werden. Da andererseits Energie- und Kräftegleichgewicht in der Kapillare wie im Schmelzbad eng miteinander verknüpft sind, wird damit gleichzeitig in die Dynamik des Prozesses eingegriffen. Erfahrungsgemäß besteht ein enger Zusammenhang zwischen Prozeßstabilität und Nahtqualität; daher ist diese Thematik Gegenstand zahlreicher Untersuchungen und unterschiedlicher methodischer Ansätze. Im folgenden soll auf zwei davon eingegangen werden, von denen der erste, die Mehrfokustechnik, bereits Eingang in die industrielle Fertigung gefunden hat, während der zweite, das magnetisch gestützte Schweißen, noch Gegenstand intensiver Untersuchungen im Labor ist.

4.1
Mehrfokustechnik

Diese Technik ist dadurch charakterisiert, daß ein Schmelzbad durch Energieeinkopplung nicht über einen einzigen Brennfleck, sondern über mehrere erzeugt wird. Den Durchmessern der Foki und ihren Abständen voneinander entsprechend können also im Schmelzbad entweder mehrere Dampfkapillaren entstehen oder es bildet sich nur eine einzige aus, deren Geometrie jedoch von derjenigen eines Einzelstrahls abweichen wird.

Die erste bekannte Anwendung zielte darauf ab, mittels zweier in Schweißrichtung hintereinanderliegender Foki den Humping-Effekt (eine bei sehr hohen Schweißgeschwindigkeiten auftretende Schweißbadinstabilität, die zu periodischen Materialaufwürfen am Schmelzbadende und zu davor befindlichen Nahteinfällen führt) zu unterdrücken [17]. Am IFSW wurde diese Methode zunächst bei der Kombination zweier individueller CO_2-Hochleistungslaser für Zwecke des Aluminiumschweißens [18, 19] und Beschichtens [20] aufgegriffen und später auch auf Nd:YAG-Laser angewandt [21]. Da diese Technik in einem weiteren Beitrag dieses Berichtbandes [22] ausführlich behandelt wird, sei hier – beschränkt auf den Einsatz von Festkörperlasern – nur kurz auf ihre wesentlichen Zielsetzungen und auf einige wenige Ergebnisse eingegangen.

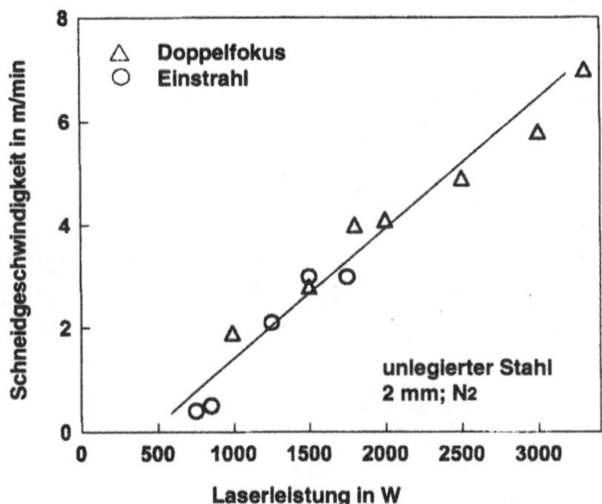

Bild 22: Schneiden mit Doppelfokustechnik: Bei konstantem Brennfleckdurchmesser (hier:d_F = 0,3mm) skaliert die maximale Geschwindigkeit mit der Leistung

Leistungserhöhung am Werkstück

Die Glasfaserübertragung der Strahlung und einfach zu handhabende optische Komponenten erlauben die Leistung mehrerer Geräte auf zwei unterschiedliche Weisen an das Werkstück zu bringen: durch eine einzige Faser größeren oder durch mehrere entsprechend geringeren Durchmessers; die systemtechnischen Randbedingungen und Möglichkeiten wurden bereits im Zusammenhang mit der Strahlqualität erörtert. Auswirkungen auf das Prozeßergebnis werden in den Bildern 22 und 23 gezeigt, wo deutlich wird, daß die Prozeßgeschwindigkeit direkt proportional zur Leistung gesteigert werden kann. In beiden Fällen handelt es sich um eine Anordnung, in der die Leistung zweier Laser über hintereinanderliegende Foki in das Werkstück gekoppelt wurde.

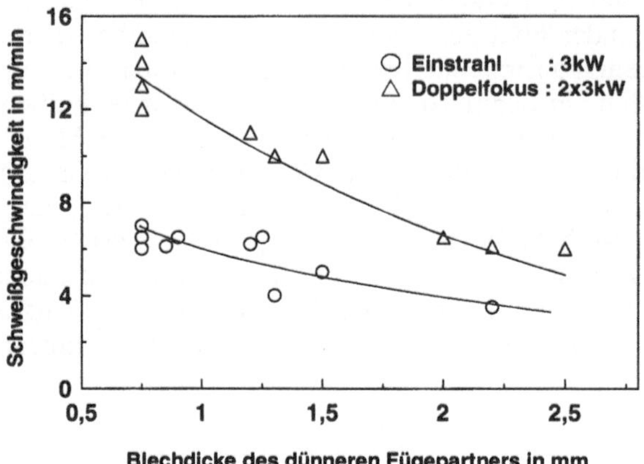

Bild 23: Schweißen von Tailored Blanks: Verdopplung der Schweißgeschwindigkeit bei Verdopplung der Laserleistung mittels Doppelfokustechnik in Abhängigkeit der Dicke des dünneren Blechs (Quelle: Automated Welding Systems)

Das Ergebnis für das Laserstrahl*schneiden* ist hier deshalb wiedergegeben, weil es das hohe Potential diodengepumpter Festkörperlaser unmittelbar veranschaulicht: Da im Dünnblechbereich die Schneidgeschwindigkeit mit P/d_F skaliert, werden sich dort mit Geräten hoher Strahlqualität und unter Verwendung der Mehrfokustechnik interessante Möglichkeiten erschließen lassen.

Verbesserung der Nahtqualität

Beim Schweißen von Stahl wird die Mehrfokustechnik erfolgreich eingesetzt, um die Grenzgeschwindigkeit, bei der Humping auftritt, zu deutlich höheren Werten (um bis zu 40 %) zu verschieben [19]. Besondere Bedeutung hat sie indessen in jüngster Zeit für das Aluminiumschweißen erlangt. Aufgrund der Eigenschaften von Aluminiumlegierungen verläuft der Schweißprozeß außerordentlich dynamisch und ist besonders anfällig gegen Instabilitäten. So hat sich gezeigt, daß eine Abschnürung der Dampfkapillare zu Poren oder Schmelzauswürfen führt und damit unmittelbar für Nahtfehler verantwortlich ist. Wird nun die Dampfkapillare mittels zweier Foki in ihrer Form so verändert, daß das an ihren Wänden verdampfende Material ungehindert abströmen kann [8, 23], dann ist es möglich, die Anzahl der Poren wie Auswürfe drastisch zu reduzieren [22, 24]. Aus diesem Grunde bietet sich die Doppelfokustechnik insbesondere dann an, wenn sicherheitsrelevante Bauteile zu schweißen sind. So zeigt Bild 24 eine erst jüngst veröffentlichte Anwendung dieser Methode [25].

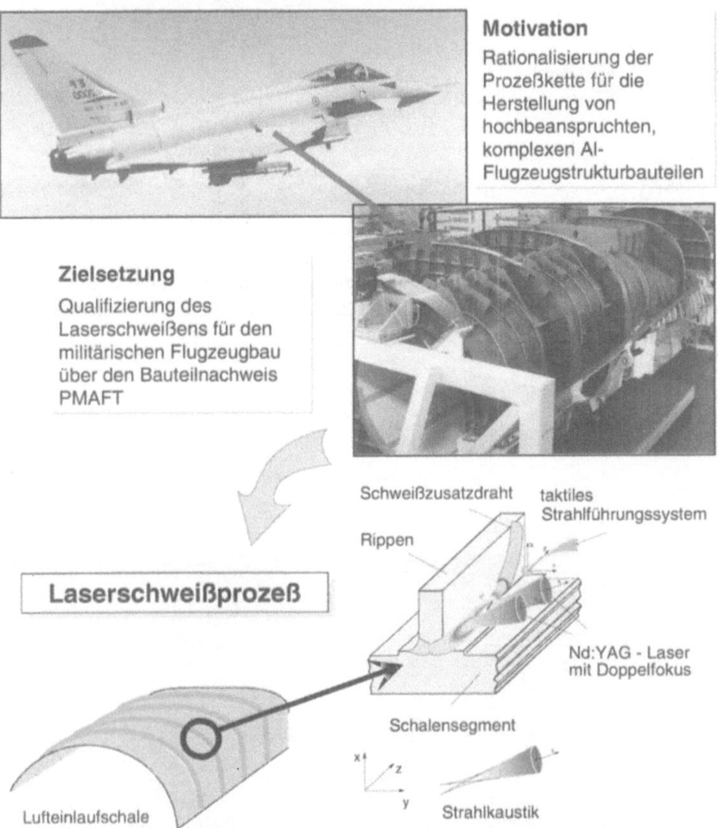

Bild 24: Laserstrahlschweißen von Aluminiumlegierungen in Doppelfokustechnik (2x4 kW) zur Erzielung von Nähten höchster Qualität (Quelle: DaimlerChrysler Aerospace – Werk Augsburg)

Erhöhung der Flexibilität

Mittels der durch die Mehrfokustechnik zusätzlich gegebenen, frei wählbaren Prozeßparameter Anzahl der Foki, Abstand, Anordnung bezüglich Schweißrichtung und Verteilung der Leistung auf die einzelnen Foki läßt sich die Schmelzbad- bzw. Nahtgeometrie in weiten Bereichen gezielt verändern [22, 26]. Die Auswirkungen einiger dieser Maßnahmen - bei jeweils konstant gehaltener Leistung am Werkstück – auf die Nahtbreite sind in den Bildern 25 und 26 wiedergegeben. Neben dieser doch sehr beträchtlichen Gestaltungsmöglichkeit für den Nahtquerschnitt bietet die Mehrfokustechnik darüber hinaus erhebliche Potentiale zur Überbrückung von Spalten und zu einer der Fügegeometrie angepaßten Leistungsdichteverteilung, Anforderungen, denen insbesondere beim Schweißen von Tailored Blanks zu begegnen ist.

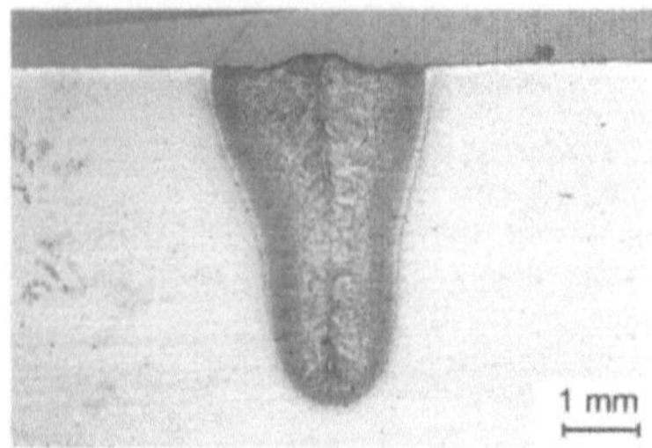

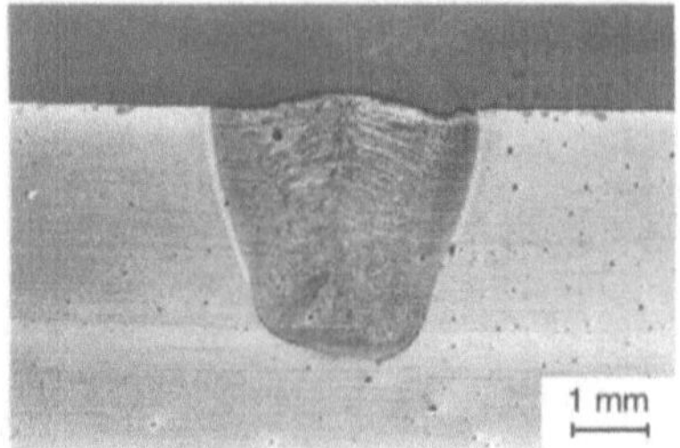

Bild 25: Schweißen mit Doppelfokustechnik: Modifikation des Nahtquerschnitts bei StE 690 mittels Veränderung des Abstands der beiden Foki von 0,36 mm (li) auf 1 mm; Leistung je Fokus 2 kW, v = 4 m/min

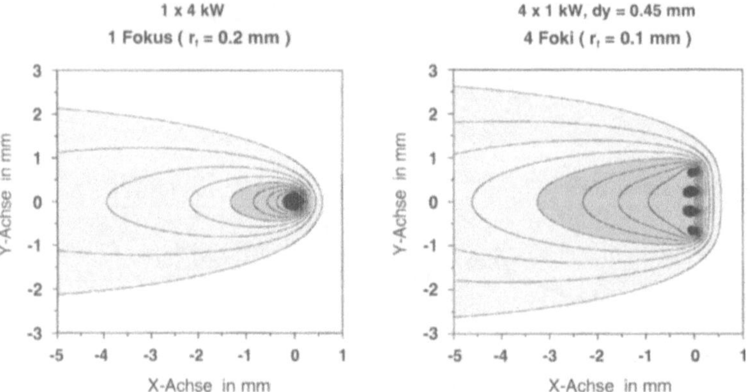

Bild 26: Gezielte Veränderung des Nahtquerschnitts mittels Multifokustechnik: Berechnete Formen des Schmelzbades (dunkelgraue Flächen) in Stahl bei v = 4 m/min

4.2 Magnetisch gestütztes Laserstrahlschweißen

Die Entwicklung dieses völlig neuartigen Verfahrens am IFSW war von der Motivation getragen, durch das Wirksamwerden von elektromagnetischen Kräften im Schmelzbad das Strömungsfeld dergestalt zu beeinflussen, daß als Folge eines insgesamt stabileren Prozesses Schweißnähte höherer Qualität erzielbar werden. Die ursprüngliche Idee war die, durch Anlegen eines mit dem Schweißkopf mitgeführten Magnetfeldes **B**, siehe Bild 27 in der elektrisch leitfähigen Schmelze Stromdichten **j** zu induzieren, die in Wechselwirkung mit dem Magnetfeld elektromagnetische Volumenkräfte **j x B** erzeugen. Es war erwartet worden, daß derartige „selbstinduzierte“ Lorentzkräfte unabhängig von der Polarität des Magnetfeldes wirken müßten. Die experimentellen Untersuchungen zeigten indessen, daß ein stabilisierender Effekt nur bei einer bestimmten Polarität auftrat, was den Schluß auf die Existenz einer unabhängig vom Magnetfeld fließenden Stromdichte zwingend nahelegte. In der Tat konnte eine solche mittels sorgfältiger diagnostischer und analytischer Messungen nachgewiesen werden [27, 28].

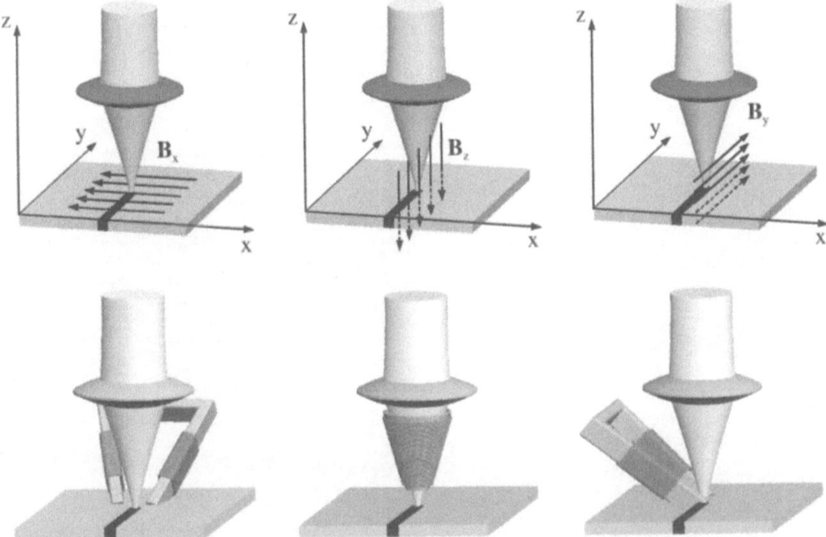

Bild 27: Varianten des magnetisch gestützten Laserstrahlschweißens (MGL), bestimmt durch die räumliche Anordnung des Magnetfeldes (oben) und die dazugehörigen Spulenanordnungen (unten)

Ursache dieses beim Laserstrahlschweißen bisher noch nicht diskutierten Phänomens sind Thermospannungen, die zwischen Grundgefüge des Materials und Schmelze sowie zwischen Schmelze und Schweißgefüge entstehen. Bezüglich der involvierten Mechanismen und deren Nachweis sei auf [27, 28] hingewiesen; hier werden nur einige unmittelbare Auswirkungen auf das Prozeßergebnis beim Einsatz von CO_2-Lasern im Leistungsbereich bis 7 kW (am Werkstück) dargestellt.

Die Experimente wurden mit der in Bild 27 links gezeigten Magnetfeldanordnung durchgeführt. Anhand von Einschweißungen in die Werkstoffe StE650 und AA6110 sollten die sich ergebenden Möglichkeiten aufgezeigt werden.

Unterdrückung des Humping-Effektes bei Stahl

Da in [29] die extrem hohen Geschwindigkeiten in der Schmelze (die mehr als eine Größenordnung über der Vorschubgeschwindigkeit liegen können) als Ursache des Humpingeffekts identifiziert wurden, lag es nahe, die Auswirkung elektromagnetischer Kräfte zunächst hier zu demonstrieren. Während bei den Einschweißungen mit 7 kW ohne Magnetfeld bereits bei 16 m/min Humping auftrat, konnte der Geschwindigkeitsbereich ohne Humping auf 19 m/min erweitert werden, falls die Polarität des Magnetfeldes „richtig" (wie in Bild 27 eingezeichnet) gewählt wurde, siehe mittleres Nahtpaar in Bild 28.

Ihre Umkehr führt zu Prozeßergebnissen, die im Vergleich zum Fall ohne Magnetfeld eher noch ungünstiger ausfallen (die Ursachen werden weiter unten erörtert).

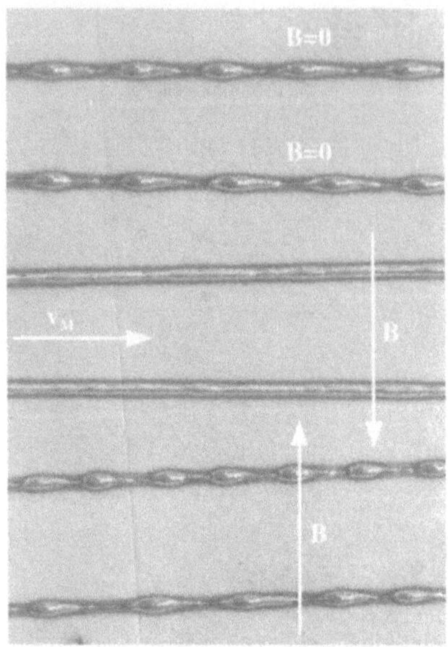

Bild 28: Schweißnähte am Feinkornbaustahl StE650 mit und ohne Humping je nach Orientierung des Magnetfelds B; Laserleistung P_L = 7 kW, zirkular polarisierte Strahlung, Schweißgeschwindigkeit v_M = 16 m/min, Strahlradius w_f = 0,3 mm, Brennweite f = 200 mm, Fokuslage z_f = 0 mm, Gasgemisch Helium (1500 l/h) und Argon (1500 l/h) magnetische Feldstärke 0,3 T

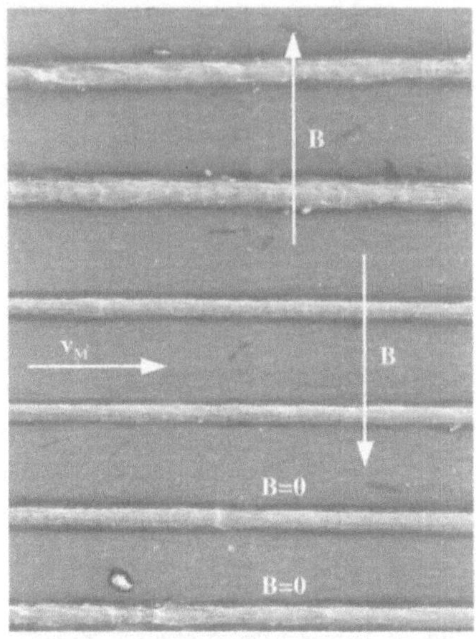

Bild 29: Schweißnahtoberraupen an der Aluminiumlegierung AA6110 in Abhängigkeit der Orientierung des Magnetfelds B; Laserleistung P_L = 6,8 kW, Schweißgeschwindigkeit v_M = 12 m/min, Strahlradius w_f = 0,3 mm, Fokuslage z_f = 0 mm, Gasgemisch Helium (900 l/h) und Argon (900 l/h) magnetische Feldstärke 0,1 T

Gestaltung der Oberraupenqualität und des Nahtquerschnitts bei Aluminiumlegierungen

Das Erscheinungsbild einer Oberraupe ist ein erstes Kriterium zur Beurteilung der Naht, weil Merkmale wie Regelmäßigkeit der Schuppung, Konstanz der Nahtbreite, Kerben, Überhöhungen oder gar Auswürfe Hinweise auf die Qualität geben. Vor diesem Hintergrund wurden denn auch die Untersuchungen an der Aluminiumlegierung AA6110 begonnen, deren „augenscheinliche" Ergebnisse in Bild 29 zusammengefaßt sind. Wie bei Stahl zeigt sich auch hier ein deutlich dämpfender Effekt der elektromagnetischen Kräfte bei richtiger Polung des Magnetfeldes und eine eher destabilisierende Auswirkung bei entgegengesetzter Richtung.

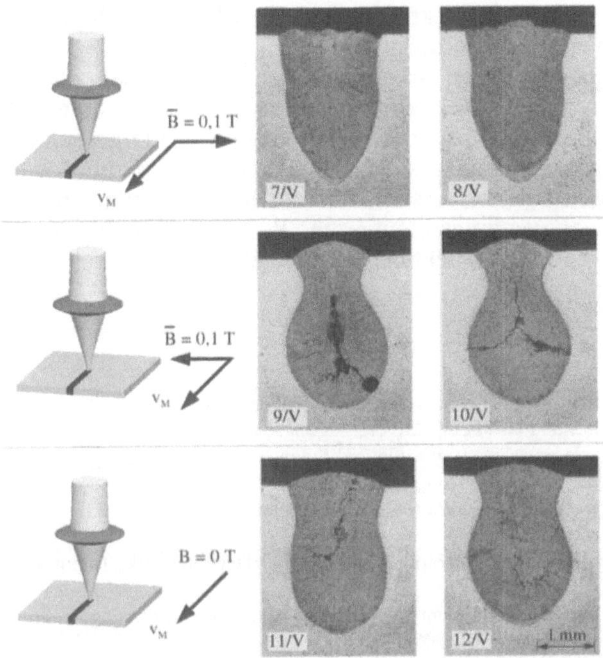

Bild 30: Querschnittformen der Laserschweißnähte in Abhängigkeit vom Magnetfeld ; Laserleistung P = 6,8 kW, Schweißgeschwindigkeit v_M = 12 m/min, Strahlradius w_f = 0,3 mm, Fokuslage z_f = 0 mm, Gasgemisch Helium (15 l/min) und Argon (15 l/min).

Die Ursache für die deutliche Glättung der Nahtoberraupen ist unmittelbar einleuchtend, wenn die Querschnittsformen der Naht betrachtet werden, die sich bei Anlegen des Magnetfeldes mit unterschiedlicher Polarisation ergeben, siehe Bild 30: Während bei einem gegenüber der Vorschubrichtung um 90° nach links gedrehten Magnetfeld ein sich nach oben verbreiterndes Schmelzbad einstellt, führt ein entgegengesetzt orientiertes Magnetfeld zu einem deutlich in die Tiefe gedrückten Schmelzbad mit vasenförmigem Querschnitt. Mit der in [27] gewonnenen Erkenntnis, daß im Schmelzbad eine parallel zur Vorschubgeschwindigkeit v_M gerichtete Stromdichte fließen muß, ist die Richtung der elektromagnetischen Kräfte eindeutig bestimmt. Entsprechend den Vektorbeziehungen wirken sie in der in Bild 30 oben skizzierten Anordnung des Magnetfeldes nach oben, in der mittleren nach unten. Die im Volumen des Schmelzbads wirkenden Kräfte drücken das flüssige Material also im ersten Falle nach oben und im zweiten Falle nach unten.

Die hier verwendete Aluminiumlegierung ist besonders heißrißanfällig und wird deshalb kaum ohne siliziumhaltigen Zusatzwerkstoff geschweißt werden, weshalb das Auftreten der Heißrisse nicht als generelle Folge dieser Anordnung gewertet werden sollte. Andererseits ist der diesbezügliche Vergleich zwischen keil- und amphorenförmigem Nahtquerschnitt insofern interessant, als er erkennen läßt, daß mittels der elektromagnetischen Kräfte auch die Ausbildung von Heißrissen beeinflußt werden kann!

Insgesamt konnte mit diesen ersten Arbeiten demonstriert werden, daß einfach zu erzeugende elektromagnetische Volumenkräfte zur zielgerichteten Beeinflussung des Schweißprozesses und der resultierenden Nahteigenschaften nutzbar sind [30]. Die längst nicht ausgeschöpften Möglichkeiten, die sich aus diesen neuen Erkenntnissen ableiten lassen, werden derzeit im Rahmen eines grundlagen- und eines anwendungsorientierten Projekts gemeinsam mit verschiedenen Partnern weiter untersucht und ausgelotet.

Literatur

1. VDMA: Neueste Zahlen vom Lasermarkt. Laser, Heft 3, Juni 2000, S. 34.
2. Mayer, A.: Der Lasermarkt: Stand und Perspektiven. Tagungsband SLT `99.
3. National Research Council: Harnessing Light. Optical Science and Engineeering for the 21 th Century. National Academy Press, Washington, D.C., 1998.
4. A. Siegel; G. Litfin (Hrsg): Deutsche Agenda Optische Technologien für das 21. Jahrhundert, VDI-Verlag,2000.
5. F. Bachmann: Diodenlaser erobern die Verbindungs- und Oberflächentechnik. Tagungsband FTK 2000, Springer-Verlag, Berlin, 2000.
6. Leitermann, W., Rudlaff, T.: Karosserieleichtbau – Chance und Herausforderung. Tagungsband FTK 2000, Springer-Verlag, Berlin, 2000.
7. Hügel, H.: Strahlwerkzeug Laser: Eine Einführung. Stuttgart: Teubner, 1992, (Teubner Studienbücher Maschinenbau).
8. Beck, M.: Modellierung des Lasertiefschweißens. Universität Stuttgart, Laser in der Materialbearbeitung, Forschungsberichte des IFSW: Teubner, Stuttart 1996.
9. Miura, H., Fujinaga, S. and Narikiyo, T.: Enhanced methods to get high average power by combining YAG laser beams and their characteristics in processing materials. Journal of Laser Applications 11 (1999), 1, S. 7.
10. Hügel, H.: Recent developments of solid state and diode lasers for materials processing. Proc. ECLAT '98, Werkstoff-Informationsgesellschaft 1998, S. 3.
11. Poprawe, R.; Loosen, P.: New Laser for new Applications. Proc. ECLAT '98, Werkstoff-Informationsgesellschaft 1998, S. 11.
12. Giesen, A. et al: Appl. Phys. Band 58,1994, S. 365.
13. Stewen, C.: Scheibenlaser mit Kilowatt-Dauerstrichleistung. Laser in der Materialbearbeitung, Forschungsberichte des IFSW: Herbert Utz Verlag GmbH, München 2000.
14. Zellmer, H. u. a.: Faserlaser – kompakte Strahlquellen im nahinfraroten Spektralbereich Laser und Optoelektronik 29, 1997, S. 53.
15. Lüthy, W.; Weber, H. P.: Optical Engineering 34, 1995, S. 2361.
16. Bartelt-Berger, L. et al.: Monomode – fasergekoppelte Halbleitersysteme für den Direkteinsatz. Laser Opto 31 (1999) 1, S. 58.
17. Banas, C.: News from GEAT – twin spot optics for tube production. UTIL's The Laser's Edge, 1991.
18. Rapp, J.: Laserschweißeignung von Aluminiumwerkstoffen für Anwendungen im Leichtbau. Laser in der Materialbearbeitung, Forschungsberichte des IFSW: Teubner, Stuttgart 1996.
19. Glumann, C.: Verbesserte Prozeßsicherheit und Qualität durch Strahlkombination beim Laserschweißen. Laser in der Materialbearbeitung, Forschungsberichte des IFSW: Teubner, Stuttgart 1996.
20. Grünenwald, B.: Verfahrensoptimierung und Schichtcharakterisierung beim einstufigen Cermet-Beschichten mittels CO_2- Hochleistungslaser. Laser in der Materialbearbeitung, Forschungsberichte des IFSW: Teubner, Stuttgart 1996.

21. Dausinger, F. et al.: Effiziente Strahladdition zum Laserschweißen. Laser und Optoelektronik 27 (1995), 4, S. 45.
22. Hohenberger, B. Faißt, F.: Laserstrahlschweißen mit der Doppelfokustechnik Grundlagen und industrielle Anwendung Tagungsband FTK 2000, Springer-Verlag, Berlin, 2000.
23. Hügel, H. et al.: Laser welding of aluminium. Proc. 11th Int. Symp. GCL 1996, SPIE 3092, S. 516
24. Hohenberger, B. et al: Laser welding with Nd:YAG focus matrix technique. Proceedings of the 18th International Congress on Applications of Laser and Electro-Optics (ICALEO'99), San Diego (CA), 1999, S.167.
25. Müller-Hummel, P.: DaimlerChrysler Aerospace, persönliche Mitteilung.
26. AWS: Persönliche Mitteilung.
27. Kern, M.: Gas- und magnetofluiddynamische Maßnahmen zur Beeinflußung der Nahtqualität beim Laserstrahlschweißen. Forschungsberichte des IFSW, Teubner, Stuttgart 1999.
28. Kern, M.; Berger, P. Hügel, H. :Beeinflußung der Schweißnahtqualität beim Laser-strahlschweißen durch magnetfluid-dynamische Effekte Schneiden und Schweißen, 52 (2000) Heft 3, S. 140.
29. Beck, M. et al.: Aspects of keyhole/melt interaction in high speed laser welding. Proc. 8th Int. Symp. GCL 1990, SPIE 1397, S. 769.
30. Kern, M.; Berger, P. Hügel, H.: Schweißen unter Magnetfeld. Patent 197 32 008, Universität Stuttgart, Institut für Strahlwerkzeuge, erteilt am 29. April 1999.

Neue Wege für Parallelkinematikkonzepte

G. PRITSCHOW

Einleitung

Parallelkinematikkonzepte beschäftigen derzeit viele Entwickler, denn sie versprechen gegenüber konventionellen Maschinen viele Vorteile, wie

- kostengünstige Konstruktion mit vielen Gleichteilen auf modularer Basis und einfache Kalibrierung,
- hohe Dynamik durch geringe Massen der bewegten Teile,
- gute Steifigkeit durch parallelkinematischen Aufbau.

Dennoch haben sie bisher wegen einer Vielzahl technischer Probleme gegenüber konventionellen Maschinen noch keinen Durchbruch erzielen können. Die variable Steifigkeit im Arbeitsraum wurde ausführlich in [17] besprochen, daneben fehlen noch befriedigende Lösungen für die bei Hexapods offensichtlichen Schwächen wie:

- dem ungünstigen Verhältnis von Bau- zu Arbeitsraum,
- den ungünstigen nichtlinearen Bewegungs- und Kräfteverhältnissen,
- dem eingeschränkten Schwenkwinkel von i.a. ≤ 30° bei mehr als dreiachsigen Systemen,
- der Positionsunsicherheiten in Abhängigkeit vom
  - thermischen Verhalten,
  - statischen und dynamischen Verhalten,
  - Hystereseverhalten der Gelenke und von
- den designbedingten Kosten gegenüber konventionellen Maschinen.

Im folgenden werden einige Betrachtungen zu den o.g. Fragen angestellt, um einen Diskussionsbeitrag zur Frage zu liefern, wie den angedeuteten Schwierigkeiten am besten begegnet werden könnte.

1 Zur Entwicklung der PKM-Technik

1.1 Entwicklungsgeschichte

Verfolgt man die Entwicklungsgeschichte, so stellt man fest, daß seit der Zeit der Steward-Idee von 1964 eine Vielzahl von Ideen zur Anwendung von Parallelkinematiken für den Roboter- und Werkzeugmaschinenbau entstanden ist. [8]. Nicht nur in den USA, sondern auch in Europa, insbesondere in der Schweiz und in Frankreich, beschäftigen sich Forscher und Erfinder mit Anwendungsbeispielen für den Maschinenbau. Über die Liste der patentmäßig abgedeckten Ideen findet man wichtige weitere Veröffentlichungen bereits aus den 80er und Anfang der 90er Jahre. Hier haben sich Erfinder wie Hunt (83), Clavel (85) und Kohli (86), aber auch Baily und Leavy (91) (Geodetics) mit Patentanmeldungen hervorgetan, die zeigen, daß die Parallelkinematiken seit dem Steward-Patent kontinuierlich fortentwickelt wurden[2,3,4]. Bild 1 zeigt eine Tabelle mit ausgewählten Schlüsselideen in der Reihenfolge ihrer Veröffentlichungen, die prinzipielle neue Varianten von Parallelkinematiken abdecken. Aus diesen im wesentlichen durch Intuition gefundenen Lösungen konnte im Rahmen von Forschungsprojekten der 90er Jahre aus der Universität Stuttgart (SFB 349, Dynamil 1) in Zusammenarbeit mit dem WZL in Aachen (Dynamil 1) eine Systematik abgeleitet werden, die die Vielzahl der Varianten durch methodische Variation von Objektklassen des Systems Parallelstabkinematik herleiten lassen [8].

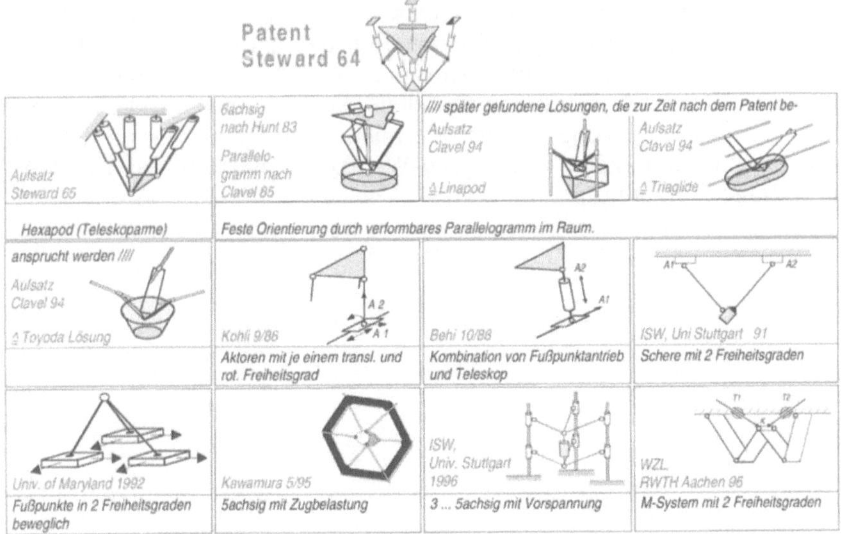

Bild 1: Ausgewählte Schlüsselideen (Patente) zum Thema „Parallelkinematiken“

1.2 Bisher realisierte Systeme in Europa

Auf dem Gebiet der Pilotprojekte für Werkzeugmaschinen sind zwei europäische Firmen (Geodetics, Neos) bereits seit den frühen 90er Jahren aktiv gewesen; auf dem Gebiet der Roboter gab es sogar schon Anwendungen in den 80er Jahren (Delta-Konzept nach Clavel) [4]. Die meisten Varianten wurden erst nach 1995 entwickelt, wie die Tabelle in Bild 2 ausweist, und so kann die Vielzahl der vorgestellten Modelle auf der EMO 1997 als eine unmittelbare Auswirkung von Forschungsaktivitäten aufgrund des amerikanischen Auftaktes von 1994 interpretiert werden. Damals überraschten zwei amerikanische Werkzeugmaschinenhersteller, die Firmen Giddings & Lewis und Ingersoll, die Welt mit der Vorstellung eines neuen Typs von Werkzeugmaschinen auf der Basis der Steward-Idee (England) aus dem Jahr 1965. Sie nannten diese neue Maschine „HEXAPOD“ nach den typischen Gestaltungselementen von 6 Teleskoparmen, die in der Länge numerisch steuerbar sind und damit eine bewegliche Plattform im Raum über 6 Freiheitsgrade in Position und Orientierung einstellen können. Die Vorstellung dieser beiden Maschinen entzündete die Phantasie der Forscher und Entwickler in aller Welt auf der Suche nach einem der konventionellen Werkzeugmaschine überlegenen neuen Typ. Allen bisher vorgestellten Maschinen ist nun gemeinsam, daß sie prototypischer Art sind oder bisher nur geringe Einsatzerfahrung aufweisen. Die Suche nach der Werkzeugmaschinenkonstruktion mit überlegenen Eigenschaften gegenüber konventionellen Systemen in Genauigkeit, Dynamik und Kosten hält an, eine eindeutige Richtung ist noch nicht erkennbar. Man darf jedoch feststellen, das derzeit mit großen Anstrengungen an unterschiedlichen Stellen intensiv nach zukunftsweisenden Ideen für Parallelkinematiken geforscht wird [9...13] und erste hoffnungsvolle Produkte am Markt erscheinen.

Die Vielzahl der bisherigen Konstruktionsbeiträge kann zwar als Beweis für die intuitive Kreativität der „Hexapod“-Forscher gelten, die Frage, wie wohl eine Hexapod-Konstruktion aussehen mag, die einen wirklichen technischen Fortschritt erbringen wird, verglichen mit dem Kosten-/Leistungsverhältnis konventioneller High-speed-Werkzeugmaschinen, ist damit natürlich noch nicht beantwortet.

Tabelle 1: Tabelle ausgewählter realisierter Systeme in Europa (Stand: September 2000)

			Merkmale					
Industrie	Jahr	Zahl der Achsen	Sperrung von Freiheitsgraden	Typ	TCP als	Gelenke einachsig	Stäbe	Bemerkung
Geodetics	93/94 (91)	6	-	T	Pl	30	6	Typ Hexapod
Neos Tricept HP1, 860	96 (85)	3	Z	T	Pl	17	4	+ 2 Zusatzachsen
Bodenseewerke	97	6	-	T	Pl	30	6	Typ Hexapod
Renault (ZFS)	99	3	P	K.L	Pl	24	6	
Mauser	99	3	P	K.L	Pl	24	6	
Scharmann	99	3	Z	K.L	Pl	12	3	Schwenkkopf
Starrag-Heckert	99	3	P	T	L	20	7	
Index	2000	3	P	K.L	Pl	24	6	Drehen
Hüller Hille	2000	3	P	T	L	3	2	+z-Achse, hybrid
Hochschule mit Industrie								
WZL Aachen - M-Konzept	97	2	P	T	L	10	6	+z-Achse, hybrid
WZL Aachen – Ingersoll	97	6	-	T	Pl	30	6	Typ Hexapod
FhG Chemnitz – Mikromat	97	6	-	T	L	30	6	
IfW Uni Stuttgart – INA	97	6	-	T	L	30	6	
ETH Zürich - Mikron (Triaglide)	97	3	P	K.L.	Pl	24	6	
ISW, Dynamill II	2000	6	-	K.L	L	30	6	
ZFS, Paralix	200 0	6	-	K.L	Pl	30	6	
Hochschulen								
ISW Uni Stuttgart (Schere)	91	2	P	K.L.	L	3	2	+z-Achse, hybrid
ISW Uni Stuttgart (Linapod 1)	97	3	P	K.L.	Pl	24	6	
IWF - Uni Hannover	97	3	Z	K.L.		17	4	
IPK TU Berlin (Dodekapod)	97	6 12	-	T	Pl			Fußpunkte und Endpunkte der Arme variabel
ETH Zürich	97	6	-	K.L.	Pl	30	6	
TH Braunschweig	97	6	-	K.A.	Pl	36	12	Knickarm mit Drehantrieb

Z = Zwangsführung
P = Parallelogrammführung
Pl = Plattform
L = Linie

T = Teleskop
K.L. = Konstante Länge
K.A. = Knickarm

2 Diskussion der Entwicklungslinien

Bei aller Verschiedenheit der bisher entwickelten Typen von Parallelkinematiken lassen sich doch 2 Hauptlinien unterscheiden [14]:

- Typ A): Konstruktionen mit konstanten Armlängen,
- Typ B): als Konstruktionen mit veränderlichen Teleskoparmen.

Bild 2 stellt die grundsätzlichen Unterschiede der beiden beschriebenen Parallelmechanismen dar, wobei insbesondere die unterschiedliche Gestaltung der Arme einen starken Einfluß auf das thermische und dynamische Verhalten ausübt. Da bei Typ A die Armlänge konstant ist, hat der Konstrukteur große Freiheiten in der Gestaltung und der Materialwahl. Die Teleskoparme von Typ B schränken natürlich die Gestaltung und Werkstoffauswahl ein. Zudem beinhalten sie bei Anwendung einer Kugelrollspindel durch den begrenzten mechanischen Wirkungsgrad eine eingebaute Wärmequelle, die zu Genauigkeitsproblemen führt, sofern ein indirektes Meßverfahren Anwendung findet. Der Vorteil der indirekten Messung obliegt in der unmittelbaren Kopplung von Aktor und Signalerfassung des Lageregelkreises, wodurch ein hoher k_v-Faktor erreicht werden kann. Ein hoher k_v-Faktor wiederum gewährleistet eine hohe Bandbreite und damit eine hohe Übertragungsgüte verbunden mit hoher Steifigkeit und Gleichförmigkeit der Geschwindigkeit.

Im Gegensatz dazu führt bei Typ B der Einsatz von direkten Meßsystemen zu einem neuen Typ C mit einer Begrenzung des k_v-Faktors unterhalb der konstruktionsbedingt tief gelegenen Eigenfrequenz des Teleskoparmsystems („Spindelmutter"); die dynamische Steifigkeit nimmt entsprechend der geringeren Geschwindigkeitsverstärkung quadratisch ab. Eine Anordnung nach Typ C ist daher nicht empfehlenswert. Die thermische Verlagerung aufgrund der im Arm eingebauten Wärmequellen sollte besser über ein entsprechendes direktes Meßsystem außerhalb des Lgeregelkreises kompensiert werden.

Aus den vorliegenden Betrachtungen ergeben sich zum prinzipbedingten thermischen und dynamischen Verhalten einige grundsätzliche Vorteile für eine Konstruktion nach Typ A.

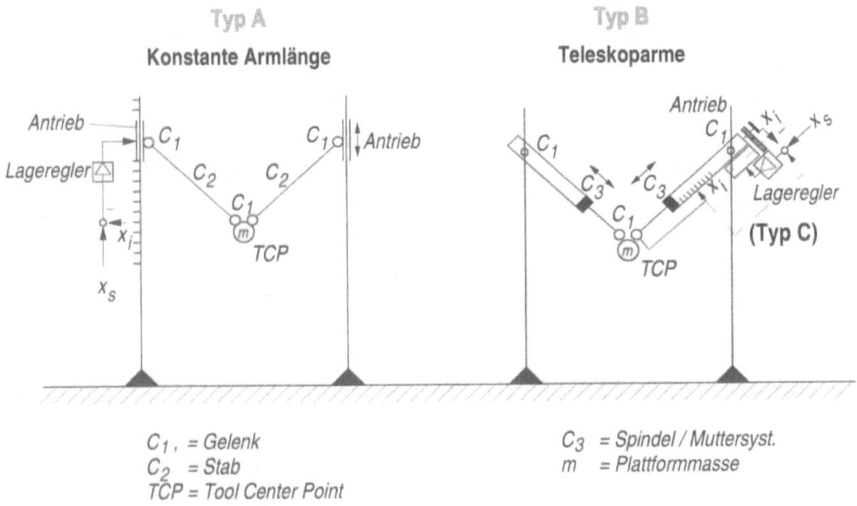

Bild 2: Pallelstabsysteme mit A) variabler Stablänge (Teleskopantriebe) und B) fester Armlänge bei beweglichen Fußpunkten über die Linearantriebe A1, A2

2.1 Einflußgrößen auf das Verhältnis von Bau- zu Arbeitsraum

Derzeitige Prototypen von Parallelkinematikmaschinen zeichnen sich durch ein ungünstiges Verhältnis von Bauvolumen zu Arbeitsraum aus. Dieses gilt sowohl für Systeme mit Teleskoparmen als auch für solche mit konstanten Armlängen. Im folgenden sollen die prinzipiellen Einflußgrößen dargestellt werden, wobei zur einfacheren Vergleichbarkeit ein kubischer Arbeitsraum gleicher Konturlänge ins Verhältnis gesetzt wird zum Bauraum, der sich aus der maximalen benötigten Armlänge L ableitet. Daneben begrenzen auch die nichtlineare Kraftübersetzung und Steifigkeit den Arbeitsraum. Zur leichteren Nachvollziehbarkeit erfolgen die Betrachtungen am Beispiel des zweidimensionalen Falles (vergleichbar dem M-Konzept des WZL Aachen oder dem Scherenkonzept des ISW Stuttgart). Die Verhältnisse im Raum ergeben sich in gleicher Weise, jedoch sind die zahlenmäßigen Auswirkungen i.a. ungünstiger. Einflußgrößen, die sich aus dem spezifischen Design ergeben, wie z.B. Spindelabmessungen, Späneraum, Antriebsvolumen, Führungsbahnen oder Rahmenaussteifungen werden der Einfachheit halber weggelassen. Das Nutzverhältnis wird durch diese Einflußgrößen stets ungünstiger als die betrachteten Fälle.

Arbeitsraum bei Teleskopantrieben

Das Verhältnis von Arbeitsraum zu Bauraum beim Einsatz von Teleskopantrieben ergibt sich aus den Einflußgrößen:

- Länge des eingezogenen und ausgezogenen Teleskopantriebs (L_{min}, L_{max}),
- Antriebsauslegung unter Beachtung der Steifigkeitsanforderungen und der nichtlinearen Kraftübersetzung von Beschleunigungs-, Gewichts- und Prozeßkräften auf die Teleskoparme.

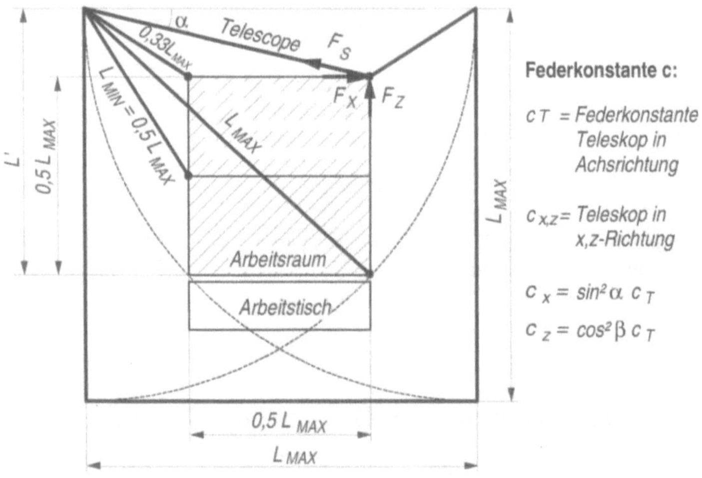

Bild 3: Arbeitsraum bei Teleskopantrieben

Aus Bild 3 wird die arbeitsraumbegrenzende Wirkung der Teleskopreichweite deutlich. Für ein Teleskop von $L_{min} = 0{,}33\,L_{max}$ ergibt sich ein Arbeitsraum von $0{,}5 \cdot 0{,}5\; L_{max}^2$. Für die Höhe des Arbeitsraumes in z-Richtung wirkt sich hier auch die nichtlineare Kraftübersetzung begrenzend aus. Die Steifigkeit eines Teleskopbeines reduziert sich richtungsabhängig z.B. in x-Richtung mit

$$c_X = \sin^2 \alpha \cdot c_T \tag{1}$$

und da die Teleskoparme nicht wie in Bild 3 punktförmig, sondern über eine bewegliche Arbeitsplatte verbunden sind, ergeben sich mit kleinen Winkeln α bzw. großen Winkeln β erhebliche Auswirkungen insbesondere auf die Steifigkeiten in Richtung der Orientierung.

Der Bauraum ergibt sich in der vereinfachten Betrachtung aus der benötigten Höhe über Arbeitstisch L' und der Breite L. Hieraus errechnet sich ein Nutzverhältnis $v_{0,5}$ von Arbeitsraum zu Bauraum

$$v_{0,5} = \frac{0{,}25 \cdot 0{,}5 L_{max}^2}{0{,}64 L_{max}^2} = 19{,}5\% \quad \text{mit } L_{min} = 0{,}5 L_{max}, \tag{2}$$

die Arbeitshöhe liegt nun bei 0,25 L.

Arbeitsraum bei konstanter Armlänge

Bei Parallelkinematiken mit konstanter Armlänge bewegt sich im Gegensatz zu Teleskopantrieben der Fußpunkt. Während die nichtlinearen Kraftübersetzungsbedingungen vergleichbar sind, kommt als neue begrenzende Einflußgröße die Geschwindigkeitsübersetzung zwischen Fußpunkt und dem Armendpunkt TCP hinzu. Bei Teleskopantrieben und konstanter Orientierung spielt die Geschwindigkeitsübersetzung keine Rolle, da die Teleskopantriebsgeschwindigkeiten stets kleiner als die Bahngeschwindigkeit der TCPs sind.

Bei konstanter Armlänge entfällt zwar die arbeitsraumbeschränkende Größe der „Ausziehfähigkeit" der Arme, dafür ergibt sich ein nicht unerheblicher „Offset" an Zusatzraum für das Bewegungsspiel der in allen Positionen unveränderlich langen Arme.

Im einzelnen ergeben sich die nach Bild 4 dargestellten Verhältnisse, wobei der bewegliche Fußpunkt in der z-Achse liegt und das Armende mit dem TCP in der x-Achse.

Auffällig ist die starke nichtlineare Wegübersetzung zwischen der Antriebsbewegung in z-Richtung und der Bewegung des Armendes in x-Richtung. Diese Wegübersetzung beschreibt auch die Geschwindigkeits- und Kraftübersetzung in x-Richtung. Im Bereich großer Werte von x nimmt die Geschwindigkeitsübersetzung zwischen x und z stark zu. Sie berechnet sich nach der Beziehung

$$\frac{v_x}{v_z} = \sqrt{\left(\frac{100}{x}\right)^2 - 1} \quad \text{..........} 0 \le x \le 100 \tag{3}$$

Beschränkt man das Verhältnis auf $v_z \le 2v_x$, so errechnet sich der maximale nutzbare Positionswert des TCP in x-Richtung zu x = 90, d.h. an dieser Stelle wird der Arbeitsraum durch die Geschwindigkeitsübersetzung begrenzt. Durch die Bewegungsübersetzung im Bereich kleiner Werte von x (kleine Winkel α) nimmt bei dominanter Antriebssteifigkeit c_A die Steifigkeit c_x in x-Richtung über den Zusammenhang

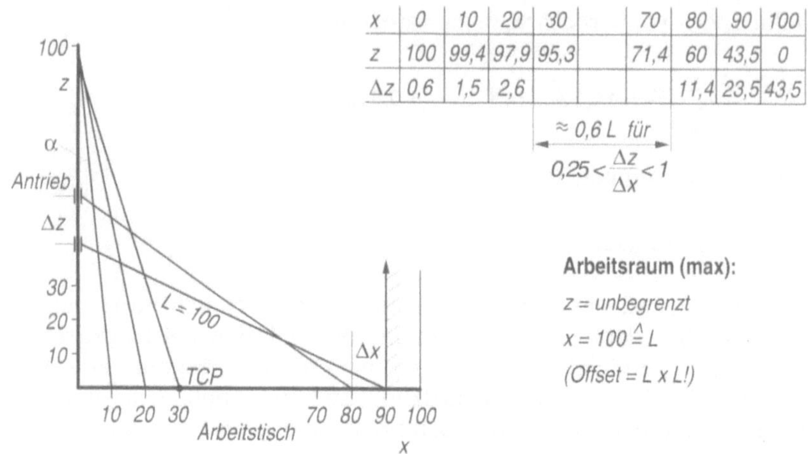

Bild 4: Nichtlinearitäten bei konstanter Armlänge

$$c_x = c_A \cdot \tan^2 \alpha \qquad c_A = \text{Steifigkeit des Antriebs} \tag{4}$$

ab. Die auf den TCP einwirkenden Kräfte in x-Richtung übersetzen sich auf die Antriebe nach dem Gesetz der virtuellen Arbeit mit

$$F_x \cdot \Delta x = F_z \cdot \Delta z\,, \tag{5}$$

d.h. mit kleiner werdendem Winkel α wächst die Kraftübersetzung, entsprechend größer muß der Antrieb gewählt werden. Für x = 0,25 L liegt die Kraftübersetzung bereits bei ca. 1 : 4!

Beschränkt man nun den kleinsten Positionswert des TCP in x-Richtung auf 0,25 L_{max}, so ergibt sich ein nutzbarer Arbeitsraum in der Breite von 0,9 L - 0,25 L = 0,65 L bei einem benötigten Bauraum in der Breite von 0,9 L + 0,25 L = 1,15 L. Die Bauraumhöhe z errechnet sich zu L + 0,65 L = 1,65 L, die Arbeitsraumhöhe entspricht laut Definition der Arbeitsraumbreite mit 0,65 L. Als Nutzverhältnis ergibt sich hiermit

$$V = \frac{(0{,}65L)^2}{1{,}15L \cdot 1{,}65L} = 0{,}22 \tag{6}$$

Sofern die unbegrenzte Möglichkeit der z-Ausdehnung von Systemen konstanter Armlänge genutzt werden kann, verbessert sich das Nutzverhältnis entsprechend. Gegenüber Teleskoparmen sind Arme konstanter Länge frei gestaltbar und damit von der Steifigkeit besser beherrschbar.

2.2 Zur Einschränkung der Orientierungswinkel

Die Erfahrung bisher erstellter Prototypen lehrt, daß Parallelkinematiken auf der Basis von Armen mit einem motorischen Freiheitsgrad keine größeren Orientierungswinkel der beweglichen Plattform als 30° zulassen. Diese Einschränkung wird mit einem Blick auf Bild 5 schnell einsichtig, da hier die Plattform mit einem Arm fluchtet und damit für das System eine Singularität vorliegt.

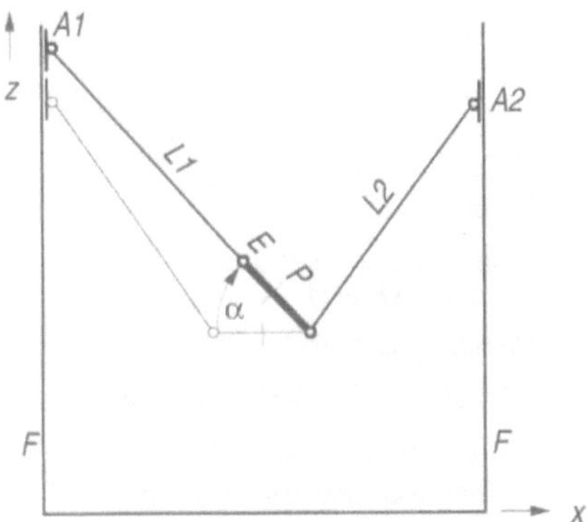

Begrenzung in der Orientierung verursacht durch Singularitäten
i. a.: α ≤ 30°

Bild 5: Orientierungsbegrenzung durch Singularität

Diese Beschränkung der Orientierung trifft auf beide Typen von Parallelkinematiken gleichermaßen zu und begrenzt das Potential für Schwenkwinkel erheblich.

2.3 Zur Genauigkeitseinschränkung von Parallelkinematiken

Die Genauigkeit von Parallelkinematikmaschinen wird, genau wie bei Maschinen konventioneller Bauart, beeinflußt durch

- Temperatureinwirkungen,
- Prozeß- und Beschleunigungskräfte,
- geometrische Toleranzen der Maschinenbauteile sowie
- durch Steuerungseinflüsse,

und dennoch gibt es große Unterschiede. Während bei einer kartesisch aufgebauten Maschine die geometrische Beziehung zwischen TCP und Werkstückaufnahme über den Arbeitstisch i.a. in einer ununterbrochenen Meßkette, unter Beachtung des Abbe´schen Prinzips, über Maßstäbe erfaßt wird, ist dieses, wie Bild 6 zeigt, bei Parallelkinematiken nicht der Fall. Die Position wird indirekt errechnet aus den gemessenen Armlängen oder Fußpunktpositionen, wobei davon ausgegangen wird, daß die Gelenke und verbindenden Rahmenelemente sich gegen Temperatur und Lastveränderungen unempfindlich verhalten, was i.a. natürlich nicht der Fall ist. Das Arbeitsergebnis ergibt sich aus der relativen Lage zwischen TCP und Arbeitstisch. Das Arbeitsergebnis wird also beeinflußt von einer Vielzahl von Fehlerquellen in Form von Nachgiebigkeiten und Temperaturverwerfungen der Gelenke und des Gestelles außerhalb der Meßkette.

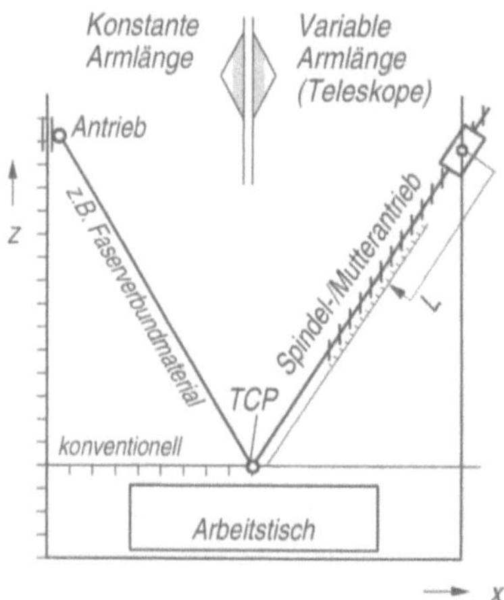

TCP (x, z):

- *Indirekte Berechnung über z oder L Erfassung*
- *Unsicherheiten durch*
  - ** nachgiebige Gelenke und Arme*
  - ** Verwerfungen des Gestells über Belastung und Temperatur*

Bild 6: Positionserfassung bei Hexapoden

3 Neue Wege zur Überwindung der Nachteile

Aus den Darlegungen des Kapitels 3 zeigt sich, daß für beide Armtypen eine Veränderung der Orientierung nur sehr eingeschränkt möglich ist und bei Teleskopantrieben, aber insbesondere bei einer Kinematik mit konstanter Armlänge, das nichtlineare Verhalten in den Wegübersetzungen sowohl die Bauraumausnutzung als auch die Steifigkeit des Systems ungünstig beeinflussen. Darüber hinaus gilt es, neue Systeme zur Genauigkeitsverbesserung zu entwickeln, sofern sich Parallelkinematiken im Bereich konventioneller Werkzeugmaschinen als Alternative entwickeln sollen.

Beispielhaft sollen im folgenden einige Wege zur Verbesserung der Ausgangslage aufgezeigt werden.

3.1 Wege zur Erhöhung der Genauigkeit

Einen wichtigen Schritt zur Erhöhung der Arbeitsgenauigkeit hat die Firma NEOS über eine meßtechnische Erfassung der Lage des TCP mit Hilfe eines unbelasteten Maschinenelements realisiert. Bild 7 zeigt das Prinzip der dreiachsigen Parallelkinematik des Tricepts der Firma NEOS am zweidimensionalen Fall. Der Tricept basiert auf dem Teleskopprinzip mit 3 Armen, bei dem mittig ein zusätzlicher Arm mitgeführt wird, um ein undefiniertes Verdrehen des TCP zu verhindern. Dieser Arm ist bei linearen Bewegungen praktisch unbelastet und wird als Meßarm zur Erfassung der TCP-Lage gegenüber der Rahmenebene RE benutzt, indem die Winkellage φ des Arms sowie dessen ausgefahrene Länge l gegenüber der Plattform gemessen wird. Damit entfällt insbesondere der Einfluß der Lagerfehler durch Belastung und Toleranzen auf die Arbeitsgenauigkeit. Nachteilig wirkt sich natürlich noch die große freie Weglänge zwischen Rahmenebene RE und Arbeitstisch über das verbindende Gestell aus, das i.a. ein Eigenleben hinsichtlich Temperatur- und Kraftbeanspruchung besitzt. Die absolute Genauigkeit wird bei einem Arbeitsraum von 0,5 m Kantenlänge mit 0,2 mm angegeben, die Wiederholgenauigkeit mit 0,02 mm.

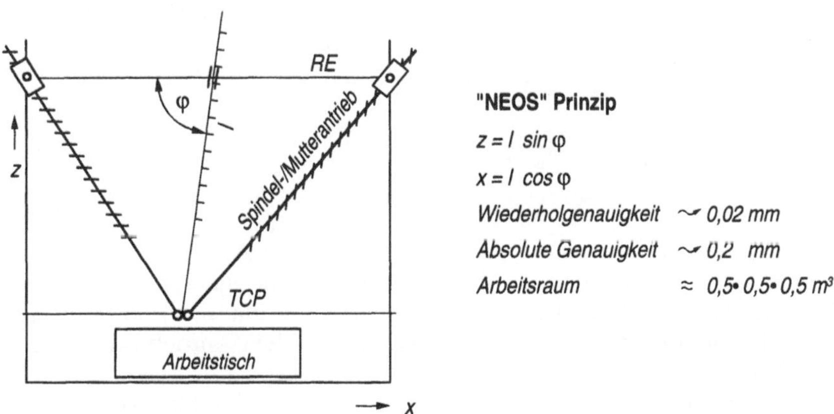

Bild 7: Positionserfassung über einen unbelasteten Stab

Allgemein ist anzumerken, daß dieser Weg mit der Erfassung des TCP über unbelastete Meßstäbe in die richtige Richtung weist, wenn Genauigkeiten konventioneller Hochleistungsmaschinen auch mit Parallelstabkinematiken erreicht werden sollen. Die „NEOS"-Lösung stellt eine von vielen Lösungen dar, dieses Ziel zu erreichen.

3.2 Aufhebung der Orientierungsbeschränkung

Die Singularität in der Orientierung gemäß Bild 8 wäre aufgehoben, sofern der linke Plattformarm in den beiden Richtungen x und z definiert wäre, d.h. ein zusätzlicher Kraftangriff außerhalb der Fluchtungsebene von Plattform und Stab ein Drehmoment ergäbe. Dieses ist der Fall, wenn dieser Arm z.B. mit einem weiteren motorischen Freiheitsgrad versehen wird, wie das in Bild 9 am Beispiel zweier λ-förmiger Scheren geschehen ist.

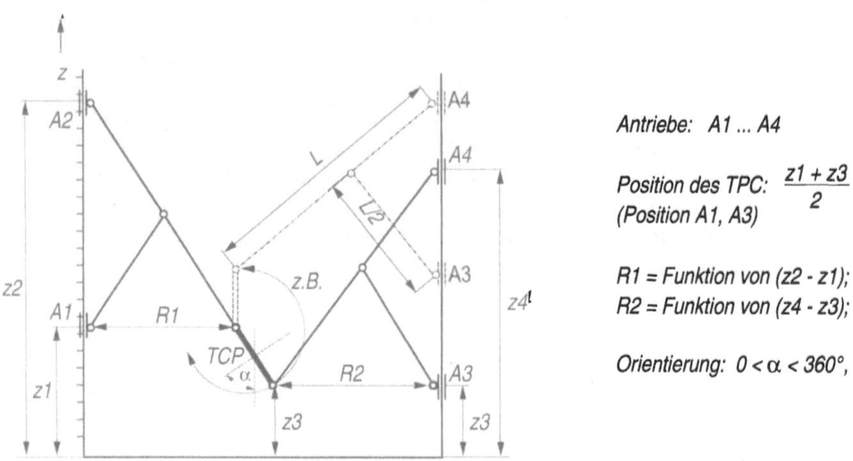

Bild 8: λ-Scherenkinematik

Jede Schere besitzt hier zwei bewegliche Fußpunkte A1, A2 (A3,A4), wobei ein Arm der Schere genau die doppelte Länge zum anderen Arm besitzt. Das Ende des langen Armes wird an der beweglichen Plattform befestigt und steht dank der Geometrie der λ-förmigen Schere mit dem Antrieb A1 stets auf gleicher Höhe in z.

Bei fester Position des Antriebs A1 bestimmt nun die Stellung von Antrieb A2 den Abstand des Endpunktes des langen Armes in x-Richtung und damit den Radius R1 der λ-förmigen Schere. Über die Position der Antriebe A1 und A2 ist somit der linke Arm der Plattform in x und z eindeutig bestimmt, Entsprechendes gilt für den rechten Arm. Damit kann die Arbeitsplattform um 360° ohne Singularitäten geschwenkt werden.

Ähnliche Verhältnisse gelten auch für ein räumliches Gebilde mit drei λ-förmigen Scheren.

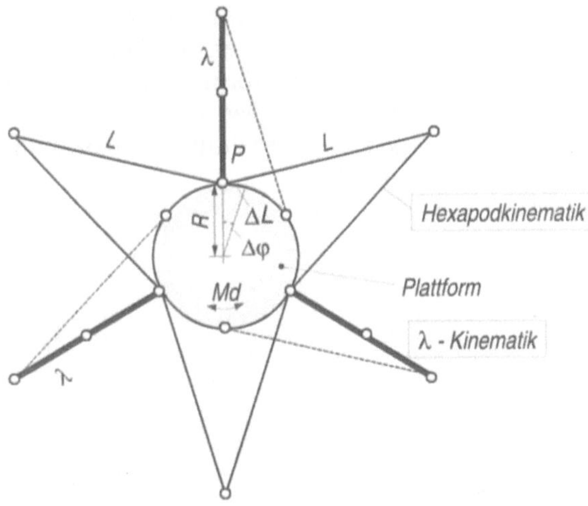

Bild 9: λ- und Hexapodkinematik und Drehmomente Md

Bei Belastung der Arbeitsplattform auf Drehmomente um den TCP ergibt eine Hexapodkinematik in der Mittenposition nach Bild 9 ein torsionssteifes Verhalten, da ein Plattformpunkt P über die zwei motorischen Freiheitsgrade zweier Arme L festgehalten wird. Die Verdrehung um $\Delta\varphi$ erfolgt entsprechend der Längung ΔL durch die Drehmomentbelastung mit

$$\Delta\varphi = \frac{\Delta L}{R}.$$

Die λ-Kinematik besitzt jedoch gegen Verdrehung $\Delta\varphi$ in der gezeichneten symmetrischen Stellung eine Singularität. Beim Verlassen dieser Stelle ist das System sehr nachgiebig gegen Verdrehen über die Beziehung

$$\Delta\varphi = \sqrt{\frac{\Delta L}{R}}\ .$$

Um hier ähnliche Verhältnisse herzustellen wie bei der Hexapodkinematik muß der Angriffspunkt der λ-Schere in Richtung der Tangente an die Plattform (gestrichelt gezeichnet) verlegt werden.

3.3 Aufhebung nichtlinearer Bewegungsverhältnisse

Am Beispiel der λ-förmigen Scheren läßt sich zeigen, daß auch eine Stabkinematik lineare Verhältnisse zwischen Antriebsbewegungen und Plattformbewegungen aufweisen kann. Ergänzt man beispielsweise eine λ-förmige

Schere um einen Teleskopantrieb zu einem Fachwerk in einer Weise, daß der Teleskopantrieb die Radiusbewegung übernimmt, so folgen die beiden Antriebe der Schere streng linear und unverkoppelt den Plattform-Bewegungen in x- und z-Richtung, die Steifigkeit der Antriebe bleibt in den Hauptachsen der λ-Ebene erhalten. Bild 10 zeigt die entsprechenden Verhältnisse am Beispiel zweier unterschiedlich möglicher Ausführungen.

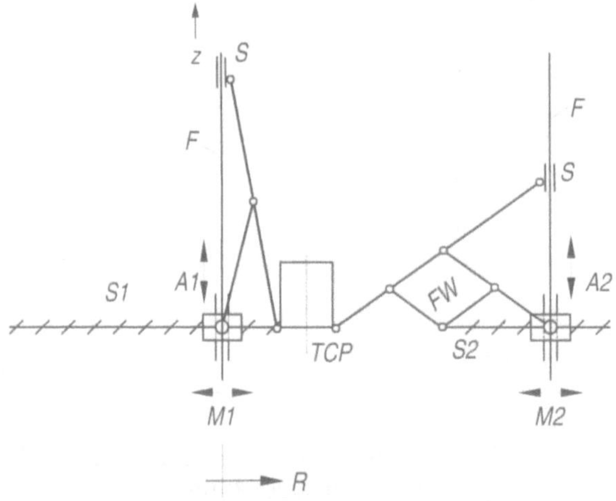

Bild 10: λ-förmige Schere mit linearem Teleskopantrieb

Beide Scheren haben gemeinsam, daß der Fußpunkt des langen Stabes nicht mehr über einen Antrieb sondern über einen antriebslosen Schlitten S geführt wird. Der Vorteil dieser Anordnung liegt in der Fachwerkanordnung, bei der in jedem Element nur eine Zug-/Druckbelastung auftritt. Die Nachteile sind zu erkennen in

- der Verletzung der Regel „kein Antrieb trägt einen anderen". Der Teleskopantrieb wird vom Antrieb A1 für die z-Richtung getragen;
- dem Ausziehverhältnis des Teleskopantriebs und der damit verbundenen Konsequenzen für Bauraum und Trägheitsmomente.

Ein lineares Verhalten für einen „Radiusantrieb" kann auch erzwungen werden über ein nichtlineares Kurbelgetriebe, das ein inverses nichtlineares Verhalten zum Antrieb in R Richtung der λ-Kinematik besitzt. Die Entwicklungsschritte zu einem solchen Kurbelgetriebe lassen sich anhand von Bild 12 leicht nachvollziehen.

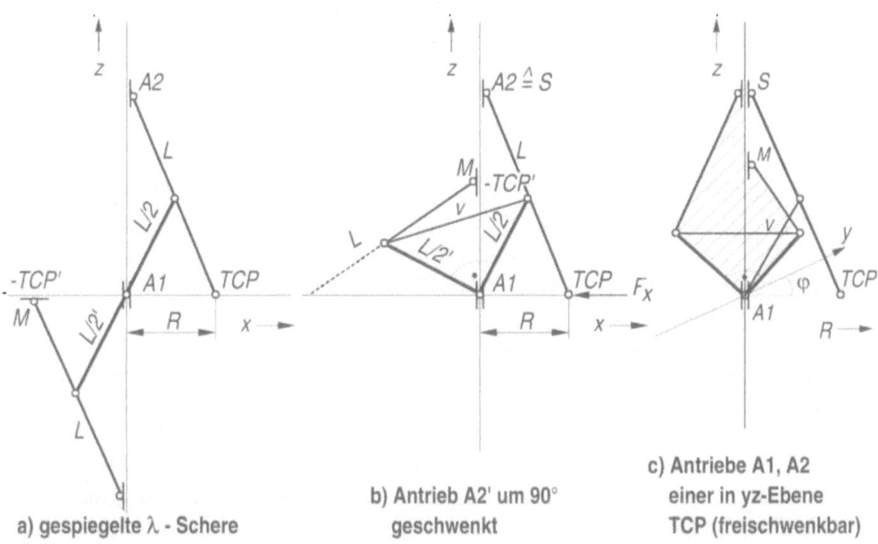

a) gespiegelte λ - Schere

b) Antrieb A2' um 90° geschwenkt

c) Antriebe A1, A2 einer in yz-Ebene TCP (freischwenkbar)

Bild 11: Prinzip der λ-Linearisierung

Bild 11a zeigt zur λ-Schere eine zweite gespiegelte λ-Schere mit TCP´ auf der negativen Achse. Würde man diesen TCP´ mit einem Antrieb M versehen, so wäre das Ziel erreicht; die Antriebsgeschwindigkeit korreliert hier mit der Radiusgeschwindigkeit. Um allerdings dem Antrieb M die nötige Führung zu geben, muß der gespiegelte Halbarm L/2´um 90° zur rechten Schere fest verdreht werden. Damit erhält man eine Anordnung gemäß Bild 12b mit einem Antriebssystem M, das der Radiusbewegung R exakt folgt, der Antrieb A2 am Fußpunkt des langen Arms L wird durch einen passiven Schlitten S ersetzt. Die Bewegung in R-Richtung entspricht der Wegdifferenz A1-A2`, d. h. die Bewegungen sind linear miteinander korreliert. Damit wird auch die nichtlineare Kraftübertragung zwischen dem TCP und den Antrieben linearisiert, d. h.- die Kraft F wirkt linear auf die Antriebe A1, A2´.

Bild 11c zeigt eine Anordnung, bei der das Kurbelgetriebe zur Linearisierung gesondert in der yz-Ebene wirkt und damit den Radius- und Schwenkraum für die λ-Schere in der positiven x-Richtung (d. h. für den Arbeitsraum) voll frei gibt. Als Nachteil ist der höhere Aufwand zu werten sowie die zusätzlichen Umlenkstellen, die die Nachgiebigkeit erhöhen.

Beiden Anordnungen nach Bild 11b, 11c ist gemein, daß der Kurbeltrieb L/2 - L/2´ mit einem festen Verbindungsstab V versehen werden kann, wodurch sich nur Zug-/Druckkräfte in diesem Rahmenverbund auswirken können.

Neben den hier aufgezeigten Möglichkeiten der Linearisierung gibt es weitere Lösungen. Wichtig in diesem Zusammenhang ist, aufzuzeigen, daß mit neuen Ansätzen scheinbar systematische Begrenzungen aufhebbar sind und damit der Parallelkinematiktechnologie neue Chancen für zukunftsweisende Konzepte eröffnet werden können.

3.4 Bedeutung der Linearisierung

Mit einer Linearisierung der λ-Schere in der beschriebenen Art ist eine lineare Zuweisung der achsabhängigen Kräfte auf die achsbezogenen Antriebe verbunden. Für eine zweidimensionale Anordnung z.B. nach Bild 11 bedeutet dieser Zusammenhang, daß die in z-Richtung wirkende Kraft F_z im TCP sich genau aufteilt auf die beiden Antriebe A1, A2, und die in x-Richtung wirkende Kraft F_x sich aufteilt auf die Antriebe M1 und M2. Im Gegensatz zu einer konventionellen sequentiellen Anordnung verdoppeln sich damit die wirksamen Kräfte, bei einer 6achsigen räumlichen Anordnung werden die Kräfte in z-Richtung gegenüber einer konventionellen Bauart sogar versechsfacht. Die Antriebe können entsprechend schwächer ausgelegt werden. Bei Hexapoden gängiger Bauart wird dagegen die Parallelschaltung von Antriebssystemen in ihrer Kraftwirkung durch die ortsabhängige nichtlineare Kraftübersetzung ortsabhängig mehr oder weniger kompensiert.

Durch die Linearisierung wird nicht nur die installierte Antriebskraft optimal genutzt, sondern auch das Nutzverhältnis zum Bauraum günstig beeinflußt. Zusammen mit der großen Freiheit zur Steuerung der Orientierungswinkel, die eine zusätzliche Ausrüstung mit Orientierungsachsen erübrigt, eröffnet sich damit für die Konstruktion von Maschinen auf der Basis von Parallelkinematiken mit linearisierten Scheren oder Armen eine neue Dimension.

4 Ausblick

Parallelkinematiken haben im Werkzeugmaschinenbau die Herzen der Konstrukteure entzündet, auf neuen Wegen steife und hochdynamische Maschinen entwickeln zu können. Die Grundidee läßt sich in folgende beiden Prinzipien zusammenfassen:

- Kein Antrieb trägt den anderen.
- Massenminimierung aller bewegten Teile.

Derzeit zeigen sich durch intensive Forschungsarbeit neue Ansätze zur Massenreduzierung durch die Anwendung neuer Werkstoffe oder durch den Einsatz hochdrehender Spindeln. Weitere Ideen gibt es zur Lösung der meßtechnischen Fragen ohne Verletzung des Abbe´schen Prinzips, sowie zur Linearisierung der Übertragung von Kräften des TCP auf die Antriebe, flüssigkeitsgekühlte Gestelle können das Problem der Temperaturdrift eingrenzen. Insgesamt kann ein positives Bild neuer Ansätze gezeichnet werden, das Hoffnung gibt, die PKM-Technik erfolgreich im Markt der Werkzeugmaschinen einführen zu können, weil mit innovativen Ideen marktüberzeugende Argumente geboten werden.

5 Zusammenfassung

Parallelstabkinematiken sind seit nunmehr 20 Jahren Gegenstand der Forschung, ein Durchbruch gegenüber konventionellen Maschinen konnte in der Breite noch nicht erreicht werden.

Heute wird an vielen Stellen dieser Konstruktionstyp hinsichtlich seiner Eignung als Basis für die Werkzeugmaschinenkonstruktion intensiv erforscht und weiterentwickelt. Die bisherigen Ergebnisse lassen noch manche Fragen offen, neuere Lösungsansätze lassen aber auch Raum für viel Hoffnungen.

6 Dankadresse

Ich danke der University of Berkeley für die Einladung, im März 1999 auf eine Russell Severance Springer Professur. Während dieser Zeit sind die vorliegenden Gedanken im wesentlichen entstanden, inspiriert von der ungestörten Arbeitsatmosphäre in Berkeley und den anregenden Kollegengesprächen.

Literatur

1. Steward, D., 1965-66, A platform with six degrees of freedom. Proc. Instn. Mech. Engrs, p. 371 ... 386.
2. Steward, D., Application 1963, Improvements in Mechanical Positioning Systems. Patent Specification No. 14710/63.
3. Pritschow, G., Wurst, K.-H., 1997, Systematic Design of Hexapods and other Parallel Link Systems. Annals of the CIRP Vol. 46/1/1997, p. 291 ... 295.
4. Clavel, R., 1985, Dispositif pour le déplacement et le positionnement d'un élément dans l'espace. Brevet suisse n° 672089 A5, priorité décembre 1985.
5. Clavel, R., 1994, Robots parallèles, Techniques de l'Ingénieur, traité Mesures et Contrôles.Association française de normalisation AFNOR.
6. Kohli, D., 1988, Manipulator configurations based on Rotary Linear (R. L.) Actuators and their Direct and Inverso Kinematics.J. of Mechanisms, Transmission and Automation in Design, Vol. 110, p. 397 ... 404.
7. Behi, F., 1988, Kinematic analysis for a six degree-of-freedom 3-PRPS parallel mechanism: IEEE J. of Robotics and Automation, 4 (5) p. 561 ... 565.
8. [8]Pritschow, G., Wurst, K.-H., 1997, Zur Gestaltungs- und Konstruktionssystematik von Maschinen mit Stabkinematiken: wt - Produktion und Management 87/6, p. 46 ... 51.
9. Weck, M., Hennes, N., 1996, Produktion im 21. Jahrhundert - neue Maschinenkonzepte. dima 6 p. 112 ... 128.

10. Pritschow, G., Wurst, K.-H., 1997, LINAPOD - Ein Baukastensystem für Stabkinematiken.wt - Produktion und Management 87, Sonderheft zur EMO'97.
11. Neugebauer, R., Wieland F., et. al., 1997, Hexapod-Werkzeugmaschine für die Hochgeschwindigkeitsbearbeitung. ZwF, Heft 9.
12. Jaissle, H. U., Wurst, K.-H., 1997, Neue Werkzeugmaschinenkinematiken. Tagungsband zum Fertigungstechnischen Kolloquium (FTK) 1997 „Stuttgarter Impulse", Spinger-Verlag, p. 245 ... 270.
13. Heisel, U., Bode, H., Maier, V., 1998, Gestaltung und Bewertung von Gelenkeinheiten für Maschinen mit Hexapod-Kinematik., Teil 1 und Teil 2, Tagungsband „Chemnitzer Parallelstrukturseminar", 28./29.04.98, Verlag Wissenschaftliche Scripten Zwickau, p. 27 ... 49.
14. Pritschow, G., Überlegungen zur Armgestaltung von „Parallelstabkine- matiken", wt 89 (1999), Produktion und Management, Heft 5, S. 244...246.
15. Pritschow, G., 1996, On the Influence of the Velocity Gain Factor on the Path Deviation.Annals of the CIRP Vol. 45/1, p. 367 ... 371.
16. Pritschow, G., 1998, Research and Development in the Field of Parallel Kinematic Systems in Europe. Tagungsband zum First European-American Forum on Parallel Kinematic Machines: Theoretical Aspects and Industrial Requirements, 31.08. - 01.09.1998, Mailand.
17. Tlusty, J., Ziegert, J., Ridgewway, S., 1999, Fundamental Comparison of the Use of Serial and Parallel Kinematics for Machine Tools. Annals of the CIRP Vol. 48/1/1999,p. 351...356.

Prozessbegleitende Unterstützung durch Informationstechnik für Produkt, Service und Kunde

H.-J. BULLINGER

Einführung

Für die zukünftige Art des Wirtschaftens wird deutlich, dass Wettbewerbspotenziale und damit nachhaltiger Unternehmenserfolg verstärkt in den Bereichen der wissensintensiven Dienstleistungen und dem Einsatz neuer Technologien zu finden sind. Die Arbeitsgesellschaft befindet sich bereits mitten im Übertritt von der Industrie- in die Informations- und Wissensorientierung. Dies bedeutet jedoch nicht, dass materielle Güterproduktion an Bedeutung verliert, sondern dass es zunehmend zu Verkoppelungen mit Dienstleistungen und dem intelligenten Einsatz zukunftsorientierter Technologien kommt, um Zusatznutzen für den Kunden zu stiften. Im folgenden sollen anhand der Bereiche Wissensmanagement, schnelle Produktentwicklung, virtuelles Prototyping und produktbezogene Teledienstleistungen die Veränderungen in der gegenwärtigen und zukünftigen Arbeitswelt aufgezeigt werden.

1 Wettbewerbsvorteile mit „Intelligenten Produkten"

1.1 Wissensintensive Sachgüter

Die Produkte der neuen Wissensgesellschaft werden vermehrt wissensintensive Sachgüter sein, die unter großem Aufwand und Einsatz von Wissen entwickelt und gefertigt werden [1, 2]. Sie werden verstärkt zu sogenannten „Intelligenten Produkten" erweitert. Diese Produkte enthalten neben ihrer Kernfunktionalität weiterführende technologische oder methodische Hilfskomponenten, welche Nutzung und Betrieb für den Kunden entscheidend erleichtern sollen. Ein typisches Beispiel dafür sind aus der Softwarebranche die Installationshilfen oder „Wizards", die den Kunden bei der Installation und bei der methodischen Anwendung unterstützen. Analog dazu wird vermehrt an Anlagen und Maschinen mit integrierter Service- und Wartungsfunktionalität gearbeitet. Die Absicht dabei ist, das Wissen über das Produkt bzw. über das Verfahren direkt in entsprechenden Baugruppen zu integrieren, um einen möglichst geringen Betriebs- und Wartungsaufwand sicherzustellen und einen aufwendigen und unnötigen Qualifikationsbedarf für den Kunden zu vermeiden. Immer häufiger wird von den Kunden ein umfassendes, individuelles Leistungsangebot erwartet, das heißt der Trend geht zu „hybriden Produkten“, die aus Sachgütern und Dienstleistungen bestehen. Beispiele hierfür sind Finanzierungen, Planung, Produktrückführung etc. bis hin zum „Facility Management“.

Die Verschiebung von materiellen Sachgütern zu immateriellen Produkten wird an der wachsenden Zahl von Wissensprodukten sichtbar. Die Vermarktung von Wissen in Wissensprodukten, wie beispielsweise multimediale Lernsoftware, gewinnt immer mehr an Bedeutung. Der Wissenswettbewerb führt zu einer erheblichen Beschleunigung der Wissensgenerierung und der Wissensverbreitung. Es wird für Unternehmen immer schwieriger exklusives Wissen aufzubauen und einen substantiellen Wissensvorsprung zu halten. Deshalb ist selbst in großen, weltweit operierenden Konzernen eine Konzentration auf Kernkompetenzen zu erkennen. Diese Spezialisierung erleichtert die Entwicklung innovativer Produkte. Es wird jedoch für viele Unternehmen zunehmend schwieriger, ein breites, umfassendes Leistungsspektrum anzubieten. Daraus resultiert die Notwendigkeit zu Zusammenschlüssen in Unternehmensverbünden, wie beispielsweise zu virtuellen Unternehmen oder Kompetenznetzwerken.

1.2 Wissen als strategische Ressource

Als Konsequenz dieser Entwicklungen stellt sich die Frage, welche Fähigkeiten die Gesellschaft und die Unternehmen zukünftig entwickeln müssen. Die hohen Fortschrittsgeschwindigkeiten in der Wissenschaft und der Industrie fordern die Menschen in zunehmenden Maße. Die individuelle, kundenorientierte Lösungsentwicklung erfordert neben einer ausgeprägten Problemlösungskompetenz, das Verständnis von Arbeitsabläufen, -strukturen und Problemstellungen des Kunden. Die Fähigkeit zur schnellen Erschließung neuer Wissensgebiete und die Fähigkeit zur multidisziplinären Zusammenarbeit werden damit zu den Schlüsselkompetenzen eines Mitarbeiters [3]. Die logische Folge ist eine Gesellschaft, welche das lebenslange und vor allem das bedarfsgerechte Lernen in den Mittelpunkt stellen muss. In diesem Zusammenhang müssen auch bestehende Bildungssysteme überdacht werden. So sind beispielsweise neue Formen der Arbeitsteilung zwischen öffentlicher Grundausbildung und firmenspezifischer Qualifikation denkbar. In den Vordergrund rückt hierbei die Bildung von Kompetenzen zur schnellen Wissensakquisition und problemorientierten Wissensverarbeitung. Der Bedarf an effizienten Lern- und Problemlösungsangeboten ist klar zu erkennen und erste Lösungsansätze, wie z. B. Firmenuniversitäten werden bereits in der Praxis erprobt.

Für die Unternehmen in der Wissensgesellschaft stellt sich die Frage wie zukünftig die vorhandene Ressource Wissen effizient genutzt, weiterentwickelt und dem Kunden bzw. dem Kooperationspartner bedarfsgerecht zur Verfügung gestellt werden kann. Wissen wird zur strategischen Ressource im Produktionsprozess, im Produkt und es wird selbst zum Produkt. Ein erfolgreiches Management dieses Wissens erfordert aber einen gewissen technologischen, organisatorischen und unternehmenskulturellen Reifegrad des Unternehmens, der die Voraussetzung ist für die Möglichkeit der Wissensvernetzung im Unternehmen und für die Umsetzung des Wissens in Produkte. Die Fähigkeit zur effizienten Nutzung und Weiterentwicklung des eigenen Wissens ist aber auch eine Voraussetzung, um erfolgreich in wissensintensiven Kooperationen agieren zu können. Die Unternehmen, die es schaffen ihr Wissen nach Bedarf zu bündeln und sowohl inner- als auch zwischenbetrieblich optimal zu nutzen und bereitzustellen, werden den Markt der wissensintensiven Güter und Dienstleistungen beherrschen. Damit wird Wissensmanagement im Unternehmen und in der Kooperation ein Erfolgsfaktor für nachhaltiges Wachstum.

2 Schnelle Produktentwicklung

Unternehmen müssen sich heute bei ihrer Produktgestaltung einer zunehmenden Komplexität und der Kundenanforderung nach einer Vielfalt von technisch hochwertigen, individuellen Produkten, Prozessen und Dienstleistungen stellen. Die Herausforderung für die Unternehmen ist bei wachsendem Kosten- und Zeitdruck differenzierte Kundenwünsche durch innovative Lösungen zu erfüllen. Die Verkürzung der Produktentwicklungszeiten und die kontinuierliche Abstimmung des Produkts mit den Kundenwünschen werden somit zu wettbewerbsentscheidenden Faktoren.

Damit gewinnen zunehmend Produktentwicklungskonzepte an Bedeutung, die auf eine deutliche Verkürzung der Entwicklungszeiten und eine Steigerung der Innovationsfähigkeit zielen (Bild 2.1).

2.1 Rapid Product Development – iterative, evolutionäre Produktentwicklung

Rapid Product Development ist ein iterativer, evolutionär Produktentwicklungsansatz, der Methoden, Prozesse und Technologien bereitstellt, welche die gezielte Nutzung schneller Iterationszyklen, die situationsgerechte Verwendung von virtuellen und physischen Prototypen, dezentrale Strukturen selbstorganisierter, vernetzter Teams sowie den Einsatz von integrierten Organisations-, Kommunikations- und Informationssystemen unterstützen.

Das Prinzip des iterativen, evolutionären Ansatzes besteht in der frühen Erprobung von teilweise konkurrierenden Entwicklungskonzepten und der Verlagerung von Entwicklungszyklen in die frühen Phasen der Produktentstehung (vgl. Bild 2.2).

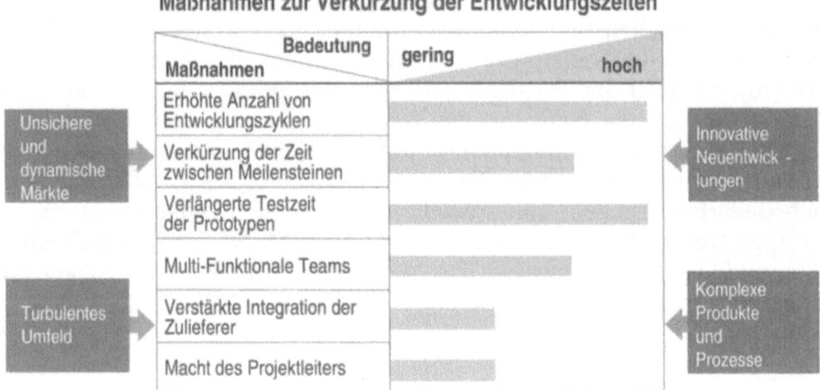

Bild 2.1: Die wichtigsten Einflussfaktoren für eine Reduzierung der Produktentwicklungszeit [vgl. 5].

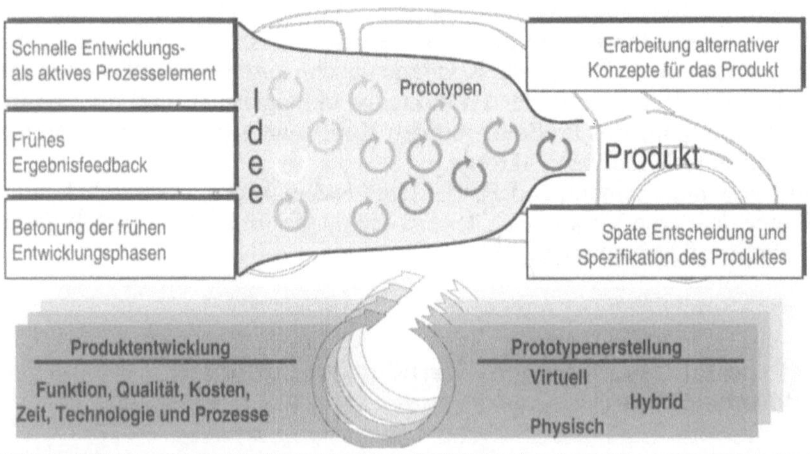

Bild 2.2: Prinzip des Rapid Product Development (RPD), der iterativen, evolutionären Produktentwicklung (in Anlehnung an [6]).

Die Nutzung von schnellen Entwicklungszyklen als aktiv gesteuertes Prozesselement und die frühe Evaluierung der Konzeptalternativen anhand virtueller, physischer und hybrider Prototypen ermöglichen eine deutliche Steigerung des Innovationsgrads und eine verbesserte Anpassungsfähigkeit an dynamische, sich ändernde Kundenanforderungen.

Das verteilte und kooperative Engineering wird für die Entwicklung innovativer und komplexer Produkte zunehmend bedeutender. Die hohe Produktkomplexität auf der einen Seite und der Zeit- und Kostendruck auf der anderen Seite zwingen Unternehmen zur Spezialisierung und Konzentration auf Kernkompetenzen. Damit stellt sich die Herausforderung in dezentralen und teilweise firmenübergreifenden Teams effektiv zu kooperieren. Neben geeigneter Planungs- und Koordinierungsinstrumente für diese Teams bedarf es einer integrierten Kooperationsplattform, die den durchgängigen Zugriff auf alle vorhandenen, aktuellen Daten, Informationen und Wissensbestände bzgl. der Funktion, Qualität, Kosten, Zeit, Prozesse, Technologien und Systeme sicherstellt. Diese integrierte, konsistente und digitale Bereitstellung aller verfügbaren Produktinformationen stellt ein virtuelles Produktmodell dar, an dem alle am Entwicklungsprozess Beteiligten ihre Konzepte erstellen, diskutieren, bearbeiten und über Lösungsalternativen entscheiden. Ein Schwerpunkt des Rapid Product Development Konzeptes ist daher die Umsetzung einer Umgebung für das Virtual Engineering bzw. für die integrierte, virtuelle Produktentwicklung.

2.2 Virtual Engineering – integrierte, virtuelle Produktentwicklung

Die integrierte, virtuelle Produktentwicklung beinhaltet die Bereitstellung einer durchgängig integrierten Systemlandschaft, von der Ideenfindungsphase über die Konzepterstellung bis hin zur Vorserienfertigung und somit die digitale Produktentstehung über alle Phasen hinweg. Im Mittelpunkt steht hierbei die Plattform zur Erstellung eines integrierten, virtuellen Produktmodells unter Verwendung zukunftsorientierter Organisations-, Kommunikations- und Informationssysteme, wie z. B. Simulationssysteme, Virtual Reality, Augmented Reality, Shared Application Systeme. In diesem virtuellen Produktmodell werden alle Eigenschaften, Funktionen und Entstehungsphasen konstruiert, simuliert und visualisiert (Digital Mock-Up), sowie getestet (Digital Test Bench) und die Fertigung geplant (Digital Manufacturing).

Die von der Produktidee startende digitale Produktentstehung erfordert neben der Bereitstellung und Integration von Systemen insbesondere die Anpassung der Organisation und der Prozesse. Dezentrale, verteilte und firmenübergreifende Teams benötigen in diesem Zusammenhang geeignete Planungs-, Informations- und Koordinierungsinstrumente, die in die virtuelle Produktentwicklungsumgebung einzubinden sind und den Anforderungen an schnelle Iterationszyklen und dynamische, selbstorganisierte Abstimmungs- und Änderungsbedürfnisse gerecht werden können.

Das Virtual Engineering unterstützt die verteilten und kooperativen Produktentwicklungsprozesse indem alle erforderlichen Technologien und Systeme zur Konstruktion, Simulation und Visualisierung in einer Plattform standort- und firmenübergreifend verfügbar werden und in dem flexible, dynamische Änderungs- bzw. Abstimmungsprozesse durch konsistente Daten- und Informationsstrukturen (z. B. Engineering Data Management) sowie den Einsatz zukunftsorientierter Kooperationswerkzeuge (z. B. Shared Application, Engineering Portale) ermöglicht werden.

2.3 Das Engineering Solution Center

Die Umsetzung von erforderlichen Methoden, Prozessen und Technologien der iterativen, evolutionären Produktentwicklung und des Virtual Engineering wurde in einem Engineering Solution Center realisiert. Das Engineering Solution Center (ESC) stellt ein Modellkonzept für das virtuelle, kooperative Engineering dar [4]. Im Mittelpunkt des ESC steht neben einer Umgebung für das virtuelle Engineering, die Vereinfachung der Kommunikation, Koordination und Wissensintegration und somit der durchgängigen Kooperation entlang des Produktentstehungsprozesses (vgl. Bild 2.3).

Dies beinhaltet die Bereitstellung von Technologien und Prozessen, um die Erstellung virtueller Prototypen und das verteilte Erarbeiten, Diskutieren und Bearbeiten geometrischer Modelle, Simulationen sowie 3D-Visualisierungen zu ermöglichen. Dabei werden insbesondere zukunftsweisende Konzepte, wie beispielsweise Digital Mock-Up (DMU)-Technologien, berücksichtigt. Durch die Verbindung des virtuellen Produktentstehungsprozesses mit durchgängigen Engineering Data Management- bzw. Produktdatenmanagement-(EDM/PDM)-Strukturen und der kontextsensitiven Wissensrepräsentation wird ein integriertes Informations- und Wissensmanagement realisiert.

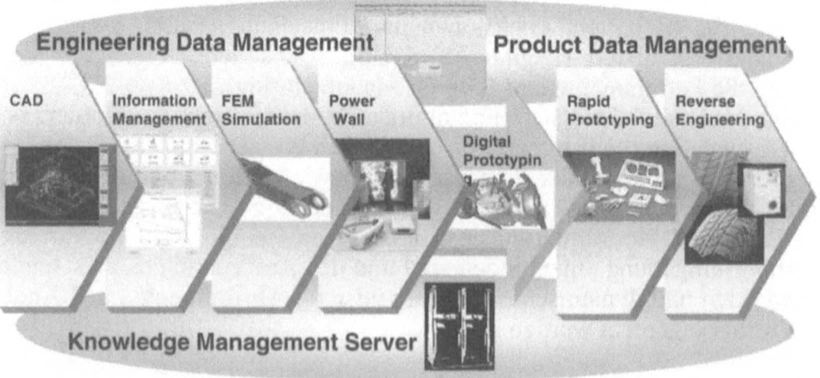

Bild 2.3: Engineering Solution Center (ESC) - Modellkonzept für das Rapid Product Development und das kooperative, virtuelle Engineering.

Im Engineering Solution Center werden die Entwicklungskompetenzen des Unternehmens gebündelt und alle erforderlichen Werkzeuge für die virtuelle Produktentwicklung bereitgestellt. Die für die kooperative virtuelle Produktentstehung entscheidenden Produkt-, Projekt-, Prozess- und Rollensichten werden kontextsensitiv vernetzt und die Technologien sowie Prozesse auf die kooperativen Anforderungen verteilter, multidisziplinärer Teams angepasst. Damit dient das ESC einerseits als Entwicklungsumgebung hochqualifizierter Entwicklungsteams. Andererseits bildet es eine effiziente Unterstützungsfunktion für dezentrale Entwicklungseinheiten, wie beispielsweise Satellitenbüros, die gezielt auf die gebündelte Daten-, Informations- und Wissensbasis des Unternehmens zugreifen können.

3 Virtual Environments für Virtual Prototyping

Um die Dynamik der verkürzten Produktentwicklungszeiten bewältigen zu können und Fehlerfolgekosten zu minimieren, sucht die Wirtschaft derzeit mit Nachdruck nach Methoden für das Virtual Prototyping (VP) und die Evaluierung von virtuellen Prototypen [8]. Der Motor dieser Entwicklung ist eindeutig die Automobilindustrie. Drei Viertel der Innovationen werden dort im Bereich der Elektronik erwartet. Dazu gehören Fahrerassistenzsysteme, Fahrdynamikregelung, Telematikapplikationen, mobile Kommunikation, Infotainment im Fahrzeug usw. Bei vielen dieser Innovationen steht die Mensch-Maschine-Interaktion im Vordergrund. Allein bei den Navigationssystemen ist im Jahr 2007 mit mindestens 120 Mio. verkauften Einheiten weltweit zu rechnen (Quelle: ITS international). Um solche Systeme auf der Basis virtueller Prototypen in sehr frühen Phasen evaluieren zu können, wird das Virtual Prototyping weit mehr als nur geometrische Aspekte abdecken müssen.

Im Prozess des Rapid Product Developments kommt der raschen Evaluierung komplexer Daten und komplexer Simulationsergebnisse in einer geeigneten virtuellen Umgebung, in der Fachwelt als Virtual Environment (VE) bezeichnet, durch ein Team von Fachleuten eine zentrale Rolle zu. Immersive Virtual Reality in Verbindung mit Immersiver Projektions-Technologie (IPT) führt hier zu einer Steigerung der Effizienz in Bezug auf Zeit, Kosten und Qualität des Ergebnisses [7].

3.1 Einsatz von Virtual Environments (VE)

3.1.1 VE in der Automobilindustrie

In der Vergangenheit wurden die meisten Anwendungen von immersiver Virtual Reality (VR) im Kontext von Marketing und Produktpräsentation entwikkelt und angewendet. Insbesondere für die Darstellung von abstrakten Prozessketten oder Ideen haben sich dabei VE als Präsentationstechnik etabliert. Seit Ende 1998 ist eine Trendwende bei der Anwendungsentwicklung zu beobachten [11]. Großunternehmen wie z. B. die Automobilindustrie investieren zunehmend in diese Technik und etablieren VE-Showrooms und VE-Forschungsgruppen in den jeweiligen Unternehmensbereichen.

VE-Systeme werden inzwischen von allen deutschen Automobilherstellern eingesetzt. Daran zeigt sich, daß die VE-Entwicklung das reine Forschungsstadium verlassen hat und Werkzeuge bereitstehen, die produktiv eingesetzt werden können. Allein im Automobilbau werden im Jahr 2000 reale Prototypen im Wert von zweistelligen Millionenbeträgen (DM) durch virtuelle Prototypen ersetzt. Zusätzlich zur Kostenersparnis kann damit die Entwicklungszeit eines neuen Fahrzeugs erheblich reduziert werden. Neben diesen quantitativen Aspekten bieten VE eine wichtige qualitative Verbesserung: durch den viel flexibleren Umgang mit den virtuellen Prototypen können erfahrene Ingenieure Fehler und Probleme an den Daten besser und früher erkennen, was zu einer Steigerung der Produktqualität führt.

Im dargestellten Beispiel (siehe Bild 3.1) werden mit einer getrackten Einwand-Stereoprojektion komplexe CAD- und FEM-Daten evaluiert [9]. Bei diesen Daten handelt es sich um Konstruktionen von Ziehanlagen und FEM-Simulationen des Blechumformungsprozesses. In einem speziell gestalteten Visualisierungsraum evaluieren bis zu sechs Fachingenieure gemeinsam Konstruktions- und Simulationsdaten.

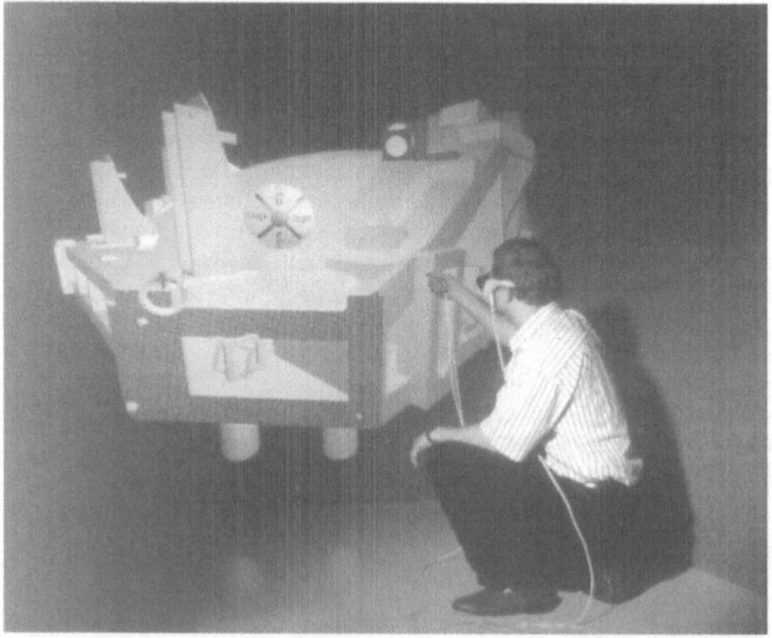

Bild 3.1: Evaluierung eines Ziehwerkzeuges.

3.1.2
VE im Maschinen- und Anlagenbau

Die verfügbaren VE-Systeme sind bereits heute in der Lage, die Daten kompletter Maschinen und Anlagen aus entsprechenden CAD-Programmen zu übernehmen und inklusive dynamischer Simulation in Echtzeit im Originalmaßstab darzustellen. Dies wurde durch das erweiterte VRML 2.0 Datenformat (VRML = Virtual Reality Modelling Language) sehr effizient möglich, das heute in den meisten großen CAD- und Simulations-Systemen als Schnittstelle implementiert ist. Der Konstrukteur erhält damit die Möglichkeit, den laufenden Maschinen- oder Anlagenprototyp interaktiv zu beurteilen. Dieser Einsatz von VE im Maschinenbau ist hoch effektiv; aufgrund der bisher noch hohen Investitionskosten rechnet sich ein VE-System für mittelständische Unternehmen meist erst dann, wenn die Systemkosten deutlich reduziert werden können.

3.2
Technische Entwicklung von Virtual Environments

Die Anzahl der installierten VE-Systeme ist jedoch noch vergleichsweise gering. Die größte Hürde für eine breitere Nutzung des enormen Potenzials von VE-Systemen war bisher die hohe Anfangsinvestition.

Dem Fraunhofer-Institut für Arbeitswirtschaft und Organisation (Fraunhofer IAO) ist es erstmalig gelungen, mit der neuen Personal Immersion-Technologie Komplettsysteme zu realisieren, deren Leistungsdaten bei einem bis zu 80 Prozent geringeren Systempreis mit denen etablierter Lösungen vergleichbar sind. Damit wird das enorme Potenzial immersiver VR-Anwendungen erstmals auch für kleine und mittelständische Unternehmen in einer Vielzahl von Anwendungsbereichen nutzbar:

- Interaktive CAD-Datenevaluation
- Visualisierung von Simulationsergebnissen
- Evaluierung von Fertigungs- und Prozesssimulationen
- Architekturvisualisierung
- Marketing und Edutainment

Möglich wird dies durch eine Multinode-Architektur, die mehrere Einzelrechner zu einem skalierbaren Gesamtsystem verbindet, das die Funktion bisheriger, monolithischer Multipipe-Grafikrechner übernimmt. Damit kann je nach Anforderungen die optimale Konfiguration aus Komponenten unterschiedlicher Hardwarehersteller zusammengestellt werden. Bild 3.2 zeigt stilisiert eine Einwand-Rückprojektionslösung (Powerwall) auf der genannten Technologie, wie sie vom Fraunhofer IAO erstmals auf der CAT 2000 vorgestellt wurde [10].

Als VE-Entwicklungsplattform wird auch auf Personal Immersion-Systemen das erfolgreiche VR-System „Lightning“ des Fraunhofer IAO eingesetzt; bestehende, auf Lightning basierende Applikationen können so mit relativ geringem Portierungsaufwand auf Personal Immersion-Systemen eingesetzt werden.

Auch die weiteren Hardwarekomponenten sind optimal auf die Anforderung nach maximaler Leistung bei günstigen Kosten abgestimmt. Das Projektionssystem arbeitet mit Standard-DLP-Projektoren (DLP = Digital Light Processing) als passive Rückprojektion. Es bietet sehr gute Lichtleistung und Kontrast sowie einfache Justierbarkeit und Stabilität der Einstellwerte. Zur Positionsmessung kommen je nach vorgesehener Anwendung optische oder elektromagnetische Systeme zum Einsatz. Als Eingabegeräte stehen kabellose oder kabelgebundene MIKE's (getrackte Taster-Eingabegeräte) zur Verfügung. Für die prototypische Realisierung des Personal Immersion Systems waren folgende Voraussetzungen notwendig:

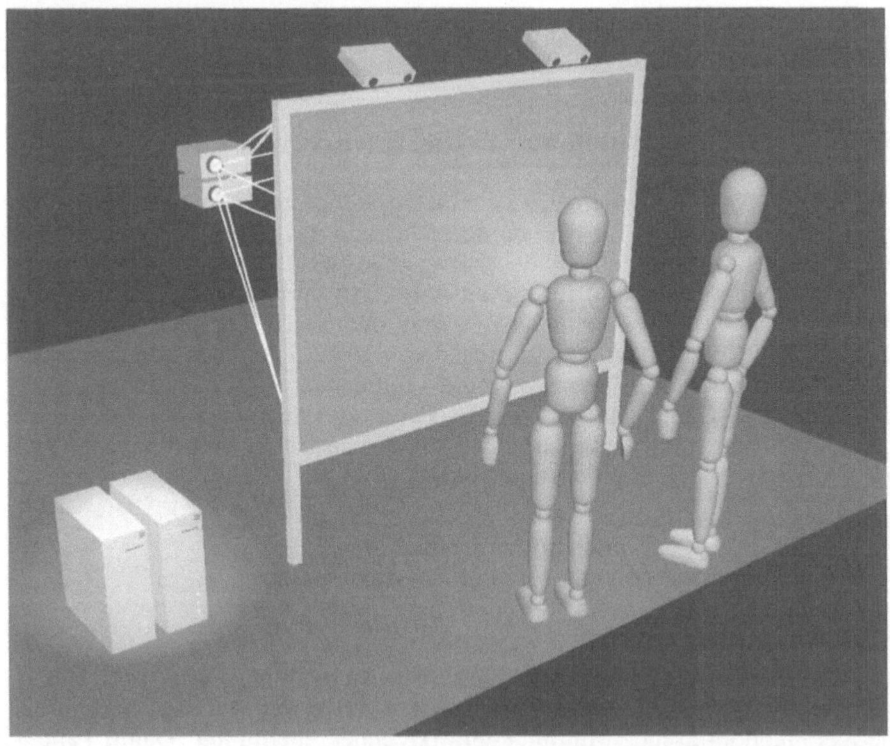

Bild 3.2: Powerwall auf der Basis der Multinode-Architektur mit zwei PC's.

- Leistungsfähigkeit der PC-Grafikkarten:

Getrieben durch den Spielemarkt werden PC-Grafikkarten immer leistungssfähiger. Die Entwicklungsgeschwindigkeit der PC-Systeme ist wesentlich höher als die der speziellen Hochleistungsgrafik. Die zur Zeit verfügbare

bare Generation von PC-Systemen genügt bei entsprechender Skalierung für VR-Anwendungen.

- Portierung der VR-Systeme auf Linux

  Das Fraunhofer IAO verwendet das eigene VR-System Lightning für die Entwicklung von VR-Anwendungslösungen. Besonderheiten von Lightning sind der hochmodulare Aufbau und die einfach zu lernende Programmierschnittstelle, die auf einer frei verfügbaren Skriptsprache aufsetzt. Im Rahmen des hier vorgeschlagenen Projekts wird Lightning von UNIX auf Linux für die Intel-PC-Plattform portiert.

- Echtzeit-Skalierbarkeit von PC-Systemen

  Ein System ist skalierbar, wenn man durch den mehrfachen Einsatz der gleichen Komponente die mehrfache Gesamtleistung erhält. Mit Hilfe von Linux-Clustern, also der Verbindung von mehreren PC mit dem Betriebssystem Linux, werden Rechenleistungen erreicht, die an erheblich teurere Großrechner heranreichen. Bei VR-Anwendungen ist die sogenannte Echtzeit-Simulation von großer Bedeutung, d. h. alle Berechnungen müssen in dem Bruchteil einer Sekunde durchgeführt werden, in dem der Benutzer die entsprechenden Bilder sehen wird. Für die Kopplung von mehreren Systemen zu einem Cluster ist dabei die exakte Synchronität sehr wichtig. Die synchrone Echtzeit-Skalierbarkeit des VR-Systems Lightning ist eine wesentliche Voraussetzung.

3.3 Integration von Virtual Environments für Virtual Prototyping in das Rapid Prototyping Development

Digital Mock-Up (DMU) ist, wie bereits beschrieben, eines der neuen Schlüsselworte für einen schnellen Produktentwicklungsprozess. DMU bedeutet letzten Endes eine komplette digitale Produktbeschreibung im Rahmen von Entwicklung, Design und Fertigung.

Der Einsatz von computergestützten Werkzeugen ist zu einem essentiellen Faktor geworden: DMU wird die Basis und Plattform für die anwendungs-Integration digitaler Werkzeuge mit dem Ziel der Realisierung eines kompletten „Virtual Product Model“ (Bild 3.3) werden. Die digitalen Modelle können effizient weltweit verteilt werden, haben aber beim Einsatz von traditionellen Desktop-Computern einen bedeutenden Nachteil. Die Anschaulichkeit und das Handling ist gegenüber physischen Modellen / Prototypen deutlich schlechter. Diese Nachteile werden durch den Einsatz von VE's weitgehend kompensiert.

Dabei sollte man - im Gegensatz zu dem Ansatz vergangener Jahre - Virtual Prototyping nicht als die Lösung aller Probleme betrachten, sondern VP in Verbindung mit VE als einen wichtigen technologischen Schritt im Prozess des Rapid Product Development ansehen. Das bedeutet, dass diese Technologie in einem Umfeld nur dort erfolgreich und investitionssicher integriert und etabliert werden kann, wo Teile dieser Prozessketten schon existieren und diese mit dieser Technik ergänzt werden können. Für den Einsatz von VP gibt es einige Bedingungen, die im folgenden kurz erläutert werden.

Die erste Bedingung zielt auf die vorhandenen Daten in einem Unternehmen. Zu möglichst allen Phasen der Produktentwicklung sollten 3D-CAD-Daten vorliegen. Seit der Einführung des ISO Standards VRML ist es heute aus fast allen 3D-CAD-Systemen möglich, geeignete Daten für VR-Systeme aufzubereiten. Dennoch muss festgehalten werden, dass der rechnergestützte Konstruktionsprozess in 3D beherrscht werden muss.

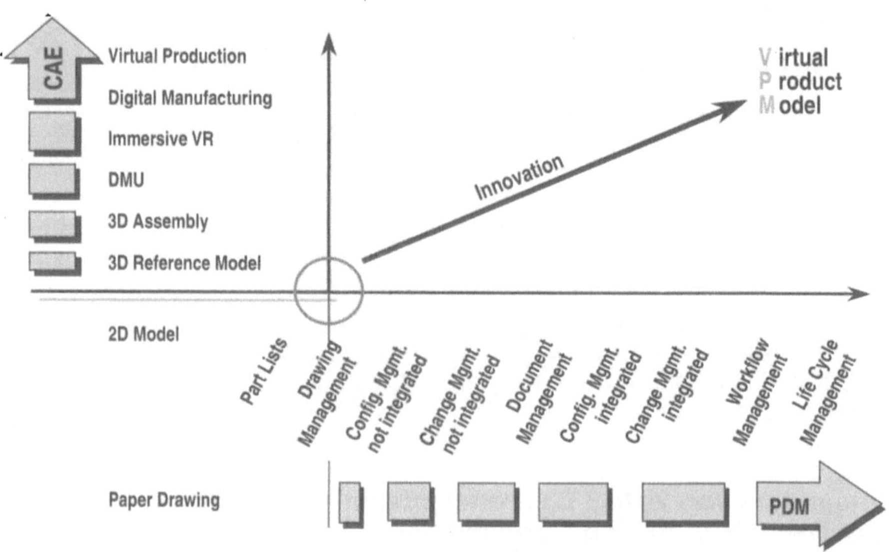

Bild 3.3: Haupttrends für die Fertigungsindustrie (Quelle: CENIT Business Solutions).

Die zweite Bedingung ist die Nutzung von VE's für die mit VP generierten Daten, damit die oben beschriebenen Nachteile von DMU's kompensiert werden können. Bei der Auswahl der geeigneten IPT müssen folgende Abschätzungen an die Anwendung durchgeführt werden:

- Welche Skalierung der DMU's / Modelle soll gewählt werden? (micro, 1:1, macro)
- Sollen reale menschliche Bewegungen/Interaktionen auf der Basis des digitalen Modells untersucht werden?
- Wie gut muss die Immersion des Benutzers in der virtuellen Umgebung sein?

In der Zukunft werden auf der Basis unterschiedlicher technischer Systeme, wie der beschriebenen Personal Immersion Lösung sowie von nach wie vor aufwendigen Mehrwand-Projektionssystemen (sogenannten CAVE's), unterschiedliche Fachbereiche stärker vernetzt werden. Damit kann das verteilte Arbeiten in multifunktionalen Teams wesentlich unterstützt werden, was wiederum eine wesentliche Innovation für den Rapid Product Development-Prozess darstellt.

4 Produktbezogene Teledienstleistungen

4.1 Service-Support-Systeme

Das Geschäftsfeld After-Sales-Service hat in den letzten Jahren im Bewusstsein der Unternehmen an Bedeutung gewonnen. Durch den Einsatz von Service-Support-Systemen (SSS) entstanden neue Dienstleistungen im Technischen Kundendienst und optimierter Kundenservice. Besonders die informationstechnische Unterstützung des weltweit agierenden Servicetechnikers vor Ort durch die Bereitstellung von technischen, servicerelevanten Informationen, z. B. Technische Dokumentation oder Servicebilder stehen im Vordergrund der internetbasierten Systeme [12].

Die Optimierungsanstrengungen im Service lassen sich in zwei Richtungen unterteilen: Zum einen soll der bestehende Service schneller, effizienter und hochwertiger werden. Zum anderen sollen neue Dienstleistungen, meist basierend auf neuen Technologien, das bestehende Service-Angebot abrunden und für die Kunden neue Mehrwerte schaffen. Bei beiden Richtungen ist die schnelle Verfügbarkeit der richtigen Information elementare Voraussetzung, um zusätzliche Potenziale im Service zu erschließen.

4.2 Das Projekt S3-BaWü

Im vom Land Baden-Württemberg unterstützten Projekt S3-BaWü [13] stand die Unterstützung der Servicetechniker bzw. der Instandhalter vor Ort im Anwendungsmittelpunkt. Hierzu wurden die Informationssysteme des Maschinenherstellers, die die technischen Informationen verwalten, transparent in eine Service-Kommunikationsarchitektur eingebunden. Als Basis für die Übertragung der Informationen wurden die standardisierten Technologien des Internet (WWW) verwendet. Darüber hinaus ist der Browser als einfach zu bedienende grafische Benutzungsoberfläche der ideale Frontend für den Servicetechniker vor Ort.

Kennzeichen der Serviceprozesse bei allen beteiligten Projektpartnern war die partielle Unterstützung des Service durch unterschiedlichste DV-Systeme (Insellösungen) und Medienbrüche bei der Erstellung, Verarbeitung und Verteilung von servicerelevanten Informationen. Die in dem Projekt realisierten SSS basieren überwiegend auf den offenen Konzepten des Internet und sind dadurch weltweit, zeit- und ortsunabhängig einsetzbar (24-Stunden-Verfügbarkeit). Sie stellen hochintegrierende Lösungen dar, die auf bestehende Datenbestände zugreifen und die darin enthaltene Information dem Servicetechniker situationsgerecht zur Verfügung stellen.

Mit der Erweiterung des Nutzerkreises eines SSS um den Kunden ermöglicht man diesen den Zugang zu einer elektronischen und fakturierbaren Dienstleistung, dem E-Service. Dies kann durch das Freischalten von bestimmten Modulen oder Funktionalitäten relativ einfach erreicht werden.

Mögliche Anwendungsszenarien sind:

- Maschinen- und Teilebörse im Internet (internet mall)
- Ersatzteilverkauf über das Internet (electronic commerce)
- Kundendiskussionsforen (virtual communities)
- Informationspool (knowledge management)

Ein besonderes Merkmal des E-Service ist die Berücksichtigung und Unterstützung der After-Sales-Phase. Somit ist eine wesentliche Voraussetzung für die dauerhafte Bindung des Kunden an das Unternehmen geschaffen.

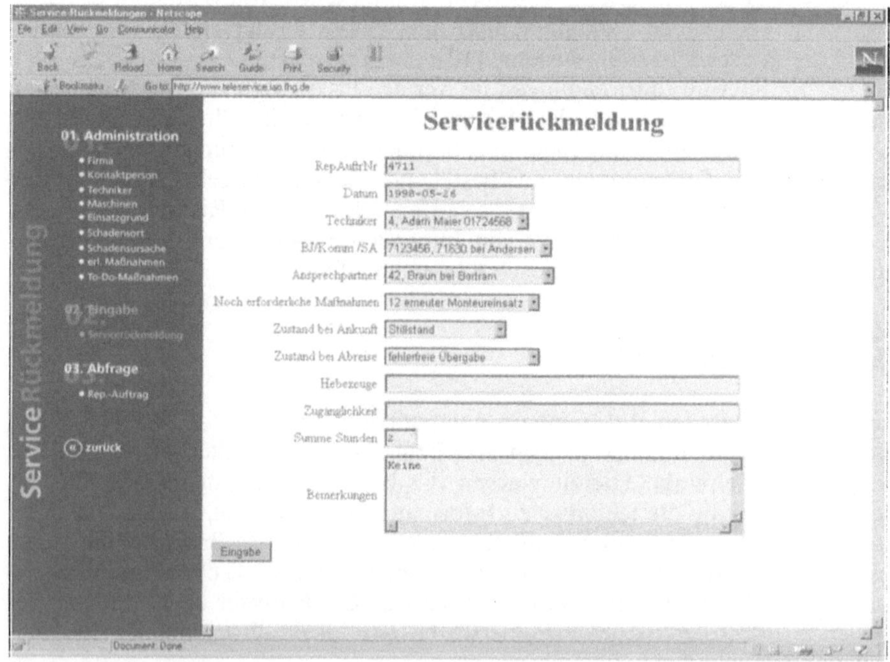

Bild 4.1: Browsergestützte Eingabe und Verwaltung von Servicenachrichten.

Es liegen mit der Einführung von SSS erstmals servicerelevante Informationen strukturiert und wiederverwendbar innerhalb eines weltweit verfügbaren und auf allgemeinen Standards beruhenden IT-Systems vor. Die gezielte und effiziente Nutzung dieses empirischen Wissens im Zusammenhang mit tatsächlichen Bedürfnissen und Verfahrenskenntnissen des Kunden ist über die Organisationseinheit „Service" hinaus für weitere Unternehmensbereiche von großer Bedeutung, da die Wertschöpfungsprozesse durch immer kürzere Time-to-Market-Zyklen sowie stetig steigende Kundenanforderungen geprägt sind.

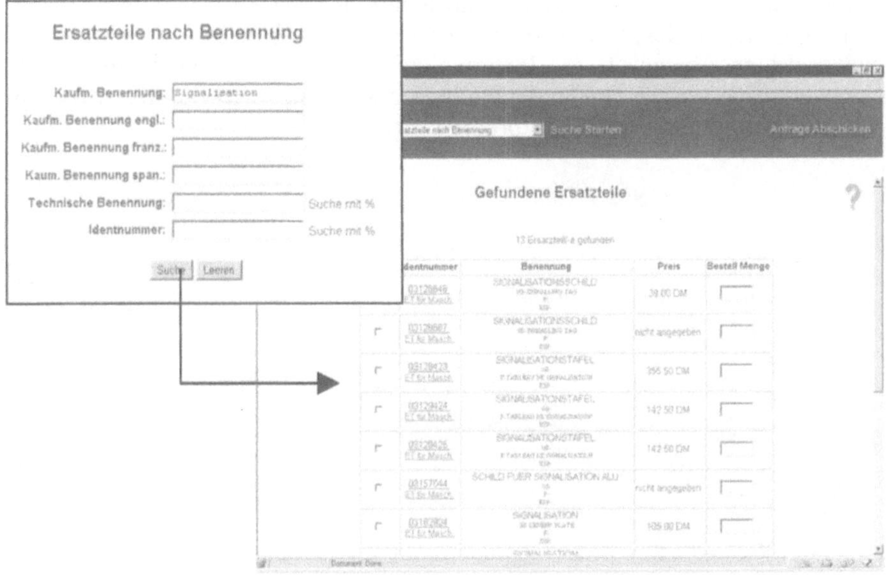

Bild 4.2: Komponente Ersatzteilrecherche und Angebotsanforderung durch den Kunden.

4.3 Ganzheitliche Betrachtung der Informationsflüsse im Service-Netzwerk

Die Service-Informationen sind primär für die optimale Ausführung zukünftiger Einsätze bedeutend. Mit der Möglichkeit der gezielten Suche nach bereits vorhandenem Wissen zu z. B. ähnlichen Schadensbildern oder bestimmten Montageabläufen werden die Service-Mitarbeiter in geeigneter Weise hinsichtlich einer effizienten und den Kunden zufrieden stellenden Auftragsabwicklung unterstützt.

Wiederkehrende Schadensfälle und komplexe Montageabläufe können aber bereits im Vorfeld des Produktentwicklungsprozesses beachtet und weitestgehend vermieden werden, wenn die entsprechenden Informationen für die Entwicklern oder Konstrukteure strukturiert und aktuell verfügbar sind. Ähnliche Optimierungspotentiale liegen in anderen Unternehmensbereichen vor.

Im Falle komplexer Maschinen oder Anlagen kommen aber auch vielfach Komponenten von Zulieferern zum Einsatz, die als Blackbox über definierte Schnittstellen in das resultierende Produkt eingebaut werden (wie z. B. Stellmotoren in Werkzeugmaschinen). Bestehen für diese Komponenten keine separaten Wartungsverträge, wird der unternehmensinterne Service mit der Reparatur oder Instandsetzung beim Kunden konfrontiert. Aufgrund des möglichen Wissensdefizits der betroffenen Service-Techniker bezüglich der technischen Details dieser Komponenten entstehen vielerlei Probleme und zum Teil hohe Kosten im Geschäftsbereich „Service". Auch hier lassen sich mit dem gegenseitigen Austausch von Informationen über ein geschlossenes Service-Netzwerk eine verstärkte Kundenbindung durch optimalen Service sowie eine stetige Optimierung des Gesamtprodukts erzielen.

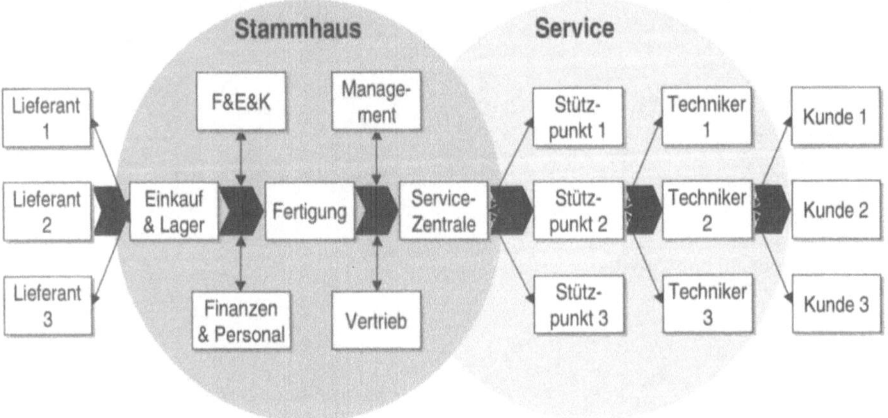

Bild 4.3: Service-Netzwerk entlang der Wertschöpfungskette.

Bei der ganzheitlichen Betrachtung der vorhandenen Informationsquellen und –senken wird sich ein Pool wichtiger Informationsobjekte und –einheiten herauskristallisieren, der sich über eine sehr heterogene Wissenslandschaft des Service-Netzwerks erstreckt. Ziel eines unterstützenden IT-Systems muss sowohl der bedarfs- und nutzergerechte Zugriff auf einen solchen Wissenspool als auch die Möglichkeit der effizienten und möglichst redundanzfreien Informationsnutzung für alle Teilnehmer des Service-Netzwerks sein.

Die Realisierung eines solchen Konzepts ist generell mit den angewandten Technologien und Möglichkeiten des beschriebenen Service-Support-Systems möglich. Wesentliche Charakteristika müssen allerdings berücksichtigt werden:

Bild 4.4: Teilnehmersichten auf den Wissenspool des Service-Netzwerks.

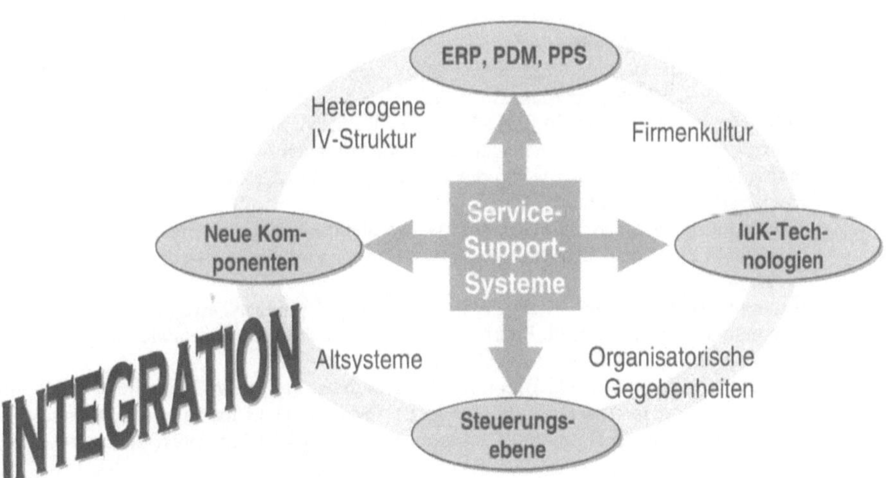

Bild 4.5: Integration über die verschiedenen Informationsebenen hinweg.

- *Wissensintegration.* Existierende Informationssysteme und –träger sollen bestehen bleiben und in ihrem Betrieb möglichst wenig gestört werden. Unter einer einheitlichen Benutzungsoberfläche, die sich bedarfs- und nutzergerecht den zu unterstützenden Prozessen anpasst, sollen Informationen strukturiert und effizient im Service-Netzwerk ausgetauscht werden. Dabei sollen Informationseinheiten aus der ERP- bis hinunter zur Steuerungsebene verfügbar sein.

- *Komponentenbasis.* Das IT-System muss modernen Methoden der Software-Entwicklung Rechnung tragen. Altsysteme müssen genauso ansprechbar sein wie gegenwärtige Software-Produkte und zukünftige Applikationen.
- *Ganzheitliche Betrachtung.* Nur durch die ganzheitliche Betrachtung des Service-Netzwerks kann der Informationsfluss optimal unterstützt und Einsparpotentiale sowie eine verbesserte Kundenbindung erzielt werden.
- *Support-Gedanke.* Das IT-System muss die Teilnehmer des Service-Netzwerks unterstützen, d. h. es muss sich auf die jeweils gegebenen Prozessschritte, Nutzer und Situationen bei gleichzeitig bestmöglicher Ergonomie und Informationsbereitstellung anpassen.

Literatur

1. Bullinger, H.-J.; Warschat, J.: Wichtiger Faktor für Wirtschaftswachstum. In: Unternehmer-Magazin, 5-2000, S. 12-15.
2. Warschat, J.; Hauss, I.: Welche Güter produziert die Wissensgesellschaft? In: VDI-Nachrichten vom 23.12.99.
3. Bullinger, H.-J.: Heutige Organisationsstrukturen behindern den Wissensaustausch (Interview). In: Client/Server Magazin, 1-2/2000, S. 56 – 57.
4. Bullinger, H.-J.; Frielingsdorf, H.; Hauss, I.; Roth, N.; Wagner, F.; Warschat, J.: Vom Informations- zum Wissensmanagement in der Produktentwicklung. In: Proceedings des Innovationsforums „Virtuelle Produktentstehung"; 11.-12. Mai 2000 in Berlin, F.-L. Krause (Hrsg.), Stuttgart.
5. Eisenhardt, K. M.; Tabrizi, B. N. (1995): Accelerating Adaptive Processes: Product Innovation in the Global Computer Society in: Administrative Science Quarterly 1995 No. 40, pp 84-110.
6. Bullinger, H.-J.; Wissler, K. F.; Wörner, K.: Rapid product Development – schneller zum innovativen produkt. In: FB/IE, Zeitschrift für Unternehmensentwicklung und industrial engineering, 45 (1996) 2, S. 67 – 73.
7. Bullinger, H.-J.; Riedel, O.; Breining, R.: Immersive Projection Technology - Benefits for the Industry. In: Bullinger, H.-J. (Hrsg.). Proceedings of the First International Immersive Projection Technology Workshop. Stuttgart: 14-15 July 1997, Springer-Verlag, pp 13-25.
8. Bullinger, H.-J.; Breining, R.; Bauer, W.: Virtual Prototyping – State of the Art in Product Design. In: Proceedings of the 26th International Conference on Computers & Industrial Engineering. Melbourne, December 15th / 17th 1999, pp 103-107.
9. Häfner, U.; Breining, R.; Simon, A.; Riedel, O.: Verkürzung der Produktentstehungszeit durch den Einsatz immersiver Projektionstechnik am Beispiel der Konstruktion von Ziehanlagen. In: Weinert, Klaus (Hrsg.): Tagungsband zum 3D-Erfahrungsforum Werkzeug- und Formenbau, Dortmund, 25./26. Feb. 1999.
10. Häfner, U.; Bues, M.; Magg, R.: Wireless Interaction in Cost-Effective Display Environments. In: Cruz-Neira, Carolina; Riedel, Oliver; Rößler, Andreas (Editors): Proceed-

ings of the 4th International Immersive Projection Technology Workshop, 19-20 June 2000, Ames / Iowa State University, 2000, CD-ROM.

11. Riedel, O.; Breining R.: Virtual Environments for Visualization and Evaluation in the Automotive Industry. In: Roller, Dieter (Editor). Proceedings "Simulation, Virtual Reality and Supercomputing Automotive Applications" of the 31st ISATA, Düsseldorf 2-5 June 1998, pp 193-200.

12. Schuster, E.; Gudszend, T.; Weber, H.: Internet als Serviceplattform in kundenorientierten Netzwerken – Neue Dienstleistungspotenziale durch E-Service. In: Service Today, Heft 2/2000.

13. Schmitz, M.; Schuster, E.; Stoll, V.; Wieland, J.: Service-Support-System (S3-BaWü) für den Maschinenbau in Baden-Württemberg. Abschlussbericht im Auftrag des Wirtschaftsministeriums Baden-Württemberg; Fraunhofer IRB-Verlag, 1999.

Mechatronische Produkte und Komponenten

M. WITTENSTEIN, M. SCHÜNEMANN

1 Motivation

Die Entwicklung der Halbleiterfertigung und der Mikroelektronik führte in den vergangenen Jahren zu einer atemberaubenden Steigerung der Computerleistung, die dank radikaler Fortschritte im Bereich der Molekularelektronik und der dazugehörigen Nanotechnik auch mittelfristig ungebremst scheint. Diese Steigerung der verfügbaren Rechenleistung hat revolutionäre Auswirkungen auf Industrie, Wissenschaft, auf das gesamte Leben der Menschen, ihre Art zu produzieren, zu kommunizieren, zu konsumieren. Die Verbindung dieser Computerleistung mit den manipulativen Fortschritten der Physik und dem vertieften genetischen Wissen wird weitere gewaltige Veränderungen auslösen (Joy 2000).

Deutschland ist ein Land des Maschinenbaus und der Feinwerktechnik. Herausragende Produkte im Maschinen- und Anlagenbau, in der Büro- und Kommunikationstechnik, in der Medizintechnik und in der Unterhaltungselektronik fanden lange Zeit weltweiten Absatz und führten zu einer starken Wettbewerbsposition deutscher Unternehmen. Durch das Verkennen der Einsatzpotentiale neuer Technologien, insbesondere der Mikroelektronik, sowie der fehlenden Risikobereitschaft, diese neue Technologien in bestehende und neue Produkte zu integrieren, gingen Märkte verloren, und die Besetzung neuer Märkte wurde versäumt. (Weule 2000). In der Kombination neuer mechanischer, fluidtechnischer, optischer Technologien mit den Fortschritten der Computertechnik und den traditionellen Stärken deutscher Unternehmen eröffnet sich die Möglichkeit, verlorenes Terrain zurückzugewinnen.

Stehen uns aber den Entwicklungen der Mikroelektronik und der Kommunikationstechnik adäquate mechanische Technologien zur Verfügung? Seit fünfzehn Jahren wird die Mikromechanik und die Mikrosystemtechnik als kommende Basistechnologie mit einem der Mikroelektronik vergleichbaren Potential als Schlüsseltechnologie gesehen. In Laboren und Forschungseinrichtungen sind in dieser Zeit eine ganze Reihe von Prototypen mikrotechnischer Komponenten entstanden. Mit der Umsetzung dieser Protoypen in marktfähige Produkte tut sich vor allem die mittelständische Industrie in Deutschland, durchaus im Gegensatz etwa zu Unternehmen in den USA, schwer (Bierhals et al. 2000).

Was sind die Indikatoren für die zukünftige Entwicklung miniaturisierter mechatronischer Systeme ? Welche Trends sind erkennbar, in welches technische und wirtschaftliche Umfeld ordnen sich mechatronische Produkte ein ? Welche beispielhaften mechatronischen Produkte können als Orientierung dienen ? Der folgende Beitrag versucht, darauf eine Antwort zu geben.

2 Trends im Maschinenbau

2.1 Dezentralisierung im Maschinenbau

Viele einfache Regelungsaufgaben werden heute im Maschinenbau mit speicherprogrammierbaren Steuerungen gelöst. Sobald jedoch aufwendigere Regelalgorithmen verwendet und mehrere Ereignisse überwacht werden müssen, können kleinere, preislich attraktive SPS nicht mehr eingesetzt werden. Hier wird das Potential mechatronischer Ansätze im Maschinen- und Anlagenbau besonders deutlich: Mechatronische Systeme mit integrierten miniaturisierten Baugruppen gestatten die Realisierung miniaturisierter intelligenter Systeme, die den maschinenbauweiten Trend zur Dezentralisierung von Aufgaben und Funktionen unterstützen. Mit ihnen können konsequent verteilte Steuerungs- und Regelungssysteme realisiert werden (Schuenemann et al. 1997).

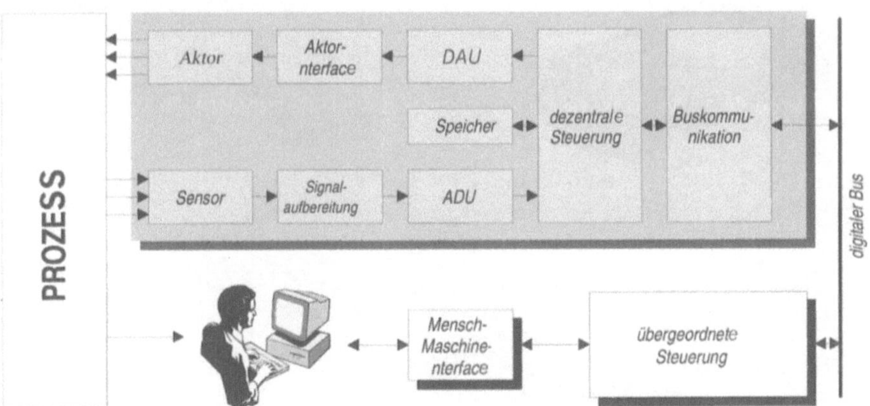

Bild 2.1: Autonomes intelligentes Steuer- und Regelungssystem

Verteilte Steuerungs- und Regelungssysteme bieten sowohl Hersteller als auch Anwender von Maschinen und Maschinenkomponenten signifikante Vorteile (Schünemann et al 1998):

- erhebliche Reduzierung der Installationskosten durch das Eliminieren einer großen Anzahl langer, analoger elektrischer Verbindungen
- dynamische Konfiguration der Meß- und Regelalgorithmen via Software
- Beschleunigung der Entwicklungszeiten für Regelalgorithmen
- Hinzufügen von Selbstüberwachung und Prozeßüberwachung und damit Integration von Intelligenz vor Ort
- Verringerung der Wartungs- und Ausfallstillstandszeiten
- Ermöglichung von Ferndiagnose und Fernwartung

2.2 Integration von Intelligenz vor Ort

Produkte und Komponenten werden intelligenter. Dezentrale Steuerungs-, Regelungs- und Automatisierungskonzepte verlangen nach Intelligenz vor Ort. Daraus folgt ein Innovationsdruck hinsichtlich der Kombination von Sensorik, signalverarbeitender Intelligenz und ggf. Aktuatorik. Busfähigkeit und Parametrisierbarkeit gehören in naher Zukunft zu den Grundanforderungen an miniaturisierte Baugruppen und mechatronische Systeme. Neben ihrer eigentlichen Hauptfunktion beinhalten mechatronische Systeme zunehmend selbstüberwachende, datenspeichernde und diagnoseunterstützende Zusatzfunktionen.

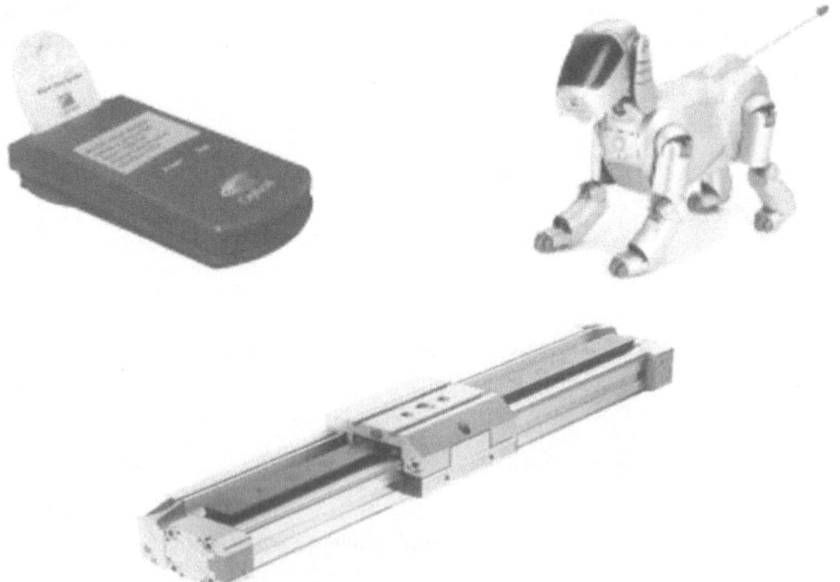

Bild 2.2: Produkte mit integrierter Intelligenz
links oben: DNA-Analysesystem (Quelle: Cepheid, Sunnyvale, USA)
rechts oben: Intelligentes Spielzeug ‚Aibo' (Quelle: Sony Corp., Tokio, JP)
unten: Intelligenter pneumatischer Linearantrieb (Quelle: Festo, Esslingen, D)

Die Marktchancen von isoliert angebotenen mechatronischen Komponenten werden sich rapide zugunsten denen von intelligenten mechatronischen Systemen verschlechtern. In vielen Anwendungsfällen werden Systemanforderungen Priorität über reine Miniaturisierungsanforderungen gewinnen. Es wird erwartet, dass der Wettbewerbsdruck dazu führt, dass sich Hersteller von Funktionselementen (z.B. Sensoren, Aktuatoren) zu Systemherstellern zu entwickeln gezwungen sind.

2.3 Funktionsverdichtung

Industriell gefertigte Produkte werden laufend in Hinblick auf eine höhere Leistungsfähigkeit, verbesserte Qualitätsmerkmale und gleichzeitig kostengünstigere Herstellbarkeit optimiert. Ein wesentlicher Entwicklungstrend besteht in der Erhöhung der Komplexität (Anzahl der Einzelfunktionen) bei gleichzeitiger Miniaturisierung, d.h. Volumen- und Gewichtsreduzierung der Produkte, Baugruppen und Komponenten. Die Integration von Sensoren, Steuerungselektronik und Aktuatoren auf engstem Raum gestattet die kostengünstige Realisierung von Funktionalitäten, für die noch vor wenigen Jahren aufwendige Gerätschaften und komplizierte Prozesse nötig waren. Produkte wie Automatic Cruise Control im Kraftfahrzeug, hochauflösende Tintenstrahldruckköpfe und hochintegrierte Miniaturendoskope wären ohne zunehmende Funktionsintegration nicht denkbar.

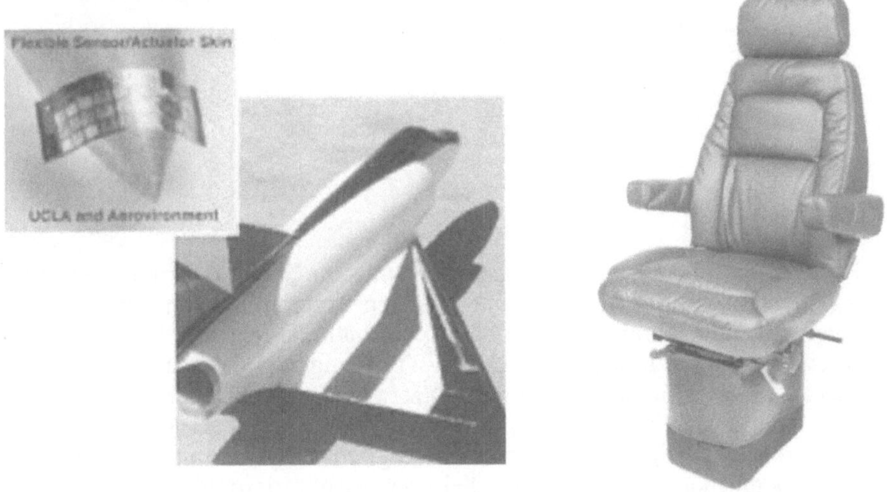

Bild 2.3: Integration von Funktionalitäten in Strukturelemente
links: Adaptativer Flugzeugflügel (Quelle: UCLA, Los Angeles, USA)
rechts: Lkw-Sitz mit intelligentem Dämpfer (Quelle: BostromSeating, Piedmont,USA)

Die Integration von Funktionalitäten in Strukturelemente besitzt ein besonders hohes Innovationspotential. Sensorelemente in Brücken und in Flugzeugflügeln überwachen Beanspruchung und Alterung sicherheitsrelevanter Strukturen. Miniaturisierte Aktuatorarrys auf Flugzeugflügeln zur Adaptation an wechselnde Strömungsbedingungen werden erprobt. Intelligente Dämpfer auf der Basis magnetorheologischer Werkstoffe kompensieren Vibrationen von Maschinen, schützen Gebäude vor Erdstößen, reduzieren die Stoßbelastung von Lkw-Fahrern und ermöglichen hochfunktionale Beinprothesen. (Carlson et al. 2000)

2.4 Miniaturisierung

Miniaturisierungstechnologien ermöglichen eine Funktionsverdichtung und die Integration von Intelligenz von Ort ohne wesentliche Zunahme des Bauvolumens mechatronischer Komponenten und Systeme. Sie leisten darüber hinaus einen signifikanten Beitrag zur Ressourcenersparnis bei Material und Energie und zur Kostenreduktion in Konstruktion, Fertigung und Vertrieb.

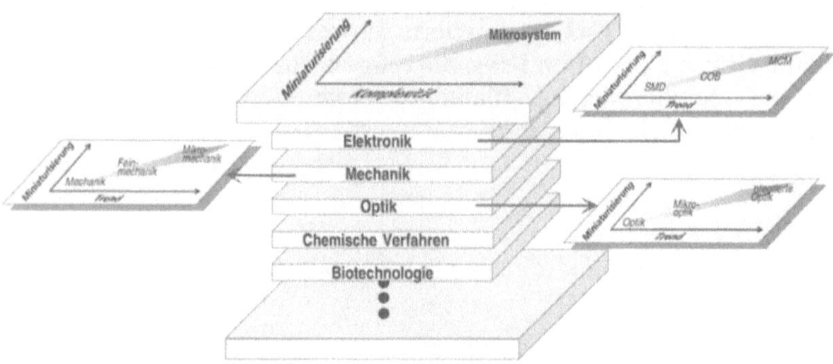

Bild 2.4: Miniaturisierungstechniken

Forschungs- und Entwicklungsarbeiten auf dem Gebiet der miniaturisierten Komponenten und der mikromechatronischen Systeme konzentrierten sich in den vergangenen Jahren zunächst häufig auf halbleiterbasierte Mikrosysteme. Zum einen konnten lithographiebasierte Fertigungsverfahren und Fertigungsgeräte aus der Halbleiterfertigung genutzt werden, zum anderen erwies sich monokristallines Silizium als ein außerordentlich geeignetes Material zur reproduzierbaren Fertigung mechanisch beweglicher Mikrostrukturen. Weltweit konnten signifikante Fortschritte bei der Strukturierung von Halbleitermaterialien erzielt und beeindruckende Prototypen realisiert werden.

Heute steht jedoch eine Vielfalt von Technologien zur Herstellung miniaturisierter mechatronischer Systeme zur Verfügung. Die produktionstechnischen Vorteile siliziumbasierter mikromechatronischer Systeme (Batchfähigkeit) kommen nahezu ausschließlich bei der Großserien- und Massenproduktion zum Tragen. In einigen Anwendungsgebieten werden zudem die Eigenschaften anderer Konstruktionswerkstoffe besser verstanden (z.B. Biokompatibilität in der Medizintechnik), in anderen Gebieten kann auf bestehendes entwickeltes Know-how für Nichthalbleiterwerkstoffe leichter zurückgegriffen werden. Verfahren, in denen hochpräzise Spritzguß-, Reaktionsguß- und Prägewerkzeuge strukturiert und dann abgeformt werden, gestatten die Mikrostrukturierung von Kunststoffen. Daneben bahnen sich traditionell feinwerktechnische Verfahren wie Präzisionsfräsen, Präzisionsdrehen, Draht- und Funkenerodieren ihren Weg. Auch neuartige Mikrofertigungsverfahren wie Lasermikrobearbeitung und Stereolithographie gewinnen industrielle Relevanz und eröffnen Entwicklern und Konstrukteuren technische und wirtschaftliche Alternativen.

3. Innovative miniaturisierte mechatronische Systeme

3.1 Miniaturisierter Festplattenspeicher

PDAs, Miniaturcomputer, elektronische Kameras oder MP3-Player verlangen nach einem hochminiaturisierten Speichermedium hoher Kapazität. Es existieren dabei grundsätzlich zwei Wege, die Herausforderungen bei der Realisierung hochminiaturisierter Festplattenspeicher anzugehen. Beide beinhalten die Miniaturisierung mechanisch-elektrischer Strukturen: Einerseits kann die Miniaturisierung evolutionär mittels feinwerktechnischer Ansätze und hinzugefügter mikrotechnischer Komponenten erfolgen. Dieser Ansatz besitzt den Vorteil, einfacher, in der Entwicklung erheblich schneller und preiswerter und zugleich leichter realisierbar zu sein. Er stößt mittelfristig jedoch absehbar an seine technologischen Grenzen. Eine andere Möglichkeit besteht in einer revolutionär erneuerten mechanisch-elektrischen Struktur auf der Basis von Halbleitermikrostrukturierungstechniken. Jedoch erfordert die Realisierung der mechanisch-elektrischen Struktur in Halbleitertechnik noch signifikante Verbesserungen sowohl der technischen Systemparameter als auch der Zuverlässigkeit und Produktionsausbeute.

Bild 3.1: Miniaturfestplattenspeicher IBM Microdrive© (Quelle: IBM Corp., Armonk, USA)

Eines der herausragenden Produkte in dieser Produktklasse, zugleich ein sehr illustratives Beispiel der intelligenten Verbindung elektronischer, präzisionsmechanischer und magnetischer Technologien ist das IBM Microdrive©. Dabei wurde ein Festplattenlaufwerk mit den Außenmaßen 42,8x36,4x5 mm^3 und einem Gewicht von 16g mit einer Speicherkapazität von zunächst 340 MB realisiert. Heute sind IBM Microdrives© mit einer Speicherkapazität von 1 GB zu wettbewerbsfähigen Preisen erhältlich.

3.2 Digitale Projektion

Eines der meistzitierten Beispiele für innovative mikromechatronische Systeme, zugleich eine der Erfolgsstories der Mikrosystemtechnik, ist die digitale Projektions- und Displaytechnik. Laserprojizierte Fernseh- oder Computerbilder zeichnen sich durch eine höhere räumliche Ausdehnung, bessere Auflösung sowie einen entscheidend erweiterten Farbraum bei drastisch verringerter Baugröße aus. Derzeit umsatzträchtigster Markt sind tragbare Videoprojektoren, die leichtesten mit digitaler Projektionstechnik ausgestatteten Geräte wiegen weniger als 1500 g bei einer Lichtleistung von 1200 ANSI-Lumen Es wird erwartet, dass derartige Projektionssysteme mittelfristig bildröhrenbasierte Fernsehgeräte ablösen und, zumindest für qualitativ höherwertige Produkte, ebenfalls den Flachbildschirm überflügeln werden.

Bild 3.2: Laser-TV (Quelle: LDT GmbH, Gera)

Das erste mechatronische System zur digitalen Bildprojektion, das Digital Micromirror Device (DMD©), wurde von Texas Instruments in langjährigen Entwicklungsarbeiten (ca. 12 ... 15 Jahre) und mit hohem Entwicklungsaufwand (unbestätigten Angaben zufolge belaufen sich die kombinierten Entwicklungs- und Investitionskosten auf ca. US$ 1.000.000.000) zur Marktreife geführt. Seit 1996 wurden nach Firmenangaben 350.000 DMD©-Systeme verkauft. Es ist bis heute das einzige markterhältliche System, alle Konkurrenzentwicklungen befinden sich noch im fortgeschrittenen Prototypenstadium.

Das DMD©-Projektionssystem basiert auf einer konventionellen Lichtquelle, deren Strahlen periodisch in den Projektionsfarben Rot, Grün und Blau eingefärbt und durch ein Projektionsobjektiv auf eine Projektionsfläche abgebildet werden. Herzstück des Projektionssystems bildet eine mikromechanisch auf Siliziumbasis realisierte Ablenkeinheit, der DMD©-Chip. Der DMD©-Chip besteht aus je nach Auflösung aus bis zu 1.310.720 winzigen Mikrospiegeln, die auf einem in CMOS-Technologie gefertigten Silizium-Chip (ähnlich einem SRAM-Speicherchip) integriert sind. Jeder Mikrospiegel entspricht einem Bildpunkt und kann durch das Anlegen einer Spannung (ähnlich der Adressierung einer Speicheradresse) um ±10 Grad abgelenkt werden (VAN KESSEL 1998).

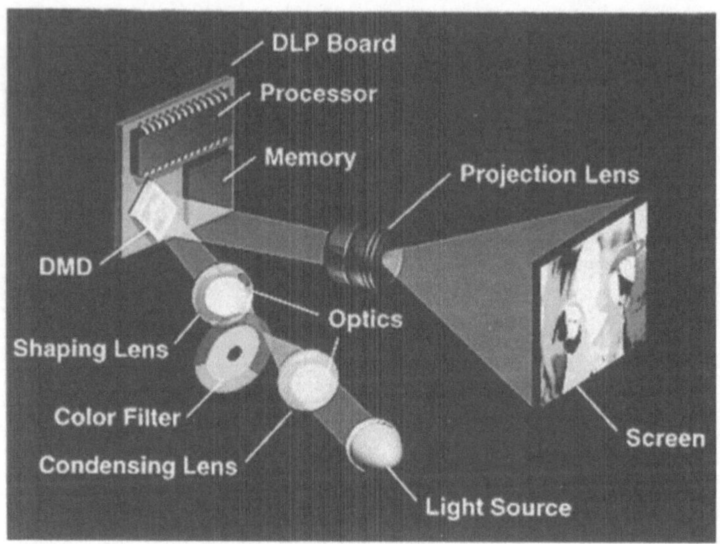

Bild 3.3: DMD©-Projektionssystem (Quelle: Texas Instruments, Inc., Austin, USA)

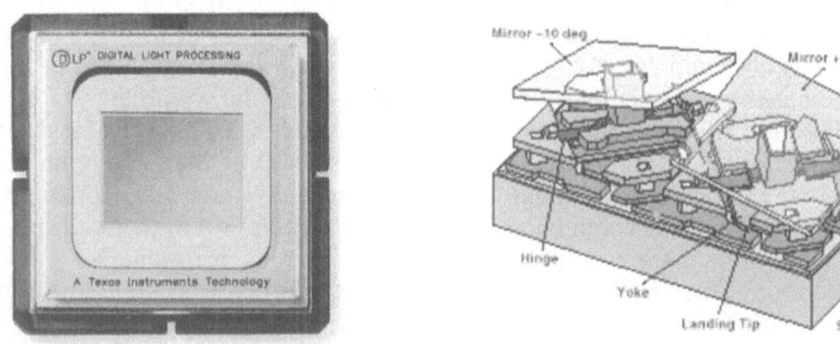

Bild 3.4: DMD-Chip mit 1.310.720 Mikrospiegeln (links), DMD-Mikrospiegelelemente (rechts) (Quelle: Texas Instruments, Inc., Austin, USA)

Das laserbasierte Projektionssystem des Unternehmens LDT Gera basiert, im Gegensatz zu den Systemen seiner amerikanischen Konkurrenten, auf feinwerktechnisch-optischen Funktionsprinzipien und präzisionsbearbeiteten Nichthalbleiterwerkstoffen und wird feinmechanisch mit konventionellen Präzisionstechnologien gefertigt.

Bild 3.5: Feinmechanisch-optische Ablenkeinheit (Quelle: LDT GmbH, Gera)

Bildpunkte werden durch additive Farbmischung dreier Laser (rot, grün und blau) erzeugt. Die Zeilenablenkung erfolgt mit einem rotatorischen Polygon scanner mit einer Drehzahl von ca. 80.000 min^{-1} (entsprechend einer Zeilenablenkfrequenz von 32 kHz. Dem Polygonscanner folgt ein Galvanometerscanner für die Vertikalablenkung. Da ein kolinearer Laserstrahl das Bild erzeugt, ist die Bildschärfe unabhängig vom Abstand zwischen Projektionskopf und Leinwand .

Wesentliche Vorteile dieses Projektionssystems sind, neben dem durch die Laserlichtquelle erheblich erweiterten Farbraum und der höheren Brillianz die freie Skalierbarkeit von Größe und Auflösung des projizierten Bildes. Zielmärkte sind zunächst der professionelle Markt und der obere Preisbereich für den Privatkundenmarkt. Parallel wird versucht, die systemkritischen Komponenten für Massenmarktanwendungen über Mikrostrukturierungstechniken zu fertigen bzw. diese mit Mikrosystemen zu substituieren (Kränert et al. 1998)

Eine weitere konkurrierende Produktentwicklung (Silicon Light Machines, Sunnyvale, USA) kombiniert Elemente beider mechatronischer Ansätze: die Bildpunkte werden durch additive Farbmischung dreier Laser erzeugt, zur Zeilenablenkung dient eine halbleiterbasierte Komponente (Grating Light Valve, GLV©), die Vertikalablenkung wird durch einen Galvanometerscanner realisiert. Das Unternehmen verspricht sich von diesem technologischen Ansatz eine hohe Zuverlässigkeit bei moderaten Produktstückkosten.

Bild 3.6: Digitaler Projektor mit DMD©-Chip (Quelle: Infocus Systems, Inc., Wilsonville, US)

Digitale Projektoren dienen nicht nur zur Projektion von Computergrafik und Videobildern im privaten und geschäftlichen Bereich. So wurde die Premiere des Films ‚Star Wars – Episode 1‘ in einigen Kinos in Los Angeles digital mit einem DMD-Projektor auf die Kinoleinwand projiziert, der Filmbranche war die DMD-Technologie einen Oscar wert. Bereits heute werden Filme zunehmend digital produziert. Für Kinovorführungen müssen diese Filme derzeit noch aufwendig und teuer auf konventionelles Filmmaterial konvertiert und versendet werden. Es ist abzusehen, dass in einigen Jahren digitale Projektionsgeräte für Kinovorführungen Filmdaten direkt aus breitbandigen Kommunikationsnetzen erhalten und auf die Kinoleinwände projizieren (Lubell 2000).

3.3 Joystick mit haptischem Feedback

Der Mensch hat im Lauf der Evolution ein sehr empfindliches, hoch diskriminatives Tastempfinden entwickelt. Obwohl der Mensch seine haptischen Fähigkeiten im täglichen Leben nahezu ununterbrochen nutzt, sei es zur Manipulation all jener Gegenstände, die er greift oder sei es zur Exploration im unbekannter Materialien und Objekte, wird der Tastsinn bei der Gestaltung von Mensch-Maschine-Schnittstellen nahezu ignoriert.

Eine der wenigen Ausnahmen sind die Steuerinstrumente (Steuerknüppel, Seitenruder) in modernen Flugzeugen. Da diese Bedienelemente heute keine mechanische Verbindung mehr zu den zu steuernden mechanischen Teilen mehr besitzen, wird für den Piloten eine mechanische Rückkopplung von Vibrationen und Belastungen an den Steuerklappen simuliert. Übliche haptische Feedbacksysteme sind sehr aufwendig, aufgrund der verwendeten Motoren und notwendigen zusätzlichen mechanischen Funktionselemente sowohl voluminös als auch schwer und damit für den Flugzeugbau, in dem Miniaturisierung und Gewichtsreduktion essentiell sind, eigentlich nicht besonders geeignet.

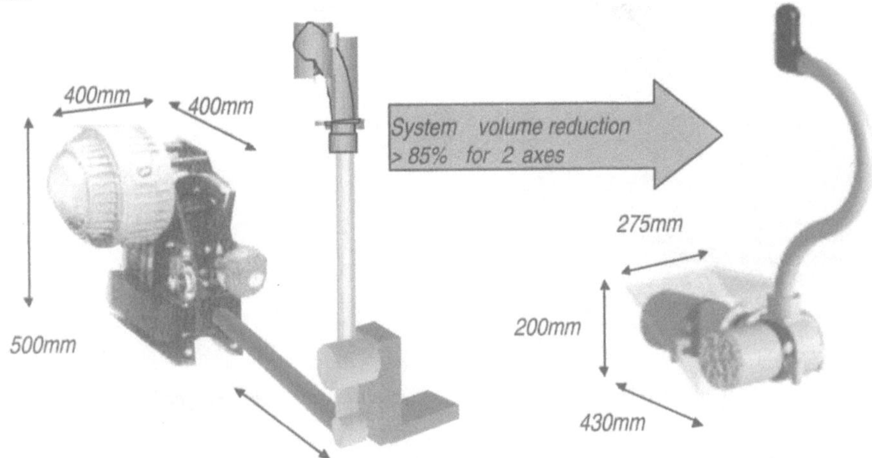

Bild 3.7: Haptisches Feedback am Steuerknüppel: Volumen- und Gewichtsreduzierung durchinnovative mechatronische Konzepte (Quelle: Wittenstein GmbH, Igersheim, D

Ein neues haptisches Feedbacksystem für die Mensch-Maschine-Schnittstelle im Flugzeug-Cockpit (WITTENSTEIN Control Loader) nutzt innovative mechatronische Konzepte in Verbindung mit miniaturisierten bürstenlosen Gleichspannungsmotoren. Nur der integrative Lösungsansatz erlaubt auch hier eine Volumenreduktion von 85%. Durch die Verwendung von möglichst vielen standardisierten Bausteinen werden die Entwicklungszeiten dramatisch verkürzt. Gleichzeitig werden die Kosten gegenüber scheinaktiven Systemen um mehr als 50% reduziert. Infolge dieser ganzheitlichen technisch/wirtschaftlichen Effizienzsteigerung wurde das Marktpotenzial erheblich ausgeweitet. Das hohe mechatronische Kompetenzpotenzial in Deutschland ermöglichte damit den weltweit ersten Einsatz dieser Systeme im KTX Düsenflugzeug der Fa. Lockhheed/USA.

Bild 3.8: Joystick mit haptischem Feedback (Quelle: Wittenstein GmbH, Igersheim, D)

3.4 Mechatronisches System zur orthopädischen Therapie

Patienten mit pathologisch stark verkürzten Gliedmaßen werden bislang mit einer Behandlungsmethode therapiert, die nach dem Orthopäden Ilisarow benannt wurde und bei der ein sogenannter Ringfixateur verwendet wird. Dieser Ringfixateur ist ein Exoskelett, in den die zu therapierende Gliedmaße eingespannt wird und durch den über zwei Jahre und länger eine konstante Zugbelastung auf den zu verlängernden Knochen aufgebracht wird.

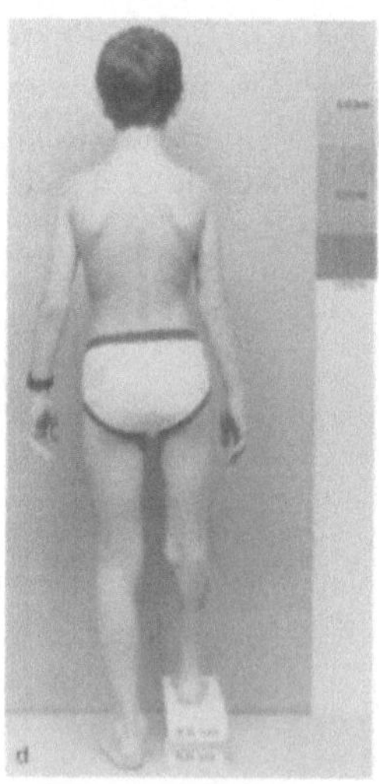

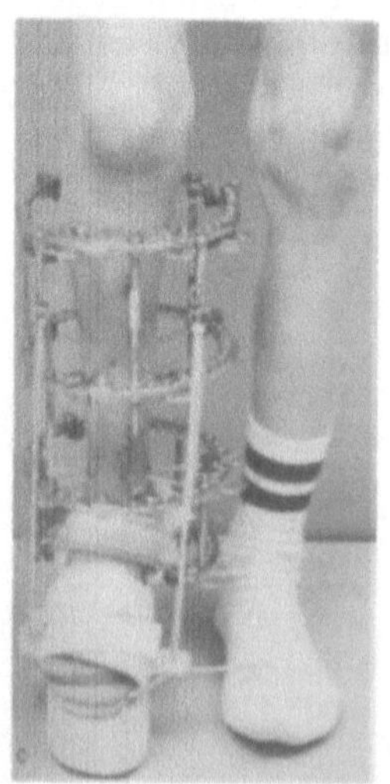

Bild 3.9: Therapiemethode nach Ilisarow (Patient vor, während und nach der Behandlung)

Diese Therapiemethode ist zum einen für den Patienten stark belastend, zum anderen auch bedienungsintensiv und nicht sehr wiederstandsfähig gegen äußere mechanische Einflüsse. Es stand daher die Aufgabe, ein implantierbares mechatronisches System zu entwickeln, das bei ähnlicher Funktion deutlich patientenschonender und zuverlässiger arbeitet, reproduzierbar exakt definierte Belastungen appliziert und dem Arzt und/oder Patienten Informationen über den Therapiefortschritt liefert.

Die Unternehmensgruppe Wittenstein hat unter diesen Randbedingungen ein innovatives Therapiesystem (Fitbone©) entwickelt. Das Therapiesystem besteht aus einer implantierbaren Teilkomponente und einem externen Steuerungsteil.

Das Herzstück der implantierbaren Komponente ist ein elektromechanischer Linearaktuator, der bei einem Durchmesser von nur 8 mm eine Kraft von 800N erzeugt, eine Kraftdichte die bisher hydraulischen Systemen vorbehalten war. Die Integration von Sensorik und Software sorgt für einen Tragekomfort, der vor Jahren unerreichbar schien.

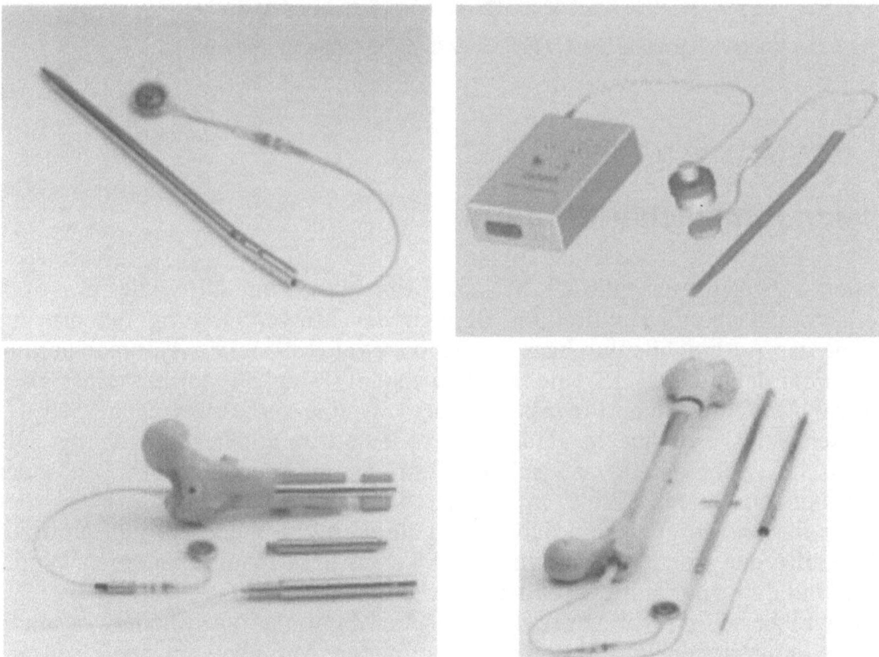

Bild 3.10: Innovatives orthopädisches Therapiesystem Fitbone (Quelle Wittenstein GmbH)
links oben: Implantierbare Komponente
rechts oben: Externe Steuerung
links unten: Schnittbild durch Knochenmodell mit implantierter Komponente
rechts unten: Knochenmodell mit implantierter Komponente)

Die zusätzlich eingesetzte minimalinvasive Chirurgie hinterlässt keine hässlichen Narben, ein großer Vorteil für jeden Menschen, der nicht nur medizinisch versorgt sein, sondern auch seinen Sinn für Schönheit befriedigt sehen will.

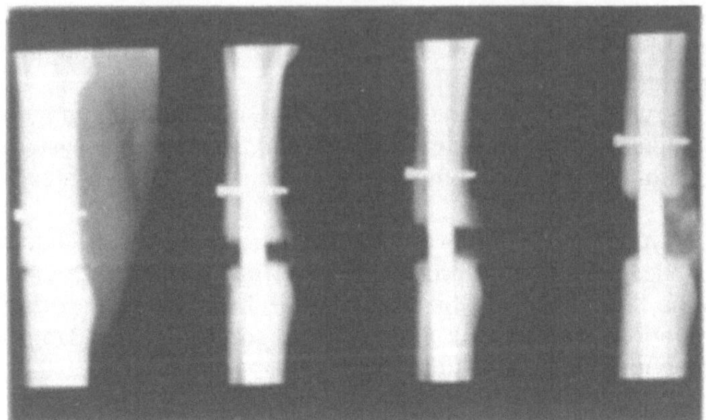

Bild 3.11: Röntgenaufnahme des Therapieortes im Behandlungsfortschritt

4 Vision Künstlicher Greifarm

Expertenschätzungen zufolge hat sich bis zum Jahr 2015 die praktisch vollautomatische Produktion im Bereich der Massenfertigung bis hin zur Ebene des Automobils durchgesetzt (Cuhls et al. 1998). Die Automatisierung verspricht dabei einerseits eine höhere Leistungsfähigkeit und Zuverlässigkeit bei der Ausführung von Prozessen, anderseits eine verbesserte Sicherheit des Menschen insbesondere in gefährlicher oder unzuträglicher Umgebung. Die physische Schnittstelle zwischen dem technischen System und der umgebenden realen Welt impliziert dabei einen gewissen Grad der Manipulationsfähigkeit und daher die Fähigkeit zur Wahrnehmung und zur Steuerung der Kontaktbedingungen zwischen dem manipulierenden Werkzeug und dem zu manipulierenden Objekt.

Die bisher durch Roboter und technische Manipulationssysteme vor allem in der industriellen Produktion übernommenen Aufgaben setzten einen gewissen Grad der Strukturierung der Umgebung voraus, der Wahrnehmungs- und Erkennungsaufgaben sowie notwendige Entscheidungsprozesse erheblich vereinfacht. Mittel- und langfristig wird jedoch der Einsatz von Robotern in ein weiten Feld von Anwendungen erwartet, in denen der Grad der Strukturierung der Umwelt, betreffend die Vorhersagbarkeit von Ereignissen, die Anordnung von Objekten, den Grad der Organisation und die Transparenz der Aufgabe, erheblich abnimmt. Damit steigt zwangsläufig die Notwendigkeit, die Komplexität und der Umfang von mit menschlichem Erfassen, Denken und Handeln vergleichbaren Prozessen. So erwarten Experten, dass im Zeitraum von 2010 bis 2015 intelligente Roboter eingesetzt werden können, die über einen Gesichtssinn, einen Hörsinn und andere sensorische Eigenschaften verfügen, die Situation in der Außenwelt selbst beurteilen können und autonom Entscheidungen treffen (Cuhls et al. 1998).

Dabei ist die relative Unfähigkeit heutiger technischer Manipulationssysteme, auf dynamisch veränderliche Umgebungsbedingungen zu reagieren, eines der Haupthindernisse für ihre weitere Verbreitung innerhalb und außerhalb der Industrie. Bisher sind Backengreifer mit wenigen Freiheitsgraden vor allem auf Grund ihrer mechanischen Einfachheit die in der Robotertechnik dominierenden Lösungen. Kompliziertere Manipulationsaufgaben erfordern jedoch erheblich feinere Manipulationsfähigkeiten, um Objekte mit komplexen Geometrien handhaben zu können.

Entwürfe und Realisierungen solcher künstlichen Hände sind in der Vergangenheit regelmäßig vorgestellt und diskutiert worden, so als bekannteste die Utah/MIT-Hand (Jacobsen et al. 1984), die Stanford/JPL-Hand (Mason 1985), die Belgrade/USC-Hand (Bekey et al. 1990) und die DLR-Hand (Butterfass et al. 1998). Diese Prototypen waren ihrer Zeit voraus, erwiesen sich für einen kommerziellen Einsatz im industriellen Umfeld als zu kostenaufwendig und zu wenig robust. Mechatronische Ansätze in Kombination mit Miniaturisierungstechniken lassen jedoch industriell nutzbare künstliche Greifarme mittelfristig in den Bereich des Möglichen rücken (Bild 4.1).

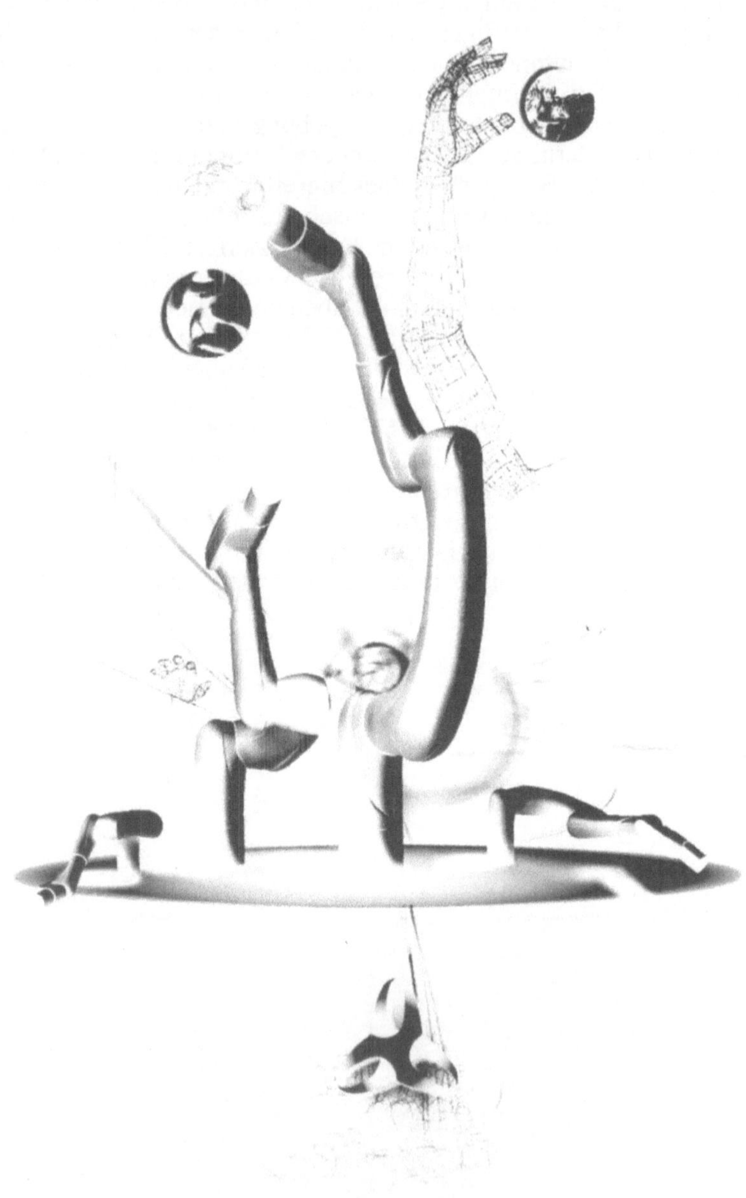

Bild 4.1: Vision eines mechatronisch miniaturisierten Greifarms (Quelle: Wittenstein GmbH, D)

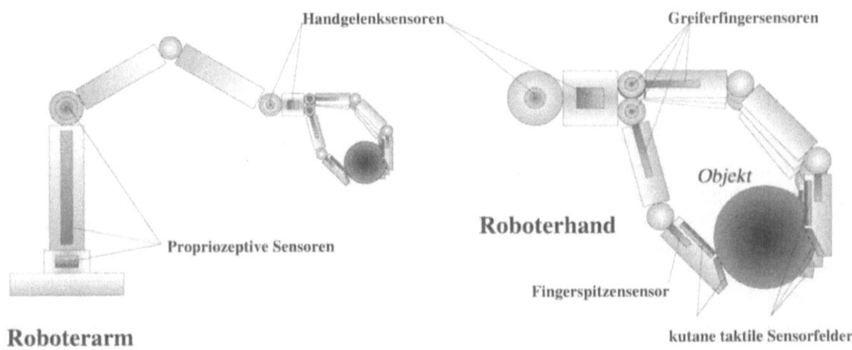

Bild 4.2: Mechanische Sensorik im Roboterarm

Dabei ist es nicht hinreichend, Greiferstrukturen mit Sensoren und Aktuatoren zu bestücken. Sensor- und Aktuatorfunktionen werden vielmehr in die Strukturelemente integriert. Neue Materialien und unkonventionelle Funktionsprinzipien ermöglichen kostengünstige, dabei aber robuste und zuverlässige Lösungen. Verhaltensbasierte verteilte Steuerungen, die eine Analogie zu menschlichen Wahrnehmungs- und Entscheidungsmustern bilden, lösen hierarchisch funktionsbasierter Steuerungsarchitekturen ab (vergl. Brooks 1997).

Mittel- und langfristig wird sich der Einsatzschwerpunkt der Robotertechnik vom Produktions- auf den Servicebereich verlagern. Fühlende und reagierende, d.h. intelligente Manipulatoren ermöglichen Roboter zum Havariemanagement (z.B. Lebensrettung, Feuerbekämpfung), Manipulatoren zur Assistenz Behinderter, aber auch Serviceroboter für den Consumer-Bereich (z.B. für Pflege- und Hausarbeiten).

5 Ausblick

Durch die Entwicklung der Nanotechnologie und die rasanten Fortschritte in der Computertechnik wird eine Welt erschlossen, die heute noch die Vorstellungskraft des Menschen sprengt. Dabei entsteht Nanotechnologie keineswegs aus dem Nichts, sie ist Teil des allgemeinen Trends in die Miniaturisierung. Dieser Trend beschleunigt sich exponentiell, am sichtbarsten in Computertechnik und Biotechnologie, aber ebenso in allen anderen Technologiebereichen. (siehe auch Kurzweil 1999). Nur durch die konsequente Miniaturisierung der Mechanik mit dem Fernziel leistungsfähiger, extrem miniaturisierter Subsysteme besteht die Chance, die Potentiale, die uns Nanotechnologie und Computertechnik in vielleicht schon zwanzig Jahren bieten, zu nutzen. Der Weg in diese Zukunft ist nicht mit einem Sprung zu bewältigen, er erfordert vielmehr mehrere subsequente Schritte. Miniaturisierte Mechatronik ist der erste dieser Schritte, und es ist höchste Zeit, diesen Schritt zu gehen.

Literatur

1. Bekey GA, Tamovic R, Zeljkovic I (1990): Control architecture for the Belgrade/USC hand. In: Venkataraman, S. T.; Iberall, T. (Hrsg.): Dextrous robot hands, New York, NY (US): Springer, 1990, S. 138 - 153
2. Bierhals R, Cuhls K, Hüntrup V, Schünemann M, Thies U, Weule H (2000): Mikrosystemtechnik - Wann kommt der Marktdurchbruch ? Heidelberg: Physica, 2000
3. Brooks RA (1997): From earwigs to humans. In: Robotics and Autonomous Systems 20 (1997), S. 291 - 304..
4. Butterfass J, Hirzinger G, Knoch S, Liu H (1998): DLR's Multisensory Articulated Hand Part I: Hard- and Software Architecture. In: IEEE (ed.): Proc. IEEE International Conference on Robotics and Automation Leuven 1998. Los Alamitos, CA (US): IEEE Computer Society Press, 1998, S. 2081 - 2086
5. Carlson JD, Sproston JL (2000) Controllable Fluids in 2000 – Status of ER and MR Fluid Technology. In: Borgmann H (Hrsg.): Proc. Actuator 2000. 7th Internat. Conf. On New Actuators. Bremen: Messe Bremen GmbH, 2000, S. 126 – 130
6. Cuhls K, Blind K Grupp H (1998Delphi '98: Zukunft nachgefragt. Studie zur globalen Entwicklung von Wissenschaft und Technik. Karlsruhe: Fraunhofer ISI, 1998
7. Jacobsen SC, Wood JE, Knutti DF, Biggers KB (1984): The Utah/M.I.T. dextrous hand: Work in progress. In: Int. J. Robot. Res. 3 (1984), S. 21 - 50
8. Joy B (2000): Warum die Zukunft uns nicht braucht. In: Frankfurter Allgemeine Zeitung, 06.06.2000, S. 49
9. Kränert J, Deter C, Gessner T, Dötzel W (1998): Laser Display Technology. In: Proc. MEMS 98. 11th Annual International Workshop on Micro Electro Mechanical Systems. Piscataway, NJ (US): IEEE, 1998, S. 99 – 104
10. Kurzweil, R (1999): Homo s@piens. Leben im 21. Jahrhundert. Was bleibt vom Menschen? Köln: Kiepenheuer & Witsch, 1999
11. Lubell PD (2000): A coming attraction: D-cinema. In: IEEE Spectrum 37 (2000), Nr. 3, S. 72 – 78
12. Mason MT (1985): Manipulator grasping and pushing operations. In: Mason MT, Salisbury JK (ed.): Robot hands and the mechanics of manipulation. Cambridge, MA (US): MIT Press, 1985, S. 171-294
13. Schuenemann M, Grosser V, Leutenbauer R, Matuscheck P, Schaefer W, Reichl H (1997): Modularized microelectromechanical devices as key components for advanced intelligent autonomous sensors and control systems. In: Nnaji BO, Wang A (Hrsg.): Sensors and Controls for Advanced Manufacturing, Proceedings of SPIE, Vol. 3201, Bellingham, WA (US): SPIE, 1997, S. 108 – 123
14. Schünemann M, Bauer G, Schäfer W, Reichl, H, Großer V, Leutenbauer R: Baukastensystem Mikrosystemtechnik: modulare Mikrosystemtechnik für den Maschinen- und Anlagenbau. In: wt Werkstattstechnik 88 (1998), S. 497 - 502
15. Van Kessel PF (1998): A MEMS-Based Projection Display. In: Proceedings IEEE 86 (1998), Nr. 8, S. 1687 – 1704
16. Weule H (2000): Vorwort. In Bierhals R, Cuhls K, Hüntrup V, Schünemann M, Thies U, Weule H: Mikrosystemtechnik - Wann kommt der Marktdurchbruch? Heidelberg: Physica, 2000, S. V - VI

Koordinatenmessgeräte mit Multisensorik - Flexibilität für das Messen von Mikro-Bauelementen

R. CHRISTOPH

Einführung

Flexibilität in Verbindung mit hoher Genauigkeit hat zur breiten Anwendung von Koordinatenmessgeräten für das dimensionelle Prüfen sowohl in der Fertigungskontrolle als auch bei Erstbemusterungen im Messraum geführt. Koordinatenmessgeräte mit Multisensorik weisen den besonderen Vorteil auf, dass der Anwender sich bei der Wahl des Sensors am jeweiligen Messproblem orientieren kann. Bei entsprechend ausgereiften Geräten unterliegt er hierbei grundsätzlich keinerlei Einschränkungen. Insbesondere kleinste Werkstückgeometrien können durch Kombination verschiedener Sensoren wie Bildverarbeitung, Laser oder den taktil-optischen Fasertaster gemessen.

1 Die Grundgerätekonzeption ist der Aufgabenstellung angepasst

Die Geräte der Baureihe **Werth Video Check®** werden bereits höheren Genauigkeitsanforderungen gerecht. Insbesondere durch das derzeit einmalige, spannungskonstante Führungssystem werden im Bereich der Tischgeräte sonst unerreichte Genauigkeiten realisiert (Längenmessunsicherheit E1=(1,5 + L/300)µm). Die Temperaturempfindlichkeit ist prinzipbedingt gering. Das Hochleistungssteuerungssystem dieser Geräteklasse gestattet das Einbinden von messenden Tastsystemen. Eine Aufrüstung des Gerätes bis zum schnellen 3D-Scanning ist somit möglich. Der maximale Messhub liegt bei bei 400 mm (siehe Bild 1 Seite 2).

Bild 1: Werth Video Chek 400

Höchsten Anforderungen an Genauigkeit und Flexibilität werden die Geräte der **Werth Video Check® Portal Baureihe** gerecht (siehe Bild 2).

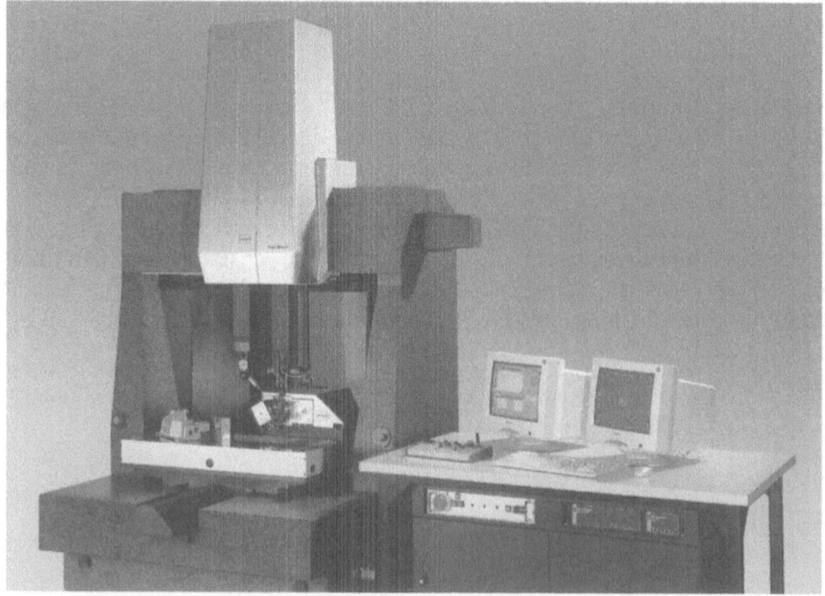

Bild 2: Video Ceck in Portalbauweise

Modernste Luftlagertechnik in Verbindung mit ausgereiften Detaillösungen in der mechanischen Konstruktion begründen die herausragenden Eigenschaften dieses derzeit weltweit verbreitetsten Gerätes seiner Klasse. Insbesondere auch in Verbindung mit Einsatz von Dreh- oder Dreh-Schwenk-Achsen ist die Lösung komplexester Messaufgaben mit optischen Sensoren möglich (Bild 3).

Bild 3: Dreh- Schwenkachse zum Messen von Diesel – Einspritzdüsen (Bohrungsdurchmesser ca. 0,1 mm)

In Verbindung mit höchster Maßstabsauflösung und 3D-Fehlerkompensation können Messunsicherheiten bis E1=(0,5 + L/1000) µm realisiert werden.
Alle oben genannten Gerätelinien zeichnen sich durch den gemeinsamen Vorteil aus, dass neben der grundsätzlich vorhandenen Bildverarbeitungssensorik verschiedenste Tastersysteme sowie Laser integriert werden können.

2 Bildverarbeitung schnell und flexibel

Bereits die Grundausstattung jedes Gerätes umfasst eine auf die Belange der dimensionellen Messtechnik speziell zugeschnittene Bildverarbeitungssensorik. Die vollautomatische Messung komplizierter, extrem kontrastarmer Werkstücke im Durch- und Auflicht ist somit möglich. Spezielle Filterverfahren der Grauwertbildverarbeitung reduzieren den Einfluss der Materialoberfläche bzw. von Schmutzpartikeln auf das Messergebnis (Bild 4). Dies ist insbesondere bei Einsatz hoher optischer Vergrößerungen für kleinste Objektdetails von wesentlicher Bedeutung um exakte Ergebnisse zu erhalten ohne Reinraumbedingungen zu fordern.

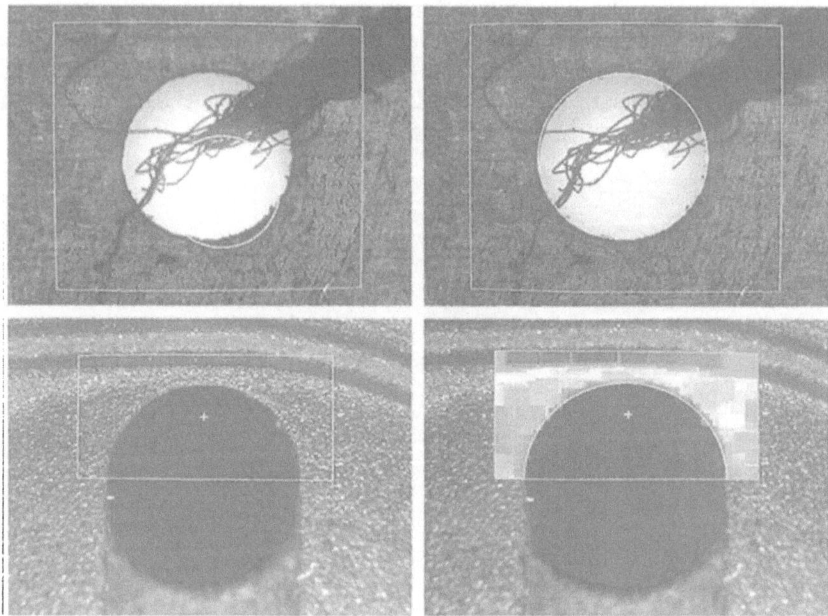

Bild 4: Grauwertbildverarbeitung für sichere Messergebnisse

Die Beleuchtung der Messobjekte erfolgt rechnergesteuert. Für hochgenaue Messungen kommen vorrangig das Durchlicht und das in den Abbildungsstrahlengang integrierte Hellfeldauflicht zum Einsatz. Zum Beispiel bei der Messung von Kunststoffteilen wie Mikrozahnrädern ist eine flexible Dunkelfeldbeleuchtung von großer Wichtigkeit. Ideal ist hier ein Mehrsegmentringlicht. Im Ringlichtmodus kann eine homogene Ausleuchtung des Objektes erzielt werden. Werden die Segmente einzeln geschaltet, lassen sich gezielt Schlagschatten erzeugen.

Eine flexible Lösung stellt der neu entwickelte Werth-Zoom dar. Das zum Patent angemeldete Konstruktionsprinzip auf der Basis von Linearführungen führt zu hoher Reproduzierbarkeit und Langzeitstabilität. Die Kalibrierung der Optik muss somit nur noch einmalig werksseitig durchgeführt werden. Eine Zwischenkalibrierung vor dem Messen bzw. nach Zoomvorgängen ist nicht erforderlich. Einzigartig ist bei dieser Optik, dass nicht nur die Vergrößerung sondern auch der Arbeitsabstand automatisch eingestellt werden kann. Es wird so der Einsatz von Umlenkoptiken zur Messung in verschiedenen Ansichten ermöglicht. Gleichfalls kann wahlweise mit dem unten beschriebenen Fasertaster und der Optik ohne Tasterwechsel gearbeitet werden. Es werden einfach die Fokusebenen gewechselt.

Als optisches System für Präzisionsmessungen empfehlen sich nach wie vor telezentrische Objektive. Eine automatische Vergrößerungsumschaltung kann trotzdem über einen elektronischen Stufenzoom oder mehrere separate Strahlengänge erzielt werden.

Die Messungen in der Z-Achse erfolgen mit dem Bildverarbeitungssensor durch den integrierten schnellen Autofokus. Die erreichbare Präzision liegt abhängig vom Messobjekt im unteren Mikrometerbereich. Ein wesentlicher Vorteil gegenüber der Anwendung des Lasersensors liegt in der relativ geringen Abhängigkeit von der Materialoberfläche.

3 Taktile Sensoren erweitern Einsatzbereich der Geräte

Beispielsweise bei der Messung der Zylinderform von Bohrungen oder von Hinterschnitten hat jedes optische Messverfahren seine Grenzen. Der schaltende Taster gehört deshalb zur Grundausstattung eines modernen Multisensorkoordinatenmessgerätes

Durch Einsatz von Drehschwenkgelenken oder Tasterwechselstationen ist nahezu unbegrenzte Flexibilität erzielbar.

Im Unterschied zu schaltenden Tastern verfügen messende Tastsysteme über integrierte 3D Wegmesssysteme. Hierdurch ist ein kontinuierliches Arbeiten beim 3D-Scanning möglich. Höhere Punktedichten und Verfahrgeschwindigkeiten gestatten ein wirtschaftliches Arbeiten beim Messen von Freiformflächen. Auch diese Taster können zur Flexibilitätssteigerung mit Drehschwenkeinrichtungen und Taststiftwechslern ausgestattet werden. Allen Tastern mit starrem Taststift ist jedoch bei Tastkugeldurchmessern von etwa 0,3 mm eine untere Grenze gesetzt. Diese ist für Miniaturbauelemente oft zu groß.

4 Fasertaster gestatten das taktile Messen kleinster Details

Moderne Glasfasertechnologie ermöglichte die Entwicklung des Werth Fasertasters (Bild 5).

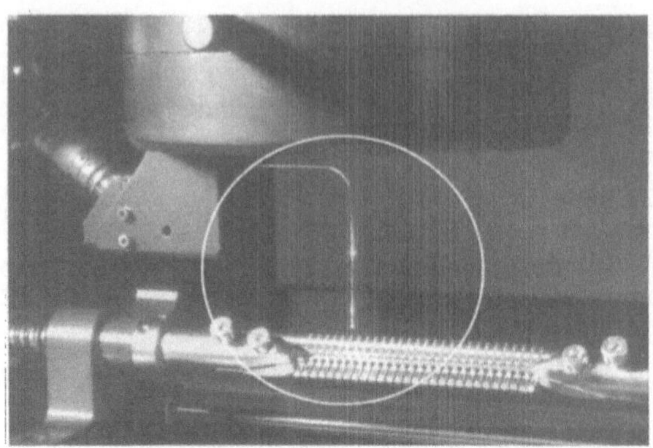

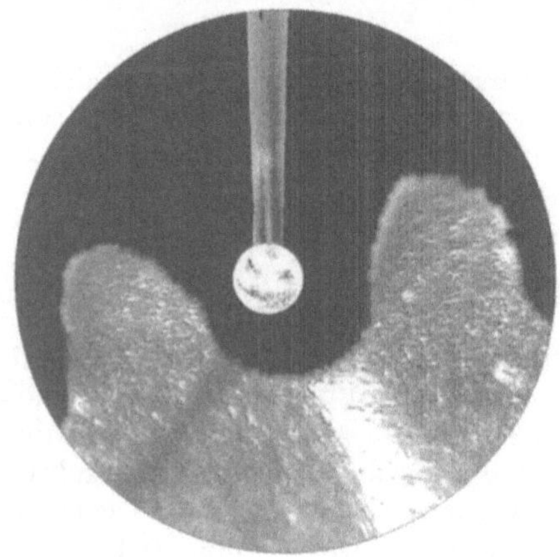

Bild 5: Werth Fasertaster – derzeit kleinster und genauester Taster

Kleinste Antastformelemente (Kugelradius von 12 – 500 µm) erschließen völlig neue Anwendungen. Aufgrund der vernachlässigbar kleinen Antastkraft können auch Gummi- und Kunststoffteile berührend gemessen werden. Die Lücke zwischen dem optischen und dem klassischen taktilen Messen wurde geschlossen. Bei diesem patentierten Taster hat die Durchbiegung von Taststiften, das Auftreten von Stick-Slip-Effekten, die Wirkung von Antastkräften und Eigenschwingungen wenig Einfluss auf das Messergebnis. In Verbindung mit hochgenauen Koordinatenmessgeräten ist die Antastunsicherheit deutlich kleiner als 0,5 µm. Auch die Messung von Lehren und hochgenauen Werkzeugen bereitet somit keine Schwierigkeiten.

4
Lasersensoren für das schnelle Scannen von kleinen Oberflächen

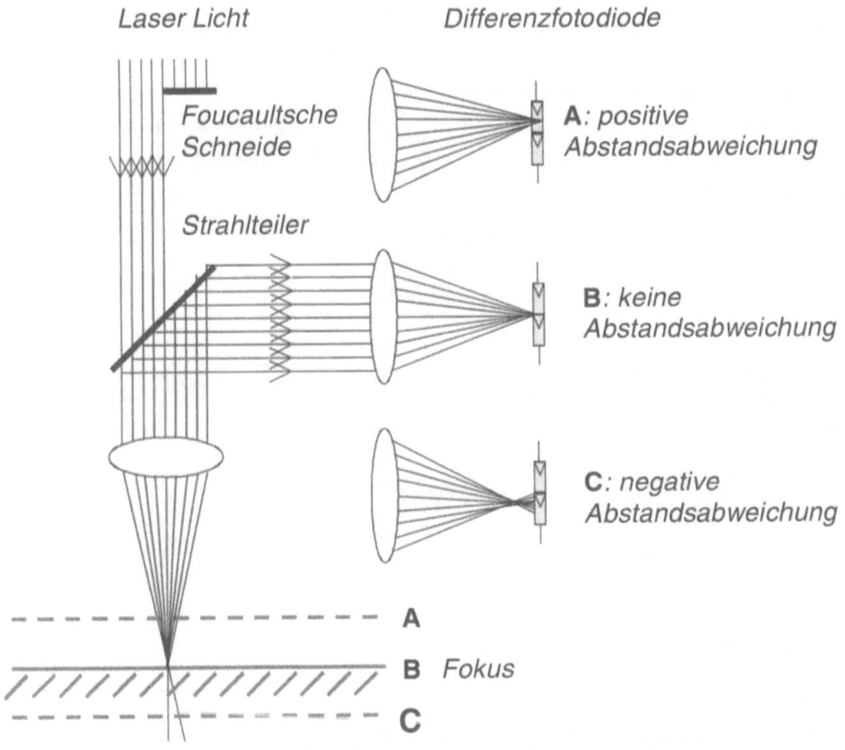

Bild 6: Foucault - Prinzip

Unter anderem bedingt durch den kleinen Laserspot von etwa 5 µm und einen rauschminimierten Aufbau können hiermit auf den Werth Koordinatenmessgeräten Antastunsicherheiten kleiner als 1µm erzielt werden. Auch relativ stark geneigte Flächen sind messbar.

Für spezielle Fälle ist es auch von Interesse, die Temperatur im Messvolumen mitzuerfassen und zu protokollieren. Dies wird durch entsprechend integrierte Strahlungssensoren möglich. Auch die Messung der Rauheit mit berührenden oder berührungslosen Verfahren sowie dem Fasertaster kann durch das Multisensorkonzept der beschriebenen Geräte mit im gleichen Messlauf erfolgen.

5 Ergonomische Software gestattet den Einsatz in Werkstatt und Messraum

Die **WinWerth**® Messsoftware gestattet einen effizienten und einfachen Betrieb der Geräte. Von besonderer Bedeutung ist hierbei die grafische Bedienoberfläche. Die gemessenen Geometrieelemente werden wie in einer Konstruktionszeichnung grafisch dargestellt. Durch einfaches Anklicken können diese zu Maßen verknüpft werden. Das Messen ist hierdurch genauso einfach wie das Lesen einer Zeichnung (Bild 7).

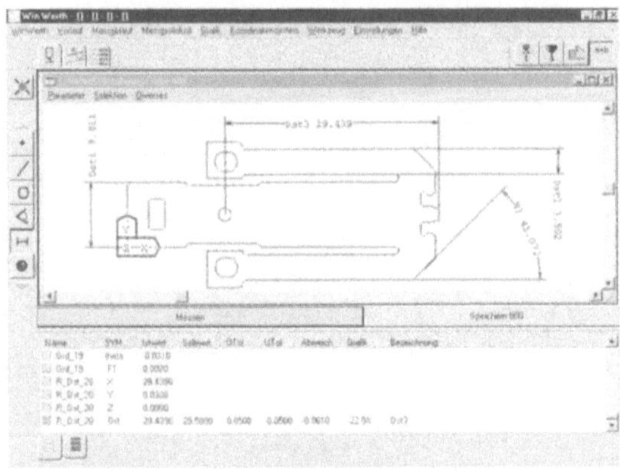

Bild 7: Messen einfach wie Zeichnungslesen

Im CAD-Online Modus wird die Bedienung auf das absolute Minimum reduziert. Der Bediener muss lediglich an der dargestellten CAD-Zeichnung per Mausklick die zu messenden Geometrieelemente anwählen. Diese werden dann vollautomatisch gemessen.

Durch einen Passwortschutz kann sichergestellt werden, dass Bediener den ihrem Qualifikationsniveau entsprechenden Zugang zur Software erhalten. Sowohl das einfache Starten von Programmen mit dem Barecodescanner als auch das Erstellen komplexer Prüfabläufe wird so optimal unterstützt (Bild 8).

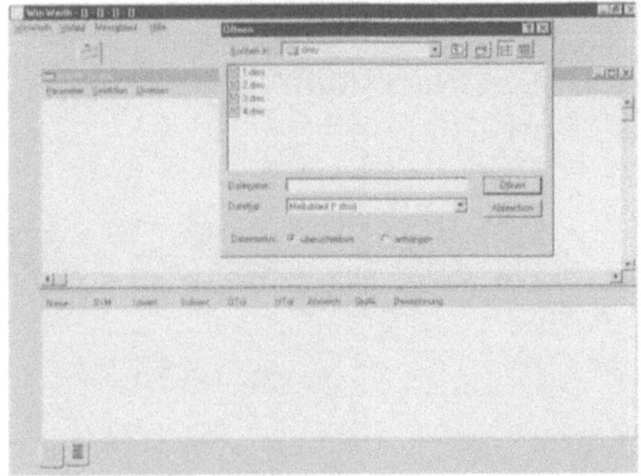

Bild 8a: Bedienoberfläche dem Nutzer angepasst – Prüfabläufe starten

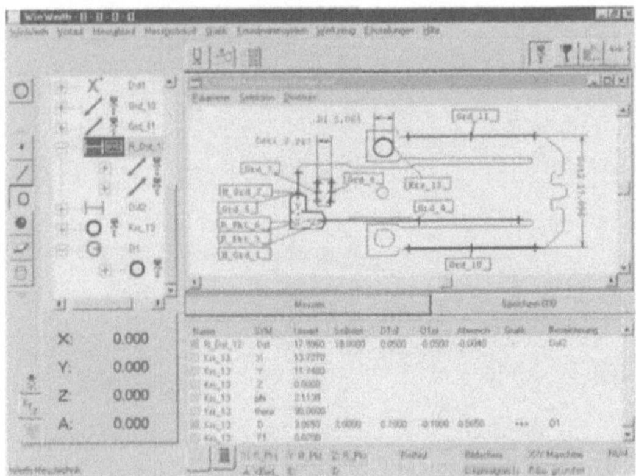

Bild 8b: Bedienoberfläche dem Nutzer angepasst – komplexe Programme bearbeiten

Durch die Softwaremodule Werth CAD-Offline und Werth CAD-Paramess ist ein maschinenfernes Programmieren der Multisensorkoordinatenmessgeräte auf hohem Niveau möglich.

Die Auswertung der mit den verschiedenen Sensoren im Scanningmodus gewonnenen Konturdaten kann auf grundsätzlich zwei verschiedenen Wegen erfolgen:

Die WinWerth® Software enthält spezielle Konturelemente, die eine direkte Auswertung der gescannten Freiformgeometrien im Automatikmodus gestatten. Maße wie kleinster Konturabstand, Extrempunkte oder auch das Zusammensetzen verschiedener Konturteile sind möglich.

Die Werth Bestfit-Software setzt seit über 10 Jahren Maßstäbe bei der ergonomischen Messung von Freiformkonturen. In der neuesten Version wurde mit Tolerancefit die Möglichkeit geschaffen, nicht mehr nur auf die Sollkontur einzupassen, sondern auf die wirklichen Toleranzzonen.

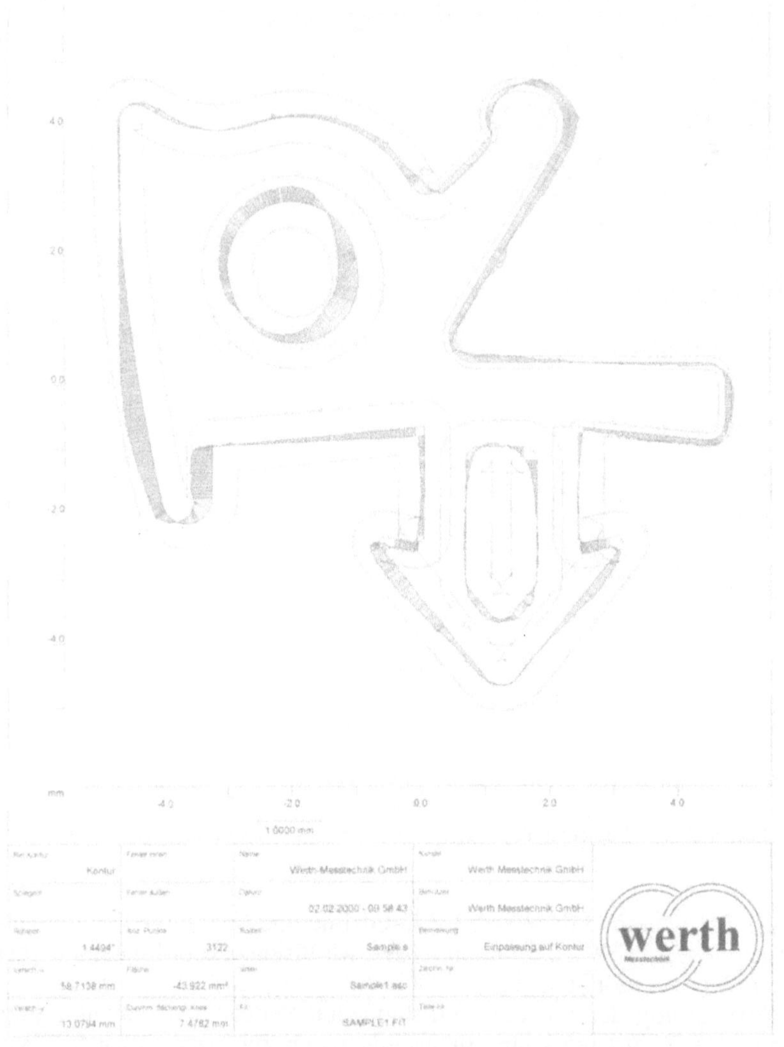

Bild 9a: Einpassung auf Soll - Kontur

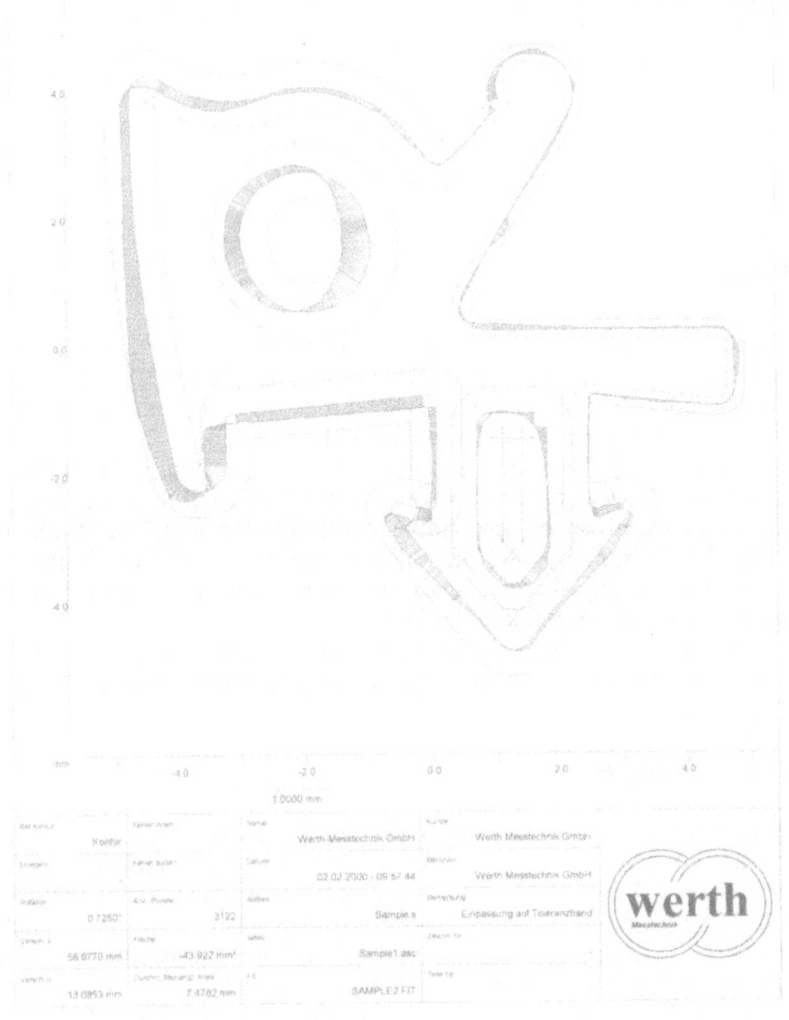

Bild 9b: Einpassung auf Toleranzband

Es ist somit erstmalig eine Auswertung möglich, die vollständig dem Lehren entspricht. Funktionsgerechtes Messen wird so in die Tat umgesetzt.

Umformtechnische Herstellung kleiner Bauteile

K. SIEGERT, H. FRANK, M. GEIGER, R. ECKSTEIN, R. NEUGEBAUER,

A. SCHUBERT, J. BÖHM

Einführung

Zugegebenermaßen ist die Größenangabe „klein“ nicht sonderlich präzise. Es ist auch fraglich, ob man die Bauteilgröße als wesentliches Klassifizierungsmerkmal verwenden sollte. Vielmehr erscheint es sinnvoll, die maßlichen Anforderungen an das Bauteil in den Vordergrund zu stellen.

„Mikroumformung“ kann die umformtechnische Herstellung von Bauteilen, deren maximale Abmessungen weniger als ein Zehntel Millimeter beträgt, bezeichnen. Andererseits kann man unter „Mikroumformung“ auch die umformtechnische Herstellung von Bauteilen verstehen, bei der bestimmte vorgegebene Formänderungen weniger als ein Zehntel Millimeter betragen. Dieses ist meist bei kleinen Bauteilen der Fall.

Im folgenden soll anhand fertigungstechnischer Beispiele auf die Problematik des Umformens kleiner Bauteile eingegangen werden.

Einfluß des Gefüges

Mit kleiner werdender Umformzone ergibt sich die Problematik, daß die Umformzone nur noch wenige Körner, im Grenzfall nur eines, beinhaltet. Je nach Orientierung der Körner ergibt sich mit geringer werdender Anzahl der Körner in der Umformzone ein stark anisotropes Umformverhalten des Umformgutes.

Gemäß Bild 1 kann zwischen Grobkorn, Feinkorn, Feinstkorn und Ultra-Feinkorn unterschieden werden. Üblicherweise ist beim Umformen, wie in Bild 1 dargestellt, das Werkstückgefüge grob bis fein. In Sonderfällen wird aber auch Feinstkorn-Gefüge für einige Umformvorgänge gefordert. Für die umformtechnische Herstellung kleiner Bauteile mit Mikroumformungen, d.h. mit vorgegebenen Formänderungen, die kleiner als ein Zehntel Millimeter sind, sollte möglichst Feinstkorn – ja ggf. sogar Ultrafeinstkorn-Gefüge im Umformgut gegeben sein.

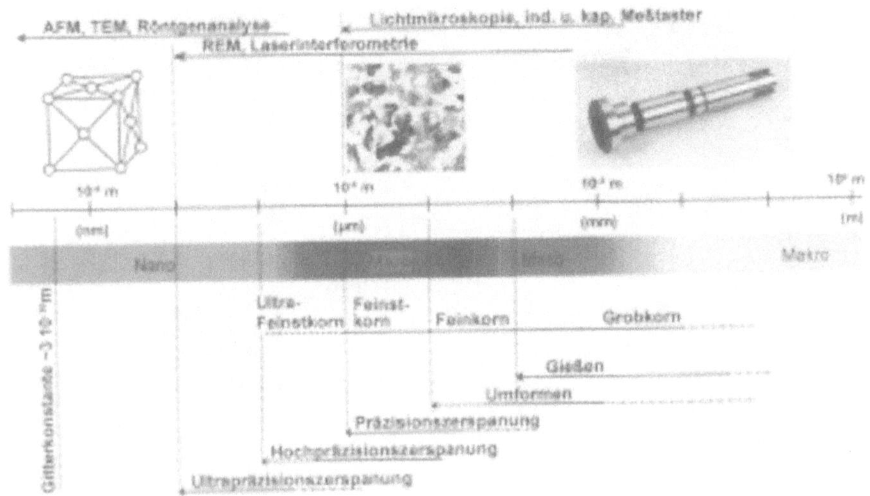

Bild 1: Größenbereiche der verschiedenen Technologien, Quelle: Dr. Zeller, Fa. BOSCH.

Bild 2 zeigt einige Drahtquerschnitte aus CuZn15 mit unterschiedlichem Durchmesser bzw. unterschiedlicher Korngröße. Es wird deutlich, daß sich mit zunehmender Miniaturisierung das Verhältnis von Korngröße zu Bauteilabmessung ändert. Weiterhin nimmt der Anteil der an der Oberfläche liegenden Körner an der Gesamtzahl der Körner zu. Dies hat unter anderem zur Folge, daß sich das Formänderungsverhalten der Werkstücke ändert. So ergeben sich bei der Ermittlung von Fließkurven im Zug- und Stauchversuch mit zunehmender Miniaturisierung niedrigere Fließspannungen, da die Verfestigung in den am Rand gelegenen Körnern niedriger ist als in den im Inneren des Materials gelegenen Körnern (Bild 3). Dies liegt daran, daß Korngrenzen im Inneren ein Hindernis für die Versetzungen darstellen, an dem diese sich aufstauen, was zur Verfestigung führt, während die Versetzungsbewegung durch Korngrenzen an der Probenoberfläche nicht behindert wird.

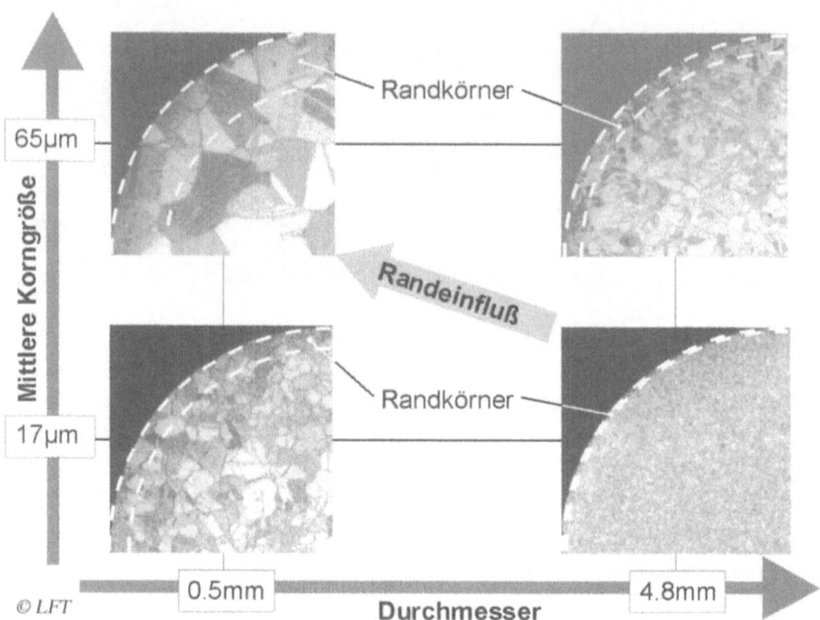

Bild 2: Einfluß der Korngröße und des Probendurchmessers auf die Randschichtdicke, Quelle: LFT-Erlangen.

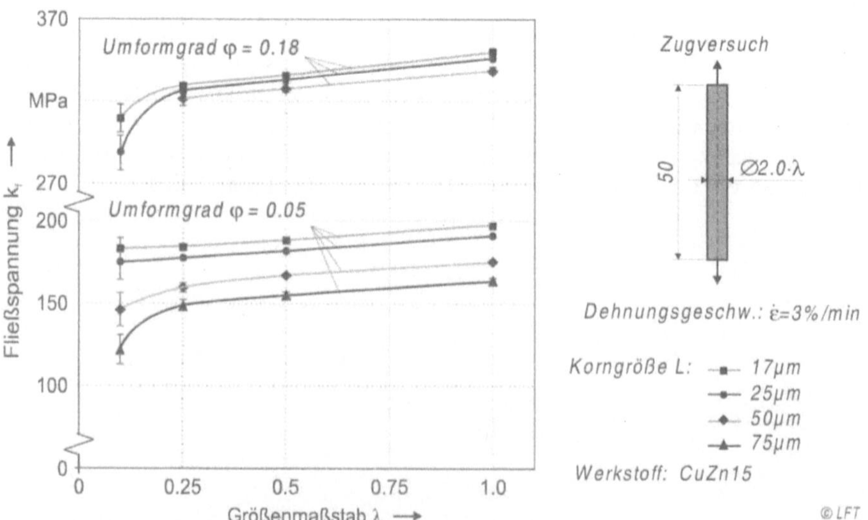

Bild 3: Einfluß der Probengröße auf die Fließspannung, [1]

Auch beim Schneiden kleiner Bauteile kann der Schneidvorgang ggf. nur wenige Körner betreffen, womit nicht von einem homogenen Material ausgegangen werden kann. Dies führt beim Scherschneiden zu unregelmäßigen Glattschnittanteilen über der Schnittfläche, wie Bild 4 zeigt.

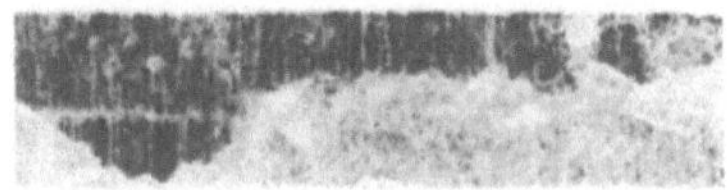

Bild 4: Glattschnittanteil beim Scherschneiden, Blechdicke 127 µm, Quelle: LFT-Erlangen

Einfluss der Reibung

Mit kleiner werdender Umformzone steigt in der Regel das Verhältnis von bei der Umformung zu überwindenden Reibungskräften zu den zur reinen Umformung erforderlichen Umformkräften, weil das Verhältnis von Wirkfläche, also von Kontaktfläche zwischen Umformgut und Umformwerkzeug, zum Volumen des Umformgutes in der Umformzone mit kleiner werdender Umformzone größer wird.

Insofern kommt der Reibung beim Umformen kleiner Bauteile eine wesentliche Bedeutung zu.

Bild 5 zeigt das Pressen eines Zapfens mit dem Durchmesser von 2,8 mm. Nach Aufstecken eines gelochten Bleches auf den Zapfen kann der Zapfen zum Niet aufgestaucht werden.

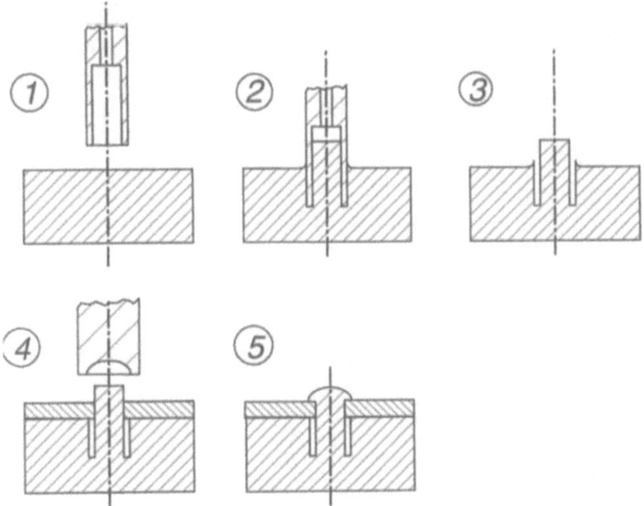

Bild 5: Zapfenpressen mit nachfolgendem Nietvorgang, Quelle: IFU-Stuttgart

Bild 6 zeigt den gepreßten Zapfen. Im Interesse der Reduzierung der Reibung zwischen Umformgut und dem rohrförmigen Werkzeug wurde das Werkzeug im Ultraschallbereich bei 22 kHz longitudinal in Eigenfrequenz erregt.

Bild 6: Gefüge eines mit Ultraschallüberlagerung gepressten Zapfens, Durchmesser: 2,8 mm aus AlMgSi1, [2]

Die Amplitude des schwingenden Werkzeuges, das im Bewegungsbauch des Systems angeordnet ist, beträgt ca. 10 µm. Aufgrund der hohen Relativgeschwindigkeit zwischen Umformgut und Werkzeug konnte die Reibungskraft um ca. 80% reduziert werden. Hierbei ist noch zu bemerken, dass die Zapfenoberfläche bei Ultraschallüberlagerung deutlich glatter war als beim Zapfenpressen ohne Ultraschallüberlagerung [2].

Für Untersuchungen der Reibverhältnisse bei kleinen Bauteilen wurden am LFT-Erlangen kombinierte Napf-Vorwärts-Napf-Rückwärts-Fließpreßversuche mit unterschiedlichen Maßstäben durchgeführt (Bild 7). Dabei bilden sich die beiden Näpfe abhängig von der Reibung mit unterschiedlichen Höhen aus [3]. Mit Hilfe der numerischen Identifikation läßt sich dann der Reibfaktor bestimmen. Auch bei diesen Versuchen nimmt die Reibung mit der Miniaturisierung zu.

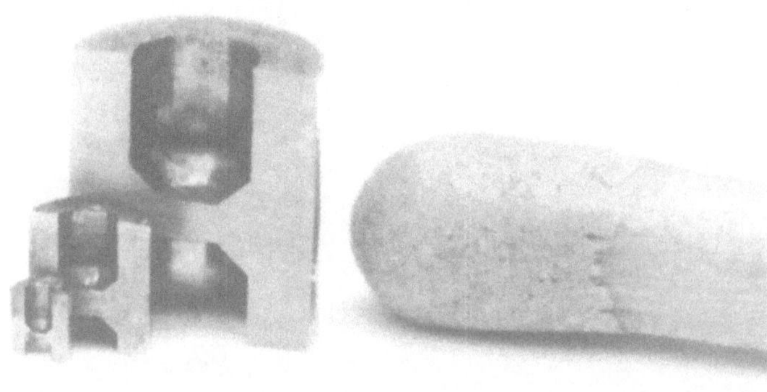

Bild 7: Fließpressteile im Größenvergleich mit einem Streichholzkopf, Quelle: LFT-Erlangen [3].

Einfluß der Werkstückoberfläche

Mit kleiner werdenden Werkstücken bzw. kleiner werdenden vorgegebenen Formänderungen kommt der Werkstückoberfläche eine besondere Bedeutung zu. Schon kleine Oberflächenfehler, wie Kratzer oder auch nur angerauhte Oberflächen, können beim Umformen zu unvollständiger Abformung der Werkzeugkontur führen. Somit wird je nach Bauteil eine extrem homogene Oberfläche, ggf. poliert, gefordert.

Einfluß des Werkzeuges

Am IWU-Chemnitz werden Untersuchungen zum Prägen von Mikrostruktuen durchgeführt.

Bild 8 zeigt hierzu den Versuchsaufbau. Das Aufbringen der erforderlichen Umformkraft erfolgt über eine Universalprüfmaschine.

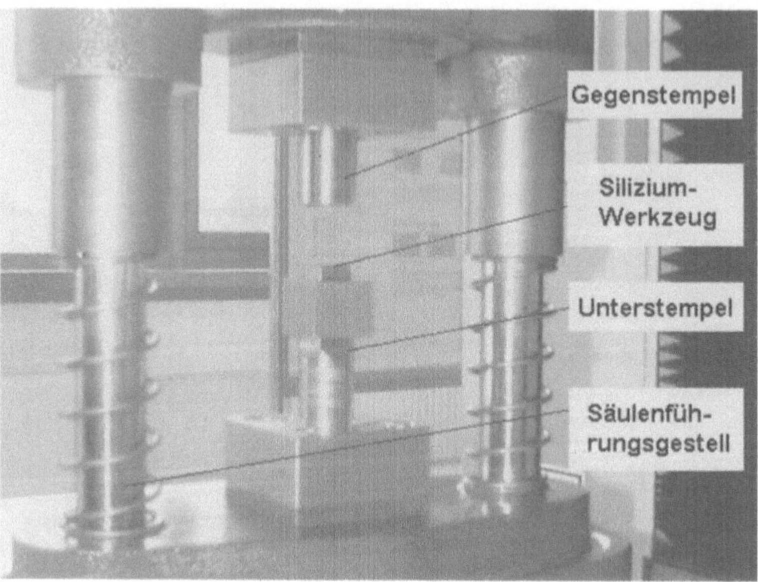

Bild 8: Versuchseinrichtung für die Kaltprägeexperimente, Quelle: IWU-Chemnitz.

Voraussetzung für die Herstellung von Mikrostrukturen durch umformtechnische Verfahren wie das Prägen sind Werkzeuge mit hoher Strukturgenauigkeit und Oberflächengüte. Die bisher verfügbaren Strukturierungsverfahren für hochfeste Werkstoffe genügen jedoch kaum den Anforderungen der Mikrosystemtechnik. Für die Prägeexperimente wurden daher neben Prägestempeln aus Werkzeugstahl auch Werkzeuge aus einkristallinem Silizium verwendet. Der Einfluß der Werkzeugqualität spiegelt sich sehr stark in den Prägeergebnissen wieder.

Die Aktivteilflächen der Stempel aus Werkzeugstahl wurden mittels Elektrofunkenerosion mit Mikrokanälen unterschiedlicher Abmessungen strukturiert (Bild 9 und Bild 10). Bei Kanalbreiten von 110 µm bzw. 120 µm konnten Aspektverhältnisse (Strukturhöhe/Strukturtiefe) größer 1.5 realisiert werden. Die Strukturen waren durch eine relativ große Oberflächenrauheit und z.T. auch durch Oberflächendefekte wie Poren (siehe Bild 10) gekennzeichnet.

Bild 9: Werkzeug aus Schnellarbeitsstahl für das Kaltprägen von Mikroka-nalstrukturen (Kanalbreite: 110 µm, Kanaltiefe: 190 µm Stegbreite zwischen den Kanälen: 180 µm). Quelle: IWU-Chemnitz.

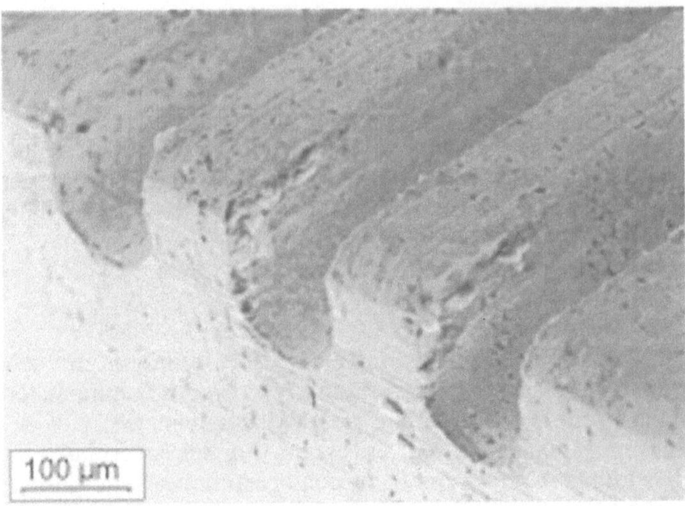

Bild 10: Werkzeug aus Kaltarbeitstahl für das superplastische Prägen der Mikrokanalstrukturen (Kanalbreite: 120 µm, Kanaltiefe: 180 µm). Quelle: IWU-Chemnitz.

Die Silizium-Werkzeuge wurden aus einkristallinen Silizium-Wafern gefertigt, welche mittels Verfahren der Bulkmikromechanik (Lithografie und Ätzen) strukturiert wurden. Auf einem Werkzeug konnten vier der in Bild 11 dargestellten komplexen Mikrostruktur mit Hauptabmessungen von 850 x 850 x 50 µm und einer minimalen Strukturgröße von 10 µm realisiert werden.

Bild 11: Komplexe Mikrostruktur des Silizium-Werkzeuges. Quelle: IWU-Chemnitz

Die Strukturen zeichneten sich durch eine sehr hohe Präzision und Oberflächengüte sowie durch geringe Rauheitswerte aus. Die unübertroffene Qualität der Mikrostrukturen sowie die hohe Härte von Silizium begründet dessen Einsatz als Mikroumformwerkzeug. Er wird jedoch durch die hohe Sprödigkeit und Zugspannungsempfindlichkeit begrenzt.

Superplastische Umformung

Ein Fertigungsverfahren zur Herstellung komplexer Mikrostrukturen mit sehr hoher Präzision ist die superplastische Umformung, welche durch eine außergewöhnlich starke plastische Formänderung des Werkstückes während des Umformprozesses gekennzeichnet ist. Voraussetzung für die superplastische Umformung sind bestimmte Umformtemperaturen, bestimmte, sehr geringe Umformgeschwindigkeiten und ein feinkörniges Gefüge. Aufgrund der für die superplastische Umformung sehr kleinen erforderlichen Prozeßkräfte und der auf der gesamten Aktivteilfläche gleichen Abformqualität, kann dieses Verfahren günstig als Batch-Prozeß eingesetzt werden. Darüber hinaus können sehr hohe Umformgrade bei relativ geringer Werkzeugbelastung erreicht werden.

Das superplastische Prägen sowohl der Mikrokanalstruktur als auch der komplexen Strukturen des Silizium-Werkzeuges wurde an einer Zink-Aluminium-Legierung durchgeführt, welche ein superplastisches Materialverhalten bereits bei 250 °C aufweist. Die Ergebnisse zeigen das hohe Potential dieser Technologie für die Herstellung von Mikrosystemkomponenten. Alle Strukturen konnten bereits bei geringen nominellen Pressungen mit sehr hoher Präzision abgeformt werden. Die Qualität der abgeformten Strukturen wird jedoch sehr stark von der Präzision und Oberflächengüte des mikrostrukturierten Werkzeuges beeinflußt (Bild 12).

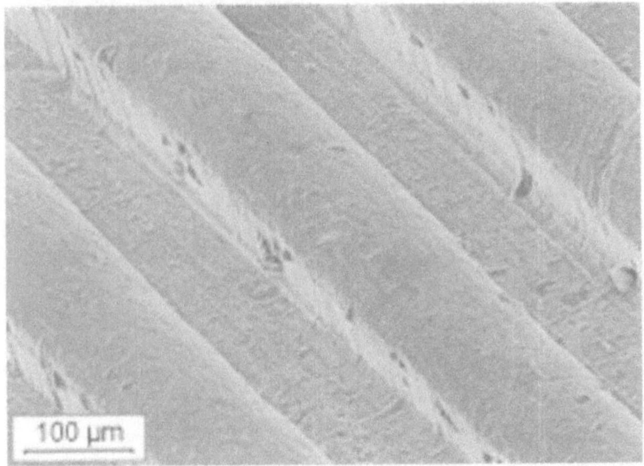

Bild 12: Superplastisch geprägte Mikrokanalstruktur (Werkzeug aus Kaltar-beitsstahl, Bild 10) in einer Zink-Aluminium-Legierung. Quelle: IWU-Chemnitz

Sehr hohe Abformgenauigkeiten konnten bei Verwendung des Silizium-Werkzeuges erzielt werden. Hier war durch Modifizierung der Prozeßparameter (Umformkraft, Prozeßzeit) eine weitere Verbesserung der Formausfüllung und damit auch der Präzision der geprägten Strukturen möglich (Bild 13 und Bild 14). Die superplastische Umformung ermöglicht die Formausfüllung kleinster Kavitäten, wie am Beispiel dieses Strukturdetails (Steg) deutlich wird.

$p_N = 25\ N/mm^2,\ t_u = 5\ min$ $p_N = 25\ N/mm^2,\ t_u = 15\ min$ $p_N = 37.5\ N/mm^2,\ t_u = 5\ min$

Bild 13: Mikrostruktur in einer Zink-Aluminium-Legierung (Ausschnitt), superplastisch geprägt mit dem Silizium-Werkzeug. Quelle: IWU-Chemnitz

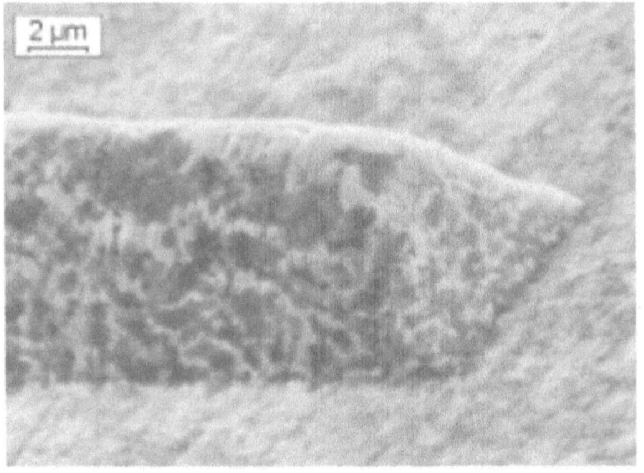

Bild 14: Detail der superplastisch geprägten komplexen Mikrostruktur. Quelle: IWU-Chemnitz

Kaltumformung

Auch beim Kaltprägen wird die Präzision der abgeformten Strukturen in hohen Maße von der Werkzeuggüte bestimmt, wie im Fall der Mikrokanalstrukturen deutlich wird (Bild 15).

Die Oberflächenrauheit des Werkzeu-ges aus Schnellarbeitsstahl (Bild 9) spiegelt sich in der Oberflächenqualität des geprägten Teiles wieder.

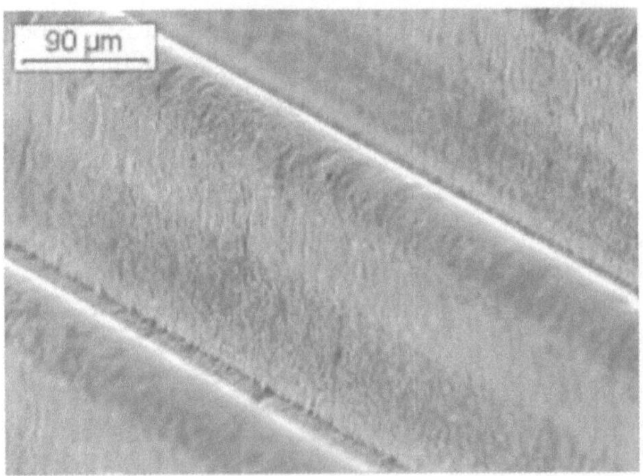

Bild 15: Mikrokanalstruktur, kaltgeprägt in Aluminium. Quelle: IWU-Chemnitz

Unter Verwendung des hochpräzisen Silizium-Werkzeuges konnten Genauigkeiten <1 µm und Oberflächenrauheiten Ra<100 nm in verschiedenen Werkstoffen realisiert werden (Bild 16). Die Abbildung verdeutlicht die Präzision des Verfahrens. Im Strukturgrund der gepräg-ten Teile konnten Kantenradien von einigen 10 nm realisiert werden.

Bild 16: Detail der kaltgeprägten komplexen Mikrostruktur in verschiedenen Werkstückwerkstoffen. Quelle: IWU-Chemnitz

Maschinen für die umformtechnische Herstellung und für das Schneiden kleiner Bauteile

Für die Herstellung kleiner Bauteile durch Biegen, mechanisches Tiefen, Tiefziehen, Prägen, Lochen und Schneiden sind schnelllaufende Gelenkpressen auf dem Markt.

Baureihen mechanischer sog. Hochleistungs-Stanzautomaten sind für Stößelkräfte im Bereich 180 kN bis 1600 kN und Hubzahlen bis ca. 1500 $^1/_{min}$ ausgelegt.

Hierfür werden speziell auf die Maschine und das Werkzeug abgestimmte Zangenvorschubeinheiten eingesetzt. Bild 17 zeigt beispielhaft eine derartige Presse zum umformtechnischen Herstellen kleiner Bauteile.

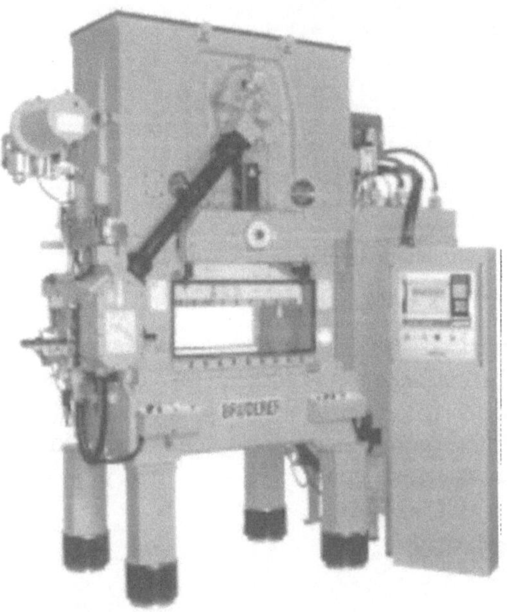

Bild 17: Hochleistungs-Stanzautomat BSTA500, Quelle: Fa. Bruderer AG

Auf dem Markt sind auch Pressen für die Herstellung kleiner Bauteile mit pneumatischem Antrieb. Derartige Pressen, wie Bild 18 exemplarisch zeigt, werden z.B. eingesetzt zum Fügen kleiner Bauteile. Sie können aber auch eingesetzt werden zum Biegen, Tiefen und Tiefziehen.

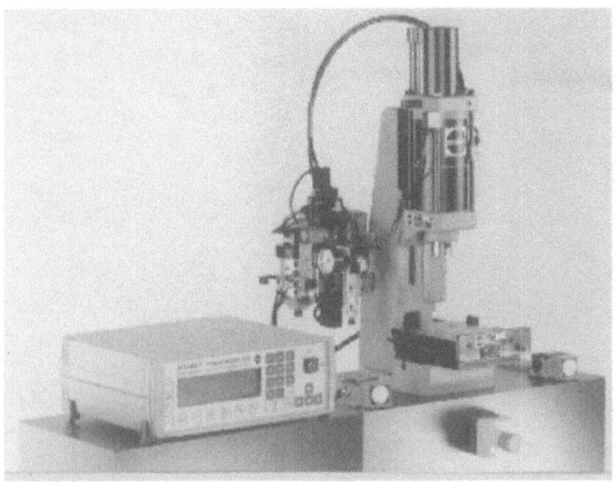

Bild 18: Pneumatische Presse zum Fügen kleiner Bauteile, Quelle: Fa. Limatec Automation AG

In Anbetracht der bei der Herstellung kleiner Bauteile in der Regel zu verzeichnenden geringen Umformwege und geringen Umformkräfte bzw. Schneidkräfte erscheinen alternative Pressenkonzepte wie

- Impulsmagnetumformen,
- Elektromagnetischer Pressenantrieb,
- Piezoelektrischer Pressenantrieb

von Interesse. (siehe Bild 19)

Bild 19: Impulsmagnetisch hergestellte Biegung und Sicken, Quelle: IWF-Berlin, [4]

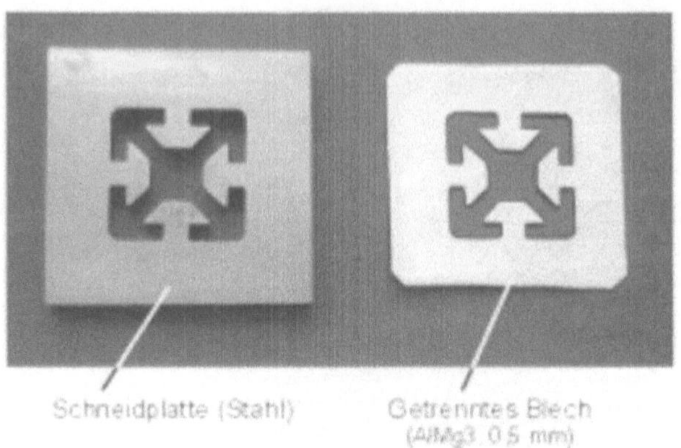

Bild 20: Impulsmagnetisch geschnittenes Blech, Quelle: IWF-Berlin,[4].

Bild 20 zeigt die Schneidplatte und ein mittels Impulsmagnetverfahren hiermit geschnittenes Blechteil. Eingesetzt wurde hier eine Flachspule.

Beim Schneiden strebt man eine möglichst steife Presse an. Hier sind besonders piezoelektrische Antriebe von Interesse, da Piezo-Quarz einen sehr hohen E-Modul aufweist. Durch Aufschichten mehrerer Piezo-Quarzkristalle ist es möglich, Stößelwege von einigen Mikrometern bis zu einigen Zehnteln Millimetern zu realisieren.

Bild 21 zeigt für eine derart nur mit Piezo-Quarzelementen angetriebene Presse den prinzipiellen Aufbau.

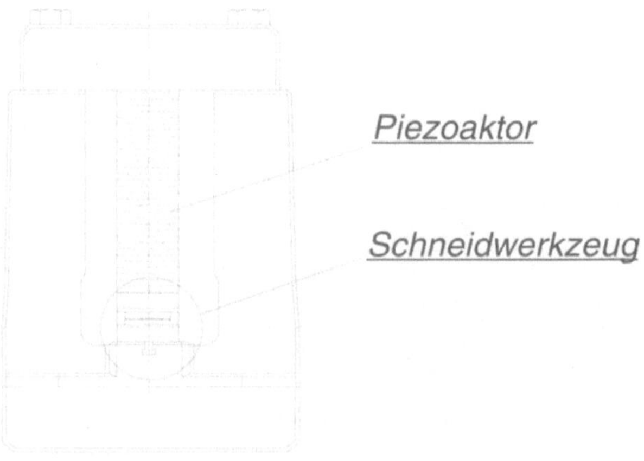

Bild 21: Prinzip einer direktangetriebenen Piezopresse zum Schneiden, Quelle: IFU-Stuttgart

Bei Umformvorgängen, bei denen die Steifigkeit der Presse eine geringere Bedeutung aufweist kann die Amplitude der Piezo-Quarz-Säule durch hydraulische Systeme vergrößert werden.

Beispiel für Anwendungen der Piezotechnik für Aktoren sind aus der Fluidtechnik bekannt. Hier werden Piezoaktoren bereits als Stellorgane für Hydraulikventile verwendet. Die sehr kurzen Stellwege der Aktoren werden hierbei durch ein sogenanntes Wegvergrößerungssystem (WVS) in die benötigten Stellwege für den Ventilkolben umgewandelt. Bild 22 zeigt den Aufbau einer solchen piezoelektrischen Stelleinheit.

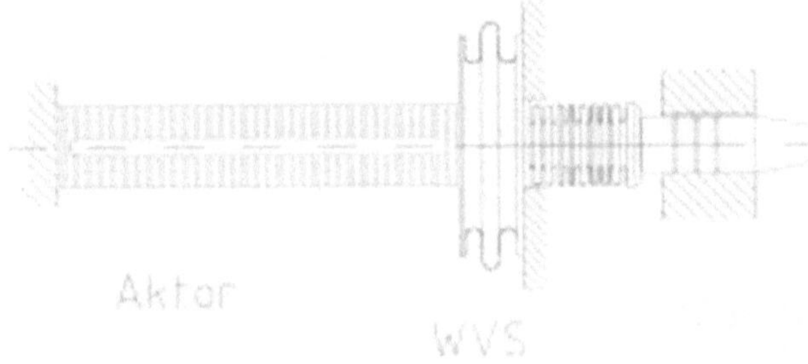

Bild 22: Piezoelektrische Stelleinheit eines Schaltventils nach [5]

Das Wegvergrößerungssystem ist ein metallischer Faltenbalg, der nach dem Grundprinzip der Flächenübersetzung und der Volumenkonstanz des eingeschlossenen Druckübertragungsmediums arbeitet.

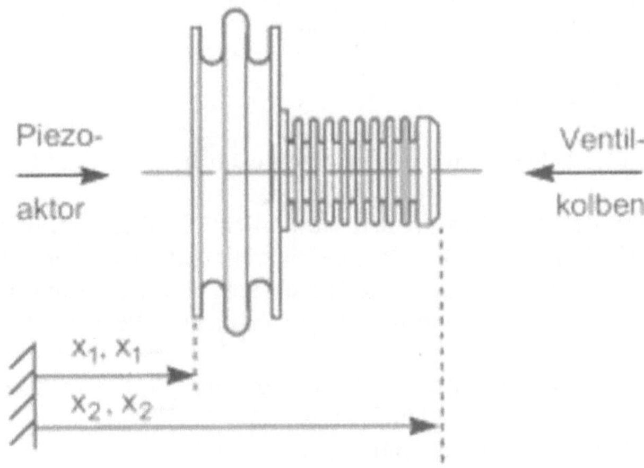

Bild 23: Kräfte an einem WVS-Faltenbalg, Quelle: [5]

Eine am ZFS (Zentrum für Fertigungstechnologie der Universität Stuttgart) entwickelte Presse wird mit Piezoaktoren angetrieben. Die piezoelektrischen Aktoren arbeiten bei fehlender Übersetzung mit 30 kN Kraft und 120 mm Stellweg. Der kleine Stellweg macht eine Wegübersetzung notwendig, die bei der in Bild 24 gezeigten Presse durch ein Hydraulikelement realisiert wurde. Somit lassen sich bei einer Kraft von 1 kN ca. 3 mm Stellweg realisieren. Die Hydraulische Stellwegvergrößerung (Getriebe) arbeitet mit 30-facher Wegvergrößerung. Mit der Presse sind Stempelwegverläufe in beliebigen Zeit-Weg-Kurven realisierbar.

Bild 24: Prototyp der Piezo-Presse, Maße (B x H x T): 200 x 320 x 504, Quelle: ZFS-Stuttgart.

Die bisher im Labor realisierte Hubzahl (bei rechteckigem Weg-Zeit-Verlauf) liegt bei ca. 800 min-1, der realisierte Weg liegt derzeit bei bis zu 2,5 mm. Die angestrebte Hubzahl liegt bei ca. 3000 min-1.

Zusammenfasung und Ausblick

Bild 25 zeigt abschließend ein Spektrum umformtechnisch hergestellter kleiner Bauteile.

Da derartige Bauteile in der Regel in großen Gesamt-Stückzahlen gefertigt werden bieten sich die Verfahren der Umformtechnik hierfür besonders an. Hiermit ist eine reproduzierbare, wirtschaftliche Herstellung von Bauteilen mit vorgebbaren Produkteigenschaften (Geometrie, Oberfläche, Festigkeit....) möglich.

Im Rahmen dieser Ausführungen wurden auf die speziellen Anforderungen der Herstellung kleiner Bauteile an das Umformgut, das Werkzeug und die Maschine eingegangen. Viele Probleme sind jedoch noch zu lösen. Hierzu zählen neuartige Konzepte für Pressen und Werkzeuge, Transport der Werkstücke von Umformoperation zu Umformoperation, Abstapeln und Entstapeln der Werkstücke, Schmierstoffe und Ziehfolien, sowie Maßnahmen zur Sicherstellung der geforderten Qualität (Zero Defect Production).

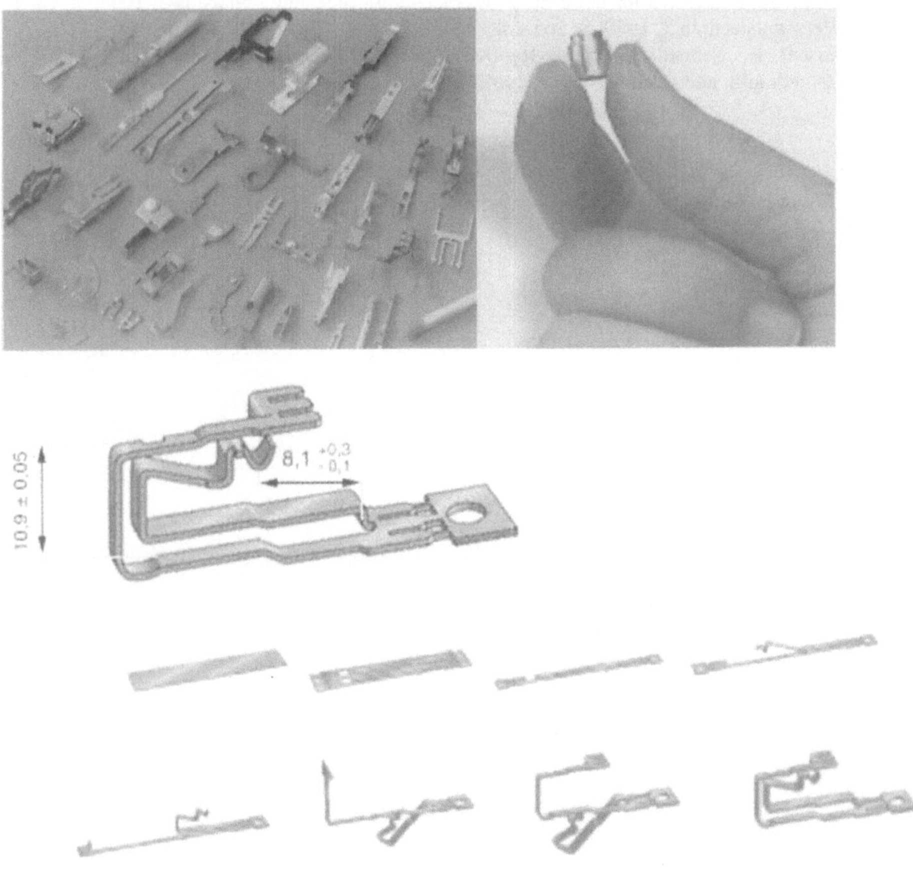

Bild 25: Umformtechnisch hergestellte kleine Bauteile, Quelle: (von oben nach unten) Härter Werkzeugbau, Fa. Utitec und Fa. Pretema.

Literatur

1. Geiger M., Engel U., Eckstein R., Tiesler N.: Umformtechnische Herstellung von Kleinstteilen für die Elektronik. In: Feldmann K., Geiger M. (Hrsg.): Sonderforschungsbereich 356 „Produktionssysteme in der Elektronik“, Bericht des Forschungsverbundes 1995-1998, Bamberg, Meisenbach, 1999, 85-123.
2. Oh, S.-Y.: Ultraschall-Mikroumformung. Unveröffentlichte Diplomarbeit am Institut für Umformtechnik der Universität Stuttgart, 1996.
3. Tiesler N., Engel U., Geiger M.: Forming of Microparts – Effects of Miniaturization on Friction. In: Geiger, M. (Ed.): Advanced Technology of Plasticity 1999; Proc. of the 6th ICTP, Nuremberg, Sept. 19-24, 1999; Berlin, Springer 1999, Vol. II, 889-894.

4. Uhlmann E., Forstmann U., Scholz M. Flachumformen mit Impulsmagnetfeldern. In: wt Werkstattstechnik 5, 1999, S. 265-268.
5. Kasper, R.: Schnellschaltendes Hydraulikventil mit piezoelektrischem Stellantrieb. O+P „Ölhydraulik und Pneumatik“ 41 (1997) Nr.9.

Laserverfahren für Mikrobohrungen

F. DAUSINGER

Einführung

Als vor nunmehr vierzig Jahren der Laser erfunden wurde, charakterisierte man seine Wirkung auf Material durch die Einheit Gillette. Je höher die Pulsenergie, desto mehr Rasierklingen wurden durchbohrt. Insofern ist das Laserbohren die erste Fertigungstechnik, die mit dem neuen Werkzeug durchgeführt wurde. Bald kamen industrielle Anwendungen hinzu, z.B. Bohren von Uhrensteinen.

Im Vergleich zu anderen Techniken, wie Schneiden, Schweißen und Beschriften blieb jedoch seither die Zahl der Fertigungseinsätze des Laserbohrens weit zurück. Bekannt wurde das Perforieren von thermisch hochbelasteten Turbinenkomponenten und in jüngster Zeit eines Elements, das zur Kraftstoff-Filterung dient [1]. Es fehlte nicht an weiteren Versuchen. Die Möglichkeit, in Bruchteilen von Millisekunden 1 mm Stahl zu durchbohren, war stets sehr verlockend. Jedoch konnten in den meisten Fällen, z.B. bei Einspritzdüsen, die Anforderungen an Formgenauigkeit nicht erfüllt werden. Auch bei der Turbinenanwendung blieb noch eine Reihe von Wünschen offen:

- Schmelzablagerungen an Bohrungswänden beeinträchtigten die Formgenauigkeit und sind Ausgangspunkt für Risse.
- Rückwandschutz beim Bohren in enge Hohlräume wird nur durch aufwendiges Hinterfüttern mit sogenannten Backingmaterialien erreicht.
- Mangelnde Prozesssicherheit macht bisher eine teure manuelle Kontrolle erforderlich.
- Keramischen Beschichtungen auf den Turbinenkomponenten platzen beim Bohren ab.

Im Folgenden wird auf einige Neuentwicklungen eingegangen, die helfen, die Defizite des klassischen Laserbohrens zu verringern wenn nicht komplett zu beseitigen.

1 Stabilisierung des Laserstrahls

In der klassischen spanabhebenden Technik spricht man z.B. beim Schleifen von geometrisch unbestimmter Schneide. Dennoch bildet sich die Form des Werkzeugs relativ genau auf dem Werkstück ab. Beim Laserstrahl ist dies nicht der Fall, siehe Bild 1.1.

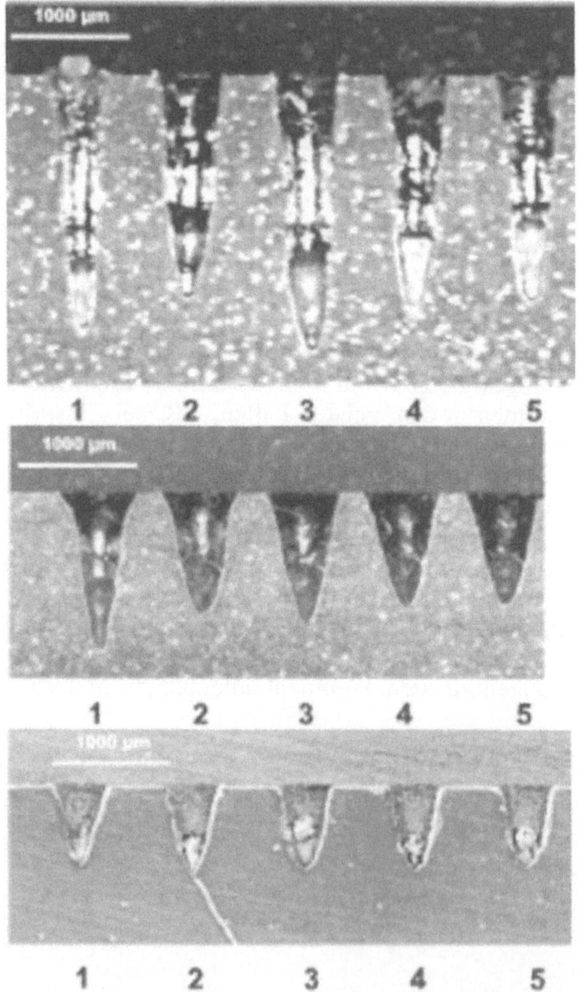

Bild 1.1: Bohrlochausbildung in unterschiedlichen Werkstoffen beim Einzelpulsbohren (Pulsdauer 0,4 ms, Pulsenergie 5 J). Oben: Aluminiumlegierung, Mitte: Stahl, unten: Keramik (Si_3N_4) [2]

Zwar spielt auch die Geometrie des Laserstrahls, sprich seine Intensitätsverteilung eine Rolle. So konnten z.B. die Variationen der Bohrlochform bei festgehaltenem Werkstoff auf systematische Veränderungen des Strahprofils zurückgeführt werden [2]. Doch spielen offensichtlich auch Werkstoffeigenschaften wie Reflexion und die Neigung zur Schmelzebildung eine Rolle, wie der Vergleich der Wirkung des gleichen Laserstrahls auf unterschiedliche Werkstoffe zeigt.

Die Puls-zu-Puls-Stabilität des Laserstrahls spielt vor allem beim Einzelpulsbohren (s.u.) eine große Rolle, da sich dabei Schwankungen nicht statistisch ausmitteln können. Einzelpulsbohren wird dann angewandt, wenn eine hohe Zahl von Bohrungen mit großer Geschwindigkeit erzeugt werden müssen. Dies ist zum Beispiel beim Perforieren von Flugzeughautelementen zur Grenzschichtabsaugung und damit zur Reibungsverminderung der Fall. Dort werden 4 Millionen Bohrungen pro Quadratmeter benötigt. Bild 1.2 zeigt für diese Anwendung gebohrtes Titanblech. Im linken Bild ist gezeigt, was mit einem handelsüblichen lampengepumpten System erreicht wurde. Im rechten Bild erkennt man die bezüglich Bohrlochgeometrie deutlich verbesserte Ergebnis, das mit einem neuartigen diodengepumpten System erzielt wurden. Die Verwendung von Dioden als Pumpquelle führt zu einer Stabilisierung des Strahlprofils.

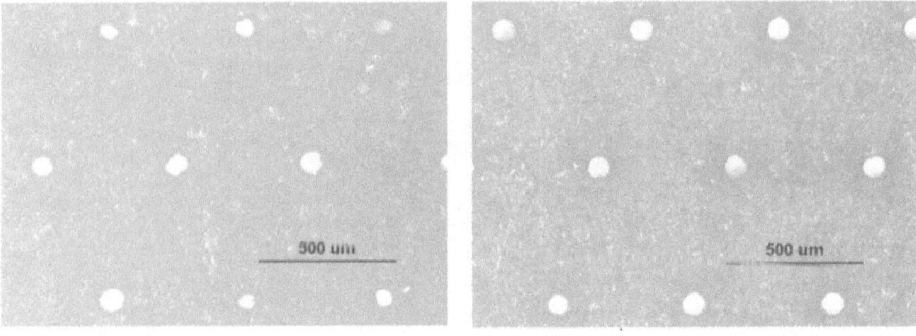

Bild 1.2: Vergleich von Bohrergebnisse im Titanblech. Links: lampengepumpter, rechts: diodengepumpter Laser [4]

Zur Detektion von Fertigungstoleranzen, die auf Schwankungen des Strahlprofils zurückzuführen sind, war es notwendig, ein Messsystem zu entwickeln, das erlaubt, für jeden Einzelpuls die Intensitätsverteilung zu bestimmen [2]. Bild 1.3 zeigt damit ermittelte Strahlprofile in Graustufendarstellung und numerische Strahlkenngrößen, die sich als relevant für die Bohrlochausbildung gezeigt haben. Der Vergleich der Bilder zeigt die Wirkung einer Strahlhomogenisierungsmaßnahme.

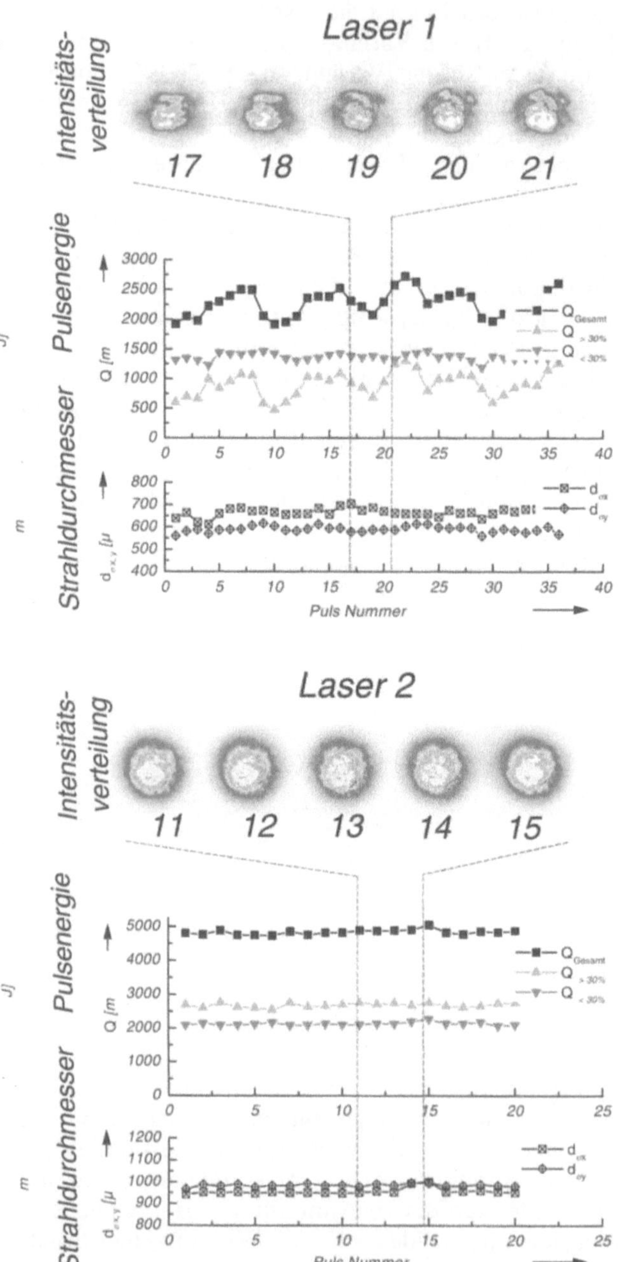

Bild 1.3: Mit neuartigen Messsystem aufgenommenes Strahlprofil in Graustufendarstellung und Laserstrahlkennwerte. Aufgenommen vor (oben) und nach (unten) einer Strahlhomogenisierungsmaßnahme. [2]

2
Verkürzung der Pulsdauer

Die in Bild 1.1 zu erkennende systematisch vom Werkstoff beeinflusste Abweichung zwischen Strahlform und Bohrlochgeometrie kann durch Verstetigung des Laserstrahls nicht beseitigt werden. Dazu sind weitere, nämlich prozesstechnische Maßnahmen erforderlich. Beim Vergleich der drei Werkstoffe zeigt sich das klassische Gegensatzpaar Effizienz gegen Präzision. Je tiefer bei gleichem Energieeinsatz gebohrt werden kann, desto stärker weicht die Bohrlochform von der Strahlgeometrie ab.

Beim Laserbohren wird Material in Form von Schmelze und Dampf abgetragen. Je höher der Schmelzanteil, desto höher die Effizienz, desto niedriger jedoch die erreichbare Präzision. Das pro Pulsenergie erzeugte Abtragsvolumen und dessen Aggregatzustand wird bestimmt von Strahlintensität, Einkoppelgrad und den thermophysikalischen bzw. thermochemischen Eigenschaften des zu bearbeitenden Werkstoffs. Unterschiede in diesen Werkstoffeigenschaften führen zu unterschiedlich starker Schmelzebildung. Die Keramik Si_3N_4 zerfällt in ihre Grundbestandteile, bevor sie eine Schmelzphase bildet [3]. Hier ist mit überwiegend dampfförmigem Austrieb zu rechnen. Der Vergleich Stahl/Aluminium zeigt, dass diese Werkstoffe sich wenig unterscheiden in der Verdampfungstemperatur, jedoch stark in der Schmelztemperatur und der Dichte. Damit ist das größere Abtragsvolumen bei Aluminium zu erklären.

Das klassische Rezept zur Erhöhung der Präzision von abtragenden Verfahren ist die Verringerung des Spanvolumens. Beim Laserverfahren wird das Abtragsvolumen einerseits vom Fokusdurchmesser, andererseits von der Eindringtiefe bestimmt. Letztere setzt sich zusammen aus der optischen l_α und der thermischen l_{th}:

$$l = l_\alpha + l_{th} \,. \tag{1}$$

Bei metallischen Werkstoffen kann die optische Eindringtiefe im Allgemeinen gegenüber der thermischen vernachlässigt werden. Bei Keramiken ist dies zunächst nicht der Fall. Es konnte jedoch gezeigt werden, dass bei ausreichenden Intensitäten an der Oberfläche durch Zerfallsprozesse metallische Schichten erzeugt werden, die die optische Eindringtiefe bestimmen [3].

Die thermische Eindringtiefe wird bei Pulslängen größer 10 ps von der Pulsdauer τ und der Temperaturleitfähigkeit κ bestimmt:

$$l_{th} = 2\sqrt{\kappa \cdot \tau} \,. \tag{2}$$

Damit ist offensichtlich, dass höhere Präzision zu erwarten ist, wenn man die Pulslänge verkürzt. Marktübliche Bohrlaser sind lampengepumpt und erreichen freilaufend Pulsdauern von minimal 0,1 µs. Seit wenigen Jahren sind diodengepumpte gütegeschaltete Festkörperlaser mit Pulslängen bis hinab zu 10 ns auf dem Markt mit - und das erreichten frühere Systeme nicht - ausreichend Pulsenergie im mJ-Bereich und befriedigender Wiederholfrequenz bis zu 5 kHz. Für Laborversuche stehen außerdem Pulsdauern im Piko- und Femtosekundenbereich zur Verfügung.

Allein die Verkürzung der Pulsdauer reicht jedoch nicht aus um höhere Präzision zu erzeugen. Bild 2.1 zeigt typische Anlagerungsschichten, die sich beim Perkussionsbohren (siehe Kapitel 3) von Metallen an den Bohrungswänden bilden. Offensichtlich wird das im Bohrungsgrund abgetragene Material nicht vollständig ausgetrieben und erstarrt an der darüber liegende Bohrungswand in einige Zehntels Mikrometer starken Schichten. Diese Einzelschichten können sich bis zu einer Gesamtstärke von einigen Zehn Mikrometern überlagern. Im Folgenden wird gezeigt, wie durch Verfahrensstrategie der Materialaustrieb verbessert werden kann.

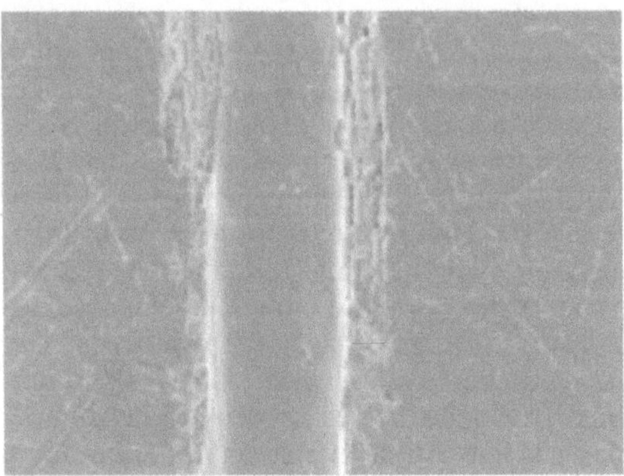

Bild 2.1: Typische Anlagerungsschicht auf Bohrungswand beim Perkussionsbohren von Metallen mit Nanosekunden-Pulsen

3 Verfahrensstrategien

Durch Verringerung des "Span"volumens wird der Bohrprozess in eine Vielzahl von Teilschritten aufgelöst. Dadurch wird eine neue Bohrtechnik möglich, siehe Bild 3.1. Allgemein bekannt sind das Einzelpulsbohren, die Perkussion (Durchbohren mit mehreren Pulsen ohne Relativbewegung) und das Trepanieren, unter dem üblicherweise ein Durchbohren mit anschließendem Kreisschneiden verstanden wird. Einen neuen Ansatz stellt das Wendelbohren [3] dar, bei dem die Durchbohrung erst nach einer Vielzahl von Umläufen erreicht wird. Selbstverständlich ist die Relativbewegung zwischen Laserstrahl und Werkstück nicht auf Kreisbahnen begrenzt. Mit geeigneter Ablenkoptik oder durch Tischbewegung können beliebige Formen "geschrieben" werden. In diesem Fall ist es dann angebracht, vom Laser-Erodieren zu sprechen.

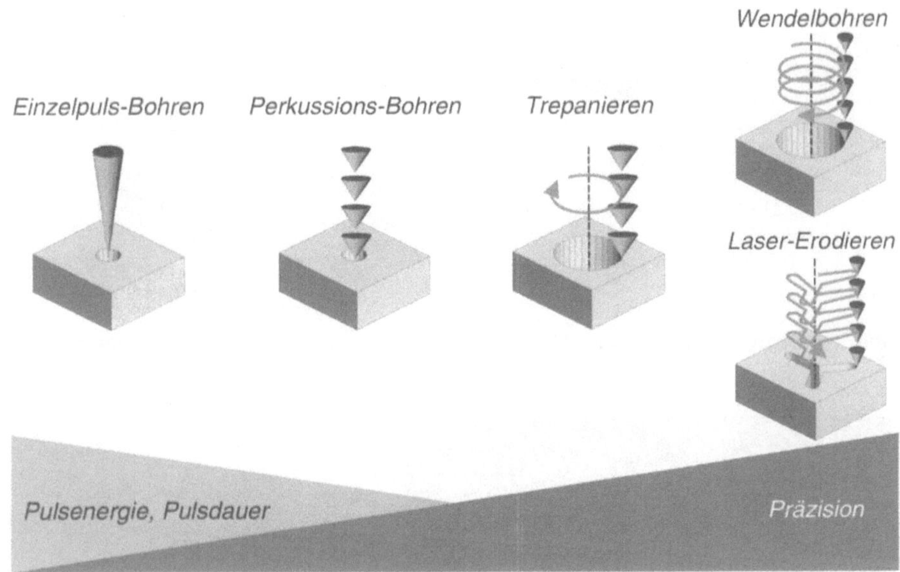

Bild 3.1: Verfahrensstrategien für das Laserbohren

Die Perkussion, bei Pulsdauern im Mikrosekundenbereich häufig angewandt für hohe Aspektverhältnisse (Tiefe/Durchmesser), hat sich im Nanosekundenbereich als wenig vorteilhaft erwiesen. An den Bohrungswänden lagern sich Schichten wiedererstarrten Materials ab, siehe Bild 2.1, die die Präzision beeinträchtigen und häufig Ausgangspunkt für Risse sind.

Das Trepanieren ist ein vor allem bei größeren Bohrungsdurchmessern häufig angewandtes Verfahren. Bild 3.2 zeigt drei verschiedene Bahnkurven und damit erzielte Ergebnisse. Zunächst wird mit Perkussion durchgestochen, dann mit den skizzierten Vorschubbewegungen ausgeschnitten. In allen Fällen treten prinzipbedingte Abweichungen von der gewünschten Kreisform sowohl am Eintritt als auch am Austritt auf. Beim Trepanieren mit Mikrosekundenpulsen auftretende Probleme, nämlich der Rückwandschutz bei Bohren in engen Hohlräumen [5] und das Abplatzen von Keramikbeschichtungen [6] können durch Verwendung von Nanosekundenpulsen vermindert oder vermieden werden siehe Bild 3.3.

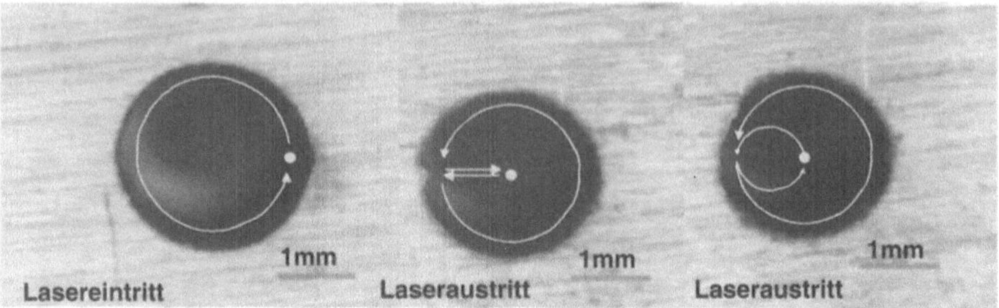

Bild 3.2: Bohrungsein- und –austritt beim Trepanieren mit verschiedenen Verfahrstrategien [4]

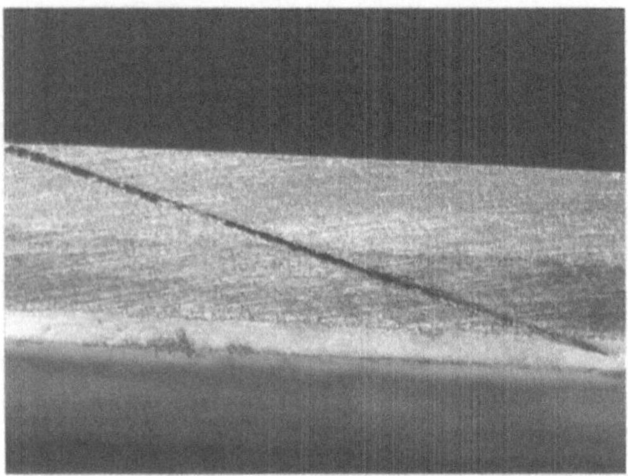

Bild 3.3: Bohrkanal durch 2 mm Ni-Basis-Legierung beschichtet mit 0,5 mm ZrO_2. Strahlauftreffwinkel 17°, effektive Materialstärke 8,6 mm. MOPA-Laser mit 100 ns Pulsen, 100 W mittlere Leistung. [6]

Gegenüber dem Trepanieren lassen sich mit Wendelbohren wesentliche Verbesserungen erreichen[4]: Zum einen können die in Bild 3.2 gezeigten die Abweichungen von der Kreisform vermieden werden. Zum andern verringert sich die Schädigung von den Bohrungen gegenüberliegenden Wänden, da beim Wendelbohrens der Bohrungsdurchbruch in einer späteren Bohrphase stattfindet als beim Trepanieren.

Durch Wendelbohren und Laser-Erodieren kann die geometrische Form eines Bohrlochs relativ flexibel gestaltet werden. Positiv und negativ konische Formen mit unterschiedlichen Querschnittsgeometrien sind möglich. Dazu muss der Strahl lateral und angular ausgelenkt werden. Bild 3.4 zeigt optische Elemente, die dies bewirken. Zu beachten ist, dass durch die Fokussierung Winkelauslenkungen in laterale und umgekehrt transformiert werden. Durch geeignete Kombination der gezeigten oder ähnlich wirkender Elemente können den Anforderungen angepasste optische Systeme aufgebaut werden.

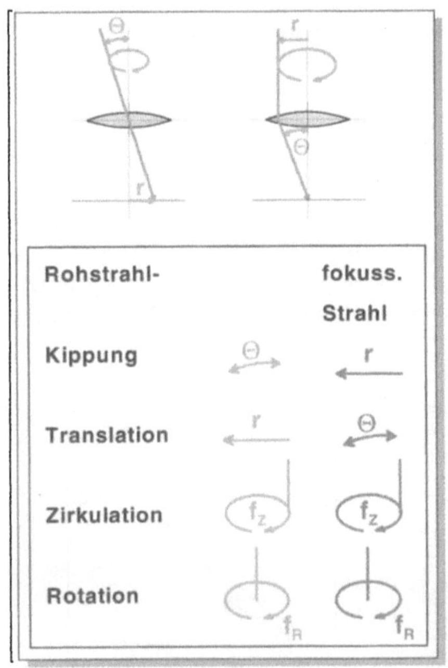

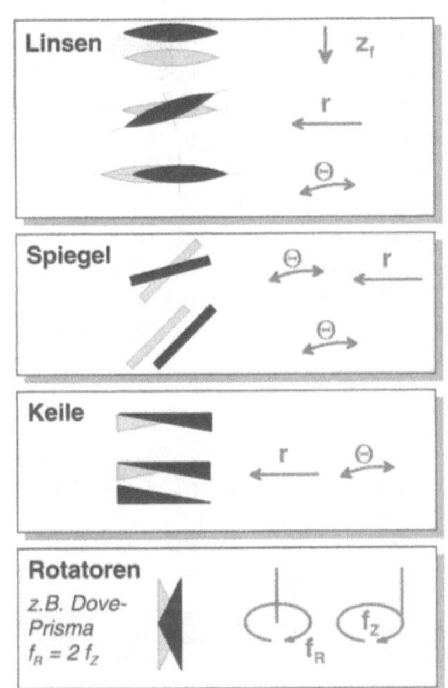

Bild 3.4: Optische Elemente zur Strahlauslenkung

4 Erzeugung zylindrischer Bohrungen

Als Prüfstein für die erreichbare Präzision im Vergleich zu konkurrierenden Verfahren eignet sich die kreiszylindrische Geometrie am besten. Abweichungen von dieser Sollgeometrie sind schon ohne aufwendige Probenpräparation erkennbar. Wird der Bohrprozess unmittelbar nach dem Durchdringen der Werkstückdicke gestoppt, beobachtet man meist einen Austrittsdurchmesser, der wesentlich kleiner als der Eintrittsdurchmesser ist. Häufig sind dann am Austritt starke Abweichungen von der Kreisform zu beobachten. Bei Verwendung linear polarisierter Strahlung tritt eine an die Polarisationsrichtung gekoppelte Asymmetrie auf, die durch die Verwendung zirkularer Polarisation oder durch Rotation der Polarisationsrichtung [7] vermieden werden kann.

Zur Aufweitung des Austrittsdurchmessers haben sich folgende Maßnahmen bewährt:

1. Steigerung der Pulszahl über die zum Durchbohren erforderliche hinaus,
2. Erhöhen der am Austritt wirkenden Leistungsdichte,
3. Wendelbohren.

Bei der ersten Methode kann die Zahl der zur Aufweitung erforderlichen Pulse ein Vielfaches der zum Durchbohren notwendigen betragen.

Eine Steigerung der Leistungsdichte am Bohrungsaustritt kann durch Variation der Pulsenergie und der Fokuslage erreicht werden, am einfachsten jedoch durch Erhöhen der für den gesamten Bohrvorgang eingestellten Pulsenergie. Bild 4.1 zeigt, dass es damit beim Perkussionsbohren (Wendeldurchmesser d_H=0) gelingt, den Eintrittsdurchmesser zu erreichen [8]. Allerdings kann es dabei zu einer Beeinträchtigung der Eintrittsgeometrie, d.h. zur Ausbildung von Kantenverrundung bis hin zu einem Eintrittstrichters, kommen. Dies lässt sich durch Variation der Pulsenergie während der Anbohrphase vermeiden.

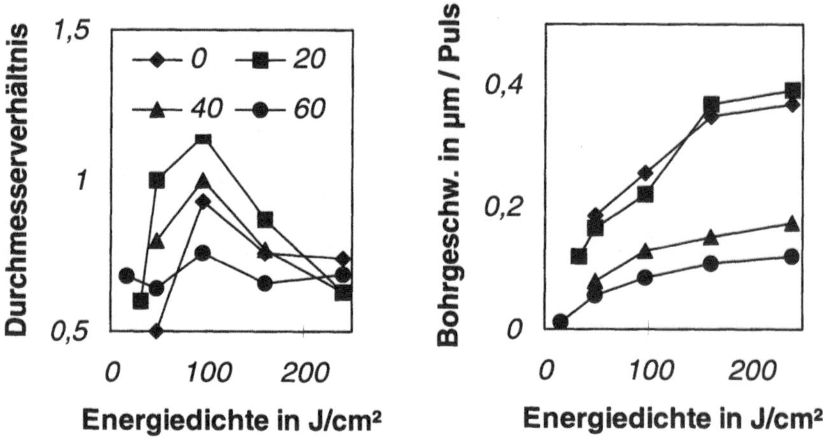

Bild 4.1: Perkussions- (d_H = 0) und Wendelbohren von 1 mm starken Keramikplättchen aus Si_3N_4 mit von 0 bis 60 µm variierendem Wendeldurchmesser. Dargestellt sind das Verhältnis von Austritts- zu Eintrittsdurchmesser und die mittlere Bohrgeschwindigkeit. (Laserstrahlparameter: Wellenlänge: 539 nm, Pulsdauer: 220 ps, Fokusdurchmesser: 30 µm, Pulszahl variabel, 30% Aufweitungspulse nach Durchbruch) [8]

In Bild 4.1 ist auch zu erkennen, dass durch Anwendung der wendelnden Vorschubbewegung das Erreichen eines Durchmesserverhältnisses von 1 wesentlich erleichtert wird. Dazu wird im Vergleich zur Perkussion nur die halbe Pulsenergie benötigt. Ein Optimum sowohl bezüglich des Durchmesserverhältnisses als auch bezüglich der Bohrgeschwindigkeit wird erzielt, wenn Wendeldurchmesser (20 µm) und Fokusdurchmesser (hier 30 µm) nahe beieinander liegen. Dadurch wird eine Überlappung der Abtragsprozesse erreicht und die Bildung eines Bohrkerns vermieden. Letzter führt – bei Durchmessern im µm-Bereich – zur Destabilisierung des Bohrprozesses.

Bei geeignetem Wendeldurchmesser wird die gleiche Bohrgeschwindigkeit wie beim Perkussionsbohren erreicht. Da sich bei gleicher Energiedichte jedoch ein um mindestens den Wendeldurchmesser vergrößerter Bohrungsdurchmesser einstellt, zeigt das Wendelbohren einen deutlich höheren Volumenabtrag pro Puls, also eine höhere Verfahrenseffizienz. Wesentliche Ursachen für die geringe Effizienz des Perkussionsbohrens sind dort verstärkt auftretende Schmelzablagerungen, siehe Bild 2.1, die auf unvollständigen Austrieb hinweisen. Beim Wendelbohren wird die "Span"abfuhr durch Vergrößerung des Bohrungsdurchmessers in Relation zur "Span"geometrie" erleichtert, eine Vorgehensweise die man vom klassischen Tieflochbohren her kennt.

Die Bilder 4.2 - 4.4 zeigen durch Wendelbohren mit einen Nanosekundenlaser erzeugte Mikrobohrungen. Bei den keramischen Werkstoffen Al_2O_3 und Si_3N_4 wurden Durchmesser und Aspektverhältnisse erreicht, die bei dieser Werkstoffklasse bisher nicht realisierbar waren.

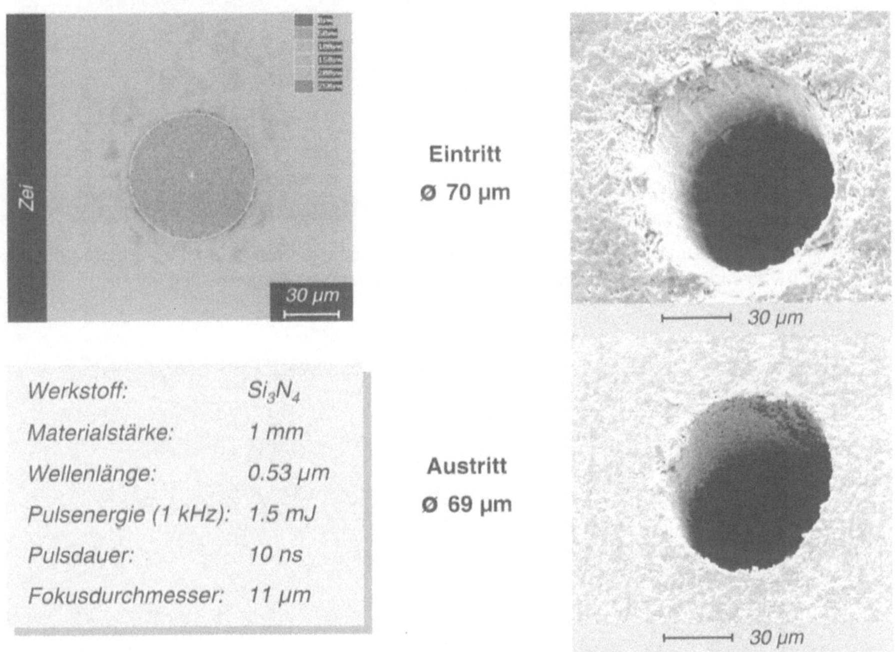

Bild 4.2: Mikrobohrung in Al_2O_3. Links oben: Mit Laserscanning-Mikroskop aufgenommenes Höhenprofil. Rechts: Rasterelektronenmikroskopaufnahmen von Bohrein- und -austritt

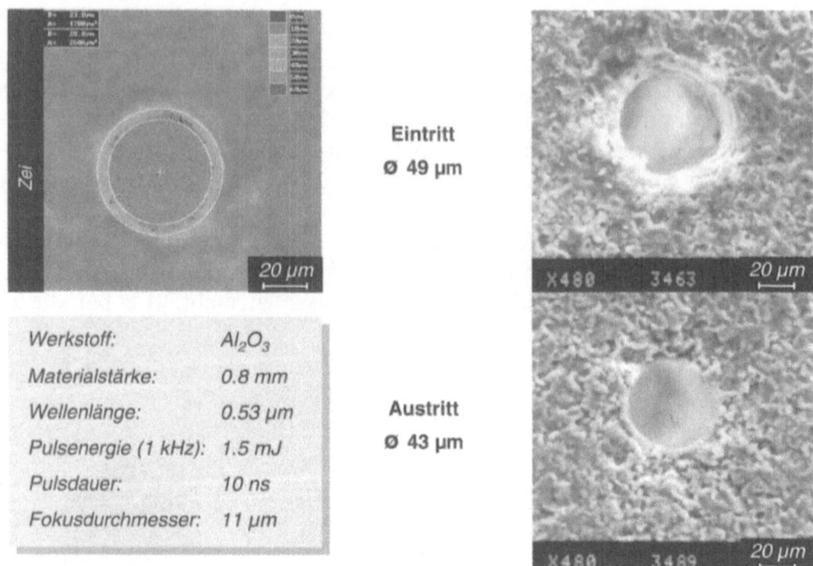

Bild 4.3: Mikrobohrung in Si3N4. Links oben: Mit Laserscanning-Mikroskop aufgenommenes Höhenprofil. Rechts: Rasterelektronenmikroskopaufnahmen von Bohrein- und –austritt

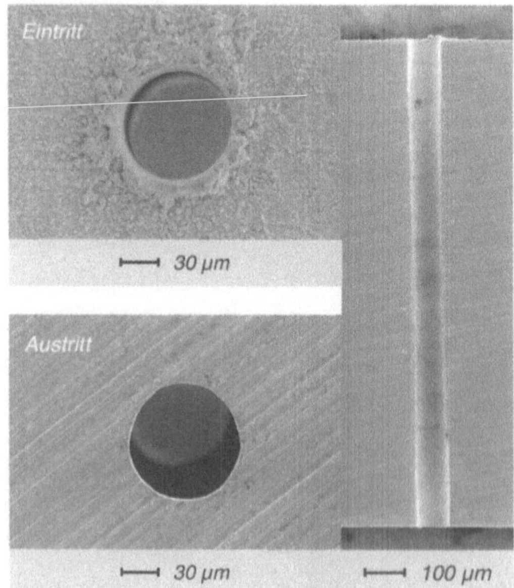

Bild 4.4: Bohrung mit 70 µm Durchmesser in 1 mm starkem Stahl, hergestellt mit dem Wendelbohrverfahren

Der Querschliff durch eine Stahlbohrung (siehe Bild 4.4) zeigt nahezu exakte Zylindrizität, keine sichtbaren Ablagerung an der Bohrungswand und scharfe Eintritts- und Austrittskanten [9]. Auf der Strahleintrittsseite noch zu beobachtende Schmelzablagerungen können inzwischen durch Verfahrensverbesserungen vermieden werden.

Ein Beispiel für das Laser-Erodieren von Keramik wird in Bild 4.5 vorgestellt. Es zeigt eine Trilobal-Bohrung einer Spinndüse für Polymerfasern. Der Vorteil der Keramik im Vergleich zum heute üblichen Werkstoff Stahl liegt in der längeren Standzeit. Keramische Düsen konnten bisher mangels geeigneter Fertigungstechnik für Mikrostrukturen nicht hergestellt werden. Hier bietet das Strahlwerkzeug Laser nun eine Lösung.

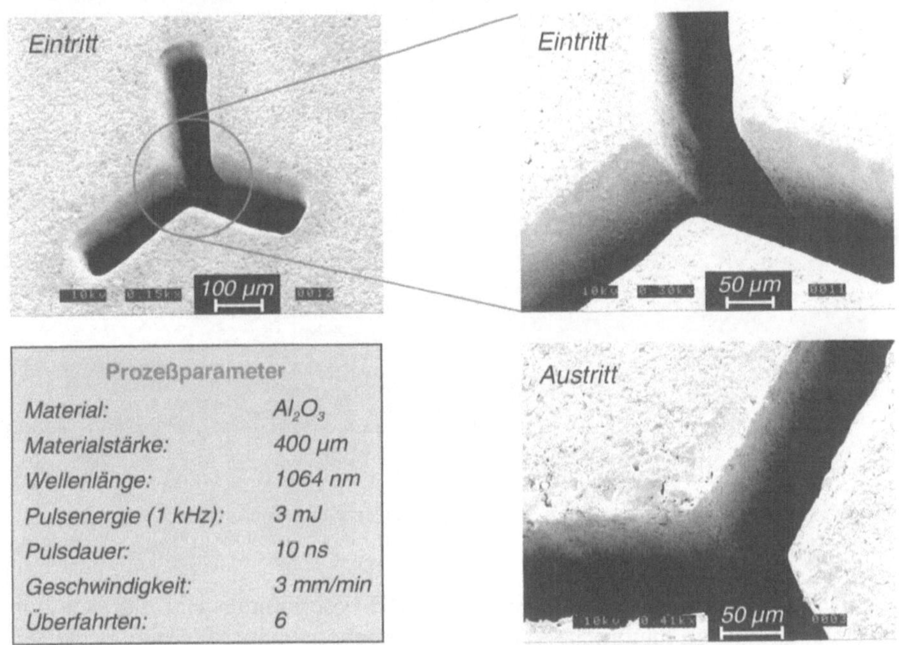

Prozeßparameter	
Material:	Al_2O_3
Materialstärke:	400 µm
Wellenlänge:	1064 nm
Pulsenergie (1 kHz):	3 mJ
Pulsdauer:	10 ns
Geschwindigkeit:	3 mm/min
Überfahrten:	6

Bild 4.5: Mit Laser-Erodieren erzeugte Trilobal-Geometrie einer Spinndüse aus Al_2O_3-Keramik

5 Ausblick

Eine weitere Verkürzung der Pulsdauer bis zu ca. 100 fs (10^{-13} s) wurde bereits realisiert. Die Laserindustrie – vor allem in den USA – hat dazu erste Geräte auf den Markt gebracht. Neben Anwendungen in der Informations-, Mess- und Medizintechnik ist dies auch für präzise abtragende Bearbeitung im Maschinenbau von Interesse. In Bild 5.1 ist eine Bohrung durch 1 mm starkes Stahlblech gezeigt, die mit einer Folge von fs-Pulsen erzeugt wurde [10]. Im Querschnitt war keinerlei Schmelze nachzuweisen. Allerdings treten hier neue, die erreichbare Präzision beeinträchtigende Phänomene auf. Der Bohrungsquerschnitt ist doppeltkonisch statt zylindrisch und auf der Bohrungswand zeichnen sich eine Riefenstrukturen ab.

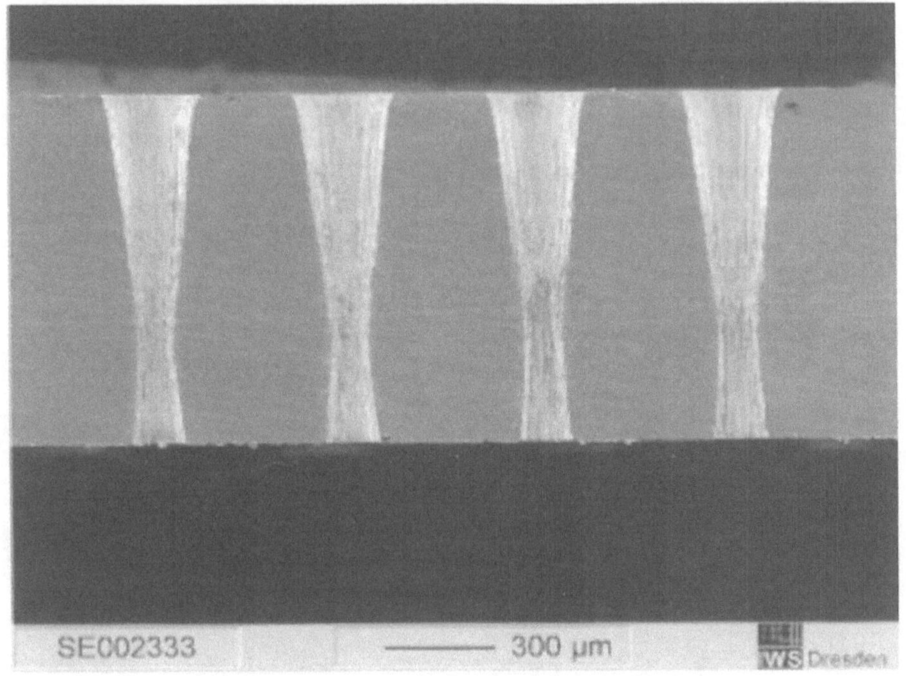

Bild 5.1: Mit Femtosekundenpulsen in 1 mm Stahlblech erzeugte Bohrung [10]

Ein Ende letzten Jahres angelaufenes BMBF-Verbundprojekt hat sich zum Ziel gesetzt, diese Phänomene verstehen und beherrschen zu lernen sowie fertigungstaugliche Strahlquellen und Systemkomponenten zu entwickeln und damit das Potential der Femtosekundentechnologie für die Präzisionsbearbeitung von Bohrungen und Oberflächenstrukturen nutzbar zu machen.

Danksagung

Der Autor dankt dem BMBF für die Förderung des Verbundprojekts PRABO, in dessen Rahmen die Mehrzahl der hier vorgestellten Ergebnisse erzielt wurde.

Literatur

1. De Paoli, A.; Rapp, J.: Laseranwendungen in der Kraftstoffeinspritztechnik. Tagungsband Stuttgarter Lasertage SLT '99, Stuttgart, Sept. 1999, S. 8.
2. Bahnmüller, J.: Charakterisierung gepulster Laserstrahlung zur Qualitätssteigerung beim Laserbohren. Dissertation, Universität Stuttgart, 2000.
3. Raiber, A.: Grundlagen und Prozesstechnik für das Lasermikrobohren technischer Keramiken. Dissertation, Universität Stuttgart, 1999.
4. Giering, A.; Beck, M.; Bahnmüller, J.: Laserbohranwendungen im Luftfahrtbereich. Tagungsband Stuttgarter Lasertage SLT '99. Stuttgart, Sept. 1999, S. 32.
5. Chen, X.: Method and Apparatus for Laser Drilling. United States Patent 6,054,673. Anmeldedatum 17.09.97.
6. Beck, Th.; Motzkus, R.; Seidel, S.; Richter, K: Präzisionsbohren mit aktiv gütegeschalteten Festkörperlasern mit hoher mittlerer Leistung. Laser in der Materialbearbeitung, Band 12, Düsseldorf, 2000.
7. Chang, J.; Warner, B.E.; Dragon, E.P.: Method and Apparatus for Precision Laser Machining. United States Patent 6,057,525. Anmeldedatum: 10.09.97.
8. Dausinger,F.; Abeln, T.; Breitling, D.; Radtke, J.; Konov, V.; Garnov, S.; Klimentov, S.; Kononenko, T.; Tsarkova, O.: Bohren keramischer Werkstoffe mit Kurzpuls-Festkörperlasern, LaserOpto **31** (3), S. 78-85, 1999.
9. Callies, G.; Wawra, Th.: Verfahrensstrategien zur effizienten Erzeugung von Durchbrüchen und Bohrungen hoher Präzision für die Mengenfertigung. Laser in der Materialbearbeitung, Band 12, Düsseldorf, 2000.
10. Ostendorf, A.; Kamlage, G.; Nolte, S.: Präzisionsbohren mit Kurzpulslasern. Laser in der Materialbearbeitung, Band 12, Düsseldorf, 2000.

Montage miniaturisierter Bauteile

J. HESSELBACH

Einleitung

Miniaturisierung bei gleichzeitiger Funktionsintegration ist weltweit ein zentrales Thema der Produktentwicklung in den unterschiedlichsten Anwendungsfeldern. Miniaturisierte Systeme umfassen Signalverarbeitung, Sensoren und/oder Aktoren auf kleinstem Raum. Durch die hohe Integrationsdichte werden funktionale und/oder kostenmäßige Vorteile erreicht. Ist das Gesamtsystem mit mikrotechnischen Methoden hergestellt oder haben wesentliche Strukturelemente Abmessungen im µm-Bereich spricht man auch von Mikrosystemen.

Miniaturisierte Systeme werden in sehr unterschiedlichen Stückzahlen benötigt, von Massenprodukten im Automobilbau bis hin zu Kleinserien im Maschinen- und Anlagenbau. Da ein Großteil der Herstellkosten in der Produktion anfällt, ist es notwendig, eine wirtschaftliche und auf die jeweils zu fertigende Stückzahl zugeschnittene Lösung zu realisieren.

Bei der Fertigung einzelner Funktionsbaugruppen, aber auch kompletter Produkte lassen sich zwei Entwicklungslinien feststellen: Die (klassischen) feinwerktechnischen sowie die (neueren) mikrotechnischen Verfahren.

Mikrotechnische Miniaturisierungsansätze basieren auf Verfahren, die aus der Mikroelektronik übernommen wurden. Dies sind insbesondere die Fotolithographie, Verfahren zur Abscheidung dünner Schichten, Ätztechniken sowie die kostengünstigen Konzepte zur Batch-Fertigung. Hinzu kommen Weiterentwicklungen dieser Verfahren, die im Gegensatz zu den Planartechniken der Mikroelektronik auch die Herstellung dreidimensionaler, beweglicher Mikrostrukturen gestatten. Dazu gehören unter anderem Tiefenlithographie, anisotropes Tiefenätzen von Silizium, Opferschichttechniken, Mikrogalvanik, Abformtechniken, Spritzgießen, Prägen und Mehrebenen-Waferbondverfahren. Die Mikrotechnik überträgt diese Entwicklung auf nicht-elektronische Funktionen. Dadurch wird die Integration von Sensoren, Aktoren und elektronischen Bauelementen zu komplexen, multifunktionalen Mikrosystemen mit kleinen Abmessungen, geringem Gewicht, geringer Leistungsaufnahme und hoher Zuverlässigkeit möglich.

Eine evolutionäre Vorgehensweise bieten die Methoden der Feinwerktechnik, bei denen konventionelle Verfahren zur Herstellung miniaturisierter Bauteile, gegebenenfalls unter Nutzung neuer mikrotauglicher Materialien, weiterentwickelt werden. Ein Beispiel dafür ist der Einsatz von Verfahren der Ultrapräzisionsbearbeitung bei der Fertigung kleinster Komponenten oder

Strukturen. Die Weiterentwicklung von Fertigungsverfahren, die mit formgebenden Werkzeugen arbeiten, in den Mikrometerbereich eröffnet interessante Ergänzungen und zum Teil auch Alternativen zu mikrotechnischen Prozessen. Mit Hilfe von Verfahren der Mikrozerspanung und mittels Lasermikrobearbeitung lassen sich komplexe dreidimensionale Geometrien aus fast allen Materialien fertigen. Aufgrund ihrer Flexibilität, der nicht erforderlichen Maskentechnik und der kurzen Fertigungszeiten zeichnen sich bei der Fertigung von kleinen Stückzahlen Vorteile ab. Auch in Mischtechnik lassen sich Kleinserien häufig schneller und kostengünstiger realisieren als mit den aus der Mikroelektronik abgeleiteten, investitionsintensiven "reinen" Mikrosystemtechnologien.

Bei einer feinwerktechnischen Herstellung der Einzelkomponenten verlangt der Produktaufbau grundsätzlich deren Montage (Bild 0.1). Aber auch bei Mikrosystemen ist die Herstellung bzw. Integration aus technischen (z.B. bewegliche Strukturen, unterschiedliche Materialien usw.) oder wirtschaftlichen (z.B. Stückzahlen) Gründen nicht immer monolithisch zu realisieren, sondern muß aus einzelnen mikrotechnisch hergestellten Bauteilen oder Baugruppen zusammengesetzt werden (Hybridaufbau). Zudem verlangt der Anschluß des Gesamtsystems an die Makrowelt meist Montagevorgänge.

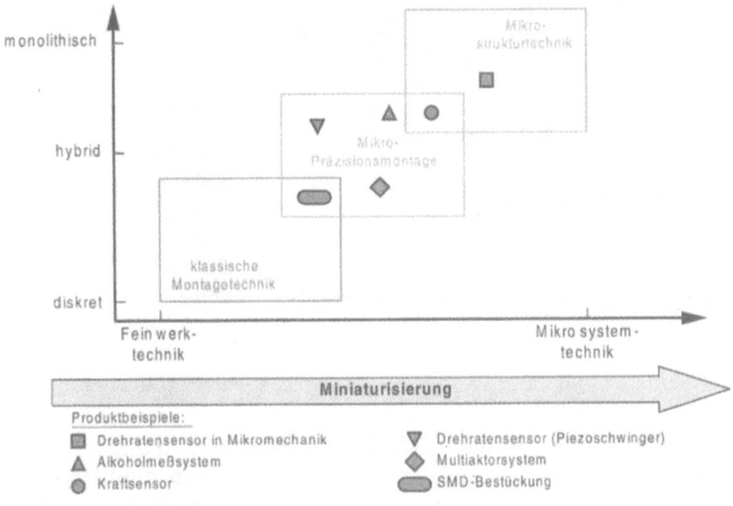

Bild 0.1: Mikromontage

Wesentliche Problemstellungen der Mikromontage sind die Entwicklung geeigneter Montagekonzepte, Fügeverfahren sowie der notwendigen Gerätetechnik. Der Schwerpunkt dieses Beitrages liegt im Bereich der Handhabungstechnik für die hochgenaue serielle Montage miniaturisierter Bauteile und Produkte.

1 Beispiele miniaturisierter Bauteile und Produkte

Während das Gebiet der Mikrosensorik bereits weit fortgeschritten ist, befindet sich die Mikroaktorik noch im Stadium der Grundlagenentwicklung. Dies zeigen auch die folgenden Beispiele.

1.1 Dreidimensionaler Kraftsensor

Die Grundstruktur des Sensors besteht aus einer Bossmembran, die in Bulkmikromechanik hergestellt wird. Die Krafteinleitung erfolgt über eine Tastspitze, die aus einem Wolframdraht von 150μm Durchmesser besteht (Bild 1.1).

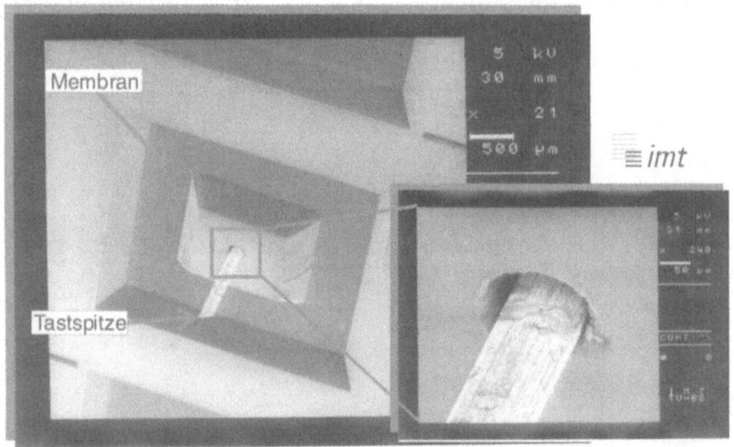

Bild 1.1: Kraftsensor [1]

Auf der Unterseite des Sensors sind am Rand der Membran und am Übergang zwischen Membran und Boss 24 piezoresistive Widerstände eindiffundiert. Wird die Membran durch eine Krafteinleitung deformiert, bilden sich in der Membran mechanische Spannungen aus. Aufgrund des piezoresistiven Effektes ändert sich die Leitfähigkeit der in den Spannungszonen plazierten Widerstände. Die Widerstände werden zu einer Wheatstone-Brücke verschaltet, so daß die drei Komponenten des eingeleiteten Kraftvektors gemessen werden können. Während die Grundstruktur (Boss, Membran, Widerstände) mit herkömmlichen, mikrotechnischen Methoden gefertigt werden kann, muß die Tastspitze in eine Bohrung mit 150μm Durchmesser eingefügt werden. Dieses erfordert eine hochpräzise Positionierung der Tastspitze über der Montageposition und ein anschließendes sensibles, kraftgeregeltes Einführen, um den Sensor nicht zu beschädigen.

1.2 Alkoholmeßgerät

Durch Kombination von Bausteinen aus Biosensorik, Mikrotechnik und Mikroelektronik wird am Institut für Mikrotechnik (Braunschweig) in Kooperation mit Industriefirmen ein portables Meßsystem entwickelt, mit dem der Blutalkoholgehalt über die Hautoberfläche bestimmt werden kann. Bild 1.2 zeigt den Aufbau des Alkoholmeßsystems.

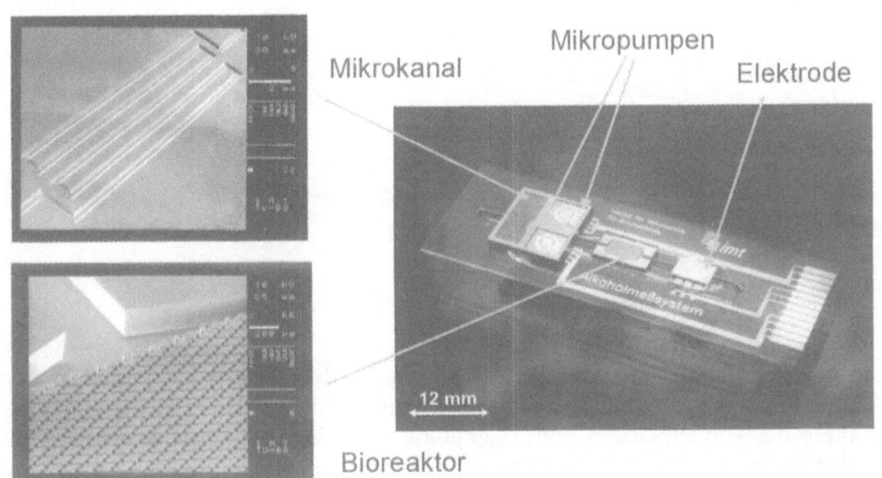

Bild 1.2: Alkoholmeßgerät [2]

Aus einem Vorratsbehälter wird über zwei Mikropumpen frische Pufferlösung durch die Fließdiffusionszelle gepumpt. Hierbei kann der Puffer entweder direkt zum Bioreaktor (als späteres Nullsignal) oder zuvor durch den Alkoholaufnehmer geleitet werden. Schon kurze Zeit nach Genuss eines alkoholhaltigen Getränks werden über die Haut geringe Alkoholmengen ausgesondert, die über den Aufnehmer in die Fließzelle gelangen können.

Im 3mm x 5mm großen Bioreaktor, der durch seine Säulenstruktur eine Oberfläche von über 120mm² hat, befindet sich ein Enzym. Für den Nachweis von Alkohol bietet sich das Enzym Alkoholoxidase an. Mit ihm werden Alkohole in Anwesenheit von Sauerstoff zu ihren Aldehyden und Wasserstoffperoxyd oxidiert. In der Detektorzelle wird dann der Alkoholgehalt indirekt über das gebildete Wasserstoffperoxyd nachgewiesen, das bei einer amperometrischen Messung an der Anode zu Sauerstoff oxidiert. Aus der Größe des fließenden Stroms lässt sich der Alkoholgehalt bestimmen.

Fließdiffusionszelle, Bioreaktor und Detektor werden in mehreren Schritten aus Silizium und Pyrex gefertigt, wobei sowohl isotropes als auch anisotropes

Ätzen zur Anwendung kommen. Die Funktionsschichten werden in PVD- und CVD-Prozessen aufgesputtert. Ein abschließendes Bonden führt zum eigentlichen Mikrosystem in Sandwichbauweise.

1.3 Multiaktorsystem

Ebenfalls an der TU Braunschweig wird ein Multiaktorsystem entwickelt [3]. Dieser (Bild 1.3) besteht aus einer Vielzahl von seriell und parallel verschalteten (identischen) Einzelaktoren. Die Konfiguration kann an die jeweils gewünschten Eigenschaften (Kräfte, Wege) des Multiaktors angepaßt werden.

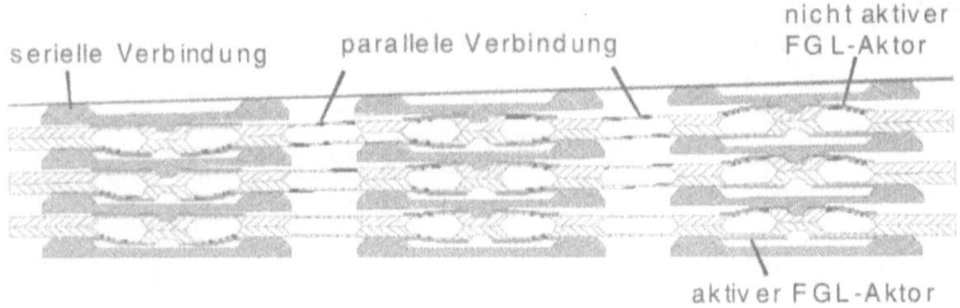

Bild 1.3: Multiaktorsystem

Die in einer Ebene liegenden Einzelaktoren werden jeweils aus einem Wafer gefertigt und müssen dadurch nicht erst verbunden werden. Die serielle Verbindung der Einzelaktoren muß dagegen durch einen weiteren Klebevorgang erreicht werden. Als aktives Material für den Einzelaktor wurde wegen des ausgesprochen guten Volumen/Energieinhalt-Verhältnisses Nickel-Titan mit Formgedächtnis-eigenschaften ausgewählt. Das Grundelement des Einzelaktors (Bild 1.4) wird in Siliziumtechnologie gefertigt und besteht aus dem Silizium-Substrat, einer Isolationsschicht und den metallischen Versorgungsleitungen.

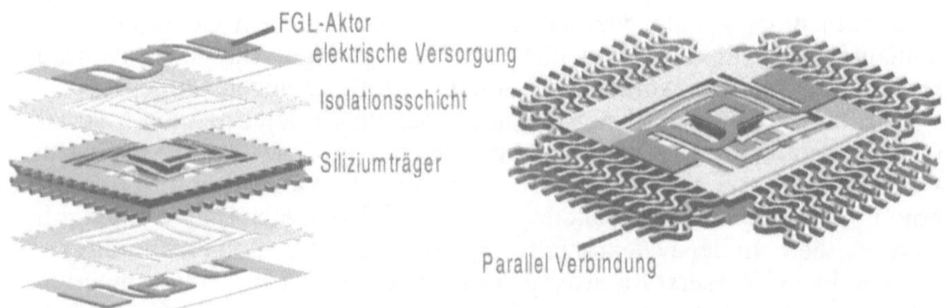

Bild 1.4: Einzelaktor

Jeder Einzelaktor wird aus zwei identischen Grundelementen zusammengesetzt, die gegengleich miteinander verklebt werden. Durch die Asymmetrie der Grundelemente werden die NiTi-Folien ein wenig ausgelenkt. Vor dem Aufkleben der NiTi-Folie wurde ihr eine ebene Warmform eingeprägt. Wird nun eine der Folien des Einzelaktors durch einen elektrischen Strom erwärmt, so zieht sich die Folie eben und übt eine zur Folie senkrechte Kraft auf. Die Kraft eines Einzelaktors wurde zu etwa 50mN bestimmt.

2 Montagekonzepte

Montageprozesse beinhalten produktspezifisch eine Reihe von Füge-, Handhabungs-, Justier- und Kontrollvorgängen. In der Mikrosystemtechnik werden als Fügeverfahren derzeit vor allem Kleben, eutektisches Bonden, Glas Sealing, anodisches Bonden und Silicon Direct Bonding eingesetzt. National und international finden auf diesem Gebiet zahlreiche Weiterentwicklungen statt. Ein interessantes Beispiel hierfür ist das Mikro-Montagespritzgießen, was im Rahmen des SFB 440 („Montage hybrider Mikrosysteme") der RWTH Aachen untersucht wird.

Eine weitere wichtige Aufgabe bei der Montage ist die Handhabung der zu fügenden Bauteile, die sich in unterschiedliche Funktionen gliedern läßt. Eine dieser Funktionen ist das Bewegen (z. B. Positionieren, Orientieren), das von Handhabungsgeräten mit angebauten Greifern übernommen wird. Weiterhin werden die Bauteile geordnet oder ungeordnet gespeichert. Erfolgt die Speicherung ungeordnet, so müssen die Objekte in einen geordneten Zustand gebracht werden, bevor sie dem Handhabungsgerät zugeführt und durch Spannen gesichert werden. Eine wichtige Voraussetzung für die automatisierte Montage ist eine geeignete Gerätetechnik in Abhängigkeit von dem verwendeten Montagekonzept.

2.1 Parallele Montage

Auf einem Nutzen [13] befinden sich mehrere Einzelteile, die in einem Arbeitsgang montiert und später getrennt werden (parallele Montage, Bild 2.1). Diese Montageform entspricht in gewisser Hinsicht den Prozessen, die in der Mikrotechnik üblich sind. Als Nutzen wird daher üblicherweise ein Wafer verwendet.

Bei der parallelen Montage werden Objekte mit makroskopischen Abmessungen mit sehr hoher Genauigkeit gefügt. Da bei diesem Montagekonzept viele typische Probleme der diskreten Mikromontage nicht auftreten, können hochpräzise, aber konventionelle Handhabungsgeräte und Greifer für diese Aufgaben eingesetzt werden.

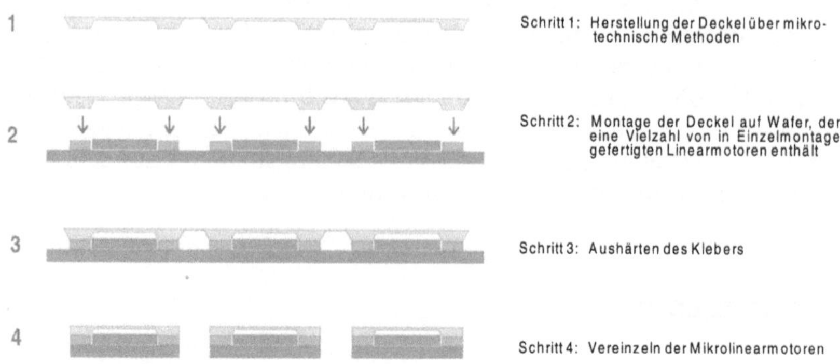

Bild 2.1: Parallele Montage

Wesentlicher Vorteil dieser Montage im „Batch-Betrieb“ ist der erzielbare hohe Durchsatz. Ein Problem besteht jedoch in den hohen Genauigkeitsanforderungen an die lithographischen Prozesse, um die für die Montage notwendigen Lagetoleranzen der Einzelkomponenten auf den Wafern einzuhalten.

Für die Montage im Nutzen gibt es im Bereich des anodischen Bondens von Komponenten eines Beschleunigungssensors erste Automatisierungsansätze. Dazu werden zur Ausrichtung der Wafer konventionelle Handhabungssysteme verwendet. Die hochgenaue Justierung von zwei Wafern wird durch eine optische Ausrichtung und eine entsprechende Kopplung mit dem Handhabungssystem automatisiert. Um sehr hohe Auflösungen im sub-µm-Bereich zu realisieren, werden bisher aber überwiegend noch halbautomatische Lösungen verwendet.

Weiterhin ist auch denkbar, einer diskreten Bauteilfertigung eine Montage auf einem Wafer folgen zu lassen, um beispielsweise Beschichtungsprozesse im Nutzen durchführen zu können. In diesem Fall ist die Verbindung der seriellen sowie parallelen Fertigungsprozeßschritte sinnvoll.

2.2 Serielle Montage

Bei der diskreten Montage miniaturisierter Komponenten werden die Bauteile seriell montiert. Dies entspricht im Prinzip der Vorgehensweise bei der feinwerktechnischen oder makroskopischen Montage.

Die Bauteile sind hier jedoch gekennzeichnet durch:

- geringe Absolutgröße
- relativ große Toleranzen bezüglich ihrer Absolutgröße
- durch eine hohe Bruch -und Oberflächenempfindlichkeit
- eingeschränkt nutzbare Griffflächen (z.B. Führungen mit empfindlichen Oberflächen oder kleinste mikrooptische Bauelemente)

Die Randbedingungen der seriellen Mikromontage wurden in einer Reihe von Untersuchungen bei Firmen, die sich mit der Herstellung miniaturisierter Produkte beschäftigen, ermittelt [5]. Anforderungen an die Mikromontage bzw. an die erforderliche Gerätetechnik ergeben sich demnach aus

- der erforderlichen Genauigkeit (0,1....10) µm
- der Bauteilgröße (0,1...10) mm
- den unterschiedlichen Geometrien
- der Verschmutzung (Reinraumproblematik)

Bei der seriellen Montage mikrotechnischer Bauteile erfolgt die Montage noch immer überwiegend manuell mit einfachen Hilfsmitteln, wie z.B. Pinzetten. Die manuelle Montage von Mikrosystemen mit Abmessungen der Einzelteile von weniger als einem Millimeter, stellt an die menschliche Arbeitskraft besonders hohe Anforderungen, die durch das Arbeiten am Mikroskop und den Einsatz von Manipulationshilfen gekennzeichnet sind. Unter solchen Bedingungen ist eine wirtschaftliche Herstellung mikrotechnischer Produkte in höheren Stückzahlen mit gleichbleibender Qualität nur schwer möglich. Aus diesem Grund besteht insbesondere im Bereich der diskreten Montage von Mikrobauteilen Handlungsbedarf hinsichtlich einer automatisierten Montage.

Im folgenden werden, auf diesen Handlungsbedarf Bezug nehmend, einige Lösungsansätze aus dem Bereich der Handhabungstechnik vorgestellt.

3 Roboter für die Mikromontage

Der Schwerpunkt der Handhabungsprobleme liegt bei Aufgaben, in denen vier Bewegungsfreiheiten im Raum notwendig sind. Untersuchungen haben aber auch gezeigt, daß in einigen Fällen aufgrund von Fertigungstoleranzen und zusätzlichen Störeffekten Handhabungsgeräte mit weiteren Bewegungsfreiheiten zum Toleranzausgleich erforderlich sind.

Lösungen aus dem Bereich der SMD-Bestückung sind aus Gründen der erreichbaren Genauigkeiten und der Bauteilgeometrien nur beschränkt für Anwendungen in der Mikromontage anwendbar. Bisherige Entwicklungen für Handhabungssysteme optimieren konventionelle Geräte, z.B. aus dem Bereich von x-y-Koordinatenmeßtischen oder dem der Industrieroboter, hinsichtlich der Genauigkeit. Dieses Ziel wird jedoch meist mit hohem konstruktiven Aufwand erreicht.

Diese Handhabungsgeräte basieren auf seriellen Strukturen mit relativ großen Arbeits- und Bauräumen und sind in ihren Abmessungen wesentlich größer als die Handhabungsobjekte. Damit sind auch die Kräfte, die zur Bewegung des Handhabungsgerätes benötigt werden, viel größer als diejenigen, die notwendig sind, um das zu handhabende Objekt zu bewegen. Unter Berücksichtigung von Skalierungseffekten ergibt sich, daß kleinere Systeme aufgrund der niedrigen Masse generell schneller beschleunigen können. Darüber hinaus werden Ungenauigkeiten aufgrund von thermisch bedingten Ausdehnungen durch die kleineren Abmessungen ebenfalls reduziert. Die Miniaturisierung der zu montierenden Produkte macht also auch die Verkleinerung der entsprechenden Montageeinrichtungen sinnvoll.

Die Miniaturisierung wird durch die Anwendung von Kinematiken auf der Basis geschlossener kinematischer Ketten (Parallelrobotern) wesentlich unterstützt. Darüber hinaus bieten sich Parallelroboter gerade zur Lösung von Aufgaben an, die hohe Positioniergenauigkeiten erfordern. Durch ihren leichten und trotzdem sehr steifen Aufbau sowie die Möglichkeit, alle Antriebe im (ortsfesten) Gestell unterzubringen, sind sie sehr gut für hochpräzise Handhabungsoperationen unter Reinraumbedingungen geeignet.

3.1 Ebener Parallelroboter

Das folgende Beispiel zeigt eine ebene Parallelstruktur (Bild 3.1). Drei Linearmotoren bewegen über Führungsketten, ausgeführt mit CFK-Stäben, die Arbeitsplattform mit dem Greifer. Die Antriebe basieren auf reibschlüssigen Piezomotoren, die in Kombination mit einem Inkrementalgeber eine Auflösung von 0,1μm ermöglichen. Die passiven Drehgelenke wurden zunächst mit Kugellagern aufgebaut. Die Bewegung in Richtung der Z-Achse realisiert ein zusätzlicher Hubtisch.

Dieses Beispiel zeigt als Applikation die Montage und das Fügen von Führungselementen eines Mikrolinearmotors.

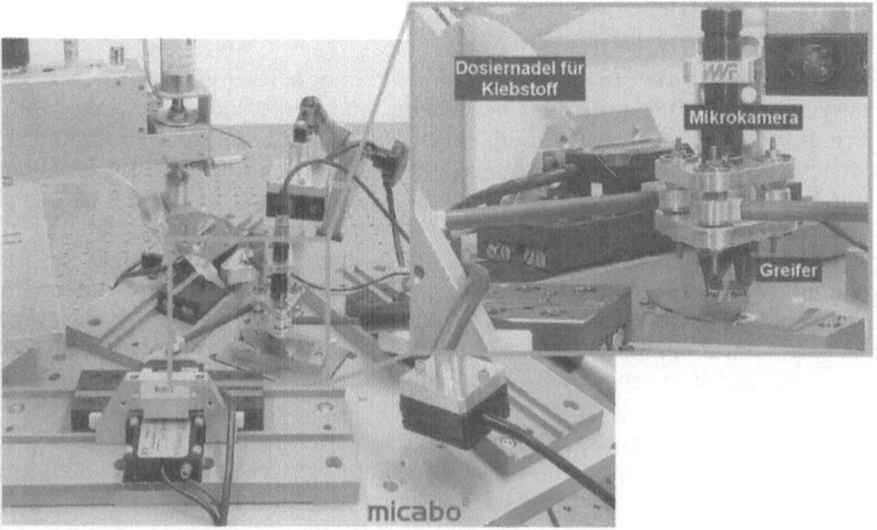

Bild 3.1: Ebener Parallelroboter [7]

Einige Kenndaten sind im folgenden zusammengestellt:

- Äußere Abmessungen: 130x400x400mm^3
- Nutzbaren Arbeitsraum: 30x30x30mm^3 bei einem Drehwinkel von ca. ±40°
- Antriebe: Piezolinearmotoren (200mm/s, Zustellfeinheit 5nm)
- Meßsystem: Linearmaßstab (0,1µm Auflösung)

Grundsätzliches Ziel dieser Entwicklung war eine Wiederholgenauigkeit des Gerätes von 1 µm. Die Wiederholgenauigkeit des beschriebenen Aufbaus im unkalibrierten Zustand beträgt ca. 5µm .

Ein Ansatz zur Erhöhung der Wiederholgenauigkeit ist der Aufbau der mechanischen Struktur mit stoffschlüssigen Gelenken (Bild 3.2c).

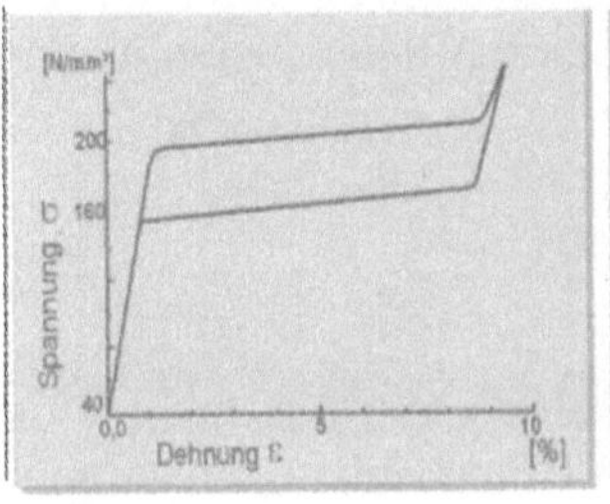

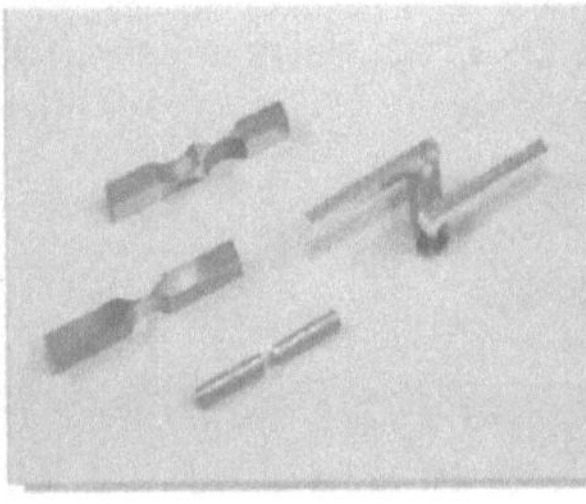

Bild 3.2:
a) Pseudoelastisches Verhalten einer FG-Legierung **b)** Beispiele stoffschlüssiger Gelenke **c)** Stoffschlüssige Gelenke im ebenen Parallelroboter

Als stoffschlüssige Gelenke bezeichnet man Stellen im Mechanismus, die aufgrund einer gezielten Querschnittsverminderung eine erhöhte Nachgiebigkeit besitzen. Zur Realisierung von Gelenken mit den Freiheitsgraden F=1 bis F=3 werden überwiegend einfache Balken- oder Kerbgelenke eingesetzt, die über Biegung beansprucht werden können (Bild 3.2b). Aber auch über Torsionsbeanspruchungen können konventionelle Gelenke durch stoffschlüssige Gelenke nachgebildet werden. Ist die Steifigkeit des übrigen Mechanismus sehr viel größer als die der stoffschlüssigen Gelenke und ist die Winkelverformung der stoffschlüssigen Gelenke nicht zu groß, kann der Mechanismus als konventionelle Struktur mit starren Gliedern und Drehgelenken modelliert werden. Der große Vorteil besteht, außer in der einfachen Miniaturisierung bei diesen Gelenken, in den erreichbaren hohen Genauigkeiten, da sie bauartbedingt kein Verschleiß, Spiel oder Slip-Stick-Effekte aufweisen.

Parallelroboter erlauben auf einfache Weise die Integration von stoffschlüssigen Gelenken, da die Strukturen aus Gliedern und passiven Gelenken aufgebaut sind.

In ersten Versuchen wurden in den ebenen Parallelroboter stoffschlüssige Gelenke aus Polyacetal (POM) integriert. Bei diesen Gelenken mit einer Stegdicke von 0,1mm betrug die maximale Winkelauslenkung etwa ±5°. Dieses führte zu einem deutlich eingeschränkten Bewegungsraum des Roboters, jedoch zu einer Verbesserung der Wiederholgenauigkeit auf etwa 3µm.

Der Nachteil des eingeschränkten Winkelbereiches der stoffschlüssigen Gelenke kann durch den Einsatz neu entwickelter Materialien deutlich abgeschwächt werden. So besitzen superelastische Formgedächtnislegierungen wie NiTi oder einkristallines CuAlNi elastische Dehnbeträge von 8% bis zu 15% (Bild 3.2a), was Winkelauslenkungen um etwa 20° zuläßt. Zudem können die auftretenden Rückstellkräfte durch eine entsprechende Konstruktion des Roboters genutzt werden, um eine Vorspannung der Struktur zu erzeugen, da die superelastischen FG-Legierungen eine geringere Kriechneigung als Kunststoffe aufweisen. Durch die Vorspannung läßt sich die Wiederholgenauigkeit des Roboters weiter steigern. Um eine hohe absolute Genauigkeit zu erreichen, ist es neben einer Kalibrierung des Roboters notwendig, die bei stoffschlüssigen Gelenken auftretende Drehpunktwanderung steuerungstechnisch durch ein geeignetes Modell zu kompensieren, da sie bei größeren Winkelauslenkungen nicht mehr vernachlässigbar ist.

3.2 Räumliche Parallelstruktur

Im Rahmen des BMBF-Leitprojektes ACCOMAT entwickelt das Institut für Werkzeugmaschinen und Fertigungstechnik der TU Braunschweig zusammen mit der Robert Bosch GmbH eine Montagezelle für Mikromontageaufgaben (Bild 3.3).

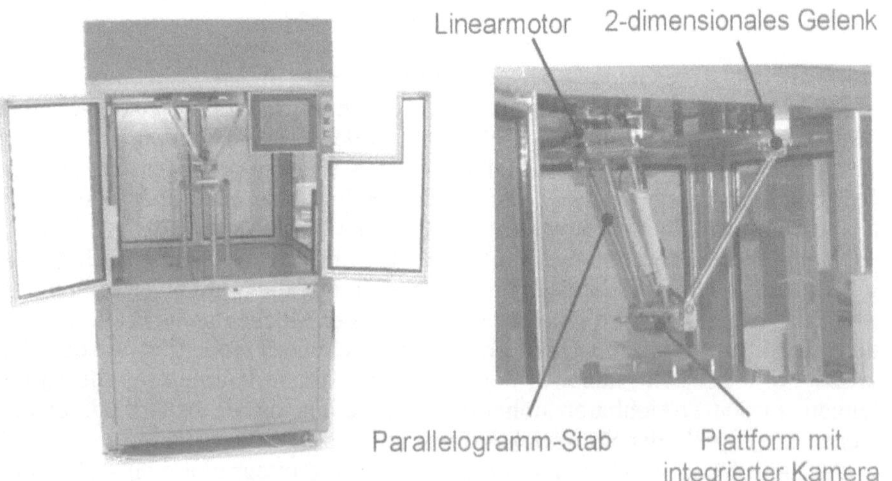

Bild 3.3: Montagezelle mit Triglide

Zentrales Element ist ein Parallelroboter, der als räumliche Struktur mit drei translatorischen Freiheiten (Triglide) ausgeführt ist, wobei die drei Führungen sternförmig angeordnet sind und über elektrische Linearmotoren angetrieben werden. Eine zusätzliche Rotationsachse ist seriell in die Arbeitsplattform integriert. Die zum Patent angemeldeten Gelenke gewährleisten eine spiel- und reibungsarme Führung der Arbeitsplattform.

Eingeschränkt wird die Orientierung der Plattform nur durch die Baugröße des Greifers bzw. die Versorgungsleitungen. Diese Struktur verfügt über eine hohe Steifigkeit. Prinzipbedingt werden die Antriebsfehler untersetzt (das Verhältnis Plattformbewegung zu Antriebsbewegung ist immer < 1).

Die räumliche Struktur hat gegenüber der ebenen Struktur folgende Vorteile:

- Keine Singularitäten im Arbeitsraum
- Nahezu keine Einschränkung der Greiferorientierung um die Z-Achse
- Homogenes Übertragungsverhalten von Antrieb zu Abtrieb im gesamten Arbeitsraum
- Die Größe des Arbeitsraumes ist nicht von der Greiferorientierung abhängig

Für eine sensorgeführte Bewegung der Arbeitsplattform ist eine Kamera auf der Arbeitsplattform montiert und kann durch den Greifer und die C-Achse, die als Hohlwelle ausgeführt ist, das Objekt beobachten. Somit kann die Relativlage zwischen Objekt und Zielpunkt, der durch eine recht hohe Tiefenschärfe der Kamera ebenfalls beobachtet wird, ausgeregelt werden (s. folgender Abschnitt).

Die bewegten Massen (Plattform inkl. Kamera, Greifer und Antrieb für die C-Achse) lassen sich durch filigranere Bauweise und andere Materialien, wie z.B. CFK, noch optimieren.

Die Struktur besitzt folgende Eigenschaften:

- Arbeitsraum: 200x200x50 mm^3
- Aufstellfläche der Zelle: 1280x980 mm^2
- Geforderte Auflösung: 1 μm
- Bewegte Masse: ca. 2 kg
- Plattformbeschleunigung: ca. 5 g

3.3 Sensorführung

Ein weiterer Ansatz um die erforderlichen Genauigkeiten zu erreichen, ist eine sensorgestütze Führung der Montageprozesse. Dies gilt insbesondere, da die auftretenden systematischen sowie zufälligen Fehler in einigen Anwendungsfällen im Bereich der notwendigen Montagegenauigkeiten liegen.

Für eine Sensorführung in der Mikromontage sind vor allem optische Sensoren geeignet, da sie berührungslose und flächenhafte Messungen sowie hohe Auflösungen erlauben. Die Sensorsignale werden für die Realisierung einer übergeordneten kartesischen Lageregelung (Bild 3.4) genutzt. Das Ziel der optischen Lageregelung besteht darin, den Endeffektor des Handhabungsgerätes präzise in eine bestimmte Referenzlage gegenüber dem Zielobjekt zu führen.

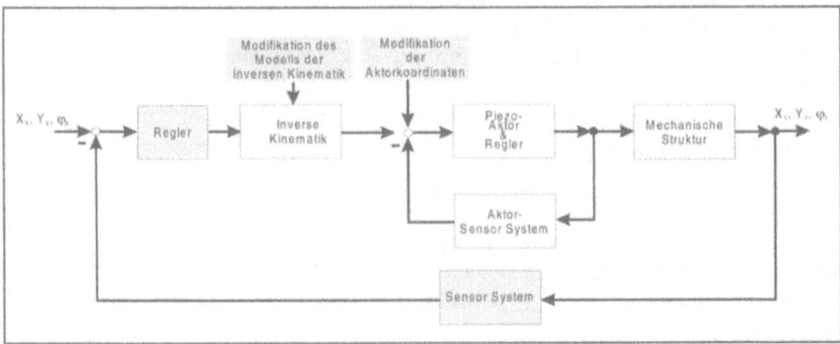

Bild 3.4: Sensorführung

Beim Einsatz einer Bildverarbeitung zur Positionsbestimmung existieren zwei unterschiedliche Ansätze in der Auswertung. Zum einen lässt sich die Position über den merkmalsbasierten Ansatz, bei dem systematisch angeordnete Strukturen ausgewertet werden, zum anderen über den flächenbasierten Ansatz, bei dem eine Intensitätsverteilung betrachtet wird, bestimmen. Der flächenbasierte Ansatz bietet hinsichtlich der Genauigkeit Vorteile: Für die Positionsmessung wird ein sogenanntes Fenster aufgespannt, dessen Grauwertverteilung bestimmt wird. Wenn das betrachtete Objekt sich relativ zur aufnehmenden Kamera bewegt, wird versucht, ein zum alten Bild korrelierendes Fenster mit derselben Grauwertverteilung unter der Bedingung von minimalen Differenzen zu finden. Da hierbei eine Vielzahl von Pixeln ausgewertet wird, ist die Genauigkeit dieses Verfahrens systembedingt höher als beim merkmalsbasierten Ansatz. In Versuchen mit einer Kamera mit einem Sichtfeld von 6mm x 4mm konnte durch flächenbasierte Auswerteverfahren eine Standardabweichung der Position von 25nm erreicht werden.

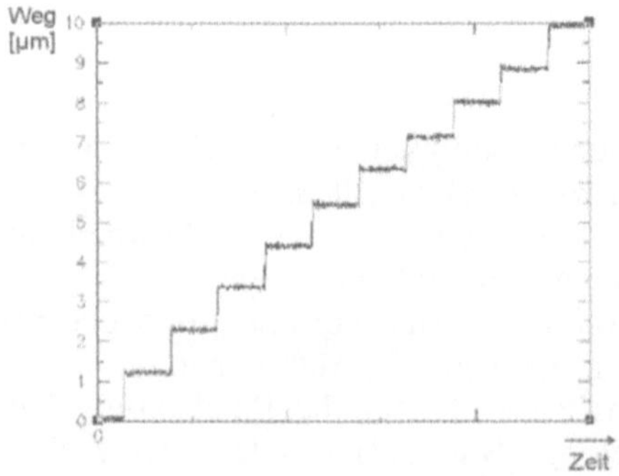

Bild 3.5: Positionsmessung

In weiteren Versuchen wurde die Position eines hochgenauen Positionierschlittens überprüft, der über eine Strecke von 10µm in 1µm–Schritten bewegt wurde. Als Referenzmesssystem zur Überprüfung der Position des Schlittens wurde ein Laser-interferometer verwendet. In Bild 3.5 sind die µm-Schritte deutlich zu erkennen, ebenso wie das Rauschen von etwa 20nm an der jeweils erreichten Position [8].

Problematisch beim Einsatz von Bildverarbeitungssystemen zur Positionsbestimmung in der Sensorführung ist lediglich die bisher recht geringe Messgeschwindigkeit. Herkömmliche CCD – Kameras können nur 25 Vollbilder pro Sekunde liefern. Eine Lösung zeichnet sich allerdings in der Verwendung von CMOS – Kameras ab, bei denen im Gegensatz zu CCD – Kameras nicht nur das gesamte Kamerabild, sondern auch kleinere Ausschnitte gezielt ausgelesen werden können. Indem jeweils ausschließlich der interessierende Ausschnitt gelesen wird, kann die Auslesegeschwindigkeit auf einige hundert Bilder pro Sekunde gesteigert werden, so daß der limitierende Faktor dann allein die Berechnungsgeschwindigkeit der Auswertungssoftware ist.

4
Greifer und Zuführtechnik

Da Greifer sowie Speicher-, Ordnungs- und Spanneinrichtungen die Schnittstelle zwischen Handhabungsgerät und Handhabungsobjekt darstellen und sie somit im direkten Kontakt mit dem zu handhabenden Teil stehen, kommt ihnen eine besondere Bedeutung zu [5]. Im Bereich der diskreten Montage sind Greifer-, Spann- und Zuführkonzepte erforderlich, die folgende Randbedingungen und Anforderungen erfüllen:

- Da die Gewichtskraft der Objekte im Vergleich zu den Oberflächenkräften mit abnehmenden Abmessungen (< 1mm) an Bedeutung verliert, bleiben die Mikrobauteile an Oberflächen aller Art haften (Bild 4.1). Dies erschwert die Handhabung. Dieser Adhäsionseffekt muß daher reduziert oder ausgenutzt werden.
- Die Einzelteile sind sehr empfindlich, bedingt durch kleine Flächen (= Flächenpressung) und berührempfindliche Oberflächenstrukturen (z.B. Luftbrücken).
- Bei den meisten Montageaufgaben sind Bauteile unterschiedlicher Form und Abmessung zu montieren. Deshalb müssen Greifer-, Zuführ- und Spanneinrichtungen entsprechend flexibel sein, um ein möglichst großes Spektrum an Bauteilen handhaben zu können.
- Da die Mikromontage häufig im Reinraum stattfindet, dürfen die Greifer, Zuführ- und Spanneinrichtungen auf keinen Fall Quelle von Verschmutzungen sein.
- Die Abmessungen von Greifer, Speicher-, Ordnungs- und Spanneinrichtungen müssen sich an den Abmessungen des Mikrosystems orientieren.

- Die Greifer sollen die Objekte zentrieren bzw. definiert greifen können.

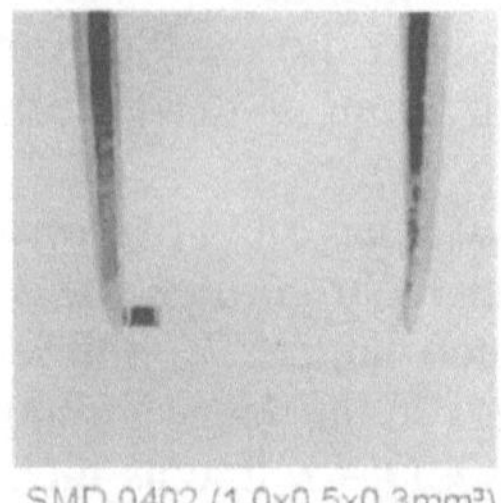
SMD 0402 (1,0x0,5x0,3mm³)

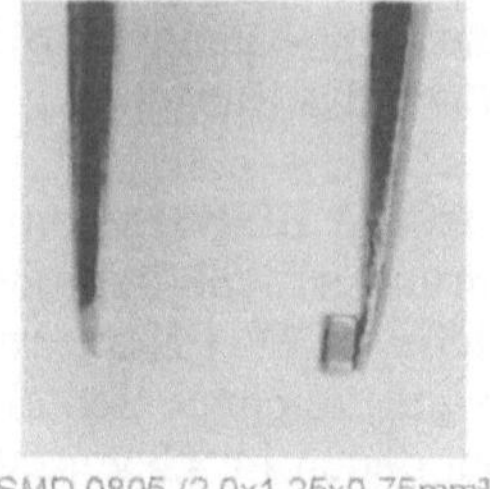
SMD 0805 (2,0x1,25x0,75mm³)

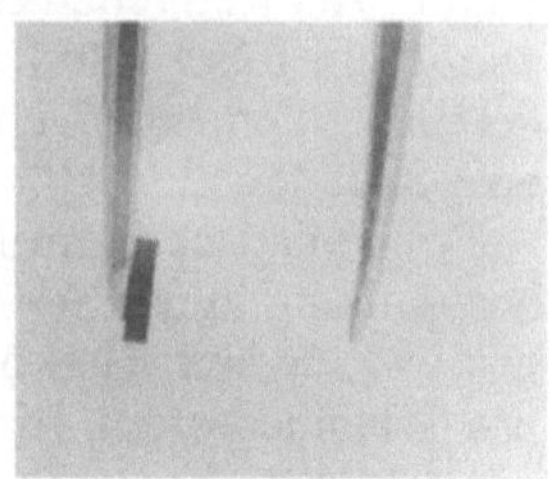
Si-Bauteil (0,7x0,45x3,0mm³)

Bild 4.1: Adhäsionseffekte bei SMD-Bauteilen

4.1 Greifer

Im Bereich der Greifer für die diskrete Montage miniaturisierter Komponenten lassen sich heute grob zwei Ansätze unterscheiden, um Probleme wie Adhäsionseffekte, Reinraumtauglichkeit oder Teileempfindlichkeit zu lösen:

- Zum einen wird versucht, Greifprinzipien einzusetzen, die bei der konventionellen Montage wenig erfolgreich, aber in der Mikromontage bereits vielversprechend angewendet wurden. Dazu zählen die Adhäsionsgreifer und die Kapillargreifer. Diese sind dadurch gekennzeichnet, daß die eigentlich unerwünschten Adhäsionskräfte gezielt verstärkt bzw. geschwächt werden, um dadurch die Teile zu greifen und wieder abzulegen. Bislang sind diese Greifer aber mit vielen Nachteilen behaftet, wie z. B. der Teileverschmutzung bei Adhäsionsgreifern .
- Ein anderer Weg besteht darin, Greifprinzipien, die bereits in der konventionellen Handhabungstechnik erfolgreich eingesetzt werden, an die besonderen Bedingungen der Mikromontage anzupassen. Dazu zählen vor allem Sauggreifer [9] und mechanische Greifer. Bei Sauggreifern besteht das Hauptproblem vor allem darin, die Beobachtung des gegriffenen Teils zu ermöglichen. Lösungen bieten u. a. integrierte Kameras und optisch transparente Sauggitter. Bei mechanischen Greifern wird derzeit vor allem daran gearbeitet, die Abmessungen und den Bauaufwand zu verringern. Dies wird beispielsweise durch die Verwendung von stoffschlüssigen Gelenken anstelle von form- und kraftschlüssigen Gelenken sowie von Festkörperaktoren erreicht.

Feinwerktechnisch miniaturisierter Greifer
Ein Beispiel zeigt der am IWF entwickelte feinwerktechnisch aufgebaute mechanische Greifer (Bild 4.2).

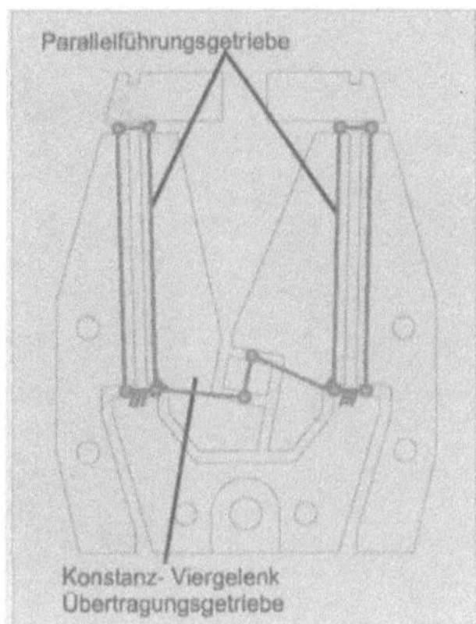

Bild 4.2: Miniaturgreifer mit Formgedächtnisaktoren und stoffschlüssigen Gelenken

Der Greifermechanismus ist mit stoffschlüssigen Gelenken aus POM (Polyacetalharz) spanend gefertigt. Über die kinematische Kopplung der beiden Greifbacken (gegenläufiges Viergelenkgetriebe mit einem Übersetzungsverhältnis von –1) wird gewährleistet, daß der Greifer immer zentriert greift. Als Antriebe kommen Formgedächtnislegierungen (FGL) zum Einsatz, die sich bei Erwärmung an eine vorher eingeprägte Form „erinnern". Die Erwärmung erfolgt sehr einfach durch Anlegen eines Stroms. Die Greif- und Lösezeit eines solchen Greifers beträgt etwa 0,3s, die Greifkraft liegt bei 0,4N. Bei einem Greifweg von 1mm sind diese Greifer eher für größere Teile innerhalb der Mikromontage geeignet. Durch die geringe Anzahl von Einzelteilen können die Greifer einfach und preiswert hergestellt werden (z.B. durch Spritzgießen).

Mikrotechnisch hergestellter Greifer

Eine verbesserte Möglichkeit der Größenanpassung ermöglichen mikrotechnisch hergestellte Greifer (Bild 4.3). Der Greifmechanismus ist monolithisch in Silizium mit stoffschlüssigen Gelenken aufgebaut. Die FG-Aktoren werden hier aus einer 50 μm dicken NiTi Folie mit einem Nd:YAG-Laser herausgeschnitten. Nach dem Laserschneiden werden die durch die Schneidhitze beeinträchtigen Randzonen in einem nasschemischen Ätzprozeß mit einer Ätzmischung basierend auf Flußsäure und Salpetersäure entfernt. Dabei verringert sich die Dicke der Folie auf 30 μm. Indem man der Folie vor dem Strukturierungsprozeß die ebene Form durch Tempern einprägt, kann die Warmform mehrerer Aktoren gleichzeitig in einem einzigen Schritt eingebracht werden. Der Differentialaktor des Greifers besteht aus zwei Einzelaktoren mit einer gemeinsamen Elektrode. Der vormontierte Aufbau des Differentialaktors wird auf einem Träger befestigt, auf dem elektrische Leiterbahnen in einer Standard

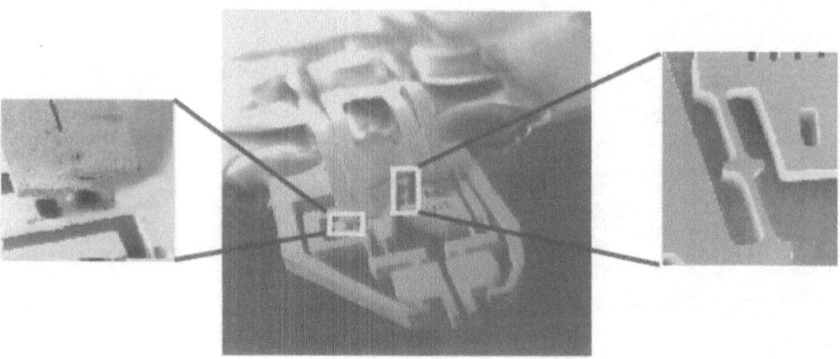

Bild 4.3: Mikrotechnisch hergestellter Greifer [10]

IC Technologie vorgesehen sind. Die mechanische und elektrische Anbindung der Aktoren erfolgt dabei über eine Verschraubung. Bei dieser Befestigung werden den FG-Aktoren ihre Kaltformen eingebracht. Wird jetzt ein Aktor (z.B. der „Öffner") über die Umwandlungstemperatur hinaus erhitzt, nimmt er seine ebene Warmform ein und treibt auf diese Weise den Greifer an. Über das Greifgetriebe wird dem inaktiven Aktor (dem „Schließer") eine Spannung und dadurch eine zusätzliche Verformung aufgeprägt. Die nun vorliegende Verformung bildet die endgültige Kaltform des Aktors. Ist der Öffner abgekühlt, wird der Schließer so lange erhitzt, bis er seine ebene Warmform einnimmt und somit über das Getriebe den Greifer schließt. Dabei wird dem Öffner ebenfalls seine endgültige Kaltform eingeprägt.

4.2 Speicher-, Ordnungs- und Spanneinrichtungen

Im Bereich der Speicher-, Ordnungs- und Spanneinrichtungen für Mikrobauteile gibt es zur Zeit unterschiedliche Ansätze. Konventionelle Ordnungs-, Speicher- und Zuführeinheiten, wie sie beispielsweise auch in der feinwerktechnischen Uhrenindustrie eingesetzt werden, sind bei der Montage von Mikrobauteilen in der Regel nicht einsetzbar, da diese fast ausschließlich auf der Gewichtskraft bzw. Massenträgheit der Teile basieren. Konventionelle Spanneinrichtungen können bei der Mikromontage ebenfalls nicht verwendet werden, da diese Geräte nicht an die empfindlichen Mikrobauteile angepaßt sind und diese durch zu hohe Spannkräfte zerstören würden. Diese Kräfte müssen also genau wie beim Mikrogreifer extrem klein und sehr genau dosierbar sein [11].

Ansätze, das Speichern und Transportieren der Mikrobauteile an die geforderten Randbedingungen anzupassen, gibt es bislang nur wenige. In den meisten Versuchsanlagen werden die Mikrobauteile manuell in Paletten einsortiert, die ebenfalls manuell im Arbeitsraum des Roboters positioniert werden.

Mag dieses Vorgehen für Versuchszwecke noch ausreichend sein, ist es doch für industrielle Anwendungen nicht mehr wirtschaftlich.

Notwendig sind vielmehr Magazine, Werkstückträger und Transportbehältnisse, die sowohl für eine automatisierte Zuführung von Mikrobauteilen als auch für den Einsatz in Reinraumumgebung geeignet sind. Hierzu gehört auch die exakte und trotzdem schonende Fixierung der empfindlichen Mikrobauteile, verbunden mit einer hinreichenden Flexibilität, z.B. hinsichtlich Form und Größe der Teile.

Einen ersten Ansatz in Richtung Standardisierung stellt das SMIF-Konzept (Standard Mechanical Interface) dar, bei dem einzelne Magazinträger zu Carriern zusammengefaßt und in einer SMIF-Box verschlossen werden. Diese Box schützt den Inhalt vor Umgebungseinflüssen [12]. Hierbei sind die Magazinträger mit sogenannten Nestern ausgestattet, in die Halterungen für verschiedene Miniaturbauteile eingesetzt werden können. Bisher wurde ein solches Magazin nur für Kugellinsen realisiert [13]. Bei der Übertragung dieses Konzeptes auf andere Anwendungen muß jedoch berücksichtigt werden, daß die wenigsten Mikrobauteile eine so regelmäßige Form und Unempfindlichkeit wie Kugellinsen aufweisen. Außerdem sind die Magazineinsätze hochspezifisch und ungeeignet für geringe Stückzahlen. Bislang ist das Problem, wie die Bauteile automatisiert in das Magazin eingelegt werden, ungelöst.

Automatisierte Zuführsysteme existieren nur für Bauteile ausgewählter Referenzsysteme und basieren häufig auf dem Prinzip der Aufrechterhaltung der Teileordnung aus dem Fertigungsprozeß. Die aus dem Herstellprozeß vorgegebene Ordnung der Bauteile wird dabei bis zur Entnahme bei der Montage aufrecht erhalten. Diese Vorgehensweise läßt sich z.B. für mikromechanische Komponenten auf Siliziumbasis und Mikrostrukturbauteile aus Kunststoffspritzguß, die in Batch-Prozessen hergestellt werden, anwenden [13,14].

Bei der Fertigung werden viele Bauteile im Waferverbund parallel hergestellt. Das Auftrennen der Wafer in die einzelnen Komponenten (Chips) erfolgt anschließend durch spanende Prozesse, wie Schleifen oder Sägen. Für diesen Bearbeitungsschritt werden die Wafer auf adhäsive Trägerfolien, wie Bluetape oder Gel-Pak®, fixiert. Die Trägerfolie selbst wird in einem Spannrahmen befestigt, so daß nach dem Auftrennen des Wafers die Chips noch vollständig geordnet und magaziniert vorliegen. Vor der Montage der Chips müssen diese von der stark adhäsiven Trägerfolie gelöst werden. Für diesen Prozeßschritt werden die aus der Mikroelektronik bekannten Diebonder modifiziert. Ziel dieser Modifikationen ist es, die für das Überwinden der Adhäsionskräfte nötigen Greifkräfte zu verringern, damit die empfindlichen mikromechanischen Strukturen der Chips nicht beschädigt werden.

Aus der Mikroelektronik sind Diebonder Werkzeuge bekannt, die mit Hilfe einer Nadel von unten durch die Trägerfolie stoßen und den Chip abheben. Gleichzeitig nimmt ein Handhabungsgerät den Chip von oben mit einem Sauggreifer ab. Für mikromechanische Chipbauteile kann das Ausstoßwerkzeug mit vier Ausstoßnadeln ausgerüstet und der Sauggreifer so modifiziert werden, daß das Bauteil nur an diskreten, dafür vorgesehenen Stellen, belastet wird.

Nachteilig wirkt sich das Speichern und Zuführen von adhäsiven Gelen bzw. Folien auf die Verschmutzung der Bauteile aus. Weiterhin können empfindliche Oberflächen beim Lösen der Bauteile vom Gel oder von der Folie aufgrund der Lösekraft, die größer als die Adhäsionskraft sein muß, beschädigt werden.

Eine andere Möglichkeit ist die Zuführung der Mikrobauteile beispielsweise mit Hilfe von Gurten, wie sie bei SMD-Bauteilen verwendet werden. Diese Gurte lassen sich jedoch nicht grundsätzlich an die Anforderungen der Zuführung von Mikrobauteilen anpassen, da sie beispielsweise unregelmäßig geformte Bauteile nicht speichern können oder für geringe Stückzahlen kaum wirtschaftlich einsetzbar sind.

5 Zusammenfassung

Die serielle Montage miniaturisierter Bauteile erfordert neben geeigneten Fügetechniken genauigkeits- und größenangepaßte Roboter, Greifer und Zuführeinrichtungen. Parallelroboter ermöglichen aufgrund ihres strukturellen Aufbaus eine relativ einfache Miniaturisierung des Geräteaufbaus. Insbesondere können passive Gelenke stoffschlüssig realisiert werden, was Spiel und Abrieb in den Gelenken vermeidet. Die nachteilige Einschränkung der Drehwinkel wird durch Einsatz von FG-Materialien unter Nutzung deren pseudoelastischer Eigenschaften vermindert. Eine weitere Genauigkeitssteigerung wird mit einer optischen Sensorführung erreicht. Die erzielbaren Wiederholgenauigkeiten liegen bereits bei 1 μm. Notwendig ist neben einer Reduzierung der Gerätekosten noch eine deutliche Steigerung der Arbeitsgeschwindigkeiten, um wirtschaftliche Taktzeiten zu erreichen.

Bei den Greifern steht eine Vielzahl realisierter Beispiele zur Verfügung. Neben Sauggreifern eignen sich besonders mechanische Greifer, da diese bei robustem Aufbau eine hohe Flexibilität bezüglich der Abmessungen der Greifobjekte sowie deren Zentrierung erlauben. Ein weiterer Vorteil ist deren einfache Miniaturisierung sowohl mit feinwerk- als auch mikrotechnischen Verfahren.

Standardisierte Lösungen für das Speichern und Transportieren der Einzelteile stehen ansatzweise (insbesondere aus der Elektronikproduktion) zur Verfügung. Generell fehlen jedoch Fertigungskonzepte die Materialfluß und Montage entsprechend berücksichtigen.

Beim Produktentwurf muß in Zukunft verstärkt eine mikromontagegerechte Produkt- und Bauteilgestaltung berücksichtigt werden. Zielsetzung ist hierbei eine Reduzierung der erforderlichen Montagegenauigkeiten, z.B. durch Formelemente als Fügehilfen. Eine Verringerung der Montageprobleme (z.B. bedingt durch die Größe der Einzelteile) wird mit einem Produktaufbau erreicht, der zumindest teilweise eine parallele Montage ermöglicht. Diese ist durchsatzorientiert, entspricht damit eher den mikrotechnischen Verfahren. Beachtet werden müssen jedoch die Genauigkeitsprobleme bei der fotolithographischen

Maskenherstellung, um die Lagetoleranzen der Einzelteile auf den Wafern zu gewährleisten.

Literatur

1. Bütefisch, S., Dauer, S. Büttgenbach, S.:Silicon Three-Axial Tactile Sensor for the Investigation of Micromchanical Structures, 9th International Trade fair and Conference for Sensors, Transducers&Systems Sensor `99), Vol. 2, Nürnberg, (1999), S. 321-326
2. C. Robohm, S. Büttgenbach, W. Künnecke: Pen-sized Alcoholmeter: ALCOPEN. MST News 19(1997), 17.
3. Abel-Keilhack, C., Hesselbach, J., Leester-Schädel, M., Büttgenbach, S.:A Highly Flexible and Adaptive Micromechanical Actuator System – Potential of Application Proc. of 7th Int. Conference on New Actuators, Bremen 2000, S. 579-582
4. Pittschellis, R.: Mechanische Miniaturgreifer mit Formgedächtnisantrieb. Diss. TU Braunschweig. VDI-Berichte: Reihe Nr. 8, Nr. 714. Düsseldorf: VDI-Verlag. 1998
5. Hesselbach, J., Kühn, M.: Montage mikrosystemtechnischer Bauteile. Mikroelektronik +Mikrosystemtechnik, 9. Jahrgang, Heft 2/95, S. 24-27, 1995
6. Neugebauer, J.: Montage und Handhabungstechnik – Trends und Zukunftspotentiale. wt Werkstatttechnik 89 (1999) H. 4, S.155-158
7. Hesselbach, J., Pokar, G.: A class of new robots for micro assembly. Production Engineering Vol VII/1 (2000), S. 113-116
8. Hesselbach, J., Ritter, R., Thoben, R., Reich, C., Pokar, G.: Visual Control and Calibration of parallel Robots for Micro Assembly. Proc. SPIE Vol. 3519. 1998. S. 50-61
9. Weck, M., Petersen, B.: Grippers for The Assembly of Micro Systems in a Scanning Electron Microscope, Production Engineering Vol V/1 (1998), S. 67-70
10. Bütefisch, S., Pokar, G. Büttgenbach, S., Hesselbach, J.: A New SMA Actuated Miniature Silicon Gripper for Micro Assembly. Proc. of 7th Int. Conference on New Actututators, Bremen 2000, S. 334-337
11. Fischer, R., Entwicklung von Greif- und Spannvorrichtungen für die automatisierte Montage von Mikrobauteilen. Dissertation, Kaiserslautern, 1997 40 34 697.8, 1996
12. Grimme, R. et. Al.: Modular magazine for the suitable handling of microparts in industry. SPIE Intelligent Systems and Advanced Manufacturing Symposium, Pittsburgh, 1997
13. Nienhaus, M.: Moderne Verfahren und Werkzeuge für die industrielle Montage hybrider Mikrosysteme. Seminarberichte (1999) 44: Automatisierte Mikromontage
14. Wrege, J.: Entwicklung eines Zuführsystems für Mikrobauteile. Diplomarbeit TU Braunschweig, 2000

Karosserieleichtbau – Chance und Herausforderung

W. LEITERMANN, T. RUDLAFF

Einleitung

Nur zwei Jahre nach der Präsentation der Studie Al_2 auf der IAA 1997 präsentierte Audi das daraus entwickelte Serienmodell: den Audi A2. Mit seinem weiterentwickelten Audi Space Frame ASF ist er weltweit das erste Großserienauto mit Vollaluminium-Karosserie in der Kompaktklasse. Durch den Audi Space Frame ASF ist die Aluminium-Karosserie des A2 mit einem Leergewicht von 156 kg um mehr als 40 Prozent leichter als bei konventioneller Stahlbauweise. Deshalb verbraucht der A2 weniger als andere Fahrzeuge in dieser Größenordnung mit vergleichbaren Fahrleistungen.

Eine der wesentlichen Innovationen ist der Einsatz von komplexen Vakuumdruckgußteilen, die als Strukturbauteile mit hoher Funktionsintegration eingesetzt werden. In der Fertigung kommen als Verbindungstechniken das MIG-Schweißen, das Stanznieten und das Laserstrahlschweißen zum Einsatz. Viele Strangpressprofile werden durch Innenhochdruckumformung kalibriert. Das Seitenteil wird von der vorderen Dachsäule bis zur Gepäckraumkante einschließlich der Türöffnungen aus einem Stück gepresst.

Für das Aluminiumkonzept spricht auch die hervorragende Recyclingfähigkeit des Materials und die daraus resultierende positive Energiebilanz. Insgesamt liegt der Energieverbrauch im Fahrzeug-Lebenszyklus von der Herstellung über den Betrieb bis zur Wiederverwertung deutlich unter dem Energieverbrauch eines konventionell gebauten Autos dieser Größen- und Leistungsklasse. Das gilt auch für die ausschließliche Verwendung von Primäraluminium. Für zukünftige Modelle wird in Zukunft verstärktes Augenmerk auf den Einsatz von Sekundäraluminium gerichtet werden.

1 Aluminiumeinsatz im Transportwesen

Aluminium wird schon lange wegen seines geringen Gewichtes im Flugzeugbau eingesetzt. In der Zwischenzeit hat es aber auch breiten Einsatz in der Herstellung von Schienenfahrzeugen, Schiffen, Kraftfahrzeugen und Zweirädern gefunden. Einer der hauptsächlichen Gründe dafür ist das spezifische Gewicht. Aluminium bietet aber noch weitere Vorteile hinsichtlich der Umweltfreundlichkeit, der Recyclierbarkeit sowie der guten Verarbeitbarkeit. Für die Zukunft wird daher gerade für den Transportbereich eine noch deutliche Steigerung des Aluminiumeinsatzes erwartet, er kann sogar zum Schlüssel für die Lösung der immer drängenderen Fragen nach ökologischer Verträglichkeit des hohen und immer noch steigenden Mobilitätswunsches werden.

Der Gesamtenergiebedarf jedweden Transportmittels läßt sich auf die Anteile Herstellung, Betrieb und Verwertung verteilen. Der größte Energieverbrauch entfällt dabei in der Regel auf den Betrieb des Fahrzeuges. Einer der ursächlichen Gründe für den Aluminiumeinsatz ist hier also in der Reduktion des Energieverbrauches durch Massereduktion während des Betriebes zu suchen. Aus den oben genannten Gründen ist gerade in letzter Zeit der Leichtbau ein vorrangiges Thema für die Konstruktion von Transportmitteln und insbesondere KFZ geworden. Vor allem der materielle Leichtbau gewinnt an zunehmender Bedeutung. Hierfür wird schon seit Anfang des Jahrhunderts Aluminium in unterschiedlichen Bereichen eingesetzt. Dies spiegeln auch die Verbrauchszahlen für Aluminium wieder. Alleine in Europa wurden 1998 über 2 Mio Tonnen Aluminium für den Transportsektor eingesetzt (Bild 1). Dieser Bereich liegt damit deutlich über dem anderer Verbraucher.

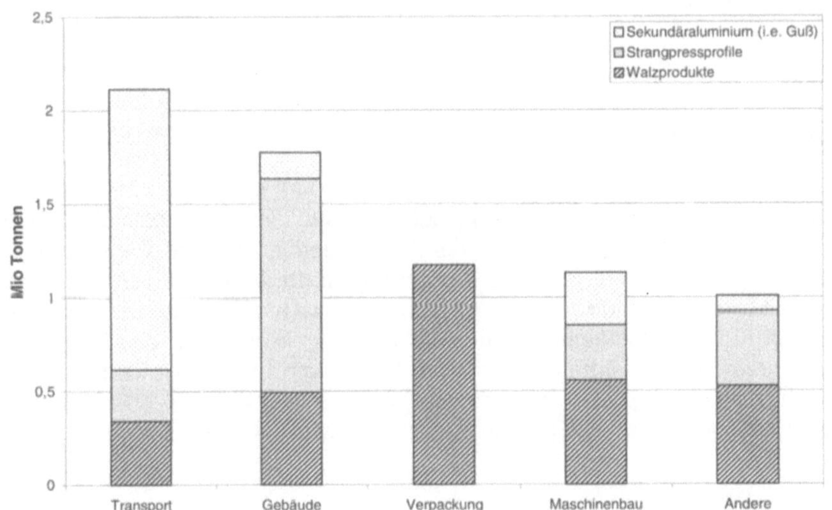

Bild 1: Aluminiumverbrauch in Europa (1998)

In den letzten Jahrzehnten ist weltweit eine deutliche Zunahme der Fahrzeuggewichte in der Automobilindustrie zu verzeichnen. So beträgt im Vergleich mit den siebziger Jahren die Gewichtszunahme in der unteren Mittelklasse (z.B. VW Golf, Audi A3) ca. 40% (Bild 2). Dies ist auf höhere Sicherheitsanforderungen wie Steifigkeit der Fahrgastzellen, gezielte Deformationseigenschaften der Karosserie, Airbags, schärfere Abgasbestimmungen sowie auf gestiegene Komfortansprüche wie Servounterstützung beim Lenken und

Bremsen, Klimaanlagen, elektrische Fensterheber und die Universalität der Fahrzeuge zurückzuführen.

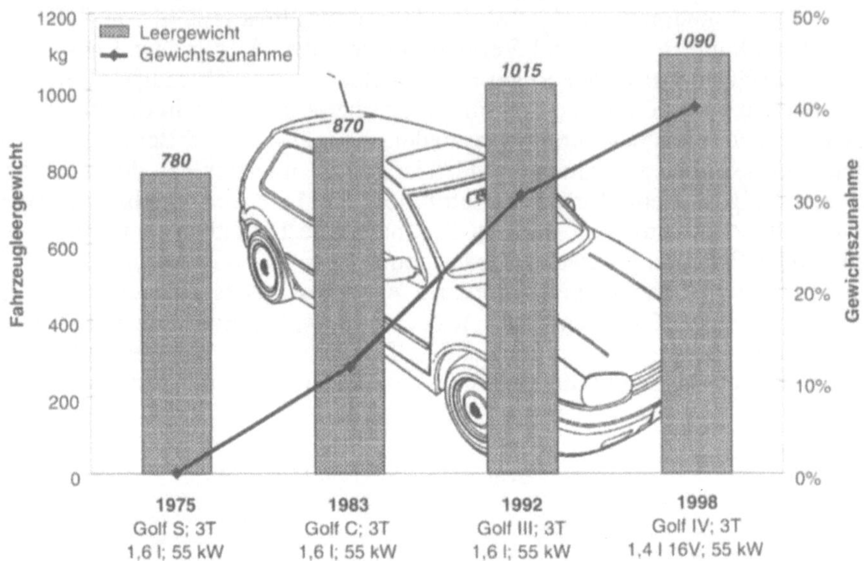

Bild 2: Gewichtszunahme am Beispiel des VW-Golf

Diese Gewichtszunahme bedingt bei gleichen Fahrleistungen eine Anpassung der Motoren und Getriebe, damit verbunden stärkere Fahrwerke und Bremsanlagen sowie ein größeres Tankvolumen. In der Oberklasse führen alle diese Faktoren auf Fahrzeugleergewichte von teilweise über 2000 kg. Dies bildet mithin eine Gewichtsspirale, die zu einer Steigerung des Energieverbrauchs und der Umweltbelastung führt. So können für 100 kg Mindergewicht je nach Fahrzeugtyp und Motorbauart etwa 0.4 l bis 0,6 l Kraftstoffverbrauchsreduzierung pro 100 km in Ansatz gebracht (Bild 3).

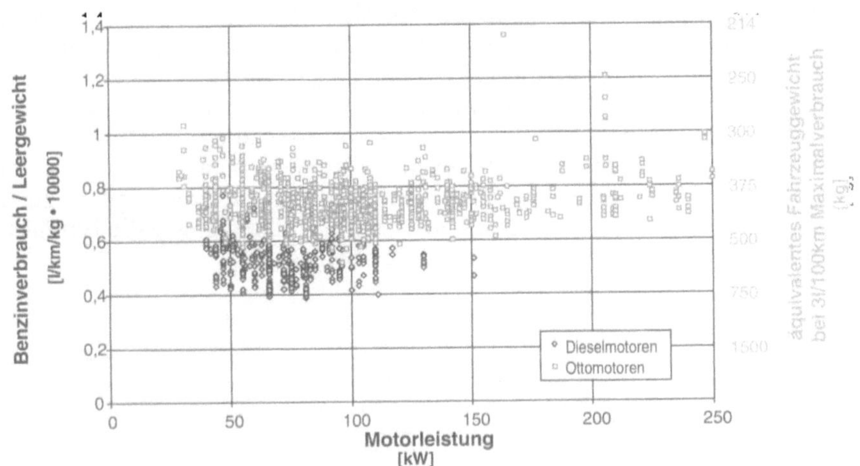

Basis: alle in BRD verfügbare PKW 6/98 (1930 verschiedene Modelle)

Bild 3: Spezifischer Benzinverbrauch von PKW

Nur durch eine konsequente Nutzung des Leichtbaupotentials kann eine Umkehrung der Gewichtsspirale erreicht werden. Da die dem Gewichtszuwachs zugrunde liegenden Anforderungen zukünftig sogar noch zunehmen, ist eine Umkehrung der Gewichtsspirale nur durch ein neues technisches Gesamtkonzept zu verwirklichen. Dazu wurde bei Audi konsequent der Einsatz des Leichtbauwerkstoffes Aluminium mit darauf angepassten Karosseriestrukturen ausgewählt.

2 Karosserieleichtbau mit Aluminium

Der Leichtbauwerkstoff Aluminium weist durch seine unterschiedlichen Halbzeugarten deutliche Vorteile gegenüber Stahl auf. Neben dem auch bei Stahl hauptsächlich eingesetzten Blech stehen mit Aluminium-Strangpressprofilen und Aluminium-Gußteilen kostengünstige Halbzeuge zur Verfügung, die sich zu einer aluminiumgerechten Konstruktion vereinigen lassen.

Der Einsatz aller dieser Halbzeugarten führte im Karosseriebau zu einem neuen Konstruktionskonzept, dem Audi-Space-Frame (ASF®). Die fachwerkähnliche Struktur zeichnet sich bei optimaler Gestaltung durch eine hohe statische und dynamische Steifigkeit - als Maß für die Sicherheit und den Fahrkomfort - bei gleichzeitig hoher Festigkeit aus. Die erreichbare Gewichtseinsparung liegt gegenüber einer vergleichbaren modernen Stahlkarosserie in Blechschalenbauweise bei über 40 % [1,2].

Die ASF®-Struktur besteht aus Strangpreßprofilen, Gußteilen als Knotenelemente und Großgußteilen mit integrierten Funktionsflächen. Die Komponenten werden miteinander durch Fügeoperationen verbunden. In das so entstandene Fachwerk werden als flächenschließende Teile Bleche eingebunden, die insbesondere als Schubflächen zur Tragfunktion beitragen. In Bild 4 ist die ASF®-Struktur des Audi A2 mit den dazugehörigen Blechteilen dargestellt. Bei der A2-Aluminiumkarosserie, welche in einer Stückzahl von 300 Stk/Tag hergestellt wird, konnte im Karosseriebau ein Automatisierungsgrad von mehr als 90% erreicht werden. Voraussetzung dazu waren eine Vielzahl von Innovationen zur Verbesserung der Bauteilgenauigkeit, zur Erhöhung der Prozeßsicherheit der eingesetzten Verfahren sowie die Einführung neuer Fügeverfahren wie das Laserstrahlschweißen.

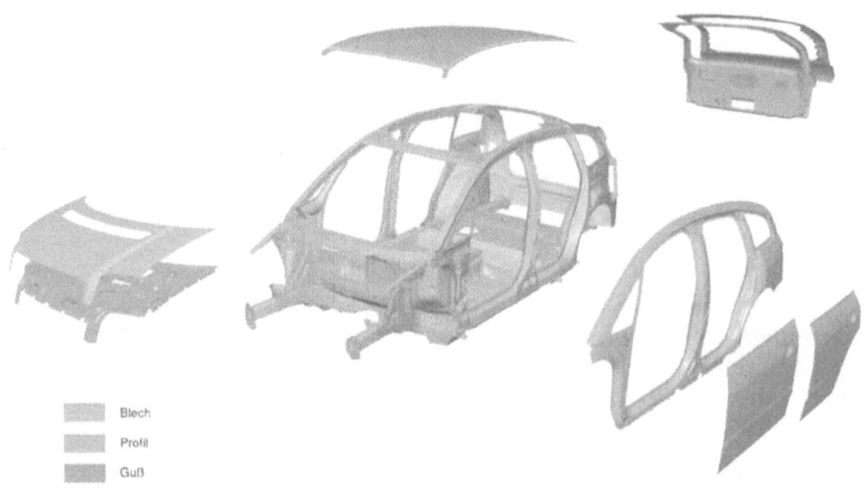

Bild 4: Space-Frame des Audi A2.

Für diesen Space-Frame der „zweiten Generation" werden durch weiter- und neuentwickelte Fertigungstechniken engere Toleranzen bei den Einzelteilen erreicht. Erst dadurch wird der Übergang zu einer vollmechanisierten Karosseriefertigung gewährleistet. Der hohe Mechanisierungsgrad in dieser Fertigung und die eingesetzten Fügetechniken erfordern Einzelteiltoleranzen für die Strangpreßprofile im Bereich von ± 0.2 mm und für die Gußteile von ± 0.5 mm. Neue Verfahren wie beispielsweise das Innenhochdruck-Umformen (IHU) bzw. -Kalibrieren ermöglichen bei Strangpreßprofilen das Einhalten der geforderten engen Toleranzen. Bei den Vakuumdruckgußteilen werden diese Toleranzen durch modifizierte Wärmebehandlungsverfahren erzielt.

2.1 Fügetechnologien im Audi A2

Für den Stahl-Karosseriebau in Blechschalenbauweise wird als hauptsächliches Fügeverfahren das Widerstands-Punktschweißen verwendet. In einigen Bereichen der Karosserie werden zusätzliche Verfahren wie Kleben, Schutzgasschweißen (Metall-Aktiv-Gasschweißen), Bolzenschweißen, Löten und Laserschweißen eingesetzt [3,4].

Für das Aluminium-Space-Frame-Konzept sind diese Fügetechniken nicht ohne weiteres übertragbar und in der Regel auch nicht auf die aluminiumspezifischen Gegebenheiten abgestimmt. Dies kommt sowohl durch die spezifischen Eigenschaften des Werkstoffes Aluminium, aber auch durch die gegenüber Stahl zusätzlichen Halbzeugarten, die ein anderes Aufbaukonzept ermöglichen und dabei in einigen Fällen einseitige Fügeverfahren benötigen. Für den Karosseriebau werden die Halbzeugarten Bleche, Profile und Gußteile verarbeitet. Bei Blechen und Profilen kommen die aushärtbaren Legierungen der AlMgSi Gruppe (6000er) zum Einsatz. Gußteile werden für Serienanwendungen im Vakuumdruckguß aus der Legierung GD-AlSi10Mg hergestellt. In der Regel werden die Profil- und Gußbauteile vor dem Zusammenbau wärmebehandelt (T5 bzw. T6), um die Festigkeit und Dehnung den Anforderungen anzupassen. Bleche werden im Zustand T4 umgeformt und erst in der komplettierten Karosserie durch Warmauslagerung (205°; 30 min) in den Zustand T6 gebracht, um eine höhere Beulfestigkeit zu erreichen [5,6,7].

Bei der Verarbeitung von Aluminium im Karosseriebau sind im Vergleich zur Fertigung von Stahlkarosserien einige Besonderheiten zu berücksichtigen. Die beim Spaceframe-Konzept eingesetzten Halbzeugarten Profile und Gussteile besitzen bereits als Einzelteile eine sehr hohe Bauteilsteifigkeit und bieten damit keine Möglichkeit auch bei Anwendung von Kräften in Spannvorrichtungen notwendige Spaltgeometrien im Verbindungsbereich sicherzustellen. Der für das Fügen erforderliche Toleranzausgleich kann nur durch die Bauteilgenauigkeit selbst erreicht werden.

Das in der Stahlkarosserie dominierende Widerstandspunktschweißen ist bei Aluminium nicht bzw. nur eingeschränkt einsetzbar, da aufgrund der Oxidschicht sehr große Ströme verwendet werden müssen, was mit einem hohen Elektroden-Verschleiß und einer reduzierten Prozesssicherheit einhergeht. Der vergleichsweise große Wärmeausdehnungskoeffizient von Aluminium erfordert Fügeverfahren mit geringem Wärmeeintrag sowie Vorrichtungskonzepte, die Kühlungen an den wärmebelasteten Stellen vorsehen. Als hauptsächliche Fügeverfahren werden daher das Stanznieten, das MIG-Schweißen und das Laserschweißen eingesetzt.

Das MIG-Schweißen dient vorwiegend zur direkten (stumpfen) Verbindung von Profilen miteinander im T-Stoß. Dies ist ein wesentlicher Unterschied zum Audi A8, bei dem an diesen Stellen zusätzliche Gussknoten zum Einsatz kommen, in die die Profile toleranzausgleichend eingeschuht werden. Die MIG-Schweißgeschwindigkeiten liegen derzeit bei 0,5 bis 1 m/min.

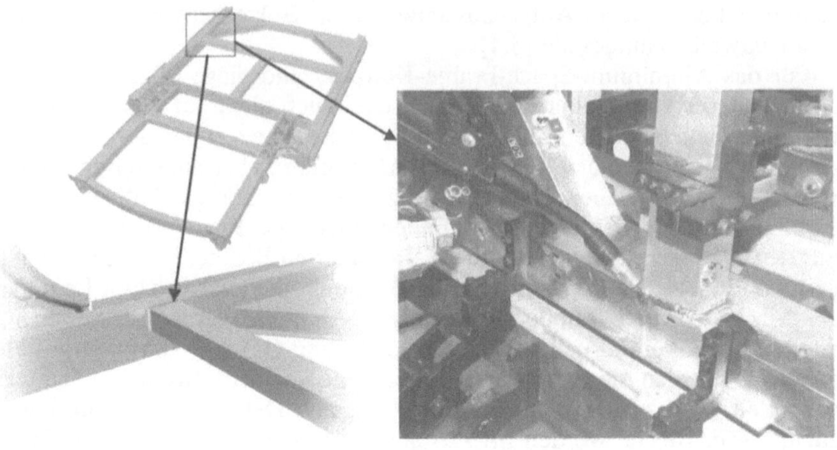

Bild 5: MIG-Schweißverbindung in Bodengruppe

Das Laser-Schweißen ist für die Verbindung von Aluminiumbauteilen im Karosseriebau ein vergleichsweise neues Fügeverfahren. Durch die geringe Wärmeeinbringung aufgrund der hohen Strahlintensität und der hohen Schweißgeschwindigkeiten erlaubt es ein verzugsarmes Fügen. Die Fügegeschwindigkeiten von bis zu 7 m/min bei den karosserierelevanten Materialdicken sind zudem auch Garant für eine wirtschaftliche Fertigung. Das Verfahren stellt hohe Anforderungen an die Paßgenauigkeit der zu fügenden Bauteile, aber auch an die Präzision der eingesetzten Spannvorrichtungen und Handhabungseinrichtungen. Legierungsbedingt muß mit Schweißzusatzmaterial gearbeitet werden.

2.2 Einsatz des Laserschweißens im ASF®

Eine wesentliche Voraussetzung zum Serieneinsatz des Laserstrahlschweißens war die Verfügbarkeit von Hochleistungs-Festkörperlasern (Nd:YAG-Laser). Diese werden in vollgekapselten und kameraüberwachten Fertigungszellen mit Knickarmrobotern als Führungseinheiten eingesetzt. Als Laserausgangsleistungen stehen jeweils 3 kW zu Verfügung. Die Vorteile der Festkörperlaser liegen zum einen in der Strahlübertragung mittels Glasfaser, was das Verfahren für den Einsatz mit Industrierobotern prädestiniert, zum anderen ist das Prozeßfenster beim Schweißen von Aluminium aufgrund der spezifischen Wellenlänge deutlich größer als bei CO_2-Lasern.

Wesentlichste Vorteile des Laserschweißens gegenüber den alternativen Fügeverfahren MIG-Schweißen bzw. Stanznieten sind [5,6]:

- hohe Schweißgeschwindigkeiten,
- geringe Wärmeeinbringung mit geringem Bauteilverzug,

- Fügen auch bei einseitiger Zugänglichkeit,
- geringere Anforderungen bzgl. Oberflächenzustand der Bauteile,
- hohe Verbindungssteifigkeit durch linienförmige Verbindung,
- geringe Überlappungsbreite (Gewichtsvorteil).

Diesen Vorteilen stehen höhere Anforderungen an die Maßhaltigkeit der Bauteile bzw. Fügestellen, die Notwendigkeit von Strahlenschutzmaßnahmen und hohe Investitions- und Betriebskosten gegenüber, die jedoch durch die große Verbindungsgeschwindigkeit mehr als ausgeglichen werden.

Das Laserstrahlschweißen wird beim Audi A2 zum Einbinden diverser großflächiger Blechteile in die Space-Frame-Struktur, aber auch zur Verbindung von Gußteilen mit Profilen eingesetzt. Die Spalttoleranzen im Fügebereich werden durch eine speziell entwickelte Andruckvorrichtung minimiert. Zusätzlich wurde ein Sensor zur Prozeß- und Qualitätsüberwachung in die Bearbeitungsoptik integriert. Insgesamt beträgt beim A2 die Fügelänge mittels Laser ca. 30m.

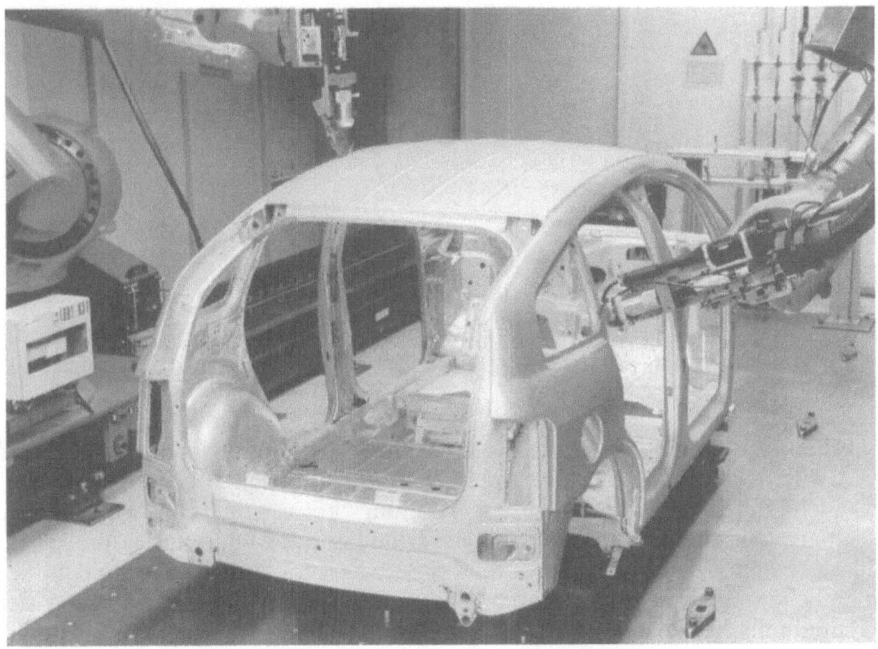

Bild 6: Laserschweißoperation an der A2-Karosse

Beim Laserschweißen wurden ausschließlich Überlappverbindungen realisiert, da diese Verbindung durch die eingesetzte Andruckrolle am unempfindlichsten gegen Toleranzabweichungen ist. Gemäß der Aufbaureihenfolge werden sowohl Bleche auf Profile, Bleche auf Gußteile als auch Gußteile auf Profile mittels Laser gefügt. In allen Fällen wird Zusatzmaterial in Drahtform zugeführt, um Heißrisse zu vermeiden.

3
Zukünftige Entwicklungen

Bereits heute beträgt der mittlere Einsatz von Aluminium im KFZ ca. 100 kg (über alle Hersteller). Bislang tragen dazu im wesentlichen die Aggregate und das Fahrwerk bei. Da der aluminiumintensive Karosseriebau aber bei allen Herstellern entwickelt wird, ist eine deutliche Zunahme des Anteiles am KFZ zu erwarten. Diese richtet sich nach dem Grad der Umsetzung, wie in Bild 7 aufgezeigt wird.

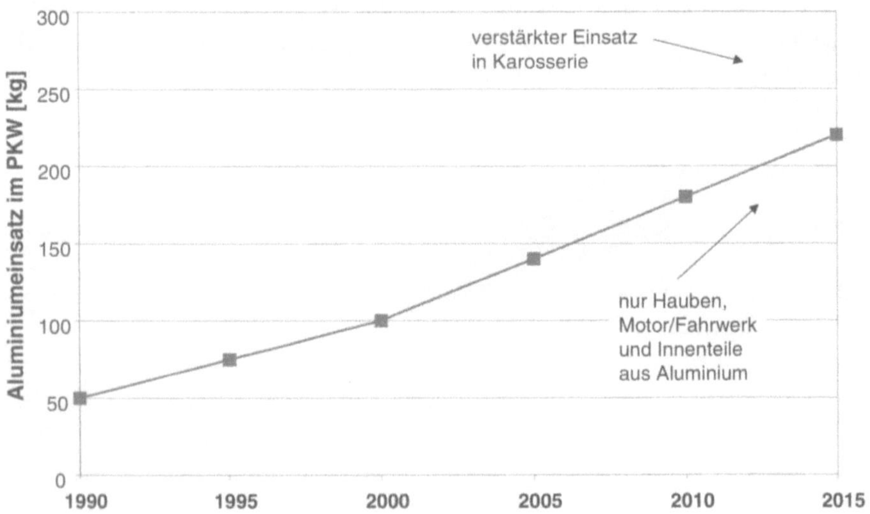

Bild 7: Prognose des mittleren Aluminiumeinsatzes im PKW.

Erhebliche Innovationen, die einen erhöhten Aluminiumanteil und auch bei Audi eine Ausweitung des Einsatzes bei Volumenmodellen begünstigen, sind in allen Bereichen der Fahrzeugherstellung notwendig. Ein wesentlicher Nachteil von Aluminium ist derzeit die Bindung des Materialgrundpreises an eine Börsennotierung und den Dollarkurs, was gerade in letzter Zeit zu beträchtlichen Schwankungen geführt hat. Hier sind Allianzen zwischen der Aluminiumindustrie und den Fahrzeugproduzenten gefordert, die Lösungsmöglichkeiten erarbeiten. Bei den Halbzeugarten Guß, Profile und Blech sind weitere Innovationen notwendig um derzeitige Prozeßschritte wie die Warmauslagerung, oder eine aluminiumspezifische Oberflächenbehandlung entfallen zu lassen. Einen wesentlichen Beitrag hierzu werden weiterentwickelte Fügeverfahren leisten müssen, die eine hohe Prozeßsicherheit bei hoher Geschwindigkeit ermöglichen.

Zur Schließung des Werkstoffkreislaufes muss zukünftig die Einbindung der aluminiumintensiven Karosserie in ein übergreifendes Recyclingkonzept geklärt sein, um den Anteil von Primäraluminium bei der Karosserieherstellung – und damit den Energiebedarf – wesentlich zu reduzieren. Hieraus ergeben sich bedeutsame Kostenvorteile für aluminiumintensive PKW´s.

Literaturliste

1 Paefgen, F.J.; Leitermann, W.: Audi Space Frame – ASF, ein neues PKW-Rohbaukonzept in Aluminium. In: VDI Berichte Nr. 1134: Entwicklungen im Karosseriebau, Mai 1994.

2 von Zengen, K.H.: Space Frame Quo vadis ? In: Proceedings: IBEC 1999, Detroit, Januar 1999.

3 Stümke, A., Bayerlein, H., Eckl, F.: Laseranwendungen bei AUDI. In: Lasermaterialbearbeitung im Transportwesen, Bremen, BIAS Verlag, 1997.

4 Rottländer, H.P.: Laserverbindungstechnik im Automobilkarosseriebau. In: Aachener Kolloquium Lasertechnik, Aachen, 1998.

5 Müller, S.: Robotereinsatz beim Fügen von Aluminium-Leichtbaustrukturen. In: Fügeverfahren zur Realisierung von innovativen Leichtbaukonzepten, 27.-28.4.1999, Erding.

6 Leitermann, W.; Rudlaff, T.: Aluminium im PKW-Karosseriebau - Die Alternative mit Zukunft. In: Fügen Zukunftsweisender Werkstoffe: 6.Aachner Schweisstechnik Kolloquium, 24.-25.6.1999, Aachen.

7 Leitermann, W.; Wätzold, P.; von Zengen, K.H.: Der Aluminium Space Frame des Audi A2. In: ATZ/MTZ Sonderausgabe AUDI A2, März 2000, Vieweg Verlag, Wiesbaden.

Aufgaben und Perspektiven der Lasermaterialbearbeitung in der Aggregatefertigung der DaimlerChrysler AG

R. KLUTH, H. LÜTTKE, M. KERN, C. SCHMID

Einleitung

Seit der Realisierung des ersten Lasers im Jahre 1961 hat die Lasertechnik eine nahezu beispiellose Erfolgsgeschichte durchlaufen. In weniger als 40 Jahren entwickelte sich ein physikalisches Experiment zu einer Schlüsseltechnologie, deren Weltmarkt im Jahr 2000 voraussichtlich über 6 Mrd. US-$ für Strahlquellen und ca. 100 Mrd. US-$ für Anlagen und Peripherie umsetzen wird [1]. Der Einsatz dieser Technik ist aus weiten Bereichen der Fertigungs- und Messtechnik, Kommunikations- und Informationstechnik nicht mehr wegzudenken. Nimmt man die vielfältigen Einsatzfelder von Diodenlasern aus, zählt die Materialbearbeitung mit einem Umsatz der Strahlquellen von über 1 Mrd. US-$ mit zweistelligen Wachstumsraten zu den bedeutensten Märkten der Lasertechnik [2,3,4].

Der Begriff Laser steht heute als Synonym für hohe Fertigungsqualität, Produktivität und Flexibilität, was so im Umfeld der späten 70er-Jahre sicher noch nicht absehbar war. Zumal die Leistungsfähigkeit und Zuverlässigkeit der Strahlquellen eher gering – nach heutigen Maßstäben als inakzeptabel – einzuschätzen war und die nahezu ausschließlich angloamerikanischen Hersteller für den europäischen Markt schwer zugänglich waren.

Vor diesem Hintergrund wurde dennoch im Werk Untertürkheim der damaligen Mercedes-Benz AG die Entscheidung zum Einstieg in die Lasertechnik getroffen. Auf den ersten Meilenstein, die Inbetriebnahme der konzernweit ersten Strahlquelle in der Verfahrensentwicklung im Jahr 1981, folgte zwei Jahre später mit dem Serienanlauf des ersten lasergeschweißten Bauteils, eines Tassenstößels, im Werk Bad Homburg der erfolgreiche Einzug des Lasers in die Fertigung der Aggregatewerke.

Der vorliegende Bericht gibt nun einen aktuellen Überblick über die Lasermaterialbearbeitung in der Aggregatefertigung der DaimlerChrysler AG am Standort Deutschland. Dabei werden zunächst heute verfügbare Strahlquellen und ihre Eigenschaften kurz umrissen. Im Weiteren sind beispielhaft verschiedene Applikationen aus der aktuellen Serienproduktion sowie technologische Entwicklungstendenzen aufgezeigt. Eine Einschätzung der Zukunftsperspektiven der Lasertechnik rundet den Überblick ab.

1 Strahlquellen

In der industriellen Fertigungstechnik zeichnet sich der Laser vor allem dadurch aus, dass mit ihm als Werkzeug verschiedene Bearbeitungsverfahren realisierbar sind (z.B. Abtragen, Bohren, Schneiden, Schweißen, Härten, Legieren, Umschmelzen). Die Möglichkeit der Bearbeitung verschiedenster Werkstoffe und unterschiedlichster Geometrien mit dem verschleißfreien und masselosen Werkzeug Laserstrahl führt oft zu technologischen Vorteilen. Diese müssen sich jedoch durch eine verbesserte Produktqualität und/oder größere Produktivität den relativ hohen Investitionskosten gegenüberstellen lassen.

Die in der Automobilindustrie derzeit am häufigsten eingesetzten Strahlquellen sind CO_2-Laser (Gaslaser) und Nd:YAG-Laser (Festkörperlaser). Sie werden vor allem zum Laserstrahlschweißen und–schneiden verwendet. In jüngster Zeit werden für spezielle Anwendungen (Kunststoffschweißen, Härten und Löten) auch Diodenlaser installiert. Die Lasertypen werden im Folgenden kurz vorgestellt. Ein Vergleich der Kenngrößen verschiedener Laserquellen ist in Tabelle 1 zusammengestellt.

Tabelle 1: Laserstrahlquellen und ihre charakteristischen Kenngrößen

	CO_2-Laser	Festköperlaser	Diodenlaser
Laseraktives Medium	CO_2 - Gas	Nd:YAG-Kristall	Halbleiterschicht z.B. InGaAs
Wellenlänge [µm]	10,6	1,06	0,80 / 0,94
Anregung	Hochfrequenz	Blitzlampen, elektrisch	Gleichstrom
max. Leistung [kW]	bis 40	bis 4 (geregelt)	bis 6
Intensität [W/cm^2]	10^6 - 10^8	10^5 – 10^8	10^3 - 10^5
Strahlparameterprodukt [mm mrad]	< 6 (700 W) < 14 (20 kW)	< 5 (200 W) < 25 (4 kW)	< 150
Stahlführung	Spiegel	Lichtleitfaser	Direkt o. Lichtleitfaser
Wirkungsgrad elektrisch/optisch [%]	5 – 10	3 – 5	30 - 50
Wartungsintervall [h]	ca. 1000	ca. 1000 (Lampen)	Wartungsfrei *
Invest [TDM/kW]	ca. 100	ca. 200	ca. 100

*) Lebensdauer ca. 10000 h

2 Laseranwendungen in der Getriebeproduktion

Innerhalb der DaimlerChrysler AG findet das Strahlschweißen mit CO_2- Lasern derzeit in der Getriebeproduktion seine breiteste Anwendung. Aufgrund der hohen Anforderungen an die Präzision der Einzelkomponenten sowie des Zusammenbaus von Getriebekomponenten kommen hier die Vorzüge der verzugsarmen Laserschweißungen zum Tragen. Als Paradebeispiele sind hierfür das Front-Automatik-Getriebe (FAG) und das Neue Automatik-Getriebe (NAG) zu nennen.

Während das NAG seit 1996 in einer Stückzahl von über 2 Mio produziert wurde und damit auch die Qualität und Zuverlässigkeit des Laserschweißens widerspiegelt, stellt der Lasereinsatz beim FAG die fertigungstechnische Voraussetzung zur Umsetzung der vorgegebenen Konstruktionsziele (kürzer, kompakter und leichter) dar. Die Bauteile können aufgrund der Vorzüge des Laserschweißens fertig bearbeitet gefügt werden. Die Lasertechnik liefert somit einen wesentlichen Beitrag zur Herstellung des kleinsten Automatikgetriebes seiner Klasse. Im Folgenden wird der Aufbau beider Getriebe exemplarisch vorgestellt.

2.1 Neues Automatik-Getriebe (NAG)

Auch am Neuen Automatik-Getriebe (NAG) sind wie beim FAG-Getriebe verschiedene Verbindungen thermisch zu fügen. *Bild 1* zeigt einen Längsschnitt des NAG-Getriebes mit allen lasergeschweißten Komponenten: Antriebswelle, Abtriebswelle und hinteres Hohlrad.

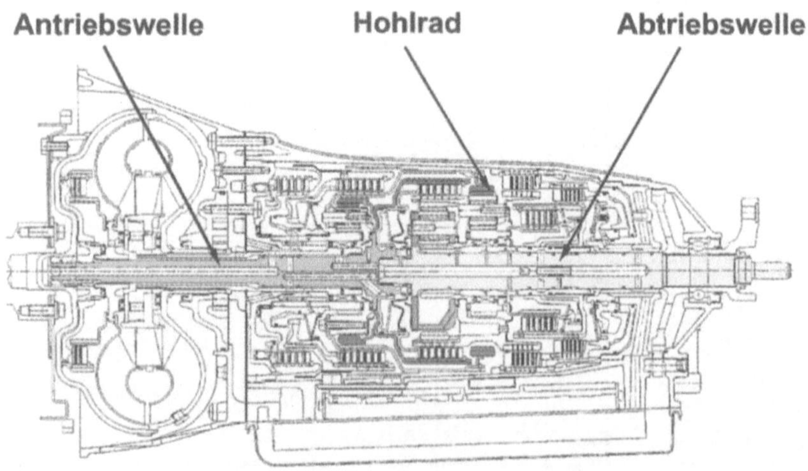

Bild 1: Längsschnitt durch das Neue Automatik-Getriebe (NAG)

Die wirtschaftlich und technologisch sinnvolle Kombination des Laserstrahlschweißens mit einem spanenden Verfahren wird am Beispiel der NAG-Antriebswelle dargestellt. Insgesamt sind an diesem Bauteil drei Schweiß- und eine Zerspanoperation zu leisten. Zunächst wird der Außenlamellenträger mit der Antriebswelle axial verschweißt, danach wird der Hohlradträger auf den Außenlamellenträger gefügt. Der Hohlradträger ist ein Blechumformteil, das nach dem Zusammenbau mit dem Außenlamellenträger und vor dem Zusammenbau mit dem Hohlrad überdreht wird, um eine definierte Anlagefläche für den nachfolgenden Laserschweißprozess zu erzielen. Auf diese Funktionsfläche wird anschließend das Hohlrad geschweißt. In *Bild 2* ist der lasergeschweißte Zusammenbau der Antriebswelle dargestellt.

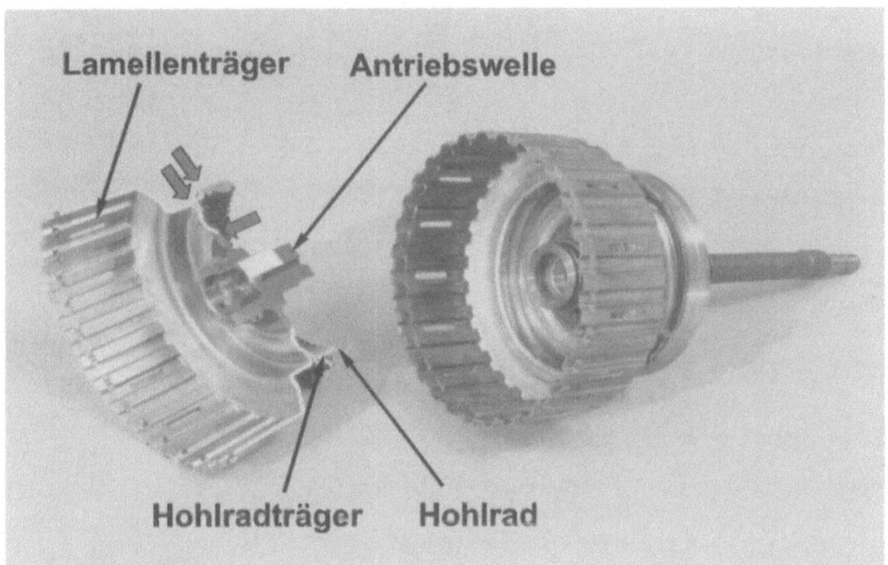

Bild 2: Lasergeschweißte Antriebswelle (NAG)

Die Einsatzmöglichkeit von Blechumformteilen erbringt hier zudem eine deutliche Gewichts- und Kostenreduzierung. Durch sinnvolle Kombination der Schweißprozesse mit einem Trocken-Zerspanungsprozess sind größere Fertigungstoleranzen der Einzelteile zulässig, ohne die Funktionstoleranzen der Baugruppe zu beeinflussen.

2.2 Front-Automatik-Getriebe (FAG) und Front-Schaltgetriebe (FSG)

Aufgrund der Konzeption des FAG's sind darin eine Vielzahl von Blechumformteilen enthalten. Durch die hohen Schweißgeschwindigkeiten und die daraus resultierende geringe Wärmeeinbringung werden die vorgeschriebenen

Plan- und Rundlauftoleranzen sicher eingehalten. In *Bild 3* ist ein Längsschnitt des FAG's mit den lasergeschweißten Getriebekomponenten, der Antriebs-, der Vorgelege- und der Abtriebswelle sowie den jeweiligen Naben K1 bzw. K5 und den Zahnrädern 4, 5, 6, 7 und 8 dargestellt.

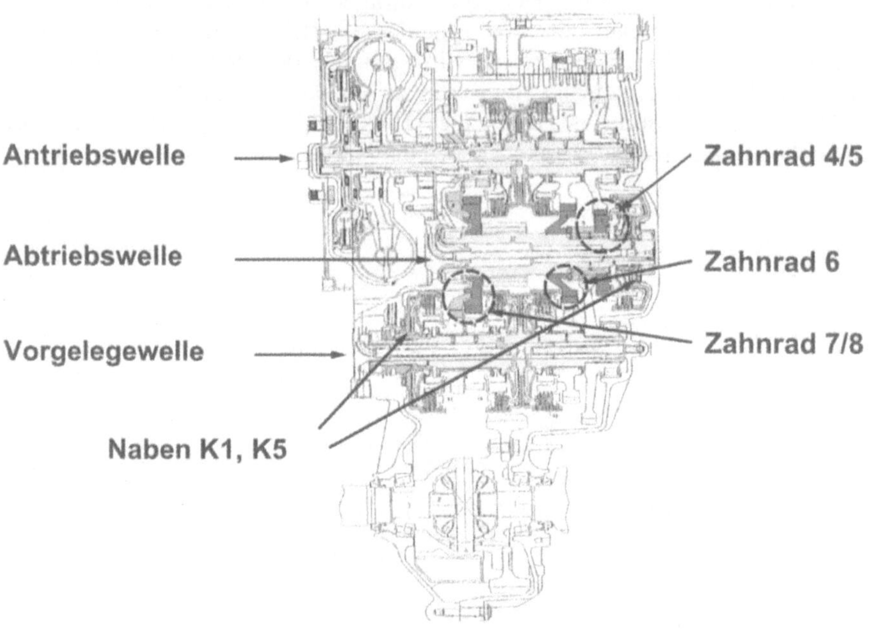

Bild 3: Längsschnitt durch das Front-Automatik-Getriebe (FAG)

Bild 4: Axialschweißungen an der Abtriebswelle des Front-Automatik-Getriebes (FAG) der A-Klasse

Als Werkstoff kommen die Stähle 20MoCr4 und 16MnCr5 zum Einsatz. Durch die kompakte und steife Bauweise des in *Bild 4* dargestellten Zusammenbaus der Abtriebswelle erhöht sich das Risiko der Rissbildung. Eine dem Laserschweißen vorgeschaltete induktive Vorwärmung verringert die hohen Abkühlgeschwindigkeiten des Bauteils und somit das Entstehen von Erstarrungsrissen [5].

Der zulässige Bauteilverzug (Rundlauf, Schirmung etc.) der Abtriebswelle ist auf ca. 40 µm toleriert. Die Zahnräder können jedoch trotzdem fertig bearbeitet verschweißt werden, so dass auf ein Nachschleifen der Zahnflanken verzichtet werden kann.

In *Bild 5* ist die Antriebswelle mit den Außenlamellenträgern dargestellt. Zunächst wird die Antriebswelle mit den beiden Flanschen axial verschweißt und die beiden Flansche radial miteinander verbunden. Bei einer anschließenden Zwischenbearbeitung werden die Funktionsflächen zur Aufnahme der Aussenlamellenträger hergestellt, die schließlich mit zwei weiteren radialen Schweißungen gefügt werden.

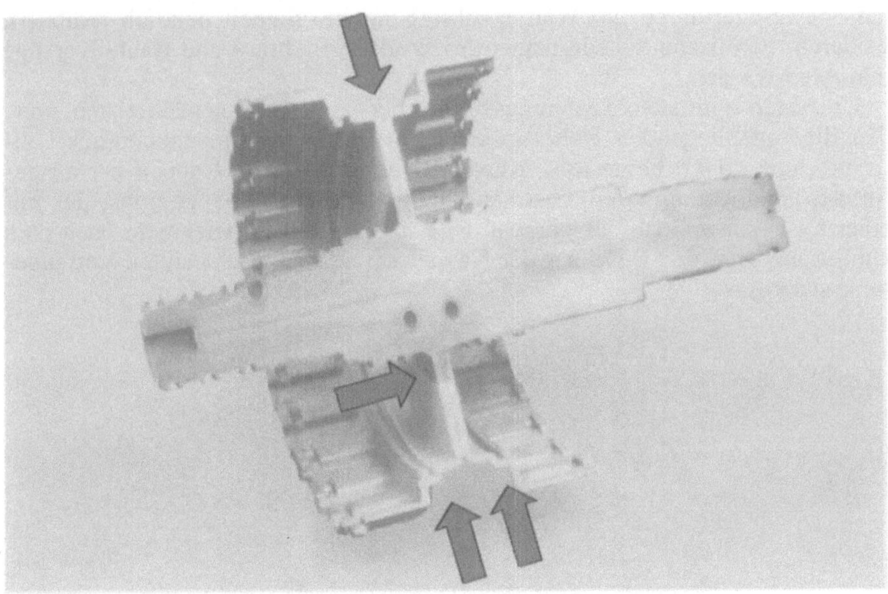

Bild 5: Serielle Schweißfolge mit spanender Zwischenbearbeitung am Beispiel der Antriebswelle des Front-Automatik-Getriebes

3 Laseranwendungen in der Motorenproduktion

3.1 Luftspaltisolierter Auspuffkrümmer

Eine aktuelle Laserapplikation in der Motorenproduktion ist das Schweißen des in *Bild 7* dargestellten luftspaltisolierten Auspuffkrümmers für alle 6- bzw. 8-Zylinder Pkw-Aggregate. Die Substitution bisher eingesetzter Guß-Krümmer durch eine Schalenkonstruktion führt zu einer Isolierung des Abgasstroms, wodurch die Betriebstemperatur des Katalysators schneller erreicht wird. Dies ermöglicht vor allem beim Kaltstart eine signifikante Reduzierung der Schadstoffemissionen.

Die hohe Betriebstemperatur sowie die mechanischen Beanspruchungen, aber auch die Gasdichtheit des Bauteils stellen höchste Anforderungen an die Fügetechnik. Durch den Einsatz der Lasertechnik ist gegenüber konventionellen Schweißverfahren die Wärmeeinbringung ins Bauteil deutlich reduziert, wodurch thermische Schädigungen des Werkstoffgefüges und Bauteilverzüge minimiert werden.

Um einen optimalen Strömungsverlauf der Abgase zu gewährleisten, werden die innenliegenden Rohrsegmente mit Hilfe der Innenhochdruck-Umformtechnik (IHU) hergestellt. Anschließend werden die Kappen der ausgeformten Segmente mit dem Laser beschnitten und ein Verlängerungsstück mit einer Laserschweißnaht angebracht. *Bild 6* zeigt ein Rohrsegment nach dem Umformen bzw. den Beschnitt der Kappe und des angeschweißten Verlängerungsstückes.

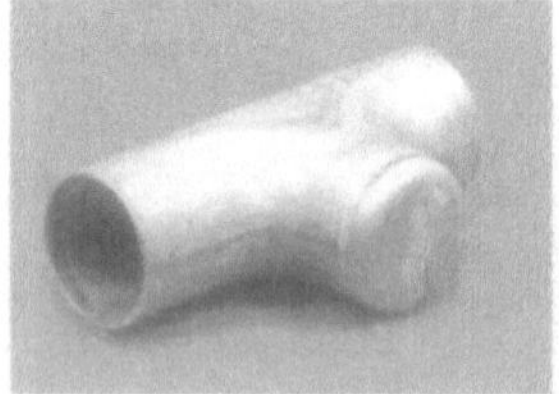

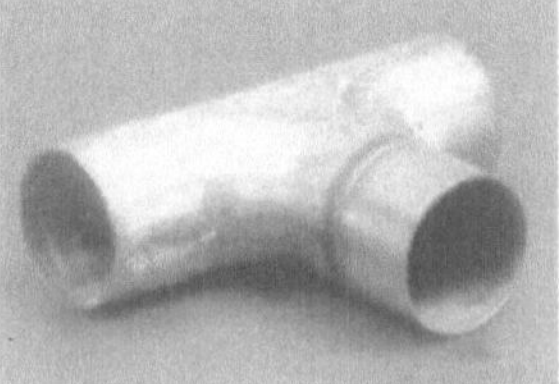

Bild 6: Bearbeitungsschritte der innen liegenden Rohrsegmente

Danach werden die Rohrsegmente mit Kunststoffringen zwischen den Halbschalen positioniert und das gesamte Bauteil in einem Formgesenk entlang der Fügestellen gespannt. Die sich anschließende Laser-Umfangsschweißung der Schalenkonstruktion erfolgt aufgrund der verbesserten Spaltüberbrückbarkeit mit Hilfe von Zusatzdraht. Die hohe Flexibilität des Verfahrens ermöglicht auch den kritischen Übergang der Fügestellengeometrie von einer I-Naht am Stumpfstoß zu einer Kehlnaht. Durch Ausnutzung des Tiefschweißeffekts können Aspektverhältnisse der Schweißnaht von >1 und damit Verbindungsquerschnitte größer als die Blechdicke dargestellt werden, wodurch die Funktionalität des Bauteils erst sichergestellt wird.

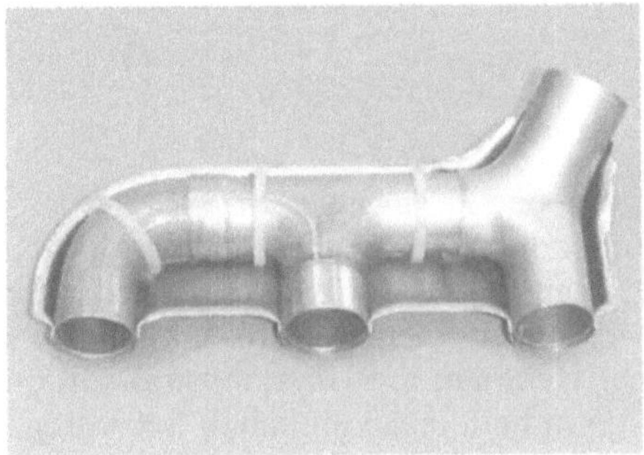
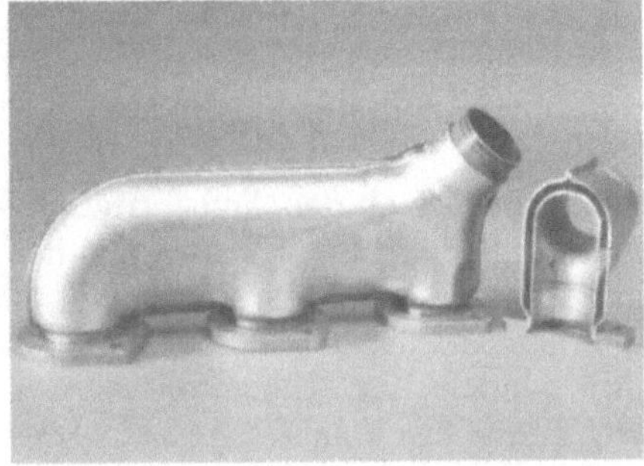

Bild 7: Luftspaltisolierter Auspuffkrümmer als Beispiel für eine 3D- Laserschweißung mit Zusatzdraht

Nachdem die Halbschalen gefügt sind, müssen noch die Flansche am Bauteil angebracht werden. Diese 3-Blechverbindungen werden ohne Zusatzdraht geschweißt, wobei besonders die Planheit der Flansche sichergestellt werden muss, um eine einfache Montage der Krümmer am Zylinderkopf zu gewährleisten und die Dichtheit des Abgassystems zu gewährleisten. *Bild 8* zeigt einen an die Schalenkonstruktion geschweißten Flansch.

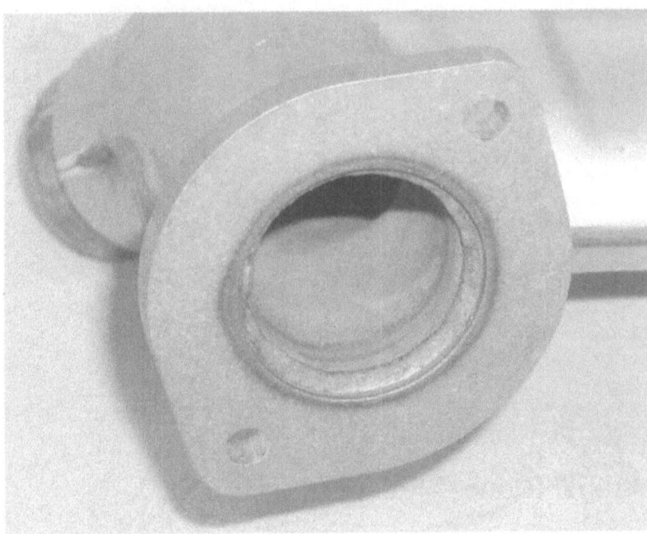

Bild 8: Lasergeschweißter Krümmerflansch

4 Laseranwendungen in der Achsenproduktion

4.1 MCC-Integralträger (Smart)

Auch im Bereich der Achsfertigung sind erste Einsätze des Strahlwerkzeugs Laser zu beobachten. Ein Beispiel hierfür ist die 3D-Schweißung des in *Bild 9* dargestellten MCC-Integralträgers, mit einem CO_2-Laser und kartesischer Bearbeitungsanlage. Die beiden Schalen werden in einem Gesenk gespannt und an der Innen- und Außenkontur mit einer Kehlnaht am Überlappstoß verbunden. Die Schweißnahtlänge beträgt ca. 4,5 m bei einer möglichen Schweißgeschwindigkeit von 5,5 m/min.

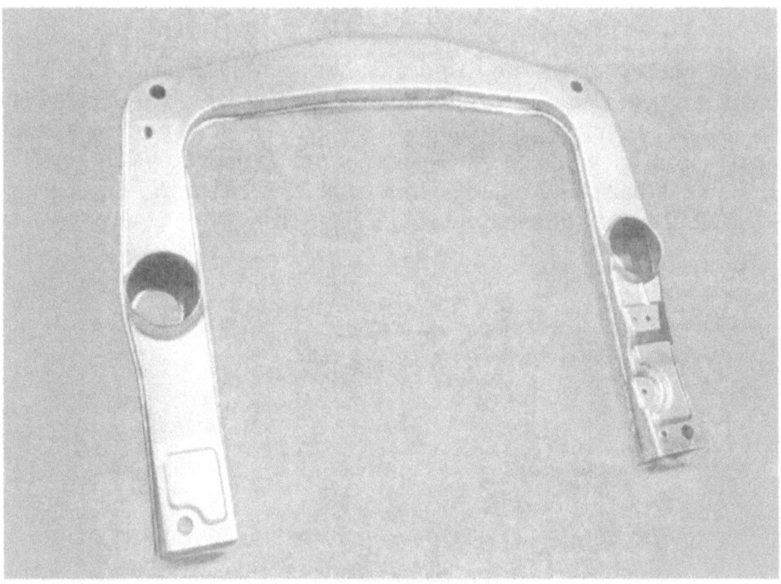

Bild 9: MCC-Integralträger

4.2 Aluminium-Integralträger (Neue C-Klasse)

Eine weitere in der Produktion befindliche Anwendung ist das Entgraten des Guss-Integralträgers für die neue C-Klasse [6]. Hierbei wird das Laserschneiden zum Beschnitt des Bauteils eingesetzt. Der Integralträger ist in *Bild 10* dargestellt: Ein komplexes, hochbelastetes Bauteil aus Aluminium, das sowohl den Motor als auch die Vorderachse trägt. Die nach dem Gießvorgang vorhandenen Angussstücke und der Gießflitter müssen am gesamten Bauteilumfang entfernt werden. Eine besondere Schwierigkeit, die hierbei auftritt, ist die zwischen 0,2 bis 3 mm variierende Materialdicke des Bauteils und die Bauteilkonturtoleranzen. So verlangt der Beschnitt eine dickentolerante Prozessabstimmung sowie eine Bahnführung, die die Formabweichungen des Bauteils toleriert.

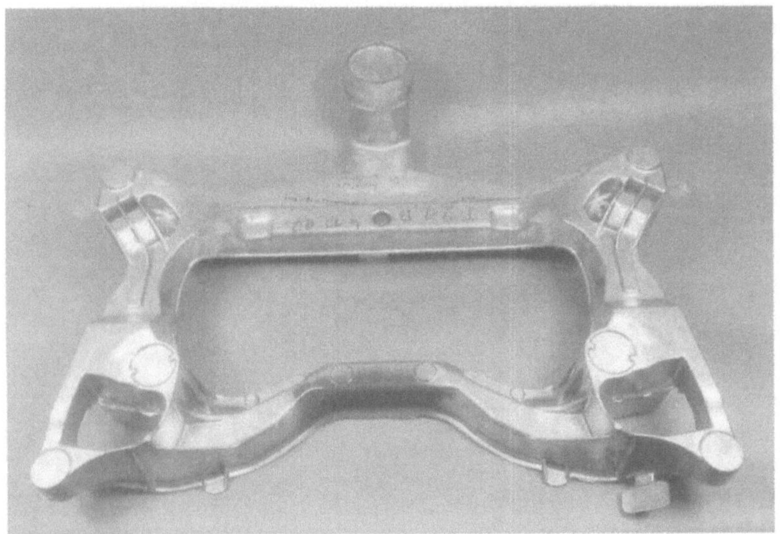

Bild 10: Integralträger der neuen C-Klasse

Das bislang eingesetzte Stanzentgraten kann in der Kontur unter Umständen Risse induzieren. Als konkurrierendes Verfahren zum Laserschneiden und dem klassischen Stanzentgraten kann unter technologischen Gesichtspunkten Wasserstrahlschneiden angesehen werden. Entscheidender Nachteil ist hier jedoch der notwendige Einsatz eines Abrasivmittels. Im Mittel würden bei diesem Bauteil unter Produktionsbedingungen täglich etwa 3 t Abrasivmittel-Aluminium-Gemisch anfallen, welches nur zu 50 % recycelt werden kann. Zudem bedingt der Abrasivmitteleinsatz eine Verminderung der Schneiddüsenstandzeit beim Wasserstrahlschneiden auf durchschnittlich 10 h. Unter Berücksichtigung der Investitions- und Betriebskosten stellt das Laserstrahlschneiden neben den technologischen und ökologischen Vorteilen auch die wirtschaftlich günstigere Alternative dar.

Bild 11 zeigt die Bearbeitungsanlage zum Entfernen der Angussstücke mittels Laserstrahl. Hier wird der Nd:YAG-Laser über eine Glasfaser und eine bewegte Bearbeitungsoptik an das Bauteil herangeführt. Diese Faserführung ermöglicht den flexiblen und kostengünstigen Einsatz eines Roboters für die 3D-Bearbeitung.

Bild 11: Robotergeführte Schneidanlage zum Beschneiden des Integralträgers

5 Entwicklungstendenzen

Selbst ohne Berücksichtigung der zahlreichen Aktivitäten der Zulieferindustrie wird die Anzahl der Laserapplikationen im Aggregatebau weiterhin ansteigen. Dies wird anhand der vielfältigen Entwicklungstätigkeiten für neue Aggregate und Antriebssysteme, wie z.B. der Brennstoffzelle, neuen Getriebe- oder Motorsteuerungskonzepten schnell deutlich. Viele dieser Innovationen sind ohne den Einsatz der Lasertechnik nur bedingt realisierbar Mit der Verfügbarkeit neuer Strahlquellen eröffnen sich wiederum neue wirtschaftliche und technologische Randbedingungen, wodurch einerseits neue Aufgabenfelder entstehen und andererseits auch begleitende Themenstellungen in den Vordergrund treten. Die wachsende Komplexität der Prozesse erfordert eine ganzheitliche Betrachtung der Thematik. Dabei werden Werkzeuge und Themen, wie z. B.

- Prozesssimulation und FEM-Analysen des Verzugs,
- lasergerechte Konstruktionen,
- Einbindung der Systeme und Verfahren in CAX- Ketten,
- Entwicklung prozessgerechter Steuerungs- und Regelalgorithmen sowie
- Entwicklung geeigneter Sensor- und QS- Systeme

zunehmend die Entwicklungszeiten und -kosten, aber auch die Qualität und damit in letzter Konsequenz den Markterfolg der Produkte der DaimlerChrysler AG beeinflussen.

Im Folgenden sind deshalb einige Entwicklungstendenzen der Aggregatefertigung und ihre Anforderungen an die Lasermaterialbearbeitung kurz zusammengefasst:

- Beim ohnehin auf breiter Basis stehenden Lasereinsatz im Getriebebau stehen weiterhin verzugsarme Präzisionsschweißungen im Vordergrund. Aufgrund der weiter steigenden zu übertragenden Drehmomente werden zunehmend größere Einschweißtiefen gefordert, die den Einsatz von CO_2-Lasern hoher Strahlqualität (K>0,6) bei Ausgangsleistungen mit mehr als 5kW notwendig machen. Geräte mit diesen Strahlparametern werden derzeit "nur" mit Leistungen bis ca. 3,5 kW angeboten. Extreme Einschweißtiefen werden allerdings weiterhin dem Elektronenstrahlschweißen vorbehalten bleiben. Daneben ist im Getriebebau vor allem eine weitergehende Integration und Kombination verschiedener Verfahren wie z.B. Induktive Erwärmung, Zerspanung, Schweißen etc. zu erwarten. Diese Entwicklung führt zu einer Reduzierung der Gesamtzahl der benötigten Anlagen und wird durch weitere Standardisierung den heutigen Sondermaschinenbau in bestimmten Bereichen substituieren.
- Der in der Achsfertigung bislang nur zögernd erfolgte Lasereinsatz erfährt durch die Verfügbarkeit leistungsstarker Festkörperlaser in Verbindung mit Industrierobotern einen signifikanten Aufschwung. Vor allem die zunehmende Automatisierung der Achsfertigung und -montage erfordert mehr und mehr verzugsarme Fügetechniken. Die dem Laserschweißen inhärente Präzision erfordert allerdings in diesem Bereich häufig besondere Anstrengungen zur Gewährleistung der Prozeßsicherheit. Neben der Optimierung der Industrieroboter als Handlingseinheit werden die Handhabung von Nahtführungssystemen und die Entwicklung geeigneter Strahlformungsoptiken entscheidend für die weitere Verbreitung der Lasertechnik im Achsbau sein [7].
- Im Motorenbau sind beim Schneiden und Schweißen neben den etablierten Applikationen derzeit nur einige wenige neue Einsatzgebiete erkennbar. Im Gegensatz dazu zeichnet sich im Bereich der Oberflächenveredelung ein erhebliches Innovationspotential ab. Insbesondere die Beschichtung von Leichtmetalloberflächen an Motorblöcken oder Zylinderköpfen mit Verschleißschutzschichten könnte zu einer sprunghaften Erweiterung des Anwendungsspektrums der Lasermaterialbearbeitung führen, sie stellt gleichzeitig aber auch eine große Herausforderung hinsichtlich der Materialauswahl und Prozessführung dar.

Eine globale Aussage über die Weiterentwicklung der Lasertechnik ist aufgrund der Komplexität und Vielfalt der Thematik kaum möglich. Im Folgenden sind daher stichpunktartig und ohne Anspruch auf Vollständigkeit Trendaussagen aufgeführt:

- CO_2-Laser werden aufgrund des vorhandenen Leistungsangebotes, der im Vergleich zu anderen Strahlquellen hohen Strahlqualitäten sowie wegen der umfangreichen Erfahrungen in der Anwendung weiterhin ihre Dominanz bei der Stahlbearbeitung, beim 2D-Schneiden und beim Tiefschweißen (z. B. Getriebeteile) mittelfristig behalten.

- Lampengepumpte Nd:YAG-Laser haben aufgrund der kürzeren Wellenlänge und der Strahlführung durch flexible Glasfasern in Verbindung mit Industrierobotern bereits den Bereich der Bearbeitung von komplexen dreidimensionalen Bauteilen und hochreflektierenden Materialien (z. B. Aluminium) erobert. Mittelfristig ist zumindest teilweise, vor allem bei Anlagen mit hohen Verfügbarkeits- oder Strahlqualitätsanforderungen, die Substitution dieser Strahlquellen durch diodengepumpte Systeme zu erwarten.
- Diodengepumpte Festkörperlaser mit geringen Leistungen (<100 W) werden bereits zum Beschriften und Markieren eingesetzt. Weitere Anwendungen dieser Strahlquellen bis ca. 500 W sind beim Präzisionsbohren zu erwarten.
- Diodengepumpte Festkörperlaser im Leistungsbereich zwischen 1 kW und 3 kW befinden sich derzeit im Prototypenstatus bzw. in erstem industriellen Einsatz. Dabei konkurrieren derzeit zwei Varianten mit scheiben- bzw. stabförmigen Kristallgeometrien. Hinsichtlich Leistungsskalierung, Strahlqualität und Strahlformung scheint allerdings der Scheibenlaser ein höheres Potential zu besitzen. Langfristig könnten solche Hochleistungssysteme auch in bisherige Domänen der CO_2-Laser eindringen. Die ursprünglich erwarteten Wirkungsgrade der heute industriell verfügbaren Systeme > 10% scheinen allerdings derzeit nicht realisierbar zu sein, so daß auch aufgrund des hohen zu erwartenden Invests die wirtschaftlichen Vorteile gegenüber lampengepumpten Festkörperlasern noch nachzuweisen sind.
- Diodenlasersysteme sind im Leistungsbereich bis ca. 6 kW verfügbar. Aufgrund der vergleichsweise geringen Strahlqualitäten erfolgt ihr Einsatz jedoch nur zögernd, z.B. beim Schweißen von Kunststoffen bzw. Löten, aber auch beim Härten. Die hohen Wirkungsgrade dieser Laser sowie erhebliche Fortschritte bei der Strahlformung aber auch ihre Kompaktheit und die günstigen Prognosen für die Kostenentwicklung auf dem Diodenmarkt lassen mittelfristig eine starke Verbreitung erwarten.
- Laserbearbeitungsstationen unterliegen fortschreitender Standardisierung. Die Integration verschiedener Bearbeitungsverfahren in gemeinsame Bearbeitungszentren versprechen erhebliche Kostenvorteile und werden sich mittelfristig gegenüber heutigen Sondermaschinenkonzepten durchsetzen.
- Andere Strahlquellen, wie z.B. Excimerlaser, Kupferdampf-Laser, Dye-Laser und CO-Laser werden mittel- und langfristig verschiedene Märkte (z. B. bei der Mikrobearbeitung und im Forschungsbereich) besetzen. Für die Materialbearbeitung im Automobilbau werden diese Laser weiterhin von untergeordneter Bedeutung bleiben.

Literatur

1. STEEL, R.V.: *Review and forecast of laser markets 1999*. In Laser Focus World (1999) Heft 1 u. 2, Nashua NH, USA.

2. WOLLERMANN-WINDGASSE, R.: *Lasertechnik.* Konferenz Einzelbericht: Technik u. Kommunikation ohne Grenzen – Ingenieure im weltweiten Strukturwandel, Deutscher Ingenieurtag 97, VDI Berichte, Band 1340 (1997), S. 147-159.
3. PETRING, D.; BEHLER, K.; WISSENBACH, K.; POPRAWE R.: *Stahl u. Laser – neue Perspektiven für neue Märkte.* In Stahl und Eisen, Band 116 (1996) Heft 11, S. 87-98.
4. VOLLRATH, K.: *Innovativer Lasereinsatz erschließt ständig neue Märkte.* In VDI Nachrichten Nr.21 Düsseldorf (1999), S. 21.
5. STANDFUSS, J.; BURBOECK, W.; PAASCH, R.; GNANN, R.A.; BRENNER, B.: *Induction assisted laser beam welding of case hardened gearbox components.* Konferenz Einzelbericht Global Powertrain Congress Stuttgart (1999).
6. VOLLRATH, K: *Druckguss wächst verstärkt in tragende Rolle.* In VDI Nachrichten Nr.17, Düsseldorf (2000), S. 16.
7. HOHENBERGER, B.; SCHINZEL, C.; DAUSINGER, F.; HÜGEL, H.: *Laserstrahlschweißen von Aluminiumwerkstoffen.* In: WT-Produktion und Management 87, Springer-VDI-Verlag, 1997, S. 289.

Der Laser – ein flexibles Werkzeug im Fertigungseinsatz. Praxiserfahrung und Ausblick

A. De Paoli, J. Rapp,

Einführung

Der globale Wettbewerb, dem produzierende Unternehmen ausgesetzt sind, erfordert die ständige Entwicklung funktional verbesserter Erzeugnisse sowie die Weiterentwicklung der für ihre wirtschaftliche Fertigung notwendigen Verfahren und Techniken.

Somit steht für die Verfahrensentwicklung bei Bosch nicht die Frage im Vordergrund „Wofür kann man den Laser einsetzen" sondern „Wie kann die Lasertechnik genutzt werden, um die zuvor erwähnten strategischen Zielsetzungen zu erreichen".

Deshalb soll hier zunächst kurz die Zielsetzung bei der Weiterentwicklung der Fertigungstechnik dargestellt werden, um anschließend den Einsatz der Lasertechnik in verschiedenen Anwendungsbereichen vorzustellen.

1 Zielsetzungen der Fertigungstechnik

Ganz im Vordergrund bei der Entscheidung für den Einsatz eines Verfahrens in der Fertigung steht seine Wirtschaftlichkeit, d.h. der Einsatz des Lasers muß kostengünstiger als alternative Verfahren sein, und zwar bei ganzheitlicher Betrachtung der Wertschöpfungskette und unter Berücksichtigung aller notwendigen Engineering-Leistungen und indirekter Tätigkeiten bei seinem Betrieb. Durch das Simultaneous Engineering und das Target Costing werden Kostentreiber bereits im sehr frühen Entwicklungsstadium identifiziert und es können konstruktive Alternativen entwickelt werden, durch die der Einsatz teurer Verfahren vermieden bzw. wirtschaftlicher Verfahren ermöglicht wird.

Eine weitere wichtige Zielgröße ist die Sicherstellung der Qualität gefertigter Erzeugnisse. Um eine 0-Fehler-Produktion zu erreichen, müssen die eingesetzten Fertigungsverfahren sicher beherrscht werden und sie müssen eine gewisse Robustheit gegen unvermeidliche Störungen haben. Dazu ist es notwendig, vor Einführung eines Verfahrens in der Fertigung die Abhängigkeit der Qualitätskriterien von den wichtigsten Einflußparametern genau zu kennen, was nur durch verstärkten Einsatz der Prozeßsimulation im Vorfeld und durch Sammeln von Erfahrung im Rahmen einer Vorserienfertigung möglich ist.

Von modernen Fertigungsverfahren wird erwartet, daß sie einfach in die Fertigungslinie integrierbar sind. Es soll damit eine schnelle Bearbeitung einzelner Werkstücke möglich sein, um

- den Logistikaufwand in der Fertigung klein zu halten,
- die Komplexität zu reduzieren,
- die Durchlaufzeiten zu verkürzen und
- letztendlich den Fertigungsumlauf gering zu halten.

Darüberhinaus erwartet man von zukunftsorientierten Fertigungsverfahren eine hohe Flexibilität, z.B. durch

- CNC-Steuerbarkeit,
- einfache Integration in Handhabungsgeräte
- Kombinierbarkeit mit anderen Verfahren sowie
- größere Designfreiheit z. B. bezüglich Zugänglichkeit und Werkstoffwahl.

Neue Erzeugnisse zeichnen sich durch hohe Funktionalität und Kompaktheit aus. Die Bearbeitung solcher Erzeugnisse erfordert eine hohe Präzision und eine lokal eng begrenzte Einwirkung ohne Beeinflussung der Nachbarbereiche. Verfahren, die diese Anforderungen erfüllen, werden künftig bevorzugt zum Einsatz kommen, da sie für die Konstruktion die notwendigen Freiräume bieten.

Die Umweltrelevanz, d.h. der Wirkungsgrad und verfahrensbedingte Emissionen eines Verfahrens sind ebenfalls immer wichtiger werdende Entscheidungskriterien für die Auswahl eines Fertigungsverfahrens.

2 Einsatz der Lasertechnik in der Bosch-Fertigung

Der Einsatz der Lasertechnik in der Bosch-Fertigung hat bereits eine über 20jährige Tradition und hat mit der Weiterentwicklung der Strahlquellen und der Verfahrenstechnik immer neue Anwendungsbereiche gefunden. Die ersten Anwendungen waren das Trimmen von Widerständen und das Ritzen von Keramiksubstraten. Mit der Entwicklung der ersten leistungsstärkeren CO_2-Laser wurden dann Applikationen zum Schweißen und dann später zum Härten und Löten entwickelt. Das Schneiden mit dem CO_2-Laser kam meist nur im Musterbau zum Einsatz, weil es bei der Großserienfertigung im Vergleich zum Stanzen unwirtschaftlich war.

Mit der Entwicklung leistungsstarker gepulster Festkörperlaser fanden diese Anwendung zum Schweißen und Beschriften und ergänzten so den CO_2-Laser im unteren Leistungsbereich. Bohren und Feinschneiden sind relativ neue Applikationen bei Bosch, die vorerst dem Nd:YAG-Laser vorbehalten sind. Insgesamt kommen derzeit ca. 400 Laseranlagen weltweit für die Herstellung der unterschiedlichsten Bosch-Produkte zum Einsatz, siehe Bild 1.

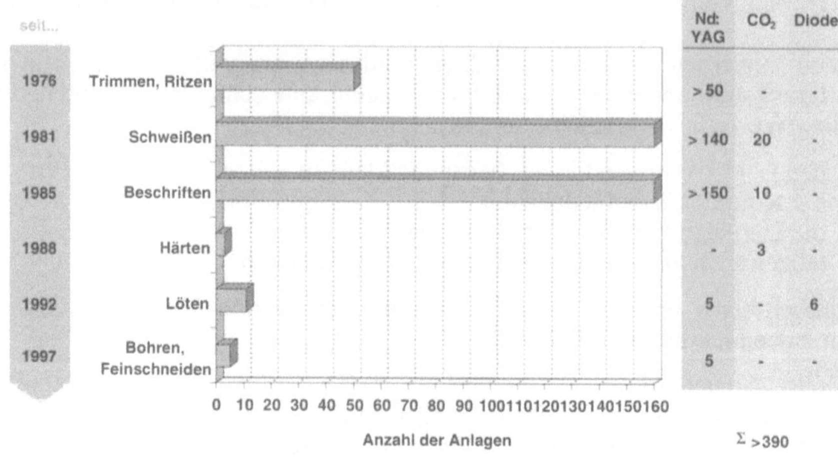

Bild 1: Serienanwendungen Lasermaterialbearbeitung bei BOSCH (Stand 2000).

Nach diesem summarischen Überblick sollen nun die einzelnen Anwendungsbereiche mit Beispielen, den aktuellen Entwicklungsschwerpunkten und dem weiteren Entwicklungspotential betrachtet werden.

2.1 Einsatz der Lasertechnik in der Elektronikfertigung (Trimmen von Widerständen, Ritzen von Keramik)

Durch den verstärkten Übergang in der Elektronik zur Digitaltechnik und durch Einsatz im grünen Zustand vorgeritzter Keramiksubstrate stagniert dieser Anwendungsbereich für den Laser. Neue Anwendungen für die Lasertechnik, die in größerem Umfang absehbar sind, sind das Bohren von Mikrovias bei High Density Interconnect (HDI)-Leiterplatten und das Strukturieren von Schaltungsträgern. Dies sind aber Anwendungen, die in der Regel bei unseren Zulieferern durchgeführt werden. Deshalb sehen wir in diesem Anwendungsbereich derzeit kein großes Potential für den Einsatz des Lasers bei Bosch.

2.2 Einsatz der Lasertechnik zum Schweißen

In diesem Anwendungsbereich sind neben dem Markieren bei Bosch die meisten Laser im Einsatz. In der Bosch-Fertigung wurde zum Schmelzschweißen der Lichtbogen fast vollständig durch den Laser ersetzt. Die höheren Investitionskosten werden im Wesentlichen durch die größere Designfreiheit bei der

Gestaltung des Fügebereichs (reduzierte Anforderungen an die Zugänglichkeit zur Fügestelle und an die Schweißeignung der zu verbindenden Werkstoffe), durch die höhere Produktivität (höhere Schweißgeschwindigkeit), die bessere Integrierbarkeit in die Fertigungslinie und die bessere Beherrschbarkeit kompensiert. Während früher für Nahtschweißungen der CO_2-Laser favorisiert wurde, der gegenüber dem gepulsten Nd:YAG Vorteile aufwies, kommen mit deren Verfügbarkeit vermehrt leistungsstarke cw-Nd:YAG-Laser zum Einsatz. Vorteilhaft ist ihre bessere Fokussierbarkeit, ihr besserer Wirkungsgrad in der Energieumsetzung bei metallischen Werkstoffen und die Möglichkeit der einfachen Strahlführung über biegsame Lichtleiter.

Einige Anwendungsbeispiele, in denen diese dargestellten Vorteile für eine wirtschaftliche Fertigung genutzt werden, werden im folgenden kurz dargestellt.

Beim Drosselklappensteller (Bild 2) werden die Verbindungen zwischen Welle und Ritzel bzw. Anlaufscheibe sowie zwischen Drosselklappensteller und Welle mit einem cw-Nd:YAG-Laser verschweißt. Die Anwendung erfordert eine hohe Zuverlässigkeit der Fertigung, weil es sich um ein Sicherheitsteil handelt. Die Erfüllung der Anforderungen an die Zuverlässigkeit wäre durch ein Lichtbogenschweißen kaum erreichbar, weil die beteiligten Werkstoffe (Ritzel aus Sinterstahl, Welle aus härtbarem Automatenstahl) nur bedingt schweißgeeignet sind. Die Wirtschaftlichkeit bei dieser Anwendung resultiert aus der einfachen Vorbereitung der Teile und der Möglichkeit, Ritzel und Welle nach deren Einstellung lagerichtig zu fixieren. Für die Durchführung der beiden Schweißungen wurde eine Taktzeit von 5 Sekunden gefordert. Die Schweißzeit für eine Verbindung liegt < 2 Sekunden. Durch intensive Verfahrensoptimierung und –erprobung sowie durch Installation eines geeigneten Prozeßüberwachungssystems ist es gelungen, die Anforderungen bezüglich Taktzeit und Zuverlässigkeit zu erfüllen.

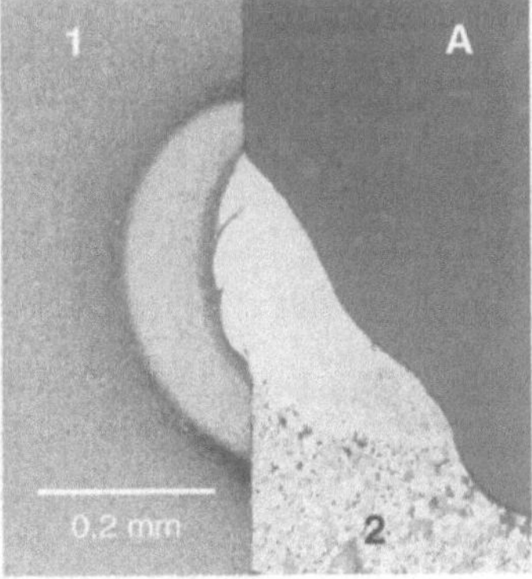

Bild 2: Drosselklappensteller mit Verbindung (A) Welle (1)-Anlaufscheibe (2).

Zur Prozeßüberwachung werden die Emissionen der Plasmafackel, die sich beim Schweißen ausbildet, überwacht. Als Referenz dienen „Gut“-

Schweißungen, aus welchen mittels statistischer Auswertung die Streubänder für die Überwachung der laufenden Serie ermittelt werden.

Bild 3: Hubmagnet mit Verbindungen amagnetischer Ring – Magnetplatte(A) und Kappe (B)

Ein weiteres Anwendungsbeispiel für den Einsatz des cw-Nd:YAG-Lasers ist das Schweißen des Hubmagnetes (Bild 3) für das Dieseleinspritzsystem „Unit Injector", das eine Pumpendüseneinheit für jeden Zylinder darstellt. Aus Funktionalitätsgründen muß am Hubmagneten der direkte Magnetfluß durch einen amagnetischen Ring aus austenitischem Material unterbunden werden. Ein kostengünstiger Aufbau wird dadurch erreicht, daß der Ring ohne teure Nahtvorbereitung auf eine Stahlplatte aufgeschweißt wird und anschließend mit der Kappe aus ferritischem Stahl in I-Stoß verbunden wird. Es handelt sich hier um sogenannte schwarz-/weiß-Verbindungen, die beim Lichtbogenschweißen wegen der starken Aufmischung kritisch sind. Darüberhinaus wäre die Schweißung in Kantenlage wegen der Ablenkung des Lichtbogens gar nicht beherrschbar. Die beiden ringförmigen Schweißnähte werden mit einem 1 kW cw-Nd:YAG mit Prozeßzeiten von jeweils 0,7 Sekunde auf einer automatischen Anlage gefertigt. Die Schweißnähte müssen dicht und porenfrei sein. Auch in diesem Fall erfolgt zur Absicherung der Nahtqualität die Überwachung der Lichtemissionen mit aus Gut-Mustern abgeleiteten zulässigen Grenzkurven.

Das Schweißen eines kraftstoffgekühlten Steuergerätegehäuses (Bild 4), welches sich gerade in Entwicklung befindet, ist ein Beispiel für das Potential der Lasertechnik beim Fügen von Leichtbauwerkstoffen. Bei dieser Anwendung soll ein Kühlkörper aus Al-Druckguß mit einem Aluminiumblech flüssigkeitsdicht verbunden werden. Diese Lösung ist gegenüber möglichen anderen Alternativen, z.B. mit einem aufwendig bearbeiteten Fließpressteil oder teurem Sandguß, wirtschaftlich so attraktiv, daß trotz der bekannten Schwierigkeiten beim Schmelz- bzw. Laserschweißen von Aluminiumdruckgußwerkstoffen mit der Verfahrensentwicklung begonnen worden ist.

Fertigungstechnische Optimierungsmaßnahmen auf der Gußseite sind z.B. die Anwendung der Vakuumgießtechnik und die Optimierung der Gießkolbenschmierung, um den Poren- bzw. Gasanteil im Guß möglichst gering zu halten. Darüberhinaus sollen alle Erkenntnisse zur Optimierung der Laserschweißtechnik genutzt werden. Dazu zählen zum Beispiel der Einsatz eines cw-Nd:YAG-Lasers zusammen mit der Doppelfokustechnik und eine speziell für diese Anwendung angepaßte Schutzgasführung. Trotz der o.g. Maßnahmen treten immer noch stochastisch Schmelzaufwürfe auf, welche in einer Serienfertigung nicht toleriert werden können. Hier sind Forschung und Wissenschaft gefordert, Grundlagenarbeit zu leisten und Modelle zu entwickeln, welche den Entstehungsmechanismus und die wesentlichen Einflußgrößen für diese Auswürfe befriedigend erklären bzw. voraussagen können, woraus sich dann gezielt und bezogen auf den speziellen Anwendungsfall wirksame Vermeidungsmaßnahmen ableiten lassen.

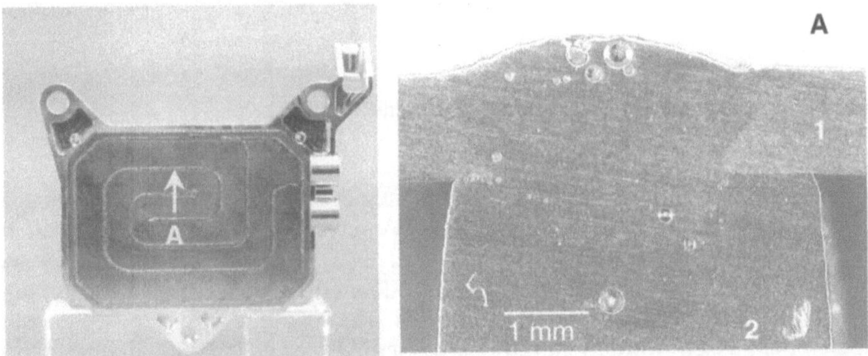

Bild 4: Steuergerätegehäuse aus Aluminium mit Verbindung (A) Deckblech (1) – Druckgußkörper (2).

Ein Anwendungsbeispiel für den Einsatz eines gepulsten Nd:YAG-Lasers ist das Schweißen eines Steuergerätesteckers (Bild 5). Dabei werden 42 Steckerpins in ein Stanzgitter aus einer Kupferlegierung geschweißt. Im unteren Teilbild sind die Schweißpunkte erkennbar. Geschweißt werden die Teile mit einer fliegenden Optik innerhalb 5 Sekunden. Auch in diesem Fall wird die Qualität durch Überwachung der Plasmaemission sichergestellt.

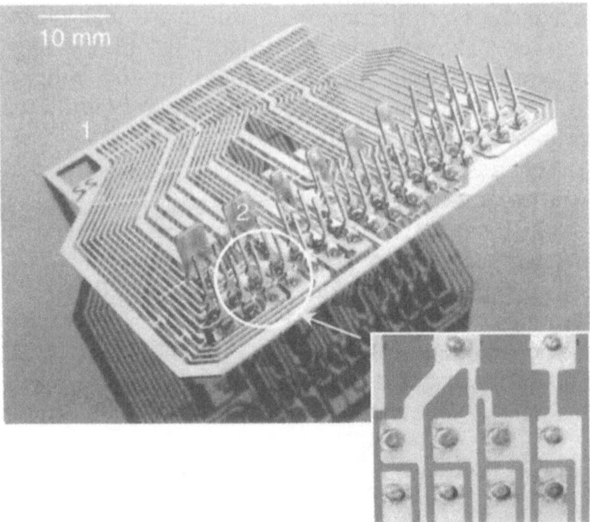

Bild 5: Steuergerätestecker mit Verbindung Stanzgitter (1) - Steckerpin (2).

Wie die dargestellten Anwendungsbeispiele zeigen, ist der vermehrte Einsatz des Lasers zum Schweißen eng mit der Weiterentwicklung neuer robuster im Wirkungsgrad und Strahlgüte verbesserter Strahlquellen verbunden. Als wesentliche neue Systeme sind hier diodengepumpte Nd:YAG-Laser und Diodenlaser zu nennen. Das Potential des Diodenlasers zum Schweißen muß noch erschlossen werden durch Verbesserung der Strahlgüte über entsprechende optische Systeme und erhöhte Zuverlässigkeit mit integrierter Überwachung. Auch eine kostengünstigere Fertigung der Diodenstacks würde die Attraktivität und Wirtschaftlichkeit des Diodenlasers erheblich verbessern. In Zukunft könnte z.B. durch bauteilangepaßte Anordnung von Diodenarrays und optischen Systemen auch die Herstellung von längeren Schweißnähten mit einem Impuls möglich sein, um z.B. den Verzug beim Schweißen zu minimieren, Schweißzeiten zu verkürzen oder aufwendige Mehrachssysteme für die Bewegung der Optik zu vermeiden.

Eine immer wichtiger werdende Voraussetzung für den weiteren Einsatz des Lasers zum Schweißen sind Fortschritte in der Prozeßüberwachung. Der Laser zum Schweißen muß der Null-Fehler-Strategie gerecht werden. Wie bei den Anwendungsbeispielen hingewiesen wurde, werden die heute verfügbaren Überwachungssysteme mit Auswertung der Plasmafackel in der Bosch-Fertigung bereits eingesetzt. Die im Allgemeinen aufwendige Kalibrierung und Einstellung der Grenzwerte ist aus Fertigungssicht bis jetzt noch nicht zufriedenstellend. Auch die Überwachung anhand des Parameterstreubandes aus gut geschweißten Mustern ist kritisch, weil häufig eine Chargenabhängigkeit besteht und somit zeitweise hohe Pseudofehlerraten auftreten, die zu unnötigem Ausschuß führt oder aufwendige Nachprüfungen erfordert.

2.3 Einsatz der Lasertechnik zum Beschriften und Markieren

Trotz des bereits sehr frühen Einsatzes des Nd:YAG-Lasers zum Beschriften von Etiketten und Bauteilen hat es relativ lange gedauert, bis das Laserbeschriften in größerem Umfang in der Bosch-Fertigung eingesetzt wurde. Das war zum Teil bedingt durch die geringe Leistungsfähigkeit und die im Vergleich zu alternativen Verfahren, wie Prägen, Tampo-Print oder Ink-Jet-Drucken, hohen Systemkosten. Erst die Steigerung der Beschriftungsleistung und die Senkung der Systemkosten haben es erlaubt, das Laserbeschriften in größerem Umfang wirtschaftlich einzusetzen. Dies wurde gestützt durch Weiterentwicklungen in der automatischen Bildverarbeitung zum automatischen Lesen der Beschriftungen und durch den Zwang, die Typenvielfalt beim Fertigungsdurchlauf besser zu beherrschen sowie die Dokumentation zu verbessern.

Ein Beispiel für die Beschriftung eines Bauteils in der Serienfertigung ist die Zentrale Einspritzeinheit (Bild 6), bei der das Aluminium-Druckgußgehäuse ohne jede Vorbearbeitung mit dem Laser gut leserlich in weniger als 6 Sekunden beschriftet wird. Die Beschriftung umfaßt dabei die Typ-Teilenummern, das Kundenzeichen und das Fertigungsdatum.

Bild 6: Laserbeschriftetes Aluminiumgehäuse der Zentralen Einspritzeinheit.

Für die Qualitätskontrolle beim Beschriften hat sich die akustische Überwachung bewährt. Für die Zukunft erwarten wir, daß der Markt kompakte, wartungsarme und kostengünstige Strahlquellen, z.B. diodengepumpte Festkörperlaser anbietet, die problemlos in andere Einrichtungen integriert werden können. Damit wird dann eine weiter steigende Anwendung verbunden sein.

2.4 Einsatz des Lasers zum Löten

Der Laser wurde schon sehr früh als Wärmequelle zum Löten genutzt. Einen breiten Einsatz in der Bosch-Fertigung fand er aber bisher nicht, weil er im Vergleich zu anderen Wärmequellen, z.B. Flamme oder Lötkolben, deutlich teurer war. Die Automatisierung von üblichen Lötarbeitsgängen gelang durch Kombination von Lötkolben und Roboter mit deutlich geringeren Investitionen. Es gibt aber bis heute noch eine Vielzahl von Handlötplätzen in der Fertigung, die noch nicht automatisiert sind. Dies liegt meist daran, daß sie mit nur schwierig automatisierbaren Montagevorgängen gekoppelt sind. Diese Montage und die Flexibilität bei der Handlötung zum Ausgleich von Toleranzen sowie die online-Gütekontrolle durch Sichtprüfung konnten bisher nicht in einem Automaten zu vertretbaren Kosten umgesetzt werden.

Durch Einsatz eines Diodenlasers in Kombination mit einem Roboter mit automatischer Bildverarbeitung, einem kraftgesteuerten Lotdrahtvorschub und einer Temperaturregelung haben wir eine modulare und flexible Löteinrichtung (Bild 7) aufgebaut, die eine Vielzahl von Anwendungsfällen abdecken kann. Durch den standardisierten und modularen Aufbau kann ein solches System bei zukünftig fallenden Kosten für den Diodenlaser eine wirtschaftliche Alternative zur Handlötung sein, wenn gleichzeitig eine automatisierungsfreundliche Montage der zu lötenden Komponenten erreicht wird.

Bild 7: Flexible Laserlöteinrichtung mit Roboter.

Mit der Verfügbarkeit einer kostengünstigen fertigungssicheren Lösung für das Löten wird man auch bestrebt sein, komplexe Montagevorgänge -welche nur manuell ausgeführt werden können- an den Fügeteilen zu vermeiden. Somit ist der verstärkte Einsatz der Laserlöttechnik mit der Neuentwicklung von Erzeugnissen verbunden und wird also sukzessiv die Handlötung ersetzen. Eine Voraussetzung dafür ist aber, daß die Diodenlaser kostengünstiger angeboten werden und eine höhere Lebensdauer und Zuverlässigkeit aufweisen.

2.5 Einsatz des Lasers zum Härten

Die Möglichkeit, den Laser als Wärmequelle zur oberflächennahen lokalen Härtung von Kohlenstoffstahl durch Selbstabschreckung zu nutzen, ist naheliegend und wurde deshalb vielfach untersucht. Zum Einsatz kam bisher der CO_2-Laser wegen seines hohen Leistungsangebotes und der Möglichkeit der Strahlformung über Metallspiegel. Vorteilhaft ist, daß damit auch das Härten an Stellen mit eingeschränkter Zugänglichkeit im Bauteil innenliegenden Stellen, z.B. Bohrungswandungen, Sitzflächen usw. möglich ist. Die Anwendung des Lasers erfordert zwingend den Einsatz einer Temperatur-Regelung, um die Streuung des Absorptionsverhaltens technischer Oberflächen zu kompensieren. Der Laser steht bei dieser Anwendung im Wettbewerb zur induktiven Wärmebehandlung und hat Vorteile in der Designfreiheit der Bauteile bezüglich der Zugänglichkeit der Härtestellen und der geregelten Wärmeführung, erfordert aber höhere Investitionen.

Das Laserhärten kommt in der Bosch-Fertigung bisher nur in Nischenanwendungen zum Einsatz, wo Alternativen an ihre technischen Grenzen stoßen bzw. wo hohe Bearbeitungsflexibilität gefordert ist.

Ein Anwendungsfall, der gerade untersucht wird, ist das partielle Härten der Rollenlaufbahnen am Mitnehmer eines Startergetriebes (Bild 8). Vorteile gegenüber einer vollständigen induktiven Härtung ist der Erhalt der Zähigkeit in den nicht gehärteten Bereichen, der geringere Verzug und damit verbunden eine geringere Nachbearbeitung sowie die Umweltfreundlichkeit des Verfahrens, da Abschreckmedien vermieden werden.

Für den Einsatz des Laserhärtens in der Fertigung werden in Zukunft etwas günstigere Rahmenbedingungen durch den Einsatz kostengünstiger Diodenlaser mit ihrem höheren Wirkungsgrad und der Möglichkeit der Faserkopplung erwartet (Bild 9). Eine weitere Möglichkeit zur flächenhaften Härtung von Bauteilen besteht darin, Diodenarrays und Optiken bauteilspezifisch anzuordnen. Dies schränkt die Flexibilität ein und ist somit nur für große Serien geeignet mit hohen Anforderungen an die Produktivität. Durch die einfache Integrierbarkeit des Laserhärtens in Bearbeitungsmaschinen können weitere Vorteile für den Anwender nutzbar gemacht werden, und zwar durch Komplettbearbeitung von partiell gehärteten Bauteilen in einer Aufspannung.

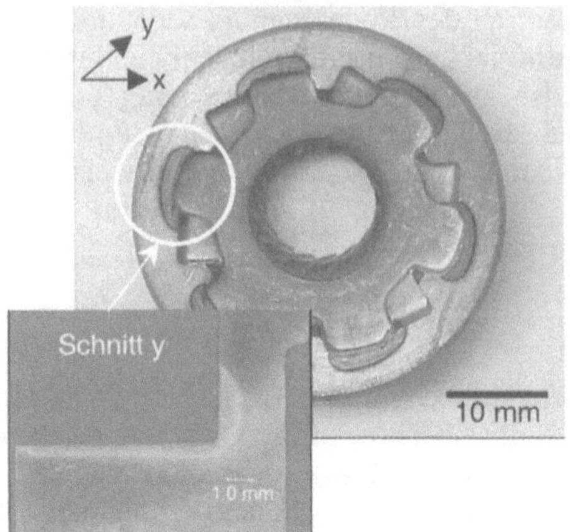

Bild 8: Mit Diodenlaser gehärtete Rollenlaufbahn eines Startergetriebes.

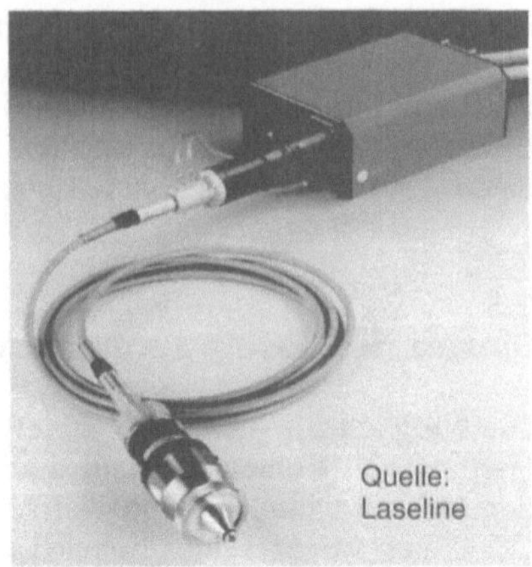

Bild 9: Diodenlaser mit Faseroptik und Fokussierlinse.

2.6 Einsatz des Lasers zum Bohren und Feinschneiden

Erste Versuche, mit dem Laserstrahl präzise Bohrungen im Durchmesserbereich von 0,2 mm bei einem Aspektverhältnis >10 in Stahl herzustellen, wurden bei Bosch bereits vor mehr als 15 Jahren durchgeführt. Sie scheiterten damals an den mangelnden technischen Möglichkeiten der verfügbaren Laserstrahlquellen die notwendige Strahlqualität, Reproduzierbarkeit und Pulsbarkeit des Lasers zu erreichen.

Mit dem Zwang zur Miniaturisierung und Leistungssteigerung unserer Erzeugnisse sind auch die Anforderungen an die Bearbeitungspräzision gestiegen und es besteht Bedarf, mit hoher Präzision und gratfrei feine Schlitze in Bleche zu schneiden, Oberflächen zu strukturieren und Bohrungen mit sehr kleinem Durchmesser herzustellen. Für letztere gibt es zwei Anwendungsbereiche. Zum einen für Filteranwendungen, dabei müssen in möglichst kurzer Zeit mehrere 100 Bohrungen mit einem Durchmesser von 50 bis ca. 100 μm hergestellt werden, wobei die Anforderungen an die Genauigkeit der einzelnen Bohrung nicht sehr hoch sind. Daneben werden für die Kraftstoffzumessung oder als hydraulische Drosseln Bohrungen mit Toleranzen im μm-Bereich verlangt. Insbesondere für die neu entwickelten direkteinspritzenden Dieselmotoren werden Einspritzdüsen mit kleinen und präzisen Spritzlöchern benötigt. Durch ständige Erhöhung der Einspritzdrücke wird bei diesen Motoren mit hoher spezifischer Leistung eine Reduzierung des Kraftstoffverbrauchs und der Emission erreicht. Einspritzdrücke von über 2000 bar erfordern auch die Verkleinerung der Spritzlöcher in den Bereich von 150 μm bis 100 μm oder darunter, um eine bessere Zerstäubung des Kraftstoffes und damit seine bessere Verbrennung zu erreichen. Hier ist eine hohe Präzision in der Lochgeometrie erforderlich, um eine hohe Gleichmäßigkeit über die einzelnen Zylinder zu erreichen.

In den letzten Jahren wurden bei der Neu- und Weiterentwicklung von Laserstrahlquellen erhebliche Fortschritte erzielt in der Strahlgüte, Stabilität und deren Pulsbarkeit, wie sie zur präzisen Werkstoffbearbeitung mit Photonen benötigt werden. Im Rahmen eines europäisch geförderten Projektes wurde zunächst die Anwendung eines Kupferdampflasers, der grünes Laserlicht bei Pulslängen im Nanosekundenbereich emittiert, für den präzisen Materialabtrag untersucht. Die Ergebnisse bei der Herstellung von Bohrungen unterschiedlicher Geometrie im Durchmesserbereich zwischen 100 und 200 μm (Bild 10) waren vielversprechend. Dabei wurde aber auch die Erfahrung gemacht, daß der Kupferdampflaser seine Industrietauglichkeit noch nicht erreicht hat.

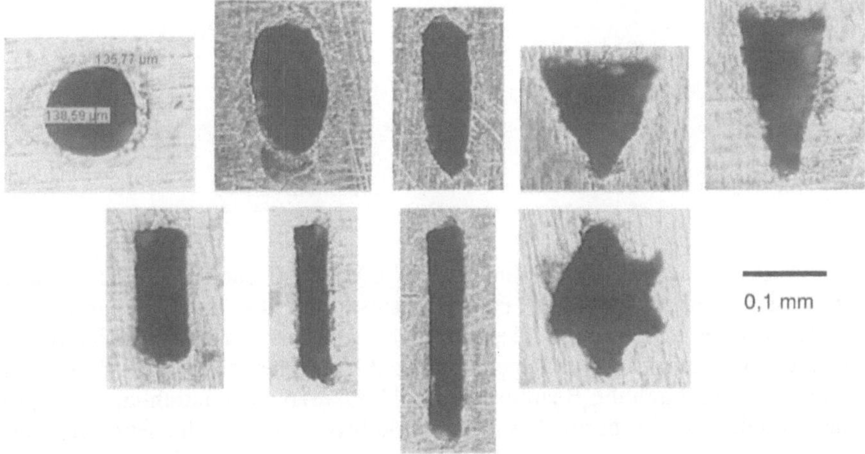

Bild 10: Mit Kupferdampflaser hergestellte Bohrungen unterschiedlicher Geometrie.

Im Rahmen eines vom BMBF geförderten Projektes wurden wesentliche Grundlagen zum Verständnis der Wechselwirkung zwischen Laserstrahl und Werkstoff beim Abtragen mit Nd:YAG-Lasern erarbeitet. In diesen Arbeiten gelang es erstmals, Bohrungen mit einem Durchmesser von ≤100 μm in Stahl mit dem Präzisionsniveau herzustellen (Bild 11), wie er für größere Bohrungsdurchmesser heute in der Serienfertigung mit einem speziell entwickelten Drahterodierverfahren erreicht wird. Mit dem bisher erreichten Stand der Lasertechnik ist aber eine wirtschaftliche und zuverlässige Fertigung noch nicht darstellbar.

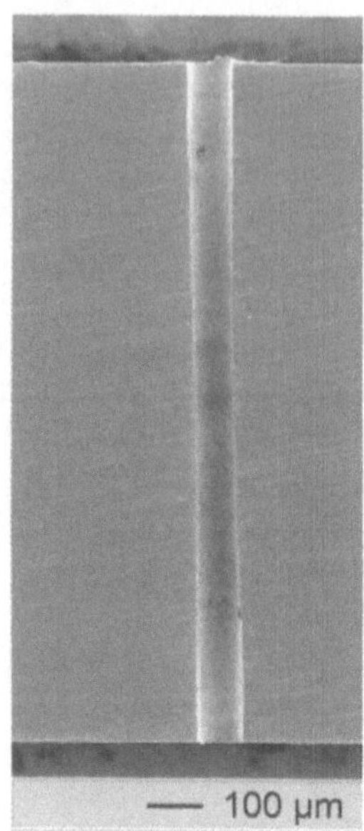

Bild 11: Lasergebohrtes Loch: ∅ 70 µm bei Wandstärke 1 mm.

Bosch ist derzeit dabei, im Rahmen eines BMBF-geförderten Projektes mit einem Laserhersteller, mehreren Forschungsinstituten und Industriepartnern die Lasertechnik im Hinblick auf die Anforderungen bei der Präzisionsbearbeitung weiterzuentwickeln. Die grundlegende Basis der Arbeiten bildet der schmelzarme Werkstoffabtrag durch die Bearbeitung mit Ultrakurzpulslaserstrahlung. Das prinzipielle Funktionieren dieses Ansatzes wurde bereits an verschiedenen Instituten nachgewiesen. Die weiterführenden Entwicklungen in der Verfahrenstechnik zielen darauf ab, die physikalischen Vorgänge beim Werkstoffabtrag mit Ultrakurzpulslasern besser zu verstehen, um mit diesen Erkenntnissen die noch anstehenden Probleme z.B. das Erreichen einer reproduzierbaren Fertigungsgenauigkeit und das Vermeiden von Ablationsrückständen, zu lösen. Das gebildete Projektkonsortium hat sich zur Aufgabe gesetzt, diese Technik für einen Einsatz in der Fertigung vorzubereiten und dazu geeignete Laserstrahlquellen zu entwickeln, zu konzipieren und zu qualifizieren.

3 Zusammenfassung und Ausblick

Der Anwendungsbereich des Lasers für die Materialbearbeitung hat sich in den letzten 20 Jahren bei Bosch ständig erweitert. Bezogen auf die derzeit eingesetzten 400 Laseranlagen liegt das jährliche Wachstum bei ca. 10 bis 15 %. Basis dieses erfolgreichen Einsatzes der Lasertechnik sind die prinzipiellen Vorteile, welche die Strahlbearbeitung unter Atmosphärendruck bietet, aber auch die ständige Neu– und Weiterentwicklung der Laserstrahlquellen hinsichtlich Strahlqualität, Stabilität und Wirkungsgrad. Wesentliche Beiträge zur erfolgreichen Anwendung und zur Erweiterung des Anwendungsbereiches des Lasers leisten auch die verschiedenen Forschungsinstitute durch ihre Grundlagenarbeiten zur Entwicklung der Strahlquellen und durch die Aufklärung der Phänomene bei der Wechselwirkung zwischen Laserstrahl und Werkstoff.

Aufgrund der Förderung durch das BMBF wurde erreicht, daß Forschungsinstitute, Laserquellenhersteller und Anwender einen erfolgreichen Verbund bilden, der die Deutsche Industrie befähigt hat, weltweit einen Spitzenplatz in der Lasermaterialbearbeitung zu erreichen.

Die Entwicklung ist aber noch nicht abgeschlossen. Wie in den verschiedenen Anwendungsbereichen hingewiesen wurde, gibt es noch eine ganze Reihe neuer Ansätze, die erschlossen werden müssen. So muß das Potenzial der neu entwickelten diodengepumpten Nd:YAG-Laser zum Schweißen und Beschriften noch stärker genutzt werden. Diodenlaser sind wegen ihrer Kompaktheit und einem höheren Wirkungsgrad interessant für das Löten, Härten und Schweißen. Als neuer Anwendungsbereich könnte damit das Schweißen von Kunststoffen erschlossen werden.

Wesentliche Ziele bei der Weiterentwicklung von Diodenlasern sind deren kostengünstigere Herstellung sowie die Verbesserung der Strahlqualität und die Langzeitstabilität der Strahleigenschaften. Darüber hinaus kann über die flexible Anordnung von Diodenarrays eine bauteilspezifische Bearbeitung erreicht werden

Für die definierte Materialablation müssen Ultrakurzpulslaser (Pico-, Femtosekundenpulse) entwickelt werden, um mit hoher Frequenz eine leistungsfähige Präzisionsbearbeitung zu ermöglichen. Damit erschließen sich neue Anwendungsfelder, z.B. beim Herstellen feiner Bohrungen oder bei der Strukturierung von Oberflächen.

Wichtige Querschnittsaufgaben für alle Bearbeitungsverfahren sind einerseits die Absicherung der Bearbeitungsqualität durch Online–Auswertung von Prozeßgrößen und andererseits die Prozeßsimulation. Der derzeitige Stand dieser Techniken ist aus Anwendersicht noch unbefriedigend und es müssen weitere Fortschritte erreicht werden, damit die Verfahrensentwicklung beschleunigt bzw. verbessert und die Bearbeitungsqualität sichergestellt werden kann.

Diodenlaser erobern die Verbindungs- und Oberflächentechnik

F. Bachmann

Überblick

Seit einigen Jahren dringen Hochleitungsdiodenlaser mit einer Leistung im Bereich von einigen zehn Watt bis zu einigen Kilowatt auch in die industrielle Lasermaterialbearbeitung vor. Auf Grund der speziellen Konstruktion von Hochleistungsdiodenlasern, die auf der Kombination und inkohärenten Kopplung von Einzelelementen mit geringer Leistung durch spezielle optische Elemente beruht, bieten diese Laser allerdings im Vergleich mit konventionellen Lasern eine relativ geringe Strahlqualität. Deshalb sind die Hochleistungsdiodenlaser auch eher für solche Anwendungen von Interesse, wo moderate Strahlqualitäten für den Prozeß akzeptabel oder sogar vorteilhaft sind.

1 Einleitung

Jeder kennt die Diodenlaser aus ihren Anwendungen im Bereich Kommunikationstechnik, aus der Computertechnik und aus der Unterhaltungselektronik. Diese Anwendungen basieren im wesentlichen auf Laserquellen mit Leistungen im Milliwattbereich. Seit einigen Jahren sind jedoch auch Diodenlaser mit Leistungen bis zu einigen Kilowatt erhältlich. Mit diesen Lasern können mit gewissen Einschränkungen Materialbearbeitungsaufgaben zu moderaten Kosten gelöst werden; darüber hinaus eröffnen die Hochleistungsdiodenlaser wegen ihrer speziellen Eigenschaften sogar neue Anwendungen, die bis dato für Laser nicht attraktiv oder sogar nicht möglich waren.

2 Grundlagen von Hochleistungsdiodenlasern

Aus einem einzelnen Grundelement eines Diodenlasers können lediglich einige Milliwatt an Laserlicht aus dem pn-Übergang gewonnen werden; solche Elemente werden beispielsweise in CD-ROM Laufwerken verwendet. Für die Materialbearbeitung reichen solche Leistungen natürlich nicht aus. Um die Leistung zu steigern werden viele (ca. 500) dieser Grundelemente in ein Halbleiterelement zu einem sog. "Laserbarren" integriert, der etwa die Größe 10000 x 600 x 115 µm³ hat (s. Bild 1).

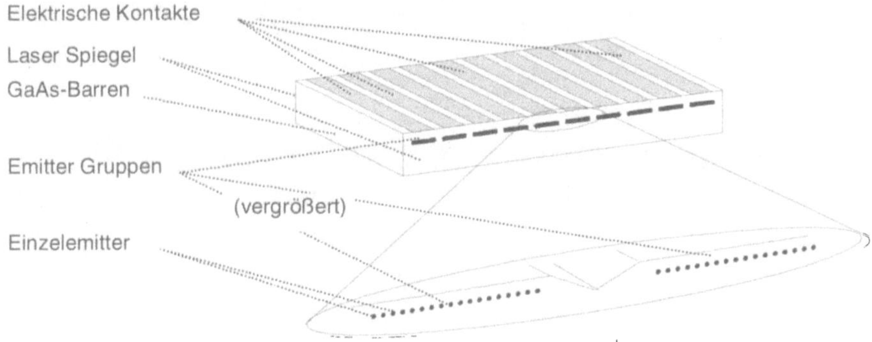

Bild 1: Schema eines Laserbarrens

Die spezielle Art der Lichterzeugung im pn-Übergang führt zu einer für Laser außergewöhnlichen Form der Lichtemission, die eine große Divergenz in der Richtung des pn-Überganges zeigt ("fast-axis") und eine geringere Divergenz, aber einen emittierenden "Streifen" in der Ebene des pn-Überganges ("slow-axis") (Bild 2).

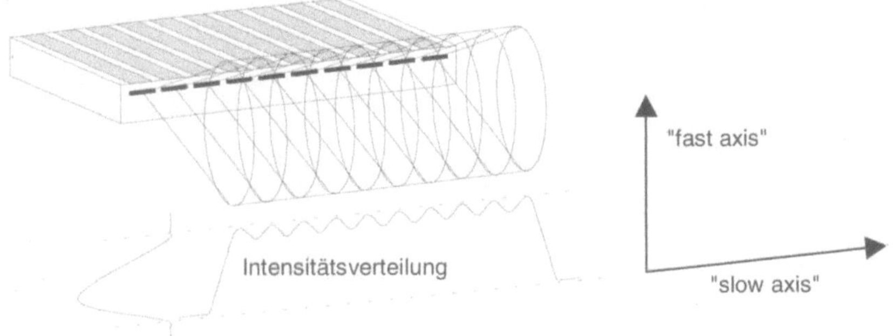

Bild 2: Schema der Intensitätsverteilung der Lichtemission eines Diodenlaser-Barrens

Auch wenn der elektrisch-optische Wirkungsgrad ($\eta_{e\text{-}o} = P_{opt}/P_{el} = P_{opt}/(P_{opt}+P_Q)$) im Bereich von 40 bis 50% oder sogar darüber liegt, muß ein erheblicher Anteil an Wärme abgeführt werden, wenn die Leistung ohne Beschädigung des Halbleiters oder der Spiegelflächen erhöht werden soll. Deshalb wird der Halbleiterbarren auf spezielle Wasser-gekühlte Wärmesenken montiert (Bild 3), was schlußendlich dazu führt, daß Ströme bis zu 50 oder 60 A durch das Halbleiterelement getrieben werden können; dies wiederum ermöglicht Laserleistungen von 40 oder 50 W pro Barren.

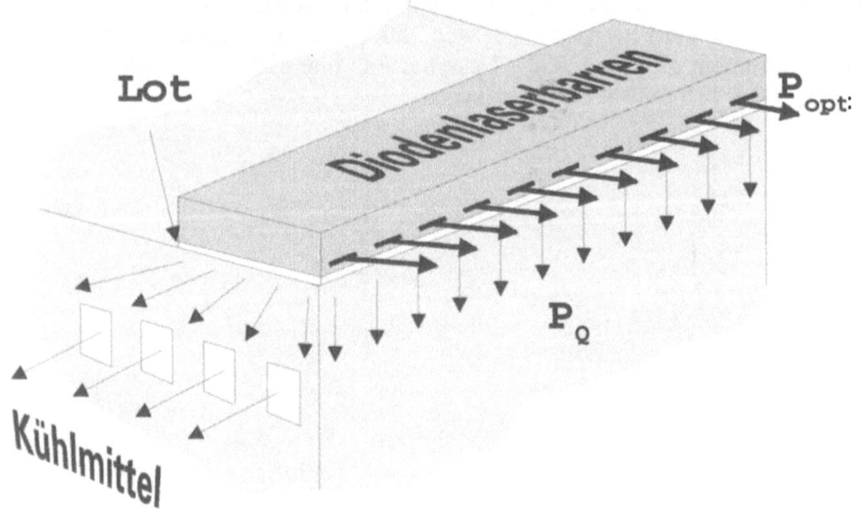

Bild 3: Schema eines auf eine Wärmesenke montierten (gelöteten) Laserbarrens

Die große Divergenz in Richtung des pn-Übergangs ("fast axis") kann durch - meist asphärische - zylindrische Linsen kompensiert werden (Fast-Axis-Collimation - FAC), so daß in dieser Richtung nahezu paralleles Licht aus einem Barren zur Verfügung steht (s. Bild 4).

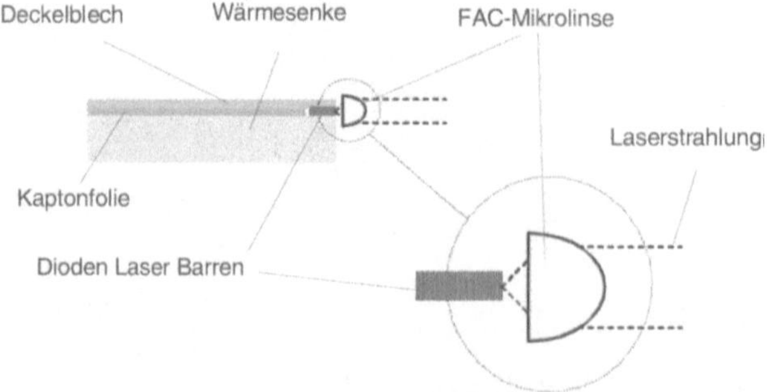

Bild 4: Fast-axis Kollimation durch eine Zylinderlinse (schematisch, Seitenansicht)

Eine Kollimation der "slow axis" (Slow-Axis-Collimation - SAC) kann z.B. durch Mikrolinsen-Arrays erfolgen (Bild 5). Aus leicht einsehbaren geometrischen Gründen muß hierzu ein ausreichend großer Abstand der Emitterfelder ("Pitch") vorliegen, da die Kollimation erfolgen muß, bevor sich die Strahlung der individuellen Emitterfelder überlappt. Bei kleinerem Pitch kann durch ein Ablenken benachbarter individueller Emitterfelder in verschiedene Ebenen durch Mikroprismen und anschließendes Parallelisieren ein Überlappen in der Emissionsebene verhindert werden, so daß auch hier noch slow-axis Kollimation durchgeführt werden kann [1, 2].

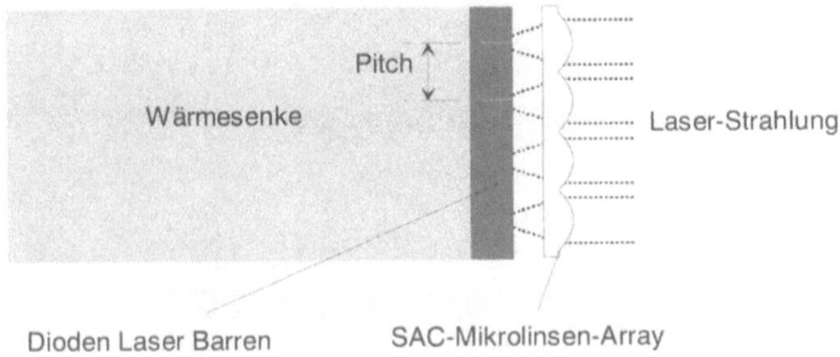

Bild 5: Slow-Axis Kollimation mit einem Mikrolinsen-Array (schematisch, von oben)

Diese Grundeinheiten aus Laserbarren, Kühleinheit und ggf. Mikrooptiken können dann aufeinander gestapelt werden; aus einem Stapel ("Stack") kann etwa bis zu 1 kW extrahiert werden kann (s. Bild 6).

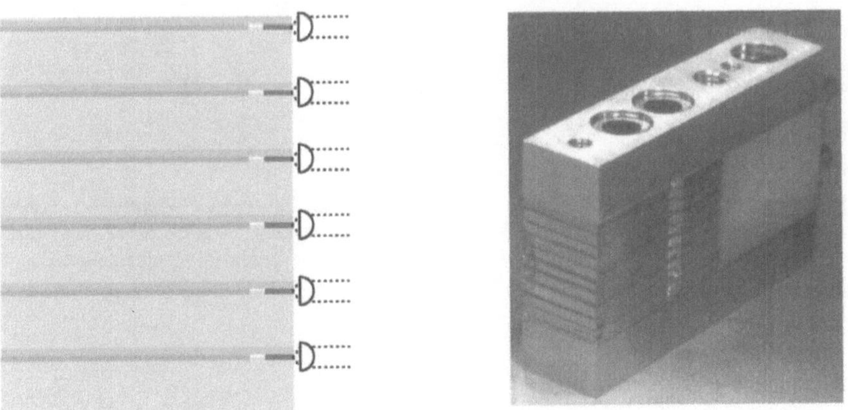

Bild 6: Stapel aus auf Wärmesenken montierten Diodenlasern; Schema (links) und Foto eines Stacks (rechts, ohne Mikrooptiken) aus 10 Einheiten (Foto: Dilas).

Zur weiteren Steigerung der Ausgangsleistung (unter Beibehaltung der Strahlqualität) können zwei oder drei solcher Stacks über Streifenspiegel so kombiniert werden, daß die nicht genutzten Bereiche der Apertur eines Einzelstapels gefüllt werden (s. Bild 7).

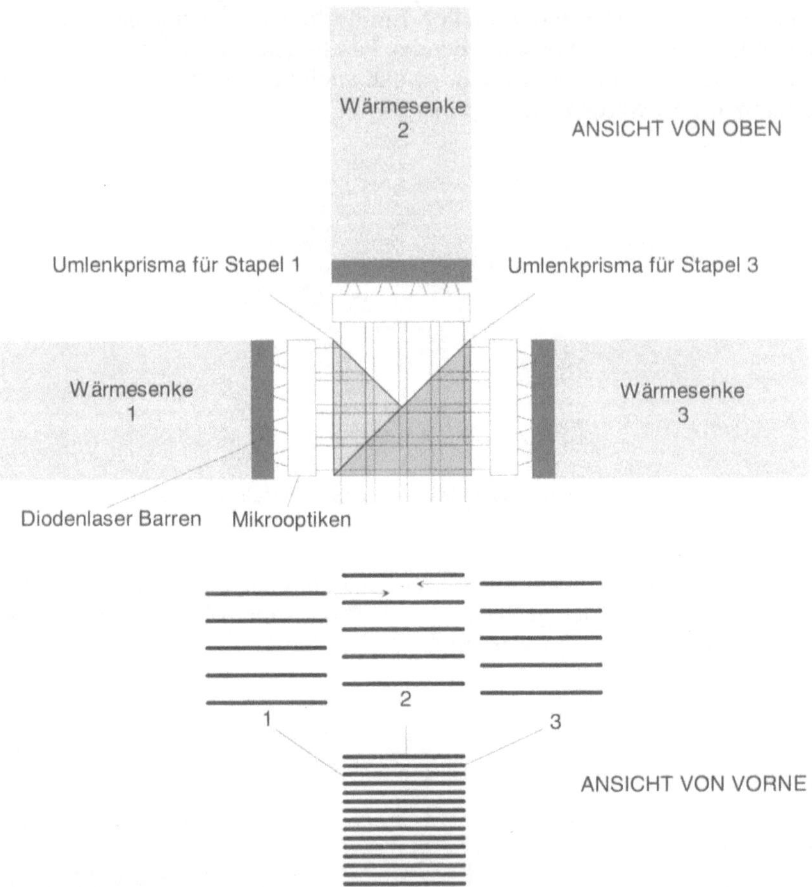

Bild 7: Kombination dreier Diodenlaserstapel durch Aperturfüllung. oben: Draufsicht - Umlenkung von Stapel 1 und 3 an einem Prismenstapel, die Strahlung von Stapel 2 geht direkt durch."Lücken" im Prismenstapel unten: Ansicht der Emissionslinien in verschiedenen Ebenen bzw. Kombination nach durchlaufen des Prismenstapels.

Einzelne oder kombinierte Stacks können weiterhin in denselben optischen Weg eingekoppelt werden durch Polarisationskopplung oder durch die Kopplung unterschiedlicher Wellenlängen.

Im Falle der Polariationskopplung wird ausgenutzt, daß – unter bestimmten Voraussetzungen – das Laserlicht aus den Halbleiterbarren linear polarisiert ist. Mit Hilfe einer λ/2 Platte dreht man die Polarisationsebene des einen Barrens um 90° und kann somit über ein Polarisationsfilter zwei Barren bzw. Stapel oder sogar durch Prismenstapel oder Streifenspiegel kombinierte Stapel (s.o.) vereinigen (Bild 8).

Bei der Wellenlängenkopplung (Bild 9) macht man sich zu Nutze, daß Diodenlaser-Barren in mehreren Wellenlängen zur Verfügung stehen. Theoretisch können in gewissen Grenzen beliebige Wellenlängen erzeugt werden; für zuverlässige Barren mit hohen Lebensdauern muß jedoch für jede Wellenlänge ein stabiler Produktionsprozeß entwickelt werden. Heute werden in Diodenlasergeräten zwei bis drei Wellenlängen kombiniert. Vom Standpunkt der Materialbearbeitung ist dies zulässig, da viele Prozesse im Bereich der eingesetzten Wellenlängen nicht kritisch von der Wellenlänge abhängen.

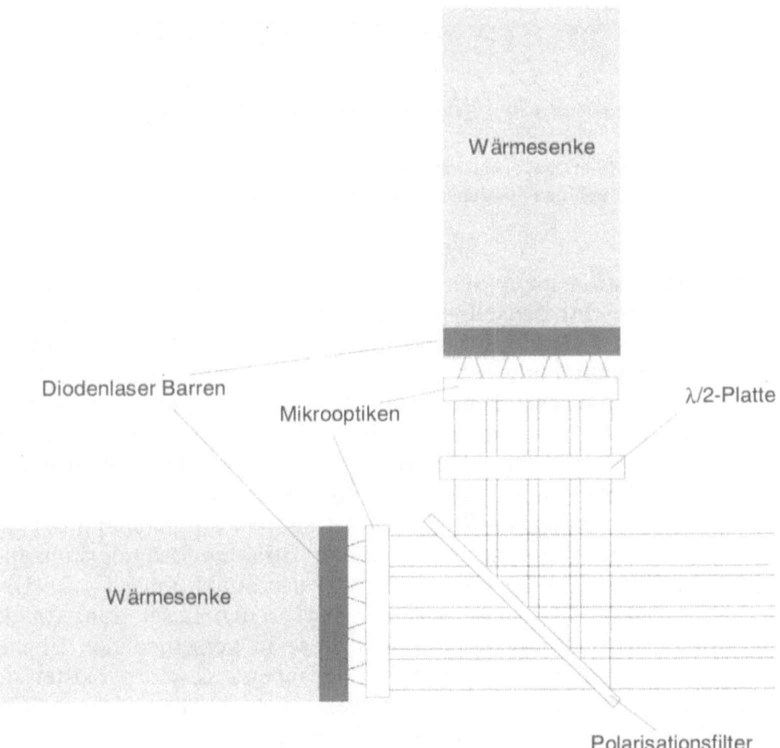

Bild 8: Kombination von Diodenlasern bzw. Diodenlaserstapeln durch Ausnutzung der Polarisation

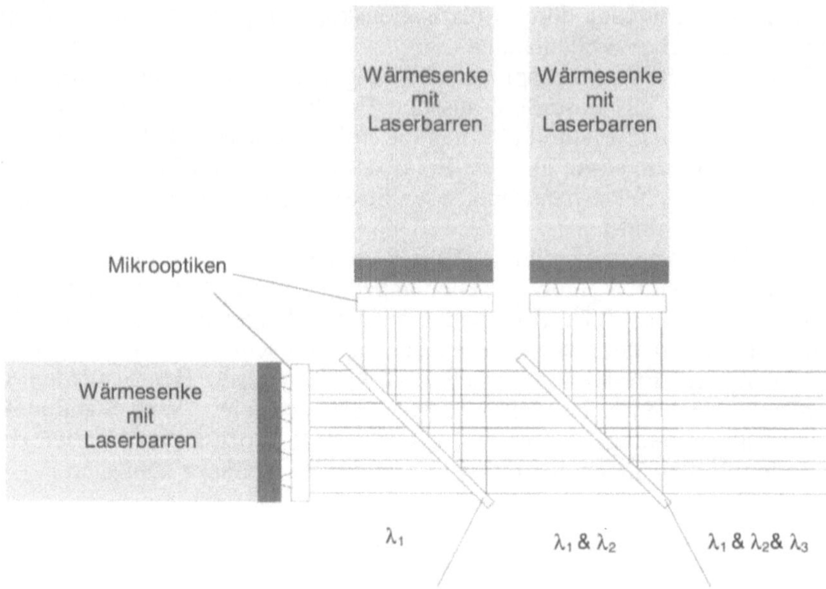

Bild 9: Kombination mehrerer Stapel auf dem selben optischen Weg unter Ausnutzung des Prinzips der Wellenlängenkopplung (T = transmissiv; R = reflektiv)

Allen o.g. Kombinationsmethoden mehrerer Stapel ist gemein, daß sie die Strahlung dieser Stapel auf denselben optischen Weg bringen; d.h. nicht nur eine Vergrößerung der Leistung bewirken, sondern die Leistung bei (theoretisch) gleicher Strahlqualität erhöhen, was sich letztendlich in einer Steigerung der Leistungsdichte auswirkt. Mit diesen Kombinationsmethoden können heute nicht nur bis 8 kW Laserleistung in einem Laserkopf generiert werden, der nicht viel größer als ein Schuhkarton ist, sondern es können auch bereits mittlere Leistungsdichten von bis zu 5×10^5 W/cm² erzielt werden.

Zur weiteren Verbesserung der Strahlqualität und zur Angleichung der unterschiedlichen Divergenzen sind ausgetüftelte Strahlumformungskonzepte notwendig, wie z.B. der Treppenspiegel [3] oder der Strahlkipper [1, 2]. Derartige spezielle optische Elemente zerteilen den breiten Laserstrahl (in der "slow axis") in kleinere Stücke und ordnen diese in verschiedenen Ebenen übereinander an, so daß die Strahlqualität in der einen Achse auf Kosten der anderen reduziert werden. Dies ist insbesondere auch für die effiziente Einkopplung der Diodenlaserstrahlung in optische Fasern wichtig, wo eine möglichst gute Annäherung an ein radialsymmetrisches Profil gefordert ist.

3 Hochleistungs-Diodenlaser-Systeme für die Materialbearbeitung

Mit den in Kap.2 beschriebenen Strahlquellen, Strahlformungstechniken und Strahlkombinationsmethoden können Lasersysteme von 30 W bis zu 8 kW aufgebaut werden und sind kommerziell erhältlich. Je nach Leistungsklasse werden hier unterschiedliche Strahlqualitäten erreicht, naturgemäß bessere bei niedrigeren Leistungen, wie in u.a. Bild 10 ersichtlich. Diese Abbildung zeigt das Strahl-Parameter-Produkt (θ_0 x w_0; θ_0 = halber Öffnungswinkel, w_0 = halbe Strahltaille) als Funktion der Laserleistung und gibt einen Vergleich zu den im Industriebereich eingesetzten konventionellen Lasern, CO_2- und Festkörper-Laser. Je kleiner das Strahl-Parameter-Produkt desto besser die Fokussierbarkeit, d.h. die Strahlqualität.

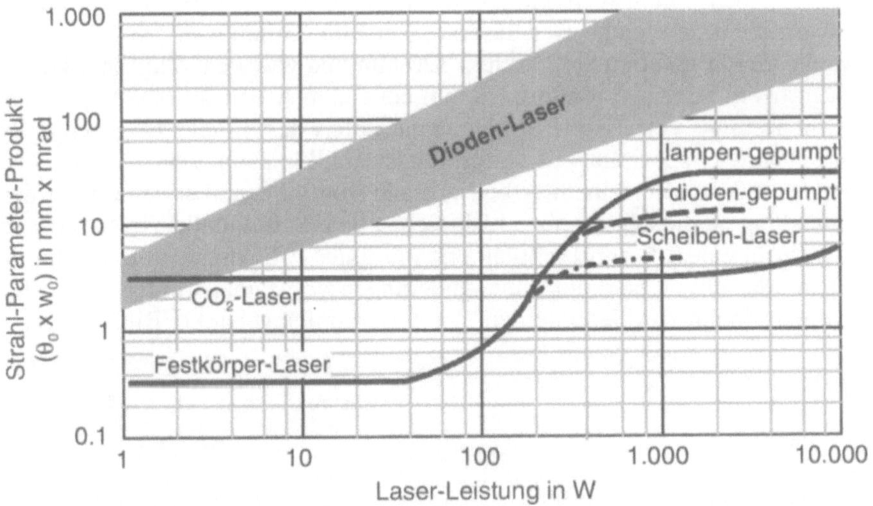

Bild 10: Strahlqualität (Strahl-Parameter-Produkt) als Funktion der Laser-Leistung für Diodenlaser in Vergleich zu konventionellen CO_2- und NdYAG-Lasern

Bei einem System mit relativ niedriger Ausgangsleistung (bis ca.150 W) kann in der Arbeitsebene eine Fokusgröße von 0,6 mm x 1,2 mm bei einem Arbeitsabstand von 84 mm erzielt werden; Dies entspricht etwa einem mittleren[1] Strahl-Parameter-Produkt von 70 mm mrad. Bild 11 zeigt ein solches System, dessen Laserkopf inkl. Optik nicht mehr als 186 mm x 50 mm x 71 mm mißt und lediglich ca. 1,2 kg wiegt, zusammen mit dem zugehörigen Netzgerät. Bei

[1] Bei unterschiedlichem Strahl-Parameter-Produkt in x- und y-Richtung definiert man als mittleres Strahl-Parameter-Produkt das geometrische Mittel

fasergekoppelten Systemen (Bild 12) erzielt man beispielsweise 60 W aus einer 600 µm Faser mit einer NA von 0,28.

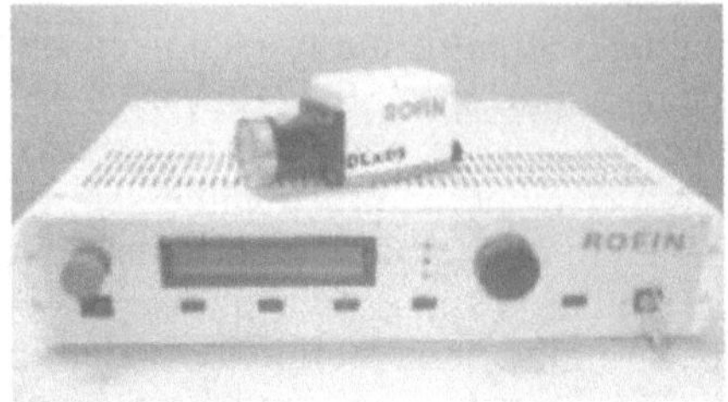

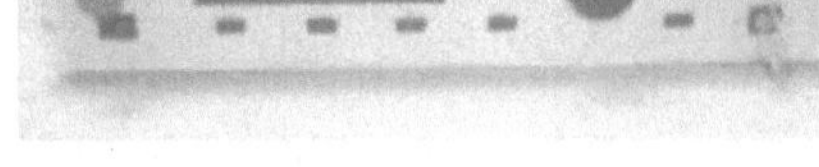

Bild 11: 90 W Diodenlaser-System

Bild 12: 60 W System mit Faserkopplung

Auch im Hochleistungsbereich sind die Laserköpfe von Diodenlasern bemerkenswert klein und leicht: Der Laserkopf in Bild 13 liefert bis zu 3,5 kW, hat etwa die Größe 350 mm x 120 mm x 120 mm und wiegt ca. 8 kg; hier können Fokusgrößen[2] von ca. 3,8 mm x 1,8 mm bei einem Arbeitsabstand von 32 mm erreicht werden. Verbesserte Strahlqualität liefert das in Bild 14 gezeigte System: Durch spezielle Strahlformungstechnik kann der Fokus auf 1,3 mm x 1,3 mm bei einem Arbeitsabstand von 42 mm verkleinert werden, bei Leistungen, die derzeit bis 3 kW reichen. Die Strahlqualität reicht aus, um das Licht in eine 1,5 mm Lichtleitfaser mit guter Effizienz einzukoppeln; dabei kann derselbe Laserkopf ohne Änderungen verwendet werden, die Faserkopplungseinheit wird lediglich vor den Laserkopf angebaut (s.Bild 15).

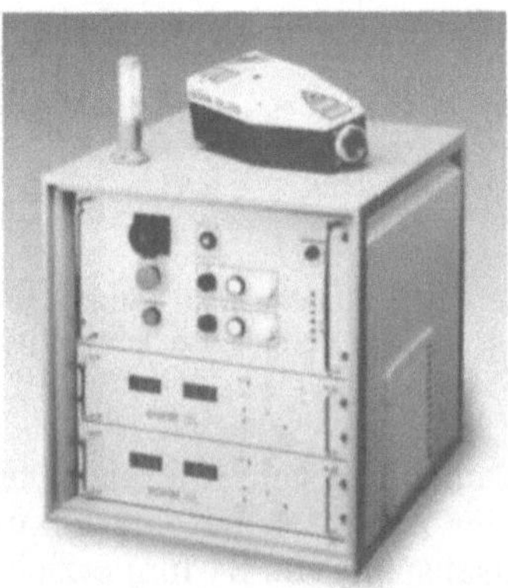

Bild 13: 1,5 kW-Diodenlaser für den industriellen Einsatz ROFIN DL015; links: Laser-Kopf; rechts: zum Größenvergleich - Kopf mit Netzgerät (19")

[2] die genannten Strahlgrößen sind auf $1/e^2$ bezogen

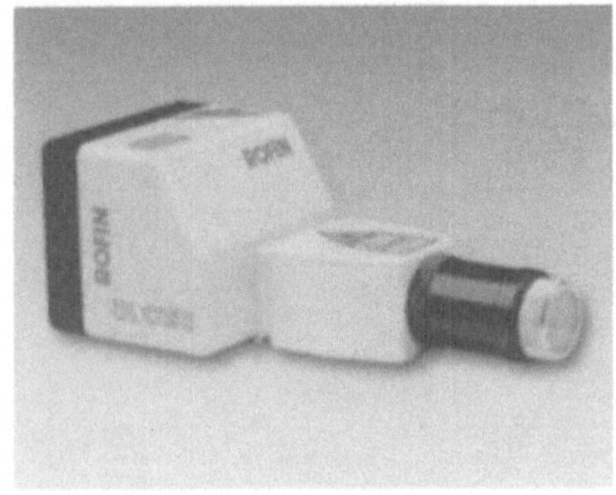

Bild 14: Hochleistungs-Diodenlaser mit verbesserter Strahlqualität (ROFIN DL015S)

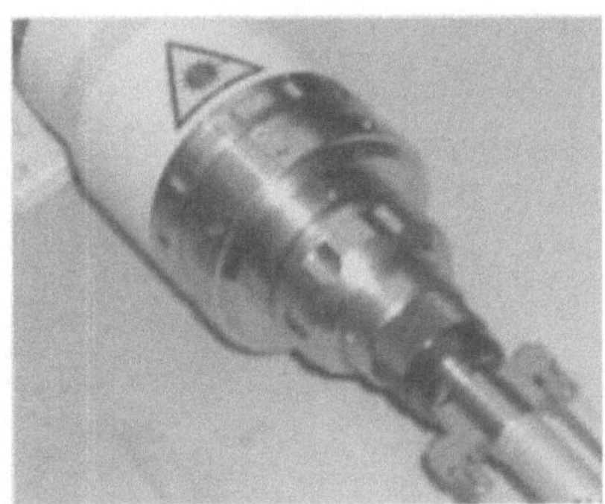

Bild 15: Faserkoppel-Modul für den in Bild 14 gezeigten Hochleistungs-Diodenlaser

4 Anwendungen von Hochleistungsdiodenlasern

Wie in Kapitel 2 beschrieben bestehen Hochleistungsdiodenlaser aus einer großen Anzahl einzelner Laserquellen, die inkohärent miteinander gekoppelt werden und somit zusammen Laserleistung im Kilowattbereich liefern; als Konsequenz der inkohärenten Kopplung ist die Strahlqualität im Vergleich zu konventionellen Lasern eher gering (s.Bild 10). Stand der Technik ist heute je nach Leistung ein Strahlparameterprodukt von 10 bis 1000 mm mrad, was die traditionellen Anwendungen, Tiefschweißen, Schneiden und Markieren für Hochleistungsdiodenlaser zunächst erschwert oder gar ausschließt (s. Bild 16 [4]). Dennoch wurde sogar Tiefschweißen unter optimalen Bedingungen mit einem Lasersystem ROFIN DL025S kürzlich demonstriert [5] (s.a. Abschnitt 4.1 und Bild 19).

Aus Bild 16 wird klar, daß im Hochleistungsbereich von Diodenlasern Wärmeleitungsschweißen, Hartlöten und Oberflächenbearbeitung (Härten, Umschmelzen, Beschichten) gut durchgeführt werden können; wie bereits erwähnt, liegt die maximale Leistung für Diodenlaser mit relativ hoher Strahlqualität im Bereich 3 bis 4 kW, wegen der modularen Aufbauweise sind aber auch höhere Leistungen bei ggf. geringeren Strahlqualitäten realisierbar. Der Arbeitsabstand zur Erzielung höchster Leistungsdichten liegt im Bereich von 30 bis 45 mm. Mit einer derartigen optischen Anordnung kann beispielsweise ein Fokus von ca. 1,2 x 1,2 mm^2 bestrahlt werden, was zu einer mittleren Leistungsdichte von 2 x 10^5 W/cm^2 führt. Auch wenn die Leistungsdichte nicht so hoch ist wie bei konventionellen Laserquellen bietet der Hochleistungsdiodenlaser dennoch erhebliche Vorteile; der hohe elektrisch-optische Wirkungsgrad - man erzielt Steckdosenwirkungsgrade von ca. 30% - führt zu ausgesprochen wirtschaftlichem Betrieb und die kleine Baugröße macht die Integration in Produktionsanlagen extrem einfach. Beispielsweise werden Hochleistungsdiodenlaser direkt an Roboterarme montiert (s. z.B. Bild 18) und auch mobile Bearbeitungsstationen können einfach realisiert werden.

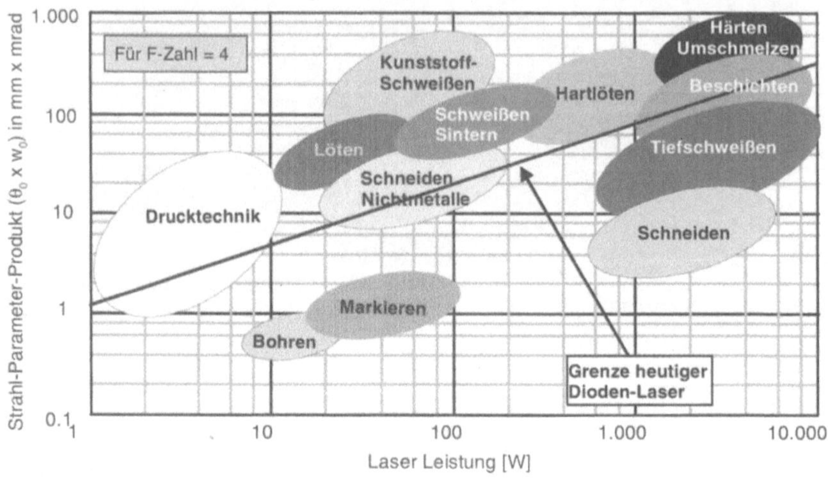

Bild 16: Parameterfeld für die Laser-Materialbearbeitung, (nach [4])

4.1 Schweißen von Metallen

Auch wenn einfache 3-dimensionale Modellrechnungen unter Verwendung eines halbinfiniten Werkstücks eher geringe Bearbeitungsgeschwindigkeiten für Wärmeleitungsschweißen erwarten lassen, können an dünnen Metallfolien erhebliche Geschwindigkeiten erzielt werden, da die dreidimensionale Wärmeleitung einen Wärmestau bzw. eine Überhitzung an der Folienunterseite erzeugt. Beispielsweise konnte eine 150 µm dicke Metallfolie mit nur 500 W mit einer Geschwindigkeit von 6 m/min mit dem Diodenlaser geschweißt werden. Allerdings erfordert Wärmeleitungsschweißen eine sorgfältige Gasabdeckung auch jenseits der Schweißzone um Oxidation zu vermeiden. Auch die Klemmvorrichtung muß sorgfältig konstruiert werden, da im Vergleich zum Tiefschweißen mehr Wärme ins Werkstück eingebracht wird und somit Verzüge des Materials, speziell dünnen Materials, wahrscheinlicher werden. Wenn dikkeres Material mit einem Wärmeleitungsschweißprozeß verschweißt wird, wird die Schweißgeschwindigkeit natürlich sehr langsam im Vergleich zum Tiefschweißen: Bild17 zeigt einen Querschnitt durch eine Überlappschweißung in die Kehle mit einem 2 kW Diodenlaser an 1 mm dickem Edelstahl (1.4301), wobei eine Schweißgeschwindigkeit von ca. 0.5 m/min erzielt wurde. Dennoch ergibt sich als Vorteil für das Wärmeleitungsschweißen mit dem Diodenlaser eine sehr glatte, kosmetisch ansprechende Schweißnaht, was ebenfalls aus Bild 17 klar hervorgeht.

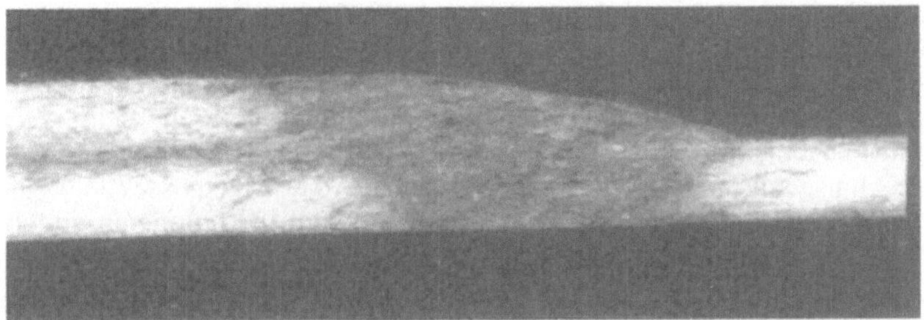

Bild 17: Querschnitt einer Kehlnahtschweißung an einer Überlappverbindung Laser: ROFIN DL020, 2 kW; Material: Edelstahl (1.4301); Dicke: 1 mm; Schweißgeschwindigkeit: 0,5 m/min; Schutzgas: Argon

Die Möglichkeit der Erzeugung optisch einwandfreier Schweißnähte führte auch zur ersten industriellen Anwendung von Hochleistungsdiodenlasern, zum Schweißen von Küchenspülen (Bild 18 [6]): Der Einsatz des Diodenlasers führte zu einer erheblichen Reduzierung der Nacharbeit: lediglich Polieren ist notwendig, während die bei konventionellem WIG-Schweißen notwendigen Schleif- und Ausbesserungsprozesse vermieden werden konnten.

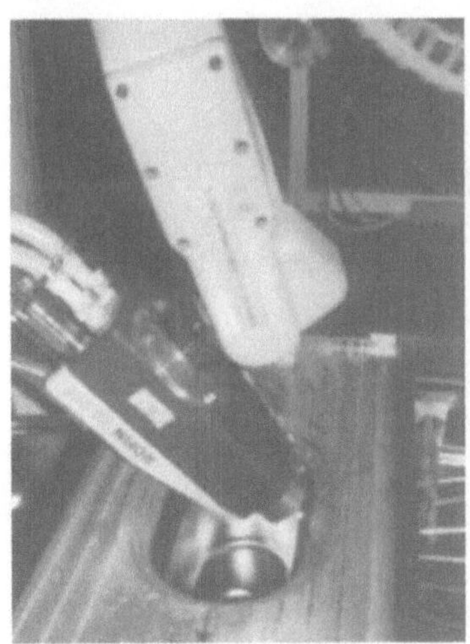

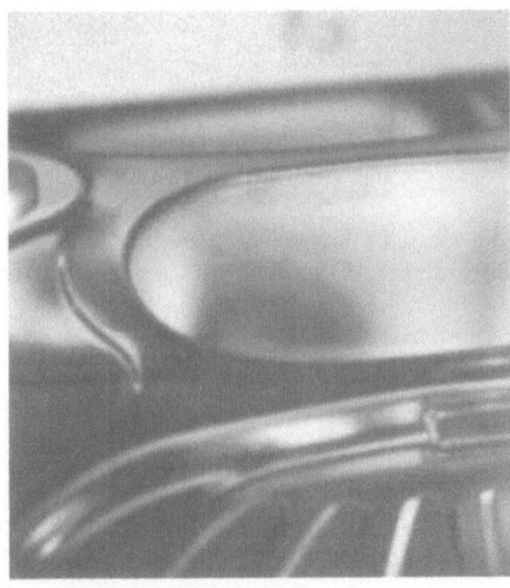

Bild 18: Schweißen von Küchenspülen mit dem Diodenlaser [6]; links: Positionieren des Laserkopfes mit dem Roboter; rechts: Spüle nach Schweißprozeß (vor dem Polieren)

Kürzlich wurde sogar Tiefschweißen mit Diodenlasern demonstriert [5]; für die Blindschweißversuche an Edelstahlblechen mit verschiedenen Dicken zwischen 2 und 6 mm wurde ein Lasersystem ROFIN DL 025 S mit einer Ausgangsleistung von 2,5 kW und einer Brennfleckgröße von 1,0 x 1,2 mm^2 eingesetzt. Bild 19 zeigt deutlich eine schmale Schweißnaht (mit einem Aspektverhältnis >2 und das horizontale dendritische Wachstum, was zusammen mit der Beobachtung einer intensiven Dampffackel klar den Tiefschweißeffekt belegt. Auch wenn natürlich für die heute erhältlichen Diodenlaser der Arbeitsabstand (30 – 80 mm) und die erzielbaren Schweißgeschwindigkeiten (0,2 m/min für d = 6 mm bzw. 1,4 m/min für d = 2 mm) noch zu gering sind für großtechnischen industriellen Einsatz, zeigen die Ergebnisse doch die enorme Entwicklungsgeschwindigkeit und das Potential der Diodenlasertechnologie! Das Ergebnis scheint auch im Widerspruch zu Bild 16 zu stehen; es muß jedoch beachtet werden, daß der verwendete Diodenlaser eine kleinere F-Zahl aufweist und daß die kurze Wellenlänge des Diodenlasers zu verstärkter Absorption führt.

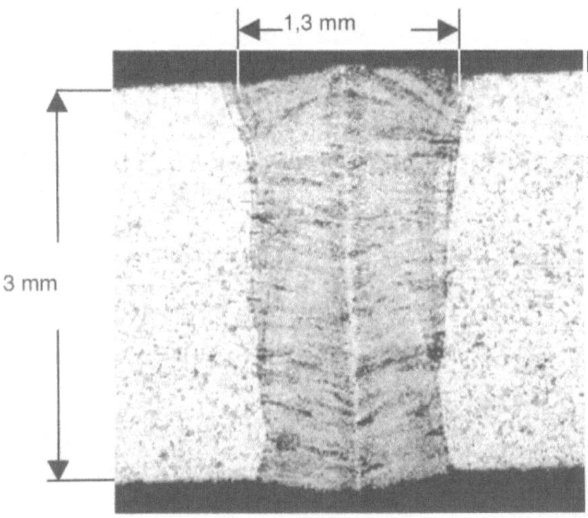

Bild 19: Tiefschweißen von Edelstahl mit dem Hochleistungsdiodenlaser [5]; Schweißgeschwindigkeit 0,7 m/min

4.2 Hartlöten

Für Automobilkarosserien und auch zum RF-dichten Verbinden von elektronischen Gehäusen wird Hartlöten mehr und mehr in Betracht gezogen. Experimente im Applikationslabor von ROFIN-SINAR haben den Einsatz des Diodenlasers für die Verbindung von verzinktem Stahl (0,9 mm) mit CuSi Hartlot, das als Draht mit einem Durchmesser von 1 mm zugeführt worden war, gezeigt. Die Proben zeigen sehr glatte, kosmetisch ansprechende Oberflächen im Verbindungsbereich. Mit einer Laserleistung von 2,5 kW wurden Lötgeschwindigkeiten von 2 - 4 m/min erzielt; die erreichbare Geschwindigkeit ist jedoch stark von den Anforderungen an die Füllung des Blechzwischenraumes mit Lot abhängig.

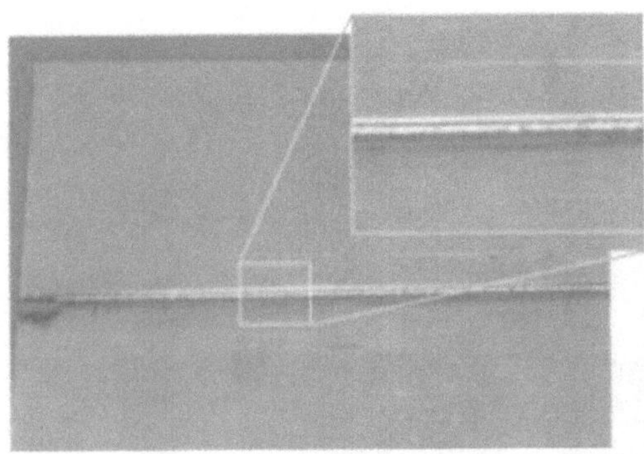

Bild 20: Hartlöten von verzinkten Stahlblechen mit dem Diodenlaser (2,5 kW)

4.3 Härten

Der Hochleistungsdiodenlaser ist wegen seines rechteckigen Strahles mit einer "top-hat"-Intensitätsverteilung in der einen Strahlrichtung ("slow-axis") und einem Gaußprofil in der anderen ("fast-axis") besonders gut für Anwendungen aus dem Bereich Oberflächenhärten geeignet. Als weiterer Vorteil gegenüber dem CO_2 Laser ist seine kurze Wellenlänge (808 nm oder/und 940 nm) zu nennen, die zu erhöhter Absorption führt und somit das beim Härte-Einsatz von CO_2 Lasern notwendige Beschichten erübrigt. Zusätzlich zu diesen Vorteilen macht der wesentlich höhere Wirkungsgrad den Hochleistungsdiodenlaser zu einem effizienten, zuverlässigen und kostengünstigen Werkzeug zum Härten von Oberflächen

Ein herausragendes Beispiel für den Einsatz des Hochleistungsdiodenlasers in einem Fertigungsprozeß ist das Härten von Torsionsfedern, die in den Türgelenken von Kraftfahrzeugen eingesetzt werden [7]. Dabei bietet der Hochleistungsdiodenlaser nicht nur die ideale Strahlgeometrie und Intensitätsverteilung, sondern stellt sich auch als die bei weitem kostengünstigste Methode des Umwandlungshärteprozesses dar. Die Torsionsfedern, die in Bild 21a gezeigt sind, müssen über einen Winkel von 170° und über eine Länge von 10 mm bei einer Einhärtetiefe von 0,2-0,4 mm gehärtet werden. Mit einem Aufbau, in dem gemäß Bild 21b zwei Diodenlaser zum Einsatz kommen, die über die Länge von 10 mm über das Werkstück gescannt werden, kann die geforderte Härtegeometrie problemlos erzielt werden. Eine aktive Prozeßkontrolle mit zwei Pyrometern zur Überwachung und Aufzeichnung der Oberflächentemperatur sichert die Qualität jedes einzelnen Teils.

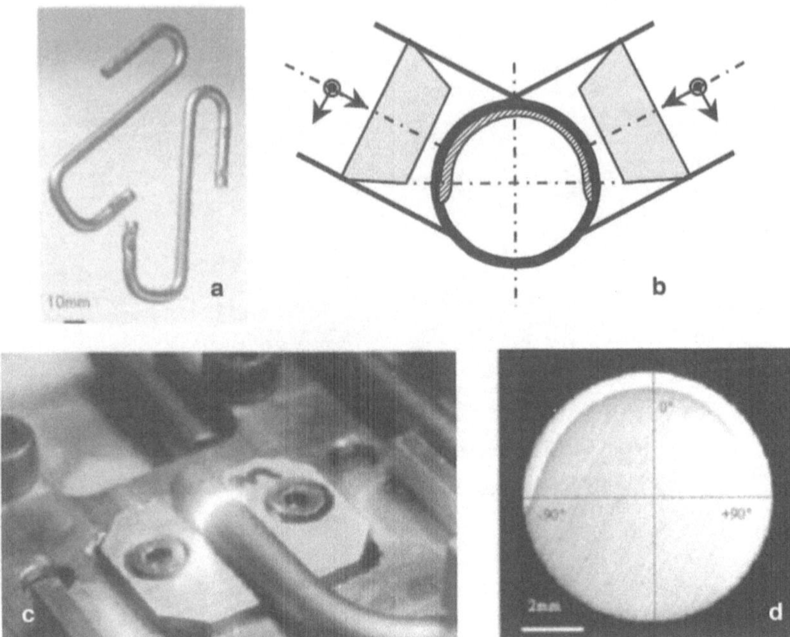

Bild 21: Härten von Torsionsfedern mit Hochleistungsdiodenlaser [7, 8]
a: Torsionsfedern; b: Schema der Strahlanordnung;
c: Prozeßfoto; Querschliff einer gehärteten Feder

4.4 Beschichten

Eine weitere wichtige Oberflächenanwendung für Laser ist die Beschichtung mit Verschleißschutzschichten oder Reparaturschichten. Eine oft angewendete und erfolgreiche Methode ist die Abscheidung von Stellit aus Pulver, das über eine spezielle Düse in die vom Laser geheizte Zone zugeführt wird. Auch für diese Anwendung, in der bis dato vorwiegend CO_2 Laser eingesetzt wurden, ist der Hochleistungsdiodenlaser ideal geeignet. Mit einer Leistungsdichte von 2 x 10^4 W/cm² in einem Spot von 2 x 4 mm² konnten Schichten von etwa 0,5 mm Dicke mit einer Abscheidegeschwindigkeit von ca. 400 mm/min aufgebracht werden (Bild 22 a). Diese Geschwindigkeit ist über doppelt so groß, wie die in einem vergleichbaren Aufbau mit dem CO_2 Laser erzielte [9], bzw. die benötigte Laserleistung ist weniger als halb so groß, wenn ein Diodenlaser eingesetzt wird; zusammen mit der besseren Effizienz ergibt sich ein erheblicher Kostenvorteil beim Einsatz des Hochleistungsdiodenlasers. Der Überlappbereich sieht ebenfalls dicht und glatt aus (Bild 22b); die dendritische Zwischenschicht und die geringe Aufschmelzzone im Basismaterial (Bild 22c) lassen auf eine hochwertige Anbindung des aufgetragenen Materials schließen [9].

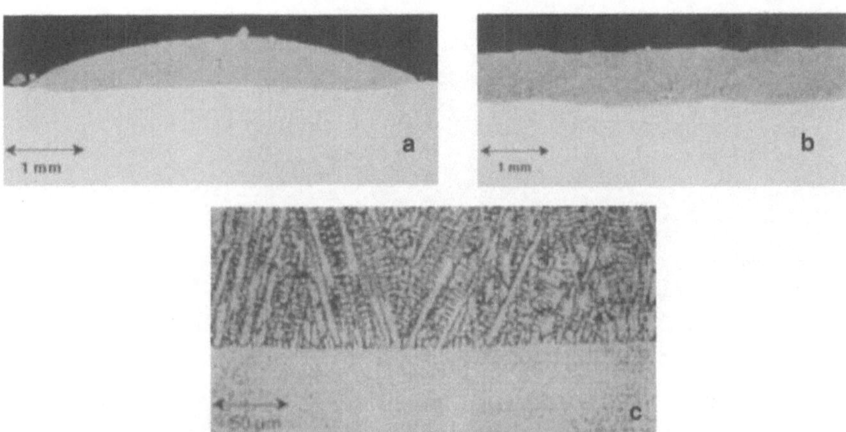

Bild 22: Pulverabscheidung von Stellit F mit dem Hochleistungsdiodenlaser auf einem Stahlsubstrat [9]; a: einzelne Abscheidespur; b: Überlappung mehrerer Spuren; c: Querschliff des Interface: Dendritische Struktur der abgeschiedenen Schicht

4.5 Laser-unterstützte spanende Bearbeitung

Am Fraunhofer-Institut für Produktionstechnik wurden Versuche durchgeführt, einen Hochleistungsdiodenlaser in unmittelbarer Nähe des Drehwerkzeuges zum Vorheizen des Werkstückes einzusetzen: Ein 600 W Diodenlaser wurde in eine modifizierte Drehmaschine integriert. Spanende Bearbeitung von hartem, sprödem Material, speziell von Si_3N_4 Keramik wurde erfolgreich demonstriert [10]. Bild 23 zeigt ein Prozeßfoto. Durch den Einsatz des Lasers wurde so nicht nur die zerspanende Bearbeitung von Werkstoffen möglich, die bisher nicht bearbeitet werden konnten, es wurde insbesondere auch der Werkzeugverschleiß drastisch reduziert.

Bild 23: Laserunterstütztes Drehen von Si_3N_4-Keramik: Integration eines Hochleistungs-Diodenlasers in eine Werkzeugmaschine [10]

4.6 Löten

Laserlöten ist seit langem bekannt, speziell mit NdYAG Lasern im niedrigen Leistungsbereich. Laserlöten bietet Vorteile gegenüber konventionellen Lötprozessen, da es berührungslos abläuft, gute Zugänglichkeit auch an kleine Teile bietet und eine hervorragende Kontrolle von Positionierung und Wärmeeinbringung erlaubt. Diese Eigenschaften machen Laserlöten interessant, wenn Komponenten gelötet werden sollen, die sensibel gegen statische Elektrizität oder Hitze sind, oder solche, die schlecht zugänglich sind. Dennoch haben die relativ hohen Kosten des NdYAG Lasers und die Baugröße des Laserkopfes bisher die Integration in Lötsysteme im großen Maßstab verhindert. Hochleistungsdiodenlaser im Leistungsbereich von 30 bis 150 W (siehe z.B. Bild 11) weisen diese Nachteile nicht auf: der Laserkopf ist extrem kompakt und ausgesprochen leicht in Lötanlagen zu integrieren. Der hohe Wirkungsgrad und die lange Lebensdauer der Dioden (> 10.000 Stunden) machen den Hochleistungsdiodenlaser zu einem attraktiven Werkzeug für Lötanwendungen.

4.7 Schweißen von Kunststoffen

Ähnlich wie im Falle des Laserlötens (Kap. 4.6) wurde auch das Verschweißen von Kunststoffen bereits mit NdYAG und CO_2 Lasern demonstriert, jedoch konnte auch hier kein Durchbruch mit den konventionellen Lasern erzielt werden; dies scheint auch hier dem Diodenlaser vorbehalten zu sein.

Kunststoffmaterialien in ihrer reinen Form sind normalerweise im nahen infraroten Spektralbereich, in dem die Hochleistungsdiodenlaser emittieren, transparent. Allerdings kann durch spezielle Zusätze (Ruß oder spezielle Pigmente) Absorption im Wellenlängenbereich des Hochleistungdiodenlasers erzeugt werden. Das thermo-mechanische Verhalten von Kunststoffen unterscheidet sich massiv von dem der Metalle: während metallische Werkstoffe klare Phasenübergänge von fest nach flüssig bzw. von flüssig nach gasförmig aufweisen, beginnen thermoplastische Kunststoffmaterialien bei der sog. Glastemperatur T_g weich zu werden und sukzessive bei Temperaturerhöhung die Viskosität zu verringern, die aber weit über der der flüssigen Metalle bleibt. Bei höheren Temperaturen beginnen sich Polymere in der Regel zu zersetzen. Duroplaste und Elastomere zeigen normalerweise kein Erweichen mit der Temperatur und zersetzen sich bei höheren Temperaturen bzw. verkohlen; sie sind daher in der Regel nicht für das Laserschweißen geeignet. Die Wärmeleitung von Polymeren ist um Größenordnungen geringer als die von Metallen.

Aus diesen Gründen sind Schweißprozesse an Metallen und Polymeren nicht vergleichbar! Die ideale Konfiguration für das Verschweißen von Kunststoffen mit dem Laser ist die Überlappung einer Schicht, die für den Laser transparent ist und einer Schicht, die den Laser stark absorbiert (Absorptionslänge abhängig von Ruß- bzw. Pigmentkonzentration typisch einige 1/10 mm), wie schematisch in Bild 24 gezeigt: Die Laserstrahlung durchdringt die obere Schicht und wird an der Kontaktstelle der beiden Schichten von der unteren Schicht absorbiert, die dadurch über die Glas- und die Schmelztemperatur erhitzt wird, aber natürlich nicht bis zur Zersetzungstemperatur. Die Wärme überträgt sich bei gutem mechanischem Kontakt von der absorbierenden Schicht auf die nicht-absorbierende, die dadurch ebenfalls aufschmilzt, falls die Schmelztemperaturen der beiden Schichten vergleichbar sind. Bei ausreichendem Druck (um engen Kontakt aufrecht zu erhalten) durchmischen sich die aufgeschmolzenen Zonen und bilden somit nach dem Abkühlen eine zuverlässige Verbindung.

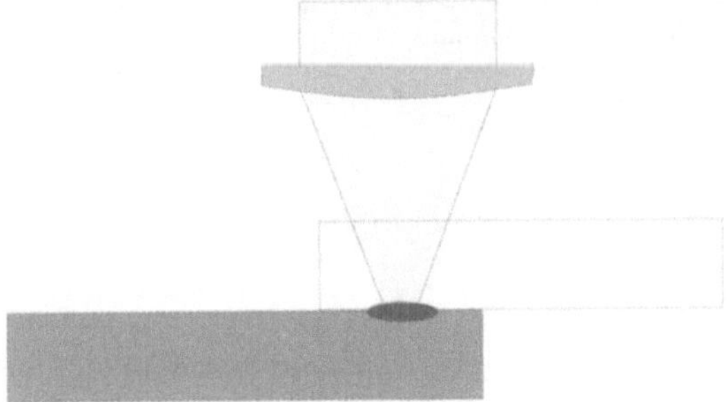

Bild 24: Typische Anordnung zum Verschweißen von Kunststoffen [8]

Eine der ersten Anwendungen von Diodenlasern zum Kunststofffügen im Fertigungsbereich ist das hermetische Verschweißen von elektronischen Autoschlüsseln, das in Bild 25 [8] gezeigt ist. Interessant ist dabei, daß dies nicht nur eine erfolgreiche Demonstration der Anwendung des Diodenlasers in der Fertigung ist, sondern auch, daß sogar Schichten, die für das menschliche Auge gleichermaßen undurchsichtig schwarz erscheinen, verschweißt werden können. Die Erklärung dafür ist, daß der Grundkörper durch Ruß geschwärzt und somit für das menschliche Auge wie für den Laser (λ = 940 nm) nicht transparent ist, während zur Schwärzung der Tastenmembran Pigmente verwendet werden, die zwar im Spektralbereich des menschlichen Auges absorbieren, somit das Teil ebenfalls schwarz erscheinen lassen, für den Laser jedoch transparent sind. Damit ist trotz gleicher Farbe die in Bild 24 skizzierte ideale Anordnung realisiert.

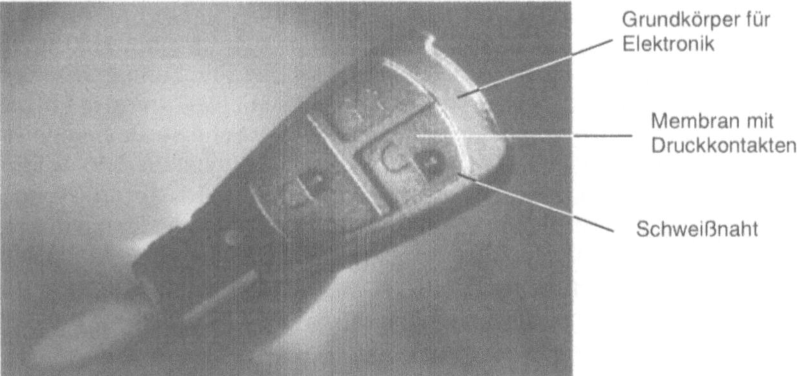

Bild 25: Mit Diodenlaser geschweißter elektronischer Autoschlüssel [8]; Diodenlaser mit Faserkopplung, ca. 40 W; Schweißgeschwindigkeit ca. 10 m/min

5 Zusammenfassung

Hochleistungsdiodenlaser mit Ausgangsleistungen bis zu einigen Kilowatt haben die Schwelle in die Anwendung in der industriellen Fertigung überschritten. Die auf dem Markt verfügbaren Lasersysteme bieten bei - für Laser bisher unerreichten - Steckdosenwirkungsgraden von größer 30% ausreichend Leistung für solche Anwendungen, die eine moderate Leistungsdichte im Bereich 10^4 bis 5×10^5 W/cm² benötigen. Die geringe Baugröße macht den Diodenlaser zu einem idealen Werkzeug bei der Integration in Fertigungsanlagen und mobile Bearbeitungssysteme. Es ist ein boomender Markt zu erwarten, wenn die Strahlqualität weiter verbessert wird, die Lebensdauer weiter verlängert wird und die Investitionskosten weiter reduziert werden. Ehrgeizige Programme zur Erreichung dieser Ziele wurden bereits gestartet, speziell in der Bundesrepublik Deutschland.

6
Dank

Das Material für diese Präsentation wurde mir dankenswerterweise von folgenden Personen und Institutionen zur Verfügung gestellt (in alphabetischer Reihenfolge): Fraunhofer-Institut für Lasertechnik (ILT), Aachen: Dr. P. Loosen, D. Hänsch, Dr. D. Petring, Prof. Dr. R. Poprawe, H. Pütz, U.-A. Russek und B. Schürmann; Fraunhofer-Institut für Produktionstechnik (IPT), Aachen: S. Bausch, A. Demmer, S. Kasperowski und Dr. S. Nöken; Fraunhofer-Institut für Werkstoff- und Strahltechnik (IWS), Dresden: Prof. Dr. E. Beyer, Prof. Dr. B. Brenner, Dr. S. Bonß, Dr. S. Nowotny und A. Richter; außerdem zahlreiche Kollegen bei Dilas Diodenlaser GmbH, Mainz, und Rofin-Sinar Laser GmbH, Hamburg. Allen Kollegen sei an dieser Stelle für die Ausführung der Experimente, die Übermittlung und Überlassung von Ergebnissen, Graphiken und Bildern, sowie für zahlreiche interessante und fruchtbare Diskussionen herzlich gedankt.

Literatur und Bezugsquellennachweis

1. Patent No. DE 195 00 513 C1, Dilas Diodenlaser GmbH, Mainz
2. F.Bachmann, Proc. SPIE Vol 3888, p.394 (1999)
3. Patent No. DE 44 38 368 C2, Fraunhofer-Institut für Lasertechnik, Aachen
4. P.Loosen, Fraunhofer-Institut für Lasertechnik, Aachen
5. D.Petring, Fraunhofer-Institut für Lasertechnik, Aachen, persönliche Mitteilung
6. C.Brettschneider, "Im Vordergrund steht die Ästhetik", Laser-Praxis 2/98 S.10 (1998)
7. B.Schürmann, F.Bachmann, "Potentiale des Umwandlungshärtens mit Dioden-Laserstrahlung in der industriellen Anwendung", Laser-Praxis 1/2000
8. Mit freundlicher Genehmigung des Fraunhofer-Institut für Lasertechnik, Aachen
9. W.Nowotny, Fraunhofer-Institut für Werkstoff- und Strahltechnik, persönliche Mitteilung
10. Presse-Mitteilung Hannover Messe 1998, Fraunhofer Institut für Produktionstechnik, Aachen

Laserstrahlschweißen mit der Doppelfokustechnik – Grundlagen und industrielle Anwendung

B. HOHENBERGER, F. FAIẞT

Einleitung

Die Doppelfokustechnik beim Laserstrahlschweißen, d. h. die Anwendung zweier räumlich getrennter Foki am Werkstück, ist eine Technik, die inzwischen den Sprung vom Labor in die Produktion geschafft hat. Der große Vorteil dieses Verfahrens liegt in der Möglichkeit, die Leistungsdichteverteilung an die Aufgabenstellung anzupassen und in Abhängigkeit der Prozeßbedingungen, z. B. bei veränderten Fügegeometrien oder Spaltweiten, zu regeln. Dadurch wird ein hohes Maß an Flexibilität, Qualität, Prozeßsicherheit und Effizienz erreicht.

Ausgangspunkt für diese Entwicklung war eine Arbeit zur Vermeidung von Humping-Defekten mittels zweier, hintereinander angeordneter Foki beim Schweißen von Stahl mit dem CO_2-Laser [1]. In der weiteren Entwicklung wurde über eine Stabilisierung des Prozesses beim Tiefschweißen von Stahl [2] und Aluminium [3] berichtet. Insbesondere bei Aluminium und seinen Legierungen konnten Nahtfehler als Folge von Prozeßporen und Schmelzbadauswürfen, bedingt durch eine gestörte Abströmung des Metalldampfes aus der Kapillare, vermindert bzw. vermieden werden [4], [5]. Erreicht wird dies durch eine künstlichen Aufweitung der Dampfkapillare, d. h. der Schaffung einer störungsunempfindlichen Kapillargeometrie [6]. Eine Verdopplung der verfügbaren Laserleistung und damit der Leistungsfähigkeit des Verfahrens war ein weiteres Ziel, welches für das Beschichten [7] und das Schweißen [2], [3] durch die Addition der Strahlen zweier Strahlquellen realisiert wurde.

Der Nd:YAG-Laser bietet weitreichende Vorteile gegenüber dem CO_2-Laser, so daß letzterer in zunehmendem Maße Konkurrenz auf dem bislang von ihm dominierten Feld erfährt. Die kürzere Wellenlänge des Festkörperlasers zeigt ein günstigeres Prozeßverhalten [4], [5]. Eine bessere Absorption im Grundwerkstoff und damit ein höherer Prozeßwirkungsgrad geht einher mit einer geringeren Wechselwirkung des Laserstrahls mit dem abströmenden Metalldampf, wodurch sich neben einer besseren Nutzung der eingestrahlten Laserenergie auch eine Stabilisierung des Schweißprozesses ergibt. Die Möglichkeit der Strahlführung in Glasfasern und eine damit verbundene leichte Handhab- und Integrierbarkeit sind weitere Pluspunkte. Nachteilig ist die maximale Strahlleistung kommerziell erhältlicher Nd:YAG-Systeme, welche momentan auf P=4 kW am Werkstück begrenzt ist. Um die Vorteile der kurzen Wellenlänge, der Doppelfokustechnik [8] und einer hohen Strahlleistung zu kombinieren, wurden im Rahmen des Brite/Euram7997-Projektes vom Institut für Strahlwerkzeuge und der Haas-Laser GmbH Doppelfasern entwickelt [9], welche die Strahladdition und damit eine Leistungsskalierung unter der Verwendung von Standardkomponenten ermöglichen.

Dieser Beitrag stellt die Systemtechnik zur Erzeugung eines Doppelfokus bei CO_2- und Nd:YAG-Lasern dar, diskutiert die Möglichkeiten des Verfahrens zur Steigerung der Flexibilität, der Nahtqualität und Prozeßsicherheit sowie der verfügbaren Laserleistung und den damit verbundenen Prozeßgeschwindigkeiten beim Laserstrahlschweißen. Weiterhin wird das Potential dieser Technologie diskutiert und es werden verschiedene Anwendungen aus der industriellen Fertigung präsentiert.

1 Systemtechnik

Die Erzeugung mehrerer getrennter Foki kann mittels Strahlteilung oder Strahladdition erfolgen. Die Wahl der Methode ist abhängig von der benötigten Leistungsdichte im Einzelfokus und damit von der zur Verfügung stehenden Laserleistung und Strahlqualität.

Stand der Technik bei CO_2-Lasern ist die Strahlteilung mit Hilfe eines Dachspiegels, welcher den letzten Umlenkspiegel vor dem Fokussierspiegel ersetzt (Bild 1, links). Die Strahladdition ist aufgrund der Wellenlänge des CO_2-Lasers systemtechnisch sehr aufwendig, da Kupferspiegel verwendet werden müssen. Zudem stehen kommerziell erhältliche Lasersysteme diesen

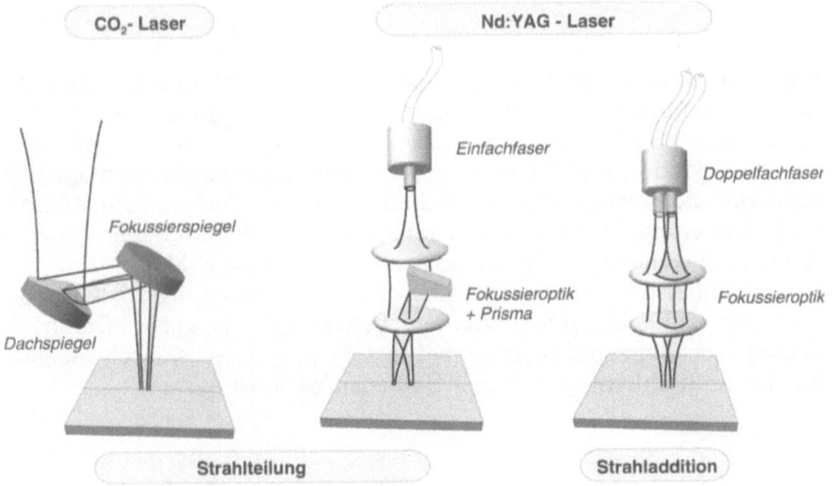

Bild 1: Stand der Technik bei der Erzeugung von Doppelfoki für CO2- und Nd:YAG-Lasern

Lasertyps bis zur Leistungsklasse von 30 kW zur Verfügung, so daß die Strahladdition zur Verdopplung der verfügbaren Laserleistung auch nur für eine geringe Anzahl von Anwendungen sinnvoll ist.

Bei Nd:YAG-Lasern erfolgt die Strahlteilung mit Prismenoptiken und die Strahladdition mit Hilfe von Doppelfasern (Bild 1, rechts). Bei letzterem werden zwei Glasfasern – von unterschiedlichen Strahlquellen kommend – in einem gemeinsamen Faserendstecker zusammengeführt, so daß sie parallel und sehr nahe nebeneinander zu liegen kommen. Dieses Prinzip ist einfach auf weitere Fasern übertragbar, wodurch eine Leistungsskalierung möglich ist. In der industriellen Fertigung wurden mit einer Doppelfaser P=8 kW und im Labor bereits mit Dreifachfasern P=10 kW Laserleistung am Werkstück realisiert. In Bild 2 sind typische Leistungsdichteverteilungen der beiden beschriebenen Lasertypen dargestellt.

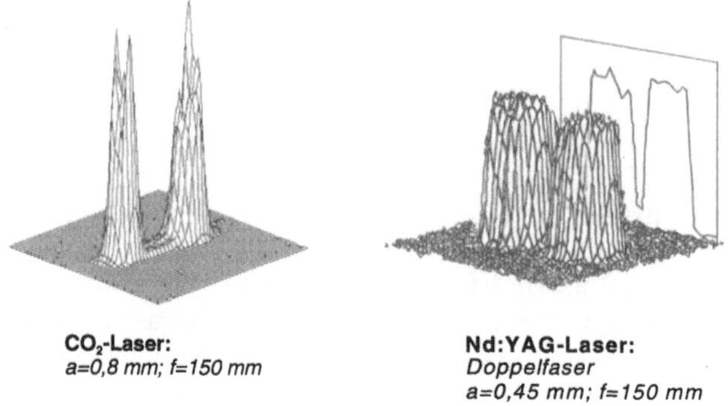

CO_2-Laser:
a=0,8 mm; f=150 mm

Nd:YAG-Laser:
Doppelfaser
a=0,45 mm; f=150 mm

Bild 2: Leistungsdichteverteilung des Doppelfokus mit dem *Mittelpunktsabstand a* und der *Brennweite f* für CO_2- und Nd:YAG-Laser

Seitens des Prozesses bietet die Doppelfokustechnik die Möglichkeit einer frei einstellbaren Leistungsdichteverteilung, wodurch im Vergleich zur Einzelfokustechnik neue Verfahrensparameter zur Verfügung stehen, die eine weitgehende Adaption des Prozesses an die Aufgabenstellung ermöglichen. Bestimmt wird die Leistungsdichteverteilung durch den Abstand a der Einzelfoki, die Orientierung der Brennflecke relativ zur Vorschubrichtung sowie die frei wählbare Leistungsdichte in den einzelnen Foki, siehe Bild 3.

Der Vorteil aller dargestellten Möglichkeiten zur Erzeugung eines Doppelfokus ist die einfache Integration in bestehende Anlagen. Durch die Verwendung von Standardkomponenten erfolgt nur ein Austausch einzelner Bestandteile im Strahlenweg, d. h. der Umbauaufwand ist minimal.

Parameter Doppelfokustechnik:

- *Orientierung der Hauptsymmetrieachse zur Vorschubrichtung*
- *Abstand a der Brennflecke*
- *Leistungsdichte der Brennflecke*

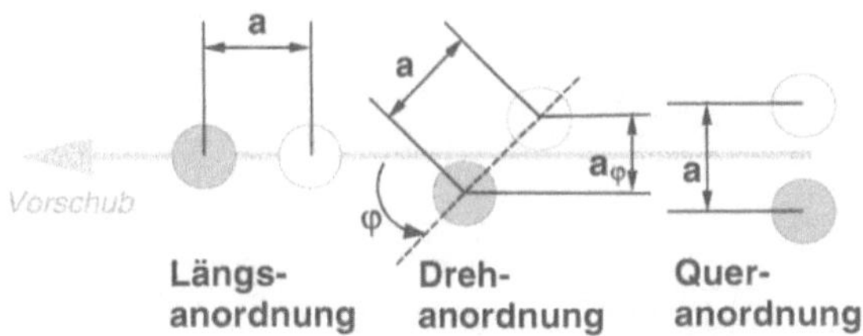

Bild 3: Spezifische Parameter der Doppelfokustechnik

2 Schweißen mit Doppelfokustechnik

Die Nutzung der Doppelfokustechnik steht erst an ihrem Anfang und die Potentiale dieser Fertigungstechnologie sind noch weitgehend unbekannt. Für viele Laserschweißprozesse ist die herkömmliche Einstrahltechnik ausreichend, jedoch bietet die Verwendung zweier Fokusse erhebliche Verbesserungsmöglichkeiten hinsichtlich Qualität, verfügbarer Leistung, Flexibilität und Effizienz, die einen Einsatz technologisch und wirtschaftlich interessant machen.

2.1 Flexibilität

Die Anforderungen an die Schweißnaht machen es notwendig, den Prozeß so zu führen, daß bestimmte Nahteigenschaften erzielt werden, d. h. der Prozeß muß an die Aufgabe angepaßt gestaltet werden. Die Doppelfokustechnik eignet sich hierzu hervorragend, denn Nahttiefe, -breite, Anbindequerschnitt und Abkühlrate können auf einfache Art und Weise durch die Veränderung der Leistungsdichteverteilung eingestellt werden. Der Einsatz einer Regelung von Fokusabstand und -anordnung bietet sogar die Möglichkeit, aktiv auf sich verändernde Prozeßbedingungen, wie die Spaltweite, zu reagieren.

Bild 4 zeigt eine Auswahl an Einsatzmöglichkeiten einer aufgabenangepaßten Leistungsdichteverteilung. Durch die Anordnung der Brennflecke längs, quer oder unter jedem beliebigen Winkel φ zur Vorschubrichtung kann die Einschweißtiefe oder Nahtbreite, z. B. durch Verdrehen der Doppelfaser, eingestellt werden. Eine Veränderung des Fokusabstandes in Queranordnung,

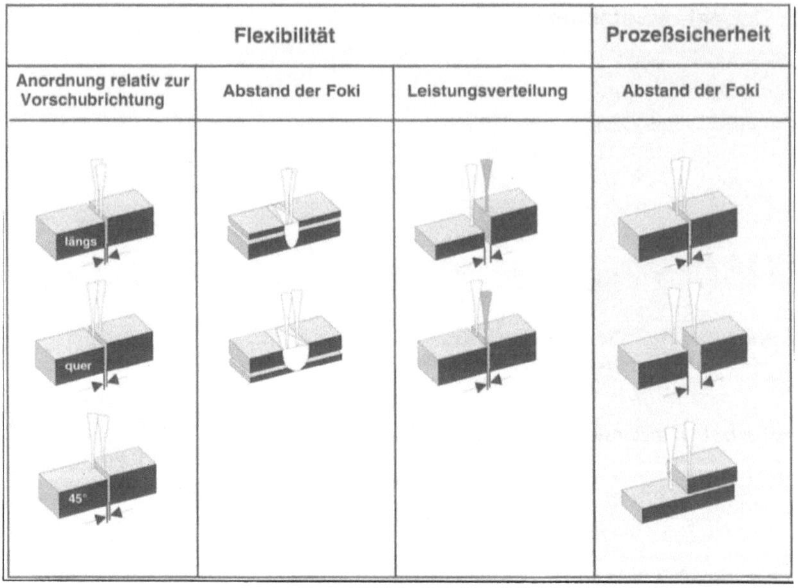

Flexibilität
Prozeßsicherheit
Anordnung relativ zur Vorschubrichtung
Abstand der Foki
Leistungsverteilung
Abstand der Foki
längs
quer
45°

Bild 4: Aufgabenangepaßte Intensitätsverteilung durch Variation der doppelfokusspezifischen Parameter

z. B. bei der Strahlteilung mit variablem Fokusabstand, führt zu einem ähnlichen Effekt, wodurch z. B. im Überlappstoß die Nahtbreite in der Fügeebene und dadurch die Festigkeit der Schweißverbindung eingestellt werden kann. Zusätzlich besteht die Möglichkeit der Verwendung von Strahlen mit unterschiedlichem Leistungsinhalt. Dies ist insbesondere bei Materialien von unterschiedlicher Dicke oder Zusammensetzung interessant.

1 mm
a=0 mm
a=0,2 mm
a=0,4 mm
a=0,6 mm
P=1,8+1,8 kW,
df=300 µm,
quer,
v=4 m/min,
StE690 (6mm)
a=0,8 mm
a=1,0 mm
a=1,4 mm

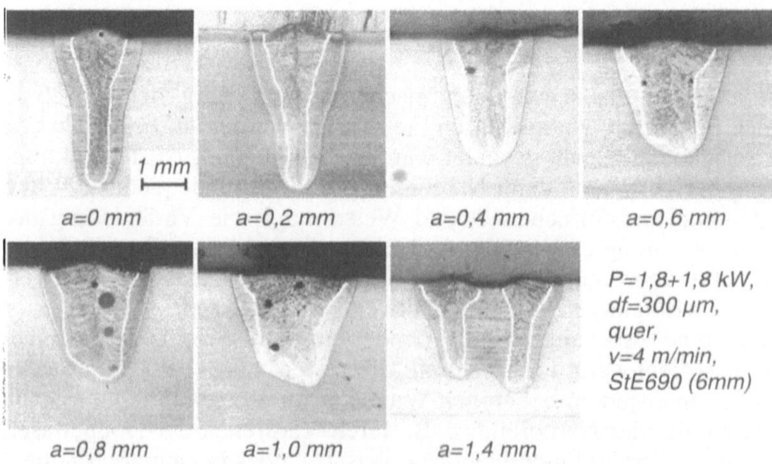

Bild 5: Nahtquerschliffe von StE690 in Abhängigkeit des Fokusabstandes a. (Weiß hervorgehoben ist die Grenze zwischen Schmelzgefüge und Wärmeeinflußzone)

Beispielhaft sind in Bild 5 Nahtquerschliffe für Stahl dargestellt, welche mit konstanter Leistung und konstantem Vorschub bei verändertem Abstand der Brennflecke in Queranordnung geschweißt wurden. In der Regel führen kleine Fokusabstände a zu schlanken und tiefen Nähten, große Abstände zu breiten, weniger tiefen Schmelzzonen. Ab einem Maximalwert beginnen sich zwei getrennte Schmelzbäder auszubilden.

Beim Überlappstoß von Stahlblechen der Dicke t=1 mm – eine Stoßgeometrie wie sie häufig im Automobilbau Anwendung findet – kann dieser Effekt genutzt werden, um die Nahtbreite in der Fügeebene und die Vorschubgeschwindigkeit zu optimieren. Bild 6 zeigt den Vergleich verschiedener Verfahren zur Erzielung eines minimalen Anbindequerschnitts von b=0,8 mm in der Überlappzone. Gängige Praxis zur Erhöhung der Nahtbreite ist die Steigerung der Streckenenergie, was jedoch hier nicht zum Ziel führt. Die Anwendung eines Zylinderspiegels, welcher einen elliptischen Fokus erzeugt, und die Defokussierung des Laserstrahls, welche einen größeren Fokusdurchmesser zur Folge hat, erreichen zufriedenstellende Ergebnisse. Die effizienteste Methode zur Erzielung des notwendigen Anbindequerschnitts ist jedoch die Doppelfokustechnik, womit die breitesten Nahtgeometrien erreicht wurden.

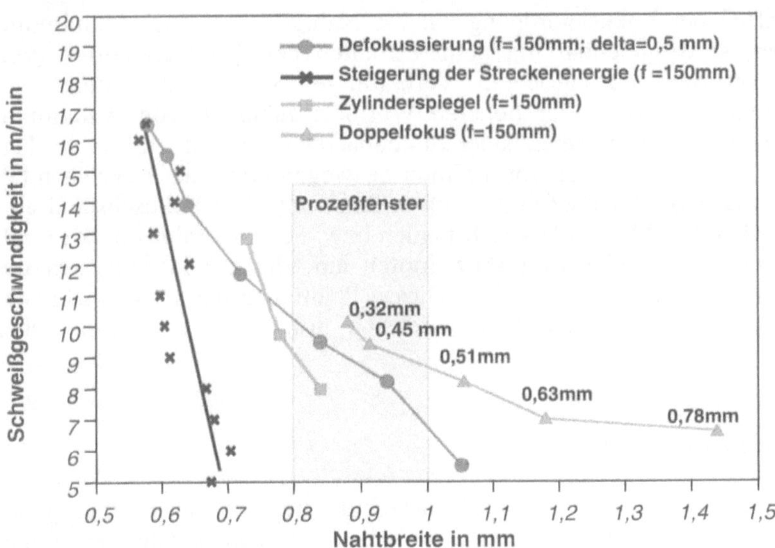

Bild 6: Schweißgeschwindigkeit als Funktion der Nahtbreite in der Fügeebene im Überlappstoß von Stahlblechen der Dicke t=1 mm

Der Grund hierfür liegt in der hohen Transmission der Laserstrahlung beim Durchschweißen von dünnen Blechen mit zu hoher Streckenenergie. Bei zwei Foki werden bei diesen Vorschubgeschwindigkeiten zwei getrennte Dampfkapillaren erzeugt, an deren Wänden mehr Laserstrahlung absorbiert wird und so weniger Strahlung ungenutzt verloren geht. Der Wirkungsgrad liegt dadurch höher.

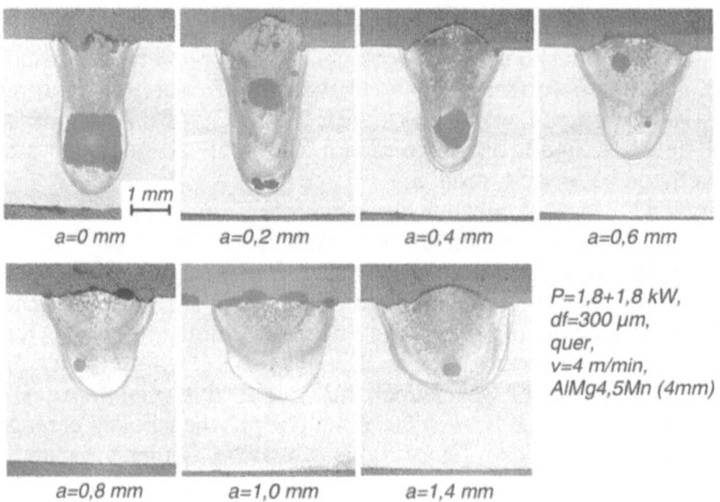

Bild 7: Nahtquerschliffe von AlMg4,5Mn in Abhängigkeit des Fokusabstandes a

Der Einfluß der Fokusanordnung auf die Nahtgeometrie bei Aluminiumwerkstoffen ist vergleichbar mit dem Verhalten bei Stahlwerkstoffen (vgl. Bild 7). Aufgrund des größeren Verhältnisses von Verdampfungs- zu Schmelztemperatur sowie der höheren Wärmeleitfähigkeit von Aluminium sind allgemein breitere Schmelzbäder zu beobachten, und der Einfluß der Kapillarform auf die Schmelzbadform nimmt deswegen etwas ab. Aber auch bei Aluminium kann die Geometrie der Schweißnaht mit dem Fokusabstand eingestellt werden. Bei kleinen Fokusabständen bzw. der Einstrahltechnik (a = 0) treten jedoch auffallend häufig Prozeßporen auf, die auf Instabilitäten der Dampfkapillare zurückzuführen sind. Dieses Phänomen der Prozeßstabilisierung mit großen Fokusabständen wird im folgenden Abschnitt näher diskutiert.

2.2 Prozeßsicherheit und Qualität

Der wichtigste Vorteil der Doppelfokustechnik liegt in der Erhöhung der Schweißnahtqualität und der Prozeßsicherheit. Zum einen können bestimmte Nahtfehler vermieden oder im Vergleich zur Einstrahltechnik sehr stark reduziert werden. Zum anderen läßt sich die Fehlertoleranz des Schweißverfahrens gegenüber geometrischen Änderungen in der Fügezone deutlich erhöhen.

2.2.1 Schmelzbad und Dampfkapillare

Qualitätsprobleme beim Laserstrahlschweißen von Stahl treten im Gegensatz zum Werkstoff Aluminium bei der geeigneten Werkstoffauswahl selten auf. Die Gehalte von Phosphor und Schwefel sollten möglichst niedrig gewählt werden, da diese Elemente explosionsartig verdampfen und zu stark spritzenden Prozessen führen. Dabei können Löcher und Schmelzbadauswürfe auftreten. Außerdem sind höhere Gehalte von Kohlenstoff (C>0,5 %) problematisch, da aufgrund der hohen Erstarrungsgeschwindigkeiten eine Aufhärtung stattfindet und Erstarrungsrisse und -lunker entstehen. Insbesondere bei hohen Vorschubgeschwindigkeiten und damit verbundenen großen Abkühlraten sowie bei bauchigen Nahtquerschnitten mit ungünstigen Spannungszuständen treten Mittelrippendefekte auf [10]. Wie bereits in Bild 5 gezeigt, ist die Doppelfokustechnik ein sehr effektives Mittel zur Verringerung der Tiefe-Breite-Relation, welche die Abkühlraten und damit die Rißbildung maßgeblich beeinflußt. Außerdem können bauchige Querschnitte der Schmelzzone einfach vermieden werden.

Bei Aluminiumwerkstoffen treten Nahtfehler hauptsächlich in Form von Schmelzbadauswürfen, Prozeßporen sowie Wasserstoffporen auf. Wasserstoffporosität ist allen Schmelzschweißverfahren gemeinsam und durch die Werkstoffeigenschaften des Aluminiums und seiner Legierungen begründet. Sie läßt sich durch entsprechende Werkstoffauswahl und Nahtvorbereitung verhindern [3]. Schmelzbadauswürfe und Prozeßporen sind jedoch laserspezifisch und haben ihre Ursache in einer instabilen Dampfkapillare. Eine Einschnürung der Kapillare kann dazu führen, daß sich entweder Hohlräume bilden, welche nach dem Erstarren als Prozeßporen zurückbleiben, oder daß die Ausströmung des verdampfenden Materials behindert wird, was in der Folge zur Aushebung des kompletten Schmelzbades führen kann.

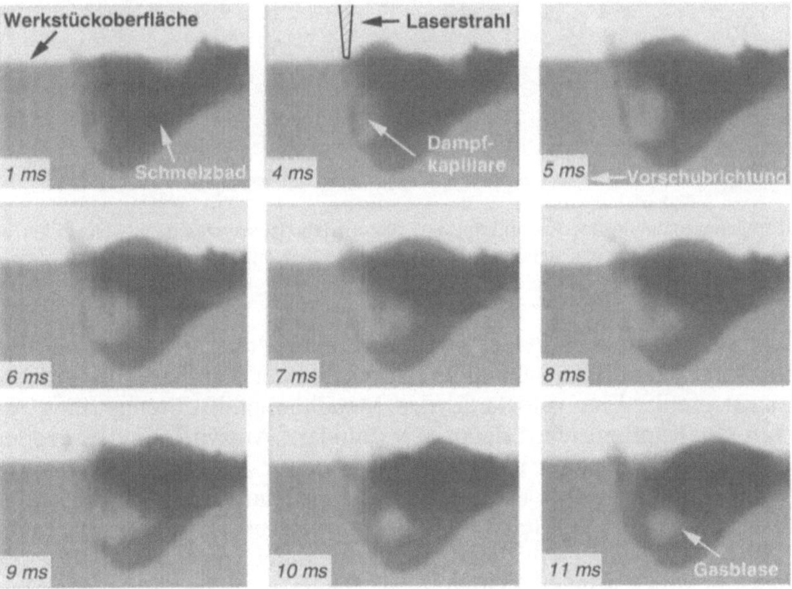

Bild 8: Röntgenaufnahmen der Ausbildung einer Prozeßpore beim Schweißen von Aluminium. (Dunkle Färbung der Schmelze durch Zugabe von Kontrastmittel)

Bild 8 zeigt die Entstehung einer Prozeßpore sichtbar gemacht mit einem Online-Röntgenverfahren und der Visualisierung mit Hilfe einer Hochgeschwindigkeitsvideokamera. Die hell gefärbte Dampfkapillare beginnt sich innerhalb kürzester Zeit am Kapillargrund aufzublähen. Die dunkel gefärbte Schmelze schnürt die Kapillare ab, wodurch eine mit Gas gefüllte Blase zurückbleibt. Wird diese Gasblase von der Erstarrungsfront eingeholt, bleibt ein Hohlraum zurück, an dessen Wänden der Metalldampf kondensiert.

Ein vergleichbarer Mechanismus führt zu Schmelzbadauswürfen. Innerhalb weniger Millisekunden führt ein Aufblähen der Kapillare zu einem explosionsartigen Auswurf der Schmelze (vgl. Bild 9). Die Ursachen sind noch nicht vollständig geklärt, es kann jedoch eine eindeutige Korrelation zwischen der Häufigkeit von Auswürfen und einem zu kleinen Öffnungsdurchmesser der Kapillare nachgewiesen werden. Erklärt wird diese Hypothese mit Ergebnissen einer theoretischen Untersuchung, wonach Einschnürungen der Kapillare bei ungünstigen Voraussetzungen zu einer Blockade der Metalldampfströmung führen [6].

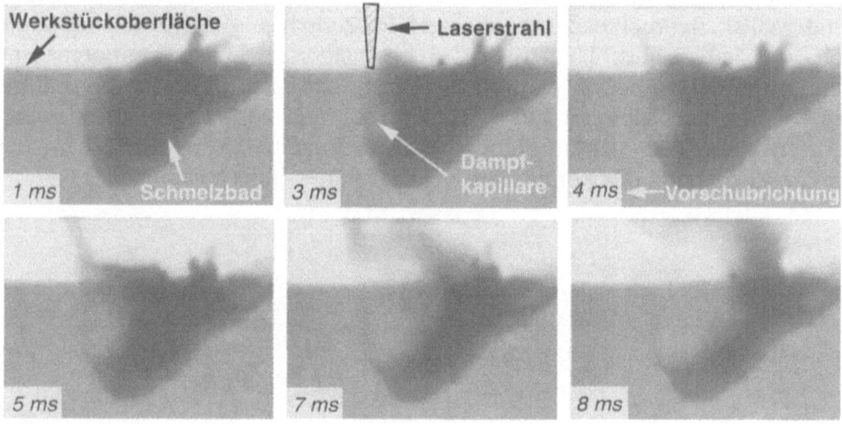

Bild 9: Röntgenaufnahmen der Ausbildung eines Schmelzbadauswurfes beim Schweißen von Aluminium. (Dunkle Färbung der Schmelze durch Zugabe von Kontrastmittel)

Der Lösungsansatz liegt in der Schaffung einer störungsunempfindlichen Kapillargeometrie durch das künstliche Aufweiten der Kapillare mit Hilfe der Doppelfokustechnik. Eine Blockade der Metalldampfabströmung bzw. das Kollabieren der Kapillare wird dadurch verhindert. Auswürfe und Prozeßporen werden drastisch reduziert bzw. vermieden.

Bei geeigneten Parametern (Fokusabstand a=0,6 mm) führt der Einsatz der Doppelfokustechnik im Vergleich zum Einzelfokus bei der aushärtbaren Legierung AlMgSi1 zu einer vollständigen Vermeidung von Poren und bei der naturharten Legierung AlMg4,5Mn zu einer Reduzierung der Porenanzahl um den Faktor 10 (vgl. Bild 10).

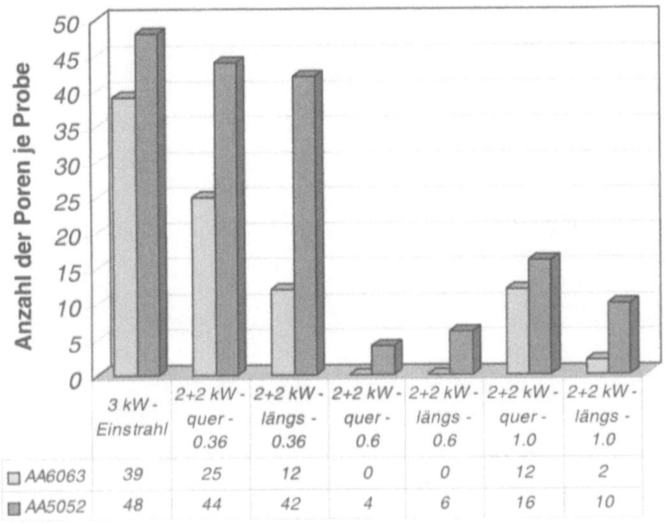

	3 kW - Einstrahl	2+2 kW - quer - 0.36	2+2 kW - längs - 0.36	2+2 kW - quer - 0.6	2+2 kW - längs - 0.6	2+2 kW - quer - 1.0	2+2 kW - längs - 1.0
AA6063	39	25	12	0	0	12	2
AA5052	48	44	42	4	6	16	10

Bild 10: Anzahl der Poren in Abhängigkeit des Fokusabstandes und der Fokusanordnung für die Aluminiumlegierungen AlMgSi1 *(AA6063)* und AlMg4,5Mn *(AA5052). Probenlänge 80 mm*, v = 4m/min

Gleiches gilt für das Auftreten von Schmelzbadauswürfen. Auch dort kann sowohl für das Schweißen von Aluminiumlegierungen mit dem CO_2-Laser als auch mit dem Nd:YAG-Laser eine Reduzierung der Nahtfehler in der gleichen Größenordnung festgestellt werden [11].

2.2.2 Fügegeometrie

Neben der Nahtqualität kann mit der Doppelfokustechnik aber auch die Fehlertoleranz und damit die Prozeßsicherheit gesteigert werden. Dies läßt sich mit der größeren überstrahlten Fläche auf dem Werkstück und das dadurch größere aufgeschmolzene Nahtvolumen erklären, welche direkt im Zusammenhang mit der Fokusgeometrie stehen.

Bei Kehlnähten und Stumpfstößen kann der Doppelfokus genutzt werden, um die Spaltüberbrückbarkeit zu erhöhen. Die Fokusanordnung kann dabei so gewählt werden, daß beide Teilstrahlen jeweils auf einen Fügepartner treffen und nicht ohne Wechselwirkung durch den Spalt hindurchtreten (siehe Bild 4). Laterale Positionierungenauigkeiten und dadurch bedingte Fehler werden so ebenfalls weitgehend vermieden.

Bild 11 zeigt beispielhaft an Tailored Blanks aus Stahl, wie die Spaltüberbrückbarkeit mit dem Doppelfokus gesteigert werden kann. Durch die breitere Zone, die vom Laserstrahl überstrichen wird, steht mehr aufgeschmolzenes Material zur Verfügung, mit dem der Spalt gefüllt werden kann.

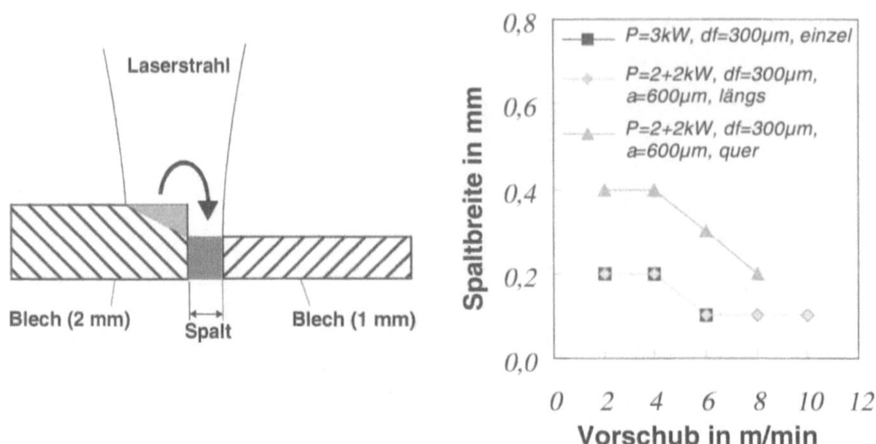

Bild 11: Überbrückbare Spaltweite bei Tailored Blanks aus St1403 (1+2mm) in Abhängigkeit der Fokusanordnung

In der Queranordnung der Strahlen sind die überbrückbaren Spaltweiten deshalb doppelt so groß wie in Längsanordnung oder mit dem Einzelfokus. Obwohl in Längsanordnung (P=2+2 kW) mehr Strahlleistung zur Verfügung steht als mit dem Einzelfokus (P=3 kW), kann diese nicht in eine höhere Spaltüberbrückbarkeit umgesetzt werden. Beide Kurven sind deckungsgleich, lediglich die erreichbaren Vorschubgeschwindigkeiten sind mit höherer Leistung größer. Der Grund liegt darin, daß die Energie in Längsanordnung mit dem projizierten Fokusabstand a_φ=0 ebenso wie im Einstrahlmodus ungenutzt durch den Spalt verloren geht.

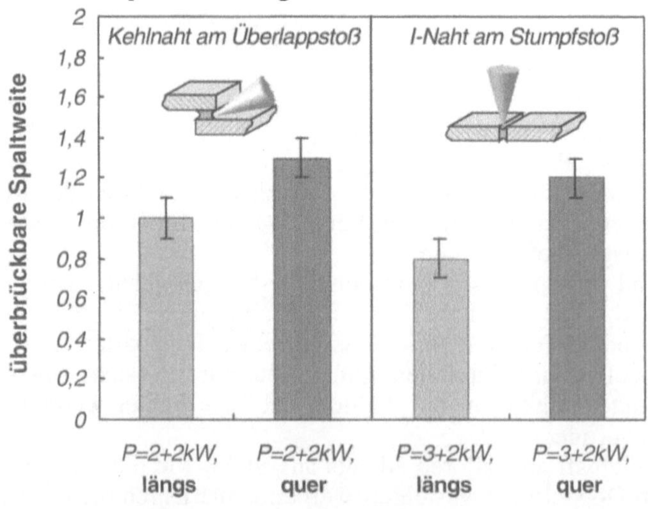

Bild 12: Überbrückbare Spaltweite von AlMg3 (3mm) in Abhängigkeit der Fokusanordnung und der Nahtgeometrie

Als Resultat kann bei der Queranordnung der Brennflecke die Qualität der Blechkanten reduziert werden, wodurch die Kosten bei der Nahtvorbereitung sinken.

Für Kehlnähte und Stumpfstöße aus Aluminium werden die gleichen Ergebnisse beobachtet. In Bild 12 sind Schweißergebnisse für die Legierung AlMg3 dargestellt, welche aus metallurgischer Sicht keinen Zusatzwerkstoff benötigt. Die überbrückbaren Spaltweiten sind dabei in der Queranordnung jeweils um 30% bzw. 50 % höher als in Längsanordnung der Brennflecke. Bei Untersuchungen mit der Einzelfokustechnik konnten die geforderten Qualitätskriterien nicht eingehalten werden.

Als Folge der großen tolerierbaren Spaltweiten dringt das Laserstrahlschweißen mit der Doppelfokustechnik in Bereiche vor, wie z. B. das Verschweißen von Tiefziehbauteilen, die bisher den herkömmlichen Schweißverfahren oder den Laser-Hybridverfahren vorbehalten waren.

2.3 Leistungsaddition

Die Möglichkeit der Strahladdition mit Hilfe von Doppellichtleitkabeln ermöglicht dem Nd:YAG-Laser in Leistungsbereiche deutlich oberhalb von P=4 kW und damit in den Bereich des CO_2-Lasers vorzudringen. Es stellt sich dabei die Frage, wie effizient die beiden Strahlen addiert werden können.

Vereinfacht dargestellt, ergeben Fokusgeometrien mit kleinen Fokusabständen die tiefsten Einschweißungen, wobei sich das Prozeßverhalten mit kleinerwerdendem Fokusabstand dem des Einstrahlschweißens angleicht. Besonders stabile Prozeßparameter führen im allgemeinen zu weniger großen

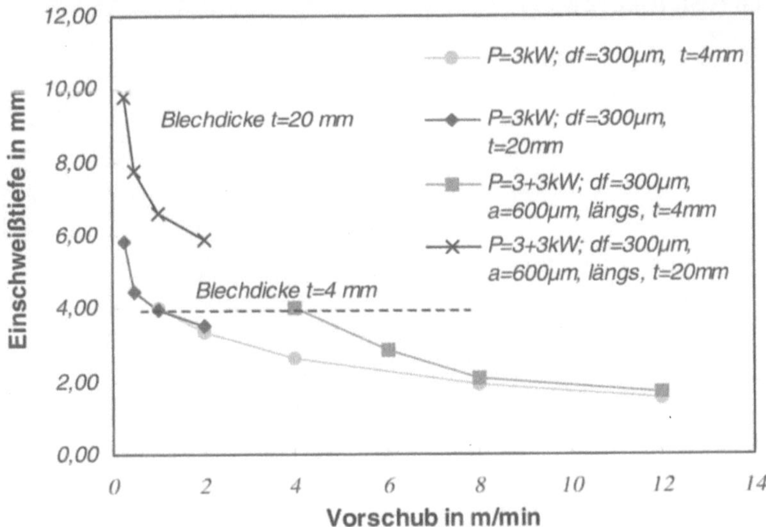

Bild 13: Vergleich der Einschweißtiefe der Einzel- und Doppelfokustechnik bei P=3 kW bzw. P=3+3 kW für den Werkstoff AlMg4,5Mn (t=20 mm bzw. t=4 mm)

Schweißtiefen. Dies liegt zum einen daran, daß die Nahtbreite auf Kosten der Tiefe zunimmt. Zum anderen wird aus der größeren gemeinsamen Kapillaröffnung mehr Laserleistung reflektiert, die dem Prozeß nicht mehr zur Verfügung steht. Ein guter Kompromiß stellt ein Fokusabstand von a=0,6 mm dar, der sowohl Stabilität als auch Effizienz bzgl. der Einschweißtiefe verbindet.

In Bild 13 ist der Vergleich von Einzel- (P=3kW) und Doppelfokustechnik (P=3+3kW) für das Material AlMg4,5Mn dargestellt. Im Bereich sehr großer Einschweißtiefen führt eine Verdopplung der Laserleistung zwar nicht zu einer Verdopplung der Einschweißtiefe, die Schweißgeschwindigkeit kann jedoch beispielsweise bei einer Einschweißtiefe von s=6 mm von v=0,25 m/min auf v=2 m/min und bei Einschweißtiefen von s=4 mm (Durchschweißung) um den Faktor vier gesteigert werden. Mit zunehmender Vorschubgeschwindigkeit wird die Einschweißtiefe gegenüber der Einstrahltechnik immer weniger gesteigert. Zurückzuführen ist dies auf die ohnehin niedrige Einschweißtiefe, bei der die Effizienz der Einkopplung der Laserstrahlung gering ist. Als Konsequenz ergibt sich, daß die Leistungsaddition bei Aluminium nur in Bereichen höherer Einschweißtiefen besonders effizient ist. Verbessert werden kann dies durch die Verwendung von Lasern höherer Strahlqualität, auf die im nächsten Kapitel eingegangen wird. Kleinere Fokusdurchmesser in Verbindung mit hoher Leistung führen zu höheren Aspektverhältnissen (=Verhältnis von Tiefe zu Breite) und damit zu höheren Wirkungsgraden.

Im Gegensatz zu Aluminium- kann bei Stahlwerkstoffen die Schweißgeschwindigkeit auch im Bereich großer Vorschubgeschwindigkeiten verdoppelt werden. Bei großen Einschweißtiefen und langsamen Vorschüben steigt die Schweißgeschwindigkeit bei einer Verdopplung der Leistung etwa um das vierfache an (vgl. Bild 14).

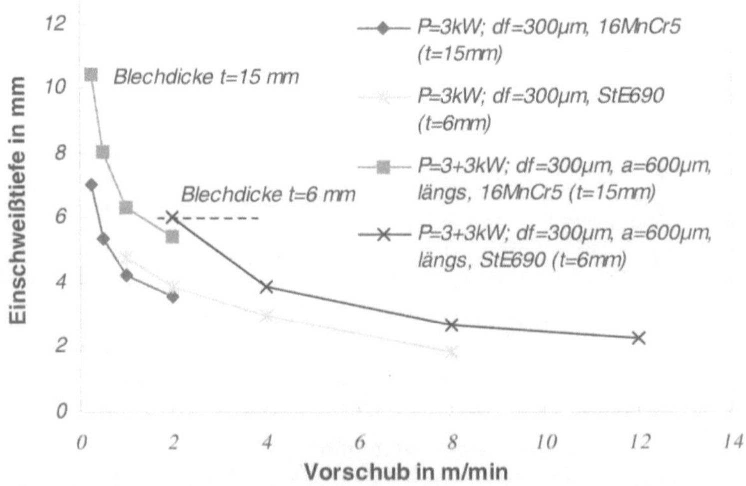

Bild 14: Vergleich der Einschweißtiefe der Einzel- und Doppelfokustechnik bei P=3 kW bzw. P=3+3 kW für den Werkstoff Stahl (16MnCr5: t=15mm; StE690: t=6mm)

Zusammenfassend kann festgestellt werden, daß die Prozeßgeschwindigkeiten durch die Leistungsaddition im allgemeinen erheblich gesteigert werden. Insbesondere bei großen Einschweißtiefen respektive Materialdicken ist der Zuwachs der Geschwindigkeit überproportional.

3 Potential

Die weitere Entwicklung der Strahlquellen bei Festkörperlasern geht hin zu diodengepumpten Systemen, deren Vorteile im hohen Wirkungsgrad und vor allem in der hohen Strahlqualität liegen. Als Resultat der höheren Strahlqualität können Glasfasern kleineren Durchmessers zur Strahlführung verwendet werden, so daß bei gleichem Fokusdurchmesser am Werkstück größere Arbeitsabstände oder bei gleicher Brennweite kleinere Fokussierlinsen und damit schlankere Optiken realisierbar sind. Eine bessere Zugänglichkeit aufgrund der kleineren Störkontur und eine höhere Verfügbarkeit der Systeme aufgrund des größeren Abstandes der Optiken zum Prozeß und des dadurch bedingten günstigeren Spritzerschutzes sind die Folge. Andererseits kann die erhöhte Strahlqualität auch in eine Reduzierung des Fokusdurchmessers umgesetzt werden, wodurch die Leistungsdichte im Einzelfokus und damit die Einschweißtiefe ansteigt. Die benötigte Gesamtlaserleistung und damit der Wärmeeintrag können reduziert werden, so daß der Verzug des Bauteils abnimmt.

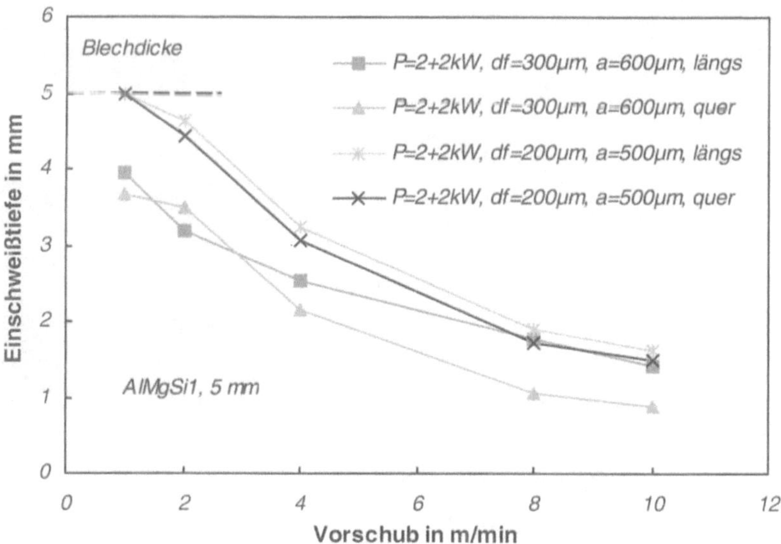

Bild 15: Einfluß des Fokusdurchmessers als Maß für die Strahlqualität auf die Einschweißtiefe

Experimente mit lampengepumpten Systemen höherer Strahlqualität erhärten diese Aussagen. Bei Aluminium konnte durch die Verringerung des Fokusdurchmessers von d_f=300 μm auf d_f=200μm die Einschweißtiefe bzw. die Vorschubgeschwindigkeit erheblich gesteigert werden, wie in Bild 15 zu erkennen ist.

Kommerziell erhältliche Laserquellen, die solche Strahlqualitäten zur Verfügung stellen, werden in nächster Zukunft erwartet. Ein Prototyp eines "Scheibenlasers", welcher 1 kW Laserleistung über eine 100μm-Glasfaser am Werkstück bereitstellt, wurde im Juni 1999 auf der Messe "Laser '99" in München vorgestellt. Ein 500W-cw Nd:YAG-Laser gekoppelt mit einer 75μm-Faser ist am IFSW als Prototyp verfügbar. Bei einem Abbildungsmaßstab von 1,33:2, welcher ausreichenden Spritzerschutz bietet, lassen sich damit Fokusdurchmesser von d_f=50 μm realisieren.

Im Laufe des BMBF-Verbundprojektes "Innovativer Leichtbau durch energiereduziertes Fügen mit Lasersystemen neuester Generation (LEICHTER)" werden bis zu 6 Lasersysteme auf der Basis des Scheibenlasers zur Verfügung stehen, welche eine Gesamtleistung von P=6 kW aufweisen und über Mehrfachfasern gebündelt werden. Diese sogenannte Fokusmatrixtechnik ist ein weiterer Schritt hin zur aufgabenangepaßten Leistungsdichteverteilung.

Die Möglichkeit der Leistungsskalierung mittels Mehrfachfasern wurde mit lampengepumpten Nd:YAG-Lasersystemen, wie sie im Moment auf dem Markt erhältlich sind, und einer Dreifachfaser nachgewiesen. Die Strahlleistung am Werkstück betrug P=10 kW, durch die Addition eines HL4006D-Lasers mit P=4 kW und zweier Strahlquellen HL3006D mit P=3 kW.

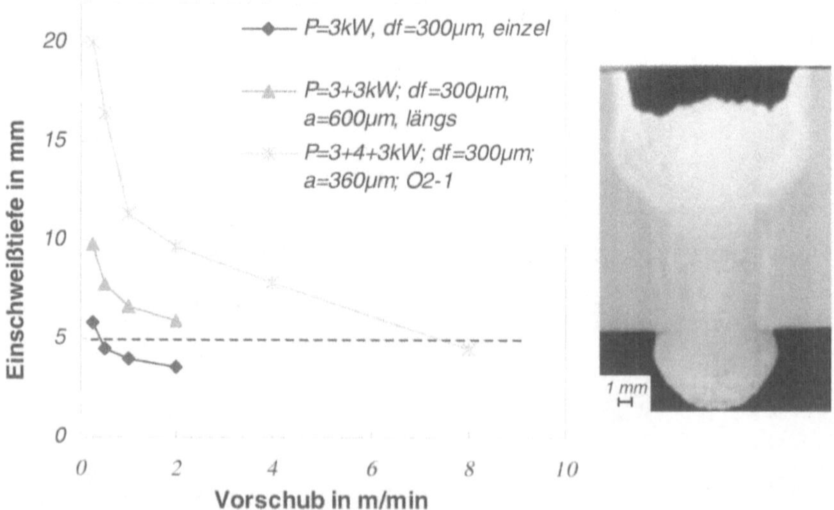

Bild 16: Steigerung der Einschweißtiefe in dicken Blechen durch Leistungsaddition mit der Fokusmatrixtechnik (links) und Querschliff von 20mm-Blech AlMg4,5Mn (rechts) (P=3+4+3 kW, *Dreiecksanordnung O2-1* (2 Strahlen vorlaufend), v=0,25 m/min

Die maximale Einschweißtiefe in einer Lage konnte beim Werkstoff AlMg4,5Mn von s=5,8 mm mit P=3 kW auf s=20 mm mit P=10 kW gesteigert werden. Ebenso steigt die Geschwindigkeit, bei der eine Einschweißtiefe von 5 mm erreicht wird, von v=0,4 m/min auf v=7 m/min an, sieheBild 16.

Im Bereich dicker Bleche und damit großer Wärmeleitungsverluste hat dieses Verfahren auch für lampengepumpten Lasersysteme durchaus seine Berechtigung. Die Einschweißtiefe skaliert hier nahezu linear mit der Laserleistung. Die Glasfasertechnik ermöglicht zudem einen Strahltransport über mehr als 200m Länge ohne Leistungsverluste und ohne besondere Sicherheitsvorkehrungen, wodurch sich beispielsweise im Kraftwerksbau, der Kraftwerkssanierung [12] und im Schiffsbau neue Anwendungsmöglichkeiten eröffnen.

Bei CO_2-Lasern ist die weitere Entwicklung der Doppelfokustechnik nahezu ausgereizt. Eine weitere Verbesserung der Strahlqualität in Bezug auf die Doppelfokustechnik ist mit dem momentanen Stand der Technik nicht umzusetzen. Die ideale Strahlqualität ist die Gauß-Verteilung der Leistung über dem Strahldurchmesser, was bedeutet, daß ein Großteil der Leistung in der Strahlmitte übertragen wird. Genau diese trifft jedoch auf die Kante des Dachspiegels, so daß kleine Veränderungen der Strahllage oder der Leistungsdichteverteilung des Rohstrahls zu starken Veränderungen der Leistungsdichteverteilung in den einzelnen Foki führen. Für die mit dem Dachspiegel erzeugte Doppelfokustechnik ist somit ein Ringmode der Laserstrahlung vorteilhafter. Mit Mehrkantspiegeln können jedoch beliebige Fokusgeometrien erzeugt werden, wodurch auch dem CO_2-Laser die Fokusmatrixtechnologie zugänglich wird. Eine weitere Stabilisierung des Schweißprozesses oder eine Verminderung der Richtungsabhängigkeit sind hier die Ziele, die verfolgt werden können.

4 Anwendungen

Die Doppelfokustechnik wird sowohl in einer Vielzahl von Forschungslabors als auch inzwischen von einigen Anwendern in der Serienfertigung eingesetzt.

Die erste Anwendung der Doppelfokustechnik, welche gleichzeitig die erste Großserienanwendung für das Laserstrahlschweißen von Aluminium ist, ist die Lenkspindel eines Automobilzulieferers (sieheBild 17). Die Sicherheitsanforderungen sind hier besonders hoch. Die Naht muß ein statisches Drehmoment von 260 Nm ertragen und eine dynamische Dauerfestigkeit von 600.000 Lastwechseln mit ±70 Nm übertreffen. Außerdem dürfen die durch mehrfaches Kaltumformen erzielten Eigenschaften des Rohrs nicht negativ durch den Fügeprozeß beeinflußt werden. Diese Eigenschaften wurden übertroffen, jedoch führten stochastisch auftretende Schmelzbadauswürfe zu einer zu hohen Ausschußrate. Mit Hilfe des Doppelfokus konnte diese maßgeblich gesenkt werden. Zum Einsatz kommt hier 6kW CO_2-Laser mit einer Dachspiegeloptik [13].

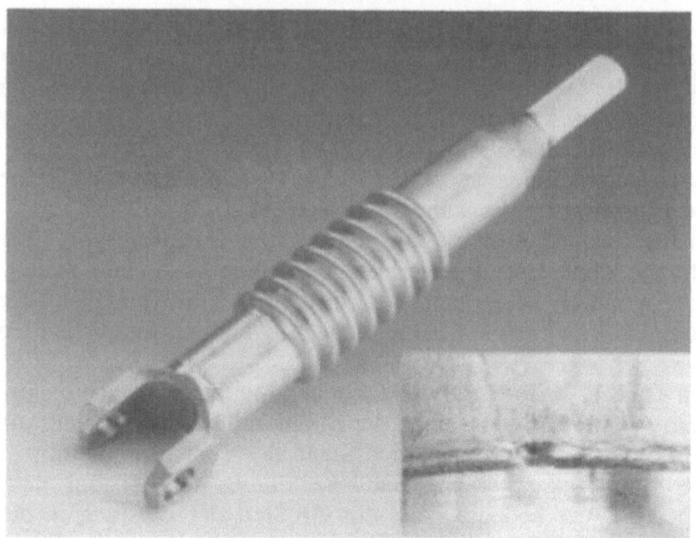

Bild 17: Lenkwelle. Rechts unten: Schmelzbadauswurf. Quelle: Haas-Laser GmbH

Eine weitere Anwendung, welche im CO_2- als auch im Nd:YAG-Bereich Einsatz findet, ist das Schweißen von Tailored Tubes und Tailored Blanks. Momentan ist dies für die Nd:YAG-Doppelfokustechnik das hauptsächliche Einsatzfeld. Der Einsatz von 6kW-Systemen gegenüber 3kW-Systemen führte bei Stahl zu einer Verdopplung der Schweißgeschwindigkeiten. In Verbindung mit einer Spaltbreitendetektion und einer davon abhängigen

Bild 18: Tailored Tube. Quelle: AWS GmbH

Regelung der Fokusorientierung und der Vorschubgeschwindigkeit werden darüber hinaus im 2D-Bereich tolerierbare Spaltbreiten von bis zu 0,5 mm erreicht [14]. In Europa steht eine Installation mit der Strahladdition von zwei 3kW-Nd:YAG-Systemen, die zum Schweißen von Tailored Blanks eingesetzt wird.

In Nordamerika stehen in Schweißanlagen zur Herstellung von Tailored Blanks zwei 4kW-Systeme, welche mit einer Strahlteilung betrieben werden, und sieben weitere 6kW-Systeme, die jeweils mit zwei 3kW Nd:YAG-Lasern

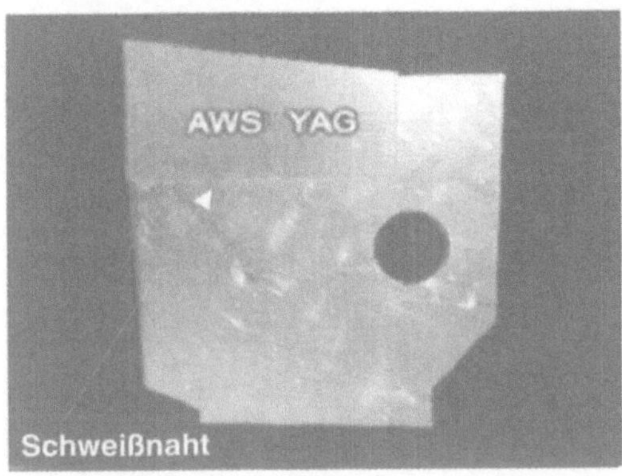

Cadillac-Tür innen

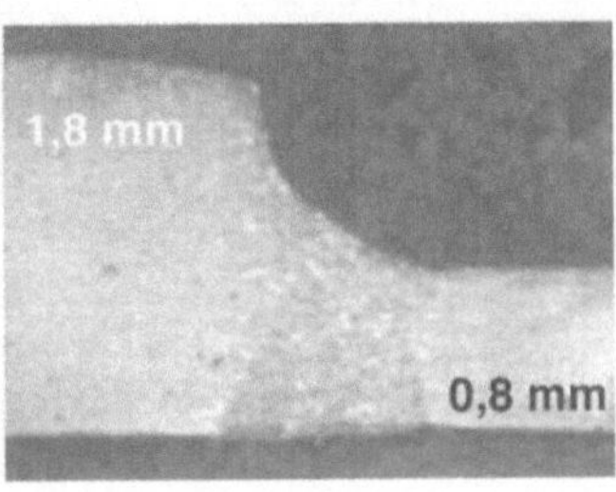

Bild 19: Nichtlineare Schweißnaht an einem Tailored Blank für eine Cadillac-Tür; (Querschliff (rechts). Quelle: AWS GmbH

beschickt werden. Mitte 2000 gehen drei weitere 6kW-Anlagen in Betrieb [15],[16]. In Bild 18 ist ein „maßgeschneidertes“ Rohr, das mit der Nd:YAG-Doppelfokustechnik hergestellt wurde, dargestellt. Bild 19 zeigt das Tür-Innenblech eines Cadillacs mit einem nichtlinearen Verlauf der Schweißnaht.

Eine weitere wichtige Anwendung ist das Schweißen von Flugzeugstrukturen aus hochfestem Aluminium AlLi2195. Hier befindet sich die Nd:YAG-Doppelfokustechnik in der Phase der Verfahrensabsicherung. Mehrere Tests wurden bereits erfolgreich abgeschlossen. Konkret werden auf die Lufteinlaufschalen des Eurofighters Verstärkungselemente im T-Stoß aufgeschweißt, siehe Bild 20. Die Lufteinläufe durchziehen den Mittelrumpf und sind überwiegend direkt von Kraftstoff umgeben. Die enorme Belastung dieses Bauteils und die strengen Zulassungskriterien bei Militärflugzeugen erfordern ein Höchstmaß Qualität und Sicherheit. Zum Einsatz kommen hier zwei cw 4kW Nd:YAG-Lasersysteme, welche über eine Doppelfaser gekoppelt werden. Die Zielsetzung einer Kostenreduzierung, ohne das Bauteilgewicht zu erhöhen, konnte erreicht werden [17].

Bild 20: Wing Attachement Box des Eurofighter:
Quelle: DaimlerChrysler Aerospace - Werk Augsburg

5 Zusammenfassung

Das Laserstrahlschweißen mit der Doppelfokustechnik ist ein Beispiel für die gelungene Zusammenarbeit von Industrie und Forschung. Innerhalb weniger Jahre fand diese Technologie den Weg von der Erforschung grundlegender Phänomene hin zur Umsetzung in der Serienfertigung.

Ausgangspunkte waren Qualitätsprobleme, wie Humping, Prozeßporen oder Schmelzbadauswürfe, die eine verbesserte Verfahrenstechnik notwendig machten, sowie der Wunsch, die verfügbare Laserleistung und damit die Leistungsfähigkeit der Verfahren zu erhöhen. Die Erarbeitung des grundlegenden Prozeßverständnisses führte dann zu einer zielgerichteten Lösung.

Die Steigerung der Schweißnahtqualität und vor allem der Prozeßsicherheit im Vergleich zur Einstrahltechnik ist der wohl wichtigste Vorteil dieser Technik. Aber auch die Steigerung der Ausbringung durch eine meist überproportionale Erhöhung der Prozeßgeschwindigkeiten bei höheren Leistungen, sowie die Möglichkeit, die Leistungsdichteverteilung an die Erfordernisse der Schweißaufgabe anzupassen, eröffnen ein weites Feld an Schweißapplikationen und lassen eine verstärkte Anwendung erwarten. Diese Vorteile machen das Verfahren nicht nur aus technologischer Sicht, sondern auch unter wirtschaftlichen Gesichtspunkten interessant. Eine Reihe von industriellen Umsetzungen ist Beleg hierfür.

Das große Potential der Doppelfokustechnik liegt in der Verwendung von diodengepumpten Festkörperlasern höchster Strahlqualität und Effizienz. Die Leistungsdichte der einzelnen Brennflecke und die Packungsdichte der Glasfasern können erhöht werden, wodurch die Prozeßeffizienz weiter gesteigert und damit eine Verringerung der Kosten erreicht wird.

Literatur

1. Banas, C.: News from GEAT - twin spot optics for tube production. UTIL's The Laser's Edge, 1991.
2. Glumann, C. et al.: Welding with a combination of two CO_2-lasers - advantages in processing and quality. In: Proc. ICALEO '93, Laser Institute of America 1993, p. 239.
3. Rapp, J.: Laserschweißeignung von Aluminiumwerkstoffen für Anwendungen im Leichtbau. Universität Stuttgart, Diss., 1996, Stuttgart: Teubner, 1996 (Laser in der Materialbearbeitung Forschungsberichte des IFSW).
4. Dausinger, F.; Hügel, H.: Prozeßadäquate Systemtechnik als Schlüssel für das Aluminiumschweißen. In: Geiger, M. (Hrsg.): Schlüsseltechnologie Laser: Herausforderung an die Fabrik 2000, Proc. of the 12th International Congress Laser'95. Bamberg: Meisenbach, 1995, S. 211.
5. Dausinger, F.; Rapp, J.; Hohenberger, B.; Hügel, H.: Laser beam welding of aluminum: state of the art and recent developments. Proceedings Advanced Technologies & Process, International Body Engineering Conference (IBEC), Stuttgart, 1997, p. 38
6. Beck, M.: Modellierung des Lasertiefschweißens. Universität Stuttgart, Diss., 1996. Stuttgart: Teubner, 1996 (Laser in der Materialbearbeitung Forschungsberichte des IFSW).
7. Grünenwald, B.; Shen, J.; Dausinger, F.; Hügel, H.: Laser cladding with composite powders using pyrometric temperature control and beam combining. In: Proc. of the 26th International Symposium on Automotive Technology and Automation (ISATA), Aachen, 1993. Croydon: Automotive Automation Limited, 1993, S. 287-294.
8. Dausinger, F.; Hack, R.: Multi-beam technique to increase power, flexibility and quality, In: Proceedings of the 6th ECLAT, Stuttgart, 1996, p. 19.
9. Final report of Brite/Euram 7997, Contract BRE2-CT94-1006
10. Kristensen, J. K.; et al: Solidification flaws in laser welds of structural steels - Material and process aspects. In Proceedings of 7th Nordic Conference in Laser Processing of Materials (NOLAMP), Lappeenranta, 1999, p.384
11. Faisst, F.; Rapp; J.; Schinzel, C.; Dausinger, F.; Hügel, H., Prozeßsicheres Laserschweißen von Aluminiumlegierungen, In: Proc. of the 4. Konferenz Strahltechnik, Halle: Mai, 1996. S.67
12. Nayama, M.; Ishide, T.; Mega, M.: Appilcation of laser welding to the part of power plants.
13. Weick, J. M.; Meyle, L.: Aluminiumbauteile mit dem Laserstrahl schweißen - Einsatz des Laserstrahlschweißens in der Serienfertigung eines Automobilzulieferers. In: *VDI-Z* 140 (1998), Nr. 5-Mai, S. 41f
14. AWS: Persönliche Mitteilung
15. Haas-Laser GmbH: Persönliche Mitteilung
16. Trumpf Inc.: Persönliche Mitteilung
17. DaimlerChrysler Aerospace, Werk Augsburg: Persönliche Mitteilung

Leistungsfähigkeit von Parallelkinematikmaschinen

V. KREIDLER

Einführung

Siemens hat mit der Entwicklung von Automatisierungslösungen für Parallelkinematikmaschinen Ende 1994 begonnen direkt im Anschluß an die IMTS in Chicago /1, 2/. Während der Messe entstand damals der Kontakt zur englischen Firma Geodetic, mit der gemeinsam bereits Anfang 1995 der erste Hexapode realisiert wurde. In den Folgejahren sind an vielen Stellen Parallelkinematikmaschinen entstanden /3, 4, 5, 6/, die jedoch ausnahmslos nicht den Reifegrad eines praxistauglichen Industrieprodukts erreicht haben. Seit 1998 haben sich dann erfahrene Maschinenhersteller mit dem Thema beschäftigt. Auf der diesjährigen METAV 2000 wurden eine ganze Reihe von Industriemaschinen in Parallelstruktur vorgestellt. Diese Maschinen sind bei den Kunden auf großes Interesse gestoßen und es wurden umfangreiche Bestellungen getätigt. Das Thema Parallelkinemtikmaschine hat sich entwickelt von Laborprototypen und Demomaschinen Anfang der 90er Jahre zu industrietauglichen Werkzeugmaschinen im Jahre 2000. In größerem Umfang werden diese Maschinen ab dem kommenden Jahr in den Fertigungsbereich kommen.

1 Wirtschaftlich erfolgreiche Parallelkinematikmaschinen

1.1 Linapode

Als Linapoden bezeichnen bezeichnen wir Tripoden-Maschinen bestehend aus sechs Stäben von konstanter Länge /7/. Dabei stellen jeweils zwei Stäbe eine Bewegungseinheit dar, die mit den zwei Gelenken am Fußpunkt und weiteren zwei Gelenken an der Spindelplatform ein Parallelogramm bilden. Die Gelenke der Fußpunkte werden über schnelle Linearmotoren bewegt. Durch diese Konstruktion wird erreicht, daß die Spindelplatform eine rein kartesische X-Y-Z-Bewegung im Raum ausführt. Das folgende Beispiel zeigt die Maschine Urane SX der Firma Renault Automation.

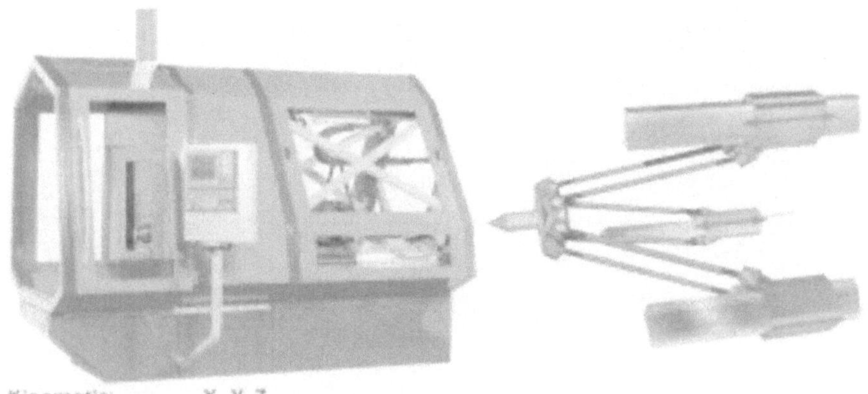

Bild 1.1: Urane SX, Firma Renault Automation

1.2 Hybridkinematik

Bei praktisch allen 5-Achsfräsmaschinen sind die beiden Rundachsen im Vergleich zu den Linearachsen bezüglich der Bahngeschwindigkeit die begrenzenden Faktoren. Bei sehr großen Maschine, wie sie im Flugzeugbau zur Anwendung kommen, wird dies seit langem von den Anwendern kritisiert. Die Firma DS Technologie hat deshalb eine parallelkinematische Struktur entwikkelt, die beide konventionellen Rundachsen und die Z-Bewegung der Spindel substituieren. Durch die Bewegung von drei Stäben mit konstanter Länge und einer speziellen Gelenkkonstruktion wurde ein Modul entwickelt, das sehr schnelle Orientierungsänderungen und Z-Hübe ausführen kann.

Bild 1.2: Ecospeed, Firma DS Technologie

1.3 Tripode mit Koppelkinematik

Die Firma Heckert hat unter der Produktbezeichnung SKM 400 eine Maschine entwickelt, die in ihren aktiven Elementen aus drei Stäben mit veränderlicher Länge besteht. Zur Abstützung der Bewegung wird eine passive Koppelkinematik eingesetzt, die in den Achsen C und B beweglich ausgeführt ist.

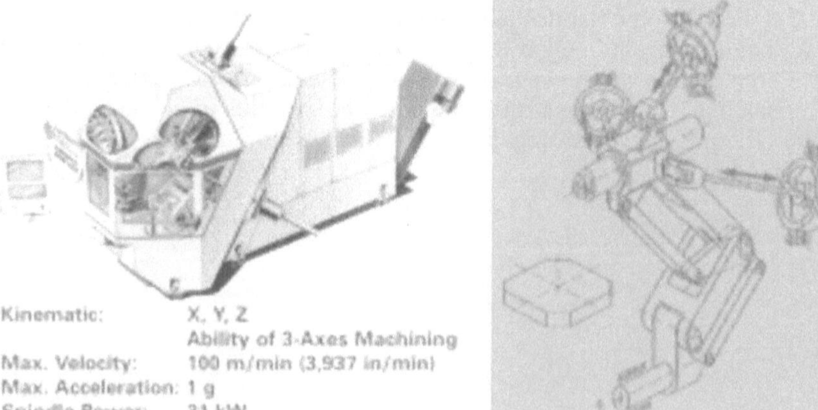

Bild 1.3: SKM 400, Firma Heckert

1.4 Tripode mit Zentralsäule (Tricept)

Beim Tricept handelt sich um einen Tripoden aus drei längenveränderlichen Stäben. Das Tripodmodul bewegt die Spindelplatform, an der zwei weitere Rundachsen angebracht sind. Zur Stabilisierung des Tripoden wird eine Zentralsäule eingesetzt, die in der oberen Plattform kardanisch gelagert ist. Eine Besonderheit ist das redundante Meßsystem des Tricept. Die Zentralsäule als passives Element wird im Zentralkardan mit zwei zusätzlichen rotatorischen und einem Längenmeßsystem ausgestattet. Dies kann zur Online-Kalibrierung und einer wesentlich verbesserten Regelung verwendet werden.

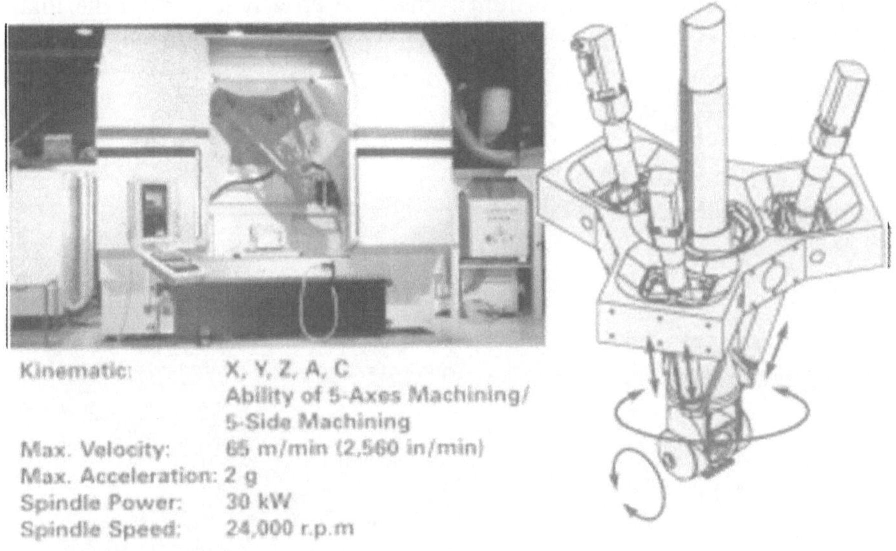

Bild 1.4: Tricept TMC 845

2 Tricept-Technologie

Der Vortrag konzentriert sich im folgendem auf die Tricepttechnologie, weil sich dieses Maschinenkonzept bereits seit Jahren im Produktionsalltag bewährt hat und weil Siemens zusammen mit der Firma Neos sehr umfangreiche Entwicklungen durchgeführt hat. Aus diesem Grund liegen bei diesem Maschinenkonzept die meisten Erfahrungen vor.

2.1 Open Architecture Mechanical Module

Die Basis aller Tricept-Maschinen bildet ein Tripod-Modul mit drei längenveränderlichen Gelenkstäben, der unteren Plattform und einer Zentralsäule in der Mitte des Moduls. Die Gelenkstäbe als auch die Zentralsäule sind über kardanische Aufhängungen mit der gestellseitigen Grundplattform verbunden /8/. Die Gelenkstäbe mit vorgespannten Lagerkomponenten sind an ihrem unteren Ende über Kugelgelenke der neuesten Generation mit der unteren Plattform gekoppelt. Durch die Anordnung der Gelenkstäbe verfügt die Maschine damit über eine gute Steifigkeit verbunden mit hoher Dynamik. Um ein Höchstmaß an Beweglichkeit in fünf Achsen zu erreichen, verfügt die Plattform über zwei serielle Drehachsen, die auf der unteren Platform aufbauen.

Bild 2.1: Tricept® 805 Open Architecture Mechanical Module

Das Tricept® 805 Open Architecture Mechanical Module in Bild x läßt sich an unterschiedliche Grundgestellvarianten montieren. Damit kann die Maschine optimal an die jeweilige Bearbeitungs- oder Montageaufgabe angepaßt werden. Durch den großen Bewegungsraum und die geringe Aufstellfläche ergibt sich ein gutes Verhältnis von Arbeitsraum zum gesamten Maschinenvolumen. Für die Bearbeitung von leicht und schwer zerspanbaren Werkstoffen, kommt eine Motorspindel mit 30 kW Leistung und einer maximalen Spindeldrehzahl von 30000 min^{-1} zum Einsatz. Sie ist hybrid gelagert (Stahl-Keramik) und standardmäßig mit einer Werkzeugschnittstelle vom Typ HSK 63 ausgerüstet. Durch seine hohe Dynamik mit Geschwindigkeiten bis zu 90 m/min und Beschleunigungen von maximal 2 g stellt das Tricept® 805 Open

Architecture Mechanical Module bei einem Bewegungsraum von maximal 2400 mm Durchmesser und 800 mm Höhe eine hochdynamische Bearbeitungseinheit dar.

Mit dem Tricept® 805 Open Architecture Mechanical Module steht aber auch Maschinenherstellern ein fünf-achsiges Kinematikmodul zur Verfügung. Diese OEMs oder Systemintegratoren können ihre Anwendung mit den günstigen Eigenschaften der Tricept®-Technologie verbinden.

2.2 Komplettmaschine Tricept TMC 845

Die neue Tricept® TMC 845 ist eine Bearbeitungsmaschine mit modular, rekonfigurierbarem Aufbau. Den Kern der Maschine bildet das Tricept® 805 Open Architecture Mechanical Module. Dieses ist unter 45° in der Maschine eingebaut und ermöglicht somit das fünf-achsige bzw. fünf-seitige Bearbeiten unterschiedlichster Werkstücke.

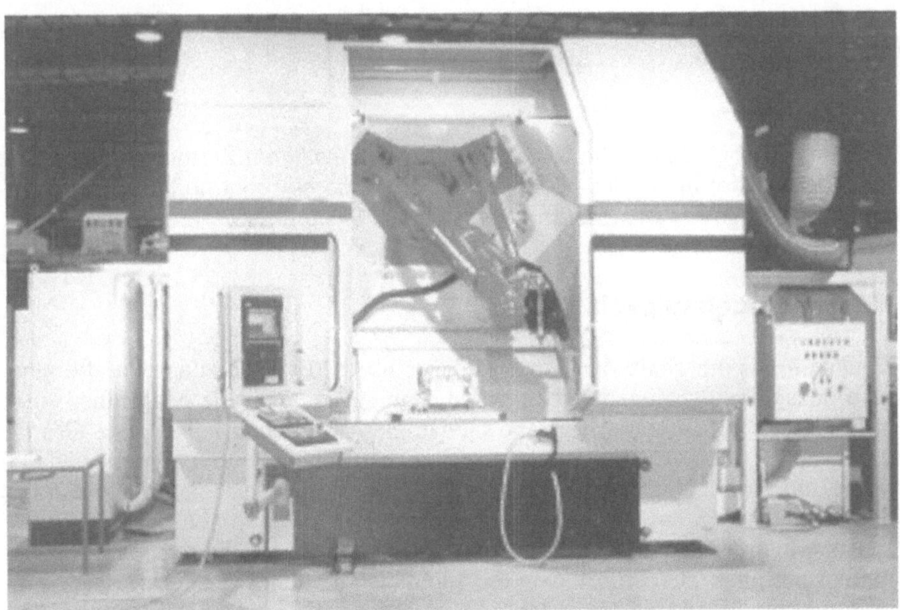

Bild 2.2: Tricept TMC 845

Neuartig an der Maschine ist die modulare Konstruktion. Man spricht hier vom Modular Element System. Dabei bilden zwei Seitenständer, die Brücke sowie das Tricept® 805 Open Architecture Mechanical Module eine Grundeinheit. Das Modul mit der Brücke lässt sich in drei verschiedenen Stellungen innerhalb der Seitenständer montieren. Dies kann vertikal geschehen, unter 45° sowie horizontal. Die Maschine lässt sich somit an unterschiedliche Bearbeitungsaufgaben anpassen. Als weitere Module werden vor die Grundeinheit verschiedene Tisch- und Palettensyseme angebracht.

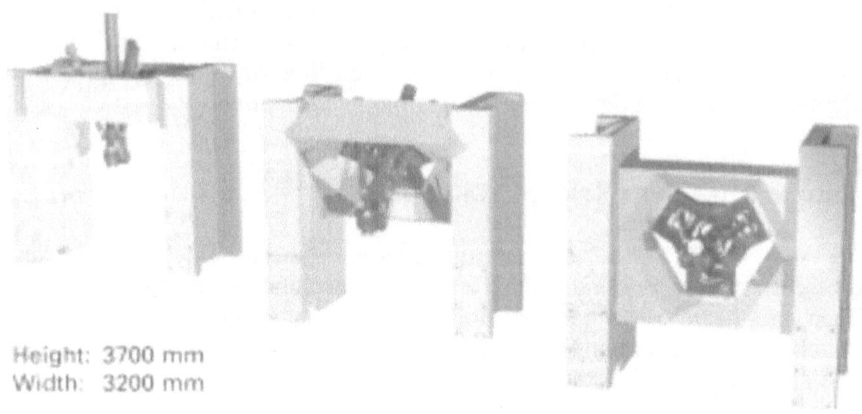

Bild 2.3: Modular Element System

Mit der Möglichkeit, die Maschine zu einem späteren Zeitpunkt durch eine veränderte Anordnung des Moduls oder ein anderes Frontmodul an neue Bearbeitungsaufgaben anzupassen, lässt sich das System rekonfigurieren /8/.

2.3 Maschinengenauigkeit

Nachdem wir innerhalb der letzten 6 Jahre über 20 verschiedene Parallelkinematikmaschinen realisiert haben, kann man sagen, daß alle Maschinen ohne besondere Maßnahmen erhebliche Genauigkeitsprobleme haben. Die Gründe dafür liegen weniger in ungenaueren mechanischen Komponenten wie Gelenke und Stäbe. Vielmehr liegen die Gründe im unzureichenden Verständnis der Bewegungseigenschaften der unterschiedlichen Maschinen.

Ein weiterer Grund liegt darin, daß die Bewegungen, die von Parallelkinematikmaschinen ausgeführt werden, nicht den üblicherweise kartesisch programmierten Werkstücken entspricht. Während eine kartesisch-serielle Maschine beispielsweise eine Linearbewegung in einer Achse problemlos ausführen kann, wobei sich nur diese eine Achse bewegt und demzufolge auch gute Genauigkeiten erzielt werden, bewegen sich bei einer Parallelkinematikmaschine immer alle Achsen. Die Genauigkeiten, die sich dabei einstellen, sind also immer die Genauigkeiten, die sich aus allen dynamischen und statischen Achsfehlern ergeben. Bei seriell-kartesischen Maschinen dagegen ist eine Bewegung in einer Werkstückachse auch nur die Bewegung einer Maschinenachse.

Aus diesem speziellen Verhalten der Parallelkinematikmaschinen ergibt sich eine sehr schwierige Kalibrierung der Anlagen. PKM können grundsätzlich nicht achsweise kalibriert werden.

Man kann zwar nur eine Achse beispielsweise ein Stab antreiben. Da jedoch alle Achsen gekoppelt sind, bewegen sich die anderen passiv mit. Man kann also zur Kalibrierung nicht direkt einachsige Meßmittel einsetzen. Vielfach ist auch die Zugänglichkeit zu den für die Kalibrierung wichtigen Komponenten nicht gegeben. Es ist beispielsweise sehr wichtig die räumliche Position der Gelenke zu kennen. Diese Position ist aber nicht zugänglich für bekannte Meßmittel.

Die geforderte Genauigkeit von Parallelkinematikmaschinen ist nur dann zu erreichen, wenn ein möglichst vollständiges Fehlermodell erstellt wird. Erst mit diesem Modell ist es möglich, den Einfluß von Komponenten- und Montagefehlern auf die Werkzeugposition und -orientierung zu verstehen.

Bei einem Tricept ergeben sich Fehler aus den folgenden Komponenten:

- Gelenke obere Plattform
- Gelenke untere Plattform
- Zentralsäule
- Zentralsäulenkardan
- Beine
- Rundachsen

Darüber hinaus entstehen neue Fehler, die sich aus der Montage dieser Komponenten ergeben.

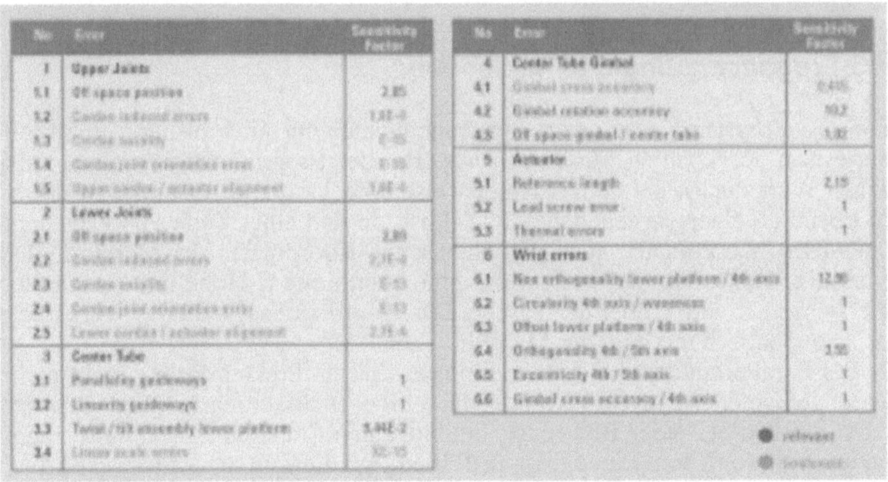

No	Error	Sensitivity Factor
1	Upper Joints	
1.1	Off space position	2.85
1.2	[illegible]	[illegible]
1.3	[illegible]	[illegible]
1.4	[illegible]	[illegible]
1.5	[illegible]	[illegible]
2	Lower Joints	
2.1	Off space position	[illegible]
2.2	[illegible]	[illegible]
2.3	[illegible]	[illegible]
2.4	[illegible]	[illegible]
2.5	[illegible]	[illegible]
3	Center Tube	
3.1	Parallelity guideways	1
3.2	Linearity guideways	1
3.3	Twist / tilt assembly lower platform	[illegible]
3.4	[illegible]	[illegible]

No	Error	Sensitivity Factor
4	Center Tube Gimbal	
4.1	[illegible]	[illegible]
4.2	Gimbal rotation accuracy	[illegible]
4.3	Off space gimbal / center tube	[illegible]
5	Actuator	
5.1	Reference length	2.15
5.2	Lead screw error	1
5.3	Thermal errors	1
6	Wrist errors	
6.1	Non orthogonality lower platform / 4th axis	[illegible]
6.2	Circularity 4th axis / [illegible]	1
6.3	Offset lower platform / 4th axis	1
6.4	Orthogonality 4th / 5th axis	[illegible]
6.5	Eccentricity 4th / 5th axis	1
6.6	Gimbal cross accuracy / 4th axis	1

Bild 2.4: Tricept Fehlermodell

Dieses Fehlermodell kann nun bei der Simulation benutzt werden, um festzustellen, wie stark sich ein Einzelfehler auf das Werkzeug auswirkt bzw. wie sensitiv dieser Fehler ist. Diese Sensitivitätsanalyse hat folgende relevante Fehler aufgezeigt: ein Versatz der oberen und unteren Gelenke des Tricept geht mit einem Faktor 2 in den Positionsfehler des Werkzeugs ein. Einen sehr hohen Einfluß auf die Genauigkeit des Werkzeugs hat die Zentralsäule und das Zentralsäulenkardangelenk.

Die Sensitivitätsfaktoren können hier ansteigen bis zu einem Wert von 10. Schließlich entstehen erhebliche Fehler am Werkzeug, wenn die beiden Rundachsen nicht senkrecht zur unteren Plattform bzw. senkrecht zu sich selber stehen. Es entstehen Sensitivitätsfaktoren von 13 bzw. 4.

Diese Sensitivitätsanalyse hat systematisch den Zusammenhang zwischen Komponentenfehlern und Montagefehlern aufgezeigt in ihrer Auswirkung auf die Fehler, die daraus am Werkstück entstehen.

Dieses Verständnis hat dazu geführt, daß Komponenten in ihrer Herstellgenauigkeit dem Hersteller gegenüber klar toleriert werden konnten und daß neue Montagemethoden entwickelt wurden, die in der Lage waren, die geforderten Toleranzen einzuhalten.

Schließlich wurde durch diese Analyse deutlich, welche Maschinenparameter bei der Kalibrierung von besonderem Interesse sind.

2.4 Anforderungen und Lösungen aus der Sicht der Automatisierungstechnik

2.4.1. NC-Progammierung und Bedienung

Die NC-Programmierung und Maschinenbedienung ging bisher von seriell-kartesisch aufgebauten Maschinen aus. Bei der Programmierung eines kubischen Werkstücks, bei dem beispielsweise eine Tasche gefräst wird in der X-Y-Ebene an einer vorgegebenen X-Y-Position und einer Tiefe von Z entsprechen diese Koordinaten auch den physischen Koordinaten der Maschine. Die Maschine fährt also die Spindel auf eine bestimmte Z-Höhe und positioniert die Achsen X und Y über der Tasche. Das Koordinatensystem des Werkstücks ist also identisch mit dem der Maschine.

Bei Parallelkinematikmaschinen gibt es diesen direkten Bezug nicht mehr. Wenn beispielsweise ein Tripode die obige Bearbeitungsaufgabe ausführt, dann müssen bei jeder Bewegung die einzelnen Stäbe eine bestimmte zueinander synchronisierte Bewegung ausführen, um diese in der kartesischen Welt einfachen Bewegungen auszuführen.

Das folgende Bild zeigt das kinematische Modell des Tricepts. Die einzelnen Buchstaben bedeuten Maschinendaten, die die Steuerung kennen muß für den einwandfreien Betrieb der Maschine.

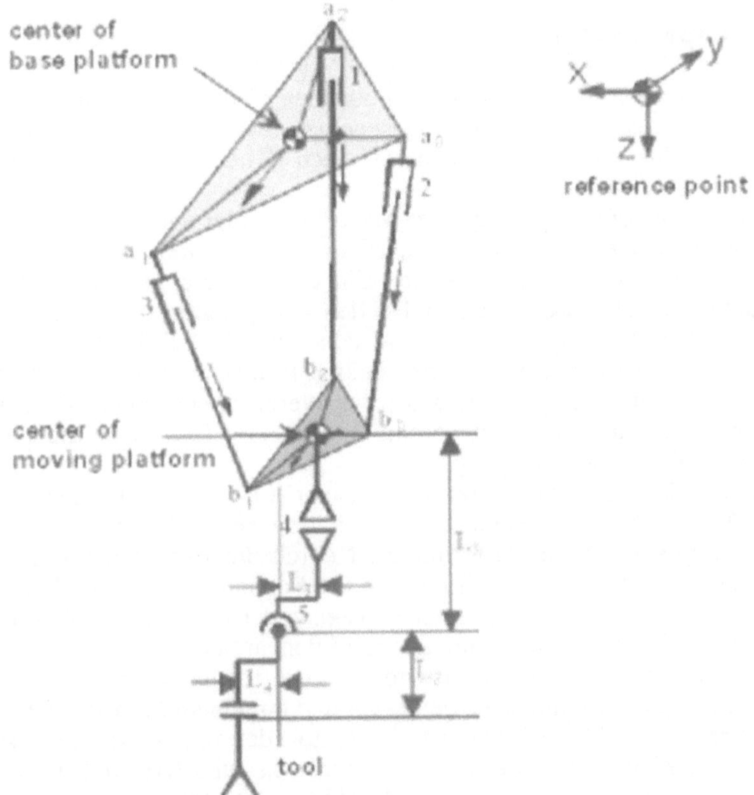

Bild 2.5: Tricept Kinematikmodell

Das abgebildete Kinematikmodell verarbeitet die Steuerung in Echtzeit. Dadurch ist es möglich, daß die Steuerung der Triceptmaschine in Werkstückkoordinaten programmiert wird. Die Berechnung der daraus resultierenden Bewegungen für die Triceptachsen erfolgt durch die Steuerung. Dies nennt man eine kinematische Transformation.

Aus der Sicht der NC-Programmierung kann damit die Maschine programmiert werden wie eine 3-achsige kartesische Maschine mit zwei Rundachsen. Aus der Sicht des Maschinenbedieners ergeben sich ebenfalls erhebliche Vorteile. Die Transformationsfunktion bietet die Möglichkeit, die Maschine in kartesischen Einzelachsen von Hand zu verfahren. Beim Einrichtbetrieb beispielsweise gibt der Bediener die X-Achsenrichtung an und kann dann im Tippbetrieb entlang dieser kartesischen Einzelachse die Maschine verfahren. Die dafür erforderlichen Bewegungen der Einzelachsen berechnet die Transformation.

2.4.2. Fehlerkompensationen

Neben einer ganzen Reihe von konventionellen CNC-Fehlerkompensationen wurde für die Tricepts ein völlig neue Regelungsmethode gefunden, die unterschiedliche Fehler sowohl statischer als auch dynamischer Art im Betrieb kompensieren kann.

Die konventionelle Regelung einer Maschine erfolgt auf der Basis von Ein zelachs-Meßsystemen. Dies ist eine sehr indirekte Regelung, indem die Steuerung versucht durch die Summe der Einzelachsregelungen die Bahn des Werkstücks letztlich exakt zu regeln. Bei den Tricepts gibt es die Zentralsäule, die ein passives Maschinenelement darstellt. Die Zentralsäule endet in der unteren Spindelplattform, die mit den beiden Rundachsen verbunden ist. Es wurde experimentell festgestellt, daß jeder Werkzeugbewegung die Zentralsäule folgen muß und somit ein wesentlich genaueres Instrument darstellt zur Messung der Werkzeugbewegung.

Wenn beispielsweise das Werkzeug im Eingriff ist und Fräskräfte auftreten, wird die Maschine wie jede andere elastisch verformt im Rahmen der mechanischen Steifigkeit. Diese Verformung ist durch die Achsmeßsysteme nicht erkennbar und geht deshalb auch nicht in die Regelung ein. Beim Tricept jedoch führt diese Verformung zu einer Bewegung der Zentralsäule. Aus diesem Grund wurde die Zentralsäule im Zentralsäulenkardan mit drei zusätzlichen Achsmeßsystemen ausgerüstet. Es wird mit zwei rotatorischen Meßsystemen die Orientierung der Zentralsäule gemessen und mit einem Maßstab die ausgefahrene Länge. Das Meßergebnis ist ein Vektor, der angibt, welche Orientierung die untere Spindelplattform eingenommen hat und wie weit der Mittelpunkt der Plattform vom Zentrum der Maschine entfernt ist.

Auf der Basis dieser redundanten Meßsysteme wurde ein neues Regelungsprinzip entwickelt mit der Bezeichnung Direct Measuring System.

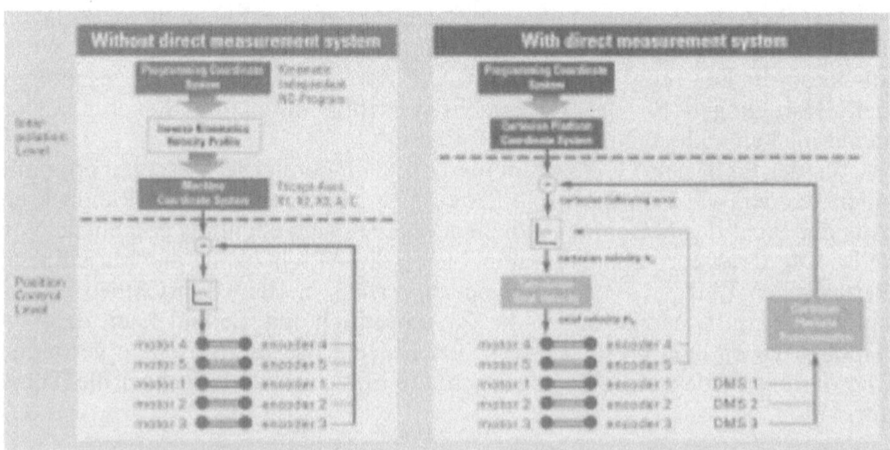

Bild 2.6: Direct Measuring System

Die linke Bildhälfte stellt die konventionelle Regelung dar. Die rechte Hälfte das Direct Measuring System (DMS). Bei der konventionellen Regelung liest der Steuerung das NC-Programm, das im Werkstückkoordinatensystem erstellt ist. Die Transformation berechnet die für die Ausführung des Programms erforderlichen Achsbewegungen der Triceptmaschine. Während der Bewegung werden die Istpositionen der Achsen durch die Meßsysteme erfasst und der Regelung zurückgeführt.

Bei der DMS-Regelung wird umgeschaltet auf die Meßsysteme der Zentralsäule. Im Bild mit DMS 1,2,3 bezeichnet. Dadurch wird wesentlich direkter bzw. näher am Werkzeugeingriffspunkt gemessen. Die gemessene Lage der Zentralsäule wird umgerechnet in das Triceptkoordinatensystem und die Regelung erfolgt nicht auf Einzelachsebene, sondern im kartesischen Raum. Das Ergebnis wird dann wieder in Sollwerte für die verschiedenen Triceptachsen ausgegeben.

Da die Messung der Zentralsäule sehr genau die tatsächlichen Verhältnisse am Werkzeugeingriffspunkt wiedergibt, ist es möglich geworden, dynamische Effekte wie die Verbiegung der Maschine unter Fräskraft bis hin zur Temperaturfehlerkompensation zu behandeln.

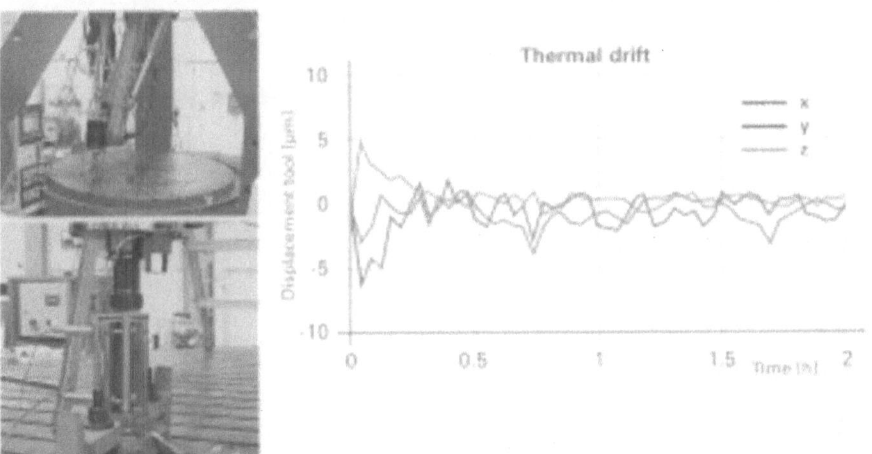

Bild 2.7: Temperaturfehlerkompensation durch DMS-Regelung

Die Maschine wurde in eine Position am äußeren Rand des Arbeitsbereichs gebracht und dort über mehrere Stunden mit 10 m/min Bahngeschwindigkeit gefahren. Dadurch wird eine ungleichmäßige Erwärmung der Stäbe erreicht, was zu einem temperaturbedingten Bahnfehler führt. Diese Abweichungen wurden ständig über ein externes Meßsystem am Werkzeug gemessen. Es zeigt sich, daß nach einem anfänglichen Oszillieren aus dem kalten Zustand die Regelung nach wenigen Minuten die Temperaturdrift in einer Toleranz von +/- 3 Mikrometer kontrolliert.

Beim nächsten Test wurde die Wirkung der DMS-Regelung unter Fräskraft gemessen. Die Maschine wurde zunächst in der Luft auf einem Rechteck mit etwa 400mm Seitenlänge in der X-Y-Ebene in der Luft gefahren. Dabei wurden die Sollwerte der Steuerung aufgezeichnet als Referenz für weitere Messungen. Der Istwert wurde bei diesem Luftschnitt ebenfalls aufgezeichnet. Dann wurde mit hoher Fräsleistung die gleiche Bahn in Werkstoff gefräst ohne die DMS-Regelung. Man sieht, daß es zu einem prozeßkraftbedingten Bahnfehler kommt im Rahmen der Maschinensteifigkeit von bis zu 50 Mikrometer. Die gleiche Bahn wurde dann noch mal in Werkstoff mit aktiver DMS-Regelung gefahren. Dabei wird die gleiche Bahngenauigkeit wie beim Luftschnitt erreicht. Dies ist der Beweis dafür, daß die DMS-Regelung in der Lage ist, prozeßkraftbedingte Bahnfehler zu erkennen und zu eliminieren.

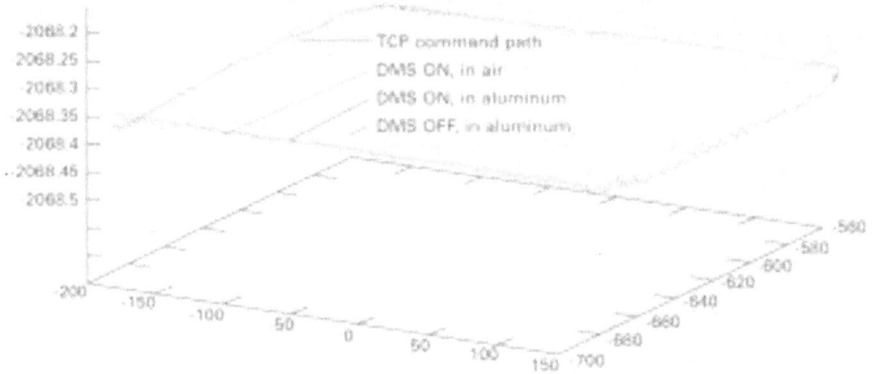

Bild 2.8: Test DMS-Regelung

2.4.3. Kalibrierung

2.4.3.1 Offline Kalibrierung

Bei der Offline-Kalibrierung der Maschine wird ein 3D-Lasertracker verwendet /2/. In der Spindel befindet sich ein Katzenauge, dem bei Bewegung der externe Laser folgt und die Positionen aufzeichnet. Der Bediener hat bei der Kalibrierung die Möglichkeit einen beliebigen kubischen Arbeitsraum zu definieren und eine beliebige Anzahl von Meßpunkten in den drei kartesischen Achsrichtungen festzulegen. Ein NC-Programm fährt diese Positionen an, die jeweils vom Laser gemessen werden. Bei Bedarf Können diese Messungen auch unter den 5 verschiedenen Grundorientierungen der Spindel durchgeführt werden. Die entstehenden 3D-Meßtabellen werden auf die Steuerung geladen.

Somit ist in jedem Meßpunkt die Abweichung zwischen Soll und Ist bekannt. Im Betrieb der Maschine werden diese Abweichungen kompensiert.

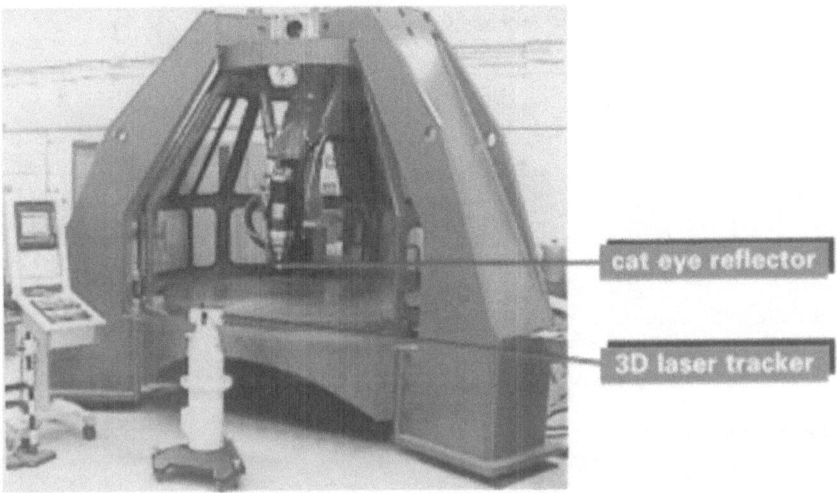

Bild 2.9: Space Error Compensation

2.4.3.2 Online Kalibrierung

Bei dieser Kalibrierungsmethode werden keine externen Meßmittel benötigt (Mit Ausnahme der zwei Rundachsen). Die Meßsysteme der Zentralsäule stellen ein zweites redundantes Meßsystem dar. Beim Kalibriervorgang werden die Rückmeldungen der Primär- und der Sekundärmeßysteme aufgezeichnet und in zwei Dateien geschrieben. Beide Dateien werden dann miteinander verglichen. Bei diesem Vergleich werden die tatsächlichen Maschinenparameter berechnet und auf die Steuerung geladen, wo die Standardeinstellungen überschrieben werden. Damit ist der Kalibriervorgang abgeschlossen.

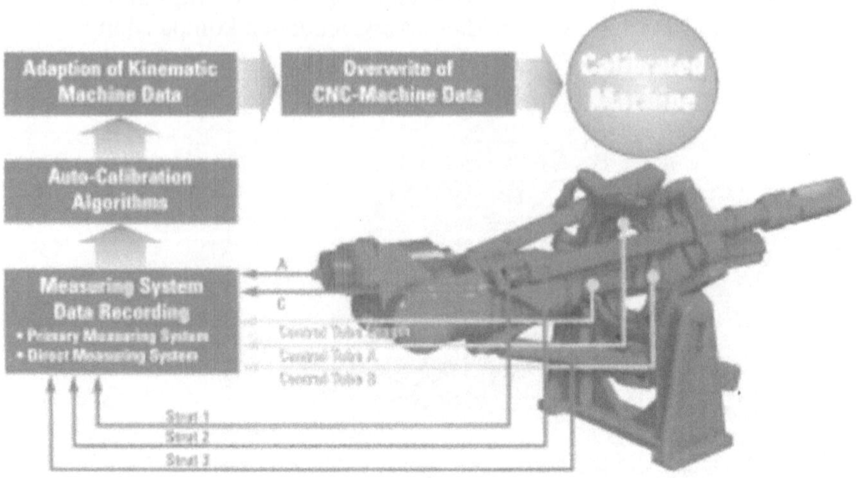

Bild 2.10: Auto-Kalibration

2.5 Anwendungsspektrum

Die Tricepttechnologie hat ein sehr breites Anwendungsspektrum. Die Firma Neos kommt aus der Robotik und hat mit der Triceptserie 600 seit 1994 bisher 110 Anlagen in die Produktion gebracht. Davon sind die meisten Anwendungen lichte Fräsaufgaben in Aluminium und Kunststoff. Außerdem Montage und Laserbearbeitung. Seit 1998 ist die Triceptserie 800 verfügbar. Diese Reihe stellt ein Bearbeitungszentrum dar für die Hochgeschwindigkeitsbearbeitung für die üblichen metallischen Werkstoffe. Alle im folgenden Bild gezeigten Anwendungen mit Ausnahme von Messen und Turbinenschaufelfräsen wurden bisher bereits realisiert. Von der neuen Serie 800 sind etwa 10 Maschinen in der Produktion. Die Industriesektoren sind Flugzeugbau in der Aluminium- und Verbundwerkstoffbarbeitung sowie in der Automobilindustrie bei der Komplettbearbeitung von Motorblöcken und der Finishbearbeitung von Stahlwerkzeugen.

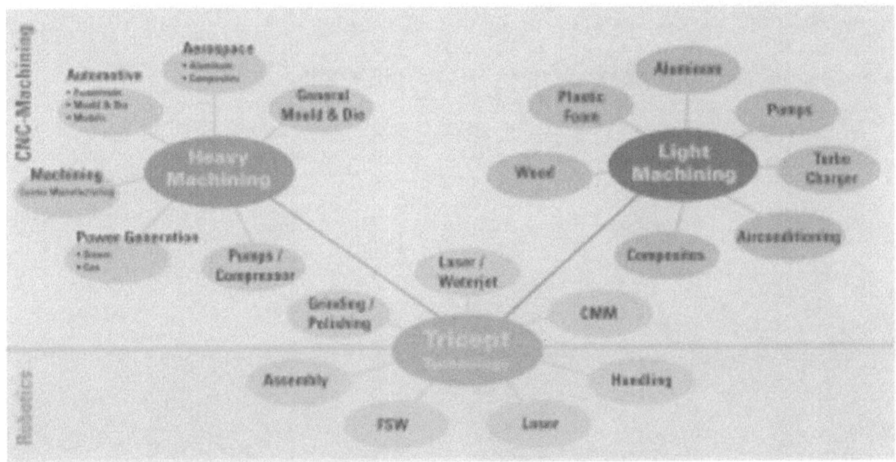

Bild 2.11: Tricept Application Segments

2.6 Kundenapplikationen

Die erste Installation einer Triceptmaschine des Typs 805 war im Mai 1999 bei der Firma Boeing in Wichita zum Fräsen von Aluminiumprofilen. Die Anlage wird seit Mai 99 zweischichtig betrieben und hatte von den üblichen Wartungsarbeiten bisher keine ungeplanten Ausfälle.

Bei dieser Anwendungen werden bis zu 7m lange Aluminiumprofile gefräst. Da die Aluminiumrohlinge starke Toleranzschwankungen haben wurde von einem Zulieferer eine spezielle Spannvorrichtung für diese Profile entwickelt. Da bestimmte Fräsoperationen wie Bohrungen und Öffnungen nur eine geringe Toleranz zur Außenkante des Profils haben dürfen und die relative Genauigkeit des Werkstücks zur Maschine auf Grund der Werkstücktoleranzen und der Spanntoleranzen nicht ausreichend war, wurde zusätzlich ein Kantensensor integriert, der mit der Steuerung gekoppelt ist. Der Steuerung passt das NC-Programm laufend an die aktuelle Lage der Profilkante an.

Bild 2.12: Floor Beam Machining Boeing, Wichita, USA

2.7 Fräsergebnisse

Ende 1998 wurde von Neos und Siemens ein internationales Tricept-Anwenderkonsortium gegründet. Im Rahmen dieses Konsortiums wurden Testwerkstücke bearbeitet aus den folgenden Sektoren, die von Anwendern zur Verfügung gestellt wurden /9, 10/:

- Werkzeug- und Formenbau   Firma Volvo
- Zylinderkopf   Firma DaimlerChrysler
- Modellbauteil   Firma DaimlerChrysler
- Hydroforming Werkzeug   Firma Schuler
- Aluminium-Strukturteil   Firma DASA

Neben diesen Konsortiumstests wurden umfangreiche Kundenfrästests durchgeführt.

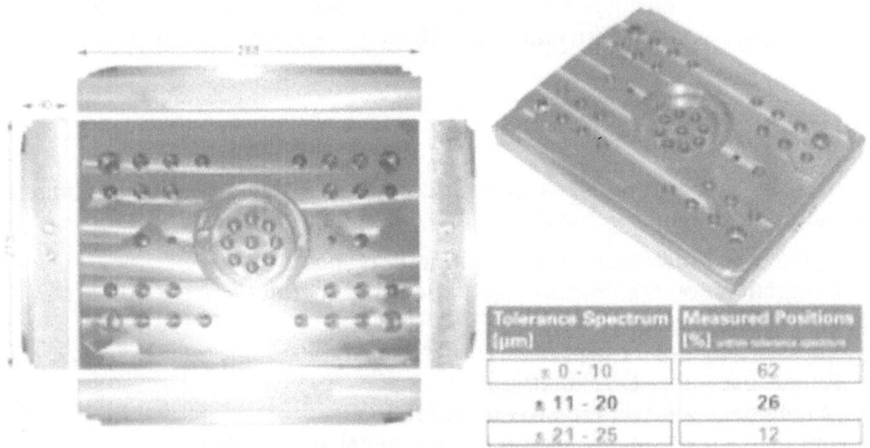

Tolerance Spectrum [µm]	Measured Positions [%]
± 0 - 10	62
± 11 - 20	26
± 21 - 25	12

Bild 2.13: Caterpillar Frästest nach ASME B5.54 (002 MC)

Das Bild zeigt ein amerikanisches Abnahmewerkstück, das auf der Norm ASME B5.54 basiert und von der Firma Caterpillar noch modifiziert wurde. Das wesentliche Ergebnis ist, daß 62 Messungen innerhalb der Toleranz von +/- 10 Mikrometer liegen, 26 Messungen innerhalb +/- 20 Mikrometer und 12 Messungen innerhalb +/- 25 Mikrometer.

2.8 Wirtschaftlichkeitsbetrachtungen

Im Anschluß an die durchgeführten Frästests wurden umfangreiche Wirtschaftlichkeitsberechnungen durchgeführt. Diese Berechnungen haben sich alle auf das gefräste Testwerkstück bezogen und wurden in den folgenden Schritten durchgeführt:

a) Messung der Bearbeitungszeit auf der Triceptmaschine
b) Auswahl von drei Wettbewerbsmaschinen
c) Ermittlung der maximalen Bahngeschwindigkeit und -beschleunigung
d) Barbeitungssimulation der Testwerkstücke mit den Dynamikwerten der Wettbewerbermaschinen
e) Ermittlung der Verkaufspreise der Wettbewerbsmaschinen
f) Berechnung der Maschinenstundensätze
g) Berechnung der Herstellkosten des Testwerkstücks auf der Tricept und den Wettbewerbsmaschinen

Mit diesen Angaben wurde für jede Maschine der Wirtschaftlichkeitsfaktor berechnet, in den die Faktoren Kaufpreis, Stundensatz und Bearbeitungszeit eingingen. Dabei ergaben sich bei Flugzeugbauanwendungen Verbesserungen in der Wirtschaftlichkeit von Faktor 1.4–2.3 bezogen auf jeweils 3 Wettbewerbsmaschinen, im Werkzeugbau Faktoren von 1.5–2.4.

Damit wurde nachgewiesen, daß die Tricepts für die Anwendungen, die durchgeführt wurden, eine erhebliche Kosteneinsparung bewirken können.

2.9 Ausblick

Zwischen Siemens und Neos sind für die nächsten Jahre bereits umfangreiche Weiterentwicklungen geplant:

- weitere Automatisierung des Kalibriervorgangs,
- Integration von NC-Simulation für den Bediener des Tricept 405 für die Elektronikmontage,
- Entwicklung des Tricept 605 für mittlere Arbeitsräume zum Fräsen,
- Rundachsen über Direktantriebe,
- Maßnahmen zur weiteren Kostenreduktion,
- umfangeiche OEM-Projekte mit Maschinenbauerkunden.

3 Perspektiven von Parallelkinematikmaschinen

Wie immer, wenn eine neue Technologie auftaucht, vor allem dann, wenn es sich tatsächlich um etwas strukturell neues handelt, wird viel Euphorie verbreitet. Besonders einer der amerikanischen Hexapodhersteller auf der IMTS 1994 hat die neue Maschine dargestellt, als ob alle Probleme gelöst wären und dem Verkauf in großen Stückzahlen nicht mehr im Wege stünde.

Als wir die ersten Maschinen in den Jahren 95-97 automatisiert hatten, glaubten wir auch, daß die Probleme gelöst seien und die neue Technologie reif. Wir haben uns dann sehr intensiv mit potentiellen Anwendern auseinandergesetzt und uns den Marktanforderungen gestellt. Dabei sind im Praxistest wieder neue Problemstellungen aufgetreten, an denen in den letzten zwei Jahren intensiv gearbeitet wurde.

Auf der diesjährigen METAV wurden eine ganze Reihe von neuen Werkzeugmaschinen in Parallelbauweise gezeigt. Aus unserer Sicht haben einige dieser Maschinen bereits die Marktreife erreicht. Bei den anderen werden noch weitere 6-12 Monate Entwicklungszeit vergehen.

Im kommenden Jahr 2001 werden die unterschiedlichsten Parallelkinematikmaschinen weltweit in die Produktion kommen. In den meisten Fällen werden die Anwender mit einer Maschine beginnen und 1-2 Jahre damit Erfahrungen sammeln. In diesem Zeitraum werden weitere Kinderkrankheiten entdeckt werden und von den Maschinenbauern behoben. Wir sind der Überzeugung, daß Parallelkinematikmaschinen in größeren Stückzahlen im 2-3 Jahren ihren Durchbruch am Markt erzielen werden.

Literatur

1. Kreidler, V.: Anwendung und Leistungsfähigkeit der Steuerung 840 D in Parallelstrukturen. In: *Tagungsband des Chemnitzer Parallelstruktur Symposium.* Chemnitz, 28.-29. Apr. 1998. Wissenschaftliche Skripten, S. 205 – 223
2. Kreidler, V.: Development and Software Methods for Parallel Kinematic Machine Accuracy. In: *Tagungsband des Chemnitzer Parallelstruktur Symposium.* Chemnitz, 12.-13. Apr. 2000. Wissenschaftliche Skripten, S. 241-256
3. Heisel, U. et al.: Simulator, Werkzeugmaschine, Meßzeug und Roboter - eine Bestandsaufnahme Hexapod. In: *wt – Werkstattstechnik.* 87 (1997), Nr. 9/10, S. 428 - 432
4. Pritschow, G. and Wurst, K.-H.: Systematic Design of Hexapods and Other Parallel Link Systems. In: *Annals of CIRP* 46 (1997), Nr. 1, S. 291 – 295
5. Weck, M. et al.: Trends im Werkzeugmaschinenbau- Schnell und zuverlässig. In: Aachener Werkzeugmaschinen-Kolloquium: Wettbewerbsfaktor Produktionstechnik, 1999 in Aachen/Hrsg.: Eversheim, W.; Klocke, F.; Pfeifer, T.; Weck, M. Aachen: Shaker Verlag, 1999, S. 311 - 356
6. Neugebauer, R.; Wieland, F.: Parallelstrukturen: Chance für den Werkzeugmaschinenbau? In: dima (1998), Nr. 1/2, S. 67 - 70
7. Pritschow, G. und Wurst, K.-H.; LINAPOD – ein Buakastensystem für Stabkinematikmaschinen. In: wt - Werkstattstechnik 87 (1997), S. 437 - 440
8. Heisel, U.; Michaelis, M.: Rekonfigurierbare Werkzeugmaschinen. In: ZWF 93 (1998), Nr.10, S. 506-507
9. N.N.: http://www.ad.siemens.de/ipkc/html_76/index.htm, 1999
10. Maier, V.: Parallelkinematik auf dem Prüfstand. In: Werkstatt und Betrieb 133 (2000), Nr. 6, S. 30 – 32

Gestaltung, Bewertung und Einsatzerfahrungen von Parallelkinematiken

R. Neugebauer, A. Stoll, J. Kirchner, S. Ihlenfeldt

Einführung

Ausgehend von Entwicklungstrends bei Produkten und Verfahren ergeben sich Anforderungen an die Werkzeugmaschine hinsichtlich ihrer Flexibilität, Verfügbarkeit und der erreichbaren Produktivität. Sowohl Anwender als auch Maschinenhersteller sind sich einig, daß die Produktionstechnik des 21. Jahrhunderts diesen Anforderungen nur durch Schaffung innovativer Lösungen gewachsen ist.

Kürzere Produktlebenszyklen und steigende Variantenvielfalt erfordern nicht nur flexible Fertigungseinrichtungen sondern auch eine auf moderne Technologien abgestimmte hochdynamisch und zugleich zuverlässig arbeitende Maschinentechnik.

1 Anforderungscharakteristiken aus Branchen der Teilefertigung

1.1 Moderne Fertigung

Die Fertigungstechnik bewegt sich am Beginn des 2. Jahrtausends in einem turbulenten und zunehmend globalerem Umfeld.

Bei nicht determinierten Schwankungen des Marktbedarfes sind die zu fertigenden Bauteile in der Regel durch

- Steigende Variantenvielfalt und sinkende Losgrößen,
- Wachsenden Kompliziertheitsgrad infolge reduzierter Bauteilzahl und Integration von Funktionen,
- Höhere Genauigkeitsanforderungen auf Grund der zu erzielenden Wirkungsgradsteigerungen und
- Verringerte Masse (Leichtbau) bzw. Abmessungen (Miniaturisierung)

gekennzeichnet.

Moderne Technologien werden immer mehr zum Bestandteil der derzeitigen Fertigung.

Die **Hochgeschwindigkeitsbearbeitung** (HSC) hat sich weitgehend durchgesetzt. Die Vorteile dieser Technologie wie höhere Zeitspanvolumina, bessere Oberflächenqualität, reduzierte Zerspankräfte, günstigere thermische und schwingungstechnische Eigenschaften können bei konsequenter Nutzung zu erheblichen Kosteneinsparungen führen.

Die ursprünglich im wesentlichen unter Umweltgesichtspunkten in Angriff genommene **Trockenbearbeitung** einschließlich der Minimalmengen-Kühlschmierung zeigt inzwischen bei der Bearbeitung mit definierter Schneide gute Ergebnisse hinsichtlich Produktivitätssteigerung und Kostensenkung.

Mit der **Hartbearbeitung** kann die Prozeßkette erheblich verkürzt werden, indem z.B. eine Substitution einzelner Verfahren ermöglicht wird. Weitere Vorzüge wie höhere Flexibilität, gute Umweltverträglichkeit und niedrigere Investitionskosten kommen noch hinzu.

Durch den Einsatz **hybrider Verfahren** (Nutzung zusätzlicher Energieformen) lassen sich bisherige technologische Grenzen verschieben. Bei der laserunterstützten Zerspanung z.B., welche für das Drehen bekannt ist, wird die Zerspanfestigkeit durch die vor der Schneide eingebrachte Wärmeenergie herabgesetzt. Dadurch können schwer zerspanbare Werkstoffe (z.B. Keramiken) wirtschaftlich zerspant werden.

Ein erhebliches Kosteneinsparpotential bei der Einzel- und Kleinserienfertigung beinhaltet die **Komplettbearbeitung** in einer Aufspannung. Durch die Kombination unterschiedlicher spanender Verfahren (Fräsen, Drehen, Schleifen usw.) bis hin zu Umformverfahren in einer Maschine können Umspann- sowie Lager- und Transportzeiten eliminiert und außerdem die Bearbeitungsqualität verbessert werden.

Aus diesen grundsätzlichen Trends leiten sich folgende wesentliche Handlungsfelder für Werkzeugmaschinen ab:

Wandelbarkeit

Kürzere Produktlebenszyklen und steigende Variantenvielfalt erfordern Fertigungseinrichtungen, die für mehr als nur ein begrenztes Teilesortiment geeignet sind. Es werden zukünftig rekonfigurierbare oder auch wandelbare Werkzeugmaschinen benötigt, die in Fertigungskapazität, Funktionalität, d.h. Maschinen- und Steuerungskomponenten schnell an veränderte Bedingungen anpaßbar sind [1, 2]. Dazu eignen sich hardware- und softwareseitig konsequent modular ausgeführte Lösungen. Aber auch Parallelkinematiken mit ihrem einfachen Aufbau und hohem Wiederholteilegrad erscheinen dafür prädestiniert zu sein.

Selbstoptimierung

Um optimale Verfahrensparameter sicher realisieren zu können, ist eine Abstimmung von Prozeß- und Maschineneigenschaften unerläßlich. Durch Entwicklung und Einsatz intelligenter Komponenten (z.B. Sensor-Aktor-Einheiten) können die Voraussetzungen für eine gezielte Einstellung von Maschineneigenschaften geschaffen werden. Damit verbunden ist die Erwartung, in neue Dynamikbereiche bei Werkzeugmaschinen vorzustoßen.

Parallelkinematiken entsprechen mit ihren grundsätzlichen Eigenschaften

- Hohe Dynamik (Geschwindigkeit und Beschleunigung) auf Grund geringer zu bewegender Massen
- Modularer Aufbau mit hohem Anteil an dezentraler Intelligenz, Aktorik, Sensorik sowie Wiederholteilegrad als Basis für Wandelbarkeit

in hervorragender Weise den genannten Anforderungen. (Bild 1)

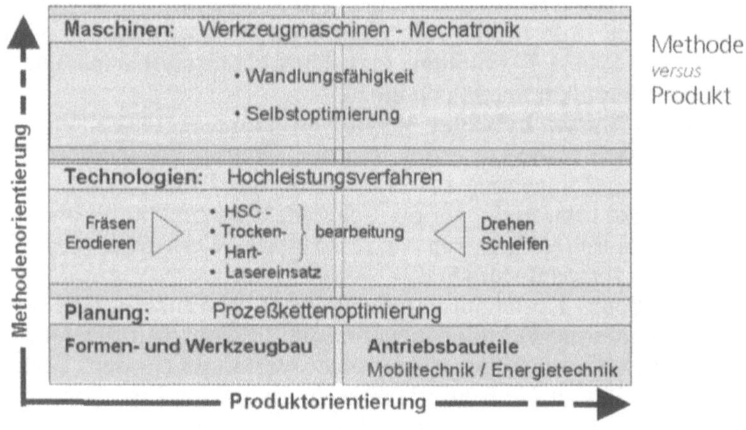

Bild 1: Zielsetzung der Fertigungstechnik und Handlungsbedarf für Werkzeugmaschinen

1.2 Anforderungskriterien der Teilefertigung

Rationalisierungspotentiale moderner Technologien, Einsatzkonzepte und Anforderungen an die entsprechende Maschinentechnik werden wesentlich vom spezifischen Anwendungsfall bestimmt, der durch charakteristische Größen wie z.B. Geometrien und Bauteilgröße sowie geforderte Genauigkeitsansprüche gekennzeichnet ist.

Der effektive Einsatz neuer Maschinenkonzepte hängt neben der Verfügbarkeit leistungsfähiger Steuerungs- und Antriebskomponenten und der Realisierung von Leichtbauweisen wesentlich von der genauen Analyse der anwendungsspezifischen Kriterien ab.

Unter der Vielzahl produktionstechnischer Aufgabenstellungen bieten Parallelkinematiken dort eine Alternative zu konventionellen seriellen Achsanordnungen wo geringe bewegte Massen und eine erhöhte Steifigkeit gefordert werden. Im Werkzeugmaschinenbereich steht dabei das Thema Hochgeschwindigkeitsbearbeitung (HSC) im Vordergrund. Der inhaltliche Zusammenhang von Parallelkinematiken und HSC-Bearbeitung wurde durch die Sonderschau „Trends 2000" auf der diesjährigen Messe Metav in Düsseldorf unterstrichen.

Eine an der Einsatzeignung orientierte Einteilung der Parallelkinematiken kann in Anlehnung an serielle Werkzeugmaschinen wie folgt vorgenommen werden (Bild 2) :

- Maschinen für den Transferstraßenbereich
- Flexible Bearbeitungszentren als Hybrid- oder Einzelmaschinen
- Maschinen für geringe Prozeßkräfte, d.h. für Laser- oder Wasserstrahlbearbeitungen

Während Bearbeitungszentren sowie Laser- und Wasserstrahlschneidanlagen einen möglichst großen Arbeitsraum mit optimalen und möglichst konstanten Maschineneigenschaften abdecken müssen, werden von Maschinen für Transferstraßen im Gegensatz dazu diese Eigenschaften in einem genau definierten Größenbereich erwartet.

Entsprechend der geforderten Bearbeitungsgenauigkeiten gilt es, die Maschinen entsprechend dem Anwendungsprofil zu gestalten.

Kriterium		Werkzeugmaschine		
		Transferstraßenbereich	Bearbeitungszentren	Für geringe Prozeßkräfte
Geometrie	Arbeitsraum	Definierte Größe	Möglichst groß	Möglichst groß
	Bauraum	Möglichst klein		
	Kollision	Keine im Arbeitsraum		
	Freiheitsgrad	3 bis 5		
	Winkelvorrat	Definierte Größe	Möglichst groß	Möglichst groß
Genauigkeit	Dynamik	Gleichmäßig und hoch		
	Bewegte Massen	Gering		
	Steifigkeit	Gleichmäßig und hoch		
	Übertragungsgüte	Gleichmäßig und hoch		
	Singularitäten	Keine im Arbeitsraum		
Flexibilität		Weniger groß	Groß	

Bild 2: Basiskriterien für Parallelkinematiken

Nachfolgend wird ein Versuch unternommen unterschiedliche produktionstechnische Branchen mit Blick auf die Einsatzfähigkeit von Parallelkinematiken genauer zu betrachten. Ziel ist es Anwendungsfelder für Parallelkinematitiken aufzuzeigen und Anregungen zur Strukturauswahl zu geben. Bild 3 enthält branchenspezifische Anforderungsbilder an Parallelkinematiken und Bild 4 Parameter erster im Einsatz befindlicher bzw. in Vorbereitung stehender Prototypen.

Gehäusefertigung

Die Serienfertigung in der Automobil- bzw. Automobilzulieferindustrie erfordert in der Regel besondere und ausgefeilte technische Lösungen. Dabei werden die Anzahl von Varianten trotz aller plattformstrategischen Konzepte und auch die Frequenz der Modellwechsel steigen und Auswirkungen auf die Technologie, Qualitätssicherung und einzusetzender Maschinentechnik haben. Insofern sind zunehmend flexible technische Lösungen gefragt, welche mit vertretbarem Aufwand dieser Varianz folgen können.

Aus Massegründen werden zunehmend leichtere Werkstoffe gefordert. Dabei spielen für die Gehäusefertigung die Bearbeitung von Aluminiumlegierungen und zukünftig auch teilweise Magnesium die dominierende Rolle. [3]

Als Beispiel einer möglichen Struktur soll hier der Tripod „Quickstep" der Firma Krause&Mauser aufgeführt sein, der mit hohen Vorschubgeschwindigkeiten und Beschleunigungen eine effektive 3-Achsbearbeitung realisieren kann. Neben dem Einsatz in einem Bearbeitungszentrum kann diese Struktur z.B. auch als Transferstraße umgesetzt werden.

Flugzeugbau

Im modernen Flugzeugbau wird die Differentialbauweise in vielen Bereichen durch die Integralbauweise, d.h. eine Integration vieler Teile unter Wegfall der Verbindungselemente, ersetzt. Diese Bauweise führt dazu, daß auch größere und komplexere Teile in mehrachsiger Ausführung zerspanend zu fertigen sind (komplexe Dreh-Fräsbauteile). Ein wesentliches Kennzeichen ist dabei ein sehr hohes Zerspanvolumen, was eine Hochleistungs- und Hochgeschwindigkeitsbearbeitung erforderlich macht. Als Werkstoffe kommen zu 80% Aluminiumlegierungen und zu jeweils 10% Stahl- und Titanlegierungen zum Einsatz [4].

Für die oft sehr schmalen aber langen (20 bis 30 m) Werkstücke (z.B. Spar oder Stringer) sind zunehmend hybride Maschinenstrukturen eingesetzbar, wobei die Bearbeitungsköpfe häufig in Form von Parallelkinematiken realisiert werden. Ein Beispiel dafür stellt der von DS-Technologie entwickelte Tripod-Vorsatzkopf dar.

Werkzeug- und Formenbau

Fertigungsaufgaben im Werkzeug- und Formenbau zeichnen sich durch einen hohen Anteil von Freiformflächen aus. Die geforderten Form- und Maßgenauigkeiten erreichen Tuschierqualität, sie liegen im Bereich von 0,02 bis 0,05 mm. Als Bearbeitungsprobleme sind neben mangelnder Werkzeugstabilität bei großen Auskraglängen und geringen Werkzeugstandzeiten besonders Hemmnisse bei der Umsetzung moderner Bearbeitungsstrategien mit optimierten Verfahrensparametern zu verzeichnen. Für eine wirtschaftliche Fertigung ist eine Anstellung des Fräswerkzeuges an das zu bearbeitende Werkstück erforderlich (5-Achs-Bearbeitung).

Als eine mögliche Struktur für den Einsatz im Kleinwerkzeug- und Formenbau eignet sich der vom IWU gemeinsam mit der Firma MIKROMAT entwickelte Hexapod MIKROMAT 6X. Im Großwerkzeug- und Formenbau erscheint es aufgrund des Verhältnisses zwischen Bauraum und Arbeitsraum nicht als realistisch voll-parallele Maschinenstrukturen vorzusehen. Hier gilt es, serielle Grundkinematiken mit speziellen Parallelkinematiken zu kombinieren. Ein Beispiel dafür stellt der von CMW, Rozieres sur Mouson, entwickelte Hexapod CMW 300 dar.

Anwendungen				
	Gehäusefertigung	Flugzeugbau	Werkzeug- und Formenbau	
			Kleinwerkzeuge	Mittel- und Großwerkzeuge
Anwendungsbeispiele	Zylindergehäuse Getriebegehäuse	Integralbauteile (z.B. Stringer, Spar, Ribs)	Gesenke, Elektroden, Diverse Aktivteile	Karosserie-, Walz-, IHU-Werkzeuge, Spritzgußformen
Anforderungsbild				
Geometrische Abmessungen	ca. 600x400x400 [mm^3]	bis 25000x1000x300 [mm^3]	ca. 600x600x400 [mm^3]	bis 4500x2500x1500[mm^3]
Formelemente	Ebene Stirnflächen, Bohrungen	Gewinkelte sowie schmale Stege (B/H1:15 bis 1:35), sphärische Flächen	Ebene Flächen, Bohrungen, tiefe Schmiedegravuren mit kleinen Bodenradien, kleine (oft sehr stark) doppelt gekrümmte Freiformflächen	Ebene Flächen, große (oft sehr stark) doppelt gekrümmte Freiformflächen, hohe, schmale Stege bzw. tiefe Schlitze (L/D>10) , häufig sehr tiefe Bohrungen
Erforderliche Genauigkeiten	0,005 – 0,05 mm	0,02 – 0,05 mm	0,02 – 0,05 mm	0,02 – 0,05 mm (Fräsbild)
zu bearbeitende Werkstoffe	Guß, Aluminium Magnesium	meist Aluminium, Stahl, Titan	Graphit, Kupfer, Kunststoff, Werkzeugstahl, Stellite	Aluminium, Guß, Werkzeug- und Vergütungsstahl
Werkstückmassen	(20 bis 50) kg	Bis mehrere Tonnen	Bis mehrere hundert Kilogramm	Bis mehrere Tonnen
Bearbeitungsaufgaben	Fräsen (überwiegend 3-achsig), Bohren, Reiben	Fräsen (3- und 5-achsig), Bohren	Fräsen (3- und 5-achsig), Bohren	Fräsen (3- und 5-achsig), Bohren
Beschleunigung	10 m/s^2	10 m/s^2	10 m/s^2	3 bis 5 m/s^2
Achsgeschwindigkeit	40 [m/min]	50 [m/min]	40 [m/min]	40 [m/min]

Bild 3: Branchenspezifisches Anforderungsbild an Parallelkinematiken

Einsatzfelder von Parallelkinematiken				
Einsatzfelder	Gehäusefertigung	Flugzeugbau	Werkzeug- und Formenbau	
			Kleinwerkzeuge	Mittel- und Großwerkzeuge
Beispiel einer anwendbaren Parallelstruktur	Quickstep 	Vorsatzkopf mit Parallelkinematik 	Hexapod 6 X 	HEXAPOD CMW 300 
Hersteller	Krause & Mauser	DS-Technologie	MIKROMAT / IWU	CMW
Arbeitsraum	630x630x500 [mm^3]	Maschine: 30000x2000x500 [mm^3] Schwenkwinkel Vorsatzkopf: ± 40°	630x630x630 [mm^3]	Kopf: 750x750x330 [mm^3]
Beschleunigung	> 20 m/s^2	Maschine: 10 m/s^2 Vorsatzkopf: 12 rad/s^2	10 m/s^2	Keine Angaben
Geschwindigkeit	80 – 100 m/min	Maschine: 50 m/min Vorsatzkopf: 15 U/min	30 m/min	20 – 50 m/min

Bild 4: Branchenspezifische Einsatzfelder von realisierten Parallelkinematiken

2 Gestaltungsgrundlagen

Bei der Auslegung und Konzipierung von Parallelkinematik - Maschinen kann man zwei Gestaltungsziele unterscheiden:

- Vielseitig verwendbare Parallelstrukturen für eine große Anzahl nicht determinierter Aufgaben (insbesondere Werkzeugmaschinen, Industrieroboter) oder
- Spezialisierte Kinematiken für eine bereits bei der Auslegung bekannte Aufgabe (insbesondere Handhabungseinrichtungen) [5].

Werkzeugmaschinen wurden bislang vor allem nach Bauform und Verfahren eingeteilt [6]. Diese Herangehensweise genügt bei Parallelkinematiken nicht mehr.

Sinnvolle Systematisierungskategorien sind:

- Freiheitsgrad der Kinematik,
- Strebenantriebsvariante und
- Ausrichtung und Anordnung der Vorschubachsen

Durch Betrachtung von Hybridkinematiken wird der Lösungsraum erheblich erweitert.

Nachfolgend werden drei, durchaus strittig diskutierte Gestaltungsfragen, genauer untersucht.

2.1
Vollparallel- oder Hybridkinematik

Reine Parallelkinematiken stellen geschlossene kinematische Ketten dar. Hybridkinematiken bestehen aus offenen und geschlossenen kinematischen Ketten, d.h. aus einer Kombination von paralleler und serieller Kinematik. Ähnlich wie bei reinen Parallelstrukturen gibt es nicht die Hybridkinematik. Prinzipiell kann man unterscheiden zwischen offenen kinematischen Ketten mit parallelen Teilketten und geschlossenen kinematischen Ketten mit mehreren Antrieben pro Teilkette (Bild 5).

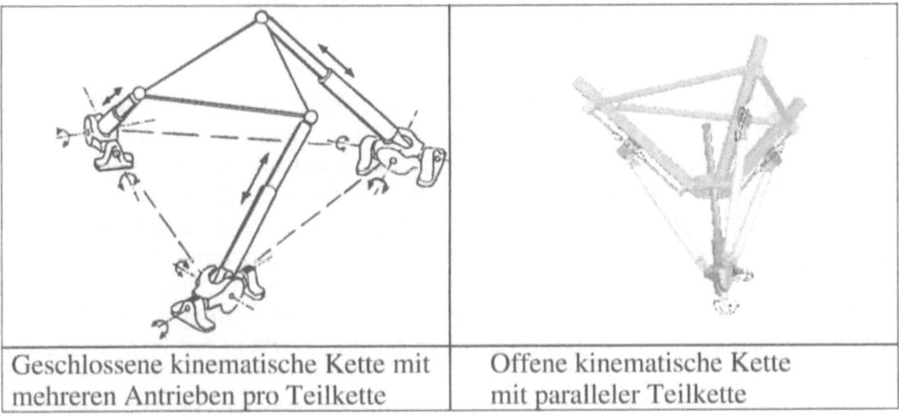

Bild 5: Hybridkinematiken

Bedingt durch die Vielzahl verschiedener vollparalleler bzw. hybrider Strukturen ist ein Vergleich schwierig. Prinzipiell kann jedoch festgestellt werden, daß sich mit Hybridkinematiken insgesamt eine deutlich größere Gestaltungsvielfalt als bei reinen Parallelkinematiken ergibt.

Strukturen entsprechend dem rechten Teil des Bildes 5 ermöglichen die Erweiterung des Arbeitsraumes der Parallelkinematik sowohl in den translatorischen als auch rotatorischen Freiheitsgraden (Bild 6).

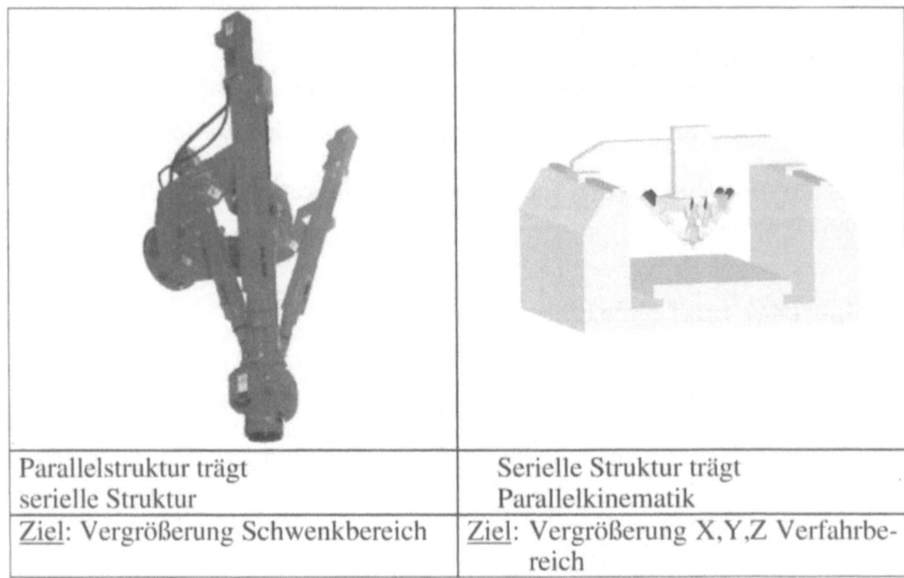

Bild 6: Offene kinematische Ketten mit parallelen Teilketten

Zu erkennen ist in diesen beiden Beispielen (Bild 6), daß sich die bewegten Massen bei Hybridkinematiken erhöhen. Durch eine geschickte Gestaltung kann jedoch in einem Teil des Arbeitsraumes praktisch die gleiche Dynamik wie bei Parallelkinematiken erzielt werden. Nicht übersehen werden darf jedoch, daß durch eine Hybridkinematik u.U. der Realisierungsaufwand ansteigt und sowohl Steuerung als auch Programmierung überlagerter Achssystemen zusätzliche Schwierigkeiten hervorrufen können. Sofern Rundachsen genutzt werden, stellen ihre in der Regel eingeschränkten Bewegungsparameter (Beschleunigung, Geschwindigkeit) das begrenzende Element bei Hybridkinematiken dar.

Unverzichtbar sind Hybridkinematiken für die Realisierung großer Arbeitsräume, z.B. für die Großwerkzeugbearbeitung. Aber auch für kleinere Arbeitsräume und dreiachsige Anwendungen können hybride Konzepte eine wirtschaftliche Alternative zu vollparallelen Lösungen darstellen. [7]

Eine Entscheidung ob Hybridkinematik oder Parallelkinematik der Vorzug zu geben ist, kann auf Grund der Vielzahl der Lösungsmöglichkeiten nur anhand des konkreten Anwendungsfalles erfolgen.

2.2 Längenveränderliche oder längenkonstante Streben

Streben stellen wesentliche Komponenten von Parallelkinematiken dar. Sie können längenveränderlich (Veränderung des Abstandes zwischen den Gelenkpunkten) oder längenunveränderlich (Bewegung der Gelenkpunkte) ausgeführt sein. Aus dem Bild 7 ist jedoch auch zu erkennen, daß eine Bewertung immer im Zusammenhang mit der Antriebsvariante durchzuführen ist.

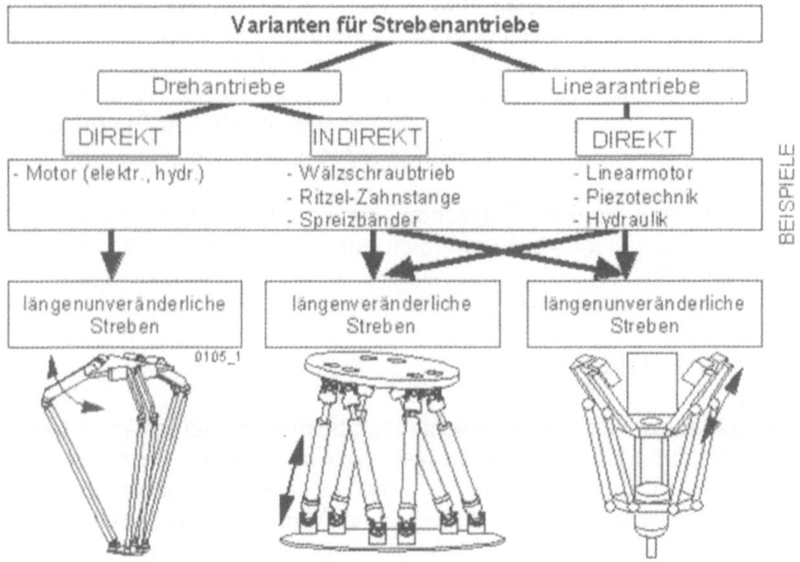

Bild 7: Längenveränderliche oder längenkonstante Streben

Ein Vergleich dieser Strebenvarianten [8] ergibt Vorzüge für die eine wie die andere Variante. So sind die mit längenveränderlichen Streben erreichbaren Arbeitsraumabmessungen größer und die Schwankungsbreite der Eigenschaften im Arbeitsraum geringer.

Betrachtet man das Genauigkeitsverhalten haben Strukturen mit längenveränderlichen Streben folgende Vorteile:

- Strebenbelastung (maximale Antriebskraft und Querkraft) geringer und wesentlich weniger abhängig von der Neigung des Endeffektors [6],
- geringere Belastung der Führungen [6],
- geringerer Kalibrierungsaufwand (weniger Parameter zu ermitteln),
- bessere Voraussetzungen für eine überlagerte Kraftregelung und
- Lagemeßort näher an Wirkstelle möglich.

Dem gegenüber haben Strukturen mit längenunveränderlichen Streben die Vorteile:

- Lineardirektantriebe relativ einfach einsetzbar,
- geringere Anforderungen an die Bewegungsfreiheit der Gelenke,
- die Gelenke sind kompakter ausführbar und
- Wärmequelle (Motor) befindet sich außerhalb des Arbeitsraumes.

Diese oben aufgeführten Punkte stellen eine globale Aussage dar. Die Aussagen sind im Hinblick auf die konkrete Ausführungsform zu überprüfen. Die Aussage zum Arbeitsraum wird z.B. durch den Hexaglide [9], der mit längenunveränderlichen Streben zumindest in einer Dimension eine fast beliebige Erweiterung des Arbeitsraumes zuläßt, relativiert. Kritisch zu hinterfragen sind ebenfalls die Aussagen zu den Gelenken. Am Beispiel eines Hexapoden läßt sich zeigen, daß das Gelenk an der beweglichen Plattform durchaus ähnlich kompakt ausgeführt werden kann wie ein Gelenk für längenunveränderliche Streben. Bei den Gelenken an der unbeweglichen Plattform besteht im Gegensatz zu beweglichen Gelenkpunkten ausreichend Raum für eine robuste Ausführung.

Allein diese wenigen Tatsachen zeigen, daß die Wahl der optimalen Strebenausführung stark vom konkreten Anforderungsprofil für die Parallelkinematik abhängt.

2.3 Tripod vs. Hexapod

Die Einteilung von Parallelkinematiken nach dem Freiheitsgrad ist ein wichtiges Hilfsmittel bei der Strukturauswahl. So ist es auf jeden Fall unbestritten, daß z.B. Hexapoden eine Alternative zu herkömmlichen 5-Achs-Bearbeitungsmaschinen und Tripoden eine Alternative zu 3-Achs-Bearbeitungsmaschinen darstellen. Eine offene Frage ist aber die Sinnfälligkeit von Hexapod-Konzepten bei 3-Achs-Bearbeitungen.

Ein wichtiges Kriterium für die Beschaffung einer Bearbeitungsmaschine, und somit auch bei Parallelkinematiken, stellt der damit verbundene Investitionsaufwand dar. Fest steht, daß der konstruktive Aufwand für die Realisierung eines Hexapoden den eines Tripoden übersteigt. Die reduzierte Komponentenzahl bei einer Ausführung mit drei Antrieben birgt allerdings in der Regel das Erfordernis nach höherer Fertigungsgenauigkeit der genauigkeitsrelevanten Komponenten mit sich. Dadurch kann die Kostenreduktion niedriger als zu erwarten ausfallen.

Hinsichtlich der Steifigkeit kann man feststellen, daß die größere Strebenanzahl des Hexapoden eine höhere Maschinensteife ermöglicht. Außerdem sind diverse Kompensationen bei einer Struktur mit dem Freiheitsgrad 6 leichter bzw. erst möglich.

Weiterhin kann die bei Hexapoden über die technologischen Erfordernisse hinausgehende Bewegungsmöglichkeit z.B. zur Anpassung an optimale Prozeßbedingungen bzw. zur Verbesserung der Maschineneigenschaften genutzt werden [10].

Beispielhaft dargestellt sind in der folgenden Abbildung die Änderung der niedrigsten Eigenfrequenz für zwei verschiedene Positionen im Arbeitsraum bei Änderung der Stellung der C-Achse. Die Änderung beträgt bis zu 8%. Notwendig für die Nutzung dieser Möglichkeiten wäre eine On-line Überwachung der Schwingungsamplituden in der Nähe des TCP und ein entsprechendes steuerungstechnische Konzept zur geeigneten Bewegungskorrektur.

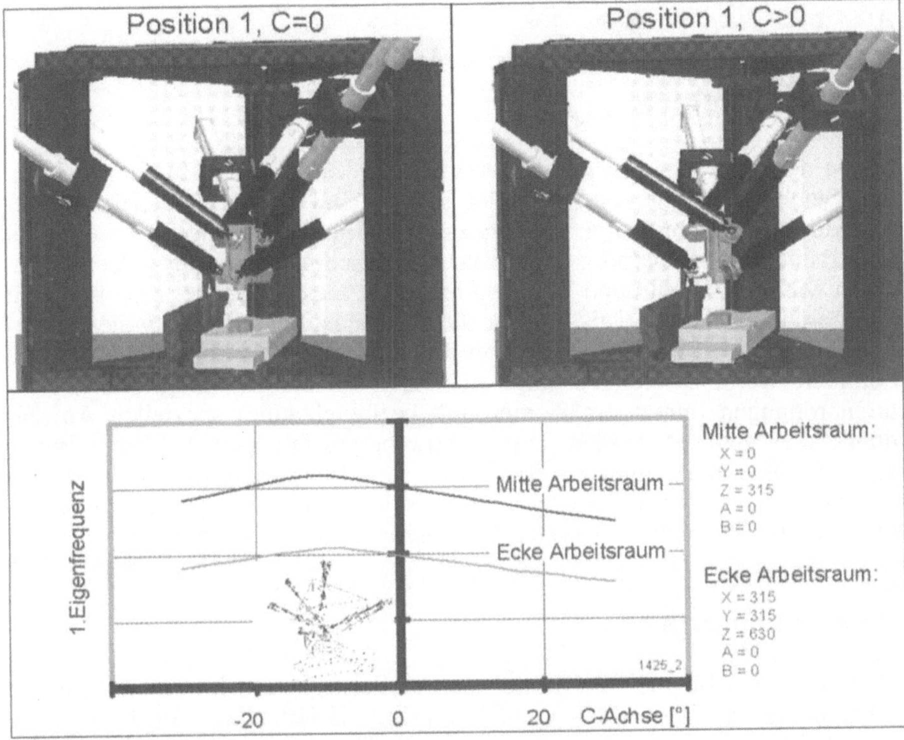

Bild 8: Eigenfrequenzänderung infolge Bewegung der C-Achse

Zusammenfassend ist festzustellen, daß der Hexapod auch eine Alternative zur 3-Achs-Bearbeitung darstellt. Für Hexapoden sprechen:

- Struktursteifigkeit,
- Eigenschaftskompensation und
- Einsatzflexibilität.

Tripoden haben dagegen Vorteile bei

- Kosten und
- Bauraum.

Neben den hier diskutierten Punkten der Parallelkinematik - Gestaltung gibt es weitere, nicht unumstritten Punkte. Entsprechende Auslegungswerkzeuge sind daher essentiell für die weitere Verbreitung von Parallelkinematiken.

3 Bewertung und Strukturoptimierung von Parallelstrukturen

Neben den vielen häufig genannten Vorteilen von Parallelstrukturen weisen diese auch eine Reihe von Nachteilen auf. So sind die Maschineneigenschaften wie z.B. Geschwindigkeitsübertragung, Kraftübertragung und Steifigkeit im Arbeitsraum hochgradig nichtlinear. Im Zusammenhang mit weiteren Kriterien wie Arbeitsraum und Bauraum bildet die Gesamtheit der Eigenschaften die Maschinencharakteristik aus. Da die Eigenschaften teilweise widersprüchlich sind, kann die Maschine nicht nur im Hinblick auf ein einzelnes Kriterium optimiert werden. Vielmehr muß aus der Vielzahl der möglichen Strukturanordnungen immer ein Kompromiß bezüglich eines speziellen Anwendungsfalles gebildet werden. Dieser Anwendungsfall kann bei einer Werkzeugmaschine ganz allgemein das Fräsen sein. Bei Parallelstrukturen, die im Handhabungsbereich verwendet werden sollen, kann dies eine spezielle Bewegung sein, die in extrem kurzer Zeit durchgeführt werden muß [5].

3.1 Optimierungskriterien

Viele Kriterien für die Bewertung von Parallelstrukturen lassen sich aus der Betrachtung der Jacobi-Matrix ableiten [12]. Als Grundlage für die Bildung von Optimierungskriterien dienen dabei die Singularwerte σ_i der Jacobi-Matrix. Die Singularwerte sind Maße für die Halbachsen der Verzerrungsellipse (bzw. des Verzerrungsellipsoiden im höherdimensionalen Raum), die durch die lineare Abbildung nach Gleichung (1) entsteht (Bild 9).

$$v = A \cdot u \tag{1}$$

Dabei wird ein Vektor u mit einer Matrix A multipliziert, wodurch ein Vektor v entsteht. Beispiele für derartige Beziehungen sind die Gleichungen (2) für die Geschwindigkeitsübertragung und die Gleichung (3) für die Kraftübertragung.

$$\frac{dL}{dt} = J \cdot \frac{dX}{dt} \tag{2}$$

$$F_X = J_C^T \cdot F_L \tag{3}$$

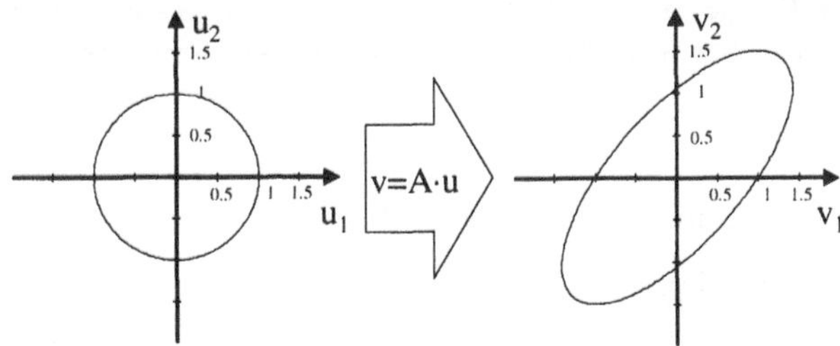

Bild 9: Lineare Abbildung eines Vektors

Es lassen sich folgende Aussagen für die Optimierung einer Matrix bezüglich ihres Übertragungsverhaltens ableiten:

- Die maximale Verstärkung, die ein beliebiger Eingangsvektor u durch Multiplikation mit der Matrix A erfahren kann ist der größte Singularwert der Matrix A.
- Dementsprechend wird die minimale Verstärkung eines Eingangsvektors durch den kleinsten Singularwert der Matrix A quantifiziert.
- Der Grad der Verzerrung des ursprünglichen Einheitskörpers wird durch die Konditionszahl $\kappa=\sigma_{max}/\sigma_{min}$ beschrieben. Sie ist somit ein Maß für eine gleichmäßige Verstärkung der Vektoren u in allen Raumrichtungen. Ein isotropes Verhalten der Matrix A liegt dann vor, wenn κ den Wert 1 annimmt. Für die praktische Rechnung wird der Kehrwert $1/\kappa$ verwendet, weil damit der Wertebereich lediglich zwischen 0 und 1 liegt.
- In enger Verbindung zur Konditionszahl von A steht die Determinante von A. Sie ist dem Volumen des entstehenden Ellipsoiden proportional. Sollte der Ellipsoid entarten, dann werden sowohl die Determinante det(A) als auch der Kehrwert der Konditionszahl $1/\kappa$ zu Null.

Mit Hilfe der Singularwerte lassen sich eine Reihe von Optimierungskriterien ableiten. Dies soll am Beispiel der Geschwindigkeitsübertragung kurz erläutert werden.

Im Sinne hochdynamischer Prozesse ist eine große Übersetzung der Antriebsgeschwindigkeiten auf die bewegliche Plattform wünschenswert. Da die Verstärkung der Antriebsgeschwindigkeiten im ungünstigsten Fall lediglich um den Betrag des kleinsten Singularwertes der inversen Jacobi-Matrix J^{-1} erfolgt, muß der kleinste Singularwert der inversen Jacobi-Matrix J^{-1} möglichst groß werden.

Insofern kann aus Gleichung (2) die Optimierungsforderung (4) abgeleitet werden:

$$\sigma_{min}(J^{-1}) \rightarrow \max \tag{4}$$

Die Forderung (4) kann auch ausgedrückt werden als:

$$\sigma_{max}(J) \rightarrow \min \tag{5}$$

In gleicher Weise können andere Kriterien für die Optimierung von Parallelstrukturen gebildet werden. Eine Übersicht über derart hergeleitete Kriterien gibt Tabelle 1.

Tabelle 1: Optimierungskriterien mit Jacobi-Matrix

Bezeichnung	Kriterium
Kraftübersetzung	$\sigma_{min}(J_C) \rightarrow max$
Fehlerübersetzung	$\sigma_{min}(J) \rightarrow max$
Keine Singularitäten	$\sigma_{min}(J) \rightarrow max$
Hohe Steifigkeit	$\sigma_{min}(J_C) \rightarrow max$
Geschwindigkeitsübersetzung	$\sigma_{max}(J) \rightarrow min$
Isotrope Steifigkeit	$\frac{\sigma_{min}(J_C)}{\sigma_{max}(J_C)} \rightarrow max$

In den Kriterien wird zwischen der kinematischen Jacobi-Matrix J_C [11] und der Jacobi-Matrix J, die von der Orientierungsbeschreibung (siehe [12]) abhängig ist, unterschieden. Es kann gezeigt werden, daß alle aufgeführten Kriterien mit Hilfe der kinematischen Jacobi-Matrix J_C beschrieben werden können.

Neben den genannten Kriterien, die direkt auf der Jacobi-Matrix beruhen, gibt es eine Reihe weiterer Aspekte, die bei der Optimierung von Parallelstrukturen berücksichtigt werden müssen. Insbesondere der Arbeitsraum und der Bauraum müssen in diesem Zusammenhang erwähnt werden.

3.2 Charakterisierung des Optimierungsproblems und Lösungsansatz

Aus Tabelle 1 sind drei Kriterien für die Optimierung von Parallelstrukturen zu entnehmen:

1. Maximierung des kleinsten Singularwert: $\sigma_{min}(J) \rightarrow max$
2. Minimierung des größten Singularwert: $\sigma_{max}(J) \rightarrow min$
3. Maximierung der inversen Konditionszahl: $1/\kappa \rightarrow max$

Es ist ersichtlich, daß in einigen Kriterien der minimale Singularwert der Jacobi-Matrix maximiert werden soll, während in anderen Kriterien der maximale Singularwert minimiert werden soll. Dies führt zu einem Widerspruch, der in der späteren Optimierung zu berücksichtigen ist. Es ist aber ein Trugschluß, daß dies durch alleinige Betrachtung der Konditionszahl zu lösen ist. Es ist zwar richtig, daß die Maximierung der inversen Konditionszahl die beiden vorhergehenden Forderungen vereinigt, jedoch werden die beiden Forderungen dabei gleich gewichtet. Da aber die Maximierung des kleinsten singulären Wertes in Tabelle 1 durch vier Kriterien und die Minimierung des größten singulären Wertes lediglich in einem Kriterium gefordert wird, müßte zunächst geklärt werden wie wichtig die einzelnen Kriterien dem Optimierenden sind. Dabei könnte beispielsweise herauskommen, daß die ersten vier Kriterien mit einem Gewicht von 75% in die Optimierung einfließen sollen. In diesem Fall führt eine Optimierung, die sich lediglich an der Konditionszahl orientiert, zu falschen Aussagen.

Die Modellierung der kinematischen Struktur einer Hexapod-Maschine führt zu mindestens 13 Eingangsparametern der Optimierung [13]. In Untersuchungen konnte festgestellt werden, daß diese hohe Anzahl von Eingangsparametern zu vielen lokalen Extremwerten des Optimierungsproblems führt.

Aus der Charakterisierung des Optimierungsproblems bieten sich genetische Algorithmen für die Optimierung von Parallelstrukturen an. Genetische Algorithmen

- können große Anzahlen von Eingangsparametern verarbeiten,
- sind in der Lage lokale Extremwerte zu verlassen und
- können mehrere Kriterien gleichzeitig verarbeiten.

Genetische Algorithmen orientieren sich bei der Optimierung am natürlichen Evolutionsprozess. Ausgehend von einer Startpopulation, die mit Hilfe eines Zufallsgenerators erzeugt wird, werden durch Crossover und Mutation neue Individuen erzeugt. Durch spezielle Selektionsverfahren werden die besten Individuen einer Generation für die Vererbung an die nächste Generation ausgewählt. Auf diese Weise setzen sich im Verlauf des Optimierungsprozesses Individuen mit guten Erbanlagen durch.

Im Fraunhofer-Institut für Werkzeugmaschinen und Umformtechnik wurde ein genetischer Algorithmus für die mehrkriterielle Optimierung von Parallelstrukturen angepasst und implementiert. Die Fähigkeit des Algorithmus, optimale Lösungen zu finden, konnte am Beispiel verschiedener Parallelstrukturen nachgewiesen werden [14].

4 Ausblick

Parallelkinematiken haben in den letzten Jahren eine rasante Entwicklung vollzogen. Die generelle Überführung in die praktische Nutzung steht allerdings u.a. infolge des Vorhandenseins einiger Defizite noch aus.

Ausgehend von den gegenwärtigen Kritikpunkten an Parallelkinematiken besteht Forschungs- und **Entwicklungsbedarf** insbesondere zu:

- Kostengünstigen Baukastenlösungen für Komponenten, bestehend aus
  - kompakten, steifen, spielarmen Gelenken, die einen großen Schwenkwinkel zulassen
  - Streben mit unterschiedlichen Antriebsarten für verschiedene Wege, Geschwindigkeiten, Beschleunigungen und Kräfte
- Strukturellen Lösungen, die

  - einen größeren Schwenkwinkel erlauben
  - das Verhältnis Arbeitsraum/Bauraum günstiger gestalten
  - für einen größeren Arbeitsraum geeignet sind
- einer für den produktionstechnischen Alltag geeigneten automatischen Kalibrierung
- regelungstechnischen Lösungen, die es erlauben, die verfügbare Dynamik vollständig nutzbar zu machen
- angepaßte CAM-Lösungen zur optimalen NC-Programm-Generierung unter Berücksichtigung der Parallelkinematik-Spezifika
- Entwicklungswerkzeugen, die sowohl die optimale Strukturfindung ermöglichen, als auch die konstruktive Realisierbarkeit in ausreichendem Maße berücksichtigen
- PKM-spezifischen Kenngrößen und Methoden zur Eigenschaftsbewertung.

In dem Maße, wie es gelingt, die bestehenden Defizite zu beseitigen und die o.g. Aufgaben zu lösen, werden sich Parallelkinematiken zu einem nicht mehr wegzudenkenden Arbeitsmittel in der Produktionstechnik entwickeln.

Literatur

1. Heisel, U.; Michaelis, M.: Rekonfigurierbare Werkzeugmaschinen, ZWF`93 (1998) 10, S. 506-507
2. Koren, Y. et al: Reconfigurable Manufacturing Systems, Annuals of the CIRP Vol 48/2/1999,pp.1-14
3. FhG IWU: Studie Automobilteile der Zukunft, Abschlußbereicht, 1999
4. Schulz, H.: Die Fertigungstechnik an der Jahrtausendwende, Werkstatt und Betrieb, 132 (1999) H.12, S. 18-21
5. Neugebauer, R., Schwaar, M., Kirchner, J.: Nutzung des Eigenschaftsprofils von Parallelstrukturen für Automatisierungsaufgaben, ZWF 94(1999)6, S. 350-352.
6. Wieland, F.: Entwicklungsplattform für Parallelkinematiken und Prototyp einer Werkzeugmaschine, Dissertation TU Chemnitz 1999
7. Weck, M; u.a.: Trends im Werkzeugmaschinenbau – Schnell und zuverlässig, AWK 99, Tagungsband, S. 311 –356
8. Tönshoff, H.K.; Günther, G.; Grendel, H.: Vergleichende Betrachtungen paralleler und hybrider Strukturen. In: VDI-Berichte 1427, Neue Maschinenkonzepte mit parallelen Strukturen für Handhabung und Produktion, VDI-Verlag Düsseldorf 1998, S. 249 – 270
9. Hebsacker, M.: Die Auslegung der Kinematik des Hexaglide – Methodik für die Auslegung paralleler Werkzeugmaschinen. In: VDI-Berichte 1427, Neue Maschinenkonzepte mit parallelen Strukturen für Handhabung und Produktion, VDI-Verlag Düsseldorf 1998, S. 51 – 66
10. Wieland, F., Goritz, A.: Einsatzmöglichkeiten und Potentiale von Parallelkinematiken der spanenden Fertigung, 2. Chemnitzer Parallelkinematik-Seminar, 12./ 13. April 2000, Tagungsband, S. 313 – 330

11. Merlet, J.P.: Les Robots parallèles, 2. Edition, Hermès, Paris, 1997.
12. Kirchner, J., Neugebauer, R.: How to Optimize Parallel Link Mechanisms – Proposal of a new Strategie, Year 2000 Parallel Kinematic Machines International Conference, 14-16 September, 2000, Ann Arbor, Michigan.
13. Kirchner, J, Schwaar, M., Hilbert, A.: Mehrkriterielle Optimierung von Parallelstrukturen unter Verwendung genetischer Algorithmen, KI-Methoden in der simulationsbasierten Optimierung, 13. Workshop der ASIM-Fachgruppe „Simulation und Künstliche Intelligenz",12/13.04.1999, Chemnitzer Informatik Berichte, Hrsg. Peter Köchel, Chemnitz, S.49-56.
14. Kirchner, J., Neugebauer, R.: Using Evolution Strategies for the Optimisation of Parallel Kinematic Machines, The 33rd CIRP International Seminar on Manufacturing Systems, pp, 99-104, Stockholm, 5-7 June 2000.

Entwicklung von der EMO – Maschine zur Serienlösung des Quickstep®´s

F. BLEICHER, F. HOLY

Einführung

Auf der EMO 1999 präsentierte die Firma KRAUSE & MAUSER der Fachwelt eine Bearbeitungsmaschine auf Basis einer dreiachsigen Parallelkinematik, genannt "Quickstep®". Das Konzept der vorgestellten Neuentwicklung basiert auf drei linearen Achsen, die unter einem Winkel von 90°-180°-90° parallel und horizontal angeordnet sind. In Bild 1a ist die Kinematiklösung veranschaulicht.

Im Rahmen der METAV2000 wurde von der Fa. Krause & Mauser die Weiterentwicklung der Quickstep-Parallelkinematik präsentiert. Grundsätzlich ist an der dreiachsigen Lösung entsprechend Bild 1a festgehalten worden, jedoch gibt es wesentliche Neuerungen in allen Maschinenkomponenten der Parallelkinematikmaschine (PKM) Quickstep2000.

1 Die Kinematik der Quickstep2000

Die Kinematik baut also weiterhin auf drei Schlittenachsen auf. Unverändert sind jeweils zwei Gelenke pro Schlitten angebaut, wobei durch den konstruktiven Aufbau dieser Gelenke, die als Eigenentwicklung eine hohe Steifigkeit aufweisen, eine Justage des Gelenksschwenkpunktes ermöglicht wird. Die Gelenke der Vorschubschlitten sind über längenunveränderliche Streben aus Stahl mit den Gelenken an der Spindelträgerkonsole verbunden. Diese Kinematiklösung setzt voraus, dass zwei Gelenk-Streben eines Schlittens ein Parallelogramm bilden. Die Spindelträgerkonsole besteht aus einer Stahl-Schweißkonstruktion, in der die Spindel in horizontaler Ausrichtung eingebaut ist. An der erforderlichen Anordnung der Gelenk-Streben in Parallelogrammform ist im Rahmen einer Kinematikoptimierung festzuhalten, wodurch die Möglichkeiten der geometrischen Variation eingeschränkt sind.

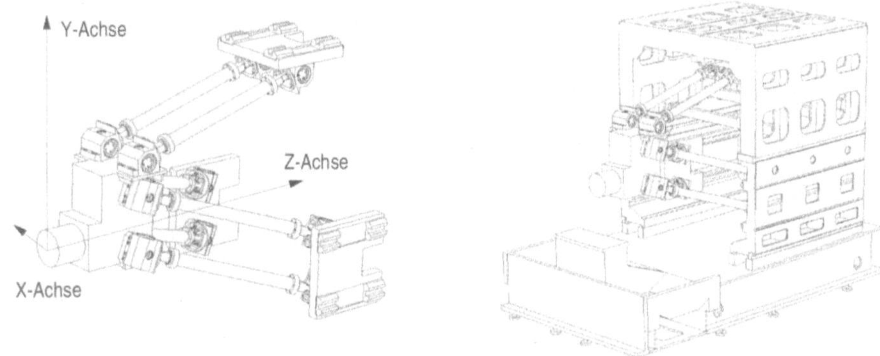

a) Kinematik der Quickstep-Lösung b) Maschinengestell

Bild 1: Die dreiachsige Parallelkinematik Quickstep

Für die weiterführende Entwicklung der Quickstep2000 wurden umfangreiche Simulationsstudien unter Einsatz der Finiten Elemente Methoden betrieben, mit dem Ziel, die Optimierungspotentiale im statischen sowie im dynamischen Verhalten der PKM-Lösung zu erarbeiten.

In den simulationstechnischen Analysen wurden für die dreiachsige Parallelkinematik unterschiedliche Anordnungen der Achsen, der Streben sowie der Gelenkspositionen untersucht (vgl. [1–5]). Es zeigte sich, dass speziell eine Reduktion der Strebenlänge sich positiv auf die statischen und auf die dynamischen Eigenschaften auswirkt. In der Optimierung der Strebenlängen wurde iterativ vorgegangen, indem jeweils die Auswirkung der neuen Strebenlänge auf die mechanischen Eigenschaften ermittelt und zu den jeweiligen Strebenlängenkonfigurationen der Einfluss auf das Geschwindigkeits- und Beschleunigungsverhalten der Achsen kontrolliert wurde. Aus den Berechnungsmodellen ging eine verkürzte Strebenlänge hervor, bei der sich ein idealer Kompromiss aus der erzielten Verbesserung der mechanischen Eigenschaften und der Erhöhung der Geschwindigkeits- und Beschleunigungsanforderung an den Achsen einstellte.

Neben der statischen Steifigkeit einer Werkzeugmaschine ist vor allem deren Eigenverhalten von entscheidender Bedeutung (siehe [5]). Grundsätzlich ist das Eigenverhalten von Maschinenstrukturen eine Funktion der Masse, der Steifigkeit und Dämpfung. Das folgende Bild 2 zeigt die Ergebnisse der Simulationsstudien zur Veränderung der 1. (unbedämpften) Eigenfrequenz der Parallelkinematikstruktur Quickstep2000 bei fester Steifigkeit.

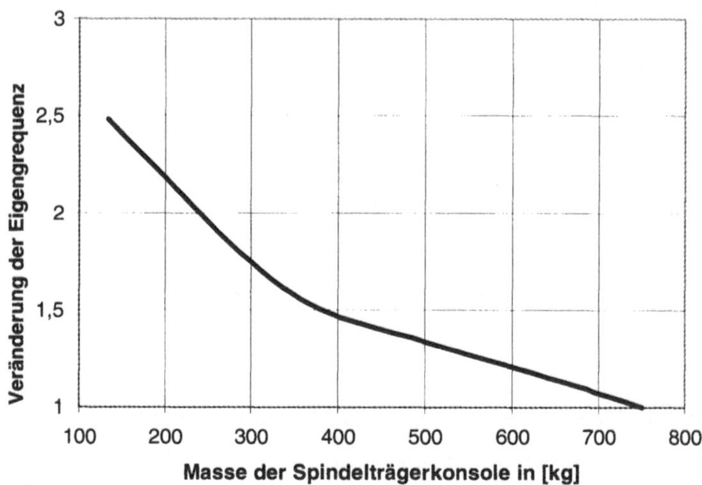

Bild 2: Verlauf der normierten Eigenfrequenz über die Masse der Spindelträgerkonsole

Aus der grafischen Darstellung wird deutlich, dass speziell unter einer bewegten Masse von ca. 350kg ein progressiver Anstieg der Eigenfrequenzen zu verzeichnen ist. Für die weiterführende Entwicklung mit dem Ziel weiterer Produktionssteigerung durch noch höhere Beschleunigungen wurde bei der Neuentwicklung Quickstep2000, die auf der METAV vorgestellt wurde, eine moderate Massenreduktion realisiert. Der weiteren Massenreduktion wird größte Bedeutung beigemessen. Neben der konservativen Lösung mit Stahlstreben stehen nun auch Kohlefaserstreben zur Verfügung. Die Vorteile der Kohlefaserstreben liegen nicht nur in der Reduktion der Masse, sondern es wird die innere Dämpfung, die Steifigkeit sowie die Temperaturstabilität verbessert.

2
Die Schlittenanordnung und das Maschinengestell

Das Maschinengestell der Parallelkinematik Quickstep1999 ist vierteilig aufgebaut, wie in Bild 1b auch grafisch dargestellt ist. Das Maschinengestell besteht aus einem Grundbett, auf dem zwei spiegelgleiche Seitenteile montiert sind. Die Seitenteile, wo jeder eine Achse trägt, sind über eine Brückenkonstruktion verbunden. Diese Brückenkonstruktion nimmt die dritte Achse im oberen Gestellbereich auf.

Im Rahmen der Maschinenoptimierung wurde das Maschinengestell nach den Kriterien der statischen Steifigkeit bzw. der dynamischen Eigenschaften optimiert. Die dabei erreichten Verbesserungen ermöglichten eine Veränderung der Achsanordnung. Die beiden seitlichen Führungen wurden im Maschinengestell nach oben gelegt, die mittlere Achse ist in der neuen Lösung direkt auf der Maschinengrundkonstruktion angebracht. Man kann also von einer 90°-0°-90°-Lösung sprechen. Die folgenden Skizzen verdeutlichen diese Veränderung. Durch diese Modifikation konnte das Maschinengestell einteilig realisiert werden, woraus Genauigkeitsvorteile generiert werden konnten.

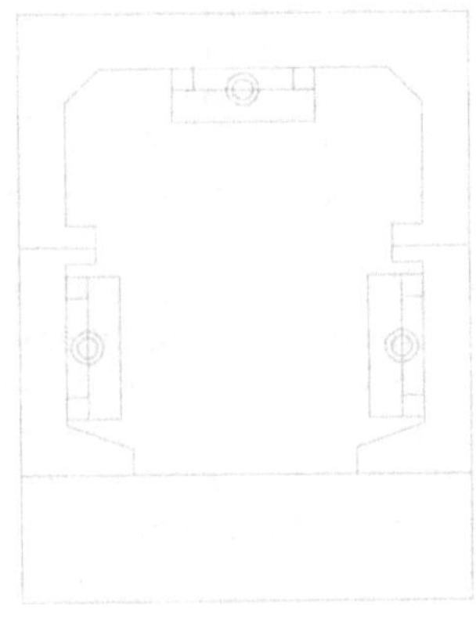

Quickstep 1999

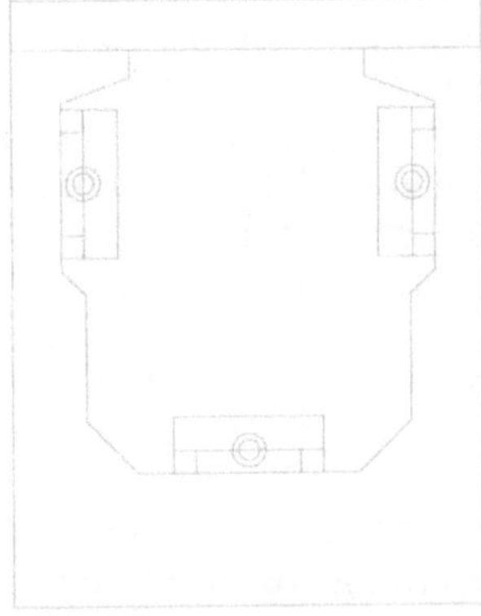

Quickstep 2000

Bild 3: Entwicklung der Achsanordnung

Diese Gesamtanordnung der Kinematik macht es möglich, eine Parallelkinematiklösung für einen Arbeitsraum von X=630mm / Y=630mm / Z=500mm bei kleiner Baugröße zu realisieren. Aus den Außenabmessungen sticht vor allem die schmale Bauform mit einer Maschinenbreite von ca. 2000mm hervor.

3 Die Gelenke

In der Entwicklung von Stabkinematiken war es immer die Philosophie der Fa. Krause & Mauser, für die Gelenke eine Eigenbaulösung anzustreben. Neben der maximalen Tragzahl konnten in den hauseigenen Gelenklösungen auch deutliche Steifigkeitsvorteile erzielt werden. Für die Quickstep2000 wurde eine neue Generation von Gelenken entwickelt. Die nadelgelagerten Gelenke weisen Steifigkeiten von über 600N/µm in Zug- und Druckrichtung auf und ermöglichen größte Schwenkwinkel bei verringerter Masse.

4
Die Achssysteme

Als Antriebslösung für die drei Achsen kommen hochdynamische Kugelgewindetriebe zum Einsatz. Das Antriebskonzept bietet gesteigerte dynamische Eigenschaften in der Eilgangsgeschwindigkeit von 80m/min und eine Beschleunigung von bis zu 20m/s². Eine Untersuchung von typischen Linienbearbeitungen in der Automobilindustrie verdeutlicht, dass speziell durch verbesserte Beschleunigungswerte Produktivitätssteigerungen von bis zu 30% zu erreichen sind. Die Maschinenlösung kann alternativ auch mit Linearantrieben ausgestattet werden.

Bei der Konstruktion der Vorschubschlitten wurde an der Lösung mit Wälzführungen festgehalten, wobei die Schlitten jeweils mit vier Schlittenwagen ausgestattet sind. Vier Schlittenwagen sind aus Steifigkeits- und Genauigkeitsgründen (Gieren) unumgänglich [1, 6]. Für die Achslösung mit Kugelgewindetrieb wurde die Geometrie der Schlitten dermaßen verändert, dass die Spindeln über den Schlitten liegend montiert werden konnten. Dies verbessert die Wartungsfreundlichkeit.

5
Die Einstelltechnik und Kompensation

Aus Fertigungstoleranzen in den Maschinenbauteilen resultieren Abweichungen der Ist-Werkzeugpositionen von den Sollpositionen in allen sechs Freiheitsgraden. Im Rahmen einer Fehlersensibilitätsbetrachtung konnte der Einfluss von geometrischen Abweichungen der Maschinenteile zur Idealgeometrie in ihrer Auswirkung auf die Ist-Position des TCP quantifiziert werden. Vergleichbar mit der Matrix für die Maschinensteifigkeiten in den Hauptachsen sowie der Neigungssteifigkeiten wurde eine Sensibilitätsmatrix für die sechs Freiheitsgrade ermittelt, wie im folgenden Bild 4 im Ausschnitt dargestellt ist.

Diese Erkenntnisse halfen, die Auslegung der Toleranzen für die geometrischen Größen zu betreiben und die Grundgenauigkeit der Maschine zu verbessern. Die Kalibrierung der PKM Quickstep2000 erfolgte unter Einsatz eines LEICA LTD500 Lasertrackers, um die Positionsdaten für die Kompensationstabelle sowie Geometrieinformationen zur Kinematik zu ermitteln. Grundsätzlich wird mit zwei Strategien zur Kalibrierung vorgegangen. Zum einen wird die Maschinengeometrie erfasst und damit der Transformationsalgorithmus entsprechend der Maschinenistgeometrie adaptiert. Dies erfolgt durch direktes Einmessen von Kinematikabmessungen und zum Teil durch Rückberechnen aus Positionsdaten, aus denen auf die Kinematikgeometrie geschlossen werden kann. Die zweite Strategie umfasst den zusätzlichen Einsatz von Korrekturtabellen.

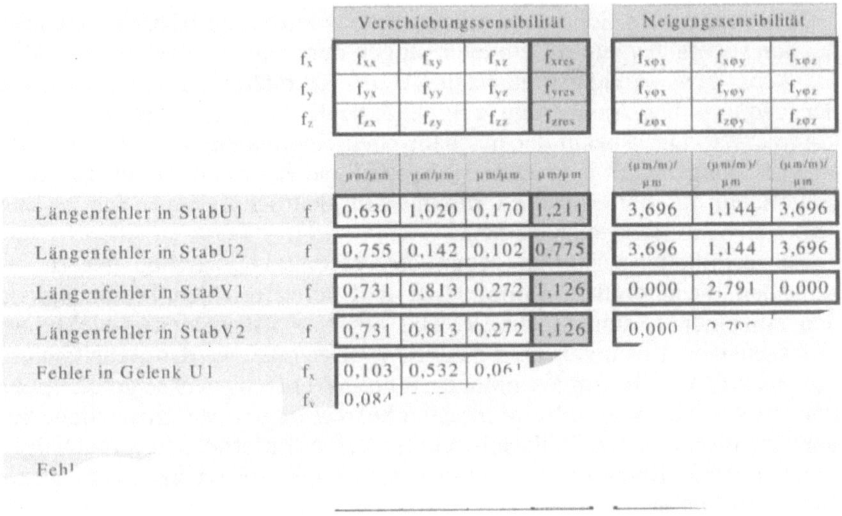

		Verschiebungssensibilität				Neigungssensibilität		
	f_x	f_{xx}	f_{xy}	f_{xz}	f_{xres}	$f_{x\varphi x}$	$f_{x\varphi y}$	$f_{x\varphi z}$
	f_y	f_{yx}	f_{yy}	f_{yz}	f_{yres}	$f_{y\varphi x}$	$f_{y\varphi y}$	$f_{y\varphi z}$
	f_z	f_{zx}	f_{zy}	f_{zz}	f_{zres}	$f_{z\varphi x}$	$f_{z\varphi y}$	$f_{z\varphi z}$
		µm/µm	µm/µm	µm/µm	µm/µm	(µm/m)/µm	(µm/m)/µm	(µm/m)/µm
Längenfehler in StabU1	f	0,630	1,020	0,170	1,211	3,696	1,144	3,696
Längenfehler in StabU2	f	0,755	0,142	0,102	0,775	3,696	1,144	3,696
Längenfehler in StabV1	f	0,731	0,813	0,272	1,126	0,000	2,791	0,000
Längenfehler in StabV2	f	0,731	0,813	0,272	1,126	0,000	[illegible]	
Fehler in Gelenk U1	f_x	0,103	0,532	[illegible]				
	f_y	[illegible]						
Feh[illegible]								

Bild 4: Ausschnitt aus der Fehlersensibilitätsanalyse

6 Allgemeine Entwicklungstrends bei PKM

Die Entwicklung auf dem Gebiet der PKM lässt drei wesentliche Trends erkennen. Zum einen werden weiterhin die Systeme mit längenveränderlichen und zum anderen mit längenunveränderlichen Streben eingesetzt. Die dritte Entwicklungsrichtung wird durch Hybride Kinematiken geprägt [7].

		Strebenlänge		A	B	C	D	B*C*D/A
Achsen	Maschine	veränderlich	unveränderlich	DOF	Aktoren	Gelenke 1 achsig	Stäbe	Faktor
3	***Quick*step (Krause & Mauser)** Tripod Urane SX (Renault Autom.)		X	3,00	3	24	6	**144**
	Tripod (Heckert)	X		3,00	3	21	7	**147**
6	Octahedral (Ingersoll) Hexact (IFW Stuttgart) Hexapod 6X (Mikromat)	X		3,33	6	36	6	**389**

Bild 5: Tabellarischer Vergleich der Komplexität von unterschiedlichen PKM - Kombinationen mit parallelen Systemen (Hybride Lösungen) wurden nicht berücksichtigt

Den reduzierten Schwenkwinkeln in der vierten und fünften Achse wurde bei den sechsachsigen Maschinenlösungen durch einen angepassten Faktor für die Achs- bzw. Freiheitsgradanzahl (DOF) Rechnung getragen. Das Ergebnis der tabellarischen Auswertung zeigt eine deutliche Strukturierung der Systemkomplexität. Die Anzahl der mechanischen Komponenten ist bei den dreiachsigen Lösungen deutlich reduziert. Speziell bei Kinematiken mit längenunveränderlichen Streben fällt die Ordnungszahl deutlich geringer aus, als bei den sechsachsigen Hexapodsystemen.

Die ermittelten Faktoren geben das Verhältnis zwischen der zu beherrschenden mechanischen Komplexität und den erreichten Freiheitsgraden in den einzelnen Lösungen wieder. Die jüngsten Maschinenentwicklungen zu sechsachsigen Lösungen erreichen Schwenkwinkel in der Arbeitsraummitte von bis zu ±45°, die eingeschränkt auf eine Werkzeug-Achse gefahren werden können [1]. Für eine volle Mehrseitenbearbeitung ist der zusätzliche Einsatz von Drehtischen bzw. Dreh-Schwenktischen erforderlich. In fünfachsigen Bearbeitungsmaschinen dieser Bauform sind daher sieben bzw. acht gesteuerte Achsen enthalten.

Aus Fertigungstoleranzen in den Maschinenbauteilen resultieren Abweichungen der Ist-Werkzeugpositionen von den Sollpositionen in allen sechs Freiheitsgraden. Der Vorteil der sechsachsigen Kinematiken, der gegenüber den dreiachsigen Kinematiken proklamiert wird, ist die Möglichkeit der vollen Kompensation von Kinematikfehlern. Dreiachsige Kinematiken ermöglichen hingegen nur das Einwirken auf drei der sechs Freiheitsgrade.

Die dreiachsige Parallelkinematik Quickstep2000 wird in der Lösung als Bearbeitungszentrum für die Fünfachsenbearbeitung auch mit einem Dreh- und Schwenktisch ausgestattet. Beim Einsatz eines voll NC-tauglichen Dreh-Schwenktisches kann die Kompensation etwaiger Winkelfehler der Kinematik realisiert werden. Somit können im Vergleich zu sechsachsigen PKM auch in der Quickstep -Lösung sämtliche Freiheitsgrade bei geringerem mechanischen Aufwand direkt über die Kompensation beeinflusst werden.

Dem Anwender steht mit der Entwicklung der Fa. Krause & Mauser eine Maschinenlösung zur Verfügung, wo die Vorteile der Stabkinematik in einer kostenoptimalen Realisierung zur Geltung kommen. Die Maschine "Quickstep®" ist ab dem Spätsommer 2000 in der Automobilindustrie im Produktionseinsatz.

Literatur

1. Heisel, U., Hestermann, J.-O., u.a.: Realisierung großer Schwenkwinkel für die 5-Seitenbearbeitung mit PKM-Werkzeugmaschinen. Tagungsband 2. Chemnitzer Parallelkinematik-Seminar, Zwickau: Verlag Wissenschaftliche Scripten, 2000
2. Pritschow, G., Wurst, K.-H.: Systematic Design of Hexapods and other Parallel Link Systems. Annals of the CIRP Vol.46, 1997
3. Neugebauer, R., Wieland, F., u.a.: Hexapod-Werkzeugmaschinen für die Hochgeschwindigkeitsbearbeitung. ZwF, Heft 9, 1997

4. Gohritz, A.: Anforderungen an parallelstrukturgerechte Baugruppen. Berichte aus dem IWU, Band 1, Zwickau: Verlag Wissenschaftliche Scripten, 1998
5. Heisel, U., Maier, V., Lunz, E.: Auslegung von Maschinenstrukturen mit Gelenkstab-Kinematik. Werkstattstechnik 88, Heft 4, 1998
6. Eitzenberger, J.: Beurteilung der Führungsqualität von Drehmaschinen mittels Rauheitsmessung. Düsseldorf: VDI Verlag, 1997
7. Tönshoff, H. K., Günther, G., Grendel, H.: Vergleichende Betrachtung paralleler und hybrider Strukturen. VDI Berichte Nr. 1427, 1998

ECOSPEED - Ein hybridkinematisches Maschinenkonzept zur 5-Achsen Hochleistungszerspanung großer Strukturbauteile im Flugzeugbau

N. HENNES

Einleitung

Die DS-Technologie Werkzeugmaschinenbau GmbH ist ein Zusammenschluß der ehemals eigenständigen Traditionsunternehmen Berthiez, Dörries, Droop&Rein und Scharmann mit Werken an den Standorten St. Etienne (F), Bielefeld und Mönchengladbach. Das Produktprogramm beinhaltet im Wesentlichen Vertikaldrehzentren (Berthiez und Dörries) sowie Fräszentren mit horizontaler (Scharmann) und vertikaler (Droop&Rein) Spindelanordnung. Bearbeitet werden in der Regel große rotationssymetrische oder prismatische Werkstücke, wobei für den Kunden spezifische Lösungen aus Baukastenmodulen zusammengestellt werden. Durch intensive Entwicklungsarbeit wurde in den vergangenen 2 Jahren zusätzlich eine neue Produktfamilie für die Hochleistungszerspanung großer Strukturbauteile im Flugzeugbau geschaffen, über die in diesem Beitrag berichtet werden soll.

Bild 1: Standorte und Produkte der DS-Technologie Werkzeugmaschinenbau GmbH

1 Anforderungen an moderne 5-Achs Hochleistungsfräszentren zur Bearbeitung großer Strukturbauteile

In der Flugzeugindustrie hat sich in den letzten Jahren das Prinzip der Integralbauweise mehr und mehr durchgesetzt. Die Grundidee der Integralbauweise besteht darin, nicht mehr wie früher ein großes Strukturbauteil aus vielen kleinen Einzelteilen zusammenzufügen, sondern vielmehr aus einem monolithischen Rohteil herauszuarbeiten. Hierdurch ergeben sich einerseits im Herstellprozeß erhebliche Einsparpotentiale durch Verkürzung der Durchlaufzeit und der Logistikkette, andererseits lassen sich durch die Integralbauweise die spezifischen Bauteilgewichte erheblich reduzieren, was gerade im Flugzeugbau von höchster Wichtigkeit ist. Einige typische Integralbauteile aus dem Bereich der Rumpfkonstruktion sind in Bild 2 dargestellt.

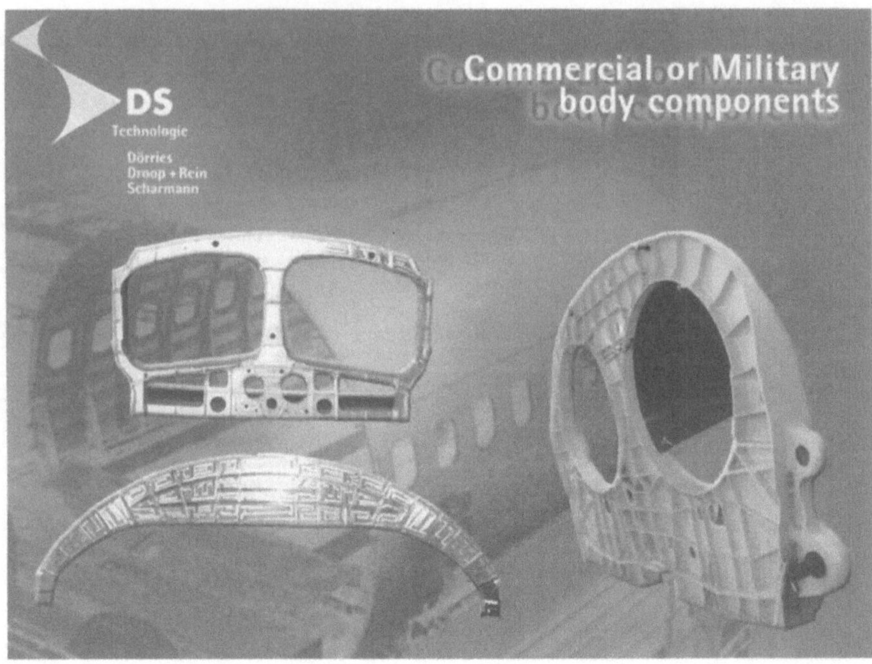

Bild 2: Beispiele für Integralbauteile

Als Werkstoff für Integralbauteile kommen in der Regel hochfeste Aluminium-Knetlegierungen zum Einsatz, wobei das Ausgangsmaterial häufig plattenförmig ist, mit Plattendicken zwischen 60 mm bis max. 300 mm. Neben den plattenförmigen Bauteilen gibt es ebenfalls eine Vielzahl langer, schlanker Profile, die im Bereich der Flügel (sog. Stringer oder Spars) oder auch im Bereich der Rumpfsegmente (z. B. Träger für den Flugzeugboden) verbaut werden. Die Bauteilgrößen dieser Integral-bauteile reichen von einigen 100 Millimetern bis zu Längen von ca. 30 Metern. Gemeinsam ist bei allen Integralbauteilen der hohe Zerspanungsgrad, der in der Regel bei über 80 % des Rohteilvolumens liegt. Bei neueren Konstruktionen aus dem Bereich des Militärflugzeugbaus werden Zerspanungsgrade von 95 % erreicht; bei Rohteilabmessungen von ca. 2000 mm x 1200 mm x120 mm liegt das Fertiggewicht bei nur noch ca. 17 kg. Durch die zunehmende Amwendung leistungsfähiger Konstruktionshilfsmittel im Flugzeugbau (3-D-CAD, FEM-Simulation etc.) sind die Konstrukteure in der Lage, die Festigkeitsgrenzen der Werkstoffe besser auszunutzen und damit die Bauteilge-wichte noch weiter zu reduzieren. Hierbei entstehen jedoch zunehmend komplexere Bauteilgeometrien, so daß der Anteil der 5-Achs-Bearbeitung stark zunimmt. Im Militärflugzeugbau liegt der Anteil der 5-Achsen-Bearbeitung bei bis zu 80 % der Gesamtzerspanung. Es ist damit zu rechnen, daß sich dieser Trend zur 5-Achsen-Bearbeitung auch im Zivilflugzeugbau durchsetzen wird und der Bedarf nach 5-Achsen-Hochleistungsfräszentren in den nächsten Jahren entsprechend stark steigt.

Da im Zuge der fortschreitenden Gewichtsoptimierung zudem die Wandstärken der Bauteile teilweise nur noch einen Millimeter betragen, müssen höchste Qualitätsan-forderungen bezüglich Maßhaltigkeit und Oberflächengüte erfüllt werden, die bislang in der Flugzeugindustrie in diesem Maße unbekannt waren.

Aufgrund der Bauteilgrößen kommen im Bereich der 5-Achsen-Großteilebearbeitung nur Maschinenkonzepte in Frage, bei denen alle Achsbewegungen auf der Werk-zeugseite liegen. Um maximal erforderliche Schwenkwinkel von +/- 40° erreichen zu können, werden bei herkömmlichen Maschinenkonzepten in der Regel Gabelköpfe oder Schrägachsenköpfe mit einer A/C- oder B/C-Kinematik eingesetzt.

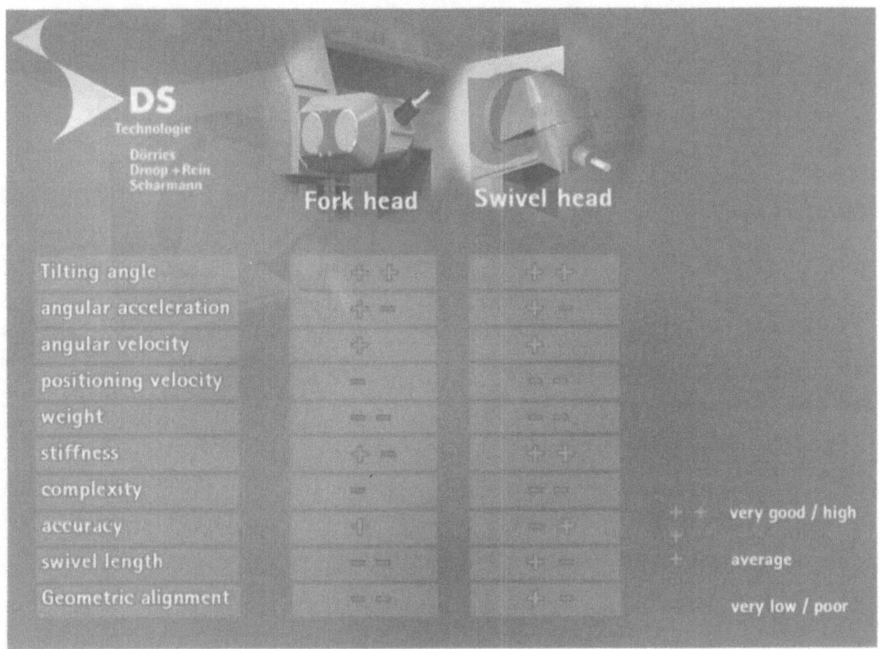

Bild 3: Bewertung konventioneller 2-Achsen-Köpfe

Wie die Bewertung in Bild 3 verdeutlicht, haben konventionelle 2-Achsen-Köpfe in Gabel- oder Schrägachsenbauweise den Vorteil, daß große Schwenkwinkel erreicht werden können, so daß mit diesen Köpfen eine komplette 5-Seiten-Bearbeitung möglich ist. Weiterhin lassen sich mit diesen Köpfen in der Regel recht hohe Steifigkeiten und große Schwenkgeschwindigkeiten bzw. Schwenkbeschleunigungen in den einzelnen Achsen erreichen. Deutliche Nachteile haben diese Köpfe aber bzgl. der Positioniergeschwindigkeit, des Gewichts und der notwendigen Ausgleichs-bewegungen, die die Maschinengrundachsen beim Schwenken der Rundachsen ausführen müssen. Außerdem ist der Aufbau der Köpfe sehr komplex, da alle Medien zur Versorgung der Frässpindel und der Achsantriebe in der Regel über Schleifringe (elektrische Signal- und Energieleitungen) und Drehdurchführungen (Motorkühlung, Schmierung, Werkzeugspannung, KSS etc.) durch die Rundachsen geführt werden müssen. So sind z. B. zur Versorgung einer Hochgeschwindigkeits-Motorspindel nicht weniger als 22 Medienleitungen erforderlich. Alle diese Drehdurchführungen und Schleifringe sind häufig Ursache für den Ausfall der Köpfe und stellen die wesentliche Schwachstelle bzgl. der Zuverlässigkeit dieser Kopfkonstruktionen dar.

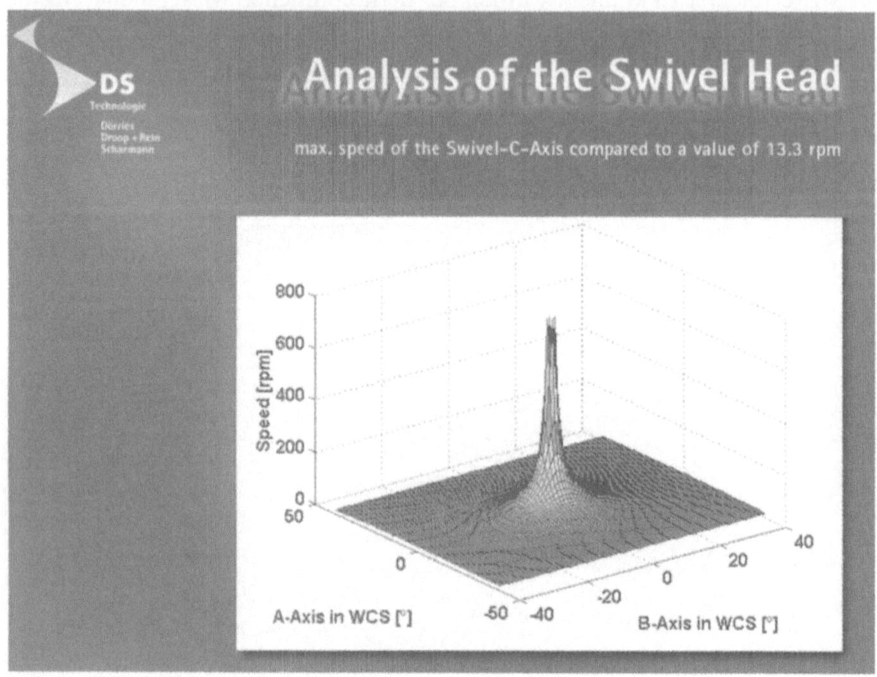

Bild 4: Kinematisches Übertragungsverhalten eines Schrägachsenkopfes mit A/C-Kinematik

Obschon, wie in Bild 3 dargestellt, die Schwenkgeschwindigkeiten bzw. die Schwenkbeschleunigungen der Rundachsen bei konventionellen Kopfkonstruktionen recht hohe Werte erreichen, ist das Positionierverhalten der Rundachsen im Zusammenwirken sehr langsam.

Die Ursache für dieses Verhalten ist im seriellen Aufbau der Köpfe zu sehen. In Bild 4 ist exemplarisch die erforderliche Schwenkgeschwindigkeit der C-Achse eines Schrägachsenkopfes dargestellt, wenn am Werkzeug eine kombinierte Schwenkbe-wegung um die X-Achse (A-Achse) und um die Y-Achse (B-Achse) erforderlich ist, was bei der 5-Achsen-Bearbeitung ja permanent gefordert wird. Aufgrund des kinematischen Konzeptes ergibt sich im Bereich der 0°-Stellung des Werkzeuges eine Polstelle für die Bewegung der C-Achse, da in dieser Position alle möglichen Stellungen der C-Achse nicht zu einer

Änderung am Werkzeug führen. Wird aber das Werkzeug nur leicht aus dieser Grundstellung herausbewegt, so sind zum Teil erhebliche Bewegungen der C-Achse erforderlich, um die richtige Position des Werkzeuges zu erreichen. Wie das Beispiel in Bild 4 zeigt, muß die Drehbewegung der C-Achse ca. 60 mal schneller erfolgen, als die geforderte Schwenkbewegung am Werkzeug. Solch hohe Schwenkgeschwindigkeiten (im Beispiel ca. 800 U/min in der C-Achse für 13,3 U/min = 80°/sek um die A- bzw. B-Achse des Werkzeuges) sind nicht erreichbar. Moderne Gabelköpfe oder Schrägachsenköpfe erreichen max. Schwenkgeschwindigkeiten von ca. 20 U/min.

Selbst wenn die Rundachsen in der Lage wären, die kinematisch erforderlichen Schwenkgeschwindigkeiten zu erreichen, würde das zu absurden Geschwindigkeiten in den Linearachsen führen, die ja die Ausgleichsbewegung machen müssen. So ergäbe sich für das gezeigte Beispiel eine erforderliche Geschwindigkeit der Linearachsen von ca. 20 m/sek, wenn man für den Radius zwischen Drehachse der C-Achse und Werkzeugspitze 250 mm ansetzt; der Wert der notwendigen Kreisbeschleunigung betrüge dann 1750 m/s^2.

Da solche Geschwindigkeits- und Beschleunigungsprofile weder von der Mechanik der Werkzeugmaschine noch von der Steuerung beherrschbar sind, bremst die Steuerung die Achsen soweit ab, bis alle Achsen in der Lage, der Bewegung zu folgen. Dieses Verhalten führt teilweise dazu, daß die Linearachsen quasi auf der Stelle verharren, während die Rundachsen drehen. Dadurch aber wird der Vorschub an der Schneide zum Teil bis auf den Wert Null zurückgenommen, was in Folge zu Freischneidungen und hoher lokaler Wärmeeinbringung (Hot-Spots, Dwell-Marks) am Werkstück führt.

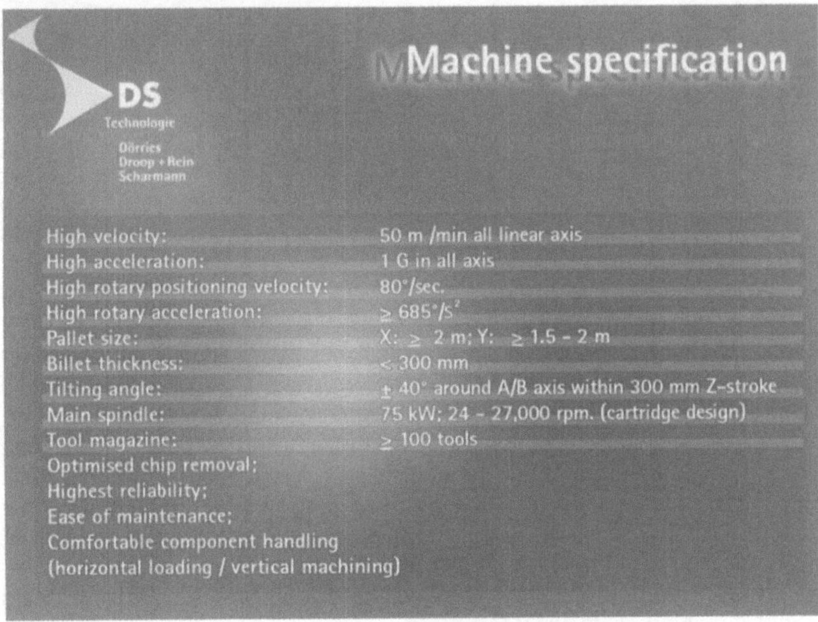

Bild 5: Maschinenspezifikation für eine zukunftsweisende 5-Achsen-Bearbeitung

Die Fa. DS-Technologie führte in den vergangenen Jahren intensive Gespräche mit den Fachleuten der Flugzeugindustrie, um deren Anforderungen an eine 5-Achsen-Bearbeitungsmaschine der Zukunft in einem Lastenheft bzw. einer Maschinenspezifikation zu verdichten. Die Kernforderungen sind in Bild 5 zusammengefaßt.

Vor dem Hintergrund, daß die erforderlichen Schwenkwinkel maximal +/- 40° bei einer Werkstückdicke bis zu maximal 300 mm betragen, entwickelte DS-Technologie ein neuartiges Kopfkonzept, das den Forderungen nach höchster Bearbeitungsgeschwindigkeit, hoher Bauteilqualität und höchster Zuverlässigkeit Rechnung trägt.

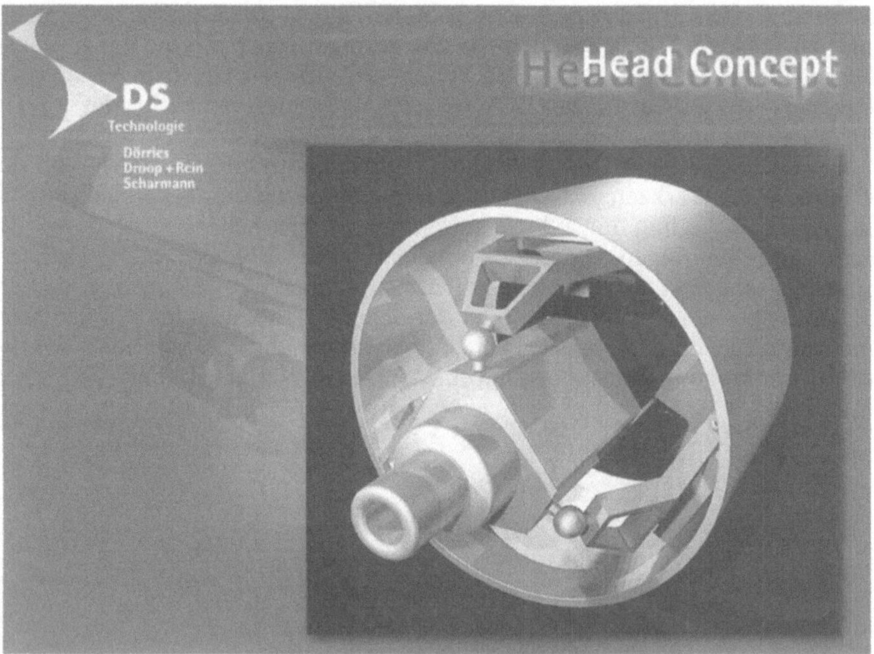

Bild 6: Konzept des 3-Achsen-Kopfes Sprint-Z3

Wie in Bild 6 erkennbar, handelt es sich bei dem neuen Kopf um eine Parallel-kinematik, mit 3 steuerbaren Freiheitsgraden. Diese Freiheitsgrade sind die Bewegung in Z-Richtung sowie Schwenkbewegungen um die A- und B-Achse. Zur Bewegungserzeugung sind in einem rohrförmigen Trägergehäuse 3 Linearmodule untergebracht, auf denen sich Vorschubschlitten parallel zur Z-Achse bewegen. An jedem dieser Schlitten ist jeweils mittels eines Walzengelenkes (1 Freiheitsgrad) ein Dreickslenker angebracht. An der anderen Seite trägt jeder Dreieckslenker ein Universalgelenk (3 Freiheitsgrade), das die Verbindung zur Trägerplattform (Spindelplattform) herstellt. Bewegt man nun alle Schlitten gleichsam in Z-Richtung, so bewegt sich die Spindelplattform ebenfalls in Z-Richtung, ohne aber eine Schwenkbewegung durchzuführen.

Überlagert man nun eine zusätzliche Translation der Z-Schlitten untereinander, so läßt sich zusätzlich zu dieser Z-Bewegung eine Schwenkbewegung um die A- und /oder B-Achse durchführen. Dieses Konzept wurde zum Patent angemeldet (das Patent ist zwischenzeitlich erteilt) und 2 Kunden aus der Flugzeugindustrie vorgestellt, was zum Auftrag über insgesamt 6 Bearbeitungsmaschinen führte.

3 Entwurf und Optimierung des Sprint-Z3 Kopfes

Der Entwurf einer Parallelkinematik stellt an den Werkzeugmaschinenkonstrukteur gänzlich andere Anforderungen, als die, die er von konventionellen Maschinen-konzepten her kennt. Der Entwurf und die Optimierung einer solchen Kinematik ist ohne moderne Softwaretools praktisch nicht möglich, da eine Vielzahl unterschiedlicher und sich einander beeinflussender Parameter die Lösung beeinflussen. In Bild 7 sind diese Konstruktionsparameter dargestellt. Während beispielsweise die Länge der Dreieckslenker, der Rohrdurchmesser oder die Lage der Gelenke unmittelbar Auswirkungen auf den erreichbaren Arbeitsraum (Z-Hub, Schwenkwinkel) und die kinematischen Übersetzungen haben, sind die Länge und der Durchmesser der Motorspindel wesentliche Geometriemerkmale bei der Bestimmung der Kollisionsräume.

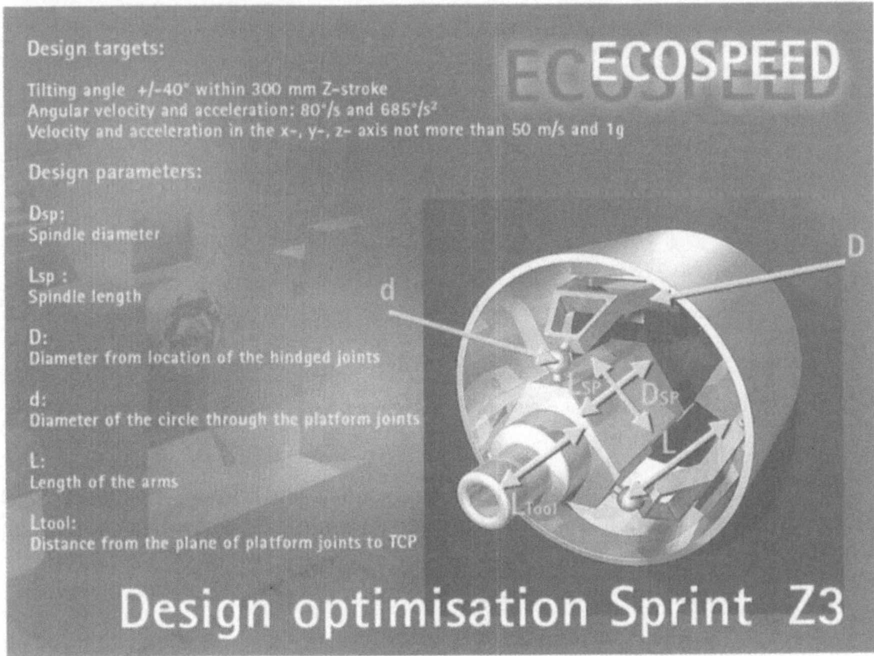

Bild 7: Designziele und Designparameter beim Entwurf des Sprint-Z3 Kopfes

Während der Entwurfs- und Optimierungsphase arbeitete DS-Technologie sehr eng mit dem WZL, Lehrstuhl für Werkzeugmaschinen (Prof. Weck) der RWTH Aachen zusammen. Die Arbeiten des WZL's beinhalteten alle Untersuchungen zur Kinematik, zur Kinetostatik und zur Strukturmechanik des neuen Kopfes. Auch die Herleitung der mathematischen Algorithmen zur Steuerung des Kopfes wurden von den Mitarbeitern Prof. Weck's erarbeitet. Die durchgeführten Arbeiten und die dabei eingesetzten Designtools sind in Bild 8 dargestellt. Es ist hervorzuheben, daß die wesentlichen Arbeiten bis hin zur Detaillierung durch die enge Zusammenarbeit innerhalb von 4 Monaten abgeschlossen waren, was neben dem großen Engagement der Beteiligten nur durch den Einsatz moderner Designwerkzeuge zu erreichen war. Zeitparallel erfolgte die Umsetzung der mathematischen Algorithmen in die Steuerung durch die Fa. Siemens. Die der Maschine erfolgt mit einer Siemens 840 D.

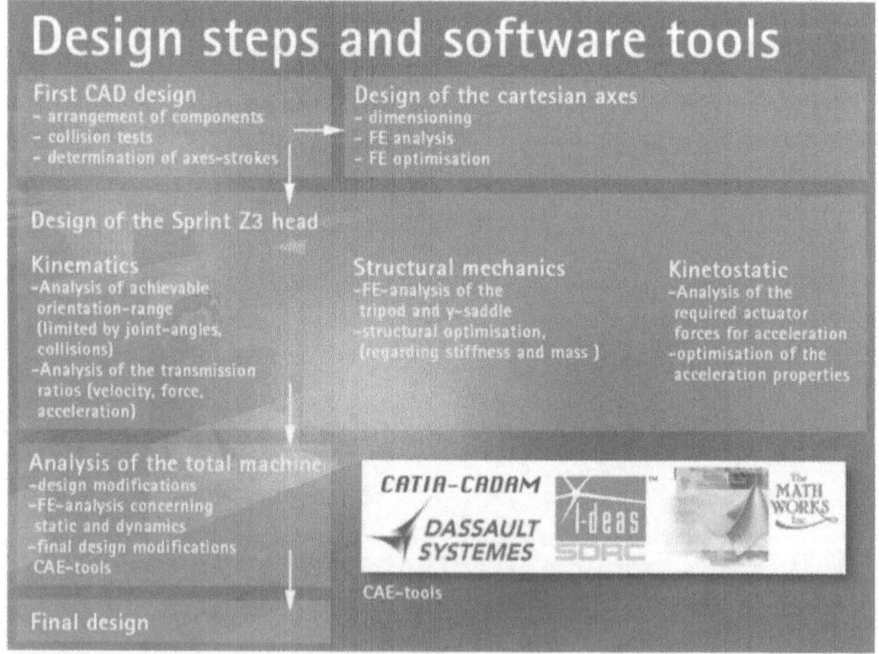

Bild 8: Konstruktionsschritte und eingesetzte Softwaretools

Die Vielzahl der durchgeführten Untersuchungen können an dieser Stelle nicht dargestellt werden; hierauf wird der Autor im Rahmen des mündlichen Vortrages detaillierter eingehen.

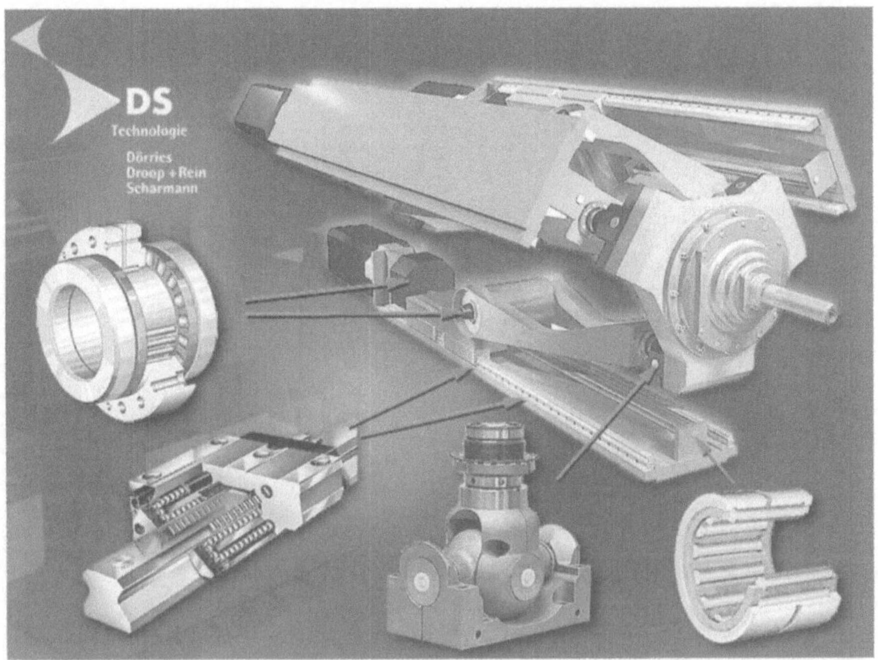

Bild 9: Mechanischer Aufbau des Sprint-Z3 Kopfes

In Bild 9 ist der prinzipielle mechanische Aufbau des Kopfes dargestellt. Für die Vorschubbewegung der Z-Module wurde auf bewährte Technik zurückgegriffen. Die Z-Schlitten werden jeweils über eine Kugelrollspindel angetrieben und durch Profil-schienenwälzführungen geführt. Das Walzengelenk der Dreieckslenker ist mit ZARF-Lagern der Fa. INA realisiert und bei den Universalgelenken zur Aufnahme wurde ebenfalls auf ein Standardprodukt der Fa. INA zurückgegriffen. Diese Universalgelenke sind aus vorgespannten Axial- und Radial- Nadellagern aufgebaut, die aufgrund einer Lebensdauerfettschmierung vollkommen wartungsfrei arbeiten; das gilt auch bezüglich der ZARF-Lager, die als Walzengelenke Verwendung finden. Die Positionsmessung erfolgt mit absolut messenden Linearmaßstäben der Fa. Haidenheim und als Antriebe kommen wassergekühlte Servomotoren der Baureihe 1FT08 der Fa. Siemens zum Einsatz.

Es wird deutlich, daß der Kopf in seinem mechanischen Aufbau nur aus erprobten Standardelementen besteht. Da alle Bewegungen lediglich auf Linearbewegungen der 3 Z-Module beruhen, sind keinerlei Schleifringe oder Drehdurchführungen erforderlich; hierdurch erreicht der Kopf ein Höchstmaß an Robustheit und Zuverlässigkeit.

Bild 10: 3-Achsen-Fräseinheit Sprint-Z3

Den fertig installierten Kopf zeigt Bild 10. Die Einheit bildet sowohl die 3 Achsen des Kopfes (Z-, A-, B-Achse) als auch den Y-Schlitten, der in den Maschinenständer eingehangen wird. Vergleicht man diese Einheit bezüglich ihres Gewichtes mit der Einheit einer konventionellen 5-Achs-Fräsmaschine mit Gabelkopf oder Schräg-achsenkopf, ergibt sich eine Gewichtsreduzierung um mehr als 50 %. Erreicht werden konnte diese deutliche Gewichtsreduzierung durch das neue kinematische Konzept einerseits und durch eine Stahlleichtbaukonstruktion andererseits, die auf Grundlage intensiver Finite-Elemente-Optimierungen erarbeitet wurde. Die in den Kopf integrierte Motorspindel liefert eine Zerspanleistung von 75 KW. Die maximale Drehzahl beträgt 27.000 U/min und das maximale Moment 75 Nm. Als Werkzeugschnittstelle kommt ein HKS-A63 zum Einsatz. Die Motorspindel kann mittels Schnellkupplungen innerhalb von 2 Stunden gewechselt werden. Der Z-Hub des Kopfes beträgt maximal 670 mm, womit die Forderung des Pflichtenheftes noch übertroffen wurden. Die Schwenkgeschwindigkeit von 80°/sek wird in allen Winkelstellungen erreicht, ohne das hierbei in den Linearachsen eine Ausgleichsbewegung von mehr als 50 m/min erforderlich ist.

4 Maschinensystem zur Bearbeitung großer Strukturbauteile

Auf Grundlage des neuen 3-Achsen-Kopfes Sprint-Z3 wurde von der Fa. DS-Technologie eine komplett neue Maschinenbaureihe mit dem Namen ECOSPEED entwicklelt. Der Grundsatz des Konzeptes besteht darin, daß alle Achsen auf der Werkszeugseite konzentriert sind; das Werkstück steht still (Bild 11).

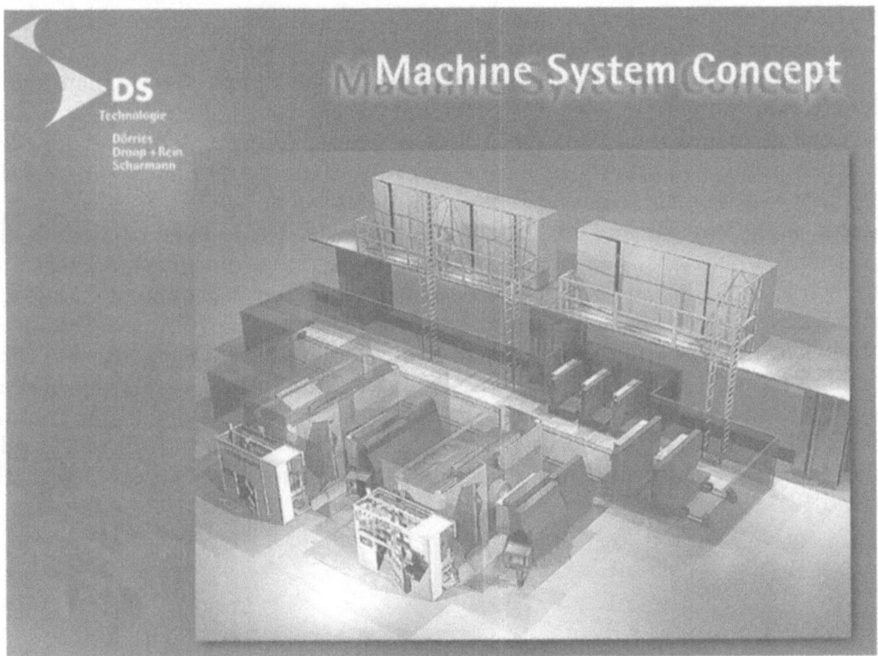

Bild 11: Maschinenkonzept zur 5-Achsen-Bearbeitung großer Strukturbauteile

Durch die horizontal angeordnete Werkstückspindel ist der Spänefluß optimal, was in Anbetracht der immensen Spanmengen (bis zu 100 Liter/min Spanvolumen während der Schruppbearbeitung) von enormer Wichtigkeit ist. Für die Abdeckung der Maschine wurde gemeinsam mit dem Partner Eitec eine Abdeckung aus Aluminiumprofilen entwickelt, die wie ein Vorhang die komplette Maschinenstruktur zum Arbeitsraum hin abdeckt. Eine solche Abdeckung mit einer Höhe von 4,5 m und einem Verfahrweg von 3,5 m ist bislang einzigartig. Abgesehen vom optimalen Spänefluß bietet diese Abdeckung aufgrund ihres geringen Gewichtes einen ruhigen Lauf und minimale Rückwirkungen auf die Maschinenstruktur bei hohen Beschleunigungen.

Die Werkstücke werden mittels Vakuumplatten auf Paletten gespannt und über ein Schienentransportsystem in den Arbeitsraum gefördert. An einer Schwenkstation werden die Paletten von der Vertikalen in die Horizontale geschwenkt, damit der Maschinenbediener einfach und ergonomisch die Werkstücke rüsten kann. Das Werkzeugmagazin erlaubt die Bevorratung von bis zu 160 Werkzeugen an der Maschine. Sind für die Herstellung von seitlichen Bohrungen (z. B. Nietlöcher) Winkelköpfe erforderlich, so können auch diese aus dem Werkzeugmagazin automatisch in die Spindel eingewechselt werden. Betrieben wird die Anlage wahlweise mit Minimalmengenschmierung (Trokkenbearbeitung) oder aber konventionell mit Kühlschmierstoff. Bei den derzeit in Auftrag befindlichen Anlagen handelt es sich jeweils um Systeme von zwei miteinander verketteten Maschinen, jedoch sind auch Einzelmaschinenlösungen mit Schwenkstation an der Maschine im Programm.

Gemäß Pflichtenheft wurde die Maschine so konzipiert, daß in allen translatorischen Achsen (X, Y, Z) Geschwindigkeiten von 50 m/min und Beschleunigungen von 1g (9,81 m/s^2) erreicht werden können. Aufgrund der Maschinengröße (Y-Verfahrweg 2,5 m und X-Verfahrweg größer 3,5 m) wurde für die X-Achse ein Führungs- bzw. Antriebssystem in Gantrybauweise gewählt. Aufgrund der großen Verfahrlänge scheidet ein Kugelgewindetrieb als Antriebsvariante aus. Die Ausführung des X-Antriebes mit linearen Direktantrieben ist aufgrund der hohen erforderlichen Antriebskräfte und der daraus resultierenden Baugröße und Anzahl der Linearmotoren sowohl von den Investitionskosten als auch den Betriebskosten her (Anschlußleistung der Maschine) indiskutabel. Daher fiel die Wahl des Antriebssystems auf ein Zahnstange-Ritzel-System. Aufgrund der hohen Verfahrgeschwindigkeit kommt jedoch kein mechanisch verspannter Zahnstangen-Antrieb zum Einsatz, vielmehr wurde ein Lösung mit elektronisch verspanntem "Getriebe" gewählt (Bild 12).

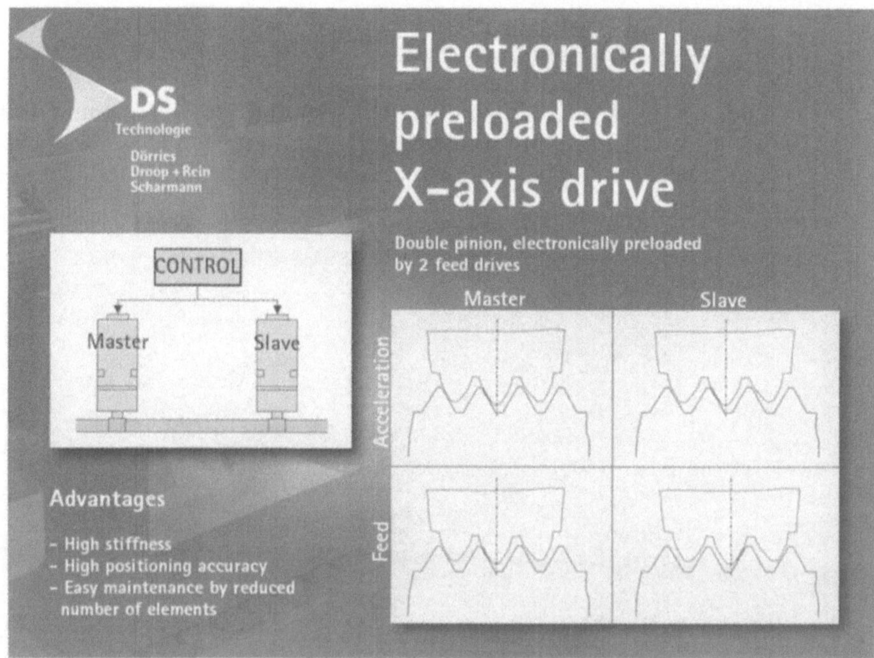

Bild 12: Prinzipielle Wirkungsweise eines elektronisch verspannten Zahnstangen-Ritzel-Antriebes

Die Wirkungsweise dieses Antriebssystems besteht darin, daß die Ritzel jeweils direkt, von einem Servomotor mit einem zwischengeschalteten Übersetzungsgetriebe angetrieben, in die Zahnstange eingreifen. Dabei sind die Motoren als Master und Slave miteinander gekoppelt, so daß über einen Drehmomentenausgleichsregler ein Verspannmoment zwischen den beiden Zahneingriffen aufgebaut werden kann. Befindet sich die Achse z. B. im normalen Vorschub oder im Stillstand, bei dem keine hohe Beschleunigung abverlangt wird, sind die Räder gegeneinander verspannt. Wird ein höheres Beschleunigungsmoment verlangt, wechselt das getriebene Ritzel seine Flankenanlage und beginnt ebenfalls zu treiben. Das Verspannmoment wird so gewählt, daß beim Flankenwechsel bereits ausreichend viel Druck auf der treibenden Flanke aufgebaut ist, so daß beim Flankenwechsel keine Lose entsteht.

Ingesamt sind in der X-Achse 4 Antriebe installiert, von denen jeweils 2 als Master/Slave-Verband wirken, die dann wiederum mit dem anderen Master/Slave-Verband im Gantry-Betrieb operieren. Mit diesem Antriebskonzept läßt sich einerseits die geforderte Beschleunigung von 1g realisieren, andererseits ergibt sich eine hohe Achssteifigkeit und damit eine hervorragende Bahntreue auch bei hoher Dynamik. Der mechanische Aufbau des X-Achsen Antriebes ist denkbar einfach und besteht nur aus Standardkomponenten. Hierdurch wird sowohl dem Anspruch höchster Zuverlässigkeit Rechnung getragen, als auch der Aufwand für Wartungs-arbeiten minimiert.

Die Y-Achse ist mit Kugelgewindetrieben in Gantry-Anordnung ausgeführt, wobei jeweils zwei Servomotoren eine Spindel antreiben. Durch dieses Konzept konnte auf einen Gewichtsausgleich verzichtet werden, der nach aller Erfahrung bei hohen Achsgeschwindigkeiten und Achsbeschleunigung Probleme macht. Mit dem gewählten Antriebskonzept wird auch in der Y-Achse eine Beschleunigung von 1g bei einer maximalen Verfahrgeschwindigkeit von 50 m/min erreicht.

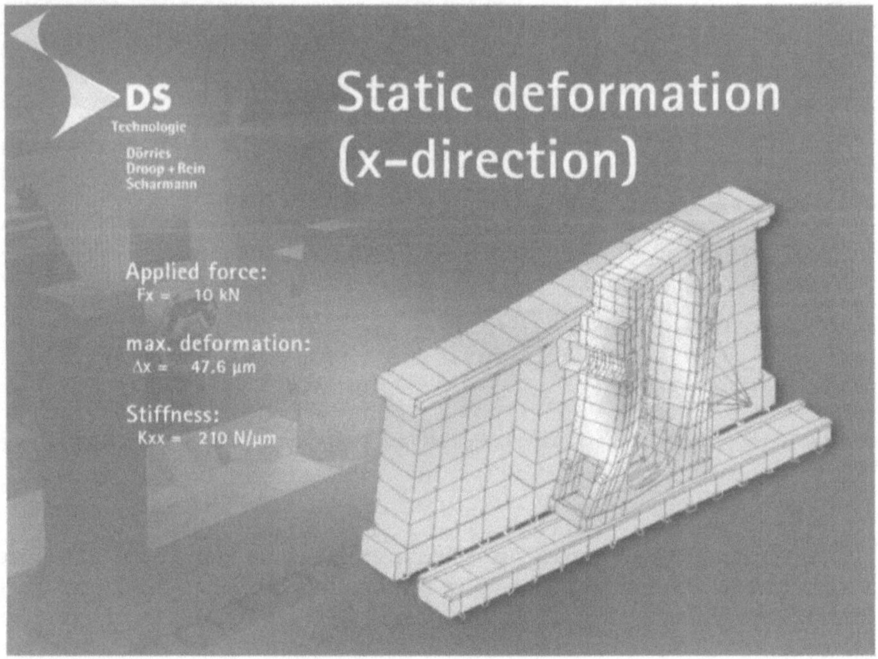

Bild 13: Finite Elemente Optimierung der Basismaschine

Grundvoraussetzung für die Erreichung einer hohen Achsbeschleunigung ist eine steife, aber dennoch bezüglich der bewegten Massen möglichst leichte Maschinen-struktur. Mit dieser Zielsetzung wurde die gesamte Basismaschine (ebenso wie der 3-Achsen-Kopf selbst) mit Hilfe der Finiten-Elemente-Methode optimiert (Bild13). Bei dieser Optimierung standen weniger die statischen Steifigkeiten im Vordergrund, da die Bearbeitungskräfte bei der Aluminiumbearbeitung vergleichsweise niedrig ausfallen. Vielmehr erfolgte die Optimierung der dynamischen Steifigkeitkeit im Hinblick auf die Verformung der Struktur infolge der Massenkräfte bei Beschleunigung und hinsichtlich der Maschineneigenfrequenzen bezüglich deren Rückwirkung auf die Vorschubantriebe. Eine weitere Zielsetzung bei der Optimierung bestand darin, den Maschinenaufbau und die Schweißkonstruktionen (Verrippung) möglichst fertigungs- und montagegerecht zu gestalten.

5 Praxiseinsatz

Das beschriebene Maschinensystem wurde gemeinsam mit dem Kunden DaimlerChrysler Aerospace AG, Werk Augsburg, konzipiert. Nach erfolgreicher Durchführung der Voruntersuchungen erteilte DASA Augsburg der Fa. DS-Technologie den Auftrag zur Lieferung von 2 Systemen mit je 2 Maschinen, wie oben in Bild 11 dargestellt. Der Auftrag wurde im Februar 1999 erteilt und die betriebsbereite Übergabe des ersten Systems (bestehend aus zwei Maschinen) erfolgte termingerecht im Mai diesen Jahres. Einen Blick auf die erste Anlage während der Endmontage im Werk DASA Augsburg zeigt Bild 14.

Bild 14: Ansicht des Maschinensystems während der Endmontage

Nach vollständiger Montage ist die Maschine komplett eingehaust, so daß die Anlage dem neuesten Stand der Technik bezüglich Maschinensicherheit (Blechdicken der Einhausung) sowie der Arbeitsraumabsaugung (Anforderung bzgl. Trocken-bearbeitung) genügt. Gut zu erkennen ist auch der Arbeitsraum mit der Rolloab-deckung, wodurch die Späne aus dem Arbeitsraum direkt in den Späneförderer abgeführt werden (die Montageöffnungen am Spindelkasten werden mit Abdeckblechen verschlossen).

Seit der Übergabe der beiden Maschinen an die Produktion im Mai diesen Jahres produziert der Kunde in vier Schichten rund um die Uhr. Die erzielten Oberflächen und die Maßhaltigkeit der Bauteile sind von hervorragender Qualität, bei deutlich reduzierten Bearbeitungszeiten. Der Aufbau des zweiten Systems bei DASA Augsburg wird im Oktober diesen Jahres abgeschlossen. Zwischenzeitlich wurde ein fast baugleiches System bestehend aus 2 Maschinen ebenfalls von der Fa. DASA, Werk Varel in Auftrag gegeben.

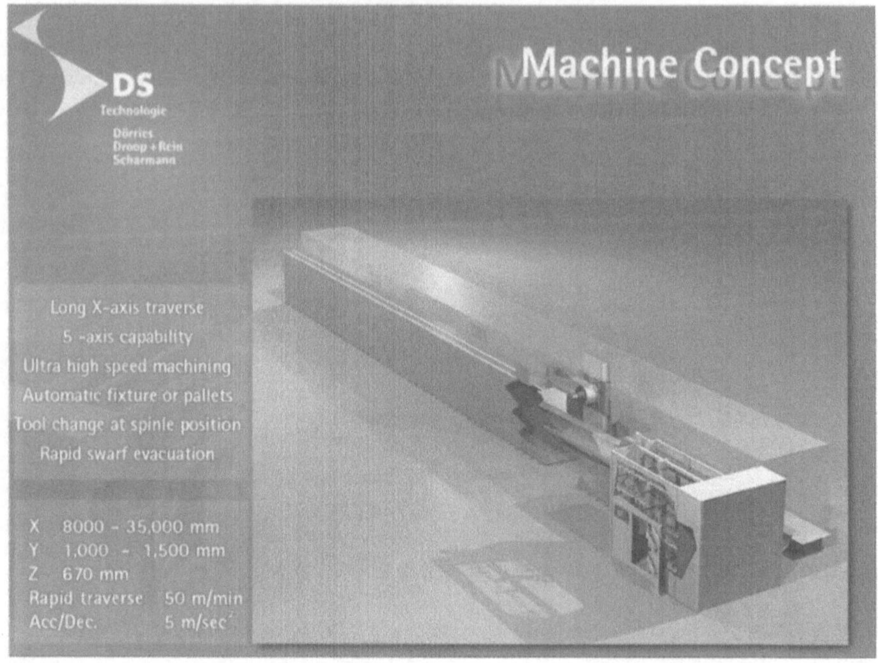

Bild 15: Anlage zur Bearbeitung von Stringern für die Airbus-Familie

In Bild 15 ist eine Anlage dargestellt, die von DS-Technologie für die Fa. Bae Systems, Werk Chester, für die Bearbeitung von Stringern entwickelt wurde. Die Stringer sind die tragenden Bauteile eines Flügels in Flügellängsrichtung und weisen bei der Airbus-Familie Längen zwischen ca. 800 mm bis ca. 30.000 mm auf. Die entsprechende Bearbeitungsmaschine muß daher einen Verfahrweg von mehr als 30 Metern aufweisen. Aufgrund der geringen Bauhöhe der Stringer reicht aber zur Bearbeitung ein Y-Verfahrweg von 1000 mm aus. Da auch bei der Stringerbearbeitung Zerspanungsgrade von bis zu 90 % erreicht werden und auch hier eine 5-Achsen-Bearbeitung erforderlich ist, kommt auch bei dieser Anlage der 3-Achsen-Kopf Sprint-Z3 baugleich wie bei der ECOSPEED zum Einsatz.

Aufgrund der relativ kleinen Y-Verschiebung von 1000 mm wurde bei dieser Anlage (Produktname ECOLINER) auf eine Gantrybauweise für die X-Achse verzichtet. Ansonsten ist das Ständerkonzept der Maschine baugleich zur ECOSPEED. Aufgrund der Fahrständerbauweise wurde die maximale Beschleunigung der Maschine jedoch auf 5 m/s2 begrenzt, was für den speziellen Fall der Stringerbearbeitung auch ausreichend ist, da hier keine Taschen gefräst werden, sondern nur Außenkonturen zu bearbeiten sind, die nicht eine so hohe Bahndynamik erfordern.

Die erste von zwei Maschinen wurde im Mai diesen Jahres an Bae-Systems ausgeliefert.

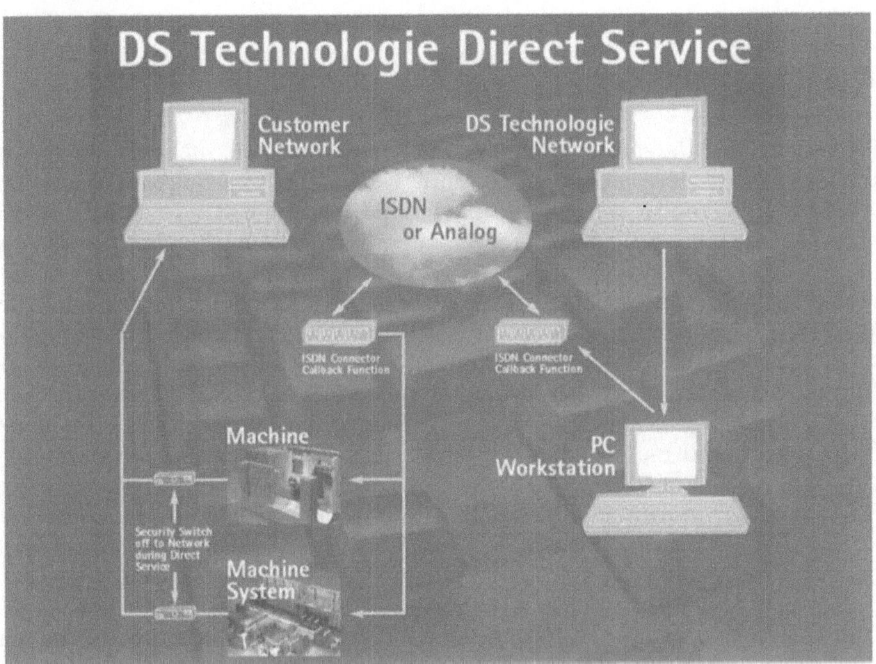

Bild 16: Maschinenferndiagnose und Teleservice

Ein wesentlicher Aspekt beim Betrieb komplexer Anlagen mit hohem Investitionsvolumen ist die hohe Verfügbarkeit für den Kunden. Hohe Verfügbarkeit ist aber nur durch höchste Zuverlässigkeit der verwendeten Baugruppen und durch kürzeste Reaktionszeit des Servicepersonals von Seiten des Maschinenlieferanten zu gewährleisten, um Störungen umgehend beseitigen zu können.

Hinsichtlich der Zuverlässigkeit der Baugruppen wurde bei den Produkten ECOSPEED und ECOLINER, wie bereits oben ausgeführt, durchweg auf den Einsatz erprobter Standardelemente geachtet, da hier die statistische Zuverlässigkeit am weitesten entwickelt ist.

Zur Reduzierung der Servicereaktionszeiten und zur Unterstützung des Servicepersonals vor Ort hat DS-Technologie die Produktfamilien ECOLINER und ECOSPEED zusätzlich mit Modulen zur Maschinenferndiagnose und Teleservice ausgestattet. Falls der Kunde es erwartet, kann sich der Servicetechniker von DS-Technologie direkt, wie in Bild 16 dargestellt, von seiner Servicestation via ISDN in die Maschine einwählen und hat Zugriff auf alle Statusmeldungen der NC und der PLC. So kann er einerseits direkte Fehlersuche z. B. vom Standort Mönchengladbach betreiben und/oder den Servicetechniker vor Ort unterstützen. Hierdurch lassen sich die Stillstandszeiten von Anlagen im Störungsfall wesentlich fertigungs- und montagegerecht zu gestalten.

6 Zusammenfassung

Im Flugzeugbau setzt sich die Integralbauweise mehr und mehr durch, was zu immens hohen Zerspanvoluminia führt. Um zu noch geringeren Bauteilgewichten zu gelangen, werden die Integralteile zunehmend als echte 3-D Bauteile gestaltet, so dass die 5-Achs-Bearbeitung im Flugzeugbau weiter zunimmt. Aufgrund der geringeren Wandstärken moderner Konstruktionen, gewinnen Qualitätsmerkmale wie Masshaltigkeit und Oberflächengüte der Werkstücke im Luftfahrzeugbau immer mehr an Bedeutung.

Um diesen neuen Herausforderungen begegnen zu können, verlangen die Flugzeughersteller und deren Zulieferanten eine neue Generation von Hochleistungsfräszentren für die 5-Achsbearbeitung grosser Strukturbauteile. Diese Maschinen müssen möglichst über eine horizontale Spindelanordnung zur Optimierung des Spänefalls verfügen und höchste Abtragleistungen beim Schruppen sowie grösste Bearbeitunsggeschwindigkeit beim Schlichten bieten. Das bedeutet, die Maschinen müssen hochdynamisch sein und das auch bei der 5-Achsbearbeitung.

Vor dem Hintergrund, dass seriell aufgebaute 2-Achsköpfe wie Gabelköpfe oder Schrägachsenköpfe aufgrund des kinematischen Prinzips für hochdynamische Anwendungen nicht geeignet sind, entwickelte DS-Technologie einen neuartigen 3-Achsen-Kopf mit paralleler Kinematik. Dieser Kopf wurde speziell auf die Belange der Flugzeugindustrie zugeschnitten.

Gleichzeitig mit dem Kopf Sprint-Z3 wurde von DS-Technologie das neue Maschinenkonzept ECOSPEED entwicklet, dass dem Anforderungsprofil der Flugzeugbauer Rechnung trägt. Mit der Maschine lassen sich (im Zusammenspiel mit dem Kopf Sprint-Z3) höchste Bearbeitungsgeschwindigkeiten bei hervorragender Bauteilqualität bzgl. Masshaltigkeit und Oberflächengüte erreichen.

Potential und zukünftige Entwicklungsmöglichkeiten parallelkinematischer Werkzeugmaschinen

TH. TREIB

Einführung

Um es gleich vorweg zu sagen: Den Durchbruch für Parallelkinematiken (PK) im Werkzeugmaschinenbau gibt es nicht, wohl aber vielversprechende Ansätze für eine hybride Lösung, bestehend aus einer ebenen PK (Schwingen, Kurbeltrieb), aufgesetzt auf einer Linearachse, die die Mikron AG Nidau in Zusammenarbeit mit DaimlerChrysler erprobt hat.

1 Kooperationsprojekt WZM-PK HPM 800 „Silberpfeil"

Auf der Suche nach Low Cost-Lösungen für eine kompakte 3-Achs-CNC-Einheit hatte sich Mikron 1996 entschieden, im Rahmen eines Projektes eine praxisnahe Studie eines Triaglide zu bauen.

Das Resultat wurde im September auf der EMO '97 ausgestellt. Die Ergebnisse waren vielversprechend. Mikron entschied sich deshalb, das Thema als Strategieprojekt weiterzuführen mit dem Ziel, Ende '99 eine Entscheidungsgrundlage zu haben, ob mit Parallel-Kinematik (PK)-Konzepten eine Serien-Plattform darstellbar ist. Die Idcc zur Weiterführung des Vorhabens zündete dann bei einem der Treffen, die Mikron mit Daimler Benz im Rahmen seiner regelmäßigen Key Customer-Gespräche bei der Entwicklung neuer Produkte führt.

Die DaimlerChrysler suchte einen innovativen Werkzeugmaschinenhersteller, der mithalf, ein ambitiöses, neues Produktionskonzept zu realisieren. Für Mikron, obwohl nicht direkt im Segment Motorenproduktion tätig, die Chance, einen technologisch führenden Kunden zu gewinnen, welcher die Aufgabenstellung (Lastenheft) und die Technologie (Zylinderkopfbearbeitung) lieferte.

2
Zielsetzung: die Motivation = Mikron als Preisbrecher, DaimlerChrysler als Katalysator

Basis für alle Konzeptüberlegungen waren die Erfahrungen, die Mikron bereits mit dem 1996 am IWF-ETHZ erfundenen Hexaglide und dem daraus abgeleiteten Triaglide gemacht hatte, aber auch mit allen konventionellen Konzepten von Mikron.

Es wurden alle denkbaren Varianten von räumlichen und ebenen Parallelkinematiken (Hexaglide, Triaglide, Schere) studiert, d. h. bis auf das Niveau maßstäblicher Konstruktionsentwürfe detailliert und durchgerechnet. Die interessierenden Auslegungsparameter bei gegebenem Arbeitsraum waren: Volumen (Footprint), Steifigkeit (im Tool Center Point TCP), bewegte Masse, Geschwindigkeitsverstärkung, Kraftverstärkung, Kosten (HK).

Das Fazit war und ist:

- Herstellkosteneinsparungen >5 % sind nicht darstellbar. Die Rechnung ergab, dass Gelenke + Antriebe von PK das Gleiche kosten wie Linearführungen + Kugelrollspindeln.
- PK-Konzepte, speziell räumliche, bauen größer als SK; eine kompakte Maschine bleibt aber immer ein wichtiges Argument.
- Der konstruktive Knackpunkt Gelenke benötigt bis zur Serientauglichkeit noch etwas Zeit, speziell was die Kosten betrifft.

Demzufolge war den Konstrukteuren bei Mikron klar, dass sie die Vorteile nur über ein hochdynamisches Konzept verwirklichen konnten, welches sich bei etwa vergleichbaren Herstellkosten mit heutigen BAZ in den Stückkosten als überlegen beweisen musste.

Das letztendlich gewählte Konzept stellt eine hybride Lösung, bestehend aus einer ebenen PK (Schwinge, Kurbeltrieb), aufgesetzt auf einer Linearachse, dar. Damit ist auch die Forderung nach einer Modularität 3+1+1 Achsen erfüllt. Die Vorteile gegenüber klassischen Maschinen mit Turm (Fahrständer- oder Kreuzbettbauweise) sind: niedriger Massenschwerpunkt, geringe bewegte Masse, zwei Antriebsachsen in einer Ebene und damit auch einfach herzustellende Strukturbauteile. Eine Schwachstelle ist die Z-Achse ("Pinole") bei voll ausgefahrenem Hub (gegenüber Tischmaschinen).

3
Resultate und Daten

Die **HPM** 800 (High Performance Machining) benannte Maschine mit Hüben von 750 mm in X-, 450 mm in Y- und 500 mm in Z-Richtung ist voll Cmk-fähig, d. h. sie ist sogar noch etwas genauer als die herkömmlichen BAZ.

- Die Taktzeiten/Hauptzeiten der definierten Prozessinhalte sind ca. 30 % niedriger.
- - Die Herstellkostenziele werden voll erreicht bzw. unterboten.

Technische Daten:

- Beschleunigung in allen Achsen 2 g,
- Arbeitsvorschübe/Eilgänge 80...100 m/min,
- bewegte Masse (inkl. Spindel) 1000 kg,
- Spindelleistung 20 KW,
- Spindeldrehzahl 24 000 min-1.

In der Summe scheint sich mit dem gefundenen Maschinenkonzept ein Stückkostenvorteil gegenüber der mit der aktuellen Lösung für die Zylinderkopfbearbeitung von etwa >30...40 % realisieren zu lassen. Zukünftige Potenziale sollen sich dann noch mit konsequentem Leichtbau und dem gezielten Einsatz von Linearmotoren erschließen lassen.

4 Ausblick

Das Entwicklungs-Potential wurde anhand dieser Studie bewiesen:

- die Maschine ist voll Cmk-fähig, sie ist sogar etwas genauer als herkömmliche Bearbeitzungszentren,
- die Taktzeiten/Hauptzeiten der definierten Prozessinhalte sind etwa 30% niedriger
- die Herstellkostenziele wurden von erreicht (im Vergleich zu den Kosten herkömmlicher Bearbeitungszentren halbiert)

Aus Sicht Forschung und Entwicklung sind Schlüsselthemen Gelenke und Kalibrierung, aus Sicht Konstruktion sind es die Werkzeug-/Werkstück (WZ/WS)-Logistik sowie Abdeckungen, um nur die wichtigsten zu nennen. Das dominante Design ist noch nicht gefunden, vielmehr steht eines fest: Finalprodukte definieren WS und Technologie(n), diese wiederum definieren die Maschinenkonzepte. WS, für welche sich unterschiedliche PK-Konzepte sinnvoll ableiten lassen, sind z. B. kleine, mittlere und größere kubische Gehäuseteile aus Leichtmetall-Legierungen (Zylinderköpfe, Drosselklappengehäuse) lange, flache, prismatische Integralbauteile für die Flugzeugindustrie aus Al/Ti (Spanten, Stringer), Formen aus Al und/oder St mit Freiformflächen. Mikron will nun mit ein oder zwei Premium-Kunden das Projekt zur Serienreife bringen.

5 Abbildungen

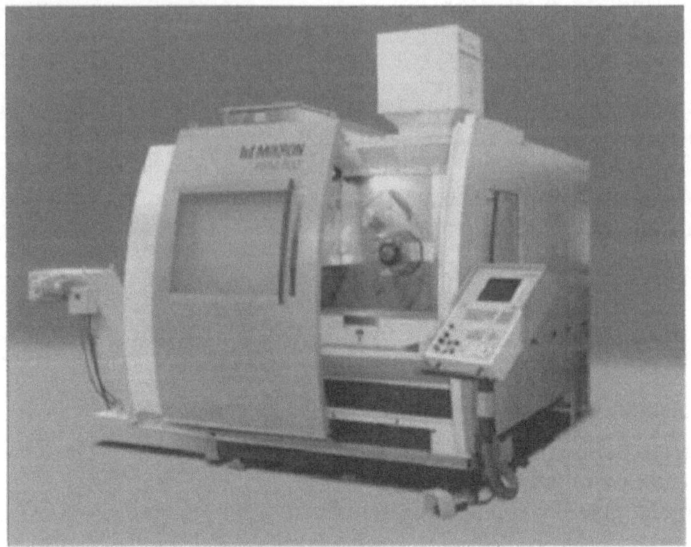

Bild 1: Kooperationsprojekt WZM-PK HPM 800 „Silberpfeil“

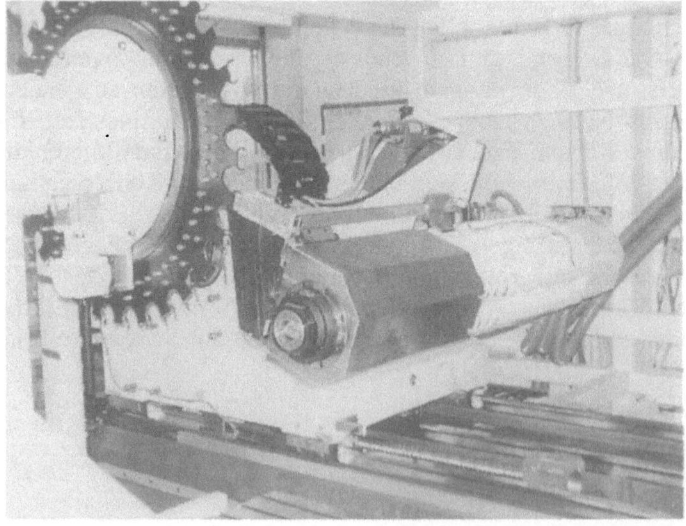

Bild 2: Die Maschine bewegt sich 4 Monate nach Konstruktionsbeginn

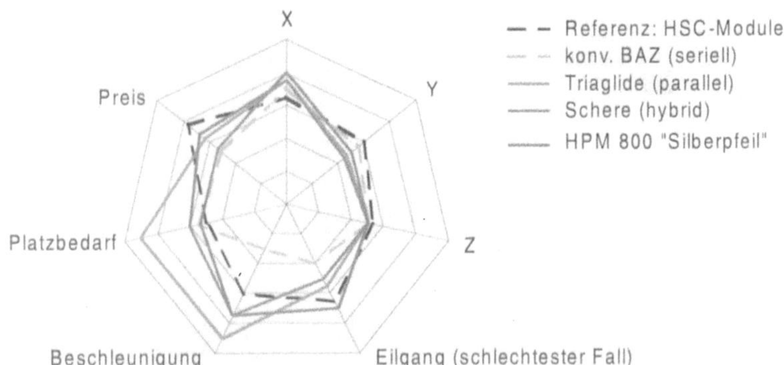

Bild 3: Konzeptvergleich von Bearbeitungsmodulen mit serieller, paralleler und hybrider Struktur

Bild 4: Teamwork für den gemeinsamen Erfolg (bei DaimlerChrysler vor der TestmaschineHPM 800)

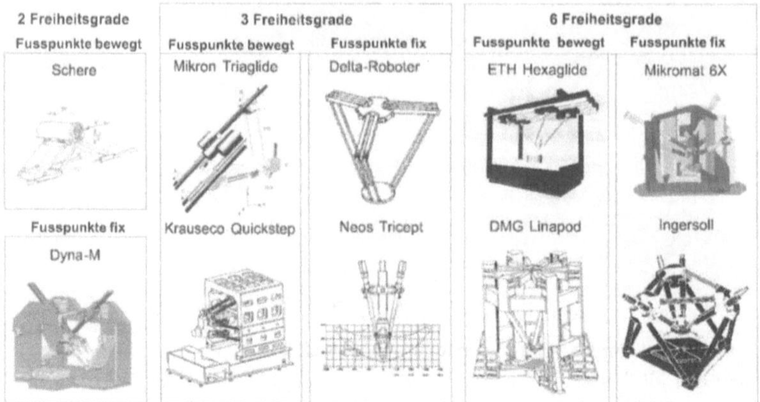

Bild 5: Bauformen von Parallelkinematiken

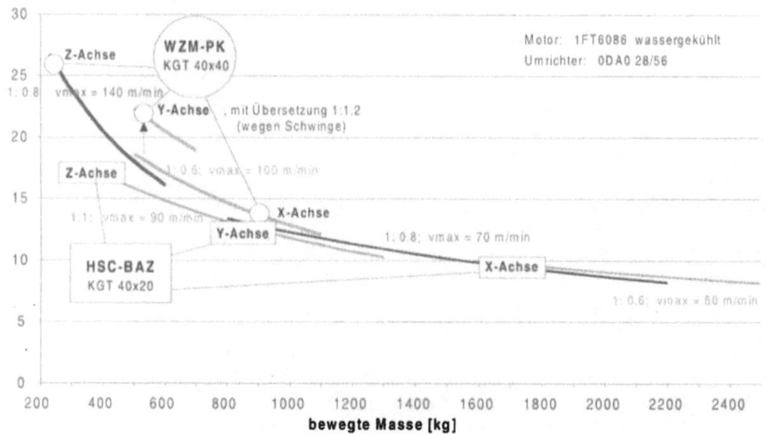

Bild 6: Vergleich HSC-BAZ mit WZM-PK (Beschleunigungen und Vorschübe)

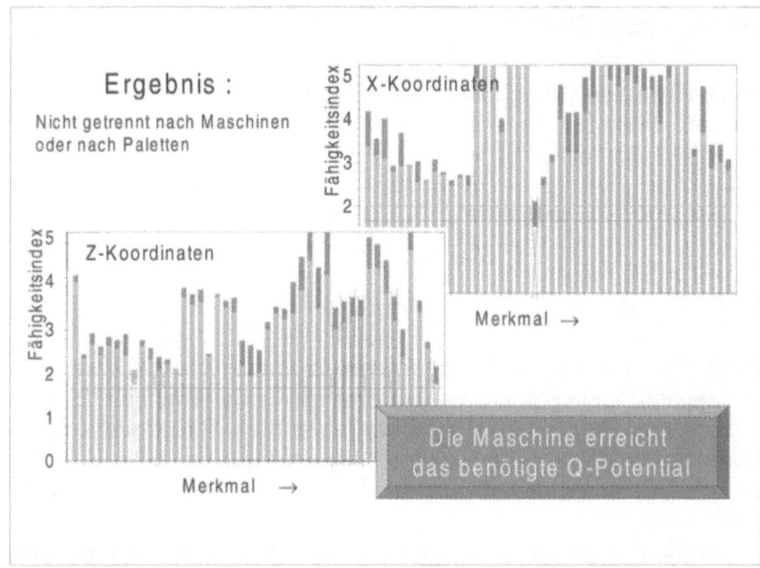

Bild 7: Cmk – Analyse DaimlerChrysler

Verfahren der Positionsmessung und Kalibrierung bei PKM

U. HEISEL, J.-O. HESTERMANN, H. BÖHLER, N. PLISCHKE

Einführung

Eine Steigerung der Dynamik zur Erhöhung der Produktivität von Werkzeugmaschinen in konventioneller, serieller Bauform ist durch Erreichen der technologischen Grenzen nur noch mit hohem Aufwand realisierbar. Neue Lösungsansätze zur Überwindung dieser dynamischen Grenzen besonders hinsichtlich der 5-Achsbearbeitung zeigen Werkzeugmaschinen mit Parallelkinematik (PKM).

Durch die parallele Anordnung bedingt greifen alle Antriebsachsen direkt am Endeffektor an, wodurch keine Achse die andere tragen muss und somit geringere Achsantriebskräfte erforderlich sind und die Bauteile bezüglich Gewicht günstiger ausgeführt werden können. Durch das im Vergleich günstigere Verhältnis von Traglast zu bewegter Masse bei Parallelkinematiken kann eine hohe Dynamik erreicht werden. Der mechanische Aufbau einer PKM zeichnet sich durch eine hohe Anzahl von Gleichteilen aus, wodurch sich die Fertigungskosten einer Werkzeugmaschinen reduzieren lassen.

Bei seriell aufgebauten Werkzeugmaschinen wird die angestrebte Genauigkeit durch präzise und somit kostenintensive Fertigung der Bauteile und aufwendige Montageverfahren der Einzelkomponenten erzielt. Zusätzlich kann noch eine softwareseitige Kompensation durchgeführt werden. Die hierfür erforderlichen Daten können mit am Markt erhältlichen Meßsystemen erfasst werden. Beispielsweise können mit einem Laserinterferometer die für die mechanische Genauigkeit relevanten Größen, wie Geradheit, Ebenheit und Winkligkeit, gemessen werden. Die beschriebene Vorgehensweise zur Erzielung der geforderten hohen Fertigungsgenauigkeiten für serielle Werkzeugmaschinen sind teuer und zeitaufwendig.

Da bei PKM in Hexapod-Ausführung alle sechs Freiheitsgrade am Endeffektor steuerbar sind, können Positionierungsfehler in Lage und Orientierung mittels Software minimiert werden. In diesem Beitrag werden Verfahren und Methoden zur Kalibrierung behandelt.

1 Kalibrierungansätze für PKM

In der Steuerung wird ein mathematisches Modell der Parallelkinematik abgebildet. Basierend auf diesem mathematischen Modell werden die Transformationen zur Verbindung von kartesischem Werkzeugkoordinatensystem und dem Achskoordinatensystem der PKM aufgebaut. Die Geometrie des Modells wird primär durch die in der CAD-Konstruktion festgelegten Daten bestimmt. Aufgrund von Fertigungs- und Montagetoleranzen weicht die Geometrie der Maschine von den konstruktiv vorgegebenen Werten ab. Wird nun das auf CAD-basierte mathematische Modell in der Steuerung verwendet, ergeben sich Abweichungen zwischen gewünschter und berechneter Position.

Um die Genauigkeiten bei PKM dennoch zu erreichen, bedarf es einer Anpassung des mathematischen Modells an die Geometrie der Maschine. Dieser Vorgang wird mit Kalibrierung bezeichnet und kann im wesentlichen durch zwei unterschiedliche Vorgehensweisen beschritten werden:

1. **Kompensation:** Der Arbeitsraum wird mit der ungenauen Maschine abgefahren und an Stützpunkten werden mit einem externen Meßsystem die Abweichungen zwischen den Soll- und Ist-Werten ermittelt. Die Anzahl der Stützpunkte wird durch die geforderte Genauigkeit bestimmt, da zwischen den Stützpunkten die Positionen interpoliert werden. Das mathematische Modell wird nicht verändert, sondern die Positionsabweichungen mit einer Kompensationstabelle korrigiert.
2. **Identifikation:** Für unterschiedliche Stellungen des Endeffektors im Arbeitsraum werden mit dem integrierten Meßsystem die Achspositionen und mit einem externen Meßsystem die Position des Endeffektors bestimmt. Aus diesen Werten werden mit einem Algorithmus die geometrischen Koeffizienten des mathematischen Modells identifiziert. Das mathematische Modell wird somit der realen Geometrie der Maschine angepasst. Durch diese Geometrieidentifikation ist die Steuerung in der Lage genaue Stellgrößen zu berechnen.

Beide Verfahren eignen sich zur Verbesserung der Genauigkeit von PKM, dynamische Einflüsse werden jedoch nicht berücksichtigt. Der Messaufwand zur Erstellung einer genauen Kompensationstabelle ist sehr hoch anzusetzen. Die erreichbare Genauigkeit wird durch das externe Meßsystem vorgegeben. Dagegen ist der Messaufwand für die Identifikation deutlich geringer und die erreichbare Genauigkeit wird durch die Wiederholgenauigkeit der Maschine begrenzt.

2
Anforderungen an das Meßsystem

Für beide Verfahren ist ein externes Meßsystem erforderlich. Je mehr Größen simultan bestimmt werden und je besser die Genauigkeiten sind, desto geringer ist die Anzahl der erforderlichen Messungen. Sind für die Auswertung sechs Freiheitsgrade erforderlich, so können sie z.B. auch über drei Messungen mit einem Verfahren bestimmt werden, das nur die Position eines Punktes im Raum ermittelt, oder neun Messungen mit einem Gerät zur Längenbestimmung nach dem Prinzip der Trilateration.

An ein externes Meßsystem zur Kalibrierung von PKM sind folgende Anforderungen zu stellen:

- Hohe Genauigkeit
- Automatische Datenaufnahme
- Kurze Messdauer
- Gute Handhabbarkeit
- Werkstatttauglichkeit
- Niedrige Investitionskosten

Die Anforderung an die Genauigkeit von Werkzeugmaschinen liegen im Bereich von unter 10μm. Das externe Meßsystem sollte ebenfalls in diesem Genauigkeitsbereich liegen. Meßsysteme wie Laserinterferometer und Glasmaßstab erfüllen diese Anforderungen, jedoch kann nur ein Freiheitsgrad gemessen werden. Mehrdimensionale Meßsysteme sind entweder im Messbereich oder in der Genauigkeit eingeschränkt. Der Messbereich muss gleich groß dem Arbeitsraum der Maschine sein. Der Arbeitsraum derzeit bekannter PKM liegt unter einem Kubikmeter.

Die Messwertaufnahme sollte automatisch erfolgen können, d.h. die Messungen selber benötigen keinen Personaleinsatz. Für den industriellen Einsatz ist es erforderlich, dass die Aufbereitung der Daten für die Kalibrierung ebenfalls automatisiert mit Hilfe von Software-Modulen erfolgt. Auch bei automatisierter Datenaufnahme sollte die Messdauer möglichst kurz sein, um sowohl nach der Montage als auch bei produktionsbedingtem Umbau eine kurze Kalibrierung zu realisieren.

Die Kalibrierung einer PKM muss von einem Werker durchgeführt werden können. Für das Messgerät ist es daher erforderlich, dass Aufbau und Justage sowie Bedienung einfach sind. Mobilität des Meßsystems ist eine weitere Anforderung, da Werkzeugmaschinen unter Umständen auch im Betrieb nachkalibriert werden müssen. Um Produktionsbedingungen standzuhalten, muss das Meßsystem robust sein. Da Werkzeugmaschinen in Klein- und Kleinstserien produziert werden, dürfen die Investitionskosten nicht zu hoch sein.

3
Bestimmen der Position – Vergleich und Bewertung verfügbarer Meßverfahren

Zur Bestimmung von Positionen im Raum können unterschiedliche Verfahren genutzt werden. Neben den optischen Verfahren mittels Laser oder Fotogrammetrie sind mechanische Systeme oder Referenzwerkstücke möglich. Diese Verfahren unterscheiden sich in der Genauigkeit, dem Messraum und dem Messaufwand.

3.1
Optische Meßsysteme

Die optischen Systeme bieten den Vorteil, dass sie kräftefrei messen. Auf der Plattform mitbewegt werden muss nur der/die Reflektor(en) oder die Messmarken.

Bild 3.1: Lasertracker LTD 500 von Leica Geosystems

Der Lasertracker ist ein Messgerät, welches zur Distanzmessung ein Laserinterferometer verwendet. Mit Hilfe von zwei Winkelencodern und der Distanz werden aus den gemessenen Polarkoordinaten die kartesischen Koordinaten eines Messpunktes bestimmt. Die Genauigkeiten werden mit ±10 µm/m bei statischen Zielen angegeben. Angeboten werden solche Systeme beispielsweise von Leica Geosystems (Bild 3.1) oder SMC. Die TU-Wien hat einen Lasertracker entwickelt, der nicht nur die Position, sondern auch die Orientierungen des Reflektors bestimmen kann [1]. Durch einen im Reflektor angebrachten Draht wird auf einer CCD-Kamera ein Interferenzmuster erzeugt, das die Lage des Drahtes wiedergibt und somit die Orientierung des Reflektors.

Das Institut für Innovative Technologien, Chemnitz, stellt eine Apparatur vor, mit der alle sechs Freiheitsgrade simultan gemessen werden können. Das System mit dem Namen HEXSCAN arbeitet auf optischer Basis [2]. Von zwei rechtwinklig zueinander angeordneten Sendern wird ein Strahlenvorhang zu seinem gegenüber liegenden Empfänger ausgestrahlt. Dazwischen befindet sich der Probekörper. Dieser besteht aus drei Zylindern, die den Strahlenvorhang unterbrechen. Das erzeugte Schatten-Muster wird in der Empfängerzelle ausgewertet. Durch seine Ausprägung lassen sich Informationen über Eindringtiefe, 2D Verschiebung und Verdrehung (3fach) zur Ebene zurückrechnen. Der Messbereich liegt bei 100 mm x 100 mm x 80 mm und für die Drehachsen jeweils bei ±15°. Die Anwendung sind Referenzierung, Bewertung der Kinematik-Transformation und Kalibrierung. Mit dem HEXSCAN sind dynamische Messungen möglich. Die erreichbare Genauigkeit wird mit 1-2 µm angegeben.

Ein Meßsystem auch für große Messbereiche hat die Firma Imetric entwikkelt [3]. Durch digitale Bildverarbeitung (Stichworte: Rückwärtsschnitt, Triangulation, Bündelausgleichung) werden die Fotos von einer hochauflösenden Kamera ausgewertet. Zur Identifizierung werden Reflektormarken verwendet. Durch ihre Kodierung werden die Marken in den unterschiedlichen Aufnahmen für eine Position automatisch von der Software wiedergefunden, zugeordnet und ausgewertet. Typische Genauigkeiten sind 1:100.000 bezogen auf die Objektgröße, was ±10 µm/m entspricht. Kommen mindestens zwei Kameras gleichzeitig zum Einsatz, können Messpunktkoordinaten im Sekundentakt ermittelt werden.

Die Firma Krypton bietet mit dem Rodym 6D-System ein optisches Messgerät an, dass mit aktiven Markern arbeitet (Bild 3.2). Dabei handelt es sich um Flash-LED´s, die auf dem zu messenden Objekt aufgeklebt werden. Drei CCD-Zeilenkameras nehmen den jeweils auf eine Linie projezierten Strahl auf und bestimmen mittels dem Prinzip der Triangulation aus den Raumwinkeln die Position. Für die Aufnahme der XYZ-Position eines Messobjektes wird nur eine Lichtquelle benötigt. Zur Bestimmung der Orientierungswinkel sind mindestens drei LED´s notwendig. Die Zuordnung erfolgt in diesem Fall über die Blinkreihenfolge der LED´s. Diese wird von der Steuerungseinheit des Meßsystems mit einer Erfassungsfrequenz von max. 3 kHz (Summenabtastrate) für dynamische Messungen vorgegeben. Maximal können 256 LED´s in das System integriert werden. Die Genauigkeiten werden bei einem Abstand von etwas über 2 Metern mit 100 µm in X und Y (lateral) und 150 µm in z angegeben.

Bild 3.2: Rodym 6D von Krypton mit aktivem Marker

An der ETH Zürich wurde eine Messapparatur zur dynamischen simultanen Bestimmung von 6 Freiheitsgraden entwickelt [4]. Als Messnormal dient eine Platte mit Kreuzgitter und drei ebenen Tastflächen. Der Messkopf besteht aus 2 Leseköpfen für das Kreuzgitter und 3 hochauflösenden Tastern. Die Messfläche ist auf 60 mm x 60 mm begrenzt und erlaubt Höhendifferenzen von 1 mm. Dieses Meßsystem mit der Bezeichnung „KGM-plus-hochgenau" ist weniger für Kalibrierungsmessungen gedacht, als zur Überprüfung von dynamischen Genauigkeiten. Damit können Bahnabweichungen unter Bewegung und unter dem Einfluss von dynamischen Lasten sehr genau ermittelt werden, was besonders bei PKM von Interesse ist.

3.2 Mechanische Meßsysteme

Die mechanischen Meßsysteme verkörpern in ihrer Mechanik die Messgröße, die wiederum z. B. durch optische Systeme gemessen wird.

So bietet Tetra Precision einen Teleskopstab zur Längenmessung an. Als Aufnahme für den Teleskopstab dienen Magnethalter, in welche die hochgenauen Kugeln an den Enden des Stabes eingeklippt werden. Durch Umsetzen in die drei Magnethalter auf dem Werkzeugtisch wird die Plattformposition im Raum gemessen. Das im Stab integrierte Laserinterferometer wird über eine Glasfaser von einer externen Laserlichtquelle versorgt. Innerhalb des Teleskopstabes befinden sich Mess- und Referenzstrecke. Die beiden ausziehbaren Glieder des Stabes sind hohl, um den Messstrahl aufnehmen zu können. Im

Zentrum der ausziehbaren Kugel befindet sich der Spiegel. Mess- und Referenzstrahl interferieren im Bereich der festen Kugel. Das Interferenzsignal wird über eine Glasfaser an den Controller zur Auswertung weitergeleitet. Den Messungen liegt das Prinzip der Trilateration zu Grunde. Die Systemgenauigkeit des Omni Gage wird mit 1 µm angegeben. Der Teleskopstab hat einen Messbereich von 330 mm bis 730 mm

Nach dem gleichen Prinzip arbeitet auch der Messtripod der TU Hamburg-Harburg (Bild 3.3). In die längenveränderlichen Beine des Prototyps sind Linearführungen mit Längenmeßsystem integriert. Jedes Bein hat ein Messbereich von 300 mm bis 420 mm. Die Positionsbestimmung erfolgt ebenfalls nach der Trilateration, nur werden hier im Gegensatz zum Omni Gage alle drei Längen zeitgleich bestimmt. Die Genauigkeit wird mit 14 µm und die maximale Abtastfrequenz mit 28 kHz angegeben. Somit sind auch dynamische Messungen möglich. Aufgrund des Messaufbaus kann sich der Anschlussflansch in sechs Freiheitsgraden bewegen. Während der Messungen ist sicherzustellen, dass der Anschlussflansch seine Orientierung nicht ändert, da diese nicht erfasst wird und somit das Messergebnis verfälschen würde. Einfluss auf die Genauigkeit kann auch die Masse des in die Werkzeugaufnahme eingespannten Anschlussflansches haben, da an ihm die bewegliche Apparatur des Meßsystems hängt und mitbewegt werden muss.

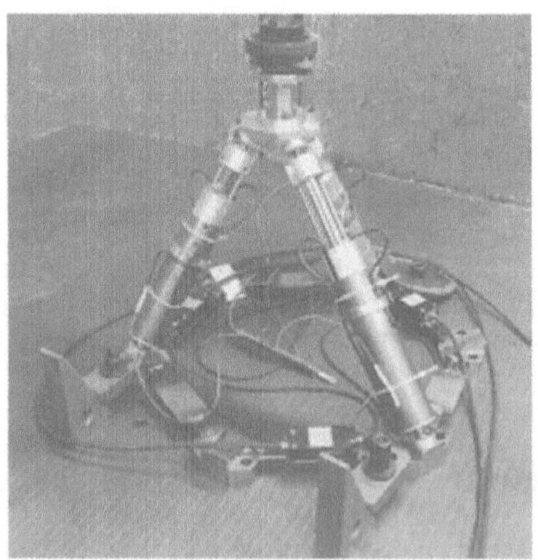

Bild 3.3: Messtripod TU-Hamburg-Harburg

3.3 Zusammenfassung

Von den vorgestellten Meßsystemen erfüllt kein System alle Anforderungen. Es zeigt sich, dass die optischen Meßsysteme auf dem Gebiet der Positionsmessung im Raum eine entscheidende Rolle einnehmen. Ihre leichte Handhabung und das große Messvolumen sind Vorteile gegenüber den mechanischen Meßsystemen. Die Anforderung eines Messbereiches von ca. einem Kubikmeter und einer Genauigkeit von 1 µm wird von keinem der vorgestellten mehrdimensionalen Meßsysteme erfüllt. Diese Tatsache ist bei der Entwicklung eines Kalibrierungsverfahrens zu berücksichtigen.

4 Verbessern der Genauigkeit – Möglichkeiten der Kalibrierung

Hier wird eine Reihe von Kalibrierungsmethoden für unterschiedliche PKM vorgestellt. Die Verfahren unterscheiden sich hinsichtlich ihres verwendeten Meßsystems und der daraus benötigten Anzahl von Messpunkten sowie der zugrunde liegenden Algorithmen.

4.1 HexaM (Toyoda)

Der HexaM von Toyoda ist ein Hexapod mit längenunveränderlichen Streben (Bild 4.1). Drei um 120° versetzte Funktionsflächen nehmen je zwei parallele Kugelrollspindeln als Aktoren auf [5]. Es werden Vorschübe von 100 m/min und Beschleunigungen von 1,5 g erreicht.

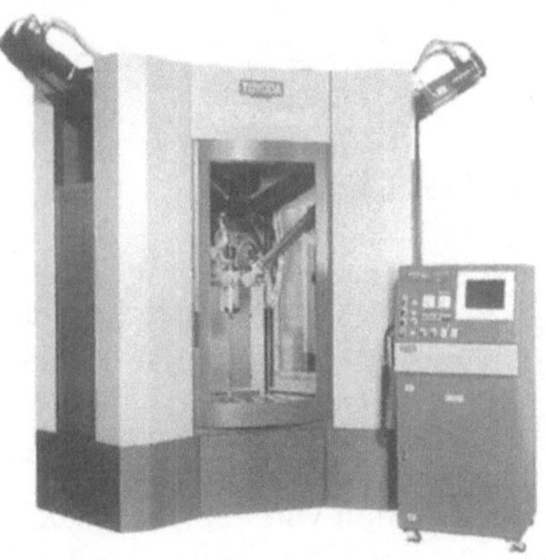

Bild 4.1: Hexapod HexaM (Quelle: Toyoda)

Als Meßsystem dient ein Referenzwerkstück (Lehre), bestehend aus mehreren Dornen auf einer Platte, deren Lage und Orientierung zuvor auf einer Koordinatenmessmaschine bestimmt wurden. Bei der Positionierung der Maschine auf den Dornen werden die Koordinaten mit Messuhren, hochgenauem

Neigungsmesser und einem Autokollimator gemessen (Bild 4.2) [5]. Es lässt sich für jede Achse eine inverse Transformationsfunktion aufstellen, die bei jeder Werkzeugposition gültig ist. So ergeben sich bei n Messpositionen eben so viele Gleichungen. Die Parameter erhält man durch Lösen der Gleichungen mit dem Newton-Verfahren. Durch diese Parameteridentifikation wird die reale Geometrie der Maschine bestimmt.

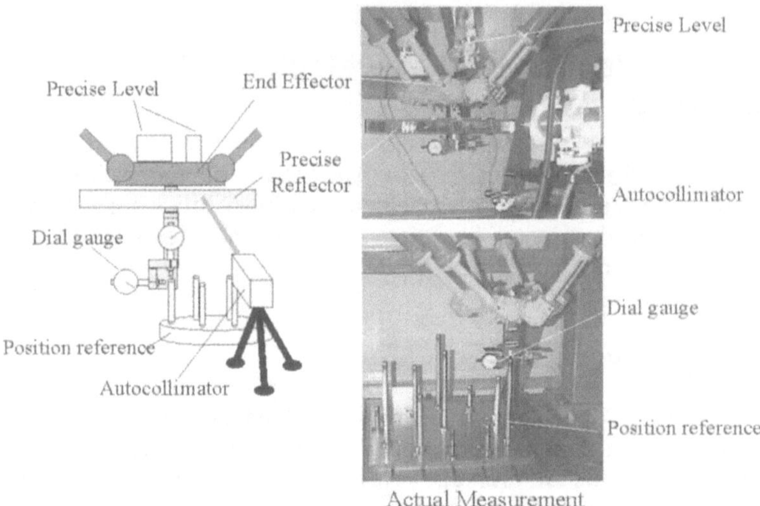

Bild 4.2: Messmethode HexaM (Quelle: Toyoda)

4.2 HOH 600 (Ingersoll / WZL)

Mit dem HOH 600 von Ingersoll steht im WZL, Aachen, einer der ersten Hexapoden (Bild 4.3). Er besitzt eine klassische Stewart-Plattform mit längenveränderlichen Streben. Das Einsatzfeld des HOH 600 liegt in der Schwerzerspanung.

In Aachen wird der HOH untersucht und verbessert. Dazu gehört neben der thermischen Optimierung auch die Kalibrierung. Bei den angewendeten Verfahren zur Parameteridentifikation wird ein zusätzliches Längenmessgerät auf dem Drehtisch montiert [6]. Ein Linearmaßstab mit einer Auflösung von 0,02 µm, bei einer Unsicherheit von ±5 µm, und einer Messlänge von 870 mm ermittelt den Abstand zwischen seiner kardanischen Lagerung (raumfester Punkt) und dem TCP.

Nach der Montage des Längenmessgerätes kann die Messung automatisch durchgeführt werden. Die Maschine verfährt zu den vorgegebenen Positionen und die Werte der sechs Achsmeßsysteme und des Längenmessgerätes werden erfasst. Die Transformation basiert auf einem mathematischen Modell mit 49 geometrischen Parametern. Durch Minimierung eines Residuums für die unterschiedlichen Positionen mit nichtlinearen Optimierungsstrategien können die Parameter identifiziert werden [7].

Bild 4.3: HOH 600 (Quelle: Ingersoll)

4.3
6x Hexa (IWU / Mikromat)

Im IWU wurden die Grundsteine für den 6x gelegt, ein Hexapod mit längenveränderlichen Streben, die auf der Plattform in zwei Ebenen angreifen (Bild 4.4).

Das Ziel der Kalibrierung ist, die tatsächlichen Werte der geometrischen Parameter indirekt aus Messungen der kartesischen Koordinaten und der Strebenlängen zu bestimmen [8]. Dabei kann davon ausgegangen werden, dass folgende Parameter identifiziert werden müssen (Bild 4.5):

- Die Koordinaten der festen Gelenkpunkte $P0_1abs$ bis $P0_6abs$ innerhalb eines absoluten Systems XYZ
- Die Koordinaten der beweglichen Gelenkpunkte $P1_1rel$ bis $P1_6rel$ innerhalb des relativen Systems XYZ der beweglichen Plattform
- Die Abweichung der Messung der Strebenlängen durch die Meßsysteme in Form eines Längen-Offsets l_1^0 bis l_6^0

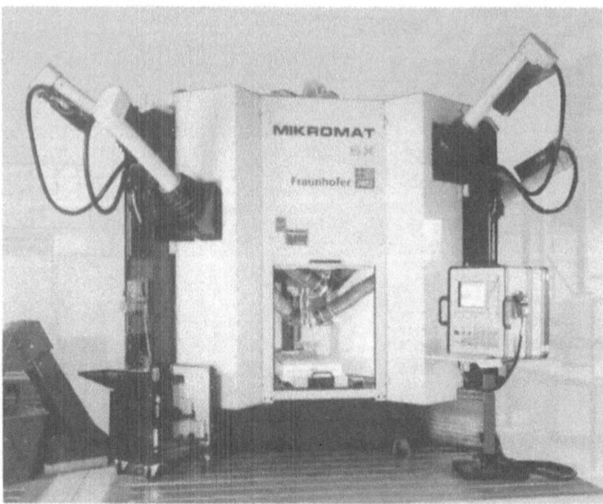

Bild 4.4: 6x Hexa (Quelle: IWU)

Für den Kalibrierungsvorgang werden eine Reihe von Referenzkörpern (Türme), welche auf einer Grundplatte montiert sind und deren Maße und Lage relativ zum Plattenmittelpunkt bekannt sind, in definierten Positionen mit Hilfe eines NC-Programmes angefahren. Gegenüber dem Referenzkörper wird mit Messtastern und Winkelmessern die Position bestimmt. Die Koordinaten dieser Positionen und die dazugehörigen Strebenlängen werden aufgezeichnet. Die gesuchten aktuellen Maschinenparameter werden mit diesen Daten berechnet. Ergebnis dieser Berechnung sind 36 genaue Gelenkkoordinaten und 7 Strebenoffsets.

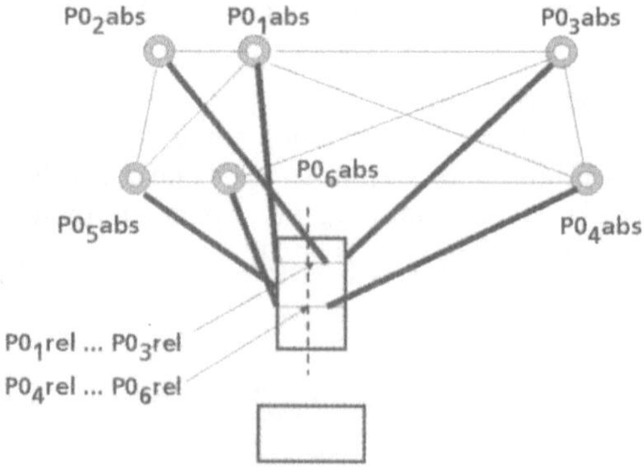

Bild 4.5: 6x Hexa Koordinaten der Gelenkpunkte (Quelle: IWU)

4.4 Tricept 805 (Neos Robotics / Siemens)

Der Tricept von Neos Robotics gehört zu den Hybridkinematiken (Bild 4.6). Auf einem Tripod sind zwei serielle Handachsen befestigt. Die Plattform wird nicht durch einen Koppelmechanismus parallel geführt, sondern durch eine Mittelsäule (Centertube) um deren Drehpunkt in der kardanischen Halterung im Gestell geschwenkt. Für eine lineare Bewegung am TCP müssen so nicht nur die Aktoren der Parallelkinematik bewegt, sondern auch die Handachsen nachgeführt werden. Im Verhältnis zu seiner Aufstellfläche hat der Tricept einen sehr großen Arbeitsraum. Die seriellen Handachsen ermöglichen nahezu im gesamten Arbeitsraum die 5-Seitenbearbeitung.

Bei dem Tricept finden zwei Verfahren Anwendung [9], das eine nach der Vorgehensweise der Kompensation, das andere nach der Vorgehensweise der Identifikation.

Mit der Space-Error-Kompensation werden die statischen Fehler am TCP berücksichtigt. Dazu wird ein räumliches Gitter im Arbeitsraum festgelegt, dass die unkalibrierte Maschine an den Schnittpunkten anfährt. Als externes Messgerät wurde der Lasertracker von Leica eingesetzt. Aus den Abweichungen der Soll-/Ist-Position wird eine 3D-Fehlertabelle ermittelt und in die CNC-Steuerung eingebunden.

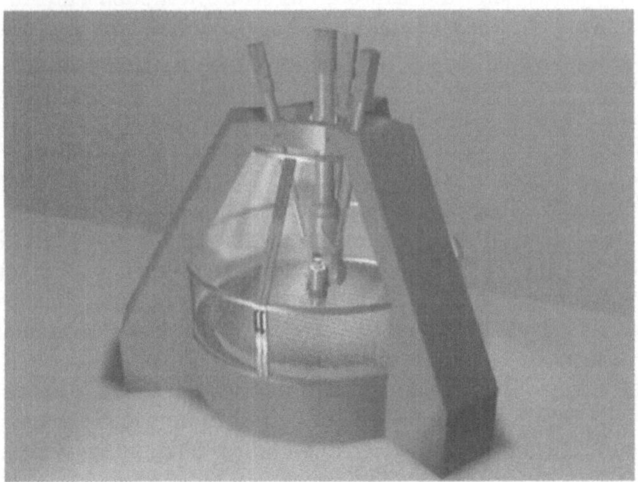

Bild 4.6: Tricept 805 (Quelle: Neos Robotics)

Die Autokalibrierung verwendet redundante Meßsysteme. Neben den drei Stablängen, werden die Länge und die zwei Winkel der Centertube gemessen. Diese drei zusätzlichen Meßsysteme werden als Direct Measuring System (DMS) bezeichnet. Aus den für mehrere Positionen aufgenommen Daten der sechs Meßsysteme werden anschließend die geometrischen Daten der Gelenkpunkte und Stablängen der realen Maschine offline generiert.

Zur Verringerung von Positionsabweichungen im Betrieb wird ebenfalls das DMS benutzt. Da es sich im fast kräftefreien Teil der Kinematik befindet, können sie die Lage der Plattform im Raum nahezu ohne Verformung bestimmen. Hierdurch können thermische Einflüsse und Verformungen durch Krafteinwirkung online reduziert werden.

4.5 PARALIX (ZFS / IfW)

Im Rahmen des Verbundforschungsprojektes „Innovative Werkzeugmaschinen mit Stabgelenkkinematik" entsteht unter der Federführung des Zentrum Fertigungstechnik Stuttgart (ZFS) ein Hexapod mit längenunveränderlichen Gelenkstäben (Bild 4.7). Getragen wird das Projekt vom Wirtschaftsministerium Baden-Württemberg und einem Industriekonsortium, bestehend aus den Firmen EMAG Maschinenfabrik GmbH, Festo KG, Hermle AG, INA Wälzlager Schaeffler oHG, Renishaw GmbH, Schwäbische Werkzeugmaschinen GmbH, Siemens AG, Steinmeyer GmbH&Co. KG, Walter AG, sowie dem Institut für Werkzeugmaschinen der Universität Stuttgart und dem ZFS.

Ziel des Projektes sind die Erarbeitung von Methoden zur Auslegung und Konstruktion von Parallelkinematiken sowie die Kalibrierung und die steuerungstechnische Handhabung dieser Technologie.

Schwerpunkt der Entwicklung des PARALIX war die Erzielung eines möglichst großen Schwenkwinkels, um eine 5-Seitenbearbeitung durchführen zu können. Durch Anordnung der Spindel parallel zur Plattform wird in der ersten Schwenkachse ein Winkel von ±45° und in der zweiten Schwenkachse ein Winkel von ±20° bei einem Arbeitsraum von 500x400x400 mm erreicht. Die Maschine ist mit Werkzeugwechsler, Späneabfuhr und Maschinenumhausung konzipiert. Eine weitere herausragende Eigenschaft ist das für PKM sehr günstige Verhältnis von Arbeitsraum zu Bauraum. Im Rahmen des Forschungsprojektes wird die Eignung der zwei Antriebssysteme Kugelgewindetrieb und Linearmotor für PKM untersucht.

Das nichtlineare Übersetzungsverhältnis zwischen den Antrieben und der Plattform stellt eine Problematik für die Kalibrierung dar, da das zur Ermittlung der geometrischen Parameter notwendige Gleichungssystem analytisch nicht lösbar ist.

Bild 4.7: PARALIX

Das entwickelte Kalibrierverfahren basiert auf der Identifikation und setzt voraus, dass zur exakten Ermittlung der geometrischen Größen alle Eingangs- bzw. Ausgangsgrößen der Transformation bestimmt werden. Hieraus stellt sich die Aufgabe, die Positionen der Achsen sowie Position und Orientierung der Plattform zu messen. Für die Achsen stellt das kein Problem dar, da die Positionen durch das Lagemeßsystem bekannt sind. Zur Bestimmung von Lage und Orientierung der Plattform wurde der Lasertracker von Leica Geosystems eingesetzt. Zuerst wurden für eine Stellung der Plattform drei Punkte vermessen, wobei ein Punkt die Werkzeugspitze darstellt. Mit Hilfe der zwei weiteren Punkte wurden anschließend die drei Orientierungswinkel berechnet. Auf diese Weise werden unterschiedliche Stellungen der Plattform im gesamten Arbeitsraum automatisch vermessen.

Durch Minimierung der Differenz zwischen den mit der Transformation berechneten und den gemessenen Positionen werden durch einen Algorithmus die geometrischen Koeffizienten der Transformation bestimmt. Besonderheit des am ZFS entwickelten Ansatzes ist das hohe Genauigkeitspotential des Algorithmus, da durch Erhöhung der Anzahl der Messpositionen, die Genauigkeit der zu ermittelnden Parameter verbessert werden kann.

5
Beispiele für erzielte Ergebnisse

Nachfolgend werden Beispiele bisher veröffentlichte Ergebnisse zur Kalibrierung zusammengefaßt.

5.1
HexaM

Die Messungen wurden vor und nach der Kalibrierung in drei Ebenen durchgeführt. Als Messgerät diente ein Double Ball Bar, mit dem die Kreisformtests durchgeführt wurden. Durch Ersetzen der Konstruktionswerte der Parameter durch die realen, durch die Kalibrierung gewonnenen Daten, konnte die Kreisformabweichung um den Faktor 3 bis 4 verbessert werden (Bild 5.1). Das Ergebnis lässt die Vermutung zu, dass die Genauigkeit im gesamten Arbeitsraum verbessert wurde [10].

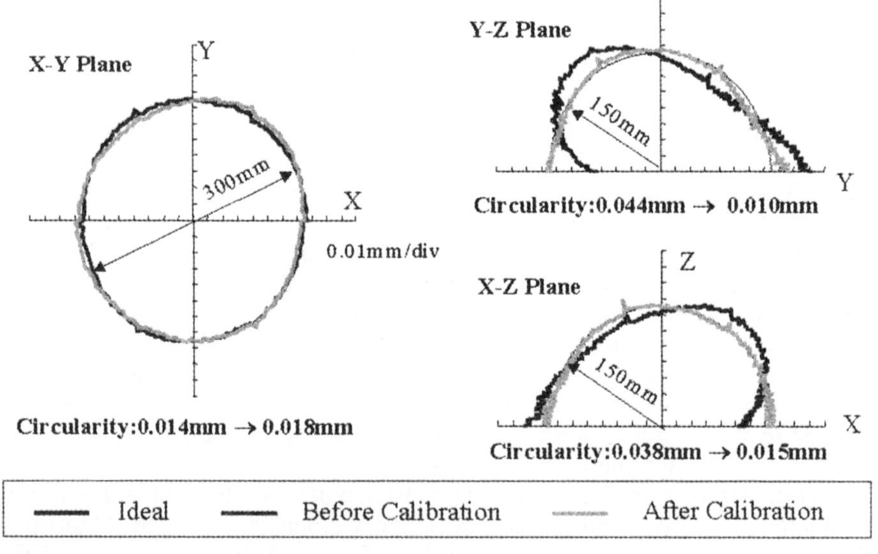

Bild 5.1: Messergebnisse HexaM (Quelle: Toyoda)

5.2
HOH 600

Durch die Identifikation konnte eine Genauigkeit von 85,60 µm erreicht werden. Dabei hat bei geschwenkter Plattform die Schwerkraft eine großen Einfluß auf das Ergebnis. Mit Hilfe der Schwerkraftkompensation wurde eine Positionsunsicherheit von 14,37 µm erzielt [7]

5.3 6x Hexa

Die Genauigkeit wurde durch Zirkularfräsversuche (Werkstoff C45) in der XY-Ebene ermittelt. Die Rundheitsabweichungen lagen im Bereich von 15 µm bis 30 µm [11].

5.4 PARALIX

Die Funktionsfähigkeit des Kalibrierungsverfahrens konnte durch erste Messungen bestätigt werden. Hierzu wurden Lage und Orientierung von 100 Messpositionen ermittelt und die geometrischen Koeffizienten der Transformation ermittelt und die in der Steuerung hinterlegten Maschinenparameter geändert.

Anzumerken ist hierbei, dass bei der Montage des PARALIX nur bei der Ausrichtung der Linearführungen auf Genauigkeit wert gelegt wurde. Alle anderen Komponenten wurden ohne hohe Genauigkeitsanforderungen montiert.

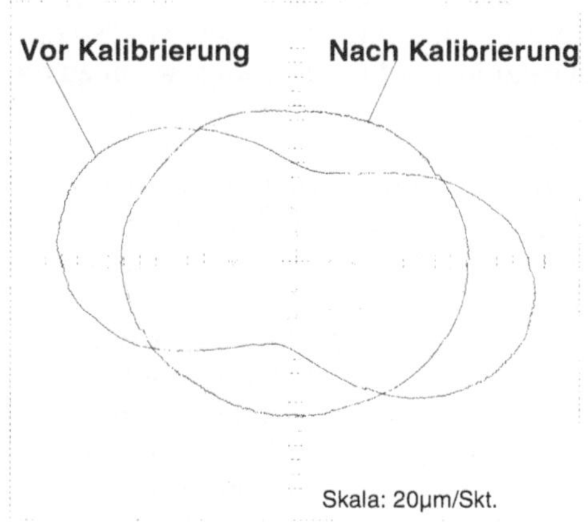

Bild 5.2: Kreisformtest PARALIX

Zur Evaluierung des Verfahrens wurde ein Kreisformtest durchgeführt, wobei ein Kreis mit Durchmesser 300 mm mit einem Vorschub von 100 mm/min durchfahren wird. In Bild 5.2 ist die Kreisformabweichung der Maschine im Ausgangszustand und nach erfolgter Kalibrierung dargestellt. Die deutliche Verbesserung des Kreisformfehlers ist zum einen an der Kreisform ersichtlich und lässt sich zum anderen zahlenmäßig durch den maximalen Kreisformfehler von 198 µm im Grundzustand zu 16 µm nach der Kalibrierung aufzeigen. Mit diesem Ergebnis konnte die Funktionsfähigkeit des Kalibrierungsverfahrens bestätigt werden. Durch eine Erhöhung der Anzahl der Messpunkte ist eine weitere Verbesserung der Genauigkeit zu erwarten.

6 Zusammenfassung und Ausblick

Die zur Kalibrierung von Parallelkinematiken vorgestellten Vorgehensweisen zur Kompensation und Identifikation benötigen beide ein externes Meßsystems zur Datengewinnung. Die auf dem Markt erhältlichen 3D-Meßsysteme bieten eine Grundlage für die Kalibrierung von PKM. Ihre Messgenauigkeit und ihr Messbereich liegen aber unter den für Werkzeugmaschinen erforderlichen Anforderungen. Dies ist besonders bei der Kompensation von Bedeutung, da bei diesem Verfahren die erreichbare Genauigkeit der Maschine von der Genauigkeit des Messmittels abhängig ist. Dagegen kann bei der Identifikation durch Erhöhung der Anzahl der Messpunkte die Genauigkeit der Maschine unabhängig vom Messmittel bis maximal zur Wiederholgenauigkeit erhöht werden.

In diesem Beitrag wurden verschiedene Ansätze zur Kalibrierung vorgestellt. Grundlegend kann festgestellt werden, dass über die Kalibrierung die Genauigkeit der jeweiligen Versuchsplattformen gesteigert werden konnte. Kompensationsverfahren sind generell von der Kinematik unabhängig, jedoch vergrößert sich der Messaufwand mit zunehmendem Arbeitsraum. Des weiteren werden die Kompensationen sehr aufwendig, wenn zu den translatorischen Größen noch rotatorische hinzukommen. Bei der Identifikation hat die Kinematik einen starken Einfluss auf die Modellbildung. Für eine genaue Identifikation ist es erforderlich, alle geometrischen Parameter im Modell zu berücksichtigen. Die Anzahl der zu ermittelnden Parameter und die daraus resultierende Anzahl der Messpunkte ist vom Modell abhängig und nicht von der Arbeitsraumgröße der Maschine.

Bei den vorgestellten Identifikationsverfahren werden zum Teil mechanische Messgeräte verwendet, die für einen automatischen Ablauf nicht geeignet sind. Somit ist ihre Anwendung in der Produktion nur mit hohem Aufwand durchführbar. Optische Meßsysteme werden bereits automatisiert eingesetzt oder bieten die Möglichkeit hierzu, haben aber aufgrund ihrer hohen Investitionskosten Nachteile für die breite Anwendung.

Abschließend ist festzustellen, dass die Kalibrierung von PKM aufgrund der vielfältigen Lösungsansätze heutzutage möglich ist. Besonders für den Serieneinsatz im Werkzeugmaschinenbau zeigen die vorgestellten Messmittel jedoch noch Entwicklungsbedarf, um die gestellten Anforderungen von hoher Genauigkeit, Automatisierbarkeit, kurzer Messdauer, Bedienerfreundlichkeit und niedrigen Investitionskosten zu erfüllen.

Literatur

1. Filz, K. M.; Vince, J.P.: Camera System to Detect the Orientation of a Corner Cube in Real Time. In: Proceedings of the IEEE International Conference on Robotics and Automation, 1995
2. Ein Meßsystem für 6 Freiheitsgrade im Raum. Firmenschrift, ITW Chemnitz, 2000
3. Imetric Single Camera Systems. Firmenschrift, 1998
4. Weikert, S.: Beitrag zur Analyse des dynamischen Verhaltens von Werkzeugmaschinen. Dissertation ETH Zürich, 2000
5. Pierrot, F,; Shibukawa, T.: From Hexa to HexaM. In: Parallel Kinematic Machines. Springer Verlag 1999, ISBN 1-85233-613-7, S. 357 - 364
6. Weck, M. et al.: Trends im Werkzeugmaschinenbau – Schnell und Zuverlässig. In: Aachener Werkzeugmaschinen Kolloquium 1999, S. 311 – 356
7. Weck, M.; Staimer, D.: On the Accuracy of Parallel Kinematic Machine Tools: Design, Compensation and Calibration. In: Arbeitsgenauigkeit von Parallelkinematiken, Tagungsband 2. Chemnitzer Parallelkinematik-Semiar, Verlag Wissensschaftliche Scripten, 2000, S. 73 - 83
8. Karczewski, Zenon: unveröffentlichter Beitrag des Frauenhofer Institutes für Werkzeugmaschinen und Umformtechnik, Chemnitz, 2000
9. Kreidler, V.: Developement and Software Methods for Parallel Kinematic Machine Accuracy. In: Arbeitsgenauigkeit von Parallelkinematiken, Tagungsband 2. Chemnitzer Parallelkinematik-Semiar, Verlag Wissensschaftliche Scripten, 2000, S. 241 - 256
10. Tooyama, T.; Shibukawa, T,; Hattori, K.; Ohta, H.: Development of Parallel Machanism based Milling Machine (HexaM). In: Arbeitsgenauigkeit von Parallelkinematiken, Tagungsband 2. Chemnitzer Parallelkinematik-Semiar, Verlag Wissensschaftliche Scripten, 2000, S 331 – 341
11. Neugebauer, R.; Wieland, F.; Schwaar, M.; Hochmuth, C.: Experience with a Hexapod-Based Machine Tool. In: Parallel Kinematic Machines, Springer Verlag 1999, ISBN 1-85233-613-7, S. 313 - 327

Einsatzpotentiale für immersive Visualisierungstechnik in der Fertigungsplanung

O. RIEDEL, D. RANTZAU

Einführung

Die Einsatzmöglichkeiten und das Potential der Virtuellen Realität (VR) im gesamten Produktlebenszyklus sind schon vor ein paar Jahren beschrieben worden [1]. Den richtigen Durchbruch in bezug auf den produktiven Einsatz hat die immersive Visualisierungstechnik der VR gebracht [2]. Speziell im Bereich der Produktentwicklung hat sich für den Digitalen Mock-Up (DMU) die Verwendung verschiedener Inkarnationen der immersiven Visualisierungstechnik durchgesetzt. Hierbei hat die Automobilindustrie eine starke Vorreiterrolle übernommen, so daß man in diesem Industriesegment schon fast von einer flächendeckenden Ausstattung und Anwendung sprechen kann [3].

Im Produktlebenszyklus weiter vorgeschritten, stellt sich die Frage der Anwendbarkeit der VR und der immersiven Visualisierungstechnik im Umfeld der Fertigung. Sicherlich läßt sich die Fertigung nicht gänzlich im Virtuellen auslegen, sofern das Produkt eine physikalische Instanz haben muß. Auch im Bereich der Fertigungsplanung ergeben sich viele interessante Anwendungsperspektiven, die alle von den in den letzten Jahren gemachten Erfahrungen mit der VR-Technologie in der Produktentwicklung profitieren können.

Bei der Unterstützung der Fertigungsplanung durch immersive Visualisierungstechniken und Methoden der VR bleibt das Ziel der Verkürzung der Produktionszeit und die Reduktion der Produktionskosten. Auch wenn weit über die Automobilindustrie hinaus Potential für die Anwendung der immersiven Visualisierungstechnik gegeben ist, konzentriert sich dieser Beitrag auf die Darstellung der Verwendung dieser Technik in der automobilnahen Fertigung unter besonderer Berücksichtigung von Potentialen in der Fertigungsplanung.

1 Entwicklung der computerunterstützten Fertigungsplanung

Ähnlich wie die Produktentwicklung bestrebt ist, ein möglichst vollständiges digitales Modell eines neuen Produktes anzulegen, geht die Fertigungsplanung immer mehr dazu über, Objekte und Parameter digital im Rechner vorzuhalten. Dies ist insbesondere deshalb wichtig, da mittels der digitalen „Haltung" der Daten auch langfristige Planungsaufgaben, wie beispielsweise. die Methoden- und Investitionsplanung effizient durchgeführt werden können. Die kurzfristigen Planungsaufgaben, wie z.B. Einsatzplanung der Betriebsmittel und NC-Planung lassen sich einfacher in digitale Modelle abbilden.

Viele in der Fertigungsplanung verwendete Softwaresysteme haben ihren Ursprung im Umfeld der CAD Programme und sind teilweise ein Modul dieser Systeme. Eine Systematik realisierter computergestützter Planungssysteme für die Fertigung ist in [4] zu finden. Im Bereich der NC-Programmierung und Operationsplanung sind mehrere Pakete auf dem Markt, die in der Regel über Interfaces zu verschiedenen CAD-Systemen verfügen, um Geometriedaten zu übernehmen. Die wenigsten Planungsprogramme verfügen über eine grafische 3D-Ausgabe, die die geometrisch relevanten Daten oder logische Zusammenhänge visuell repräsentiert. Die Systeme beschränken sich in der Regel auf die Ausgabe in 2D oder 2,5D (3D Darstellung auf Bildschirmen). Einer der Gründe dafür ist, das viele Daten- und Prozeßmodelle (Entity Relationship Model und andere graphische Notationen) in der Darstellung einen zweidimensionalen Ansatz haben.

Aufgaben der Fertigungsplanung, die intensiv mit geometrischen und funktionalen Daten eines Produktes arbeiten – wie z.B. NC-Planung oder Messtechnik – profitieren von der Darstellung der Daten in 3D. Auch die gesamte Thematik der Anlagenplanung und die Auslegung von Arbeitsplätzen erfahren eine Aufwertung durch die Verwendung dreidimensionaler Information. Viele der heute verfügbaren Softwaresysteme widmen sich deshalb diesen Themen: Produkte der Firma Tecnomatix, wie z.B. eMPower, eM-Gauge/TolMate/Probe und die ROBCAD Produktline oder Produkte der Firma Deneb, wie z.B. Digital Manufacturing Review, ENVISION, IGRIP, QUEST etc., sind mit einer dreidimensionalen Visualisierung ausgestattet.

Die VR-Technologie kann und wird in Zusammenarbeit mit der immersiven Visualisierungstechnik primär dazu genutzt, um die Ergebnisse aus den verschiedenen Schritten der Fertigungsplanung für eine Entscheidungsfindung auf Basis visueller Repräsentationen bereitzustellen. Ein wirklicher Mehrwert zur reinen stereoskopischen Visualisierung von großen bzw. komplexen 3D-Modellen entsteht insbesondere dann, wenn während einer Entscheidungsfindung unmittelbar auf die Parameter des Produktes und des Fertigungsprozesses zugegriffen werden kann, bzw. die betrachteten Modelle im virtuellen Raum direkt manipuliert werden sollen. Die idealste Konstellation wäre hier die permanente Ankoppelung des VR-unterstützten Entscheidungsprozesses an ein PDM-System. Die Selektion eines Bauteils im Produktstrukturbaum des PDM und seine gleichzeitige 3D-Darstellung im Kontext seiner Geometrie bietet dabei eine neue Dimension der Erkenntnisgewinnung.

2 Komponenten der immersiven Visualisierungstechnik

Der Begriff Virtual Reality (VR) wurde Ende der 80er zunächst im internationalen Forschungsbereich geprägt. Ende der 90er Jahre ist der Übergang von Demonstratoren zu Pilot- und Produktivanwendungen im industriellen Umfeld vollzogen worden. Insbesondere in der als Vorreiter agierenden Automobilindustrie hat sich die sogenannte Immersive Projektions-Technik (IPT) zur Realisierung stereoskopischer Darstellungen fest etabliert. Verbesserte Qualität und Verfügbarkeit von Interaktions- und Visualisierungs-Technologien hat im wesentlichen dazu beigetragen. Im Bereich der Display-Techniken sind vor allem die Mehrwand-Stereoprojektionssysteme (z.B. „CAVE" oder Powerwall) zu nennen, die Dank ebenfalls gestiegener Rechenleistung im Computergrafik-Bereich inzwischen für den Produktionseinsatz überall dort eingesetzt werden können, wo komplexe Modelle meist in 1:1-Darstellung begutachtet werden müssen. Die im Zusammenhang mit VR und IPT immer wieder auftretenden Begriffe sind:

- Echtzeit-Visualisierung,
- Immersion und
- Interaktion.

Eine gute Einführung in diesen Themenbereich ist [1] und [2] zu entnehmen.

Die Immersive Projektions-Technik beschreibt die ersten beiden Termini, also die Visualisierung und die durch die stereoskopische 3D-Darstellung erzeugte „Immersion", also das sich „einbezogen fühlen" des Benutzers in die dargestellten Daten. Ursprünglich wurde VR mit sogenannten voll-immersiven Techniken wie Datenhelmen (HMD) realisiert. Später wurde der Begriff VR auch in Verbindung mit Videospielen oder 3D-Internetanwendungen (z.B. auf Basis von VRML) gesehen. Aktuell wird die VR-Technik in zwei Bereiche eingeteilt:

- nicht-immersive VR (wie zum Beispiel der CATIA 4D Navigator mit Monitor-Stereo-Darstellung)
- immersive VR, erweitert um entsprechende spezielle 3D-Eingabe- und Ausgabe-Hardware zur Erzielung der Immersion.

Die Immersion wird durch einen stereoskopischen Effekt erreicht, der durch unterschiedliche Techniken erzielt werden kann. Sehr verbreitet ist derzeit die Aktiv-Stereo-Technik, bei der die Benutzer Shutterbrillen tragen, die eine zeitliche Trennung der Bildsignale für das linke und rechte Auge vornehmen. Die alternativ verwendete Passiv-Stereo-Technik beruht auf polarisierten Bildsignalen und sieht für den Benutzer das Tragen leichter Polarisations-Brillen vor. Beide Techniken besitzen ihre Vor- und Nachteile, die je nach Anwendung und Kostenrahmen zum Tragen kommen. Generell wird die Passiv-Stereo-Technik vor allem im Präsentationsumfeld bei größeren Gruppen verwendet. Die ohne Zusatzbrillen auskommende autostereoskopische Technik ist momentan nur für Desktop-VR-Systeme einsetzbar.

Der Einsatz von VR-Systemen ist eng gekoppelt mit der Produktbeschreibung in allen Dimensionen, d.h. nicht nur der 3D-Geometrie, sondern auch alle anderen Produkteigenschaften. Die wachsende Rolle von digitalen Produktdaten in allen Phasen der Produktentwicklung bis zur Fertigung und Fertigungsplanung erfordert ein adäquates Medium zur Präsentation und Sichtbarmachung dieser in PDM-Systemen verwalteten und vernetzten Informationen. Nur dann kann über eine erfolgreiche Ersetzung physischer durch digitaler Prototypen realistisch nachgedacht werden. Es ist jedoch auch wichtig zu wissen, wie der spezielle Anwendungsfall auf der Basis dieser Daten im einzelnen beschaffen ist, um eine Einschätzung für die am besten geeignetste VR-Technik – insbesondere die in Frage kommende immersive Projektionstechnik – geben zu können.

Bild 2.1: Beispiele für immersive Projektionssysteme: Tische/Benches, Powerwall, CAVE (von links nach rechts)

Die immersive Projektionstechnik, die in fast allen Bereichen die HMDs verdrängt hat, bietet eine Benutzerumgebung, in die der Betrachter „eintauchen" und mit den Daten auf eine intuitive Weise interagieren kann. Der zu erzielende Immersionsgrad hängt stark vom verwendeten System ab, bei einem CAVE ist eine Wirkung, die Daten um sich herum zu projizieren, zu erzielen, während bei einer Powerwall die Abbildung im Maßstab 1:1 und weniger der Immersionsgrad im Vordergrund steht. Typische Anwendungsbereiche z.B. im Stylingbereich für eine CAVE sind Interieur-Beurteilungen, für eine Powerwall Exterieur-Beurteilungen. Systeme wie Powerwalls sind darüber hinaus eher für Passiv-Stereo-Technik geeignet, während CAVE-Systeme ausschließlich für Aktiv-Stereo eingesetzt werden. Speziell für den Fertigungsplanungsbereich gibt es weitere Alternativen mit der Verwendung von tischartigen System, wie z.B. dem Planungstisch des Fraunhofer IPA. [10]

Für die Visualisierung von Planungssimulationen steht meist der 1:1-Aspekt weniger im Vordergrund als z.B. beim Begutachten von Produktdesignstudien, sodass im Bereich der Fertigungsplanung mehrere Systeme (von Planungstischen bis CAVE) sinnvoll eingesetzt werden können.

Ein wichtiger Aspekt für die wachsende Verbreitung von VR-Systemen sind die Investitionskosten und die Aufwendungen für den laufenden Betrieb sowie die Prozessintegration. Gerade die Kosten für den Betrieb der Anlage hängen stark mit der Integration in die vorhandene Prozess- und Datenlandschaft ab. Spezialisierte VR-Software verfügen in der Regel zwar über entsprechende Datenschnittstellen zur direkten Übernahme aus CAD- oder Simulationssystemen, oftmals ist jedoch zusätzlicher Aufwand zur Aufbereitung der Daten für die VR-basierte Anwendung notwendig, was entsprechend berücksichtigt werden sollte.. Letztendlich verursachen High-End Anforderungen immer auch höhere Investitionskosten; die Tendenz der Kosten für VR-Hardwaresysteme zeigt ähnlich wie die der Computerhardware nach unten.

3 Nutzen der immersiven Visualisierungstechnik

Die Nutzung konventioneller Mensch-Computer-Schnittstellen, etwa bei komplexen Montagevorgängen oder Produktionsanlagen-Planungen, verlangt von den Benutzern ein enormes räumliches Vorstellungsvermögen verbunden mit einer Abstraktion der realen Vorgänge. Ein intuitiverer Zugang über die Schnittstelle der Virtuellen Realität ermöglicht -verbunden mit der 3D-Darstellung von Modellen, Werkzeugen, Menschmodellen, Arbeitsplätzen etc. in Echtzeit- ganz neue Perspektiven für die Bearbeitung der Planungsaufgabe.

Die Präsentation vor Kunden oder den Entscheidungsträgern ist ein weiterer wesentlicher Kernaspekt für den Einsatz von VR: Komplizierte Sachverhalte können transparent gemacht werden, neue Ideen und Varianten anhand des digitalen Modells miteinander diskutiert werden. Es stellt sich hierbei lediglich die Frage, ob die Qualität der Visualisierung für Entscheidungen ausreicht, wie beispielsweise bei wichtigen Entscheidungen über die Fertigbarkeit von Karosserieblechen oder die subjektive Wahrnehmung von Spaltmaßen zur Festlegung von Toleranzvorgaben. Deshalb ist gerade hier die richtige Auswahl der Projektionstechnologie und der benötigten Rechenleistung zur Darstellung von sehr fein aufgelösten geometrischen Details von besonderem Interesse. Im positiven Fall lassen sich dann sowohl Zeit-, Kosten- als auch Qualitätsvorteile erreichen.

Bei Produkt-Audits, z.B. im Bereich der Qualitätssicherung ergibt sich ein weiteres Nutzenpotential speziell bei Verwendung größerer Projektionssysteme wie einer Powerwall: Dieses Medium verbessert die interdisziplinäre Teamkommunikation, eine Entscheidungsfindung z.B. in Arbeitskreisen kann direkt am aussagekräftigen virtuellen Objekt im Team durchgeführt werden. Modifikationen können unmittelbar und intuitiv durch Interaktion mit dem Modell umgesetzt werden. Für einige Anwendungsgebiete wie z.B. der Analyse von Berechnungsdaten ist dies sogar zwischen örtlich verteilten Standorten, durch die Vernetzung mehrerer solcher Systeme, realisiert worden [7].

Ein entscheidender Vorteil der VR-basierten Visualisierungstechnik ist der Umgang mit „unvollständigen" Daten. Unvollständig kann dabei bedeuten, dass für Teile oder Baugruppen lediglich Bauraumhüllen zur Verfügung stehen, oder dass Teile nicht vollständig ausmodelliert/konstruiert wurden (z.B. fehlende Blechdicke an Karosserieteilen). Dies ist jedoch für viele Anwendungen zunächst kein Nachteil, so ist beispielsweise im Rohbau sicherlich eine Beurteilung des Flächenverlaufs auch ohne eine hinterlegte Blechdicke des später zu fertigenden Teils möglich.

Sobald die VR-Anwendung auch auf ein PDM-System zugreifen kann, bieten sich weitere Vorteile z.B. beim Vergleichen von Varianten, beim Wechseln von Versionsstände oder um sich einen Überblick über vorhandene Strukturdaten zu verschaffen. Im Planungsbereich können Layouts und Workflows anschaulich sichtbar gemacht und somit leichter aufeinander abgestimmt werden. Das Entscheidende ist hierbei, dass dies im Virtuellen immer auf dem aktuellen Datenstand geschehen kann, während teilweise für die Freigabe verwendete physikalische Prototypen längst vom aktuellen Versionsstand überholt ist.

3.1 Anwendungsbeispiele

Im Bereich der fertigenden Industrie ergibt sich heute ein breites Spektrum an Anwendungsmöglichkeiten. Allerdings gibt es große Unterschiede vor allem bei den Anforderungen an die Datengenauigkeit, die Qualität der visuellen Darstellung sowie die Möglichkeiten und die Art mit den virtuellen Daten zu interagieren. Es ist Stand heute nicht möglich, daß eine VR-Software alle verschiedenen Anwendungsbereiche abdeckt. Heute verfügbare VR-Softwaresysteme lassen je nach Offenheit und Flexibilität der Software-Architektur eine Anbindung bzw. Integration neuer oder anderweitig bereits verfügbarer Funktionalitäten oder Simulationswerkzeuge zu. Dies ist wichtig, da bei dieser neuen Technologie in Ermangelung vorhandener Standards relativ häufig neue Benutzeranforderungen in Software umgesetzt werden.

Die im folgenden dargestellten Beispiele bieten einen Überblick über den derzeitigen Entwicklungsstand [5] im allgemeinen fertigungsnahen Umfeld.

Workplace Design

Bei der Auslegung von Roboterzellen können im virtuellen Raum auf Basis der Daten aus einem 3D-Planungstool [9] Untersuchungen und Planungen durchgeführt werden. Dabei lassen sich unterschiedliche Fragestellungen untersuchen, die bei Verfügbarkeit genauer Positionserfassungssysteme (Trakking) längerfristig auch den Bereich Offline-Programmierung von Robotern umfassen wird. Momentan steht hier noch der Präsentationseffekt im Vordergrund, wobei Bewegungskinematiken in Form von zeitlichen Animationen bereits berücksichtigt werden können und Daten aus kinematischen Simulationswerkzeugen bereits heute interaktiv in der VR-Umgebung sichtbar gemacht werden können.

Bild 3.1: Auslegung einer Roboterzelle (Quelle: Siemens AG), Offline-Programmierung eines Roboters in einer CAVE (Quelle: GEO/Fraunhofer IAO)

Der Hauptnutzen besteht hier aus der Generierung einer wesentlich verbesserten Übersicht und Verständlichkeit der komplexen Situation, die letztlich zu einer erhöhten Planungssicherheit führt.

Montageplanung

Die Untersuchung von Montierbarkeit und Montagevorgängen in VR ist durch die Möglichkeit zur Realisierung einer den realen Vorgängen entsprechenden natürlichen Benutzungsschnittstelle ein interessantes Anwendungsgebiet.

Bild 3.2: Einbauuntersuchung am Beispiel einer Tür (Quelle: BMW AG)

Bei entsprechender Verfügbarkeit interaktiver Simulationswerkzeuge kann längerfristig auch der Bereich Leitungsverlegung vom Einsatz der VR-Technik mit seiner intuitiven Benutzerschnittstelle profitieren.

Qualitätssicherung

Die Qualitätssicherung ist ein entscheidender Faktor für die Fertigung qualitativ hochwertiger Produkte und deren Fertigungswerkzeuge. Ein Problem in dieser späten Phase ist, dass im Gegensatz zur Entwicklung, die lediglich mit Solldaten operiert, ein Abgleich zwischen den Soll und den ersten ermittelten Ist-Daten aus der (Vorserien)-Fertigung vorgenommen werden muss. Auch hier bietet sich ein großes Potential für die Anwendung der VR-Technologie, speziell im Bereich Prüfen und Analyse. So können gewonnene 3D-Messdaten den bereits vorhandenen CAD-Daten gegenübergestellt werden, Varianten verglichen und analysiert werden.

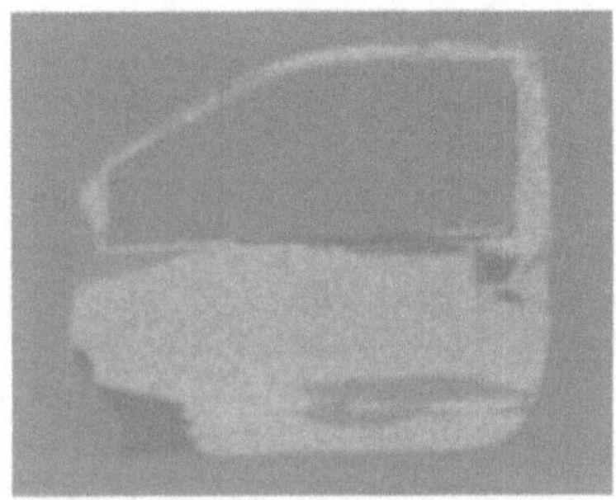

Bild 3.3: Visualisierung eines Soll-Ist Vergleichs zwischen CAD-Daten und gemessenen Werten als Punktewolke (Quelle: Cognitens)

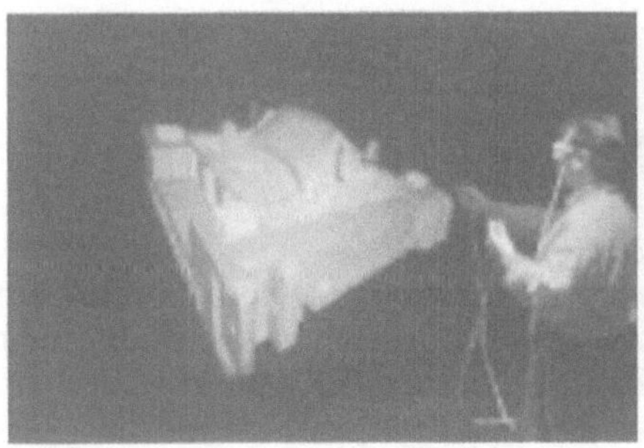

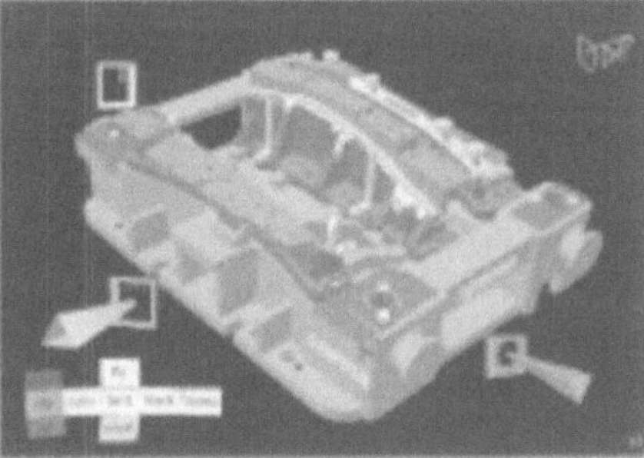

Bild 3.4: Links: Werkzeugabnahme auf Basis von aufbereiteten CAD-Daten (Quelle: BMW AG), rechts: CATIA V5/VR Prototyp (Quelle: CENIT AG)

Ein weiterer vielversprechender Ansatzpunkt ist die Möglichkeit, die Prüfung und Analyse auf der Basis subjektiver Wahrnehmung des Produkts zu unterstützen. Dies betrifft z.B. die Wirkung von unterschiedlichen Spaltmaßen an der Karosserie (z.B. im Bereich Heckklappe, Rückleuchte) die durch einfaches "Herumgehen", d.h. dem Betrachten aus unterschiedlichen Blickwinkeln in einem VR-System sehr einfach simuliert werden können.

Virtual Cubing

Das physikalische Cubing hat heute im Fahrzeugbau etwas an Bedeutung verloren, wird jedoch in einigen Bereichen nach wie vor praktiziert. Die VR-

Technik bietet auch hier das Potential der Einsparung einiger dieser Cubing-Modelle. Natürlich kann die virtuelle Technik nicht das haptische Gefühl beim „Erstasten“ von Unebenheiten und Übergängen ersetzen. Die subjektive optische Wirkung kritischer Bereiche wie z.B. der Übergang Dreieck A-Säule, Frontklappe und Seitenwand beim Pkw können jedoch auch mit Hilfe immersiver Projektionstechnik abgebildet werden. Ein wesentlicher Schwachpunkt beim physikalischem Cubing, nämlich das Problem des Versionstands, auf dem das gefertigte Modell beruht, sind beim virtuellen Modell kein Problem mehr.

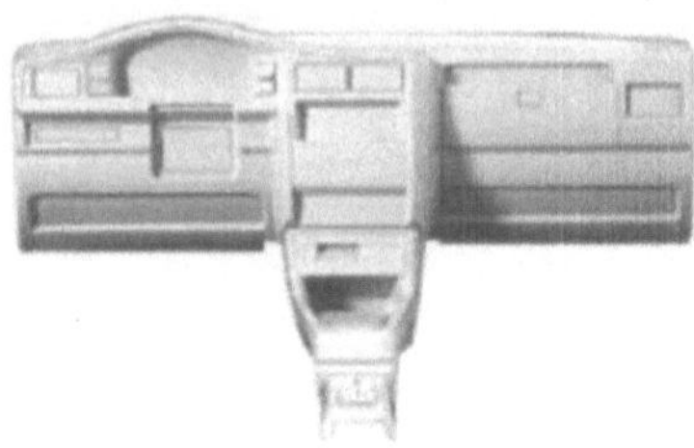

Bild 3.5: Physikalisches Cubing-Modell eines Armaturenbretts

4 Zusammenfassung und Ausblick

Die VR-Technik wird in einigen Bereichen heute bereits produktiv eingesetzt. Speziell das Gebiet Fertigung und Fertigungsplanung bietet zukünftig ein enormes Potential für die VR-Technik, da speziell im Bereich Fertigung sehr kosten- und zeitintensive Prozesse mit der Erstellung einer ganzen Reihe von physikalischen Prototypen verwendet werden. Diese körperlichen Prototypen zu einem Großteil ersetzen zu können, wird das vorrangige Ziel sein.

Auf Seiten der Hardware-Technik sind momentan einige interessante Trends zu beobachten, die sich mittelfristig in neue und kostengünstigere VR-Gesamtlösungen niederschlagen werden:

- Die Verwendung von skalierbaren Standard-Komponenten bei Grafikrechnern auch für Mehrwandprojektionssysteme.
- Die Verwendung von licht- und kontraststarker LCD/DLP-Projektionstechnik (für Anwendungen mit weniger Anforderungen an bestimmte Qualitätsmerkmale wie Farbtreue).

Von der Software-Seite sind momentan eine Reihe von Trends im VR-Bereich zu beobachten:

- Die beginnende Integration der VR-Technologie in Standard-Software-Pakete (z.B. CATIA).

- Die zunehmende Integration von VR in die Prozesskette (vor allem PDM).
- Die verbesserte Anbindung von VR an Simulationspakete (Integration von Menschmodellen für Ergonomie, Strömungsdaten-Auswertung, Finite-Elemente-Simulation, etc.).
- Die beginnende Nutzung von kooperativen VR-Systemen für die Zusammenarbeit von Teams an unterschiedlichen Standorten [7].

Der fortschreitende Integrationsaspekt hat positive Auswirkungen für die mittelfristige Verbreitung der VR-Technik in der produzierenden Industrie. Nach der Ausbreitung im Automobilbau und nun zunehmend bei den Ingenieur-Dienstleistern und großen Zulieferer-Firmen wird eine Durchdringung des allgemeinen Maschinen- und Anlagenbaus, der Luftfahrttechnik folgen. Der entscheidende Erfolgsfaktor ist dabei die Verfügbarkeit von Software-Lösungen, die sich wirklich an den Benutzeranforderungen und den verwendeten Prozeßketten [1] orientieren. Natürlich hat die Verwendung der VR-Technik unmittelbare Auswirkungen auf die verwendeten Prozesse und wird diese, sobald ein produktiver Status erreicht ist, auch nachhaltig beeinflussen und eine neue Art des Umgangs mit virtuellen Produkten ermöglichen.

Vor allem im Bereich der Fertigung und der Fertigungsplanung liegt hier zukünftig ein enormes Potential Zeit und Kosten zu reduzieren, nachdem im Entwicklungsbereich in den letzten Jahren bereits große Fortschritte in der Verwendung von virtuellen Techniken allgemein erzielt werden konnten. Die Erfahrungen und das Gelernte aus den Fehlern im frühen Umgang mit der neuen Technologie- werden in die neuen Bereiche einfließen und hoffentlich zu einer raschen Umsetzung im Produktionsumfeld führen.

Literatur

1. Bullinger, H.-J.: IPT-Systems: Benefits for the Industry. In: Proceedings of the 1. International Immersive Projection Technology Workshop, 1997,. Heidelberg, Springer, 1997.
2. Bullinger, H.-J.; Riedel, O.: Proc. of the 3. International Immersive Projection Technology Workshop. Heidelberg, Springer, 1999.
3. Delaney, B.: The Market for Visual Simulation/Virtual Reality Systems. Sausalito: CyberEdge 1999.
4. Spur, G.; Krause F.-L.: Das virtuelle Produkt – Management der CAD-Technik. München, Wien: Hanser 1997.
5. Ahle, U.: Virtuelle Produktentstehung im Rahmen des unternehmensweiten PDM, in: VDI-Berichte 1489, pp. 213-225, VDI-Verlag, 1999
6. Rantzau, D.; Lang, U.; Wierse, A.; Riedel, O.; Haefner, U.; Breining, R.; Scharm H.: Industrial Virtual Reality Engineering Applications, Proceedings Industrial Virtual Reality Symposium, Nov. 1-2, 1999, University of Illinois at Chicago
7. Rantzau, D; Lang, U.: A Scalable Virtual Environment for Large Scale Scientific Data Analysis, in: Future Generation Computer Systems 14 (1998) 215-222, Elsevier Science, 1998
8. Storath, E.; Hagemann, F.-M.; Schmädeke, W.; Weißberger, G.: Das virtuelle Produkt im Prozeßnetz – mehr als nur Anwendung von Systemen entlang der Prozeßketten, in: VDI Berichte 1435, pp. 169-181, VDI-Verlag, 1998

9. Linner, S.; Geyer, M.; Wunsch, A.: Optimierte Prozesse durch Digital Factory Tools, in: VDI-Berichte 1489, pp. 187-198, VDI-Verlag, 1999
10. Briel, R. von: Teambasierte interaktive Planungsumgebung – Planungstisch. In: Automatisierungs- und informationstechnische Systeme für Dienstleister und Produzenten : Trends, Anwendungen, Potentiale in Mecklenburg-Vorpommern, Rostock, 1999
11. Schacher, D.: Prozesse und virtuelle Techniken im globalen Unternehmen, in: VDI-Berichte 1489, pp. 3-15, VDI-Verlag, 1999

Verteilte Produktentwicklungsumgebungen

J. WARSCHAT

Einführung

Die Automobilzulieferindustrie ist mit ständig steigenden Anforderungen ihrer Kunden sowie zunehmendem Konkurrenzdruck konfrontiert. Die Reaktion sind massive Konzentrationsprozesse innerhalb der Zulieferbranchen mit der daraus resultierenden Aufgabe der optimalen Integration der einzelnen Unternehmensbereiche. Interne und externe Kooperationen sind die einzige Chance, um langfristig die Wettbewerbsfähigkeit zu sichern und auszubauen.

Aus der zunehmenden Produktkomplexität, verbunden mit kürzeren Produktentwicklungszeiten sowie erhöhten qualitativen Anforderungen, ergibt sich des weiteren für viele Unternehmen die Notwendigkeit zur:

- verstärkten Konzentration auf Kernkompetenzen,
- Entwicklung von unternehmensinternen und -übergreifenden Kooperationsinfrastrukturen für den gesamten Produktentwicklungsprozess,
- Einsatz von modernster Kommunikationstechnologie und deren Eingliederung in den Entwicklungsprozess.

Kommunikation, Kooperation und Koordination sind in allen Phasen der Produktentstehung für effiziente Abstimmungen sowie für schnelle gemeinsame Entscheidungen essentiell. Erst durch die Nutzung des gesamten ingenieurtechnischen Wissens, das verteilt in Unternehmen sowie bei externen, kompetenten Partnern vorhanden ist, können schnelle und gesicherte Entscheidungen getroffen werden.

Immer komplexere Produkte und Prozesse – beispielsweise die Entwicklung an verschiedenen Standorten – stellen dabei zunehmend höhere Anforderungen an die Unternehmen. Bisherige Methoden werden diesen Anforderungen kaum gerecht. Es bedarf der Integration und Nutzung von Technologien, die es ermöglichen, flexibel auf Änderungen zu reagieren, Simulationen durchzuführen und Informationen und Daten auszutauschen, um mit Entwicklungspartnern zu kooperieren. Solche Technologien sind Bestandteil des Virtuellen Engineering (VE). Die Einführung von VE-Technologien wiederum erfordert eine Anpassung der Organisation und eine Neustrukturierung der Prozesse.

1 Verteilte virtuelle Produktentwicklungsumgebung (Virtuelles Engineering)

Um den Anforderungen der Automobilhersteller in der Zukunft gerecht zu werden, muss die verteilte kooperative Projektabwicklung durch die Bereitstellung eines geeigneten Instrumentariums, bestehend aus Abläufen, Systemen und Technologien, verbessert werden. Am Fraunhofer IAO wurde ein Engineering Solution Center (ESC) eingerichtet, um die dafür erforderlichen Technologien und Prozesse abzubilden. Schwerpunkt ist, eine effiziente Umgebung für das „Virtual Engineering" aufzubauen. Grundsätzlich sind hierbei fünf Infrastrukturebenen zu realisieren und darzustellen.

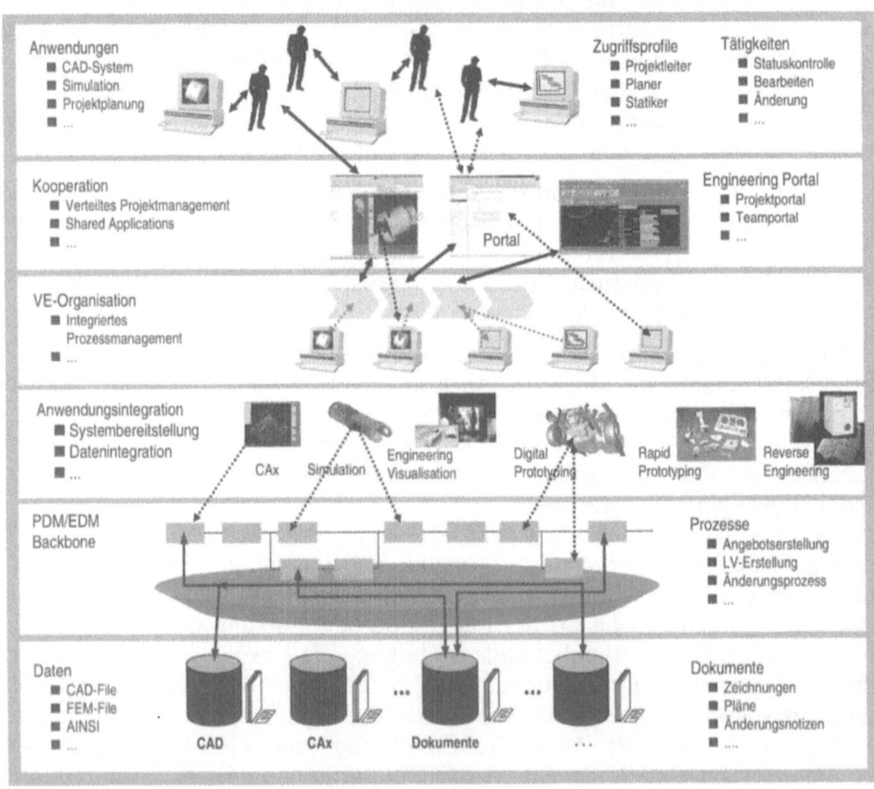

Bild 1.1: Die fünf Ebenen des Virtuellen Engineering.

Diese Ebenen, bestehend aus der Digitalisierung der Daten, Datenmanagement, Applikationsintegration, Prozessmanagement und Kooperation werden in den folgenden Kapiteln näher erläutert, um anschließend die Bedeutung der kooperativen Bestandteile eingehender zu betrachten.

Die Zielsetzung des „Virtuellen Engineering" beinhaltet das Bereitstellen von Technologien und Prozessen, um die Erstellung virtueller Prototypen und das gemeinsame Erarbeiten, Diskutieren und Bearbeiten geometrischer Modelle, Simulationen sowie 3D-Visualisierungen zu ermöglichen. Dabei werden zukunftsweisende Konzepte, wie wissensintensive VE-Prozesse und kooperative Portale im Besonderen berücksichtigt.

1.1 Bestandteile des virtuellen Engineerings

1.1.1 Digitalisierung

Der erste Schritt zum Virtuellen Engineering ist die digitale Erfassung aller Dokumente, Arbeitsvorgänge und Produkte. Inzwischen haben viele Unternehmen die bestehenden 2D-Installationen durch 3D-CAD-Arbeitsplätze abgelöst und ihre Dokumentation digitalisiert. Dies umfasst Zeichnungen und Pläne genauso wie Änderungsnotizen und Freigabedokumente. Die Modelldaten werden in dieser Stufe meist noch in hierarchischen File-Systemen abgelegt. In dieser Stufe kommen neben den klassischen Office-Anwendungen CAD-Systeme, Simulations- und Planungssysteme zum Einsatz. Welche Systeme genau erforderlich und geeignet sind, hängt von der jeweiligen Zielsetzung und dem Anwendungsbereich in dem Unternehmen ab. Beachtet werden sollten nach Möglichkeit die Kompatibilität zu den Systemen der Kunden und Plattformunabhängigkeit.

In dieser Stufe liegen die Daten lokal am Arbeitsplatz eines Nutzers vor. Bei kooperativer Arbeit führt dies schnell zu Konsistenz- und Versionsproblemen. Deshalb muss besonderer Wert auf das Datenmanagement gelegt werden.

1.1.2 Datenmanagement

Die Dynamik und Komplexität in den Entwicklungsbereichen steigt stark an und damit deren Datenaufkommen und Datenstrukturen, die es zu handhaben gilt. Die Probleme mit der Verwaltung und Verteilung dieser Datenbestände führen dazu, dass die mit CAx-Systemen erwarteten Rationalisierungseffekte nur zum Teil erreicht werden, da die Verwaltung der digitalisierten Informationen überwiegend noch lokal vorgenommen wird. Die Komplexität der Produktentwicklung erfordert jedoch den Zugriff unterschiedlicher Personen und Teams von eventuell unterschiedlichen Orten auf das gleiche Datenmaterial. So zum Beispiel, wenn einem Angebot die fotorealistische 3D-Grafik eines Objektes beigefügt werden soll. Hier müssen zwei Abteilungen kooperieren, deren Wissen, Hintergrund und Struktur stark differieren. Immer mehr Unternehmen kommen daher zu der Erkenntnis, dass sich mit der noch vielerorts anzutreffenden heterogenen DV-Landschaft und deren unterschiedlichen Strukturen, nur Einzelziele erreichen lassen. Unternehmensweite Projektarbeit und Wissenstransfer erfordern jedoch ganzheitliche und integrierte Ansätze. Dafür muss ein Datenmanagementsystem implementiert werden, das die dezentrale Verwaltung der Daten und den Web-basierten Zugriff darauf erlaubt. Auch gewisse Prozesse wie das Revisionsmanagement können hiermit automatisiert werden.

Seit einigen Jahren bieten sogenannte EDM-Systeme (Engineering Data Management Systeme) einen Ansatz zur Integration von Daten und Prozessen während des gesamten Produktentwicklungsprozesses. Großfirmen haben das Rationalisierungspotential derartiger Systeme schon früh erkannt und mit großem Aufwand Eigenentwicklungen betrieben. Inzwischen sind auch zahlreiche Standardsysteme für das Produktdatenmanagement verfügbar, deren Flexibilität mittlerweile eine hinreichend gute Anpassbarkeit an die spezifischen Prozesse ermöglicht [1]. Große EDM-Projekte in international tätigen Unternehmen bestätigen die Akzeptanz der EDM-Technologie und führen zu einer schnellen Verbreitung des EDM-Einsatzes auch in kleinen Unternehmen.

Vor diesem Hintergrund bilden Engineering Data Management Systeme ein eigenständiges Element im Bereich der Technischen Informationssysteme. Speziell im Virtuellen Engineering haben sie die Funktion eines Daten-Back-Bone. Die Entwicklung der am Markt befindlichen EDM-Systeme schreitet zügig voran und auch die Anzahl verfügbarer Systeme nimmt stetig zu. In stark vernetzen Unternehmen mit einer hohen Kundenintegration kann es deshalb aufgrund nichtkompatibler Systeme zu Problemen beim Datenaustausch über die Unternehmensgrenzen hinweg kommen.

EDM-Systeme integrieren die Informationsflüsse und Abläufe in allen Geschäftsprozessen über den gesamten Lebenszyklus der Produkte. Sie greifen stets auf alle relevanten, aktuellen Daten und Dokumente über alle Applikationen, Abteilungen und Standorte hinweg zu. Durch EDM-Systeme werden die Projektdurchlaufzeiten verkürzt und Redundanzen, Fehler und Parallelentwicklungen vermieden. Außerdem erhöhen sie die Produktivität und die Nähe zu den Kunden.

So wurden früher beispielsweise Änderungsanträge und -aufträge erstellt und in Papierform über die Hauspost an die zuständigen Abteilungen versandt. Geänderte Stücklisten und Zeichnungen wurden dann ausgedruckt und wieder auf dem Postweg verteilt. Dies erforderte nicht nur viel Zeit, sondern hatte auch zur Folge, dass nie genau bekannt war, in welchem Status sich ein Änderungsprozess gerade befindet. Unter Nutzung eines Dokumentenverwaltungssystems und einer Workflow-Management-Komponente wird ein papierloser Änderungsprozess implementiert. Ein Änderungsantrag wird jetzt am System erstellt und dem Workflow gemäß an die zuständigen Abteilungen beziehungsweise Personen elektronisch übermittelt. Der Empfänger erhält eine Eingangsmeldung und kann den Antrag oder Auftrag entsprechend digital entgegennehmen und bearbeiten. Durch die Verknüpfung des Antrages beziehungsweise Auftrages mit den zugehörigen Dokumenten und Produktdaten hat er auch gleichzeitig Zugriff auf alle erforderlichen Entwicklungsunterlagen.

Der zuständige Mitarbeiter kann dann die Bearbeitung vornehmen oder beispielsweise den Änderungsantrag ablehnen, was dem Antragsteller wiederum durch das System mitgeteilt wird.

1.1.3 Applikationsintegration

Um die verschiedenen Werkzeuge optimal nutzen zu können, ist nicht nur der reibungslose Zugriff verschiedener Personen, sondern auch von verschiedenen Anwendungen notwendig. Die Datenaustauschbarkeit und –kompatibilität ist ein wesentlicher Faktor im Virtuellen Engineering, damit die verschiedenen Applikationen wie CAx-Systeme (CAD, CAE), Simulations- und Rapid-Prototyping-Werkzeuge auf das gleiche Datenmaterial zugreifen können. Hierzu ist zum einen auf eine homogene Hard- und Software-Landschaft zu achten und zum anderen sind entsprechende Schnittstellen zu integrieren.

1.1.4 Prozessmanagement und Organisation

Erfolgreiche Unternehmen sind markt- und kundennah. Die Kundenorientierung zeichnet sich dadurch aus, dass angebotene Leistungen termingerecht, kostengünstig und qualitativ hochwertig dem Kunden unterbreitet werden können. Die interne Organisation eines Unternehmens erhält damit einen wesentlich höheren Stellenwert als in der Vergangenheit. Erkannt haben dies die meisten Unternehmen. Diese Forderung, den Kunden konsequent in den Mittelpunkt aller unternehmerischen Aktivitäten zu stellen, wird jedoch nur teilweise umgesetzt. Dies liegt unter anderem an den über Jahrzehnte gewachsenen Organisationsstrukturen, gekennzeichnet durch ein hohes Maß an arbeitsteiligen, funktional orientierten Strukturen und der damit verbundenen Vielzahl von Schnittstellen entlang des Leistungserstellungsprozesses. Die Folge sind fehlerhafte oder zu spät eintreffende Leistungen, die zum einen aus interner Sicht die Unternehmenseffizienz beeinflussen und zum anderen aus externer Sicht Einfluss auf die Kundenzufriedenheit haben.

Um den Möglichkeiten der VE-Technologien gerecht zu werden, müssen die Prozesse entsprechend der Kooperationspartner und der daraus entstehenden Integrationsproblematiken neu strukturiert und angepasst werden. Damit einher geht die Ausrichtung der Organisationsstrukturen auf die neuen team- und aufgabenorientierten Methoden. Somit spielen in einem Unternehmen bei Einführung des Virtuellen Engineering die ganzheitliche Berücksichtigung der drei Aspekte Technologien, Organisation und Prozesse eine wesentliche Rolle. Ebenfalls zu berücksichtigen sind Schnittstellen zu anderen Zulieferern und dem OEM.

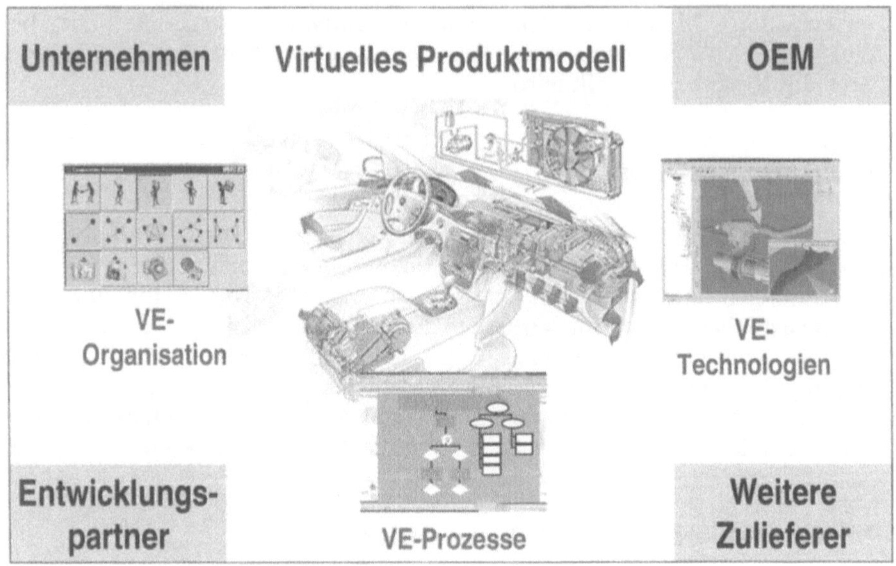

Bild 1.2: Integration Zulieferer-OEM

1.1.5 Kooperation

Aufbauend auf den vorangegangenen Ebenen, in der die zur Produktentwicklung erforderlichen Systeme und Werkzeuge (z.B. CAD, Simulationen, Datenbanken) betrachtet wurden und diese in einen durchgängigen Datenfluss integriert wurden, müssen in dieser Ebene die Voraussetzungen zum verteilten Entwickeln geschaffen werden. Das heißt, es werden Kommunikations-, Koordinations- und Kooperationssysteme und Prozesse installiert und zu einer verteilten Entwicklungsumgebung integriert. Zur Umsetzung einer „Shared Engineering Umgebung" müssen Techniken für die interaktive, rechnergestützte Zusammenarbeit (Shared Applications, Audio/Video) implementiert werden, um die kooperative Bearbeitung von Entwicklungsaufgaben zu unterstützen. Im folgenden Kapitel werden die einzelnen Aspekte näher erläutert.

1.2
Bedeutung einer kooperativ- virtuellen Produktentwicklungsumgebung

1.2.1
Heterogenes Arbeitsumfeld

In dem heterogenen Arbeitsumfeld der Produktentwicklung müssen die unterschiedlichen Anforderungen an die Kommunikation und die Voraussetzungen bei den Nutzern und den Systemen berücksichtigt werden, die u.a. bei der Teamplanung, der Festlegung des Pflichtenheftes, der Visualisierung von Informationen und der Generierung von Prototypen entstehen. Die modernen Informations- und Kommunikationstechnologien bieten die Möglichkeit zur Unterstützung der fachlichen Kommunikation, die um weiterführende Programme und Anwendungen zum Kommunikationsaufbau und -ablauf ergänzt werden.

Die dynamischen Entwicklungen und Abläufe im Rapid-Prototyping-Prozess wirken sich insbesondere auch auf Teamstrukturen aus. Teams werden kurzfristig zusammengesetzt und müssen mit wechselnden Gruppen kooperieren. Die dabei entstehende inter- und intrateamspezifische Kommunikation gilt es durch geeignete Methoden zu unterstützen.

Dabei kann die Visualisierung von Teamstrukturen hilfreich sein. Am Fraunhofer IAO wird eine browserfähige Komunikationsplattform entwickelt, die die Teamstrukturen und deren Abhängigkeiten und Interaktionsmöglichkeiten veranschaulicht. Außerdem soll darüber ein einfacher Zugang zu den einzelnen Beteiligten und den Nutzern, die in mehreren Projekten arbeiten, jederzeit die Möglichkeit zur Kontaktaufnahme mit dem richtigen Ansprechpartner ermöglicht werden. Da insbesondere in den Engineering-Prozessen eine enge Verzahnung von Konstruktion und Produktion stattfindet, die meistens örtlich und organisatorisch voneinander getrennt sind, sollen so die personen- und organisationsspezifischen Informationen aufbereitet werden.

Die Wissensintegration in interdisziplinären Teams im Bereich der Produktentwicklung stellt eine große Herausforderung dar. Daher dürfen die Medien, die diesen Prozess begleiten, nicht hemmend eingreifen, sondern müssen fördernd unterstützen. Dadurch bleibt die Problemlösung das primäre Ziel in der Kommunikation und nicht die Beschäftigung mit den für die Übertragung benötigten Medien und Informationen. Die Möglichkeit, mittels verschiedener Technologien, schnell und direkt Kontakt zu einem Ansprechpartner aufzunehmen, bietet die Chance für schnelle Lösungen. Sie birgt aber auch die Gefahr, dass man bei der Vielzahl von Informationen den Überblick verliert und dadurch wichtige Informationen nicht mehr von unwichtigen trennen kann. Weiterhin wird durch eine Vielzahl von Anfragen der eigene Arbeitsprozess stark von außen bestimmt. Dies ist bei der Entwicklung innovativer Produkte ineffektiv, da der Experte durch Routinearbeit in der ‚kreativen Arbeit' behindert wird. Zur Vermeidung dieser störenden Einflüsse ist ein System zu schaffen, das einen Abgleich zwischen der inhaltlichen und zeitlichen Erwartungshaltung des Anfragenden mit der eigenen steuert, da dieses mitentscheidend für den Erfolg einer Kommunikation ist.

1.2.2 Unscharfe Kommunikationsbedingungen

Bei der Kommunikation mit asynchronen Medien ist es für den Anfragenden mit einer Ungewissheit verbunden, ob sein Gesprächspartner in dem von ihm erwarteten Zeitraum antwortet oder nicht. Mit Hilfe von Zeitmarkierung wird die Erwartungshaltung dem Kontaktpartner angezeigt. Diese Erwartungshaltung beinhaltet eine Lebenszeit, also eine Dauer, wie lang z. B. eine Anfrage gültig ist. Hierdurch lassen sich übermittelte Aktionen an bestimmte Zeiträume binden.

In den frühen Phasen der Produktentwicklung und damit bei der Neuentwicklung innovativer Produkte werden lange Phasen im Projektverlauf mit synchronen oder asynchronen technischen Kommunikationsformen unterstützt, die einen Gedankenaustausch fördern und unpräzise Informationen oder wenig strukturierte Objekte zum Austausch anbieten. Insbesondere für diesen Bereich ist es sehr wichtig, dass der Benutzer in seiner Routinearbeit zum Aufbau und Ablauf der Kommunikation entlastet wird und die Interaktion mittels computerunterstützter Kommunikation als wichtigen Bestandteil zur Wissensintegration mit anderen Experten bei der Entwicklung wahrnimmt.

Im Gegensatz zu sogenannten Änderungsprozessen, bei denen dem Entwickler konkrete Daten zur Bearbeitung zur Verfügung stehen, ist es hier besonders wichtig, dass den Beteiligten ein Diskussions- und Austauschforum zur Verfügung steht. Erst im weiteren Verlauf werden dann auch hier Unterstützungswerkzeuge eingesetzt, die auf einem direkten Datenaustausch beruhen.

1.2.3 Portale

Die starke Zunahme von Informationen und Applikationen innerhalb des Rapid-Product-Development-Prozesses führt insgesamt zu einer zunehmenden Belastung der Entwickler und Experten. Die angestrebte Arbeitsentlastung durch aufbereitete Informationen und vielfältige Problemlösungs-Software stellt sich wegen der hohen Komplexität als eher arbeitshemmend heraus. Durch die Einrichtung von Portalen soll dieser Problematik begegnet werden. Dahingehende Ansätze aus der Industrie befassen sich vorwiegend mit der strukturierten Darstellung relevanter interner und externer Projektdaten in einem Standard-Web-Browser.

Bei der Gestaltung einer Oberfläche im allgemeinen bzw. eines Portals als Informationszugang im besonderen sind folgende Anforderungen zu berücksichtigen [2]: hohe Benutzerfreundlichkeit, fortwährende Aktualität, hoher Informations- und Nutzengrad sowie Individualisierbarkeit und Interaktivität.

Die Individualisierbarkeit stellt dabei eine besondere Herausforderung dar: Einerseits soll der Nutzer nicht durch zusätzlichen administrativen Aufwand zur Anpassung seines Systems belastet werden, andererseits kann bisher die Kontrolle über die Funktionalitäten nicht an das System abgegeben werden, da es hierfür noch keine adäquaten Methoden gibt [3].

Bisherige Entwicklungen ermöglichen die Anpassung an den Lernprozess des Nutzers indem zwischen verschiedenen Einstellungen gewählt werden kann oder beispielsweise statt der Benutzung von Icon-Buttons der Gebrauch von Short-Cuts möglich ist.

Je differenzierter die Anpassung an die Bedürfnisse erfolgt, umso höher ist schließlich die Akzeptanz. Forschungsansätze schlagen daher eine Parametrisierung des Portals vor, um die Adaption besser zu gestalten. Als geeignete Parameter wurden bislang „Rolle" und „Aufgabe" eines Nutzers identifiziert. Die Rolle wird dabei über den Kompetenzbereich des Nutzers definiert, während die Aufgabe von der aktuellen Tätigkeit und damit vom Projekt und dessen Status bestimmt ist. „Ein an die Unternehmensspezifika angepasstes Rollenkonzept kann zu folgendem potenziellen Nutzen führen:

1. Transparenz der Tätigkeiten und Verantwortlichkeiten durch Definition von Rollen
2. Unterstützung beim Software-Projektmanagement (z.B. bei der Projektteamzusammensetzung und der Personalbedarfsabschätzung)
3. Unterstützung bei der Ermittlung des Qualifizierungsbedarfs und Ableitung von Qualifizierungsmaßnahmen"[4].

Die Weiterentwicklung von Methoden zur Gestaltung einer adaptiven Benutzungsschnittstelle im Hinblick auf handlungsunterstützende Informations- und Problemlösungsangebote führt zum Modell des adaptiven web-basierten RPD-Portals. Das Portal bietet den zentralen Arbeitsplatz für den Wissensaustausch und Informationszugriff in einem RPD-Prozess. Über eine einfach adaptierbare bzw. adaptive Browser-Oberfläche, die die unterschiedlichen Frontend-Werkzeuge ersetzt, stehen sowohl strukturierte als auch unstrukturierte Daten, interne und externe Informationsquellen und Applikationen übersichtlich zur Nutzung bereit. Ein Portal ist nicht Produzent der Daten und Dienste, sondern ist Anbieter und Bereitsteller. Die Angebote werden neu und anwendungs-, d.h. aufgabenorientiert verpackt und so an die geeigneten Empfänger – die Experten – vermittelt. Somit ist das Portal die konsequente Fortführung der Methodik zur Entwicklung einer intuitiven, integrierenden und adaptiven Benutzungsschnittstelle für das RPD. Die Parameter wirken zum einen auf die Auswahl und Zusammenstellung der Portalbausteine zum gesamten Portal und zum anderen auf die Inhalte und Informationen der Portalbausteine selbst.

Die Vorteile eines solchen Portals sind:

- deutlich reduzierte Suchzeiten,
- tatsächliche Nutzung des vorhandenen Wissens zum Nutzen des Unternehmens,
- fundiertere Entscheidungen durch verbesserte Informationsbasis,

- höhere Qualität der Arbeitsergebnisse durch vermehrte Einbeziehung vorliegender Erfahrungen,
- erhöhte Mitarbeiterzufriedenheit durch besseren Informationsstand und Reduktion frustrierender, ergebnisloser Suchen,
- erhöhte Kundenzufriedenheit, z. B. durch schnellere und bessere Beantwortung von Fragen oder durch gezieltere, kundenspezifisch ausgerichtete Angebote,
- höhere Produktivität.

1.2.4 Engineering Solution Center als Testumgebung für das Virtuelle Engineering

Am Fraunhofer IAO wurde ein Engineering Solution Center (ESC) eingerichtet, um die für das Virtuelle Engineering erforderlichen Technologien und Prozesse abzubilden. Schwerpunkt ist, eine effiziente Umgebung für das Virtuelle Engineering aufzubauen. Grundsätzlich sind hierbei die oben genannten fünf Infrastrukturebenen zu realisieren.

Dabei werden zukunftsweisende Konzepte, wie wissensintensive VE-Prozesse und kooperative Portale im Besonderen berücksichtigt. Zudem soll der verteilte Charakter von Firmen durch entsprechende Netzwerk-Konfigurationen umgesetzt werden, um hier in einer Infrastruktur, die derjenigen der Firmen entspricht, Lösungen zur Verbesserung der kooperativen Produktentwicklung vorantreiben zu können.

Die Prozesskette des ESC umfasst alle Schritte der Produktentwicklung vom CAD-Entwurf über Auswahl und Bau der geeigneten Prototypen bis hin zur Testphase. Das Zusammenspiel aller Methoden und Technologien im Engineering Solution Center bietet die Möglichkeit, auf Anhieb eine hohe Entwicklungsqualität zu erreichen.

In diesem Zusammenhang ist ein effektives Wissensmanagement von beträchtlicher Bedeutung, denn nur dadurch kann die optimale Nutzung von bereits vorhandenem Wissen gewährleistet und allen betreffenden Mitarbeitern zugänglich gemacht werden. Am Fraunhofer IAO steht hierfür ein Server zur Verfügung, auf dem alle relevanten Daten abgelegt werden können.

In dieser Testumgebung ist es möglich, für jeden speziellen Anwendungsfall die entsprechende optimale Kooperationsplattform zusammenzustellen und zu testen.

In der Praxis werden so geschaffene Möglichkeiten häufig nicht genutzt, da potenzielle Versions- und Zugriffsrechtkonflikte befürchtet werden. „Um diese Konflikte von vornherein zu vermeiden, empfiehlt sich selbst für kleine Entwicklungsteams ein integriertes Teamdatenmanagement mit der Verwaltung von Rollen, Zugriffsrechten und der in Entwicklung befindlichen Versionen“ [5].

2 Ausblick Kompetenzerweiterung durch Virtuelles Engineering

Die Einführung von Virtuellem Engineering führt zum einen zu einer Verbesserung der üblichen und notwendigen Prozesse, zum anderen ermöglicht es aber auch eine Ausweitung der firmenspezifischen Kompetenzen.

2.1 Prozessoptimierung

Die Einführung des Virtuellen Engineering wirkt sich positiv auf die verschiedenen Prozesse aus. Es gibt einen von allen Beteiligten geteilten Daten- und Informationspool, womit die Konsistenz sowie die Aktualität der Daten und Informationen garantiert ist. Außerdem kann somit jederzeit auf vollständige und umfassende Informationen zugegriffen werden. Dieser Datenpool ermöglicht ein konsistentes Änderungsmanagement, was zu höherer Transparenz im Prozessfortschritt führt. Dadurch dass Daten und Informationen vollständig verfügbar sind, wird die projekt- bzw. produktorientierte Kommunikation erleichtert. Somit wird insgesamt das integrierte Prozessmanagement unterstützt. Hierdurch kann eine höhere Prozesssicherheit garantiert werden. Im Ganzen führt also die digitale Erfassung aller Daten und ihre allgemeine Verfügbarkeit verbunden mit kommunikationsunterstützenden Werkzeugen zu einer verbesserten Prozessproduktivität. Die Tatsache, dass durch die neuen Methoden auch ressourcen- und kostensparende Simulationen ermöglicht werden, unterstützt auch die Innovationen innerhalb eines Prozesses.

Ein Unternehmen, das Virtuelles Engineering eingeführt hat, gewinnt durch Ressourceneinsparung und Kostenreduktion Vorteile gegenüber Wettbewerbern. Darüber hinaus entsteht auch größere Flexibilität in der Planung und eine verbesserte Kooperation. Dies führt dazu, dass die Entwicklungskompetenzen ausgebaut werden und eine verstärkte Integration zwischen OEM und Zulieferer ermöglicht wird. Dadurch wird die frühere Einbindung des Zulieferers in Entwicklungsprozesse ermöglicht, womit der Zulieferer seine Systemkompetenz besser einbringen kann.

2.2 Aufbau von Systemkompetenz

Mit der Integration des Virtuellen Engineerings sind die Voraussetzungen für den Übergang von der Bauteil- zur Systemkompetenz gegeben. Die Kompetenz über die ein Zulieferer klassischerweise verfügt ist die Bauteilkompetenz. Das bedeutet, dass er den Anforderungen seines Kunden entsprechend Lösungen erarbeitet. Teile des dabei durchlaufenen Prozesses sind die Angebotserstellung, die Konzeptauswahl und die Konstruktion. Unterstützend helfen dabei unter anderem CAD-Systeme.

Die Systemkompetenz geht darüber hinaus, da sie auch die Spezifikation der Anforderungen beinhaltet. Moderne Simulationssysteme versetzen einen Zulieferer in die Lage, solche Spezifikationen zu formulieren. Aufgrund seines reichhaltigen Erfahrungsschatzes und Expertenwissens können Qualität und Reichweite dadurch verbessert werden. Der Zulieferer kann schon in der Ideenphase eines Projektes einbezogen werden und daran anschließend die Studienphase, Produktkonzeptphase und die Fachkonzeptphase begleiten. Er ist in der Lage eigene Zielvorgaben zu erarbeiten, die ihm gegenüber seiner Konkurrenz einen Wettbewerbsvorteil sichern.

Literatur

1. Grabowski, H. et al.: Prozeßorientiertes Customizing von EDM/PDM-Systemen, in: VDI-Berichte Nr. 1435, 1998, S. 87-106
2. Zülch, G. et al: Internet und World Wide Web – zukünftige Aufgaben der Kommunikationsergonomie, Ergonomische Aspekte der Software-Gestaltung Teil 9. In: Ergo-Med, Heidelberg 23 (1999), Nr 2, S. 96-100
3. Höök, W: Steps to take before intelligent user interfaces become real. In: Interacting with Computers 12 (2000), S. 409-426
4. Frings, S. et al.: Rollenkonzept in der Software-Entwicklung, in: Software-Ergonomie'99 – Design von Informationswelten, Stuttgart, 1999, S. 73-83
5. Hübler, A.: Kurzer Prozess mit CAD-Technologie, in: CAD-CAM Report, S. 44-51, Nr 2, 2000

Aufbau eines weltweiten Servicenetzwerkes am Beispiel der Homag-Gruppe

A. Gauss

1 Ausgangssituation

Die rasanten Veränderungen der Märkte, die verstärkte Globalisierung des Wettbewerbs und die wachsenden Kundenanforderungen im internationalen Maschinen- und Anlagenbau stellen die Anbieter vor große Herausforderungen.

Die Homag-Gruppe ist Weltmarktführer bei Maschinen und Anlagen für die Holzbearbeitungs- und Möbelindustrie. Mit zwölf Produktionsgesellschaften, zehn Vertriebs- und Service-Gesellschaften in Europa, Nordamerika und Südostasien, einem Consulting-Unternehmen, einer Engineering-Gesellschaft sowie Vertriebs- und Service-Partnern in mehr als 40 Ländern stellt die Homag-Gruppe einen „Global Player" dar. Die Umsetzung einer gruppeneinheitlichen Servicestrategie ist vor diesem Hintergrund – und unter Berücksichtigung der rasanten Marktveränderungen – von besonderer Bedeutung.

2 Servicestrategie der Homag-Gruppe

2.1 Wandel des Selbstverständnisses

Im Mittelpunkt der Entwicklung einer neuen Servicestrategie stand bei der Homag AG der Wandel des Selbstverständnisses im Service. Bei den *Kundenanforderungen* wird dieser Wandel durch die Verlagerung von der reinen Technologie-Orientierung hin zu einer stärkeren Fokussierung der Maschinenverfügbarkeit deutlich. Die Ausrichtung der *Serviceverantwortung* ist zukünftig weniger an Produkten, sondern stärker an Kunden und der Nähe zu ihnen orientiert. Die Aktivitäten im Rahmen der *Marktbearbeitung* verlagern sich von einer reaktiven zu einer proaktiven Marktbearbeitung. Des Weiteren wird die zentrale *Serviceorganisation* aufgelöst zugunsten einer dezentralen Organisationsstruktur. Die komplexen und vielfältigen *Serviceleistungen* werden in transparenten, modularisierten Servicepaketen angeboten, welche nicht als Sekundärdienstleistungen, sondern als eigenständige *Primärdienstleistungen* verstanden werden. Flankierend zu den unternehmensinternen und kundenorientierten Veränderungen soll die *Kooperationsintensität* innerhalb der Homag-Gruppe ausgebaut werden.

2.2 Zielsetzung

Ziel der neuen Servicestrategie ist die Sicherung der Marktführerschaft durch Auf- und Ausbau eines weltweiten, partnerschaftlichen Service-Netzwerkes auf Basis dezentraler ServiceCenter bei allen Produktionsgesellschaften sowie strategischen Vertriebsgesellschaften und -partnern, das *Homag Group Service Network.*

Mit dem Fokus *Kunde* soll die Kundenähe und -zufriedenheit ausgebaut und die Anforderungen nach verbesserten Maschinenverfügbarkeiten befriedigt werden.

Bei der Berücksichtigung des zunehmenden Wettbewerbdrucks im stärker globalisierten *Markt* soll die Bindung der Kunden an das eigene Unternehmen durch die Steigerung der Servicequalität langfristig ausgebaut werden. Des weiteren dient das Service-Netzwerk als Differenzierungsinstrument im globalen Wettbewerb.

Unternehmens- und *Produkt*seitig steht die Serviceprofitabilität durch Innovation und Prozessverständnis im Vordergrund. Hierbei soll der Service als eigenständiger Umsatz- und Gewinnträger entwickelt werden.

3 Das ServiceCenter-Konzept

Aufgabe der ServiceCenter ist die Bereitstellung einer kundenorientierten und Gruppen-einheitlichen Organisationsstruktur, die den Kunden kompetent und effizient zur Seite steht.

Räumlich wird durch die dezentrale ServiceCenter-Struktur die Entfernung zu den Kunden verbessert, was unter dem Gesichtspunkt *Zeitlich* Voraussetzung für die Verkürzung der Reaktionszeit für Vor-Ort-Einsätze, die Erhöhung der Erreichbarkeit sowie die Ersatzteilverfügbarkeit ist. *Länderspezifisch* wird durch das ServiceCenter-Konzept die Reduktion von Sprachbarrieren, die Berücksichtigung länderspezifischer Serviceangebote sowie der Abbau von Mentalitäts- und Kulturunterschieden unterstützt.

Des weiteren erfolgt eine Verringerung der Komplexität und Kosten durch Standardisierung von Prozessen und den Einsatz modernster Informations- und Kommunikationssysteme.

4 Organisation

Die ServiceCenter gliedern sich in vier Bereiche.

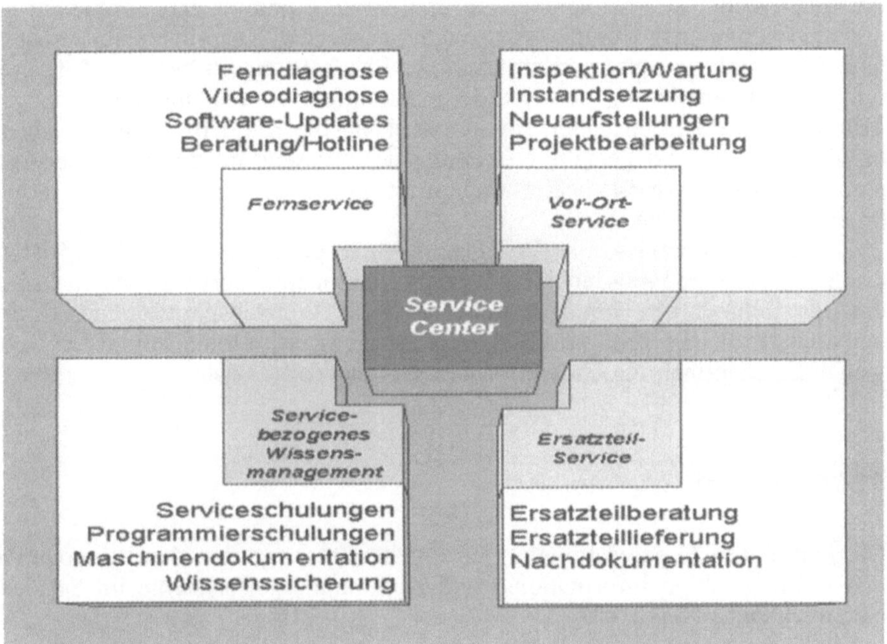

Bild.1: Das Leistungsspektrum des Homag Group Service Network

Im *Fernservice* werden mit modernsten Informations- und Kommunikationstechnologien sämtliche Dienstleistungen erbracht, die vom Standort des Service Centers durchgeführt werden können. Schwerpunkt im Fernservice ist die Beratung bei telefonischen Serviceanfragen. Die Bearbeitung der Anfragen erfolgt durch Teleservice, Videodiagnose sowie Software-Änderungen.

Hierzu wird über ein Modem eine Verbindung zu dem Maschinen- oder Fertigungsleitrechner hergestellt. So kann die Maschine an jedem Ort der Welt vom ServiceCenter aus ferngesteuert und diagnostiziert werden. Unterstützt wird dies durch die Videodiagnose, wodurch die Anzahl der Vor-Ort-Einsätze nochmals reduziert wird. Um diese Dienstleistungen zu erbringen, wird der Bereich Fernservice in mehrere Organisations-Level gegliedert, so dass neben einer maximalen Erreichbarkeit die Bearbeitung der Serviceanfragen durch den jeweils am besten qualifizierten Mitarbeiter sichergestellt ist.

Die Montageplanung und -steuerung, Neuaufstellungen von Maschinen, Servicetätigkeiten vor Ort sowie Reklamationsbearbeitungen werden durch den Bereich *Vor-Ort-Service* durchgeführt. Hierbei ist eine besonders enge

Koordination mit dem Bereich Fernservice erforderlich, um die gegenseitig verzahnten Tätigkeiten effizient zu erbringen. Des weiteren werden Reklamationen, die häufig die Inbetriebnahme von Maschinen verzögern oder an interne Unternehmensbereiche weitergeleitet werden müssen, koordiniert und bearbeitet.

Der Bereich des servicebezogenen *Wissensmanagement* hat die Aufgabe, die Qualifikation der Mitarbeiter vor dem Hintergrund neuer Verfahrenstechniken, zunehmender Komplexität sowie wachsender Ansprüche sicherzustellen. Ziel ist die gezielte und strukturierte Beschaffung, Erfassung, Aufbereitung und Bereitstellung der erforderlichen Informationen nicht nur für die Mitarbeiter im ServiceCenter, sondern auch für die Kunden. Wichtig ist hierbei die schnelle und gezielte Verteilung des Wissens im gesamten Service-Netzwerk, damit die Serviceleistungen mit gleichbleibend hoher Qualität erbracht werden können.

Der *Ersatzteilservice* mit der Ersatzteilversorgung und -abwicklung ist in die ServiceCenter integriert. Über ein internationales Vertriebssystem haben die Unternehmen der Homag-Gruppe sowie die Vertriebspartner einen direkten Zugriff auf die zentrale Ersatzteilversorgung zur Organisation der weltweiten Ersatzteilhaltung ohne Informations- und Zeitverlust.

5 Technologie

Die komplexen Organisationsformen und Prozesse werden durch innovative und leistungsfähige Informations- und Kommunikationssysteme im Service-Netzwerk unterstützt.

Ein *Ticketmanagementsystem* sichert hierbei die inhaltliche und terminliche Verwaltung und Verfolgung sowie die gezielte Steuerung der Weiterleitung von Serviceaufträgen. In dieses System werden die für die Bearbeitung der Serviceaufträge erforderlichen zusätzlichen Hilfsmittel, Tools oder Applikationen integriert.

Die Support Teams können sich je Problemfall unterschiedlich zusammensetzen. Die Koordination der Support Teams erfolgt durch den Leiter Fernservice. Je Problemfall wird ein Verantwortlicher festgelegt. Die Einberufung erfolgt durch den Verantwortlichen.

Die mehrstufigen Organisationsformen und Prozesse in den ServiceCentern, insbesondere im Fernservice, werden durch dieses System zum Teil erst ermöglicht. Durch den gruppenweiten Einsatz wird zudem die Bearbeitung der Serviceaufträge räumlich und zeitlich unabhängiger.

Ein *Reklamationsmanagementsystem* unterstützt insbesondere im Bereich Vor-Ort-Service die Mitarbeiter bei der vollständigen und strukturierten Erfassung und Bearbeitung von Restpunkten und Reklamationen im Rahmen der Neuaufstellung von Maschinen. Ziel ist eine einfache und übersichtliche Transparenz aller offenen Punkte einer Maschine inklusive der jeweils zuständigen Verantwortlichen.

Die *Wissensdatenbank* dient der Sammlung, Sicherung und Verteilung von Service-Wissen im weltweiten Service-Netzwerk sowie der Bereitstellung von strukturierten Servicefällen zur effizienten Fehlerdiagnose. Ziel ist die wirkungsvolle Unterstützung bei der schnellen und qualifizierten Bearbeitung von Serviceaufträgen im Falle einer Maschinenstörung sowie die Identifikation von Problembereichen als Basis für proaktive Serviceleistungen.

6 Beispiel für die Organisationsstruktur des Fernservice im Homag Group Service Network

Das Organisationskonzept des Customer Care Centers der Homag Gruppe sieht im Fernservice zwei Servicelevel vor. Die systemtechnische Unterstützung erfolgt durch das *Ticketmanagementsystem.*

Im 1st Level erfolgt die qualifizierte Serviceannahme und Servicebearbeitung. Dies bedeutet, der 1st Level

- nimmt alle Service-Anfragen vom Kunden entgegen
- qualifiziert das Problem nach
  1. Priorität
  2. Problemkategorie
  3. Komplexität
- klärt den Service-Vertragsstatus
- löst einfache Probleme
- gibt umfangreiche Sachverhalte an den 2nd-Level weiter
- kümmert sich als Anfrage-Owner (Kümmerer) um die Anfrage, bis sie gelöst ist (Vertreter des Kunden im Unternehmen)
- dokumentiert die Service-Anfrage und ist für die Qualität der Gesamt-Dokumentation verantwortlich.

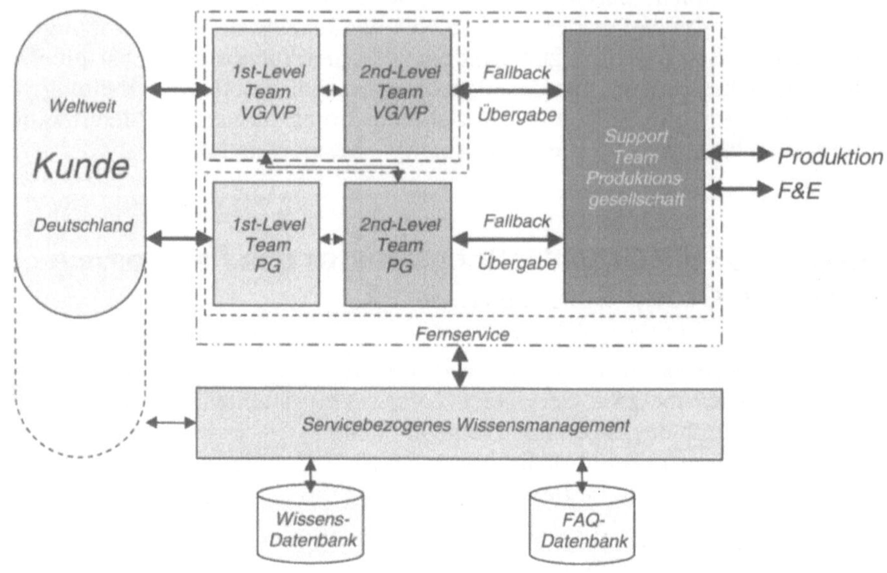

Bild 2: Organisationskonzept Customer Care Center

Im 2nd Level findet die Servicebearbeitung und Wiederinbetriebnahme der Maschine statt. Dies bedeutet, der 2nd Level

- nimmt Service-Anfragen vom 1st Level entgegen
- berät den 1st Level
- übernimmt das Problem in Absprache mit dem 1st Level
- stellt die Verfügbarkeit der Maschine sicher
- löst das Problem soweit wie möglich, z. B. abhängig von:
  1. Zeit
  2. Komplexität
- gibt komplexe Sachverhalte, die über die Wieder-Inbetriebnahme hinausgehen, an das Support Team weiter und informiert den 1st Level
- dokumentiert die Bearbeitung der Service-Anfrage.

Die fachliche Qualifikation der Mitarbeiter erfordert in beiden Service-Levels eine Trennung nach Produktgruppen. Bei der Homag AG werden beispielsweise Experten für Durchlaufmaschinen und Stationärmaschinen unterschieden.

Auf Basis der Qualifikationsprofile und der Auslastung der Mitarbeiter wird so eine intelligente Verteilung der Serviceanfragen ermöglicht.

Die Trennung zwischen dem 1st und dem 2nd Level erfolgt dabei dynamisch: Bei geringer Auslastung des 1st Levels wechseln einzelne Mitarbeiter zu 2nd Level-Tätigkeiten. Entsprechend wechseln 2nd Level Mitarbeiter zu 1st Level-Tätigkeiten, um hohe Anfragespitzen abfangen zu können.

Die Organisationseinheit „Support Team“ ist nur für produzierende Gesellschaften relevant. Sie setzt sich aus Mitarbeitern verschiedener Fachbereiche, beispielsweise aus der Produktion, Forschung & Entwicklung und den Service Centern zusammen.

Das „Support Team“

- nimmt Service-Sachverhalte vom 1st und vom 2nd Level entgegen
- übernimmt komplexe Sachverhalte in Absprache mit dem 1st und dem 2nd Level
- hat nicht die Aufgabe, die Maschine wieder einsatzfähig zu machen, sondern erarbeitet langfristige Lösungen
- bearbeitet das Problem bis zur Lösung ggf. unter Einbeziehung von Experten z. B. aus
  1. Konstruktion
  2. Entwicklung
  3. Produktion
- dokumentiert die Bearbeitung der Service-Anfrage

Das *Ticketmanagementsystem* stellt die technologische Basis zur gesicherten und Workflow-gestützten Kundenkommunikation dar.

Sämtliche Serviceanfragen, die den Fernservice über die unterschiedlichsten Medien (Telefon, Web, Email, Fax und Papier) erreichen, werden von 1st Level Mitarbeitern strukturiert in einem sog. Ticket erfasst und mit Attributen versehen, die für eine Gruppenzuordnung ausschlaggebend sind. Diese klassifizierungsrelevanten Attribute stellen eine Teilmenge aller konfigurierten Attribute dar.

Das Ergebnis der Klassifizierung ist eine Zuordnung des jeweiligen Tickets zu Kompetenzgruppen im 2nd Level (skill-based-routing). Werden keine klassifizierungsrelevanten Attribute verliehen, erscheint das Ticket bei allen Mitarbeitern. Gleichzeitig wird jedem Ticket eine bestimmte Priorität für die Bearbeitung in Abhängigkeit des Problemkreises zugeordnet.

Aus der Verweildauer des Tickets, seiner Priorität und anhand der klassifizierungsrelevanten Attribute wird individuell für jeden Sachbearbeiter berechnet, ob und an welcher Stelle der Listensicht das Ticket in seiner Bearbeitungstabelle erscheint.

Durch die Dokumentation der Vorgänge ist eine Historie der Kommunikation mit dem Kunden jederzeit verfügbar. Das Ergebnis ist eine

- Unterstützung des Mehrstufen-Konzeptes,
- Steigerung der Effizienz der Bearbeitung von Vorgängen,
- strukturierte Erfassung von Informationen,
- Unterstützung der Sicherstellung der Bearbeitung,
- Unterstützung der räumlich und zeitlich unabhängigen Bearbeitung von Vorgängen.

Kundenkommunikationssysteme im Service eines Automobilherstellers

R. Bamberger

Einführung

Die Kundenzufriedenheit ist heute der zentrale Einflussfaktor für die Qualität der gesamten Kundenbeziehung. Dabei ist die konsequente Ausrichtung des gesamten Unternehmens auf die Kundenanforderungen die grundlegende Voraussetzung um eine effiziente Kundenorientierung sicherzustellen. Die erfolgreiche Integration des Kunden in alle Unternehmensebenen sowie über alle Unternehmensbereiche hinweg wird durch innovative Customer Communication und Care Systeme ermöglicht.

1 Mehrkanal-Kundenkommunikations-Management-Software

Die Infoman AG hat sich als Produkt- und Lösungshaus für zukunftsgerichtete „Mehrkanal-Kundenkommunikations-Management – Software" auf innovative Customer Communication und Care Systeme spezialisiert. Sie kooperiert mit namhaften Partnern in der Forschung und der Entwicklung. Auf Basis der flexiblen Software-Werkzeuge CommCarePro™ und CorporateInfoCenter™ bietet die Infoman AG neben sogenannten Out-of-the-Box Solutions umfassende Customized Solutions und Consulting an. Dabei wird stets als Leitbild beachtet: „Wir richten unser Handeln auf den Erfolg unserer Kunden aus".

Innovative Customer Care-Lösungen sind die Voraussetzung für ein erfolgreiches Customer Relationship Management. Sie bewirken eine positive Beeinflussung der Kundenbeziehungen. Bestehende Kundenbeziehungen werden gestärkt, gefährdete Kundenbeziehungen werden stabilisiert und neue Kundenbeziehungen werden aufgebaut. Dabei werden wesentliche Potenziale der Kundenansprache, der Interaktion und der Wissensgenerierung über das Verhalten und die Wünsche des Kunden durch innovative Technologien im Kommunikationsumfeld erschlossen.

In Zukunft wird reiner Voice-Call-Service nicht mehr ausreichend sein. Vielmehr muss die Integration aller verfügbaren Kommunikationsmedien (Fax, Brief, Telefon, E-Mail, Internet-Telefonie etc.) in den Arbeitsablauf sichergestellt werden. Die Internet-Integration zeigt hierbei deutliche Potenziale auf. Mit der Internet-Technologie steht ein zweigleisiger Kommunikationsweg zur Verfügung, der es erlaubt, die Kundenkommunikation aus der „Einbahnstraße" zu führen.

Traditionelle Telefonie/IT-Systeme erlauben unterschiedlichen direkten Zugriff auf die Experten eines Unternehmens. Die bekannten Folgen dieser direkten Kontaktaufnahme sind unnötiges Weiterverbinden bis der richtige Ansprechpartner erreicht wird, wiederholte Nicht-Erreichbarkeit oder Inkompetenz des erreichten Ansprechpartners. Die Kundenkommunikation erfolgt unterschiedlich, je nach genutztem Medium und stellt sich daher uneinheitlich dar. Die weitere Entwicklung führte zu den nachfolgend dargestellten Call Center Systemen.

Derzeit im Einsatz befindliche Call Center nutzen bereits mehrere Kommunikationswege wie Telefonie, Fax, E-Mail, Web etc.. Routinefragen werden aussortiert und gesondert behandelt. Eingehende Anfragen werden bei Bedarf gezielt und ohne Umwege an einen Gesprächspartner weitergeleitet. Auf diese Weise wird eine höhere und gesicherte Erreichbarkeit erzielt. Moderne Telefonanlagen mit Automatic Call Distributor (ACD) kommen hier zum Einsatz. Verstärkt spielen Computer Telephony Integration (CTI) und Multimediafunktionen in diesen Systemen eine wichtige Rolle. Aus prozessualer Sicht kann eine weitgehende Einbindung an die zentralen Vermarktungsfunktionen im Unternehmen erreicht werden. Das Call Center wird ein integraler Bestandteil des Prozessablaufs und komplette Transaktionen mit umfangreicher Unterstützung der Informationsverarbeitung im Unternehmen können durchgeführt werden.

Dagegen lassen zukünftige Customer Care-Lösungen die Call Center-Technologien mit der gesamten Unternehmenskommunikation verschmelzen. Automatische und halbautomatische Systeme garantieren eine hohe Erreichbarkeit und lenken Anfragen aller Art (Telefon, Fax, Internet, Video, Brief etc.) kompetent an den richtigen Ansprechpartner weiter - unabhängig von dessen Aufenthaltsort.

Die in zukünftigen Systemen zum Einsatz kommenden Technologien sind der Schlüssel für den Erfolg innovativer Customer Care-Systeme.

Fortschrittliche CTI auf Basis von Standards wird in diesen softwarebasierten Lösungen unerlässlich. Erreicht wird die vollständige EDV-Integration; umfassender Multimedia Einsatz wird selbstverständlich. Diese Lösungen integrieren sowohl Sprache, Voicemail, Telefax, ein interaktives WWW –Angebot als auch E-Mail, klassischen Postverkehr und andere.

Der Begriff medienneutrales Routing drückt diese vollständige Integration der Medien aus. Die wechselseitige Übermittlung von Textinformationen zwischen Kunde und Agent (Internet Text-Chat) oder Application Sharing, bei dem sich der Agent direkt in die Anwendung des Anfragenden einloggen kann und das Problem sofort löst sind weitere Beispiele für innovative Anwendungsmöglichkeiten. Im Gegensatz dazu umschreiben Begriffe wie Web Cooperation oder Collaborative Browsing Funktionalitäten, bei denen ein Endanwender auf Internetseiten geleitet wird, die zur Lösung seiner Anfrage führen. Weiterhin seien Voice-over-IP und Video-over-IP, die Bereitstellung von Statistikfunktionalitäten, SMS-Benachrichtigung, E-Mail Response Management Systeme (ERMS) und WAP-Portale stellvertretend für zukunftsweisende Technologien innovativer Customer Care-Lösungen genannt. Den Kunden werden verstärkt Möglichkeiteiten von Customer Self-Service offeriert.

2 Kundenkontakt und Kundenmanagement

Damit spielen zukünftige Customer Care-Lösungen eine zentrale Rolle in der Unternehmenskultur hinsichtlich Kundenkontakt und Kundenmanagement. Sie stellen eine komplette und umfassende Kundenschnittstelle bezüglich aller Aufgabenbereiche dar und zeichnen sich durch die komplette Abbildung der Geschäftsprozesse sowie eine hochgradige und übergreifende Unterstützung der kundenorientierten Fachabteilungen (Marketing, Vertrieb, Service) aus.

Die Instrumente innovativer Customer Care-Lösungen lassen sich auf drei Ebenen betrachten, auf der Basisebene, der Leistungsebene und der Kontaktebene. Auf der Basisebene sind Themen wie Wissensmanagement, Qualitätsmanagement und Trainingsmanagement zu beachten. Die Leistungsebene beinhaltet das Management des Marketings, des Vertriebs, des Services und der Reklamationen. Das Management der Kunden befindet sich, wie in Bild 2.1 dargestellt, auf der obersten Ebene der Pyramide, der Kontaktebene.

Die Erfahrung hat gezeigt, dass ein für die Kunden optimaler Service nur erreicht werden kann, wenn alle verfügbaren Kommunikationsmedien kombiniert eingesetzt werden. Während die Kombination von Fax, Brief und Telefon inzwischen zum Standard in jedem modernen Call Center gehört, die Kontaktaufnahme per E-Mail bereits selbstverständlich geworden ist und immer häufiger Techniken zur Integration der Internet-Telefonie genutzt werden, haben sich weitergehende Multimediakonzepte noch nicht durchgesetzt.

Die optimale Unterstützung der Mitarbeiter erfolgt im Rahmen leistungsfähiger Customer Care-Lösungen durch integrierte und flexible Telekommunikations- und Informationssystemanwendungen. Zuverlässigkeit, hohe Erreichbarkeit sowie kurze Reaktionszeiten - sowohl bei der Kontaktaufnahme, als auch bei der Bearbeitung der Kundenkontakte - muss dabei jederzeit gewährleistet sein.

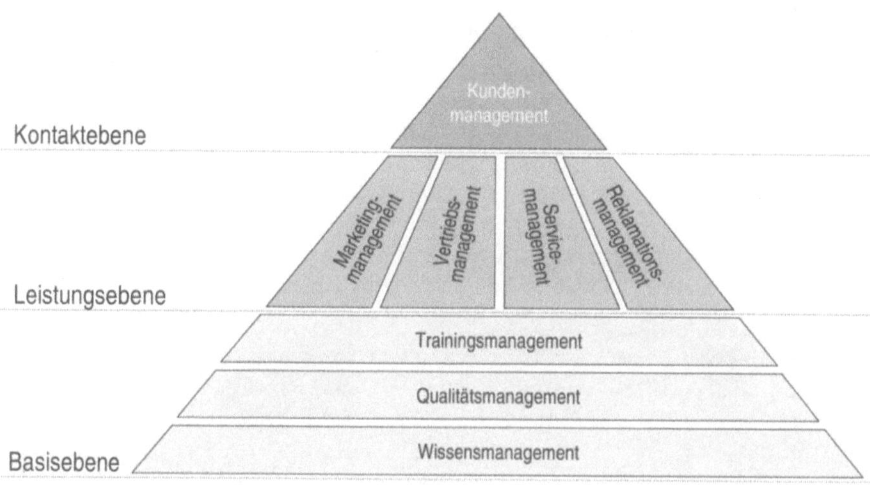

Bild 2.1: Instrumente von Customer Care-Lösungen

Grundsätzliche Voraussetzungen für leistungsfähige Customer Care-Lösungen sind die strikte Orientierung an den Anforderungen und der Zufriedenheit des Kunden, kompetente und entscheidungsbefugte Ansprechpartner mit anforderungsgerechtem Know-how sowie flexible und anpassungsfähige Prozesse im Unternehmen.

Innovative Systeme zeichnen sich durch eine hohe Flexibilität und Offenheit für zukünftige Entwicklungen aus. Sie müssen in bestehende Systemlandschaften schnell und problemlos integriert werden können. Notwendige Anforderungen sind daher Mehrsprachenfähigkeit, multimediale Kommunikation, Mandantenfähigkeit. Einfache Wartung und Erweiterbarkeit der Funktionalität ohne Verlust zuvor gemachter Änderungen stellen eine Anforderung aus den sich immer schneller ändernden Umweltbedingungen dar.

3
Fallbeispiel: Unterstützung der Kommunikation zwischen Verkauf und technischer Beratung

Im Folgenden soll das Beispiel der Einführung des Produktes ComCarePro™ zur Unterstützung der Kommunikation zwischen Verkauf und technischer Beratung bei der DaimlerChrysler AG im LKW Werk Wörth vorgestellt werden.

Die Architektur des Systems lässt sich anhand Bild 3.1 darstellen.

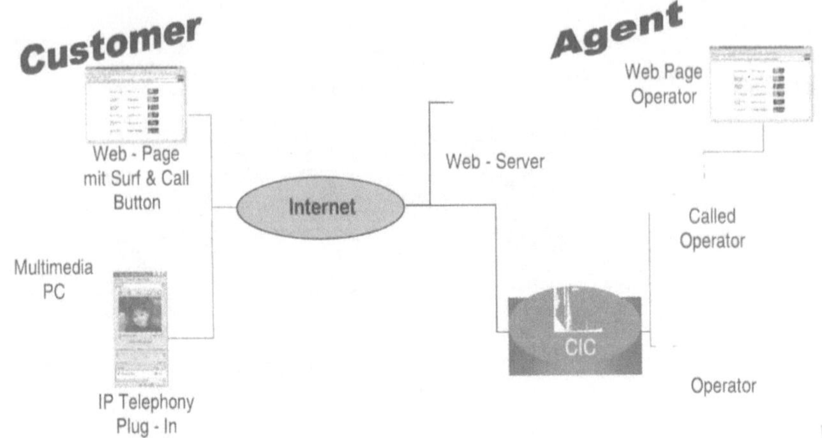

Bild 3.1: Systemarchitektur

Am Anfang des Bearbeitungsprozesses steht eine Anfrage per Telefon, Fax, Internet, E-Mail oder über andere Medien. Diese Anfrage wird im System verarbeitet und über Skill-based Routing an einen lösungskompetenten Agenten weitergeleitet. Dieser kann sich ohne zeitliche Verzögerung der Bearbeitung und der Lösung des Problems widmen. Die Beantwortung der Anfrage erfolgt nun wahlweise mittels verschiedener Medien auf synchronem oder asynchronem Wege.

Das Ticketmanagement Modul der Infoman AG verwaltet die Anfragen der Verkäufer und unterstützt den Berater direkt bei der Bearbeitung. Sämtliche Anfragen werden parallel dazu in eine Wissensdatenbank überführt und gepflegt. Sie dient der permanenten Optimierung des Beratungsprozesses. Ergänzend wird systematisch Wissen gespeichert und durch gut zu bedienende Benutzerschnittstellen zugänglich gemacht.

Als Beispiel einer Recherche in der Wissensdatenbank dient Bild 3.2.

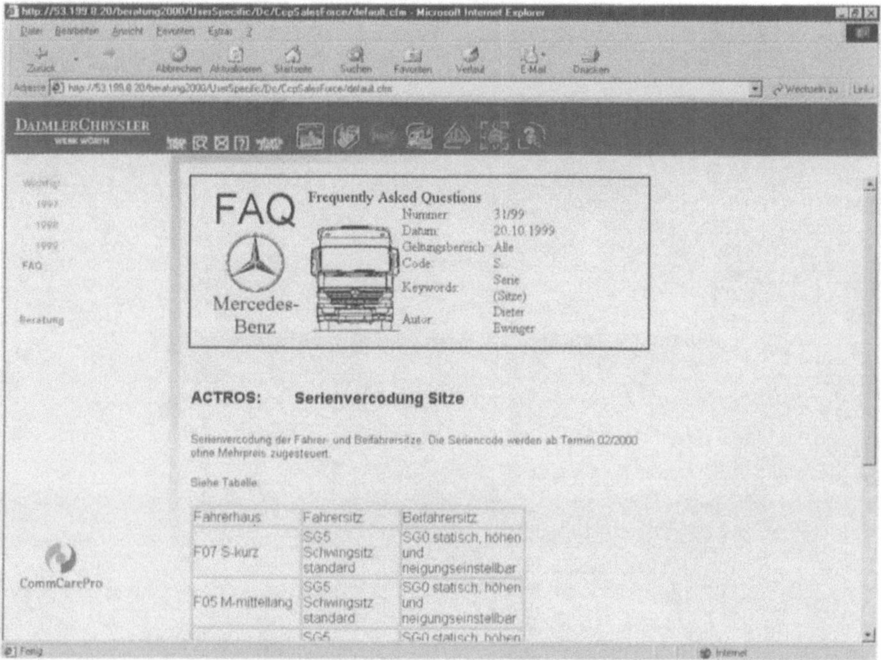

Bild 3.2: Recherche in der Wissensdatenbank

Die Anfragen der Verkäufer werden mittels Skill-based Routing an die jeweiligen lösungskompetenten Agenten vermittelt. Dies ermöglicht best- und schnellstmögliche Bearbeitung der Anfragen.

Eine Beantwortung der Anfragen erfolgt mittels verschiedener Medien auf synchronem (Telefon etc.) wie auf asynchronem Wege (Fax, Brief, E-Mail).

Als Vorteil des Systems erweist sich die Verlagerung des Wissens der Berater nach außen zum Verkäufer. Hierzu wird eine Datenbank mit Antworten auf technische Fragen eingesetzt. Das Wissen der Berater wird dokumentiert und durch Wissens-Sharing multipliziert. Dadurch wird ein erhöhtes Wissensniveau für alle Berater im Dienstleistungsnetzwerk erzielt. Somit wird ein strukturiertes Wissensmanagements für den internen und den externen Zugriff aufgebaut und genutzt. Durch die Recherchemöglichkeit wird die technische Beratung von Routinefragen entlastet und kann sich auf die Bearbeitung komplexer Fragestellungen konzentrieren. Der Einsatz eines Ticketmanagementsystems sorgt für eine Verteilung von Lastspitzen, da Frage und Antwort entkoppelt werden können. Durch den Einsatz eines Browsers als Benutzerschnittstelle wurde zum einen Plattform-Unabhängigkeit realisiert, zum anderen der Aufwand auf Seiten des Client-Rechners minimiert und damit die „Total-Costs-of-Ownership" minimiert. Aus qualitativer Sicht dienen die

Auswertungen aus dem Ticketmanagementsystem einer ständigen Verbesserung des Produktes.

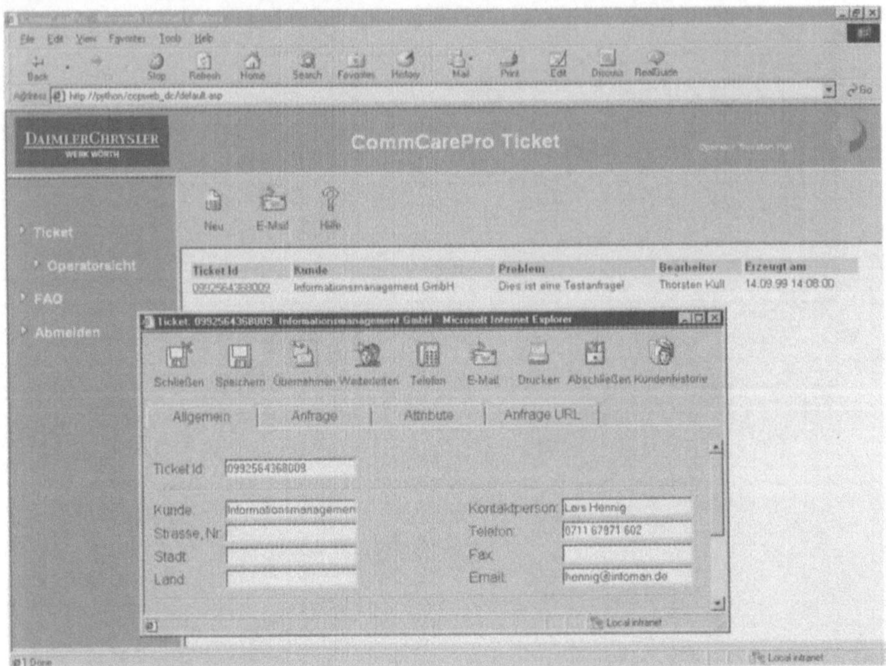

Bild 3.3: Beantwortung

Derartige Systeme führen weiterhin zu einer Erhöhung der Transparenz der Kundenanforderungen, zu einer Erhöhung der Transparenz der Leistungserbringung gegenüber dem Kunden und zu zeitlich gleichmäßiger Verteilung der Beratungsleistung. Darüber hinaus werden die notwendigen Informationen zum Aufbau von gestaffelten Dienstleistungsprodukten mit differenzierten Dienstleistungs-Leveln generiert.

In weiteren Entwicklungen im Sinne innovativer Customer Care Center werden die in diesem Artikel vorgestellten, neuen und innovativen Funktionalitäten verstärkt Berücksichtigung finden - immer mit dem Anspruch den Anforderungen der Kunden bestmöglichst zu genügen.